"十三五"国家重点出版物出版规划项目
世界名校名家基础教育系列
Textbooks of Base Disciplines from World's Top Universities and Experts
普林斯顿分析译丛

# 凸 分 析

［美］R. T. 洛克菲勒（R. T. Rockafellar） 著
盛宝怀 译

机 械 工 业 出 版 社

这是有关“凸分析”的较早的名著，是对凸分析理论进行系统总结和论述的经典之作，也是学习凸分析理论的必读之书。以“凸分析”为内容的教材、论文、论著，甚至在凸分析教学中的许多概念、内容，或来源于此，或以此为范本。

本书对与凸分析相关的许多概念均进行了严格定义，重点突出了“凸性”，如“凸集”“凸函数”“凸锥”，以及为刻画凸性所需用到的“超平面”“凸集分离”“方向导数”“次梯度”“相对内部”“共轭”“对偶”等。对与“凸性”有关的“Kuhn-Tucker 最优性”条件、“鞍点最优性”条件均有详细的论述和证明。书中始终贯穿和应用了凸性是对线性推广的思想。本书是最早出现“多值映射”“凸过程”“双重函数”的著作之一。

本书是基础数学、应用数学、计算数学、计算机科学甚至物理学等学科研究生的理想的凸分析教材，也是从事数学理论和应用研究的科技工作者的经典参考书。



**图书在版编目（CIP）数据**

凸分析/(美) R. T. 洛克菲勒（R. T. Rockafellar）著；盛宝怀译. —北京：机械工业出版社，2017. 11（2025. 1 重印）

（世界名校名家基础教育系列）

书名原文：Convex Analysis（Princeton Landmarks in Mathematics and Physics）

“十三五”国家重点出版物出版规划项目

ISBN 978-7-111-58182-6

Ⅰ. ①凸…　Ⅱ. ①R…　②盛…　Ⅲ. ①凸分析-高等学校-教材

Ⅳ. ①O174. 13

中国版本图书馆 CIP 数据核字（2017）第 245099 号

机械工业出版社（北京市百万庄大街 22 号　邮政编码 100037）

策划编辑：汤　嘉　责任编辑：汤　嘉　李　乐　任正一

责任校对：刘秀芝　封面设计：张　静

责任印制：单爱军

北京虎彩文化传播有限公司印刷

2025 年 1 月第 1 版第 6 次印刷

169mm×239mm · 20. 5 印张 · 2 插页 · 420 千字

标准书号：ISBN 978-7-111-58182-6

定价：78. 00 元

凡购本书，如有缺页、倒页、脱页，由本社发行部调换

电话服务

服务咨询热线：010-88379833

读者购书热线：010-88379649

封面无防伪标均为盗版

网络服务

机 工 官 网：www. cmpbook. com

机 工 官 博：weibo. com/cmp1952

教育服务网：www. cmpedu. com

金 书 网：www. golden-book. com

# 译 者 序

R. T. Rockafellar 的《凸分析》(*Convex Analysis*)是名著，能够有机会将这本书翻译成为中文，我是十分荣幸的。我读书时曾经参阅过这本书，感到对书中有些章节的内容是熟悉的，认为完成这本书的翻译应该不会有问题。然而，当我接受这个任务之后很快就发现，自己其实犯下了一个大错。

作者将其对凸分析的深刻理解、深厚感情都渗透在了字里行间，要想将这种高深的感悟用中文很好地表达出来，我很难做到，因为离这样的境界我还相差很远。

凸分析是非线性泛函分析中最艰深的核心内容，作者的学术水平、数学修养远远在我等之上，要想把书中内容用专业的、流畅的、通俗的中文完全表达出来，我自认为我没有这个水平，我的理解也是很难到位的。翻译这本书，我自己其实是很不够格的，因为读过的凸分析书很少，对博大精深的“凸分析”仅仅见过为数不多的几个概念，书中的多数内容、结果对我来说都是新的，需要从头学起。

书中有些概念在国内现有的著作、教材中叫法不一，有些概念尚未翻译过来，要想对这些概念给出中文定义，感到自己的经验不够，只好结合内容来理解或直译。

由于上述原因，我十分惭愧地告诉读者，我的翻译不一定是成功的。由于是边学、边翻译，所以译稿中肯定存在许多问题甚至错误，希望读者谅解并提出批评。

译 者

# 前　　言

近年来，凸性在应用数学领域有关极值问题的研究中所发挥的作用越来越重要。本书是有关凸集和凸函数理论的系统阐述，这些理论在极值问题的研究中发挥着中心作用。不等式系统，定义在凸集上的凸函数的最大值或最小值、Lagrange乘子、极小极大定理以及有关凸集的结构、凸函数与鞍函数的连续性和可微性的基本结果，均是本书所要涉猎的内容。全书均涉及对偶性，特别地，要涉及关于凸函数Fenchel型共轭的相关理论。

书中的许多材料是以前没有出版过的。例如，给出了一种推广的线性代数，按照此理论，“凸双重函数”为线性变换的类似物，凸集的“内积”以及函数用Fenchel型对偶定理中的极值来定义。每个凸双重函数均与广义凸规划相联系，引入了一种有关双重函数的伴随运算，由其产生了一种对偶规划理论。线性变换和双线性泛函之间的所有经典结论均被推广到凸双重函数和鞍函数的情形，并且在鞍函数和极小极大问题的分析中作为主要工具。

不动点定理等一些可被看作正常凸分析的专题被去掉了，并非这些内容缺少吸引力和应用性，而是因为它们需要一些技术改进，这些技术从某种程度上超出了本书的内容。

考虑到不仅仅纯数学家，而且经济学家、工程师等其他领域的专家已经对凸分析有兴趣，我们尽最大努力，使书的内容保持在基础知识的范围，并且提供了细节，这些细节，如果仅限制在数学圈子的作品中是可接受的，仅仅被作为“练习”来处理。一些讨论，如实数$n$元组空间，甚至许多能够在更广泛的环境下成立的结果，都限制在欧氏空间$\mathbf{R}^n$中。在注释与参考中收集了一些有关改进和推广的文献，这部分内容放在参考文献的前面，两者都安排在书的最后。

关于预备知识，我们要求读者应该能够至少具有良好的线性代数和基础实分析(收敛序列、连续函数、开集和闭集、紧性等）基础，$\mathbf{R}^n$空间的知识也不可缺。虽然与较深的抽象数学分支没有可比性，但是从读者的角度来讲，书的风格的确试图表达数学的某些缜密性。

书的开头安排了导读，对每部分的内容和取材进行了描述，可以看成是对每节主题的引言。

本书来源于1966年春季我在普林斯顿大学所授课程的讲稿。这份讲稿在很大程度上来源于哥本哈根大学的Werner Fenchel教授15年前在普林斯顿大学所授类似课程的手稿。Fenchel的手稿从未出版，但是，以油印本的方式传阅，作为主要且本质上为唯一的有关凸函数理论的文献，在这漫长的时间里惠及了许多研究者。

这极大地影响到我的思想，这方面的一个例子就是共轭凸函数占据了书的大部分。因此，将本书以荣誉合著者的形式奉献给 Fenchel 是十分合适的。

我十分希望表达我对普林斯顿大学 A. W. Tucker 教授的深深谢意，自从学生时代起，他的鼓励和支持就已经成为我的精神支柱。事实上，就是按 Tucker 的建议给出了本书的书名。进一步还要感谢 Torrence D. Parsons 博士、Norman Z. Shapiro 博士和 Lynn McLinden 先生，他们仔细阅读了书稿并提出了十分有用的建议。我也要感谢我在普林斯顿大学和华盛顿大学的学生们，当书稿在教学中使用时，他们的建议使书稿在许多表达方面得到了改进。同时感谢 Janet Parker 夫人耐心称职的秘书工作。

本书的初稿为 1966 年在普林斯顿的演讲笔记，当时得到美国海军研究办公室基金 NONR1858（21）基金项目 NR-047-002 的资助。随后，空军科学研究局在华盛顿大学以基金 AF-AFOSR-1202-67 的形式给予了热情的资助。如果没有这些资助，本书的书写工作也许会延缓、间断。

R. T. **洛克菲勒**

# 目　　录

# 写在前面：导读

本书并不要求读者从头到尾进行阅读，即使有人可能有这样足够的雄心。相反，素材是尽可能按照章节主题来组织的，例如，关于凸集相对内部的所有相关内容，不管其重要性如何，均收集到一块（第 6 节），而不是随着内容的进展而出现在这里、那里的。这种组织方式方便查找基本结论，至少当对主题有所熟悉之后是这样的，但是妨碍了初学者将本书作为入门读物。书中内容按照逻辑关系展开，但是，前几节的末尾多处缺少细节，可能使读者感到困难。

然而，如果能够对材料进行适当的取舍，本书能够被用作入门读物。导读的内容告知读者哪些内容是十分必要的，哪些内容可以略过不看，至少暂时不看并不会影响对内容和证明的理解。

## 第 1 部分：基 本 概 念

定义了凸集和凸函数的概念，并且讨论两种概念之间的关系。重点在于凸性的判别。给出了多个有用的例子，并且论述如何由这些例子以及求和与取凸包运算产生新的例子。基本思想是 $\mathbf{R}^n$ 上定义的凸函数能够被 $\mathbf{R}^{n+1}$ 中的某些凸子集［它们的上镜图（epigraph）］所确定，同时，$\mathbf{R}^n$ 中的凸集能够被某些定义在 $\mathbf{R}^n$ 上的凸函数［它们的指示函数（indicator）］所确定。这些方法使得几何方法和解析方法之间的转换变得容易。在处理函数时，通常会想到函数的图形，但是，在处理凸函数时，应该牢记凸函数的上镜图。

书中大部分素材虽然很初级，对于本书其余部分来说是基础性的，但是，部分内容对于首次接触此课题的读者来说应被忽略。虽然在第 1 节（仿射集）中用到了线性代数，但是，概念并不是完全类似的；第 1 节应该以重心坐标系的定义（在定理 1.6 之前的内容）作为引入凸性的背景来仔细阅读。第 1 节的其余部分涉及仿射变换（affine transformation），对于初学者来说，并不是理解的关键。整个第 2 节（凸集与锥）和第 3 节的前半部分是重要的，但是第 3 节的后半部分，从定理 3.5 开始，处理一些不太重要的运算。第 4 节（凸函数）除去一些例子以外均不应该跳过。但是，第 5 节（函数运算）中定理 5.7 之后的内容，在后续的各节中是不需要的。

## 第 2 部分：拓 扑 性 质

第 1 部分所考虑的凸性性质是基本代数：凸集和函数所形成的类在多次组合与

扩张运算下保持不变。第 2 部分反倒考虑了与内部、闭包及连续的拓扑概念相关联的凸性。

凸集和凸函数的拓扑性质虽然著名，但并不复杂，它能够追溯到一个直观事实：在凸集 $C$ 中的线段，一个端点在 $C$ 的内部，另外一个端点位于 $C$ 的边界，则 $C$ 的所有中间的点都将位于 $C$ 的内部。能够引入“相对”内部的概念，以便这个事实能够作为基本工具用来处理内部为空集的状态的情形。这在第 6 节（凸集的相对内部）中得到讨论。每位学生都应该知道的凸性的主要结论被嵌入在第 6 节的前四个定理中。第 6 节的其余部分，从定理 6.5 开始，主要贡献在于采用不同方法由其他凸集所构造的凸集给出了相对内部的公式，得到了许多有用的结论（特别如推论 6.5.1 和推论 6.5.2，它们在本书里经常被引用，以及推论 6.6.2，在第 11 节被用来证明一个重要的分离定理），但是，这些都能够被暂时忽略，并在需要时再提起。

第 7 节（凸函数的闭包）的主题是下半连续。在凸函数的情况下，这个性质在许多方面比连续性重要，因为它与上镜图相关联：函数下半连续当且仅当其上镜图为闭的。不为下半连续的凸函数能够（以唯一确定的方式）简单地通过重新定义其在有效域的某些边界上的值而使其成为下半连续的。这便导致了凸函数的闭包运算的概念，当函数为正常函数时对应于上镜图（作为 $\mathbf{R}^{n+1}$ 的子集）的闭包运算。要想理解后续内容，除定理 7.6 之外，第 7 节的所有内容都是基本的。

所有第 8 节（回收锥及其无界性）的内容，虽然不如第 6 节和第 7 节的内容那样普遍需要，但是在整个书中都是需要的。第 8 节的前半部分阐明一种思想：除去某些“无穷远的点”之后，无界凸集与有界凸集是一样的。第 8 节的后半部分将这种思想应用于上镜图而获得关于凸函数增长性的结论。这些性质在形成若干散布在整本书中的基本存在性定理方面是重要的，第一个存在性定理出现在第 9 节（闭性准则）中。

第 9 节试图回答的问题是：什么时候闭集在线性变换下的像为闭的？这个问题在各种极值问题解的存在性方面是基本的。第 9 节的主要结论见定理 9.1 和定理 9.2（及其推论）。然而，读者在首次遇到第 9 节时跳过去，以后再回头阅读也是行得通的，如果需要可与第 16 节的内容联系起来。

就总体而言，第 10 节（凸函数的连续性）中仅仅第一个定理对于凸分析来说是基本的。更加引人注目的连续和收敛性定理是一个重点。它们仅在第 24 节和第 25 节中被用来获得关于凸函数梯度映射和次微分的连续性和收敛性定理，并且在鞍函数的情况下，在第 35 节获得类似的结论。

## 第 3 部分：对偶对应

点与超平面之间的对偶在分析学中发挥着重要作用，但是，也许在凸分析中所发挥的作用更为人所知。从几何的观点来说，凸性理论中的对偶基是指凸集是所有包含它的闭半空间的交。然而，从函数的观点来看，闭凸函数为所有略小于其的仿射函数的点态上确界。当用上镜图表达时这两个事实为等价的，从直觉的方面来考虑几何表达通常更可取，但是，在这种情况下两种表示都是重要的。对偶基的第二种表示的优点在于导致了 Fenchel 共轭对应这样的有关凸函数之间对称的一一对应的对偶对应。

从某种意义上说，共轭性是一种特殊情况，包含了闭凸锥（极）之间的对称的一一对应，但是，一般的闭凸集类中没有对称结果。在后文中，既有凸集，也有正齐次凸函数（它们的支撑函数）之间的类似对应。由于这个原因，在牵扯到对偶的应用中，用凸函数，而不是用凸集表达给定情形通常较好。当然，一旦这样做，几何推理仍能够应用于上镜图。

对偶理论的基础放在第 11 节（分离定理）。除定理 11.7 之外，本节的所有材料都是基本的。在第 12 节（凸函数的共轭）中，定义了共轭对应，并且给出了许多共轭对应函数的例子。定理 12.1 和定理 12.2 为基础性结论，应该知道；第 12 节的其余部分不是必要的。

共轭性在第 13 节（支撑函数）中得到了应用，得到了有关凸集和正齐次凸函数之间的对偶性。有效域的支撑函数以及凸函数的水平集用共轭函数 $f^*$ 及其回收函数来计算。主要事实叙述在定理 13.2、定理 13.3 和定理 13.5 中，后面的两个定理需要预先熟悉第 8 节中的内容，其余定理及所有推论可以跳过，如果需要时再参考。

在第 14 节（凸集的极）中，凸函数的共轭对应特别针对凸锥的极对应，于是后者被推广到了关于含有原点的任意闭凸集的极对应的情况。在本书的其他地方有几次应用了凸锥的极，但是，除去第 15 节（凸函数的极）中讨论了它与范数理论的关系之外，并没有提及更一般的极。除得到了有关范数的 Minkowski 对偶性对应及其某些推广之外，第 15 节（凸函数的极）的目的是进一步给出（在定理 15.3 和推论 15.3.1 中）共轭凸函数的例子。然而，第 14 节和第 15 节的内容中，只要不是特意对逼近问题感兴趣，仅仅阅读定理 14.1 就够了。

第 16 节（对偶运算）中的定理说明第 15 节中的各种函数运算都变成有关共轭对应的对偶对。最重要的结果为定理 16.4，它刻画了凸函数的加法和卷积下确界。这个结果对于不等式系统（第 21 节）、次梯度法（第 23 节）有重要的影响，因此对于第 6 部分中极值问题的相关定理也有重要的作用。定理 16.3 的后半部分、定理 16.4 及定理 16.5（这些定理给出了使各自最小值取到的条件且在对偶公式中不需要闭包运算）依赖于第 9 节。这些材料，连同引理 16.2 及其推论都可以在首次阅读第 16 节时跳过。

## 第 4 部分：表述与不等式

本部分的目的是得到有关作为点集和方向凸包的凸集的表达式，并将这些结果应用于线性和非线性不等式系统的研究。大部分材料牵扯到凸性理论的加细，利用了维数及某种程度的线性性。读者可以跳过第 4 部分，而不会对本书剩余部分的理解造成影响。或者，作为折中，按照下面所指出的，仅仅阅读第 4 部分中比较基础的内容。

第 17 节（Carathéodory 定理）探讨了维数在凸包产生中的作用，主要结论在定理 17.1 和 定理 17.2 中给出。第 18 节（极值点与凸集的面）考虑用极点、暴露点、端方向、暴露方向以及切超平面表示给定凸集的问题。整个第 18 节都在第 19 节（多面体凸集与函数）中得到了应用；在梯度和凸函数的最大值（第 32 节）的研究中也得到应用。第 19 节中最主要的结论为定理 19.1、定理 19.2 和定理 19.3 及其推论。

第 20 节（多面体凸性的应用）阐述凸分析中的一些通常定理在有些，但非全部，涉及凸集或函数为多面体的情况下是如何得到加强的。定理 20.1 和定理 20.2 在第 21 节中被用以建立 Helly 定理以及在第 27 节和第 28 节中应用于 Lagrange 乘子的存在性和凸规划的最优解的某些其他相对困难的结果的加细。虽然定理 20.2 不依赖于第 9 节，但定理 20.1 却要依赖第 9 节。然而，在不需要第 20 节，甚至第 18 节和第 19 节中知识的情况下理解第 21 节（Helly 定理与不等式系统）中的基本结论及证明是可能的。在这种情况下，可以简单地略去定理 21.2、定理 21.4 和定理 21.5。

方程和线性不等式的有限系统，不管是弱的或严格的，都是第 22 节（线性不等式）中的内容。结论是特殊的，在书的其他任何地方都没有再被提及。开头陈述了第 21 节中定理的许多推论，然后，借助于仅仅用到线性代数和非凸性理论的基本而独立的方法得到了同样的结果，并有所改进。

## 第 5 部分：微 分 理 论

当经典光滑表面意义下的切超平面不存在时，可以借助有关凸集的支撑超平面。同样，在通常梯度不存在的地方，关于凸集的次梯度常常有用，这种次梯度是基于上镜图，而不是基于图的切超平面。

第 23 节（方向导数与次梯度）中详细说明的有关凸函数的次微分理论在极值问题的分析方面是一种基本的工具，首先应该掌握。定理 23.6、定理 23.7、定理 23.9，以及定理 23.10 都可以省略，但是，在非多面体的情况下，读者应该肯定地知道定理 23.8，关于它有另外一个更基本的证明。第 23 节中的大部分内容与第 4 部分无关。

定理 25.1 的主要结论是有关凸函数的次梯度与通常梯度之间的关系，可以在第 23 节之后就紧跟着阅读。除在第 35 节中给出了鞍函数定理的证明之外，书中其他部分对第 24 节、第 25 节或第 26 节的其他结果均无特殊需要。第 5 部分剩余部分的内容自给自足。

第 24 节（微分的连续性和单调性）中建立了有关闭正常单变量凸函数左右导数的基本理论。证明这样的函数的次微分的图可以被完整地刻画为“完备的非减曲线”。一维情形下的单调性因此而被推广到了 $n$ 维情形。除去上面已经提到的定理之外，第 25 节（凸函数的可微性）的主要贡献是证明定义在开集上的有限凸函数是连续的，并且几乎处处存在通常的梯度映射。诸如在什么情况下梯度映射构成整个次微分映射，以及在什么时候是一一对应的问题在第 26 节（Legendre 变换）中得以考虑。第 26 节的主要目的是解释通过转化梯度使得共轭凸函数能够以经典方式进行计算，也讨论了光滑性和严格凸性之间的对偶性。从某种程度上讲，第 25 节和第 26 节中的讨论在某种程度上依赖于第 4 部分第 18 节，但不依赖于第 18 节以后各节。

## 第 6 部分：约束极值问题

当然，极值问题理论是本书中许多结论的动力和源泉。关于此理论系统的应用从第 27 节（凸函数的最小值）开始。这个阶段由定理 27.1 所建立，定理概括了前面几节中所证明的一些相关事实。第 27 节中的所有定理都涉及使得凸函数相对一个给定的凸集而取到其最小值的方式，所有这些，也许除去利用多面体凸性加细的内容之外，都为首次阅读的内容。

凸函数在有限个凸不等式约束下的最小值问题将在第 28 节（常见凸规划及 Lagrange 乘子）中进行讨论。重点在存在性、证明、以及被称为 Kuhn-Tucker 向量的某些 Lagrange 乘子向量的特征。内容可以通过删去线性方程约束项而得到简化，定理 28.2 可以用属于其特殊情况的推论 28.2.1（有一种特别简单的证明）所代替，除此之外，没有其他更应该删除的例子了。

Lagrange 乘子理论得以推广，且某些方面在第 29 节（双重函数及广义凸规划）中得到了加强。凸双重函数的概念，能够被看成线性变换的推广，能够被用来构造最小化问题的扰动理论。广义 Kuhn-Tucker 向量刻画了扰动的影响。定理 29.1、定理 29.3 及其推论包含了后续所有的事实。

第 30 节（伴随双重函数及对偶规划）详细论述了极值对偶问题。实际上，定理 30.5 中的一切都是基本的，但是，第 30 节的剩余部分由例子组成，可以根据需要进行删减。第 31 节（Fenchel 对偶定理）中继续讨论对偶理论。第 31 节的主要目的是提供一些有益于应用的例子。后面的章节，除去第 38 节之外，均不依赖于第 31 节中的材料。

第 32 节（凸函数的最大值）描述了相当不同的特征结论。这些结论的证明不涉及第 6 部分以前的各节，但是，必须熟悉第 18 节和第 19 节中的内容。本书后面的内容也不参考第 32 节。

## 第 7 部分：鞍函数与极小极大理论

鞍函数是指某些变量为凸函数，而其余变量为凹函数的函数，与它们相关的极值问题自然牵扯到“极小极大”，而不是简单的极小或者极大。这种极小极大问题的理论能够与凸函数的最小化情况类似得到。关于鞍函数的一般极小极大问题（适当地正则化）就是与推广的（闭）凸规划相关的 Lagrange 乘子型鞍点问题。因此，可以理解，凸双重函数是鞍函数讨论的核心内容，读者如果对第 29 节和第 30 节中的基本思想不熟悉就不要将其跳跃过去。

定义在 $\mathbf{R}^m\times\mathbf{R}^n$ 上的鞍函数对应于映 $\mathbf{R}^m$ 到 $\mathbf{R}^n$ 的凸双重函数，就像定义在 $\mathbf{R}^m\times\mathbf{R}^n$ 上的双线性函数对应于映 $\mathbf{R}^m$ 到 $\mathbf{R}^n$ 的线性函数一样。这是第 33 节（鞍函数）的本质内容。第 34 节（闭包和等价类）研究了类似于凸函数的有关鞍函数的一些闭包运算。证明了定义在 $\mathbf{R}^m\times\mathbf{R}^n$ 中凸集的乘积上的每个有限鞍函数都唯一确定一个定义在整个 $\mathbf{R}^m\times\mathbf{R}^n$ 上的闭的鞍函数的等价类，但是，在没有热衷于极小极大理论本身以前，没有必要阅读比较靠后的事实（嵌入到定理 34.4 和定理 34.5 中的）。

第 35 节（鞍函数的连续性与可微性）中所证明的有关鞍函数的结论基本是类似的，或是第 10 节、第 24 节和第 25 节中关于凸函数结论的推广，对于后续内容而言，它们并不是先决条件。

第 36 节（极小极大问题）讨论鞍点和鞍值。那时将解释这些研究如何划归为相互对偶的凸凹规划的研究。因此，在第 37 节（共轭鞍函数与极小极大定理）中借助于鞍函数的共轭对应和双重函数的“逆”运算得到鞍点和鞍值存在性定理。

## 第 8 部分：凸　代　数

凸双重函数和线性变换之间的类似性为第 6 部分和第 7 部分的特色，在第 38 节（双重函数代数）中得到进一步研究。双重函数的“加法”和“乘法”用借助于基于 Fenchel 对偶性定理的广义内积概念来研究。就像在线性代数中引入伴随之后一样，这样的有关双重凸函数的自然运算是值得保留的，并非没有价值。

第 38 节有关双重函数的结论在第 39 节（凸过程）中被特殊化到一类更加类似于线性变换的凸集值映射。

# 第1部分：基本概念



## 第1节　仿射集

书中用 $\mathbf{R}$ 表示实数系，$\mathbf{R}^n$ 为由实 $n$ 元组 $\boldsymbol{x}=(\xi_1, \xi_2, \cdots, \xi_n)$ 所组成的向量空间。除非特别说明，认为 $\mathbf{R}^n$ 空间中一切性质均要求成立。两向量 $\boldsymbol{x}$ 与 $\boldsymbol{x}^*$ 在 $\mathbf{R}^n$ 中的内积表示为

$$\langle \boldsymbol{x}, \boldsymbol{x}^* \rangle = \xi_1\xi_1^* + \xi_2\xi_2^* + \cdots + \xi_n\xi_n^*$$

同一符号 $\boldsymbol{A}$ 既用来表示 $m\times n$ 阶实矩阵 $\boldsymbol{A}$，也表示映 $\mathbf{R}^n$ 到 $\mathbf{R}^m$ 的线性变换 $\boldsymbol{x}\rightarrow\boldsymbol{Ax}$。转置矩阵和映 $\mathbf{R}^m$ 到 $\mathbf{R}^n$ 的相应伴随线性变换记为 $\boldsymbol{A}^*$。因此，有

$$\langle \boldsymbol{Ax}, \boldsymbol{y}^* \rangle = \langle \boldsymbol{x}, \boldsymbol{A}^* \boldsymbol{y}^* \rangle$$

（在表示向量的符号中，$*$ 没有运算方面的意义；所有向量都认为是列向量，以便进行矩阵乘法。涉及 $*$ 的向量符号常常既用来表示点向量的对偶，也用来表示 $n$ 元线性函数系数向量的对偶）每个证明均以符号 ‖ 表示结束。

如果 $\boldsymbol{x}$ 和 $\boldsymbol{y}$ 为 $\mathbf{R}^n$ 中不同的点，形如

$$(1-\lambda)\boldsymbol{x}+\lambda\boldsymbol{y}=\boldsymbol{x}+\lambda(\boldsymbol{y}-\boldsymbol{x}), \lambda\in\mathbf{R}$$

的点集被称为连接 $\boldsymbol{x}$ 和 $\boldsymbol{y}$ 的直线。对于 $\mathbf{R}^n$ 中的子集 $M$，如果对于任意 $\boldsymbol{x}$，$\boldsymbol{y}\in M$ 和 $\lambda\in\mathbf{R}$ 都有 $(1-\lambda)\boldsymbol{x}+\lambda\boldsymbol{y}\in M$，则称 $M$ 为 $\mathbf{R}^n$ 中的仿射集（affine set）。[别的书中所用到的与“仿射集”同义的名词有“仿射流形”（affine manifold）“仿射变量”（affine variety）“线性变量”（linear variety）或“平坦的”（flat）]。

空集∅和空间本身为仿射集的极端的例子，而且，按照定义，当 $M$ 由孤立点组成时也为仿射集。一般来说，含有两个点的仿射集必须包含通过这两个点的整个直线。直观图片是没有端点的不弯曲的结构，如直线或空间中的平面等。

仿射集的形式几何可以由线性代数中关于 $\mathbf{R}^n$ 中子空间的定理而得到。仿射集和子空间之间的精确对应在随后的定理中有描述。

**定理 1.1**　$\mathbf{R}^n$ 中含有原点的子空间都为仿射集。

**证明**　任何含有 $\mathbf{0}$ 且对于加法和数乘运算封闭的子空间都是特殊仿射集。

相反，如果 $M$ 为含有 $\mathbf{0}$ 的仿射集。对于任何 $\boldsymbol{x}\in M$ 和 $\lambda\in\mathbf{R}$ 都有

$$\lambda\boldsymbol{x}=(1-\lambda)\mathbf{0}+\lambda\boldsymbol{x}\in M.$$

因此，在加法运算下 $M$ 为闭的子空间。

如果 $x\in M$ 且 $y\in M$，我们有 $\frac{1}{2}(x+y)=\frac{1}{2}x+\left(1-\frac{1}{2}\right)y\in M$，

由此得到

$$x+y=2\left[\frac{1}{2}(x+y)\right]\in M.$$

因此，在加法的运算下 $M$ 也是闭的且为子空间。

对于 $M\subset\mathbf{R}^n$ 及 $\boldsymbol{a}\in\mathbf{R}^n$，$M$ 关于 $\boldsymbol{a}$ 的平移定义为集合

$$M+\boldsymbol{a}=\{\boldsymbol{x}+\boldsymbol{a}\mid\boldsymbol{x}\in M\}.$$

容易证明，仿射集的平移仍为仿射集。

仿射集 $M$ 与仿射集 $L$ 平行是指存在 $\boldsymbol{a}$ 使得 $M=L+\boldsymbol{a}$。显然，$M$ 平行于 $L$ 是定义在 $\mathbf{R}^n$ 中仿射子集的集合上的等价关系。注意到这种平行的定义比通常的定义要严格，因为并不包含线平行于平面的思想。我们必须在一个平面内说一条线平行于另外一条线等。

**定理 1.2** 每个非空仿射集 $M$ 一定平行于唯一的子空间 $L$。这个 $L$ 由

$$L=M-M=\{\boldsymbol{x}-\boldsymbol{y}\mid\boldsymbol{x}\in M,\boldsymbol{y}\in M\}$$

所给出。

**证明** 我们先证明 $M$ 不能平行于两个不同的子空间。子空间 $L_1$ 和 $L_2$ 平行于 $M$，因而相互平行，所以，存在 $\boldsymbol{a}$ 使得 $L_2=L_1+\boldsymbol{a}$。因为 $\mathbf{0}\in L_2$，$-\boldsymbol{a}\in L_1$，因此，$\boldsymbol{a}\in L_1$，但此时 $L_1\supset L_1+\boldsymbol{a}=L_2$。类似可证 $L_2\supset L_1$，所以，$L_1=L_2$。这便证明了唯一性。注意到对于任意 $\boldsymbol{y}\in M$，$M-\boldsymbol{y}=M+(-\boldsymbol{y})$ 是 $M$ 的平移，且含有 $\mathbf{0}$。由定理 1.1 和刚才所证知道这个仿射集一定为平行于 $M$ 的唯一子空间 $L$。因为，无论选择哪个 $\boldsymbol{y}$，总有 $L=M-\boldsymbol{y}$，因此，确有 $L=M-M$。

非空仿射集的维数定义为与其平行的子空间的维数。（习惯上，空集$\varnothing$的维数为$-1$。）自然，维数为 0、1 和 2 的仿射集分别被称为点、线和平面。$\mathbf{R}^n$ 中的（$n-1$）维仿射集被称为超平面。超平面十分重要，因为它们所扮演的角色与点在 $n$ 维几何中的角色相对应。

超平面和其他的仿射集可以用线性函数和线性方程来表示。这可以由 $\mathbf{R}^n$ 中的正交性理论所推导。注意到，由定义知道，$\boldsymbol{x}\perp\boldsymbol{y}$ 指 $\langle\boldsymbol{x},\boldsymbol{y}\rangle=0$。给定 $\mathbf{R}^n$ 中的子空间 $L$，满足 $\boldsymbol{x}\perp L$，即对于一切 $\boldsymbol{y}\in L$ 均有 $\boldsymbol{x}\perp\boldsymbol{y}$ 的向量 $\boldsymbol{x}$ 的集合称为 $L$ 的正交补(orthogonal complement)，记为 $L^{\perp}$。当然，其为另外的子空间，并且

$$\dim L+\dim L^{\perp}=n.$$

$L^{\perp}$的正交补$(L^{\perp})^{\perp}$确实为 $L$。如果 $\boldsymbol{b}_1$，$\boldsymbol{b}_2$，…，$\boldsymbol{b}_m$ 为 $L$ 的基，则 $\boldsymbol{x}\perp L$ 等价于条件 $\boldsymbol{x}\perp\boldsymbol{b}_1$，$\boldsymbol{x}\perp\boldsymbol{b}_2$，…，$\boldsymbol{x}\perp\boldsymbol{b}_m$。特别地，$\mathbf{R}^n$ 中的 $n-1$ 维子空间为一维子空间的正交补，一维子空间是由单个非零向量（唯一的非零倍数）所构成基的子空间。因此，$n-1$ 维子空间是形如 $\{\boldsymbol{x}\mid\boldsymbol{x}\perp\boldsymbol{b}\}$ 的集合，其中，$\boldsymbol{b}\neq\mathbf{0}$。超平面为这些集合的平移。但是，

$$\begin{aligned}\{\boldsymbol{x}\mid\boldsymbol{x}\perp\boldsymbol{b}\}+\boldsymbol{a}&=\{\boldsymbol{x}+\boldsymbol{a}\mid\langle\boldsymbol{x},\boldsymbol{b}\rangle=0\}\\&=\{\boldsymbol{y}\mid\langle\boldsymbol{y}-\boldsymbol{a},\boldsymbol{b}\rangle=0\}=\{\boldsymbol{y}\mid\langle\boldsymbol{y},\boldsymbol{b}\rangle=\beta\}\end{aligned}$$

其中，$\beta=\langle \boldsymbol{a}, \boldsymbol{b}\rangle$。这便导致下列有关超平面的刻画。

**定理 1.3** 给定 $\beta\in\mathbf{R}$ 以及非零 $\boldsymbol{b}\in\mathbf{R}^n$，集合

$$H=\{\boldsymbol{x}\mid\langle\boldsymbol{x},\boldsymbol{b}\rangle=\beta\},$$

为 $\mathbf{R}^n$ 中的超平面。进一步地，每个超平面都可以这样表示，而 $\boldsymbol{b}$ 和 $\beta$ 是唯一的共同的非零倍数。

在定理 1.3 中，向量 $\boldsymbol{b}$ 称为正交于超平面 $H$。其余每个与 $H$ 正交的向量或为 $\boldsymbol{b}$ 的正倍数，或者为 $\boldsymbol{b}$ 的负倍数。一种完美的解释是每个超平面都有“两个面”，就像 $\mathbf{R}^2$ 中的直线和 $\mathbf{R}^3$ 中的超平面那样。注意到与 $\mathbf{R}^3$ 中的直线一样，$\mathbf{R}^4$ 中的平面没有“两个面”。

下一定理将 $\mathbf{R}^n$ 中的仿射子集用 $n$ 个变元的联立线性方程系统的解集来刻画。

**定理 1.4** 给定 $\boldsymbol{b}\in\mathbf{R}^n$ 及 $m\times n$ 阶实矩阵 $\boldsymbol{B}$，集合

$$M=\{\boldsymbol{x}\in\mathbf{R}^n\mid\boldsymbol{B}\boldsymbol{x}=\boldsymbol{b}\},$$

为 $\mathbf{R}^n$ 中的仿射集，而且每个仿射集都可以这样表示。

**证明** 如果 $\boldsymbol{x}\in M$，$\boldsymbol{y}\in M$ 以及 $\lambda\in\mathbf{R}$，则对于 $\boldsymbol{z}=(1-\lambda)\boldsymbol{x}+\lambda\boldsymbol{y}$ 有

$$\boldsymbol{B}\boldsymbol{z}=(1-\lambda)\boldsymbol{B}\boldsymbol{x}+\lambda\boldsymbol{B}\boldsymbol{y}=(1-\lambda)\boldsymbol{b}+\lambda\boldsymbol{b}=\boldsymbol{b}.$$

所以，$\boldsymbol{z}\in M$。因此，$M$ 为仿射的。

另一方面，先设 $M$ 为不同于 $\mathbf{R}^n$ 的非空仿射集，$L$ 为平行于 $M$ 的子空间，$\boldsymbol{b}_1$，$\boldsymbol{b}_2$，…，$\boldsymbol{b}_m$ 为 $L^\perp$ 的一组基，则

$$\begin{aligned}L=(L^\perp)^\perp&=\{\boldsymbol{x}\mid\boldsymbol{x}\perp\boldsymbol{b}_1,\cdots,\boldsymbol{x}\perp\boldsymbol{b}_m\}\\&=\{\boldsymbol{x}\mid\langle\boldsymbol{x},\boldsymbol{b}_i\rangle=0,i=1,\cdots,m\}=\{\boldsymbol{x}\mid\boldsymbol{B}\boldsymbol{x}=\boldsymbol{0}\},\end{aligned}$$

其中，$\boldsymbol{B}$ 为 $m\times n$ 阶实矩阵，它的行向量为 $\boldsymbol{b}_1$，$\boldsymbol{b}_2$，…，$\boldsymbol{b}_m$。$M$ 平行于 $L$，所以，存在 $\boldsymbol{a}\in\mathbf{R}^n$ 使得

$$M=L+\boldsymbol{a}=\{\boldsymbol{x}\mid\boldsymbol{B}(\boldsymbol{x}-\boldsymbol{a})=\boldsymbol{0}\}=\{\boldsymbol{x}\mid\boldsymbol{B}\boldsymbol{x}=\boldsymbol{b}\},$$

其中 $\boldsymbol{b}=\boldsymbol{B}\boldsymbol{a}$。（仿射集 $\mathbf{R}^n$ 和空集 $\varnothing$ 能够表示成为定理中的形式，此时取 $\boldsymbol{B}$ 为 $m\times n$ 阶零矩阵，在 $\mathbf{R}^n$ 的情况下取 $\boldsymbol{b}=\boldsymbol{0}$，在空集 $\varnothing$ 的情况下取 $\boldsymbol{b}\neq\boldsymbol{0}$。）

注意到，由定理 1.4 得到

$$M=\{\boldsymbol{x}\mid\langle\boldsymbol{x},\boldsymbol{b}_i\rangle=\beta_i,i=1,\cdots,m\}=\bigcap_{i=1}^m H_i,$$

其中 $\boldsymbol{b}_i$ 为 $\boldsymbol{B}$ 的第 $i$ 个行（向量），$\beta_i$ 为 $\boldsymbol{b}$ 的第 $i$ 个分量，而，

$$H_i=\{\boldsymbol{x}\mid\langle\boldsymbol{x},\boldsymbol{b}_i\rangle=\beta_i\}.$$

每个 $H_i$ 是超平面（$\boldsymbol{b}_i\neq\boldsymbol{0}$）或为空集（$\boldsymbol{b}_i=\boldsymbol{0}$，$\beta_i\neq 0$），或为 $\mathbf{R}^n$（$\boldsymbol{b}_i=\boldsymbol{0}$，$\beta_i=0$）。空集本身可以看作两个不平行的超平面的交，但是，$\mathbf{R}^n$ 可以看作 $\mathbf{R}^n$ 中空的超平面集合的交。因此，

**推论 1.4.1** $\mathbf{R}^n$ 中每个仿射子集都是有限个超平面的交集。

定理 1.4 中的仿射集 $M$ 能够用构成 $\boldsymbol{B}$ 的列向量的向量 $\boldsymbol{b}_1'$，$\boldsymbol{b}_2'$，…，$\boldsymbol{b}_n'$ 表示为

$$M=\{\boldsymbol{x}=(\xi_1,\xi_2,\cdots,\xi_n)\mid\xi_1\boldsymbol{b}_1'+\xi_2\boldsymbol{b}_2'+\cdots+\xi_n\boldsymbol{b}_n'=\boldsymbol{b}\}.$$

显然，仿射集的任意集合的交集仍为仿射集。因此，给定 $S\subset\mathbf{R}^n$，存在唯一一个包含 $S$ 的最小的仿射集（如满足 $M\supset S$ 的仿射集 $M$ 的交集）。这个集合被称为 $S$ 的仿射包（affine hull），并且记为 aff$S$。作为练习，可以证明 aff$S$ 由所有可以表示为 $\lambda_1\boldsymbol{x}_1+\cdots+\lambda_m\boldsymbol{x}_m$ 形式的向量所组成，其中 $\boldsymbol{x}_i\in S$ 且 $\lambda_1+\cdots+\lambda_m=1$。

$m+1$ 个点 $\boldsymbol{b}_0$，$\boldsymbol{b}_1$，…，$\boldsymbol{b}_m$ 的集合如果使得 aff $\{\boldsymbol{b}_0,\ \boldsymbol{b}_1,\ \cdots,\ \boldsymbol{b}_m\}$ 为 $m$ 维的，则称它们为仿射无关（affinely independent）的。当然，

$$\mathrm{aff}\{\boldsymbol{b}_0,\boldsymbol{b}_1,\cdots,\boldsymbol{b}_m\}=L+\boldsymbol{b}_0,$$

其中

$$L=\mathrm{aff}\{\boldsymbol{0},\boldsymbol{b}_1-\boldsymbol{b}_0,\cdots,\boldsymbol{b}_m-\boldsymbol{b}_0\}.$$

由定理 1.1 知道，$L$ 与包含 $\boldsymbol{b}_1-\boldsymbol{b}_0$，…，$\boldsymbol{b}_m-\boldsymbol{b}_0$ 的最小的子空间相同。它的维数为 $m$ 当且仅当这些向量为线性无关的。因此，$\boldsymbol{b}_0$，$\boldsymbol{b}_1$，…，$\boldsymbol{b}_m$ 为仿射无关当且仅当 $\boldsymbol{b}_1-\boldsymbol{b}_0$，…，$\boldsymbol{b}_m-\boldsymbol{b}_0$ 为线性无关的。

线性无关的所有结果都显然可应用于仿射独立。例如，$\mathbf{R}^n$ 中 $m+1$ 个点集的仿射无关能被增大到 $n+1$ 个点线性无关的情况。$m$ 维仿射集 $M$ 能够被表示成为 $m+1$个点的仿射包（将与子空间的基对应的点平移使其平行于 $M$）。

注意到，如果 $M=\mathrm{aff}\{\boldsymbol{b}_0,\ \boldsymbol{b}_1,\ \cdots,\ \boldsymbol{b}_m\}$，则子空间 $L$ 中平行于 $M$ 的向量为 $\boldsymbol{b}_1-\boldsymbol{b}_0$，…，$\boldsymbol{b}_m-\boldsymbol{b}_0$ 的线性组合。因此，$M$ 中的向量具有表达式

$$\boldsymbol{x}=\lambda_1(\boldsymbol{b}_1-\boldsymbol{b}_0)+\cdots+\lambda_m(\boldsymbol{b}_m-\boldsymbol{b}_0)+\boldsymbol{b}_0,$$

即具有形式

$$\boldsymbol{x}=\lambda_0\boldsymbol{b}_0+\lambda_1\boldsymbol{b}_1+\cdots+\lambda_m\boldsymbol{b}_m,\quad \lambda_0+\lambda_1+\cdots+\lambda_m=1$$

$\boldsymbol{x}$ 的这种表示中的系数为唯一的当且仅当 $\boldsymbol{b}_0$，$\boldsymbol{b}_1$，…，$\boldsymbol{b}_m$ 仿射无关。在这个过程中，作为参数的 $\lambda_0$，$\lambda_1$，…，$\lambda_m$ 便被定义为 $M$ 的重心坐标系统（barycentric coordinate system）。

映 $\mathbf{R}^n$ 到 $\mathbf{R}^m$ 的单值映射 $T$：$\boldsymbol{x}\to T\boldsymbol{x}$ 如果满足对于每个 $\mathbf{R}^n$ 中的 $x$ 和 $y$ 及 $\lambda\in\mathbf{R}$ 都有

$$T((1-\lambda)\boldsymbol{x}+\lambda\boldsymbol{y})=(1-\lambda)T\boldsymbol{x}+\lambda T\boldsymbol{y},$$

则称其为仿射变换。

**定理 1.5** 映 $\mathbf{R}^n$ 到 $\mathbf{R}^m$ 的仿射变换都是形如 $T\boldsymbol{x}=A\boldsymbol{x}+\boldsymbol{a}$ 的映射，其中 $A$ 为线性变换且 $\boldsymbol{a}\in\mathbf{R}^m$。

**证明** 如果 $T$ 为仿射变换，令 $\boldsymbol{a}=T\boldsymbol{0}$ 且 $A\boldsymbol{x}=T\boldsymbol{x}-\boldsymbol{a}$，则 $A$ 为满足 $A\boldsymbol{0}=\boldsymbol{0}$ 的仿射变换。与定理 1.1 中的类似，简单讨论可证明 $A$ 的确是线性的。

相反，如果 $T\boldsymbol{x}=A\boldsymbol{x}+\boldsymbol{a}$，其中 $A$ 是线性的，则有

$$T((1-\lambda)\boldsymbol{x}+\lambda\boldsymbol{y})=(1-\lambda)A\boldsymbol{x}+\lambda A\boldsymbol{y}+\boldsymbol{a}=(1-\lambda)T\boldsymbol{x}+\lambda T\boldsymbol{y}.$$

因此，$T$ 是线性仿射。

如果仿射变换的逆存在，则它是仿射的。

作为基本练习，读者能够证明如果映 $\mathbf{R}^n$ 到 $\mathbf{R}^m$ 的映射 $T$ 为仿射变换，则对于

$\mathbf{R}^n$ 中的每个仿射集 $M$，像集 $TM=\{T\boldsymbol{x}\mid\boldsymbol{x}\in M\}$ 为 $\mathbf{R}^m$ 中的仿射。特别，仿射变换保持仿射包不变：

$$\mathrm{aff}(TS)=T(\mathrm{aff}S).$$

**定理 1.6**　设 $\{\boldsymbol{b}_0,\boldsymbol{b}_1,\cdots,\boldsymbol{b}_m\}$ 和 $\{\boldsymbol{b}'_0,\boldsymbol{b}'_1,\cdots,\boldsymbol{b}'_m\}$ 在 $\mathbf{R}^n$ 中为仿射无关的，则存在将 $\mathbf{R}^n$ 映射到自身的一一对应的仿射变换 $T$ 使得对于 $i=0,\cdots,m$ 有 $T\boldsymbol{b}_i=\boldsymbol{b}'_i$。如果 $m=n$，则 $T$ 是唯一的。

**证明**　在必要时增大给定的仿射无关集，我们能够将问题简化到 $m=n$ 的情形。正如我们在线性代数中所知道的，唯一存在将 $\mathbf{R}^n$ 映射到自身的一一对应的线性变换 $A$ 将基 $\boldsymbol{b}_1-\boldsymbol{b}_0,\cdots,\boldsymbol{b}_n-\boldsymbol{b}_0$ 变换到 $\boldsymbol{b}'_1-\boldsymbol{b}'_0,\cdots,\boldsymbol{b}'_n-\boldsymbol{b}'_0$。所期望的仿射变换定义为 $T\boldsymbol{x}=A\boldsymbol{x}+\boldsymbol{a}$，其中 $\boldsymbol{a}=\boldsymbol{b}'_0-A\boldsymbol{b}_0$。

**推论 1.6.1**　设 $M_1$ 和 $M_2$ 为 $\mathbf{R}^n$ 中两个维数相同的仿射集，则存在映 $\mathbf{R}^n$ 到自身的一一对应仿射变换 $T$ 使 $TM_1=M_2$。

**证明**　任何 $m$ 维的仿射集都能够表示成为 $m+1$ 个仿射无关点的仿射包，仿射变换保持仿射包不变。

由定理 1.4 可知映 $\mathbf{R}^n$ 到 $\mathbf{R}^m$ 的仿射变换 $T$ 的图为 $\mathbf{R}^{n+m}$ 中的子集，因为，如果 $T\boldsymbol{x}=A\boldsymbol{x}+\boldsymbol{a}$，则 $T$ 的图由向量 $\boldsymbol{z}=(\boldsymbol{x},\boldsymbol{y})$，$\boldsymbol{x}\in\mathbf{R}^n$，$\boldsymbol{y}\in\mathbf{R}^m$ 组成，满足 $Bz=\boldsymbol{b}$，其中 $\boldsymbol{b}=-\boldsymbol{a}$，$B$ 为映 $\mathbf{R}^{n+m}$ 到 $\mathbf{R}^m$ 的线性映射 $(\boldsymbol{x},\boldsymbol{y})\to A\boldsymbol{x}-\boldsymbol{y}$。

特别，映 $\mathbf{R}^n$ 到 $\mathbf{R}^m$ 的线性映射 $\boldsymbol{x}\to A\boldsymbol{x}$ 的像为包含 $\mathbf{R}^{n+m}$ 中原点的仿射集，因此为 $\mathbf{R}^{n+m}$ 中给定的子空间 $L$（定理 1.1）。$L$ 的正交补为

$$L^{\perp}=\{(\boldsymbol{x}^*,\boldsymbol{y}^*)\mid\boldsymbol{x}^*\in\mathbf{R}^n,\boldsymbol{y}^*\in\mathbf{R}^m,\boldsymbol{x}^*=-A^*\boldsymbol{y}^*\}$$

即 $L^{\perp}$ 为 $-A^*$ 的图。确实，$\boldsymbol{z}^{4*}=(\boldsymbol{x}^*,\boldsymbol{y}^*)$ 属于 $L^{\perp}$ 当且仅当对于每个 $\boldsymbol{z}=(\boldsymbol{x},\boldsymbol{y})$，$\boldsymbol{y}=A\boldsymbol{x}$，有

$$0=\langle\boldsymbol{z},\boldsymbol{z}^*\rangle=\langle\boldsymbol{x},\boldsymbol{x}^*\rangle+\langle\boldsymbol{y},\boldsymbol{y}^*\rangle$$

换言之，$(\boldsymbol{x}^*,\boldsymbol{y}^*)\in L^{\perp}$ 当且仅当对于每个 $\boldsymbol{x}\in\mathbf{R}^n$ 有

$$0=\langle\boldsymbol{x},\boldsymbol{x}^*\rangle+\langle A\boldsymbol{x},\boldsymbol{y}^*\rangle=\langle\boldsymbol{x},\boldsymbol{x}^*\rangle+\langle\boldsymbol{x},A^*\boldsymbol{y}^*\rangle=\langle\boldsymbol{x},\boldsymbol{x}^*+A^*\boldsymbol{y}^*\rangle$$

这便说明 $\boldsymbol{x}^*+A^*\boldsymbol{y}^*=\mathbf{0}$，即 $\boldsymbol{x}^*=-A^*\boldsymbol{y}^*$

任何非平凡的仿射集都能够以各种形式表示成为仿射变换的图。设 $M$ 为 $\mathbf{R}^N$ 中的仿射集并且 $0<n<N$。首先，将 $M$ 表示成为坐标满足某些线性系统方程

$$\beta_{i1}\xi_1+\cdots+\beta_{iN}\xi_N=\beta_i,\quad i=1,\cdots,k$$

的向量 $\boldsymbol{x}=(\xi_1,\cdots,\xi_N)$ 的集合，按照定理 1.4，这是可能的。$M$ 的维数为 $n$ 表明系数矩阵 $\boldsymbol{B}=(\beta_{ij})$ 具有零化度（Nullity）$n$ 且秩为 $m=N-n$。因此，可以通过解系统方程用 $\xi_{\overline{1}},\cdots,\xi_{\overline{n}}$ 来表示 $\xi_{\overline{n+1}},\cdots,\xi_{\overline{N}}$，其中 $\overline{1},\cdots,\overline{N}$ 为加标 $1,\cdots,N$ 的某种排列。由此获得特殊形式的系统

$$\xi_{\overline{n+1}}=\alpha_{i1}\xi_{\overline{1}}+\cdots+\alpha_{in}\xi_{\overline{n}}+\alpha_i,\quad i=1,\cdots,m.$$

这便给出了一种向量 $\boldsymbol{x}=(\xi_1,\cdots,\xi_N)$ 属于 $M$ 的充要条件。这个系统称为给定仿

射集的 Tucker 表示（Tucker representation）。它将 $M$ 表示成为映 $\mathbf{R}^n$ 到 $\mathbf{R}^m$ 的仿射变换的图。$M$ 的 Tucker 表示仅有有限多个（至多 $N!$ 多个，对应于各种方法，$M$ 中向量坐标变量 $\xi_i$ 中的 $m$ 个能够用其他 $n$ 个坐标变量按照某种特殊顺序表示）。

通常，与仿射集相关的定理都能够作为"变量的线性系统"来表示，从某种意义上来说，仿射集可以给出一个 Tucker 表示。这种表示，在诸如线性不等式理论（定理 22.6 和定理 22.7）以及 Fenchel 对偶定理（推论 31.4.2）的一些结果的应用方面是重要的。

当然，子空间 $L$ 的 Tucker 表示为齐次形式

$$\xi_{\overline{n+1}}=\alpha_{i1}\xi_{\overline{1}}+\cdots+\alpha_{in}\xi_{\overline{n}},\quad i=1,\cdots,m.$$

就像前面所指出的，将 $L$ 表示成为线性变换的图的这种形式，我们知道 $L^{\perp}$ 对应于负伴随变换（adjoint transformation）的图。因此，$\boldsymbol{x}^*=(\xi_1{}^*,\cdots,\xi_N{}^*)$ 属于 $L^{\perp}$ 当且仅当

$$-\xi_{\overline{j}}{}^*=\xi_{\overline{n+i}}{}^*\alpha_{1j}+\cdots+\xi_{\overline{n+m}}{}^*\alpha_{mj},\quad j=1,\cdots,n.$$

这样便提供了 $L^{\perp}$ 的一种 Tucker 表示。因此，存在给定的子空间及其正交补的 Tucker 表示之间的简单而有用的一一对应。

## 第 2 节　凸集与锥

设 $C$ 为 $\mathbf{R}^n$ 中的子集，如果对于任意 $\boldsymbol{x}\in C$，$\boldsymbol{y}\in C$ 及 $0<\lambda<1$ 均有 $(1-\lambda)\boldsymbol{x}+\lambda\boldsymbol{y}\in C$，则称 $C$ 为凸集（convex）。所有仿射集（包括空集 $\varnothing$ 及 $\mathbf{R}^n$ 本身）都是凸的。凸集比仿射集更一般的原因在于，给定两个不同点 $\boldsymbol{x}$ 和 $\boldsymbol{y}$，只要求它必须含有通过 $\boldsymbol{x}$ 与 $\boldsymbol{y}$ 直线的一部分，例如，

$$\{(1-\lambda)\boldsymbol{x}+\lambda\boldsymbol{y}\mid 0\leqslant\lambda\leqslant 1\},$$

这个部分称为 $\boldsymbol{x}$ 和 $\boldsymbol{y}$ 之间的（闭）线段。例如，$\mathbf{R}^3$ 中的椭球面和立方体都是凸的，但不是放射的。

半空间（half-spaces）为凸集的重要例子。对于任意非零 $\boldsymbol{b}\in\mathbf{R}^n$ 和任意 $\beta\in\mathbf{R}$，称集合

$$\{\boldsymbol{x}\mid\langle\boldsymbol{x},\boldsymbol{b}\rangle\leqslant\beta\},\qquad\{\boldsymbol{x}\mid\langle\boldsymbol{x},\boldsymbol{b}\rangle\geqslant\beta\}$$

为闭半空间（closed half-spaces），称集合

$$\{\boldsymbol{x}\mid\langle\boldsymbol{x},\boldsymbol{b}\rangle<\beta\},\qquad\{\boldsymbol{x}\mid\langle\boldsymbol{x},\boldsymbol{b}\rangle>\beta\}$$

为开半空间（open half-spaces）。这四个集合显然为非空凸集。对于 $\lambda\neq 0$，如果用 $\lambda\boldsymbol{b}$ 和 $\lambda\beta$ 分别代替 $\boldsymbol{b}$ 和 $\beta$，则上述四个半空间保持不变。因此，这些半空间仅仅取决于超平面 $H=\{\boldsymbol{x}\mid\langle\boldsymbol{x},\boldsymbol{b}\rangle=\beta\}$（定理 1.3）。因此，可以不含糊地说开及闭半空间对应于给定的超平面。

**定理 2.1**　任意多个凸集的交仍为凸的。

**证明**　易证从略。

**推论 2.1.1**　假设 $I$ 为一个指标集（an arbitrary index set），对于 $i\in I$ 有 $\boldsymbol{b}_i\in\mathbf{R}^n$ 及 $\beta_i\in\mathbf{R}$，则集合

$$C=\{\boldsymbol{x}\in\mathbf{R}^n\mid\langle\boldsymbol{x},\boldsymbol{b}_i\rangle\leqslant\beta_i,\forall i\in I\}$$

为凸的。

**证明**　令 $C_i=\{\boldsymbol{x}\mid\langle\boldsymbol{x},\boldsymbol{b}_i\rangle\leqslant\beta_i\}$，则 $C_i$ 为闭半空间或 $\mathbf{R}^n$ 或 $\varnothing$ 且 $C=\bigcap\limits_{i\in I}C_i$。

当然，如果不等号 $\leqslant$ 换为 $\geqslant$，$>$，$<$ 或 $=$，此推论的结论仍然成立。因此，$n$ 个变元的联立线性不等式方程系统的解集 $C$ 为 $\mathbf{R}^n$ 中的凸集，这对于理论和应用都很重要。

推论 2.1.1 将在推论 4.6.1 中得以推广。

能够表示成为 $\mathbf{R}^n$ 中有限个闭半空间交的集合被称为多面凸集（polyhedral convex set）。这样的集合比一般的凸集有更好的性质，多半是由于它们缺乏“曲率”（curvature）。多面凸集理论将在第 19 节中简单处理。当然，它能够应用于联立线性方程和弱线性不等式系统的研究。

向量和

$$\lambda_1\boldsymbol{x}_1+\cdots+\lambda_m\boldsymbol{x}_m,$$

若所有系数 $\lambda_i$ 都非负且 $\lambda_1+\cdots+\lambda_m=1$，则称为关于 $\boldsymbol{x}_1$，…，$\boldsymbol{x}_m$ 的凸组合（convex combination）。对于许多情况，当凸组合出现在应用数学中时，$\lambda_1$，…，$\lambda_m$ 能够被解释为概率或比例。例如，质量分别为 $\alpha_1$，…，$\alpha_m$ 的 $m$ 个粒子位于 $\mathbf{R}^3$ 中的点 $\boldsymbol{x}_1$，…，$\boldsymbol{x}_m$ 处，则系统重心在点 $\lambda_1\boldsymbol{x}_1+\cdots+\lambda_m\boldsymbol{x}_m$ 处，其中 $\lambda_i=\alpha_i/(\alpha_1+\cdots+\alpha_m)$。在这个凸组合中，$\lambda_i$ 为位于 $\boldsymbol{x}_i$ 点总的权的比。

**定理 2.2**　$\mathbf{R}^n$ 中的子集是凸集当且仅当它包含所有元素的凸组合。

**证明**　由定义，集合 $C$ 为凸集当且仅当只要 $\boldsymbol{x}_1\in C$，$\boldsymbol{x}_2\in C$，$\lambda_1\geqslant0$，$\lambda_2\geqslant0$ 及 $\lambda_1+\lambda_2=1$，就有 $\lambda_1\boldsymbol{x}_1+\lambda_2\boldsymbol{x}_2\in C$。换句话说，$C$ 的凸性意味着 $C$ 对于 $m=2$ 的凸组合为闭的。我们必须证明当考虑 $m>2$ 的凸组合的情况下 $C$ 也是闭的。选择 $m>2$，并且做归纳法假设对所有小于 $m$ 个向量的凸组合都是闭的。给定 $C$ 的凸组合 $\boldsymbol{x}=\lambda_1\boldsymbol{x}_1+\cdots+\lambda_m\boldsymbol{x}_m$，假设常数 $\lambda_i$ 中至少有一个不等于 1（因为否则 $\lambda_1+\cdots+\lambda_m=m\neq1$）；为方便起见，我们设它为 $\lambda_1$。令

$$\boldsymbol{y}=\lambda_2'\boldsymbol{x}_2+\cdots+\lambda_m'\boldsymbol{x}_m,\lambda_i'=\lambda_i/(1-\lambda_1)$$

则对于 $i=2$，…，$m$ 有 $\lambda_i'\geqslant0$，且

$$\lambda_2'+\cdots+\lambda_m'=(\lambda_2+\cdots+\lambda_m)/(\lambda_2+\cdots+\lambda_m)=1.$$

因此，$\boldsymbol{y}$ 为 $C$ 中 $m-1$ 个元素的凸组合，由归纳法知道 $\boldsymbol{y}\in C$。因为 $\boldsymbol{x}=(1-\lambda_1)\boldsymbol{y}+\lambda_1\boldsymbol{x}_1$，所以，$\boldsymbol{x}\in C$。

包含 $\mathbf{R}^n$ 中给定子集 $S$ 的所有凸集的交称为 $S$ 的凸包（convex hull），记为 $\mathrm{conv}S$，由定理 2.1 知道它为凸集，而且是包含 $S$ 的唯一最小的凸集。

**定理 2.3**　对于任意 $S\subset\mathbf{R}^n$，$\mathrm{conv}S$ 由 $S$ 中元素的所有凸组合组成。

**证明**　$S$ 的元素属于 $\mathrm{conv}S$，所以，由定理 2.2 知道，它们的所有凸组合属于

conv$S$。另外，给定两个凸组合 $\boldsymbol{x}=\lambda_1\boldsymbol{x}_1+\cdots+\lambda_m\boldsymbol{x}_m$ 和 $\boldsymbol{y}=\mu_1\boldsymbol{y}_1+\cdots+\mu_r\boldsymbol{y}_r$，其中 $\boldsymbol{x}_i\in S$ 和 $\boldsymbol{y}_j\in S$。向量

$$(1-\lambda)\boldsymbol{x}+\lambda\boldsymbol{y}=(1-\lambda)\lambda_1\boldsymbol{x}_1+\cdots+(1-\lambda)\lambda_m\boldsymbol{x}_m+\lambda\mu_1 y_1+\cdots+\lambda\mu_r y_r,$$

其中 $0\leqslant\lambda\leqslant1$，为 $S$ 中元素的另外凸组合。因此，$S$ 中元素凸组合的集合本身为凸集。它含有 $S$ 集合本身，它就是包含 $S$ 的最小凸组合 conv$S$。

事实上，在定理 2.3 中每次考虑包含 $n+1$ 个或更少元素的凸组合就够了。这个重要的结论称为 Carathéodory 定理，将在第 17 节中予以证明。定理 2.3 的另外一种改进将在定理 3.3 中给出。

**推论 2.3.1** $\mathbf{R}^n$ 中有限子集合 $\{\boldsymbol{b}_0, \cdots, \boldsymbol{b}_m\}$ 的凸包由所有形如 $\lambda_0\boldsymbol{b}_0+\cdots+\lambda_m\boldsymbol{b}_m$ 的向量组成，其中 $\lambda_0\geqslant0, \cdots, \lambda_m\geqslant0$，$\lambda_0+\cdots+\lambda_m=1$。

**证明** $\{\boldsymbol{b}_0, \cdots, \boldsymbol{b}_m\}$ 中元素的每个凸组合都能够表示成为 $\boldsymbol{b}_0, \cdots, \boldsymbol{b}_m$ 的凸组合，并将那些不需要的 $\boldsymbol{b}_i$ 的系数取为零。

有限多个元素的凸包称为多面体（polytope）。如果 $\{\boldsymbol{b}_0, \cdots, \boldsymbol{b}_m\}$ 为仿射无关的，则它的凸包称为 $m$ 维单纯形（$m$-dimensional simplex），$\boldsymbol{b}_0, \cdots, \boldsymbol{b}_m$ 称为单纯形的顶点（vertices）。就 aff$\{\boldsymbol{b}_0, \cdots, \boldsymbol{b}_m\}$ 的重心坐标来说，单纯形中的每个点都唯一可表示为顶点的组合。满足 $\lambda_0=\cdots=\lambda_m=1/(1+m)$ 的点 $\lambda_0\boldsymbol{b}_0+\cdots+\lambda_m\boldsymbol{b}_m$ 称为单纯形的中点（midpoint）或重心（barycenter）。当 $m=0, 1, 2$ 或 3 时，单纯形分别为点、(闭的）线段、三角形或四面体。

一般地，凸集 $C$ 的维数是指 $C$ 的仿射包的维数。因此，凸圆盘的维数为 2 维的，无论它所嵌入空间的维数是多少。(正如已经定义的，仿射集或单纯形的维数约定为凸集的维数)。下列事实将在第 6 节用于证明非空凸集具有非空相对内部。

**定理 2.4** 凸集 $C$ 的维数是包含于其内的单纯形维数的最大者。

**证明** $C$ 的子集的任何凸包都包含在 $C$ 内。因此，包含于 $C$ 内的单纯形的最大维数是使得 $C$ 包含 $m+1$ 个元素的仿射无关集的最大的 $m$。设 $\{\boldsymbol{b}_0, \boldsymbol{b}_1, \cdots, \boldsymbol{b}_m\}$ 是具有 $m$ 最大值的集合，令 $M$ 为其仿射包，则 dim$M=m$ 且 $M\subset$aff$C$。进一步，有 $C\subset M$，因为，如果 $C\setminus M$ 含有一个元素 $\boldsymbol{b}$，则属于 $C$ 的 $m+2$ 个元素 $\boldsymbol{b}_0, \boldsymbol{b}_1, \cdots, \boldsymbol{b}_m, \boldsymbol{b}$ 将是仿射无关的，与 $m$ 的最大性矛盾。(例如，aff$\{\boldsymbol{b}_0, \boldsymbol{b}_1, \cdots, \boldsymbol{b}_m, \boldsymbol{b}\}$ 将完全包含 $M$，因此大于 $m$ 维）因为 aff$C$ 为包含 $C$ 的最小仿射集，所以 aff$C=M$ 且 dim$C=m$。

设 $K$ 为 $\mathbf{R}^n$ 中的子集，如果它关于正的标量乘积是封闭的，即，当 $\boldsymbol{x}\in K$ 且 $\lambda>0$时 $\lambda\boldsymbol{x}\in K$，则称 $K$ 为锥这样的集合是由原点发射（emanate）的半直线的并集。凸锥（convex cone）是一个锥且是一个凸集。(注意，许多作者不称 $K$ 为凸锥，除非它含有原点，对于这些作者而言，凸锥是指一个非空凸集，其对非负标量的乘积具有封闭性。)

读者没有必要把凸锥想象成为带有“点的”，$\mathbf{R}^n$ 的不少子空间都为特殊的凸锥，通过原点的超平面对应的开的和闭的半空间都是凸锥。

两个最重要凸锥的例子分别为 $\mathbf{R}^n$ 中的非负象限（non-negative orthant）

$$\{\boldsymbol{x}=(\xi_1,\cdots,\xi_n)\mid\xi_1\geqslant0,\cdots,\xi_n\geqslant0\}.$$

和正象限（positive orthant）

$$\{\boldsymbol{x}=(\xi_1,\cdots,\xi_n)\mid\xi_1>0,\cdots,\xi_n>0\}.$$

这些锥在不等式理论中是有用的。当 $\boldsymbol{x}-\boldsymbol{x}'$属于非负象限，即 $\xi_j\geqslant\xi_j'$，$j=1$，…，$n$ 时，习惯于写成 $\boldsymbol{x}\geqslant\boldsymbol{x}'$。按照这个概念，非负象限由满足 $\boldsymbol{x}\geqslant\mathbf{0}$ 的向量组成。

**定理 2.5**　任意多个凸锥的交集仍为凸锥。

**证明**　易证。

**推论 2.5.1**　设 $I$ 为任意的指标集，若对于每个 $i\in I$ 均有 $\boldsymbol{b}_i\in\mathbf{R}^n$，则

$$K=\{\boldsymbol{x}\in\mathbf{R}^n\mid\langle\boldsymbol{x},\boldsymbol{b}_i\rangle\leqslant0,i\in I\}$$

为凸锥。

**证明**　与推论 2.1.1 同理可证。

当然，在推论 2.5.1 中，$\leqslant$可以换为$\geqslant$、$>$、$<$或$=$。因此，如果不等式为齐次的，则线性不等式系统的解集是凸锥，而不仅仅为凸集。

凸锥的下列特征强调了凸锥与子空间之间的类似性。

**定理 2.6**　$\mathbf{R}^n$ 中的子集为凸锥当且仅当其对加法和正标量乘法运算封闭。

**证明**　设 $K$ 为锥。$\boldsymbol{x}\in K$ 且 $\boldsymbol{y}\in K$。如果 $K$ 为凸的，则向量 $\boldsymbol{z}=(1/2)(\boldsymbol{x}+\boldsymbol{y})$ 属于 $K$。另一方面，如果 $K$ 对加法运算为闭的，而且 $0<\lambda<1$，则向量 $(1-\lambda)\boldsymbol{x}$ 和$\lambda\boldsymbol{y}$ 均属于$K$，因此 $(1-\lambda)\boldsymbol{x}+\lambda\boldsymbol{y}\in K$。所以 $K$ 为凸的当且仅当它对于加法运算是封闭的。

**推论 2.6.1**　$\mathbf{R}^n$ 中的子集为凸锥当且仅当它含有其元素的所有正线性组合（即，在线性组合 $\lambda_1\boldsymbol{x}_1+\cdots+\lambda_m\boldsymbol{x}_m$ 中所有系数都为正的）。

**推论 2.6.2**　设 $S$ 为 $\mathbf{R}^n$ 中的任一子集，而 $K$ 为$S$ 中元素的所有正线性组合所组成的集合，则 $K$ 为包含 $S$ 的最小凸锥。

**证明**　显然，$K$ 对加法和正标量乘法运算封闭，且 $K\supset S$。另一方面，包含 $S$ 的每个凸锥一定含有 $K$。

当 $S$ 为凸的时，比较简单的刻画是可能的，可见如下推论。

**推论 2.6.3**　设 $C$ 为凸集且记

$$K=\{\lambda\boldsymbol{x}\mid\lambda>0,\boldsymbol{x}\in C\},$$

则 $K$ 为包含$C$ 的最小的凸锥。

**证明**　由前面的推论可以得到。例如，$C$ 中元素的每个正线性组合都为$C$ 中元素凸组合的正的标量乘积，因此为 $K$ 中的元素。

在推论 2.6.2（或者推论 2.6.3）中把原点加入到锥中所获得的凸锥被称为由 $S$ 或$C$ 所生成的凸锥并用 cone$S$ 表示。（因此，按照术语，$S$ 的生成锥不是包含 $S$ 的最小凸锥，除非后者恰好含有原点）。如果 $S\neq\varnothing$，cone$S$ 包含 $S$ 中元素的所有非负（而不是正的）线性组合。显然，

$$\text{cone}S=\text{conv}(\text{ray}S)$$

其中 ray$S$ 为原点以及由非零向量 $\boldsymbol{y}\in S$ 生成的各种半直线（形如 $\{\lambda\boldsymbol{y}\mid\lambda\geqslant0\}$ 的半直线）的并。

正如椭圆圆盘能够被看成固体的圆锥（体）的截面一样，$\mathbf{R}^n$ 中每个凸集 $C$ 都能够被看成 $\mathbf{R}^{n+1}$ 中某些凸锥 $K$ 的截面。的确，假设 $K$ 为由 $\mathbf{R}^{n+1}$ 中满足 $\boldsymbol{x}\in C$ 的数对 $(1,\boldsymbol{x})$ 所生成的凸锥，则 $K$ 含有 $\mathbf{R}^{n+1}$ 的原点以及满足 $\lambda>0$，$\boldsymbol{x}\in C$ 的所有数对 $(\lambda,\lambda\boldsymbol{x})$，$K$ 与超平面 $\{(\lambda,\boldsymbol{y})\mid\lambda=1\}$ 的交看成 $C$。如果这样选择，则由相应（通常较简单）的定理得到许多关于凸锥的定理是可能的。

向量 $\boldsymbol{x}^*$ 称为在点 $\boldsymbol{a}$ 处与凸集 $C$ 正交（normal），其中 $\boldsymbol{a}\in C$，指 $\boldsymbol{x}^*$ 与 $C$ 中以 $\boldsymbol{a}$ 为端点的任何线段都不构成锐角，即假设对于每个 $\boldsymbol{x}\in C$ 都有 $\langle\boldsymbol{x}-\boldsymbol{a},\boldsymbol{x}^*\rangle\leqslant0$。例如，如果 $C$ 为半空间 $\{\boldsymbol{x}\mid\langle\boldsymbol{x},\boldsymbol{b}\rangle\leqslant\beta\}$ 且 $\boldsymbol{a}$ 满足 $\langle\boldsymbol{a},\boldsymbol{b}\rangle=\beta$，则 $\boldsymbol{b}$ 在 $\boldsymbol{a}$ 处与 $C$ 正交。一般而言，所有与 $C$ 在 $\boldsymbol{a}$ 点正交的向量 $\boldsymbol{x}^*$ 的集合被称为 $C$ 在 $\boldsymbol{a}$ 点的法锥（normal cone）。读者易证这个锥总是凸的。

另外，一个容易验证的凸锥例子为凸集 $C$ 的闸锥（barrier cone），它定义为存在 $\beta\in\mathbf{R}$ 使对每个 $\boldsymbol{x}\in C$ 都有 $\langle\boldsymbol{x},\boldsymbol{x}^*\rangle\leqslant\beta$。

含有 $\mathbf{0}$ 的每个凸锥都与如下的子空间对相联系。

**定理 2.7** 设 $K$ 为含有 $\mathbf{0}$ 的凸锥，则存在包含 $K$ 的最小的子空间，例如，

$$K-K=\{\boldsymbol{x}-\boldsymbol{y}\mid\boldsymbol{x}\in K,\boldsymbol{y}\in K\}=\text{aff}K,$$

且存在含于 $K$ 内的最大的子空间，如 $(-K)\cap K$。

**证明** 由定理 2.6 知道，$K$ 关于加法和正标量乘法为封闭的。作为一个子空间，它必须还包含 $\mathbf{0}$，且对 $-1$ 乘法是封闭的。显然，$K-K$ 为含有 $K$ 的最小集合，$(-K)\cap K$ 为包含于 $K$ 的最大集合。前者一定与 aff$K$ 相吻合，因为由定理 1.1 知道，含有 $\mathbf{0}$ 的集合的仿射包为子空间。

## 第 3 节　凸集代数

许多代数运算保持凸集类不变。例如，如果 $C$ 为 $\mathbf{R}^n$ 中的凸集，则每个平移 $C+\boldsymbol{a}$ 和每个标量乘积 $\lambda C$ 仍为凸集，其中

$$\lambda C=\{\lambda\boldsymbol{x}\mid\boldsymbol{x}\in C\}.$$

从几何来看，如果 $\lambda>0$，$\lambda C$ 为 $C$ 在借助因子 $\lambda$ 对 $\mathbf{R}^n$ 进行扩张（或收缩）且保持原点不变的变换下的像。

$C$ 穿过原点的对称反射（symmetric reflection）定义为 $-C=(-1)C$。如果凸集 $C$ 满足 $-C=C$，则称其为对称的。这样的集合（如果非空），则一定含有原点，因为它不仅必须含有 $\boldsymbol{x}$ 和 $-\boldsymbol{x}$，也包含 $\boldsymbol{x}$ 和 $-\boldsymbol{x}$ 之间的整个线段。非空凸锥当对称时为子空间（定理 2.7）。

**定理 3.1** 如果 $C_1$ 和 $C_2$ 为 $\mathbf{R}^n$ 中的凸集，则它们的和 $C_1+C_2$ 也为凸集，

其中，

$$C_1+C_2=\{\boldsymbol{x}_1+\boldsymbol{x}_2 \mid \boldsymbol{x}_1\in C_1,\boldsymbol{x}_2\in C_2\}$$

**证明**　设 $\boldsymbol{x}$ 和 $\boldsymbol{y}$ 为 $C_1+C_2$ 中的点。存在 $C_1$ 中的向量 $\boldsymbol{x}_1$ 和 $\boldsymbol{y}_1$ 以及 $C_2$ 中的向量 $\boldsymbol{x}_2$ 和 $\boldsymbol{y}_2$，使得

$$\boldsymbol{x}=\boldsymbol{x}_1+\boldsymbol{x}_2,\boldsymbol{y}=\boldsymbol{y}_1+\boldsymbol{y}_2.$$

对于 $0<\lambda<1$，有

$$(1-\lambda)\boldsymbol{x}+\lambda\boldsymbol{y}=[(1-\lambda)\boldsymbol{x}_1+\lambda\boldsymbol{y}_1]+[(1-\lambda)\boldsymbol{x}_2+\lambda\boldsymbol{y}_2]$$

由 $C_1$ 和 $C_2$ 的凸性有

$$(1-\lambda)\boldsymbol{x}_1+\lambda\boldsymbol{y}_1\in C_1,(1-\lambda)\boldsymbol{x}_2+\lambda\boldsymbol{y}_2\in C_2,$$

因此，$(1-\lambda)\boldsymbol{x}+\lambda\boldsymbol{y}\in C_1+C_2$。

为了方便说明，假设 $C_1$ 为凸集且 $C_2$ 为非负半平面，则

$$\begin{aligned}C_1+C_2&=\{\boldsymbol{x}_1+\boldsymbol{x}_2 \mid \boldsymbol{x}_1\in C_1,\boldsymbol{x}_2\geqslant\boldsymbol{0}\}\\&=\{\boldsymbol{x} \mid \exists\,\boldsymbol{x}_1\in C_1,\boldsymbol{x}_1\leqslant\boldsymbol{x}\}.\end{aligned}$$

当 $C_1$ 为凸集时由定理 3.1 知道后者集合也为凸的。由定义，集合 $C$ 的凸性意味着

$$(1-\lambda)C+\lambda C\subset C,\quad 0<\lambda<1$$

我们不久将会看到对于凸集确实有等式成立。集合 $K$ 为凸锥当且仅当对于每个 $\lambda>0$ 有 $\lambda K\subset K$，且 $K+K\subset K$（定理 2.6）。

如果 $C_1$，…，$C_m$ 为凸集，则线性组合

$$C=\lambda_1C_1+\cdots+\lambda_mC_m,$$

也为凸集。自然，当 $\lambda_1\geqslant0$，…，$\lambda_m\geqslant0$ 且 $\lambda_1+\cdots+\lambda_m=1$ 时称 $C$ 为关于 $C_1$，…，$C_m$ 的凸组合。在这种情况下，从几何角度将 $C$ 看成 $C_1$，…，$C_m$ 的混合类是合适的。例如，设 $C_1$ 和 $C_2$ 分别为 $\mathbf{R}^2$ 中的三角形和圆。当 $\lambda$ 由 0 变化到 1 时，

$$C=(1-\lambda)C_1+\lambda C_2,$$

从三角形变化到圆角三角形（triangle with rounded corners），越来越圆，直到成为圆盘。

从几何直觉方面来看，将 $C_1+C_2$ 看作 $\boldsymbol{x}_1$ 取遍 $C_1$ 时所有平移 $\boldsymbol{x}_1+C_2$ 的并集。

对于集合的加法和标量乘法满足什么代数规律？常见的，甚至在不牵扯到凸性的情况下有

$$\begin{gathered}C_1+C_2=C_2+C_1,\\(C_1+C_2)+C_3=C_1+(C_2+C_3),\\\lambda_1(\lambda_2C)=(\lambda_1\lambda_2)C,\\\lambda(C_1+C_2)=\lambda C_1+\lambda C_2.\end{gathered}$$

由单个 $\boldsymbol{0}$ 元素构成的凸集是加法运算的单位元。加法的逆运算不存在，因为集合中的点多于一个；一般来说，最好的一个例子为当 $C\neq\varnothing$ 时 $\boldsymbol{0}\in[C+(-C)]$。

正如在下一个定理中将要证明的，集代数至少有一个重要的规律确实依赖于凸

性。分配律的满足事实上等价于集合 $C$ 的凸性，因为这个规律表明当 $0\leqslant\lambda\leqslant 1$ 时，$(1-\lambda)C+\lambda C$ 包含于 $C$ 中。

**定理 3.2** 假设 $C$ 为凸集且 $\lambda_1\geqslant 0$，$\lambda_2\geqslant 0$，则

$$(\lambda_1+\lambda_2)C=\lambda_1 C+\lambda_2 C.$$

**证明** 无论 $C$ 是否为凸集，包含关系 $\subset$ 始终是成立的。逆包含由凸性关系

$$C\supset[\lambda_1/(\lambda_1+\lambda_2)]C+[\lambda_2/(\lambda_1+\lambda_2)]C$$

在 $\lambda_1+\lambda_2>0$ 时通过 $\lambda_1+\lambda_2$ 的乘法得到。如果 $\lambda_1$ 或 $\lambda_2$ 为 0，定理的结论是显然的。

给定 $\mathbf{R}^n$ 中两个凸集 $C_1$ 和 $C_2$，存在唯一的一个最大的凸集同时包含于 $C_1$ 和 $C_2$，如 $C_1\cap C_2$，以及同时包含 $C_1$ 和 $C_2$ 的最小凸集，如 $\operatorname{conv}(C_1\cup C_2)$。相同的结果不仅对于一对集合，而且对于一族集合 $\{C_i\mid i\in I\}$ 也成立。换言之，$\mathbf{R}^n$ 中所有凸子集按照与包含关系对应的自然偏序构成完全格（complete lattice）。

**定理 3.3** 设 $\{C_i\mid i\in I\}$ 为 $\mathbf{R}^n$ 中非空凸集的集合，$C$ 为这些集合并集的凸包，则

$$C=\bigcup\left\{\sum_{i\in I}\lambda_i C_i\right\},$$

这里并集取遍所有有限凸组合（即取遍所有系数 $\lambda_i$，使仅仅有有限个非零且和为 1）。

**证明** 由定理 2.3，$C$ 为由所有凸组合 $\boldsymbol{x}=\mu_1\boldsymbol{y}_1+\cdots+\mu_m\boldsymbol{y}_m$ 所构成的集合，其中 $\boldsymbol{y}_1$，…，$\boldsymbol{y}_m$ 属于构成并集的集合 $C_i$。事实上，我们只要选取这些组合使得系数非负，向量来自不同的 $C_i$ 即可。系数为零的向量可以从组合中去掉，如果两个具有正系数的向量属于同一 $C_i$，比如说 $\boldsymbol{y}_1$ 和 $\boldsymbol{y}_2$，则项 $\mu_1\boldsymbol{y}_1+\mu_2\boldsymbol{y}_2$ 可以用 $\mu\boldsymbol{y}$ 来代替，其中 $\mu=\mu_1+\mu_2$ 且

$$\boldsymbol{y}=(\mu_1/\mu)\boldsymbol{y}_1+(\mu_2/\mu)\boldsymbol{y}_2\in C_i$$

因此，$C$ 为所有形如 $\mu_1 C_{i_1}+\cdots+\mu_m C_{i_m}$ 的凸组合的并集，其中指标 $i_1$，…，$i_m$ 是不同的。除了表示方法不同外，与定理中所描述的并集是一样的。

给定映 $\mathbf{R}^n$ 到 $\mathbf{R}^m$ 的线性变换 $A$，按习惯定义

$$AC=\{A\boldsymbol{x}\mid\boldsymbol{x}\in C\},C\subset\mathbf{R}^n$$

$$A^{-1}D=\{\boldsymbol{x}\mid A\boldsymbol{x}\in D\},D\subset\mathbf{R}^m.$$

我们称 $AC$ 为 $C$ 在 $A$ 下的像，$A^{-1}D$ 为 $D$ 在 $A$ 下的逆像。值得注意的是，这些线性变换保持像的凸性不变。（当然，记号 $A^{-1}D$ 并非不要求逆线性变换作为单值映射而存在。）

**定理 3.4** 设 $A$ 为映 $\mathbf{R}^n$ 到 $\mathbf{R}^m$ 的线性变换，则对于 $\mathbf{R}^n$ 中的每个凸集 $C$，$AC$ 为 $\mathbf{R}^m$ 中的凸集，对于 $\mathbf{R}^m$ 中的每个凸集 $D$，$A^{-1}D$ 为 $\mathbf{R}^n$ 中的凸集。

**证明** 作为基本练习。

**推论 3.4.1** 凸集 $C$ 向任意子空间 $L$ 的正交投影为凸集。

**证明**　向子空间 $L$ 的正交投影为线性变换，即对于每个点 $\boldsymbol{x}$，存在唯一点 $\boldsymbol{y}\in L$ 使得 $(\boldsymbol{x}-\boldsymbol{y})\perp L$。

定理 3.4 中 $A^{-1}D$ 凸性的一种解释为当 $y$ 取遍某个凸集时，由 $A\boldsymbol{x}=\boldsymbol{y}$ 所表示的联立线性方程系统的解也取遍某个凸集。如果 $D=K+\boldsymbol{a}$，其中 $K$ 为 $\mathbf{R}^m$ 中的非负象限且 $\boldsymbol{a}\in\mathbf{R}^m$，则 $A^{-1}D$ 为满足 $A\boldsymbol{x}\geqslant\boldsymbol{a}$ 的向量 $\boldsymbol{x}$ 所构成的集合，即关于 $\mathbf{R}^n$ 中某些线性不等式系统的解。如果 $C$ 为 $\mathbf{R}^n$ 中的非负象限，则 $AC$ 代表使得方程 $A\boldsymbol{x}=\boldsymbol{y}$ 有解 $\boldsymbol{x}\geqslant\boldsymbol{0}$ 的向量 $\boldsymbol{y}\in\mathbf{R}^m$ 的集合。

**定理 3.5**　假设 $C$ 和 $D$ 分别为 $\mathbf{R}^m$ 和 $\mathbf{R}^p$ 中的凸集，则

$$C\oplus D=\{\boldsymbol{x}=(\boldsymbol{y},\boldsymbol{z})\mid \boldsymbol{y}\in C,\boldsymbol{z}\in D\}$$

为 $\mathbf{R}^{m+p}$ 中的凸集。

**证明**　证明是显然的。

定理 3.5 中的 $C\oplus D$ 称为 $C$ 和 $D$ 的直和（direct sum）。对于通常的和 $C+D$，其中 $C\subset\mathbf{R}^n$，$D\subset\mathbf{R}^n$，而言，如果每个向量 $\boldsymbol{x}\in C+D$ 都可以唯一表示为 $\boldsymbol{x}=\boldsymbol{y}+\boldsymbol{z}$，$\boldsymbol{y}\in C$，$\boldsymbol{z}\in D$ 的形式，则也称为直和。这种情况成立当且仅当对称凸集 $C-C$ 和 $D-D$ 在 $\mathbf{R}^n$ 中有唯一共同的零向量。（能够证明 $\mathbf{R}^n$ 可以表示成为两个子空间的直和，一个含有 $C$，另外一个含有 $D$。）

**定理 3.6**　设 $C_1$ 和 $C_2$ 为 $\mathbf{R}^{m+p}$ 中的凸集，$C$ 为向量 $\boldsymbol{x}=(\boldsymbol{y},\ \boldsymbol{z})$（其中 $\boldsymbol{y}\in\mathbf{R}^m$ 且 $\boldsymbol{z}\in\mathbf{R}^p$）所组成的集合并满足存在向量 $\boldsymbol{z}_1$ 和 $\boldsymbol{z}_2$ 使得 $(\boldsymbol{y},\ \boldsymbol{z}_1)\in C_1$，$(\boldsymbol{y},\ \boldsymbol{z}_2)\in C_2$ 以及 $\boldsymbol{z}_1+\boldsymbol{z}_2=\boldsymbol{z}$，则 $C$ 为 $\mathbf{R}^{m+p}$ 中的凸集。

**证明**　设 $(\boldsymbol{y},\ \boldsymbol{z})\in C$，其中 $\boldsymbol{z}_1$ 和 $\boldsymbol{z}_2$ 如定理 3.6 中所指出的。类似地，有 $(\boldsymbol{y}',\ \boldsymbol{z}')$，以及 $\boldsymbol{z}_1'$ 和 $\boldsymbol{z}_2'$，则对于 $0\leqslant\lambda\leqslant1$，$\boldsymbol{y}''=(1-\lambda)\boldsymbol{y}+\lambda\boldsymbol{y}'$ 和 $\boldsymbol{z}''=(1-\lambda)\boldsymbol{z}+\lambda\boldsymbol{z}'$ 成立，于是有

$$\begin{aligned}
&(\boldsymbol{y}'',(1-\lambda)\boldsymbol{z}_1+\lambda\boldsymbol{z}_1')=(1-\lambda)(\boldsymbol{y},\boldsymbol{z}_1)+\lambda(\boldsymbol{y}',\boldsymbol{z}_1')\in C_1,\\
&(\boldsymbol{y}'',(1-\lambda)\boldsymbol{z}_2+\lambda\boldsymbol{z}_2')=(1-\lambda)(\boldsymbol{y},\boldsymbol{z}_2)+\lambda(\boldsymbol{y}',\boldsymbol{z}_2')\in C_2,\\
&\boldsymbol{z}''=(1-\lambda)(\boldsymbol{z}_1+\boldsymbol{z}_2)+\lambda(\boldsymbol{z}_1'+\boldsymbol{z}_2')\\
&\quad=[(1-\lambda)\boldsymbol{z}_1+\lambda\boldsymbol{z}_1']+[(1-\lambda)\boldsymbol{z}_2+\lambda\boldsymbol{z}_2'].
\end{aligned}$$

因此向量 $(1-\lambda)(\boldsymbol{y},\ \boldsymbol{z})+\lambda(\boldsymbol{y}',\ \boldsymbol{z}')=(\boldsymbol{y}'',\ \boldsymbol{z}'')$ 属于 $C$。

注意到定理 3.6 描述了 $\mathbf{R}^{m+p}$ 中凸集的可交换（commutative）和可结合（associative）运算。有无限多种在 $\mathbf{R}^n$ 中引入线性坐标系并将每个向量表示成为关于分量 $\boldsymbol{y}\in\mathbf{R}^m$ 和 $\boldsymbol{z}\in\mathbf{R}^p$ 的数对的方法。每种方法都产生一种定理 3.6 中类型的运算的方法。（如果所对应的将 $\mathbf{R}^n$ 分解成为两个子空间直和的方法不同，则运算也是不同的。）这种运算被称为部分加法（partial addition）。通常的加法（即产生 $C_1+C_2$ 的运算）能够被看作定理 3.6 相应于 $m=0$ 的情形，而交集类似于 $p=0$ 的情况。介于这两种极限情况之间的是无限多种 $\mathbf{R}^n$ 中所有凸集集合的部分加法，每个都是一种可交换、可结合的二元运算（binary operation）。

前面所提到的无限多种运算似乎太具有任意性，但是，通过特殊考虑，我们能

够从这些运算中挑选出四个“自然”的。注意到，对应于 $\mathbf{R}^n$ 中的每个凸集 $C$，在 $\mathbf{R}^{n+1}$ 中存在含有原点且以 $C$ 为横断面的凸锥 $K$，如由 $\{(1,\ \boldsymbol{x}) \mid \boldsymbol{x}\in C\}$ 所生成的凸锥。这种对应为一一对应。形成所对映的值域的锥类 $K$ 由与半空间 $\{(\lambda,\ \boldsymbol{x}) \mid \lambda\leqslant 0\}$ 仅仅以 $(0,\ 0)$ 为公共交点的凸锥所组成。保持 $\mathbf{R}^{n+1}$ 中这个锥类的运算对应于 $\mathbf{R}^n$ 中凸集的运算。

将 $\mathbf{R}^{n+1}$ 分解成为数对 $(\lambda,\ \boldsymbol{x})$ 要求我们关注 $\mathbf{R}^{n+1}$ 中的四种部分运算。这四种运算是单独对 $\boldsymbol{x}$ 的加法运算、单独对 $\lambda$ 的运算，以及两个极端运算，例如，对 $\lambda$ 和 $\boldsymbol{x}$ 都进行加法运算，以及两者都不做加法运算。所有四种运算显然都保持处于特殊考虑之中的由凸锥 $K$ 所构成的特殊类。

让我们看看关于凸集的这四种部分运算意味着什么。假设 $K_1$ 和 $K_2$ 分别对应于凸集 $C_1$ 和 $C_2$。如果我们仅仅对 $K_1$ 和 $K_2$ 中的变数 $\boldsymbol{x}$ 进行部分运算，$(1,\ \boldsymbol{x})$ 属于运算后的 $K$ 当且仅当存在 $(1,\ \boldsymbol{x}_1)\in K_1$ 和 $(1,\ \boldsymbol{x}_2)\in K_2$，使得 $\boldsymbol{x}=\boldsymbol{x}_1+\boldsymbol{x}_2$。因此，与 $K$ 对应的的凸集就是 $C=C_1+C_2$。如果我们对两个自变数都进行部分运算，则 $(1,\ \boldsymbol{x})$ 属于 $K$ 当且仅当存在 $(\lambda_1,\ \boldsymbol{x}_1)\in K_1$ 和 $(\lambda_2,\ \boldsymbol{x}_2)\in K_2$，使得 $\boldsymbol{x}=\boldsymbol{x}_1+\boldsymbol{x}_2$，且 $\lambda_1+\lambda_2=1$。因此，由定理 3.3 知，$C$ 为集合 $\lambda_1 C_1+\lambda_2 C_2$ 关于 $\lambda_1\geqslant 0$，$\lambda_2\geqslant 0$，$\lambda_1+\lambda_2=1$ 的并集，就是 $\operatorname{conv}(C_1\cup C_2)$。对 $\boldsymbol{x}$ 和 $\lambda$ 均不进行加法等同于 $K_1$ 和 $K_2$ 的交，这显然对应于形成 $C_1\cap C_2$。剩下的是仅仅对 $\lambda$ 进行加法运算。因此，$(1,\ \boldsymbol{x})\in K$ 当且仅当存在 $\lambda_1\geqslant 0$，$\lambda_2\geqslant 0$，且 $\lambda_1+\lambda_2=1$ 使 $(\lambda_1,\ \boldsymbol{x})\in K_1$ 且 $(\lambda_2,\ \boldsymbol{x})\in K_2$。因此，

$$\begin{aligned} C &= \bigcup\{\lambda_1 C_1\cap\lambda_2 C_2 \mid \lambda_i\geqslant 0,\lambda_1+\lambda_2=1\} \\ &= \bigcup\{(1-\lambda)C_1\cap\lambda C_2 \mid 0\leqslant\lambda\leqslant 1\}. \end{aligned}$$

我们记这个集合为 $C_1 \# C_2$。称运算#为逆加法（inverse addition）。

**定理 3.7** 如果 $C_1$ 和 $C_2$ 为 $\mathbf{R}^n$ 中的凸集，则它们的逆和（inverse sum）$C_1 \# C_2$ 也为 $\mathbf{R}^n$ 中的凸集。

**证明** 由前面的注释得到。

逆运算是 $\mathbf{R}^n$ 中所有凸集类上的可交换、可结合的二元运算。它与通常的加法运算的相似点在于能够表示成为点态运算。为证明这个事实，我们首先注意到 $C_1 \# C_2$ 中的向量 $\boldsymbol{x}$ 可以表示成为

$$\boldsymbol{x}=\lambda\boldsymbol{x}_1=(1-\lambda)\boldsymbol{x}_2,\quad 0\leqslant\lambda\leqslant 1,\boldsymbol{x}_1\in C_1,\boldsymbol{x}_2\in C_2$$

的形式。

这样的表示要求 $\boldsymbol{x}_1$，$\boldsymbol{x}_2$ 和 $\boldsymbol{x}$ 沿着共同的射线 $\{\alpha\boldsymbol{e} \mid \alpha\geqslant 0\}$，$\boldsymbol{e}\neq\mathbf{0}$，排列。事实上，存在 $\alpha_1\geqslant 0$ 和 $\alpha_2\geqslant 0$ 使 $\boldsymbol{x}_1=\alpha_1\boldsymbol{e}$，$\boldsymbol{x}_2=\alpha_2\boldsymbol{e}$ 及

$$\boldsymbol{x}=[\alpha_1\alpha_2/(\alpha_1+\alpha_2)]\boldsymbol{e}=(\alpha_1^{-1}+\alpha_2^{-1})^{-1}\boldsymbol{e}$$

（如果 $\alpha_1=0$ 或 $\alpha_2=0$，则最后的系数可以解释为 0。）这里，$\boldsymbol{x}$ 确实依赖于 $\boldsymbol{x}_1$ 和 $\boldsymbol{x}_2$，而不依赖于 $\boldsymbol{e}$ 的选择。我们可称其为 $\boldsymbol{x}_1$ 和 $\boldsymbol{x}_2$ 的逆和，记为 $\boldsymbol{x}_1 \# \boldsymbol{x}_2$。就其定义而言，向量的逆加法仅仅对于处于共同射线（Common ray）上的向量是可交换

的和可结合的。则

$$C_1 \# C_2 = \{\boldsymbol{x}_1 \# \boldsymbol{x}_2 \mid \boldsymbol{x}_1 \in C_1, \boldsymbol{x}_2 \in C_2\}$$

与 $C_1 + C_2$ 有平行的公式。

除平移运算之外，所有 $\mathbf{R}^n$ 中的运算都保持凸锥不变。因此，当 $K_1$，$K_2$ 和 $K$ 为凸锥时，集合 $K_1+K_2$，$K_1 \# K_2$，$\mathrm{conv}(K_1 \cup K_2)$，$K_1 \cap K_2$，$K_1 \oplus K_2$，$AK$，$A^{-1}K$ 以及 $\lambda K$ 都为凸锥。正的标量乘法是锥的平凡运算：对每个 $\lambda>0$ 有 $\lambda K=K$。由于这个原因，在锥的情况下，加法和逆加法本质上退化到格运算。

**定理 3.8** 如果 $K_1$ 和 $K_2$ 为含有原点的凸锥，则

$$K_1 + K_2 = \mathrm{conv}(K_1 \cup K_2),$$
$$K_1 \# K_2 = K_1 \cap K_2.$$

**证明** 由定理 3.3 知 $\mathrm{conv}(K_1 \cup K_2)$ 为 $(1-\lambda)K_1+\lambda K_2$ 关于 $\lambda \in [0, 1]$ 的并集。当 $0<\lambda<1$ 时，后者为 $K_1+K_2$；当 $\lambda=0$ 时为 $K_1$；当 $\lambda=1$ 时为 $K_2$。因为 $\mathbf{0} \in K_1$ 且 $\mathbf{0} \in K_2$，所以 $K_1+K_2$ 同时包含 $K_1$ 和 $K_2$。因此，$\mathrm{conv}(K_1 \cup K_2)$ 与 $K_1+K_2$ 相统一。同理，$K_1 \# K_2$ 为 $(\lambda K_1) \cap (1-\lambda) K_2$ 关于 $\lambda \in [0, 1]$ 的并集。后者在 $0<\lambda<1$ 时为 $K_1 \cap K_2$，在 $\lambda=0$ 或 $\lambda=1$ 时为 $\{0\} \subset K_1 \cap K_2$。因此，$K_1 \# K_2 = K_1 \cap K_2$。

我们在这里是想提及另外一种有意义的构造。给定 $\mathbf{R}^n$ 中两个不同点 $\boldsymbol{x}$ 和 $\boldsymbol{y}$，半直线 $\{(1-\lambda)\boldsymbol{x}+\lambda \boldsymbol{y} \mid \lambda \geqslant 1\}$ 可以被想象为“从 $\boldsymbol{x}$ 点投射（cast）出的光源 $\boldsymbol{y}$ 的投影（shadow）。”当 $\boldsymbol{y}$ 取遍 $C$ 中的点时，这些半直线的并集将会是“$C$ 的投影”。这便建议我们对于 $\mathbf{R}^n$ 中任意不相交的子集 $C$ 和 $S$，定义 $C$ 关于 $S$ 的本影（umbra）为

$$\bigcap_{x \in S} \bigcup_{\lambda \geqslant 1} \{(1-\lambda)x + \lambda C\}.$$

以及 $C$ 关于 $S$ 的半影（penumbra）为

$$\bigcup_{x \in S} \bigcup_{\lambda \geqslant 1} \{(1-\lambda)x + \lambda C\}.$$

作为练习，我们留给读者证明 $C$ 凸时，本影凸，如果 $S$ 和 $C$ 都凸时，半影为凸的。

## 第4节 凸 函 数

设 $f$ 为函数，它的函数值为实数或 $\pm\infty$，其定义域为 $\mathbf{R}^n$ 中的子集 $S$。集合

$$\{(\boldsymbol{x}, \mu) \mid \boldsymbol{x} \in S, \mu \in \mathbf{R}, \mu \geqslant f(\boldsymbol{x})\}$$

称为 $f$ 的上镜图（epigraph），并且记为 $\mathrm{epi} f$。如果 $\mathrm{epi} f$。为 $\mathbf{R}^{n+1}$ 中的凸子集，则称 $f$ 为定义在 $S$ 上的凸函数。如果 $-f$ 为 $S$ 上的凸函数，则称 $f$ 为 $S$ 上的凹函数。定义在 $S$ 上的仿射（affine）函数 $f$ 是有限的，既为凸函数也为凹函数。

用 $\mathrm{dom} f$ 表示定义在 $S$ 上的凸函数的有效域（effective domain），其为 $f$ 的上镜图在 $\mathbf{R}^n$ 上的投影：

$$\text{dom} f=\{\boldsymbol{x} \mid \exists \mu,(\boldsymbol{x},\mu)\in \text{epi} f\}=\{\boldsymbol{x} \mid f(\boldsymbol{x})<+\infty\}.$$

这是 $\mathbf{R}^n$ 中的凸集，因为它是凸集 epi$f$ 关于线性变换的像（定理 3.4）。它的维数称为 $f$ 的维数。显然，$f$ 的凸性等价于 $f$ 在 dom$f$ 上的限制的凸性。一切意义都将与这个限制有关，$S$ 本身的作用并不重要。



不久将会越来越清楚地看到，不考虑所有凸函数都以固定的 $C$ 为有效域的原因。有两种好的处理方法。应将重点放在函数值不取$+\infty$的那些函数上，以便 $S$ 与 dom$f$（随着 $f$ 的变化而变化）保持一致，或者，将定义限制在整个 $\mathbf{R}^n$ 上，因为定义在 $S$ 上的凸函数可以通过取 $f(\boldsymbol{x})=+\infty(\boldsymbol{x}\notin S)$ 的办法将其延拓到整个 $\mathbf{R}^n$ 上。

第二种方法在本书中将会看到。因此，除非特别说明，本书所称的“凸函数”（“convex function”），均指“在整个 $\mathbf{R}^n$ 上定义并取有限值的凸函数”。这种方法具有将关于有效域的技术难题整体得以处理的优点。例如，按照某公式构造出凸函数 $f$，同一公式就简单地限定了 $f$ 的有效域，因为它们确定了 $f$ 在哪里为$+\infty$，在哪里不为$+\infty$。按照另外的方法，我们必须在 $f$ 的函数值存在的区域确定之前，首先不得不给出 $f$ 有效域的描述。

这种方法确实导致了包括$+\infty$和$-\infty$在内的算术运算。下面的规则为显然的。

当$-\infty<\alpha\leqslant\infty$时，$\alpha+\infty=\infty+\alpha=\infty$，

当$-\infty\leqslant\alpha<\infty$时，$\alpha-\infty=-\infty+\alpha=-\infty$，

当 $0<\alpha\leqslant\infty$时，$\alpha\,\infty=\infty\alpha=\infty$，$\alpha(-\infty)=(-\infty)\alpha=-\infty$，

当$-\infty\leqslant\alpha<0$ 时，$\alpha\,\infty=\infty\alpha=-\infty$，$\alpha(-\infty)=(-\infty)\alpha=\infty$，

$0\,\infty=\infty 0=0=0(-\infty)=(-\infty)0$，$-(-\infty)=\infty$，

$\inf\varnothing=+\infty$，$\sup\varnothing=-\infty$，

形如$\infty-\infty$和$-\infty+\infty$的组合没有定义，将会避免。

按照这些规则，如果避免了二元运算 $\alpha+\beta$ 值在$\infty-\infty$和$-\infty+\infty$情况，则有类似于算术运算的规则

$$\alpha_1+\alpha_2=\alpha_2+\alpha_1,\quad (\alpha_1+\alpha_2)+\alpha_3=\alpha_1+(\alpha_2+\alpha_3),$$
$$\alpha_1\alpha_2=\alpha_2\alpha_1,\quad (\alpha_1\alpha_2)\alpha_3=\alpha_1(\alpha_2\alpha_3),$$
$$\alpha(\alpha_1+\alpha_2)=\alpha\alpha_1+\alpha\alpha_2$$

这些都可以按照 $\alpha$ 等变量取有限值和无限值的情况进行直接验证。

避免$\infty-\infty$的出现要格外小心，如同避免在被除数中出现零一样。实际上，借助假设就通常会在特定的计算中主动排除一个或多个无限情况的出现。

如果凸函数 $f$ 的上镜图非空且不含有垂线，则称其为正常的，即至少存在一个 $\boldsymbol{x}$ 使得 $f(\boldsymbol{x})<+\infty$，且对于每个 $\boldsymbol{x}$ 有 $f(\boldsymbol{x})>-\infty$。因此，$f$ 为正常的当且仅当凸集 $C=\text{dom} f$ 非空且 $f$ 在 $C$ 上的限制是有限的。换种方式，定义在 $\mathbf{R}^n$ 上的正常凸函数是指当其限制在非空凸集上 $C$ 时为有限函数，并且通过运算 $f(\boldsymbol{x})=+\infty(\boldsymbol{x}\notin C)$ 可以延拓到整个 $\mathbf{R}^n$ 上。

不是正常的凸函数称为非正常的。正常凸函数为实际研究的对象，但是，非正常函数确实在许多情况下产生于正常，在考虑的时候，与其费力地排除它们，不如承认它们。非正常且不是简单地等于$+\infty$或$-\infty$的例子为定义在 $\mathbf{R}$ 上的函数

$$f(\boldsymbol{x})=\begin{cases}-\infty, & \text{如果}|\boldsymbol{x}|<1,\\ 0, & \text{如果}|\boldsymbol{x}|=1,\\ +\infty, & \text{如果}|\boldsymbol{x}|>1,\end{cases}$$

凸函数具有重要的插值性质。由定义知道 $f$ 为 $S$ 上的凸函数当且仅当对于 $\mathrm{epi}f$ 中的任意 $(\boldsymbol{x}, \mu)$ 和 $(\boldsymbol{y}, \nu)$，且 $0\leqslant\lambda\leqslant1$，均有

$$(1-\lambda)(\boldsymbol{x},\mu)+\lambda(\boldsymbol{y},\nu)=((1-\lambda)\boldsymbol{x}+\lambda\boldsymbol{y},(1-\lambda)\mu+\lambda\nu)$$

属于 $\mathrm{epi}f$。换言之，对任意 $\boldsymbol{x}\in S$，$\boldsymbol{y}\in S$，$f(\boldsymbol{x})\leqslant\mu\in\mathbf{R}$，$f(\boldsymbol{y})\leqslant\nu\in\mathbf{R}$ 且 $0\leqslant\lambda\leqslant1$，有 $(1-\lambda)\boldsymbol{x}+\lambda\boldsymbol{y}\in S$ 且 $f[(1-\lambda)\boldsymbol{x}+\lambda\boldsymbol{y}]\leqslant(1-\lambda)\mu+\lambda\nu$，这个条件可以以几种不同方法表示，下列两种变形特别有用。

**定理 4.1**　设 $f$ 为映 $C$ 到 $(-\infty, +\infty]$ 的函数，其中 $C$ 为凸集（如 $C=\mathbf{R}^n$），则 $f$ 为 $C$ 上的凸函数当且仅当对于每个 $\boldsymbol{x}$，$\boldsymbol{y}\in C$ 均有

$$f((1-\lambda)\boldsymbol{x}+\lambda\boldsymbol{y})\leqslant(1-\lambda)f(\boldsymbol{x})+\lambda f(\boldsymbol{y}),0<\lambda<1.$$

**定理 4.2**　设 $f$ 为映 $\mathbf{R}^n$ 到 $[-\infty, +\infty]$ 的函数，则 $f$ 为凸函数当且仅当只要 $f(\boldsymbol{x})<\alpha$ 和 $f(\boldsymbol{y})<\beta$，就有

$$f((1-\lambda)\boldsymbol{x}+\lambda\boldsymbol{y})<(1-\lambda)\alpha+\lambda\beta,0<\lambda<1.$$

另外一种有用的变形可以通过将定理 2.2 推广到上镜图而得到。

**定理 4.3**　(Jensen 不等式) 设 $f$ 为映 $\mathbf{R}^n$ 到 $(-\infty, +\infty]$ 的函数，则 $f$ 为凸函数当且仅当只要 $\lambda_1\geqslant0$，…，$\lambda_m\geqslant0$，$\lambda_1+\cdots+\lambda_m=1$，就有

$$f(\lambda_1\boldsymbol{x}_1+\cdots+\lambda_m\boldsymbol{x}_m)\leqslant\lambda_1 f(\boldsymbol{x}_1)+\cdots+\lambda_m f(\boldsymbol{x}_m).$$

**证明**　基本练习。

当然，在类似的假设下凹函数满足相反的不等式。仿射函数所满足的是将不等式改为等式的情况，因此，定义在 $\mathbf{R}^n$ 上的仿射函数为映 $\mathbf{R}^n$ 到 $\mathbf{R}$ 的仿射变换。

定理 4.1 中的不等式常常被用来作为映凸集 $C$ 到 $(-\infty, +\infty]$ 上的函数的凸性的定义。这种方法在 $f$ 的函数值中同时出现$+\infty$和$-\infty$时会引起麻烦，因为会出现$\infty-\infty$。当然，定理 4.2 中的条件能够被用作一般情况下凸性的定义，但是，本节开头所给出的定义似乎更好，因为它强调形状，对于凸函数理论来说是基本的。

从下面的定理可以得到一些定义在实直线上凸函数的经典例子。

**定理 4.4**　假设 $f$ 为定义在开区间 $(\alpha, \beta)$ 上的二次连续可微实值函数，则 $f$ 为凸的当且仅当它的二阶导数在整个 $(\alpha, \beta)$ 上为非负的。

**证明**　假设 $f''$在 $(\alpha, \beta)$ 上为非负的，则 $f'$在 $(\alpha, \beta)$ 上为非减的。对于 $\alpha<x<y<\beta$，$0<\lambda<1$，以及 $z=(1-\lambda)x+\lambda y$ 有

$$f(z)-f(x)=\int_x^z f'(t)\mathrm{d}t\leqslant f'(z)(z-x)$$

$$f(y)-f(z)=\int_z^y f'(t)\mathrm{d}t\leqslant f'(z)(y-z)$$

因为 $z-x=\lambda(y-x)$ 且 $y-z=(1-\lambda)(y-x)$，所以，

$$f(z)\leqslant f(x)+\lambda f'(z)(y-x),$$
$$f(z)\leqslant f(y)-(1-\lambda)f'(z)(y-x).$$

上述两个不等式分别乘以 $(1-\lambda)$ 与 $\lambda$，然后相加得到

$$(1-\lambda)f(z)+\lambda f(z)\leqslant(1-\lambda)f(x)+\lambda f(y).$$

左边就是 $f(z)=f((1-\lambda)x+\lambda y)$，由定理 4.1 便证明了 $f$ 在 $(\alpha,\beta)$ 上的凸性。至于定理的逆论述，假设 $f''$ 在 $(\alpha,\beta)$ 上不为非负的，则由连续性知道 $f''$ 在某个子区间 $(\alpha',\beta')$ 上为负的，在 $(\alpha',\beta')$ 上重复上述讨论，得到

$$f(z)-f(x)>f'(z)(z-x),$$
$$f(y)-f(z)<f'(z)(y-z),$$

因此，

$$f((1-\lambda)x+\lambda y)>(1-\lambda)f(x)+\lambda f(y).$$

所以 $f$ 在 $(\alpha,\beta)$ 上将不为凸函数。

定理 4.4 将在定理 24.1 和定理 24.2 中得到推广。

下面给出一些定义在 $\mathbf{R}$ 上的函数，它们的凸性由定理 4.4 得到。

1. $f(x)=\mathrm{e}^{\alpha x}$，其中 $-\infty<\alpha<\infty$；

2. 当 $x\geqslant 0$ 时，取 $f(x)=x^p$；当 $x<0$ 时，取 $f(x)=\infty$，其中 $1\leqslant p<\infty$；

3. 当 $x\geqslant 0$ 时，取 $f(x)=-x^p$；当 $x<0$ 时，取 $f(x)=\infty$，其中 $0\leqslant p\leqslant 1$；

4. 当 $x>0$ 时，取 $f(x)=x^p$；当 $x\leqslant 0$ 时，取 $f(x)=\infty$，其中 $-\infty<p\leqslant 0$；

5. 当 $|x|<\alpha$ 时，取 $f(x)=(\alpha^2-x^2)^{-1/2}$；当 $|x|\geqslant\alpha$ 时，取 $f(x)=\infty$，其中 $\alpha>0$；

6. 当 $x>0$ 时，取 $f(x)=-\log x$；当 $x\leqslant 0$ 时，取 $f(x)=\infty$。

在多维的情况下，由定理 4.1 知道，每个形如

$$f(\boldsymbol{x})=\langle\boldsymbol{x},\boldsymbol{a}\rangle+\alpha,\boldsymbol{a}\in\mathbf{R}^n,\boldsymbol{\alpha}\in\mathbf{R}$$

的函数（事实上为仿射）都是 $\mathbf{R}^n$ 中的凸函数。定义在 $\mathbf{R}^n$ 中的仿射函数确实是这种形式（定理 1.5）。

设 $\boldsymbol{Q}$ 为 $n\times n$ 阶矩阵，则二次函数（quadratic function）

$$f(\boldsymbol{x})=\frac{1}{2}\langle\boldsymbol{x},\boldsymbol{Qx}\rangle+\langle\boldsymbol{x},\boldsymbol{a}\rangle+\alpha$$

为 $\mathbf{R}^n$ 上的凸函数当且仅当 $\boldsymbol{Q}$ 为正半定的（positive semi-definite），即对于每个 $\boldsymbol{z}\in\mathbf{R}^n$，

$$\langle\boldsymbol{z},\boldsymbol{Qz}\rangle\geqslant 0$$

成立。

这可由定理 4.4 下列的多维形式而得到。

**定理 4.5** 设 $f$ 为定义在 $\mathbf{R}^n$ 中开凸集 $C$ 上的二次连续可微实值函数，则 $f$ 在

$C$ 上为凸的当且仅当对每个 $\boldsymbol{x}\in C$，Hessian 矩阵

$$\boldsymbol{Q}_x=(q_{ij}(x)),\quad q_{ij}(x)=\frac{\partial^2 f}{\partial\xi_i\partial\xi_j}(\xi_1,\cdots,\xi_n)$$

为正半定的。

**证明**　$f$ 在 $C$ 上是凸的等价于 $f$ 在 $C$ 上每个线段上限制为凸的。这等同于对于每个 $\boldsymbol{y}\in C$ 和 $\boldsymbol{z}\in\mathbf{R}^n$ 函数 $g(\lambda)=f(\boldsymbol{y}+\lambda\boldsymbol{z})$ 在开实区间 $\{\lambda\mid\boldsymbol{y}+\lambda\boldsymbol{z}\in C\}$ 上的凸性。直接求导可得

$$g''(\lambda)=\langle\boldsymbol{z},\boldsymbol{Q}_x\boldsymbol{z}\rangle,\quad \boldsymbol{x}=\boldsymbol{y}+\lambda\boldsymbol{z}$$

因此，由定理 4.4 知道，对于每个 $\boldsymbol{y}\in C$ 和 $\boldsymbol{z}\in\mathbf{R}^n$ 函数 $g(\lambda)$ 为凸函数当且仅当对每个 $\boldsymbol{x}\in C$ 和 $\boldsymbol{z}\in\mathbf{R}^n$ 有 $\langle\boldsymbol{z},\boldsymbol{Q}_x\boldsymbol{z}\rangle\geqslant 0$。

可以用定理 4.5 验证负几何平均这种有趣函数的凸性。

$$f(\boldsymbol{x})=f(\xi_1,\cdots,\xi_n)=\begin{cases}-(\xi_1\xi_2\cdots\xi_n)^{1/n}, & \text{当 } \xi_1\geqslant 0,\cdots,\xi_n\geqslant 0 \text{ 时}\\ +\infty, & \text{其他}\end{cases}$$

直接计算可得对于 $\boldsymbol{z}=(\zeta_1,\ \cdots,\ \zeta_n)$，$\boldsymbol{x}=(\xi_1,\ \cdots,\ \xi_n)$，$\xi_1>0$，…，$\xi_n>0$ 有

$$\langle\boldsymbol{z},\boldsymbol{Q}_x\boldsymbol{z}\rangle=n^{-2}f(\boldsymbol{x})\left[\left(\sum_{j=1}^{n}\zeta_j/\xi_j\right)^2-n\sum_{j=1}^{n}(\zeta_j/\xi_j)^2\right],$$

这是一个非负量，因为 $f(\boldsymbol{x})<0$ 且对于任意实数 $\alpha_j$ 有

$$(\alpha_1+\cdots+\alpha_n)^2\leqslant n(\alpha_1{}^2+\cdots+\alpha_n{}^2)$$

（与 $2\alpha_j\alpha_k\leqslant\alpha_j{}^2+\alpha_k{}^2$ 十分类似）。

定义在 $\mathbf{R}^n$ 上的最重要的凸函数为欧氏范数（Euclidean norm）

$$|\boldsymbol{x}|=\langle\boldsymbol{x},\boldsymbol{x}\rangle^{1/2}=(\xi_1{}^2+\cdots+\xi_n{}^2)^{1/2}$$

在 $n=1$ 时其仅仅为绝对值。Euclidean 范数的凸性可由下列熟悉的法则得到，对于 $\lambda\geqslant 0$

$$|\boldsymbol{x}+\boldsymbol{y}|\leqslant|\boldsymbol{x}|+|\boldsymbol{y}|,\quad |\lambda\boldsymbol{x}|=\lambda|\boldsymbol{x}|$$

成立。

凸集和凸函数之间有几个有用的对应，与 $\mathbf{R}^n$ 中每个子集 $C$ 相关的最简单的函数为 $C$ 的指示函数（Indicator fanction）$\delta(\cdot\mid C)$，其中

$$\delta(\boldsymbol{x}\mid C)=\begin{cases}0, & \text{当 } \boldsymbol{x}\in C,\\ +\infty, & \text{当 } \boldsymbol{x}\notin C,\end{cases}$$

指示函数的上镜图是一个具有“横截面 $C$ 的半柱面”。显然，$C$ 为凸集当且仅当 $\delta(\cdot\mid C)$ 为定义在 $\mathbf{R}^n$ 上的凸函数。指示函数在凸分析中具有基础作用，类似于集合的特征函数在分析学的其他分支中的作用一样。

$\mathbf{R}^n$ 中凸集 $C$ 的支撑函数（support function）$\delta^*(\cdot\mid C)$ 定义为

$$\delta^*(\boldsymbol{x}\mid C)=\sup\{\langle\boldsymbol{x},\boldsymbol{y}\rangle\mid\boldsymbol{y}\in C\}.$$

度规函数(gauge function)$\gamma(\cdot\mid C)$定义为

$$\gamma(\boldsymbol{x}\mid C)=\inf\{\lambda\geqslant 0\mid\boldsymbol{x}\in\lambda C\},C\neq\varnothing.$$

欧氏距离函数（distance function）$d(\cdot \mid C)$ 定义为

$$d(\boldsymbol{x} \mid C)=\inf\{|\boldsymbol{x}-\boldsymbol{y}| \mid \boldsymbol{y}\in C\}.$$

定义在 $\mathbf{R}^n$ 上的这些函数的凸性现在就可以直接验证，但是我们将其放到下一节，以便可由一般原理得到。

凸函数以重要的方法产生多种凸集。

**定理 4.6** 对于任意凸函数 $f$ 以及任意 $\alpha\in[-\infty,+\infty]$，水平集 $\{\boldsymbol{x} \mid f(\boldsymbol{x})<\alpha\}$ 与 $\{\boldsymbol{x} \mid f(\boldsymbol{x})\leqslant\alpha\}$ 都为凸的。

**证明** 在定理 4.2 中取 $\beta=\alpha$ 可立即得到严格不等式的情况。$\{\boldsymbol{x} \mid f(\boldsymbol{x})\leqslant\alpha\}$ 的凸性由其为凸集 $\{\boldsymbol{x} \mid f(\boldsymbol{x})<\mu\}$ 关于 $\mu>\alpha$ 的交集得到。看待这种凸性的一种更为几何的方法是 $\{\boldsymbol{x} \mid f(\boldsymbol{x})\leqslant\alpha\}$ 为上镜图 epi$f$ 与水平超平面(horizontal hyperplane) $\{(\boldsymbol{x},\mu) \mid \mu=\alpha\}$ 在 $\mathbf{R}^{n+1}$ 中的交集在 $\mathbf{R}^n$ 上的投影，所以 $\{\boldsymbol{x} \mid f(\boldsymbol{x})\leqslant\alpha\}$ 能够被看成 epi$f$ 的水平截面（horizontal cross-section）。

**推论 4.6.1** 设 $f_i$ 为定义在 $\mathbf{R}^n$ 上的凸函数，对于每个 $i\in I$，$\alpha_i$ 为实数，其中 $I$ 为下标集，则

$$C=\{\boldsymbol{x} \mid f_i(\boldsymbol{x})\leqslant\alpha_i,\ \forall\, i\in I\}$$

为凸集。

**证明** 与推论 2.1.1 同理可证。

在定理 4.6 中取 $f$ 为二次凸函数，则当 $Q$ 为正半定时（定理 4.5）满足二次不等式

$$\frac{1}{2}\langle \boldsymbol{x},Qx\rangle+\langle \boldsymbol{x},\boldsymbol{a}\rangle+\alpha\leqslant 0$$

的点集是凸的。这种形式的集合包括所有“立体”椭球和抛物体，特别地，如 $\{\boldsymbol{x} \mid \langle \boldsymbol{x},\boldsymbol{x}\rangle\leqslant 1\}$ 的球面体。

定理 4.6 和推论 4.6.1 对于非线性不等式系统理论具有特别的意义，同时，凸性也引入到了不等式理论分析的其他方面，这是因为，各种经典的不等式能够被看作定理 4.3 的特殊情况。选择定义在 $\mathbf{R}$ 上的函数 $f$ 为负对数，对于正数 $x_1,\cdots,x_m$ 的凸组合，由定理 4.3 有

$$-\log(\lambda_1 x_1+\cdots+\lambda_m x_m)\leqslant-\lambda_1\log x_1-\cdots-\lambda_m\log x_m,$$

两边同乘以 $-1$ 并且取指数，有

$$\lambda_1 x_1+\cdots+\lambda_m x_m\geqslant x_1^{\lambda_1}\cdots x_m^{\lambda_m},$$

特别地，对于 $\lambda_1=\cdots=\lambda_m=1/m$，有

$$(x_1+\cdots+x_m)/m\geqslant(x_1\cdots x_m)^{1/m}.$$

这是关于一族正数的算术平均和几何平均之间的著名不等式。

有时候，通过变量的非线性变换可以将非凸函数转化为凸函数。一个显著的例子是在 $\mathbf{R}^n$ 的正半象限上定义的形如

$$g(\boldsymbol{x})=g(\xi_1,\cdots,\xi_n)=\beta\xi_1^{\alpha_1}\cdots\xi_n^{\alpha_n}$$

的（正的）代数函数类，其中 $\beta>0$ 且 $\alpha_j$ 为任意的实数。（这种函数出现在第 30 节的结束部分的一个应用中）一个特殊的例子是

$$f(\xi_1,\xi_2)=\xi_1^{-2}+(\xi_1\xi_2)^{1/3}+2\xi_2^4,\xi_1>0,\xi_2>0$$

以 $\zeta_j=\log\xi_j$ 代入，则 $g(\boldsymbol{x})$ 的一般形式为

$$h(\boldsymbol{z})=h(\zeta_1,\cdots,\zeta_n)=\beta \mathrm{e}^{\alpha_1\zeta_1}+\cdots+\mathrm{e}^{\alpha_n\zeta_n}=\beta \mathrm{e}^{\langle \boldsymbol{a},\boldsymbol{z}\rangle}$$

其中

$$\boldsymbol{a}=(\alpha_1,\cdots,\alpha_n).$$

下节将会看到，$h$ 以及形如 $h$ 的函数的和函数都是凸函数。注意到相同的变量变换将集合 $\{\boldsymbol{x}\mid g(\boldsymbol{x})=\alpha\}$ 变为超平面

$$\{\boldsymbol{z}\mid h(\boldsymbol{z})=\alpha\}=\{\boldsymbol{z}\mid\langle\boldsymbol{a},\boldsymbol{z}\rangle=\log(\alpha/\beta)\}$$

定义在 $\mathbf{R}^n$ 上的函数 $f$ 如果满足对于任意 $\boldsymbol{x}$ 有

$$f(\lambda\boldsymbol{x})=\lambda f(\boldsymbol{x}),0<\lambda<\infty$$

则称其为正齐次的（positively homogeneous，1 阶）。

显然，正齐次函数等价于其上镜图为 $\mathbf{R}^{n+1}$ 中的锥。不是线性函数的正齐次凸函数的例子为 $f(\boldsymbol{x})=|\boldsymbol{x}|$。

**定理 4.7**　映 $\mathbf{R}^n$ 到 $(-\infty,+\infty]$ 的正齐次函数 $f$ 为凸函数，当且仅当对每个 $\boldsymbol{x}\in\mathbf{R}^n$，$\boldsymbol{y}\in\mathbf{R}^n$，

$$f(\boldsymbol{x}+\boldsymbol{y})\leqslant f(\boldsymbol{x})+f(\boldsymbol{y})$$

成立。

**证明**　由定理 2.6 可以得到。因为关于 $f$ 的次加条件等价于 $\mathrm{epi}f$ 关于加法为封闭的。

**推论 4.7.1**　如果 $f$ 为正齐次正常凸函数，则只要 $\lambda_1>0$，…，$\lambda_m>0$，就有

$$f(\lambda_1\boldsymbol{x}_1+\cdots+\lambda_m\boldsymbol{x}_m)\leqslant\lambda_1 f(\boldsymbol{x}_1)+\cdots+\lambda_m f(\boldsymbol{x}_m).$$

**推论 4.7.2**　如果 $f$ 为正齐次正常凸函数，则对于每个 $\boldsymbol{x}$ 有

$$f(-\boldsymbol{x})\geqslant -f(\boldsymbol{x}).$$

**证明**　$f(\boldsymbol{x})+f(-\boldsymbol{x})\geqslant f(\boldsymbol{x}-\boldsymbol{x})=f(0)\geqslant 0$

**定理 4.8**　定义在子空间 $L$ 上的正齐次正常凸函数为线性函数当且仅当对于每个 $\boldsymbol{x}\in L$ 有 $f(-\boldsymbol{x})=-f(\boldsymbol{x})$。如果对于 $L$ 的基 $\boldsymbol{b}_1$，…，$\boldsymbol{b}_m$ 中所有向量 $f(-\boldsymbol{b}_i)=-f(\boldsymbol{b}_i)$ 成立，则结果成立。

**证明**　假设后者成立，则对于每个 $\lambda_i\in\mathbf{R}$ 而不是仅仅对于 $\lambda_i>0$，$f(\lambda_i\boldsymbol{b}_i)=\lambda_i f(\boldsymbol{b}_i)$ 成立。对于任意 $\boldsymbol{x}=\lambda_1\boldsymbol{b}_1+\cdots+\lambda_m\boldsymbol{b}_m\in L$ 有

$$f(\lambda_1\boldsymbol{b}_1)+\cdots+f(\lambda_m\boldsymbol{b}_m)\geqslant f(\boldsymbol{x})\geqslant -f(-\boldsymbol{x})\geqslant$$
$$-[f(-\lambda_1\boldsymbol{b}_1)+\cdots+f(-\lambda_m\boldsymbol{b}_m)]=f(\lambda_1\boldsymbol{b}_1)+\cdots+f(\lambda_m\boldsymbol{b}_m)$$

（定理 4.7 和推论 4.7.2），因而，

$$f(\boldsymbol{x})=f(\lambda_1\boldsymbol{b}_1)+\cdots+f(\lambda_m\boldsymbol{b}_m)=\lambda_1 f(\boldsymbol{b}_1)+\cdots+\lambda_m f(\boldsymbol{b}_m).$$

因此，$f$ 在 $L$ 上为线性的，特别，对于 $\boldsymbol{x}\in L$ 有 $f(-\boldsymbol{x})=-f(\boldsymbol{x})$。

某些正齐次凸函数在第 13 节中将作为凸集的支撑函数来刻画，在第 15 节中将作为（含有范数的）凸集的度规函数（gauge function）来刻画。“阶 $p>1$ 的正齐次”凸函数将在推论 15.3.1 和推论 15.3.2 中考虑。



## 第 5 节　函数运算

如何由已知凸函数获得新的凸函数？事实证明有许多保持凸性的运算。一些运算，如函数的点态加法运算，在一般分析学中是熟悉的，其他的，如函数集合的凸包运算有几何方面的因素。通常，所构造的函数表示成为约束下确界，从而，多被应用于极值问题理论。

熟悉下列的运算是有用的，特别是需要证明具有某种复杂表示的给定函数是凸函数时会更有用。

**定理 5.1**　设 $f$ 为映 $\mathbf{R}^n$ 到 $(-\infty, +\infty]$ 的函数，$\varphi$ 为映 $\mathbf{R}$ 到 $(-\infty, +\infty]$ 的非减凸函数，则 $h(\boldsymbol{x})=\varphi(f(\boldsymbol{x}))$ 为定义在 $\mathbf{R}^n$ 上的凸函数（这里令 $\varphi(+\infty)=+\infty$）。

**证明**　对于 $\mathbf{R}^n$ 中的 $\boldsymbol{x}$ 和 $\boldsymbol{y}$ 以及 $0<\lambda<1$，有

$$f((1-\lambda)\boldsymbol{x}+\lambda\boldsymbol{y})\leqslant(1-\lambda)f(\boldsymbol{x})+\lambda f(\boldsymbol{y})$$

（定理 4.1）。不等式两边同时作用 $\varphi$ 得到

$$h((1-\lambda)\boldsymbol{x}+\lambda\boldsymbol{y})\leqslant\varphi((1-\lambda)f(\boldsymbol{x})+\lambda f(\boldsymbol{y}))\leqslant(1-\lambda)h(\boldsymbol{x})+\lambda h(\boldsymbol{y})$$

所以，$h(\boldsymbol{x})$ 为凸函数（定理 4.1）。

由定理 5.1 知道，如果 $f$ 为凸函数时 $h(\boldsymbol{x})=\mathrm{e}^{f(\boldsymbol{x})}$ 为 $\mathbf{R}^n$ 上的正常凸函数。并且，当 $f$ 为非负凸函数时，对于 $p>1$，$h(x)=f(\boldsymbol{x})^p$ 为凸函数，这个事实通过选取

$$\varphi(\xi)=\begin{cases}\xi^p, & \xi\geqslant0,\\ 0, & \xi<0,\end{cases}$$

而得到。特别地，对于 $p\geqslant1$，$h(\boldsymbol{x})=|\boldsymbol{x}|^p$ 为 $\mathbf{R}^n$ 上的凸函数（$|\boldsymbol{x}|$ 为欧氏范数）。如果 $g$ 为凹函数，则 $h(\boldsymbol{x})=1/g(\boldsymbol{x})$ 在 $C=\{\boldsymbol{x}\mid g(\boldsymbol{x})>0\}$ 上为凸函数。为此将函数 $\varphi$：

$$\varphi(\xi)=\begin{cases}-1/\xi, & \xi<0,\\ +\infty, & \xi\geqslant0,\end{cases}$$

应用于凸函数 $f=-g$ 即可。选择 $\varphi$ 为在 $\mathbf{R}$ 上定义且具有正斜率 $\lambda$ 的仿射函数，则当 $f$ 为正常凸函数，$\lambda$，$\alpha$ 为实数，$\lambda\geqslant0$ 时，$\lambda f+\alpha$ 为正常凸函数。与定理 5.1 有关的进一步的例子将会在定理 15.3 中给出。

**定理 5.2**　如果 $f_1$ 和 $f_2$ 为定义在 $\mathbf{R}^n$ 上的正常凸函数，则 $f_1+f_2$ 为凸函数。

**证明**　由定理 4.1 得到。

注意到 $(f_1+f_2)(\boldsymbol{x})<\infty$ 当且仅当 $f_1(\boldsymbol{x})<\infty$ 且 $f_2(\boldsymbol{x})<\infty$，$f_1+f_2$ 的有效

域为 $f_1$ 的有效域和 $f_2$ 的有效域的交，因此可能为空集，此时 $f_1+f_2$ 为不正常的。定理 5.2 所假设的性质正是为了形成 $f_1+f_2$ 时避免$\infty-\infty$的情形。

正常凸函数的非负系数组合 $\lambda_1 f_1(\boldsymbol{x})+\cdots+\lambda_m f_m(\boldsymbol{x})$ 为凸函数。

如果 $f$ 为有限的函数，例如，$C$ 为非空凸集，则

$$f(\boldsymbol{x})+\delta(\boldsymbol{x}\mid C)=\begin{cases}f(\boldsymbol{x}), & \boldsymbol{x}\in C,\\ +\infty, & \boldsymbol{x}\notin C,\end{cases}$$

其中 $\delta(\cdot\mid C)$为 $C$ 的指示函数。因此，对 $f$ 增加一个指示函数意味着限制了函数 $f$ 的有效域。

在 $\mathbf{R}^n$ 上构造凸函数的一个共同方法是先构造 $\mathbf{R}^{n+1}$中的凸集 $F$，然后，按照下列定理的意义选取一个函数使它的图为 $F$ 的“下边界”。

**定理 5.3** 设 $F$ 为 $\mathbf{R}^{n+1}$中的凸集，以及

$$f(\boldsymbol{x})=\inf\{\mu\mid(\boldsymbol{x},\mu)\in F\},$$

则 $f$ 为 $\mathbf{R}^n$ 上的凸函数。

**证明** 由定理 4.2 易得。(注意到习惯于取实数空集的下确界为$+\infty$)

作为定理 5.3 中方法的第一个应用，我们引进与 $\mathbf{R}^{n+1}$上镜图加法相应的函数运算。

**定理 5.4** 设 $f_1$，…，$f_m$ 为定义在 $\mathbf{R}^n$ 上的正常凸函数且

$$f(\boldsymbol{x})=\inf\{f_1(\boldsymbol{x}_1)+\cdots+f_m(\boldsymbol{x}_m)\mid\boldsymbol{x}_i\in\mathbf{R}^n,\boldsymbol{x}_1+\cdots+\boldsymbol{x}_m=\boldsymbol{x}\},$$

则 $f$ 为定义在 $\mathbf{R}^n$ 上的凸函数。

**证明** 令 $F_i=\operatorname{epi}f_i$ 以及 $F=F_1+\cdots+F_m$。则 $F$ 为 $\mathbf{R}^{n+1}$中的凸集。由定义，$(\boldsymbol{x},\mu)\in F$ 当且仅当存在 $\boldsymbol{x}_i\in\mathbf{R}^n$，$\mu_i\in\mathbf{R}$，满足 $\mu_i\geqslant f(x_i)$，$\mu=\mu_1+\cdots+\mu_m$，以及 $\boldsymbol{x}=\boldsymbol{x}_1+\cdots+\boldsymbol{x}_m$。因此，定理中所定义的函数 $f$ 是由 $F$ 按照定理 5.3 中的构造所得的凸函数。

定理 5.4 中的函数记为 $f_1\Box f_2\Box\cdots\Box f_m$。称运算$\Box$为卷积下确界（infimal convolution)。这个术语的产生来源于这样的事实，即当仅仅牵扯到两个函数时，$\Box$可以表示为

$$(f\Box g)(\boldsymbol{x})=\inf_{\boldsymbol{y}}\{f(\boldsymbol{x}-\boldsymbol{y})+g(\boldsymbol{y})\}.$$

这与经典的积分卷积相类似。第 16 节中将解释卷积下确界对偶于凸函数的加法运算。

如果存在点 $\boldsymbol{a}\in\mathbf{R}^n$ 使 $g=\delta(\cdot\mid\boldsymbol{a})$(这里如果 $\boldsymbol{x}\neq\boldsymbol{a}$，则 $\delta(\boldsymbol{x}\mid\boldsymbol{a})=\infty$且 $\delta(\boldsymbol{a}\mid\boldsymbol{a})=0$)，则 $(f\Box g)(\boldsymbol{x})=f(\boldsymbol{x}-\boldsymbol{a})$。因此，$f\Box\delta(\cdot\mid\boldsymbol{a})$为这样的一个函数，它的图可以通过将 $f$ 的图水平平移$\boldsymbol{a}$ 而得到。对于任意 $g$ 以及$h(\boldsymbol{y})=f(-\boldsymbol{y})$，作为平移 $\boldsymbol{x}$ 的函数，卷积下确界 $f\Box g$ 表示 $g$ 在 $\mathbf{R}^n$ 上的下确界与平移$h\Box\delta(\cdot\mid\boldsymbol{x})$的和。$f\Box g$ 的有效域为 $\operatorname{dom}f$ 与 $\operatorname{dom}g$ 的和。

取 $f$ 为欧氏范数，$g$ 为凸集$C$ 的指示函数，则

$$(f\Box g)(\boldsymbol{x})=\inf_{\boldsymbol{y}}\{|\boldsymbol{x}-\boldsymbol{y}|+\delta(\boldsymbol{y}\mid C)\}=\inf_{\boldsymbol{y}\in C}|\boldsymbol{x}-\boldsymbol{y}|=d(\boldsymbol{x},C),$$

这便确立了距离函数 $d(\cdot, C)$ 的凸性。

其余卷积下确界的例子将从后面的推论 9.2.2 中看到。

卷积下确界并非永远保持凸函数的性质，因为在定理 5.4 中公式里的下确界可能为 $-\infty$。由于规则避免了 $\infty-\infty$，所以也不保持由非有效函数按此公式所定义的卷积下确界。然而，对于任意两个映 $\mathbf{R}^n$ 到 $[-\infty, +\infty]$ 上的函数 $f_1$ 和 $f_2$ 能够采取相加上镜图的方法定义 $f_1\Box f_2$ 为

$$(f_1\Box f_2)(\boldsymbol{x})=\inf\{\mu \mid (\boldsymbol{x},\mu)\in(\operatorname{epi}f_1+\operatorname{epi}f_2)\}$$

作为定义在映 $\mathbf{R}^n$ 到 $[-\infty, +\infty]$ 的函数类上的运算，卷积下确界是可交换的、可结合的以及保凸性的。函数 $\delta(\cdot\mid 0)$类似于此种运算的单位元。

已经指出，非负左边数乘保持凸性，其中

$$(\lambda f)(\boldsymbol{x})=\lambda(f(\boldsymbol{x}))$$

与上镜图的数乘对应，存在一种有用的右边数乘运算。对于定义在 $\mathbf{R}^n$ 上的任意凸函数 $f$ 以及满足 $0\leqslant\lambda<\infty$的任意 $\lambda$，在定理 5.3 中当 $F=\lambda(\operatorname{epi}f)$ 时，我们得到凸函数 $f\lambda$ 的定义。因此，

$$(f\lambda)(\boldsymbol{x})=\lambda f(\lambda^{-1}\boldsymbol{x}),\quad \lambda>0$$

而对于 $\lambda=0$，有

$$(f0)(\boldsymbol{x})=\delta(\boldsymbol{x}\mid 0),\quad f\not\equiv+\infty$$

（如果 $f\equiv+\infty$，简单定义 $f0=0$）。函数 $f$ 为正其次当且仅当对于每个 $\lambda>0$ 有 $f\lambda=f$。

设 $h$ 为定义在 $\mathbf{R}^n$ 上的凸函数，$F$ 为 $\mathbf{R}^{n+1}$ 中 $\operatorname{epi}h$ 的生成锥。将定理 5.3 应用于 $F$ 所得函数的上镜图为含有 $\mathbf{R}^{n+1}$ 中原点的凸锥。这是满足 $f(0)\leqslant 0$ 且 $f\leqslant h$ 的最大的正齐次凸函数。自然，我们把函数 $f$ 称为由 $h$ 所生成的正齐次凸函数。由于 $F$ 含有原点以及当$\lambda>0$ 时的集合 $\lambda(\operatorname{epi}h)$ 的并集，因此，当 $h\not\equiv+\infty$时

$$f(x)=\inf\{(h\lambda)(\boldsymbol{x})\mid\lambda\geqslant 0\}$$

当然，如果 $\boldsymbol{x}\neq\boldsymbol{0}$ 或 $h(0)<+\infty$，则 $\lambda=0$ 的情况可以被省略。

对于定义在 $\mathbf{R}^n$ 上的正常凸函数 $f$，定义在 $\mathbf{R}^{n+1}$ 上的函数 $g$ 为

$$g(\lambda,\boldsymbol{x})=\begin{cases}(f\lambda)(\boldsymbol{x}), & \lambda\geqslant 0,\\ +\infty, & \lambda<0,\end{cases}$$

为由正齐次凸函数

$$h(\lambda,\boldsymbol{x})=\begin{cases}f(\boldsymbol{x}), & \lambda=1,\\ +\infty, & \lambda\neq 1,\end{cases}$$

所产生的正齐次正常凸函数。特别地，对于任意 $\boldsymbol{x}\in\operatorname{dom}f$，$\varphi(\lambda)=(f\lambda)(\boldsymbol{x})$ 为关于 $\lambda\geqslant 0$ 的正常凸函数。

$\mathbf{R}^n$ 中非空凸集 $C$ 的度规为由 $\delta(\cdot\mid C)+1$ 所产生的正齐次凸函数。的确，对于函数 $h(x)=\delta(\boldsymbol{x}\mid C)+1$ 有$(h\lambda)(\boldsymbol{x})=\delta(\boldsymbol{x}\mid\lambda C)+\lambda$，所以

$$\inf\{(h\lambda)(\boldsymbol{x})\mid\lambda\geqslant 0\}=\inf\{\lambda\geqslant 0\mid \boldsymbol{x}\in\lambda C\}=\gamma(\boldsymbol{x}\mid C).$$

**定理 5.5**　凸函数集合的点态上确界仍为凸函数。

**证明**　这是由于凸集的交集为凸集。事实上，如果记

$$f(x)=\sup\{f_i(\boldsymbol{x})\mid i\in I\},$$

则 $f$ 的上镜图为 $f_i$ 的上镜图的交集。

$\mathbf{R}^n$ 中集合 $C$ 的支撑函数 $\delta^*(\cdot\mid C)$ 的凸性由定理 5.5 得到，因为由定义知道此函数为某些线性函数（例如，当 $y$ 取遍 $C$ 时函数类 $\langle\cdot,\ y\rangle$）的点态上确界。

作为进一步说明，考虑定义函数 $f$ 使得对于每个 $\boldsymbol{x}=(\xi_1,\ \cdots,\ \xi_n)$，$f$ 的函数值为 $\boldsymbol{x}$ 的坐标 $\xi_i$ 中的最大者。由定理 5.5 知道，这是一个凸函数，因为它是线性函数 $\langle\boldsymbol{x},\ \boldsymbol{e}_j\rangle$，$j=1,\ \cdots,\ n$，的点态上确界，其中 $\boldsymbol{e}_j$ 为生成 $n\times n$ 单位矩阵第 $j$ 行的向量。注意到 $f$ 也是正齐次的。事实上，$f$ 为单纯形

$$C=\{\boldsymbol{y}=(\eta_1,\cdots,\eta_n)\mid\eta_j\geqslant 0,\eta_1+\cdots+\eta_n=1\}$$

的支撑函数。函数

$$k(\boldsymbol{x})=\max\{|\xi_j|\mid j=1,\cdots,n\}$$

称为定义在 $\mathbf{R}^n$ 上的 Tchebycheff 范数，其凸性可以由定理 5.5 类似得到。后者函数为凸集

$$C=\{\boldsymbol{y}=(\eta_1,\cdots,\eta_n)\mid|\eta_1|+\cdots+|\eta_n|\leqslant 1\}$$

的支撑函数，同时也为 $n$ 维立方体

$$E=\{\boldsymbol{x}=(\xi_1,\cdots,\xi_n)\mid -1\leqslant\xi_j\leqslant 1,j=1,\cdots,n\}$$

的度规。（在第 14 节将会解释，任何一个非负支撑函数都是某些含有原点的闭凸集的度规，且逆命题成立。）

非凸函数 $g$ 的凸包为函数 $f=\operatorname{conv}g$，其由在定理 5.3 中取 $F=\operatorname{conv}(\operatorname{epi}g)$ 而得，它是 $g$ 所能控制的最大的凸函数。由定理 2.3 知道，点 $(\boldsymbol{x},\ \mu)\in F$ 当且仅当它可以表示成为凸组合

$$\begin{aligned}(\boldsymbol{x},\mu)&=\lambda_1(\boldsymbol{x}_1,\mu_1)+\cdots+\lambda_m(\boldsymbol{x}_m,\mu_m)\\&=(\lambda_1\boldsymbol{x}_1+\cdots+\lambda_m\boldsymbol{x}_m,\lambda_1\mu_1+\cdots+\lambda_m\mu_m),\end{aligned}$$

其中 $(\boldsymbol{x}_i,\ \mu_i)\in\operatorname{epi}g$（即 $g(\boldsymbol{x}_i)\leqslant\mu_i\in\mathbf{R}$）。因此，

$$f(\boldsymbol{x})=\inf\{\lambda_1 g(\boldsymbol{x}_1)+\cdots+\lambda_m g(\boldsymbol{x}_m)\mid\lambda_1\boldsymbol{x}_1+\cdots+\lambda_m\boldsymbol{x}_m=\boldsymbol{x}\},$$

其中下确界取遍所有 $\boldsymbol{x}$ 关于 $\mathbf{R}^n$ 函数的凸组合（假设 $f$ 不取值 $-\infty$，以便和为清楚的）。

定义在 $\mathbf{R}^n$ 上的任意函数集 $\{f_i\mid i\in I\}$ 的凸包表示为

$$\operatorname{conv}\{f_i\mid i\in I\}.$$

它是集合的点态下确界的凸包，它借助于定理 5.3，由函数 $f_i$ 上镜图的并集的凸包而得到，它是定义在 $\mathbf{R}^n$ 上并对每个 $\boldsymbol{x}\in\mathbf{R}^n$ 和每个 $i\in I$ 满足 $f(\boldsymbol{x})\leqslant f_i(\boldsymbol{x})$ 的最大的凸函数（不一定为正常的）。

**定理 5.6**　设 $\{f_i\mid i\in I\}$ 为定义在 $\mathbf{R}^n$ 上的正常凸函数的集合，$I$ 为任意下标集，$f(\boldsymbol{x})$ 为其凸包，则

$$f(\boldsymbol{x})=\inf\left\{\sum_{i\in I}\lambda_i f_i(\boldsymbol{x}_i)\ \middle|\ \sum_{i\in I}\lambda_i\boldsymbol{x}_i=\boldsymbol{x}\right\},$$

这里下确界取遍所有可以将 $\boldsymbol{x}$ 表示成为元素 $\boldsymbol{x}_i$ 的凸组合，其中仅有有限多个系数 $\lambda_i$ 为非零的。(如果将 $\boldsymbol{x}_i$ 限制到属于 $\mathrm{dom}f_i$ 时，则公式也是成立的。)



**证明** 由定义，$f(\boldsymbol{x})$ 为满足 $(\boldsymbol{x},\mu)\in F$ 的 $\mu$ 值的下确界，其中 $F$ 为非空凸集 $C_i=\mathrm{epi}f_i$ 并集的凸包。由定理 3.3 知道 $(\boldsymbol{x},\mu)\in F$ 当且仅当 $(\boldsymbol{x},\mu)$ 能够表示成为形如

$$(\boldsymbol{x},\mu)=\sum_{i\in I}\lambda_i(\boldsymbol{x}_i,\mu_i)=\left(\sum_{i\in I}\lambda_i\boldsymbol{x}_i,\sum_{i\in I}\lambda_i\mu_i\right)$$

的有限凸组合，其中 $(\boldsymbol{x}_i,\mu_i)\in C_i$(仅有有限多个系数非零)。因此 $f(\boldsymbol{x})$ 为 $\sum_{i\in I}\lambda_i\mu_i$ 关于所有使得 $\boldsymbol{x}$ 可以表示成对于每个 $i$ 满足 $\mu_i\geqslant f_i(\boldsymbol{x}_i)$ 的有限凸组合 $\sum_{i\in I}\lambda_i\boldsymbol{x}_i$ 的下确界。这就是定理中的下确界。

定理 5.6 一种有用的情形是当所有函数 $f_i$ 具有形式

$$f_i(\boldsymbol{x})=\delta(\boldsymbol{x}\mid\boldsymbol{a}_i)+\alpha_i=\begin{cases}\alpha_i, & \boldsymbol{x}=\boldsymbol{a}_i,\\ +\infty, & \boldsymbol{x}\neq\boldsymbol{a}_i,\end{cases}$$

其中 $\boldsymbol{a}_i$ 和 $\alpha_i$ 分别为 $\mathbf{R}^n$ 和 $\mathbf{R}$ 中的元素，此时 $f$ 为满足

$$f(\boldsymbol{a}_i)\leqslant\alpha_i,\ \forall i\in I$$

的最大凸函数且

$$f(\boldsymbol{x})=\inf\left\{\sum_{i\in I}\lambda_i\alpha_i\ \middle|\ \sum_{i\in I}\lambda_i\boldsymbol{a}_i=\boldsymbol{x}\right\},$$

其中下确界取遍所有可以将 $\boldsymbol{x}$ 表示成为元素 $\boldsymbol{a}_i$ 的凸组合（仅有有限多个非零系数）。

作为 Carathéodory 定理的推论，在第 17 节中将给出定理 5.6 的加强版。

定理 5.6 中的公式也能够用卷积下确界表示。为了概念简单起见，我们假设 $I=\{1,\cdots,m\}$，则可借助定理 5.3 由集合

$$F=\mathrm{conv}\{C_1,\cdots,C_m\}=\bigcup\{\lambda_1C_1+\cdots+\lambda_mC_m\}$$

而获得 $f$，其中并集取自于所有集合 $C_i=\mathrm{epi}f_i$（定理 3.3）的凸组合，但是 $f_1\lambda_1\square\cdots\square f_m\lambda_m$ 为借助定理 5.3 由 $\mathbf{R}^{n+1}$ 中的凸集 $\lambda_1C_1+\cdots+\lambda_mC_m$ 而得到的函数。在 $\mathbf{R}^{n+1}$ 中对于上镜图取并集意味着对所对应的函数取点态下确界。因此当 $f_1,\cdots,f_m$ 为正常凸函数时，$f=\mathrm{conv}\{f_1,\cdots,f_m\}$ 也由

$$f(\boldsymbol{x})=\inf\{(f_1\lambda_1\square\cdots\square f_m\lambda_m)(\boldsymbol{x})\mid\lambda_i\geqslant0,\lambda_1+\cdots+\lambda_m=1\}$$

而得到。

定义在 $\mathbf{R}^n$ 上的凸函数的集合，相对于点态序（这里 $f\leqslant g$ 当且仅当对于每个 $\boldsymbol{x}$ 都有 $f(\boldsymbol{x})\leqslant g(\boldsymbol{x})$）是一个完备格。凸函数族 $f_i$ 的最大下界为 $\mathrm{conv}\{f_i\mid i\in I\}$（相对于这种特殊的偏序集!），同时，最小的上界为 $\sup\{f_i\mid i\in I\}$。

下面的定理考虑一种涉及线性变换的构造。

**定理 5.7** 假设 $A$ 为映 $\mathbf{R}^n$ 到 $\mathbf{R}^m$ 的线性变换，则对于定义在 $\mathbf{R}^m$ 上的每个凸

函数 $g$，按照

$$(gA)(\boldsymbol{x})=g(A\boldsymbol{x})$$

所定义的函数 $gA$ 为 $\mathbf{R}^n$ 上的凸函数。对于定义在 $\mathbf{R}^n$ 上的每个凸函数 $h$，按照

$$(Ah)(\boldsymbol{y})=\inf\{h(\boldsymbol{x})\mid A\boldsymbol{x}=\boldsymbol{y}\}$$

所定义的函数 $Ah$ 为 $\mathbf{R}^m$ 上的凸函数。

**证明**　应用定理 4.2 中的判据直接验证即可。$f=Ah$ 的凸性也可以借助映 $\mathbf{R}^{n+1}$ 到 $\mathbf{R}^{m+1}$ 的线性变换 $(\boldsymbol{x},M)\to(A\boldsymbol{x},M)$，将定理 5.3 应用到 $h$ 的上镜图的像 $F$ 而得到。

定理 5.7 中的函数 $Ah$ 称为 $h$ 关于 $A$ 的像，函数 $gA$ 称为 $g$ 关于 $A$ 的逆像。这个术语在 $g$ 和 $h$ 为凸集的指示函数时所采用。

作为有关运算 $h\to Ah$ 的一个重要例子，我们提及 $A$ 为投影的情况。对于

$$A:\boldsymbol{x}=(\xi_1,\cdots,\xi_m,\xi_{m+1},\cdots,\xi_n)\to(\xi_1,\cdots,\xi_m)$$

来说，有

$$Ah(\xi_1,\cdots,\xi_m)=\inf_{\xi_{m+1},\cdots,\xi_n}h(\xi_1,\cdots,\xi_m,\xi_{m+1},\cdots,\xi_n).$$

当 $h$ 凸的，由定理知道其关于 $\boldsymbol{y}=(\xi_1,\cdots,\xi_m)$ 为凸的。

当 $A$ 为非奇异时 $Ah=hA^{-1}$。

上镜图的部分加法能够用来定义无限多种关于在 $\mathbf{R}^n$ 上所定义的凸函数集合的可交换、可结合的二元运算。一个例子为部分卷积下确界

$$h(\boldsymbol{y},\boldsymbol{z})=\inf_{\boldsymbol{u}}\{f(\boldsymbol{y},\boldsymbol{z}-\boldsymbol{u})+g(\boldsymbol{y},\boldsymbol{u})\}$$

其中 $\boldsymbol{x}=(\boldsymbol{y},\boldsymbol{z})$ 满足 $\boldsymbol{y}\in\mathbf{R}^m$，$\boldsymbol{z}\in\mathbf{R}^p$，$m+p=n$。

在凸集的情况下，存在四种可交换、可结合的二元运算的“自然”集。当集合为含有原点的锥时，这些运算减少到仅仅两种。这些运算由与 $\mathbf{R}^n$ 中凸集 $C$ 相应的形如

$$K=\{(\lambda,\boldsymbol{x})\mid\lambda\geqslant0,\boldsymbol{x}\in\lambda C\}\subset\mathbf{R}^{n+1}$$

上的部分加法而得到；可见定理 3.6 后面的讨论。当集合 $C$ 用上镜图所替代时，类似得到定义在 $\mathbf{R}^n$ 上凸函数集合上的八种“自然”可交换的二元运算。特别地，对于每个凸函数 $f(\boldsymbol{x})$，我们可以将其与某个凸锥 $K$ 相联系，这个凸锥是由在 $\mathbf{R}^{n+1}$ 上定义并由函数 $h$ 所生成的正齐次凸函数的上镜图，其中 $h(\lambda,\boldsymbol{x})=f(\boldsymbol{x})+\delta(\lambda\mid1)$。如果 $f(\boldsymbol{x})$ 不恒等于 $+\infty$，则

$$K=\{(\lambda,\boldsymbol{x},\mu)\mid\lambda\geqslant0,\boldsymbol{x}\in\mathbf{R}^n,\mu\geqslant(f\lambda)(\boldsymbol{x})\}\subset\mathbf{R}^{n+2}$$

（如果 $f=+\infty$，则 $K$ 为非负 $\mu$ 轴。）有八种部分加法，它们以三个自变数 $\lambda$，$x$ 以及 $\mu$ 的各种组合的形式产生于 $\mathbf{R}^{n+2}$ 中集合的加法。在每种情况下，我们都选取在 $\mathbf{R}^n$ 上所定义的凸函数 $f_1$ 及 $f_2$ 相对应的锥 $K_1$ 与 $K_2$ 的部分和 $K$。将定理 5.3 应用于

$$F=\{(\boldsymbol{x},\mu)\mid(1,\boldsymbol{x},\mu)\in K\}$$

而获得 $f$。所导致的运算 $(f_1, f_2)\to f$ 显然是可交换和可结合的。以这种方式所定义的运算中的四种属于前面所定义的，例如，仅仅对 $\mu$ 相加形成 $f_1+f_2$。对 $\boldsymbol{x}$ 和 $\mu$ 均相加形成 $f_1\Box f_2$。对 $\lambda$，$\boldsymbol{x}$ 和 $\mu$ 相加形成 $\operatorname{conv}\{f_1, f_2\}$。对所有变数都不相加，形成 $f_1$ 与 $f_2$ 的点态极大值函数。剩余的四种运算将在下面的定理中叙述。（当然，这里 $\max\{\alpha_1, \cdots, \alpha_m\}$ 表示 $m$ 个实数 $\alpha_1, \cdots, \alpha_m$ 中的最大者。）

**定理 5.8** 设 $f_1, \cdots, f_m$ 为定义在 $\mathbf{R}^n$ 上的正常凸函数，则下列函数也为凸函数。

$$f(\boldsymbol{x})=\inf\{\max\{f_1(\boldsymbol{x}_1),\cdots,f_m(\boldsymbol{x}_m)\}\mid \boldsymbol{x}_1+\cdots+\boldsymbol{x}_m=\boldsymbol{x}\},$$
$$g(\boldsymbol{x})=\inf\{(f_1\lambda_1)(\boldsymbol{x})+\cdots+(f_m\lambda_m)(\boldsymbol{x})\mid \lambda_i\geqslant 0,\lambda_1+\cdots+\lambda_m=1\},$$
$$h(\boldsymbol{x})=\inf\{\max\{(f_1\lambda_1)(\boldsymbol{x}),\cdots,(f_m\lambda_m)(\boldsymbol{x})\}\mid \lambda_i\geqslant 0,\lambda_1+\cdots+\lambda_m=1\},$$
$$k(\boldsymbol{x})=\inf\{\max\{\lambda_1 f_1(\boldsymbol{x}_1),\cdots,\lambda_m f_m(\boldsymbol{x}_m)\}\},$$

其中最后面的下确界取自于所有形如 $\boldsymbol{x}=\lambda_1\boldsymbol{x}_1+\cdots+\lambda_m\boldsymbol{x}_m$ 的凸组合。

**证明** 在前面讨论的基础上，仅对 $\boldsymbol{x}$ 相加得到 $f$；对 $\lambda$ 和 $\mu$ 相加得到 $g$；仅对 $\lambda$ 相加得到 $h$；对 $\lambda$ 和 $x$ 相加得到 $k$。

当 $m=2$ 时定理 5.8 中的第一个运算能够表示成为“卷积的形式”：

$$f(x)=\inf_{\boldsymbol{y}}\max\{f_1(\boldsymbol{x}-\boldsymbol{y}),f_2(\boldsymbol{y})\}.$$

注意，在这种运算下，对于任意 $\alpha$ 有

$$\{\boldsymbol{x}\mid f(\boldsymbol{x})<\alpha\}=\{\boldsymbol{x}\mid f_1(\boldsymbol{x})<\alpha\}+\{\boldsymbol{x}\mid f_2(\boldsymbol{x})<\alpha\}.$$

第三种运算即为上镜图加法运算的逆。

# 第 2 部分　拓扑性质

## 第 6 节　凸集的相对内部



$\mathbf{R}^n$ 中两个点 $\boldsymbol{x}$ 与 $\boldsymbol{y}$ 的欧氏距离（Euclidean distance）定义为

$$d(\boldsymbol{x},\boldsymbol{y})=|\boldsymbol{x}-\boldsymbol{y}|=\langle \boldsymbol{x}-\boldsymbol{y},\boldsymbol{x}-\boldsymbol{y}\rangle^{1/2}$$

函数 $d$，称为欧氏度量（Euclidean metric）为定义于 $\mathbf{R}^{2n}$ 上的凸函数。（这个结果可以通过将欧氏范数 $f(\boldsymbol{z})=|\boldsymbol{z}|$ 与映 $\mathbf{R}^{2n}$ 到 $\mathbf{R}^n$ 上的线性变换 $(\boldsymbol{x},\boldsymbol{y})\rightarrow\boldsymbol{x}-\boldsymbol{y}$ 复合而得到。）$\mathbf{R}^n$ 中熟悉的闭集、开集、闭包和内部的概念通常借助于向量关于欧氏度量的收敛性来引入。但是，这些收敛性等价于 $\mathbf{R}^n$ 中向量序列坐标对坐标的收敛性。

我们将会看到 $\mathbf{R}^n$ 中凸集的拓扑性质比任意集合的拓扑性质显然要简单一些。

凸函数为开凸集和闭凸集的重要来源。定义于 $\mathbf{R}^n$ 上的任何连续实值函数 $f$ 都会产生开水平集族 $\{\boldsymbol{x}\mid f(\boldsymbol{x})<\alpha\}$ 和闭水平集族 $\{\boldsymbol{x}\mid f(\boldsymbol{x})\leqslant\alpha\}$，如果 $f(\boldsymbol{x})$ 为凸函数，则这些集合也为凸的（定理 4.6）。

本节用 $B$ 表示 $\mathbf{R}^n$ 中的欧氏单位球（Euclidean unit ball）：

$$B=\{\boldsymbol{x}\mid|\boldsymbol{x}|\leqslant 1\}=\{\boldsymbol{x}\mid d(\boldsymbol{x},\boldsymbol{0})\leqslant 1\}$$

这是一个闭凸集（这是欧氏范数的水平集，它是连续且为凸的）。对于任意 $\boldsymbol{a}\in\mathbf{R}^n$，以 $\varepsilon>0$ 为半径，以 $\boldsymbol{a}$ 为中心的球为

$$\{\boldsymbol{x}\mid \mathrm{d}(\boldsymbol{x},\boldsymbol{a})\leqslant\varepsilon\}=\{\boldsymbol{a}+\boldsymbol{y}\mid|\boldsymbol{y}|\leqslant\varepsilon\}=\boldsymbol{a}+\varepsilon B$$

对于 $\mathbf{R}^n$ 中的任意集合 $C$，与 $C$ 之间距离不超过 $\varepsilon$ 的点集为

$$\{\boldsymbol{x}\mid\exists\,\boldsymbol{y}\in C,d(\boldsymbol{x},\boldsymbol{y})\leqslant\varepsilon\}=\bigcup\{\boldsymbol{y}+\varepsilon B\mid\boldsymbol{y}\in C\}=C+\varepsilon B$$

因此，$C$ 的闭包（closure）$\mathrm{cl}C$ 和内部（interior）$\mathrm{int}C$ 能够表示成为

$$\mathrm{cl}C=\bigcap\{C+\varepsilon B\mid\varepsilon>0\}$$

$$\mathrm{int}C=\{\boldsymbol{x}\mid\exists\,\varepsilon>0,\boldsymbol{x}+\varepsilon B\subset C\}$$

对于凸集的情况，内部的概念能被相对内部这个更方便的概念所代替。引入这个概念的动机是基于这样的事实：嵌入于 $\mathbf{R}^3$ 中的线段和三角形确实具有自然的内部，但这些内部在整个度量空间 $\mathbf{R}^3$ 中却不是真正的内部。$\mathbf{R}^n$ 中凸集 $C$ 的相对内部（Relative interior），记为 $\mathrm{ri}C$，定义为当 $C$ 被看作它自己的仿射包 $\mathrm{aff}C$ 的子集时所产生的内部。因此，$\mathrm{ri}C$ 由 $\mathrm{aff}C$ 中这样的点 $\boldsymbol{x}$ 所组成，存在 $\varepsilon>0$，使得只要 $\boldsymbol{y}\in\mathrm{aff}C$ 且 $d(\boldsymbol{x},\boldsymbol{y})\leqslant\varepsilon$ 就有 $\boldsymbol{y}\in C$。换句话说，

$$\mathrm{ri}C=\{\boldsymbol{x}\in\mathrm{aff}C\mid\exists\,\varepsilon>0,(\boldsymbol{x}+\varepsilon B)\cap(\mathrm{aff}C)\subset C\}$$

显然，

$$\mathrm{ri}C \subset C \subset \mathrm{cl}C$$

集差$(\mathrm{cl}C)\backslash(\mathrm{ri}C)$称为 $C$ 的相对边界。自然，如果 $\mathrm{ri}C=C$，则称 $C$ 为相对开集。

当 $C$ 为 $n$ 维凸集时，由定义知道 $\mathrm{aff}C=\mathbf{R}^n$，所以 $\mathrm{ri}C=\mathrm{int}C$。

需要注意的陷阱是，虽然包含关系 $C_1\supset C_2$ 导致 $\mathrm{cl}C_1\supset\mathrm{cl}C_2$ 及 $\mathrm{int}C_1\supset\mathrm{int}C_2$，但是，一般不会有 $\mathrm{ri}C_1\supset\mathrm{ri}C_2$。例如，$C_1$ 为 $\mathbf{R}^3$ 中的立方体，$C_2$ 为 $C_1$ 的一个面，此时 $\mathrm{ri}C_1$ 与 $\mathrm{ri}C_2$ 都为非空的，但是不相交。



由定义，仿射集为相对开集，同时，每个仿射集也是闭的。这是因为仿射集为超平面的交（推论 1.4.1），每个超平面 $H$ 都可以表示成为连续函数（定理 1.3）：

$$H=\{\boldsymbol{x}=(\xi_1,\cdots,\xi_n)\mid\beta_1\xi_1+\cdots+\beta_n\xi_n=\beta\}$$

的水平集。注意到对于任意 $C$ 有

$$\mathrm{cl}C\subset\mathrm{cl}(\mathrm{aff}C)=\mathrm{aff}C$$

因此，穿过 $\mathrm{cl}C$ 中两个不同点的任意直线都全部包含于 $\mathrm{aff}C$。

平移和映 $\mathbf{R}^n$ 到其内部的更一般的一对一仿射变换保持闭包和相对内部不变。确实，这样的变换保持仿射包，且沿两个方向都是连续的（因为向量 $\boldsymbol{x}$ 在仿射变换下像的坐标是线性函数或是坐标 $\xi_i$ 的仿射函数）。要记住，这点对于简化证明将是有用的。例如，如果 $C$ 为 $\mathbf{R}^n$ 中的一个 $m$ 维的凸集，则由推论 1.6.1 知道存在将 $\mathbf{R}^n$ 映射到其内的一一对应仿射变换 $T$，将 $\mathrm{aff}C$ 变换为子空间

$$L=\{\boldsymbol{x}=(\xi_1,\cdots,\xi_m,\xi_{m+1},\cdots,\xi_n)\mid\xi_{m+1}=0,\cdots,\xi_n=0\}$$

这个 $L$ 可以看作 $\mathbf{R}^m$ 的复制。按照这种方式，就有可能将关于一般凸集的问题简化到凸集为整维的情况，即整个空间是仿射包。

下面给出有关凸集的闭包和相对内部的基本性质。

**定理 6.1**　假设 $C$ 为 $\mathbf{R}^n$ 中的凸集，令 $\boldsymbol{x}\in\mathrm{ri}C$ 及 $\boldsymbol{y}\in\mathrm{cl}C$，则当 $0\leqslant\lambda<1$ 时 $(1-\lambda)\boldsymbol{x}+\lambda\boldsymbol{y}$ 属于 $\mathrm{ri}C$（因此，特别属于 $C$）。

**证明**　考虑到前面的注释，我们将 $C$ 限制到 $n$ 维的情况，这样，$\mathrm{ri}C=\mathrm{int}C$。令 $\lambda\in[0,1)$。我们必须证明存在 $\varepsilon>0$ 使得$(1-\lambda)\boldsymbol{x}+\lambda\boldsymbol{y}+\varepsilon B$ 含于 $C$。因为，$\boldsymbol{y}\in\mathrm{cl}C$，所以对于每个 $\varepsilon>0$ 有 $\boldsymbol{y}\in C+\varepsilon B$。因此，对于每个 $\varepsilon>0$ 有

$$\begin{aligned}(1-\lambda)\boldsymbol{x}+\lambda\boldsymbol{y}+\varepsilon B&\subset(1-\lambda)\boldsymbol{x}+\lambda(C+\varepsilon B)+\varepsilon B\\&=(1-\lambda)[\boldsymbol{x}+\varepsilon(1+\lambda)(1-\lambda)^{-1}B]+\lambda C\end{aligned}$$

因为由假设知道 $\boldsymbol{x}\in\mathrm{int}C$，所以当 $\varepsilon$ 充分小时，后面的集合包含于 $(1-\lambda)C+\lambda C=C$ 之中。

下面的两个定理描述了 $\mathbf{R}^n$ 中凸集集合的“闭包”与“相对内部”的一些最重要的性质。

**定理 6.2**　设 $C$ 为 $\mathbf{R}^n$ 中的凸集，则 $\mathrm{cl}C$ 与 $\mathrm{ri}C$ 为 $\mathbf{R}^n$ 中的凸集，它们具有相同的仿射包，因此，与 $C$ 有相同的维数。（特别地，如果 $C\neq\varnothing$时 $\mathrm{ri}C\neq\varnothing$。）

**证明**　对于任意 $\varepsilon$，集合 $C+\varepsilon B$ 为凸的，这是因为它为凸集的组合。对于 $\varepsilon>$

0，这些集合的交集为 clC。因此 clC 为凸集。clC 的仿射包至少与 $C$ 的仿射包一样大，且因为 clC⊂affC，它一定与 affC 相同。riC 的凸性为前一个定理的推论（选取 $\boldsymbol{y}$ 属于 riC）。为了完成证明，只需对 $C$ 为 $n$ 维（$n>0$）且 $C$ 的内部非空的情形进行证明即可。$n$ 维凸集含有 $n$ 维单纯形（定理 2.4）。我们将证明这样的单纯形 $S$ 具有非空内部。必要时应用仿射变换，我们可以假设 $S$ 的顶点向量为 $(0,0,\cdots,0)$，$(1,0,\cdots,0)$，$\cdots$，$(0,\cdots,0,1)$：

$$S=\{(\xi_1,\cdots,\xi_n)\mid\xi_j\geqslant0,\xi_1+\cdots+\xi_n\leqslant1\}$$

但是，这个单纯形确实具有非空的内部，比如说，

$$\mathrm{int}S=\{(\xi_1,\cdots,\xi_n)\mid\xi_j>0,\xi_1+\cdots+\xi_n<1\}$$

正像所说的 int$C\neq\varnothing$。

对于 $\mathbf{R}^n$ 中的集合 $C$，无论凸或非凸总有

$$\mathrm{cl}(\mathrm{cl}C)=\mathrm{cl}C,\qquad \mathrm{ri}(\mathrm{ri}C)=\mathrm{ri}C$$

在凸性存在的情况下，下列的补充定律成立。

**定理 6.3**　对于 $\mathbf{R}^n$ 中的任何凸集 $C$ 都有 cl(ri$C$)=cl$C$ 及 ri(cl$C$)=ri$C$。

**证明**　证明是简单的。因为 ri$C$⊂$C$，所以 cl(ri$C$) 包含于 cl$C$。另一方面，给定任意 $\boldsymbol{y}\in$ cl$C$ 和 $\boldsymbol{x}\in$ ri$C$（由上述定理知道当 $C\neq\varnothing$时这样的 $\boldsymbol{x}$ 是存在的），除去点 $\boldsymbol{y}$ 之外（定理 6.1），$\boldsymbol{x}$ 与 $\boldsymbol{y}$ 之间的线段整个包含于 ri$C$。因此 $\boldsymbol{y}\in$ cl(ri$C$)。这便证明了 cl(ri$C$)=cl$C$。因为 cl$C$⊃$C$ 且 cl$C$ 的仿射包与 $C$ 相等，所以包含关系 ri(cl$C$)⊃ri$C$ 成立。

现设 $\boldsymbol{z}\in$ ri(cl$C$)。我们将证明 $\boldsymbol{z}\in$ ri$C$。设 $\boldsymbol{x}$ 为 ri$C$ 中的任意点。(我们可以假设 $\boldsymbol{x}\neq\boldsymbol{z}$，因为，否则，$\boldsymbol{z}\in$ ri$C$，就是平凡的了)。考虑穿过 $\boldsymbol{x}$ 与 $\boldsymbol{z}$ 之间的线段。考虑值 $\mu>1$，当 $\mu-1$ 充分小时此直线上的点

$$\boldsymbol{y}=(1-\mu)\boldsymbol{x}+\mu\boldsymbol{z}=\boldsymbol{z}-(\mu-1)(\boldsymbol{x}-\boldsymbol{z})$$

仍然属于 ri(cl$C$)，因此属于 cl$C$。借助于这样的 $y$，我们可以将 $z$ 表示成为形如 $(1-\lambda)\boldsymbol{x}+\lambda\boldsymbol{y}$ 的形式，其中 $0<\lambda<1$（特别地，取 $\lambda=\mu^{-1}$）。由定理 6.1 知道 $\boldsymbol{z}\in$ ri$C$。

**推论 6.3.1**　设 $C_1$ 和 $C_2$ 为 $\mathbf{R}^n$ 中的凸集，则 cl$C_1$=cl$C_2$ 当且仅当 ri$C_1$=ri$C_2$。这个条件等价于 ri$C_1\subset C_2\subset$ cl$C_1$。

**推论 6.3.2**　如果 $C$ 为 $\mathbf{R}^n$ 中的凸集，则与 cl$C$ 相交的每个开集也与 ri$C$ 相交。

**推论 6.3.3**　如果 $C_1$ 为 $\mathbf{R}^n$ 中非空凸集 $C_2$ 的相对边界的凸子集，则 dim$C_1<$ dim$C_2$。

**证明**　如果 $C_1$ 与 $C_2$ 具有相同的维数，则一定具有相对于 aff$C_2$ 的内部点。但是，因为 ri$C_2$ 与 $C_1$ 不相交，这些点不属于 cl(ri$C_2$)，因此，不属于 cl$C_2$。

下列相对内部的特征往往有用。

**定理 6.4**　设 $C$ 为 $\mathbf{R}^n$ 中的非空凸集，则 $\boldsymbol{z}\in$ ri$C$ 当且仅当对于每个 $\boldsymbol{x}\in C$，存在 $\mu>1$ 使得 $(1-\mu)\boldsymbol{x}+\mu\boldsymbol{z}$ 属于 $C$。

**证明**　条件说明 $C$ 中每个以 $\boldsymbol{z}$ 为端点的线段可以被延长超出 $\boldsymbol{z}$，但是并不离开 $C$。这在 $\boldsymbol{z}\in \mathrm{ri}C$ 当然是成立的。反之，假设 $\boldsymbol{z}$ 满足所给条件。因为 $\mathrm{ri}C\neq\varnothing$，由定理 6.2 知道，存在点 $\boldsymbol{x}\in \mathrm{ri}C$。设 $\boldsymbol{y}$ 为 $(1-\mu)\boldsymbol{x}+\mu\boldsymbol{z}$ 在 $C$ 中所对应的点，$\mu>1$，其存在性由假设得到。则 $\boldsymbol{z}=(1-\lambda)\boldsymbol{x}+\lambda\boldsymbol{y}$，其中，$0<\lambda=\mu^{-1}<1$。因此，由定理 6.1 知道 $\boldsymbol{z}\in \mathrm{ri}C$。

**推论 6.4.1**　设 $C$ 为 $\mathbf{R}^n$ 中的凸集，则 $\boldsymbol{z}\in \mathrm{int}C$ 当且仅当对于每个 $\boldsymbol{y}\in\mathbf{R}^n$，存在 $\varepsilon>0$ 满足 $\boldsymbol{z}+\varepsilon\boldsymbol{y}\in C$。



我们现在转向如何对相对内部来建立与凸集相同的运算。

**定理 6.5**　假设对于每个固定的 $i\in I$（一个下标集），$C_i$ 为 $\mathbf{R}^n$ 中的凸集。假设集合 $\mathrm{ri}C_i$ 至少有一个公共点，则

$$\mathrm{cl}\bigcap\{C_i\mid i\in I\}=\bigcap\{\mathrm{cl}C_i\mid i\in I\}$$

如果 $I$ 为有限集，则也有

$$\mathrm{ri}\bigcap\{C_i\mid i\in I\}=\bigcap\{\mathrm{ri}C_i\mid i\in I\}$$

**证明**　固定集合 $\mathrm{ri}C_i$ 交集中的 $\boldsymbol{x}$，给定集合 $\mathrm{cl}C_i$ 中的元素 $\boldsymbol{y}$，对于 $0\leqslant\lambda<1$，由定理 6.1 知向量 $(1-\lambda)\boldsymbol{x}+\lambda\boldsymbol{y}$ 属于每个 $\mathrm{ri}C_i$，$\boldsymbol{y}$ 为此向量在 $\lambda\to1$ 时的极限。因此，

$$\bigcap_i \mathrm{cl}C_i\subset \mathrm{cl}\bigcap_i \mathrm{ri}C_i\subset \mathrm{cl}\bigcap_i C_i\subset\bigcap_i \mathrm{cl}C_i$$

这便建立了定理中的闭包公式，同时证明 $\bigcap_i \mathrm{ri}C_i$ 与 $\bigcap_i C_i$ 有相同的闭包。由推论 6.3.1 知道，最后的两个集合一定具有相同的内部。因此，

$$\mathrm{ri}\bigcap_i C_i\subset\bigcap_i \mathrm{ri}C_i\ .$$

假设 $I$ 为有限的，我们证明反向包含关系。取 $\boldsymbol{z}\in\bigcap_i \mathrm{ri}C_i$。由定理 6.4 知道，$\bigcap_i C_i$ 中任何以 $\boldsymbol{z}$ 为端点的线段都可以在每个 $C_i$ 中延长且稍微超过 $\boldsymbol{z}$。所有这些延长后的线段的交集，因为只有有限多个，都是原来线段在 $\bigcap_i C_i$ 中的延伸。因此，由定理 6.4 的判别标准知道 $\boldsymbol{z}\in \mathrm{ri}\bigcap_i C_i$。

定理 6.5 中的公式在集合 $\mathrm{ri}C_i$ 没有公共内点时将不成立，如 $I=\{1,2\}$ 的情况，$C_1$ 为 $\mathbf{R}^2$ 中含有原点的正象限，$C_2$ 为 $\mathbf{R}^2$ 中的"水平轴"。第二个公式中 $I$ 也必须是有限的：实区间 $[0,1+\alpha]$ 关于 $\alpha>0$ 的交为 $[0,1]$，但是，区间 $\mathrm{ri}[0,1+\alpha]$ 关于 $\alpha>0$ 的交集不等于 $\mathrm{ri}[0,1]$。

**推论 6.5.1**　设 $C$ 为凸集，$M$ 为含有 $\mathrm{ri}C$ 中点的仿射集（这样的直线或超平面），则

$$\mathrm{ri}(M\cap C)=M\cap \mathrm{ri}C,\qquad \mathrm{cl}(M\cap C)=M\cap \mathrm{cl}C$$

**证明**　对于仿射集有 $\mathrm{ri}M=M=\mathrm{cl}M$。

**推论 6.5.2**　设 $C_1$ 为凸集，$C_2$ 为包含于 $\mathrm{cl}C_1$ 但没有被整体包含于 $C_1$ 的相对边界的凸集，则 $\mathrm{ri}C_2\subset \mathrm{ri}C_1$。

**证明**　由假设知道 $\mathrm{ri}C_2$ 中存在与 $\mathrm{ri}(\mathrm{cl}C_1)=\mathrm{ri}C_1$ 共同的点，否则，作为闭集的相对边界 $\mathrm{cl}C_1\setminus\mathrm{ri}C_1$ 将包含 $\mathrm{ri}C_2$ 及其闭包 $\mathrm{cl}C_2$，因此，

$$\mathrm{ri}C_2\cap\mathrm{ri}C_1=\mathrm{ri}C_2\cap\mathrm{ri}(\mathrm{cl}C_1)=\mathrm{ri}(C_2\cap\mathrm{cl}C_1)=\mathrm{ri}C_2$$

即 $\mathrm{ri}C_2\subset\mathrm{ri}C_1$。

**定理 6.6**　设 $C$ 为 $\mathbf{R}^n$ 中的凸集，$A$ 为映 $\mathbf{R}^n$ 到 $\mathbf{R}^m$ 的线性变换，则

$$\mathrm{ri}(AC)=A(\mathrm{ri}C),\qquad \mathrm{cl}(AC)\supset A(\mathrm{cl}C)$$

**证明**　闭包包含仅说明线性变换是连续的，并不依赖于 $C$ 的凸性。为了证明关于相对内部的公式，首先讨论

$$\mathrm{cl}A(\mathrm{ri}C)\supset A(\mathrm{cl}(\mathrm{ri}C))=A(\mathrm{cl}C)\supset AC\supset A(\mathrm{ri}C)$$

这便意味着 $AC$ 与 $A(\mathrm{ri}C)$ 有相同的闭包，因此，由推论 6.3.1 知道具有相同的相对内部。因此，$\mathrm{ri}(AC)\subset A(\mathrm{ri}C)$。现在设 $\boldsymbol{z}\in A(\mathrm{ri}C)$，我们将借助定理 6.4 证明 $\boldsymbol{z}\in\mathrm{ri}(AC)$。假设 $\boldsymbol{x}$ 为 $AC$ 中的元素，选择元素 $\boldsymbol{z}'\in\mathrm{ri}C$ 和 $\boldsymbol{x}'\in C$，满足 $A\boldsymbol{z}'=\boldsymbol{z}$ 以及 $A\boldsymbol{x}'=\boldsymbol{x}$。存在 $\mu>1$ 使得向量 $(1-\mu)\boldsymbol{x}'+\mu\boldsymbol{z}'$ 属于 $C$。这个向量关于 $A$ 的像为 $(1-\mu)\boldsymbol{x}+\mu\boldsymbol{z}$，对于上述的 $\mu>1$，$(1-\mu)\boldsymbol{x}+\mu\boldsymbol{z}$ 属于 $AC$，因此 $\boldsymbol{z}\in\mathrm{ri}(AC)$。

定理 6.6 中 $\mathrm{cl}(AC)$ 与 $A(\mathrm{cl}C)$ 之间可能的差异之处，如何保持相反的包含关系将在第 9 节中进行讨论。

**推论 6.6.1**　对于任何凸集 $C$ 以及实数 $\lambda$ 有

$$\mathrm{ri}(\lambda C)=\lambda\,\mathrm{ri}C$$

**证明**　选择 $A:\boldsymbol{x}\to\lambda\boldsymbol{x}$。

基本的事实是凸集 $C_1\subset\mathbf{R}^m$ 以及凸集 $C_2\subset\mathbf{R}^p$ 在 $\mathbf{R}^{m+p}$ 中的直和 $C_1\oplus C_2$ 满足关系

$$\mathrm{ri}(C_1\oplus C_2)=\mathrm{ri}C_1\oplus\mathrm{ri}C_2$$
$$\mathrm{cl}(C_1\oplus C_2)=\mathrm{cl}C_1\oplus\mathrm{cl}C_2$$

将其与定理 6.6 结合得到下列事实。

**推论 6.6.2**　对于 $\mathbf{R}^n$ 中的凸集 $C_1$ 与 $C_2$，有

$$\mathrm{ri}(C_1+C_2)=\mathrm{ri}C_1+\mathrm{ri}C_2$$
$$\mathrm{cl}(C_1+C_2)\supset\mathrm{cl}C_1+\mathrm{cl}C_2$$

**证明**　当 $A$ 为映 $\mathbf{R}^{2n}$ 到 $\mathbf{R}^n$ 的加法线性变换公式，即 $A:(\boldsymbol{x}_1,\boldsymbol{x}_2)\to\boldsymbol{x}_1+\boldsymbol{x}_2$ 时，有

$$C_1+C_2=A(C_1\oplus C_2)$$

推论 6.6.2 将在推论 9.1.1 和推论 9.1.2 中得到改进。

**定理 6.7**　设 $A$ 为映 $\mathbf{R}^n$ 到 $\mathbf{R}^m$ 的线性变换，$C$ 为 $\mathbf{R}^m$ 中满足 $A^{-1}$（$\mathrm{ri}C$）$\neq\varnothing$ 的凸集，则

$$\mathrm{ri}(A^{-1}C)=A^{-1}(\mathrm{ri}C),\qquad \mathrm{cl}(A^{-1}C)=A^{-1}(\mathrm{cl}C)$$

**证明**　令 $D=\mathbf{R}^n\oplus C$，$M$ 为 $A$ 的图，则 $M$ 为仿射集（事实上为第 1 节中解释的子空间），$M$ 含有 $\mathrm{ri}D$ 中的点。设 $P$ 为映 $\mathbf{R}^{n+m}$ 到 $\mathbf{R}^n$ 的投影 $(x,y)\to x$，则 $A^{-1}$

$C=P(M\cap D)$。借助于定理 6.6 和推论 6.5.1 中的计算方法有

$$\mathrm{ri}(A^{-1}C)=P(\mathrm{ri}(M\cap D))=P(M\cap \mathrm{ri}D)=A^{-1}(\mathrm{ri}C)$$

$$\mathrm{cl}(A^{-1}C)\supset P(\mathrm{cl}(M\cap D))=P(M\cap \mathrm{cl}D)=A^{-1}(\mathrm{cl}C)$$

由 $A$ 的连续性可以得到包含关系 $\mathrm{cl}(A^{-1}C)\subset A^{-1}(\mathrm{cl}C)$。

当相对内部的条件不满足时，对于 $m=n=2$ 可以给出定理 6.7 的一个反例，此时 $C$ 为 $\mathbf{R}^2$ 中含有原点的正象限，$A$ 为映（$\xi_1,\xi_2$）到（$\xi_1,0$）的映射。

按照上述结果，有限交、数乘、加法以及线性（或仿射）变换的像和逆像运算都保持相对开集类。



**定理 6.8** 设 $C$ 为 $\mathbf{R}^{m+p}$ 中的凸集，对于每个 $\boldsymbol{y}\in\mathbf{R}^m$，假设 $C_y$ 为使得（$\boldsymbol{y}$，$\boldsymbol{z}$）$\in C$ 的向量 $\boldsymbol{z}\in\mathbf{R}^p$ 所成的集合。记 $D=\{\boldsymbol{y}\mid C_y\neq\varnothing\}$，则 $(\boldsymbol{y},\boldsymbol{z})\in\mathrm{ri}C$ 当且仅当 $\boldsymbol{y}\in\mathrm{ri}D$ 且 $\boldsymbol{z}\in\mathrm{ri}C_y$。

**证明** 由定理 6.6 知道，投影 $(\boldsymbol{y},\boldsymbol{z})\to\boldsymbol{y}$ 映 $C$ 到 $D$，因此映 $\mathrm{ri}C$ 到 $\mathrm{ri}D$。对于给定的 $\boldsymbol{y}\in\mathrm{ri}D$，以及仿射集 $M=\{(\boldsymbol{y},\boldsymbol{z})\mid\boldsymbol{z}\in\mathbf{R}^p\}$，$\mathrm{ri}C$ 中被映射到 $\boldsymbol{y}$ 的点为

$$M\cap\mathrm{ri}C=\mathrm{ri}(M\cap C)=\{(\boldsymbol{y},\boldsymbol{z})\mid\boldsymbol{z}\in\mathrm{ri}C_{\boldsymbol{y}}\}$$

后面公式中的第一个等式由推论 6.5.1 验证。因此对于任意给定的 $\boldsymbol{y}\in\mathrm{ri}D$，$(\boldsymbol{y},\boldsymbol{z})\in\mathrm{ri}C$ 当且仅当 $\boldsymbol{z}\in\mathrm{ri}C_{\boldsymbol{y}}$。结果得证。

**推论 6.8.1** 设 $C$ 为 $\mathbf{R}^n$ 中的非空凸集，$K$ 为 $\mathbf{R}^{n+1}$ 中由 $\{(1,\boldsymbol{x})\mid\boldsymbol{x}\in C\}$ 所生成的凸锥，则 $\mathrm{ri}K$ 由所有满足 $\lambda>0$ 以及 $\boldsymbol{x}\in\lambda\,\mathrm{ri}C$ 的数对（$\lambda,\boldsymbol{x}$）组成。

**证明** 应用定理于 $\mathbf{R}^m=\mathbf{R}$，$\mathbf{R}^p=\mathbf{R}^n$。

作为练习，读者可以证明，一般地，$\mathbf{R}^n$ 由非空凸集 $C$ 所生成的凸锥的相对内部由所有形如满足 $\lambda>0$ 以及 $\boldsymbol{x}\in\mathrm{ri}C$ 的数 $\lambda\boldsymbol{x}$ 组成。定理 9.8 将给出有关这种锥的闭包的公式。

注意到凸锥的相对内部和闭包往往也为凸锥，这由推论 6.6.1 立即可以得到，因为凸集 $C$ 为凸锥当且仅当对于每个 $\lambda>0$ 有 $\lambda C=C$。

**定理 6.9** 设 $C_1,\cdots,C_m$ 为 $\mathbf{R}^n$ 中的非空凸集，令 $C_0=\mathrm{conv}(C_1\cup\cdots\cup C_m)$，则

$$\mathrm{ri}C_0=\bigcup\{\lambda_1\mathrm{ri}C_1+\cdots+\lambda_m\mathrm{ri}C_m\mid\lambda_i>0,\lambda_1+\cdots+\lambda_m=1\}$$

**证明** 设 $K_i$ 为 $\mathbf{R}^{n+1}$ 中由 $\{(1,\boldsymbol{x}_i)\mid\boldsymbol{x}_i\in C_i\},i=0,1,\cdots,m$ 所生成的凸锥，则（定理 3.8）

$$K_0=\mathrm{conv}(K_1\cup\cdots\cup K_m)=K_1+\cdots+K_m$$

因此由推论 6.6.2 得到

$$\mathrm{ri}K_0=\mathrm{ri}K_1+\cdots+\mathrm{ri}K_m$$

由推论 6.8.1 知道 $\mathrm{ri}K_i$ 由所有满足 $\lambda_i>0$ 以及 $\boldsymbol{x}_i\in\lambda_i\mathrm{ri}C_i$ 的数对（$\lambda_i,\boldsymbol{x}_i$）组成，所以 $\boldsymbol{x}_0\in\mathrm{ri}C_0$ 等价于 $(1,\boldsymbol{x}_0)\in\mathrm{ri}K_0$，又等价于选择适当的 $\lambda_1>0,\cdots,\lambda_m>0$，且 $\lambda_1+\cdots+\lambda_m=1$ 使

$$x_0 \in (\lambda_1 \text{ri}C_1 + \cdots + \lambda_m \text{ri}C_m)$$

定理 6.9 中 $C_0$ 的闭包将在定理 9.8 中讨论。

## 第 7 节　凸函数的闭包



线性函数的连续性是代数性、线性性的结果。对于凸函数而言并没有如此简单，但是，许多拓扑性质可以通过将凸集的闭包和相对内部应用于凸函数的上镜图或水平集而得到。一个重要结果是，下半连续是凸函数的一种“构造性”性。比如，下面将证明，存在一种简单的闭包运算，通过重新定义正常凸函数有效域的某些相对边界点上的定义使其为下半连续的。

由定义知道，对于定义在集合 $S \subset \mathbf{R}^n$ 上推广的实值函数（real-valued function）$f$ 而言，如果对于 $S$ 中每个数列 $x_1$，$x_2$，…，当 $x_i$ 收敛于 $\boldsymbol{x}$ 且 $f(\boldsymbol{x}_1)$，$f(\boldsymbol{x}_2)$，…的极限属于$[-\infty, +\infty]$时，都有

$$f(\boldsymbol{x}) \leqslant \lim_{i \to \infty} f(\boldsymbol{x}_i)$$

则称 $f$ 在 $\boldsymbol{x}$ 点为下半连续的（lower semi-continuous）。这个条件可以表示成为

$$f(\boldsymbol{x}) = \liminf_{\boldsymbol{y} \to \boldsymbol{x}} f(\boldsymbol{y}) = \lim_{\varepsilon \to 0}(\inf\{f(\boldsymbol{y}) \mid |\boldsymbol{y} - \boldsymbol{x}| \leqslant \varepsilon\})$$

类似地，如果

$$f(\boldsymbol{x}) = \limsup_{\boldsymbol{y} \to \boldsymbol{x}} f(\boldsymbol{y}) = \lim_{\varepsilon \to 0}(\sup\{f(\boldsymbol{y}) \mid |\boldsymbol{y} - \boldsymbol{x}| \leqslant \varepsilon\})$$

则称 $f$ 在 $\boldsymbol{x}$ 点为上半连续的（upper semi-continuous）。将 $\boldsymbol{x}$ 点的上、下半连续相结合便产生了通常意义下连续的概念。

从下列结果中可以看出下半连续性在研究凸函数中具有明显的重要性。

**定理 7.1**　设 $f$ 为映 $\mathbf{R}^n$ 到 $[-\infty, +\infty]$ 的函数，则下列条件为等价的：

(a) $f$ 在整个 $\mathbf{R}^n$ 上为下半连续的；

(b) 对于每个 $\alpha \in \mathbf{R}$，$\{\boldsymbol{x} \mid f(\boldsymbol{x}) \leqslant \alpha\}$为闭的；

(c) $f$ 的上镜图是 $\mathbf{R}^{n+1}$ 中的闭集。

**证明**　下半连续性能够表示成为对于每个 $i$ 满足 $\mu_i > f(\boldsymbol{x}_i)$ 的序列 $\mu_1, \mu_2, \cdots$ 和 $\boldsymbol{x}_1, \boldsymbol{x}_2, \cdots$，只要 $\mu = \lim \mu_i$ 以及 $\boldsymbol{x} = \lim \boldsymbol{x}_i$，就有 $\mu \geqslant f(\boldsymbol{x})$。但是，这个条件与 (c) 是相同的，其也包含 (b)（取 $\alpha = \mu = \mu_1 = \mu_2 = \cdots$）。另一方面，如果 (b) 成立，假设 $\boldsymbol{x}_i$ 收敛到 $\boldsymbol{x}$，$f(\boldsymbol{x}_i)$ 收敛到 $\mu$。对于每个实数 $\alpha > \mu$，$f(\boldsymbol{x}_i)$ 最终一定小于 $\alpha$，因此，

$$\boldsymbol{x} \in \text{cl}\{\boldsymbol{y} \mid f(\boldsymbol{y}) \leqslant \alpha\} = \{\boldsymbol{y} \mid f(\boldsymbol{y}) \leqslant \alpha\}$$

因此 $f(\boldsymbol{x}) \leqslant \mu$。这便说明 (b) 蕴含 (a)。

给定定义在 $\mathbf{R}^n$ 上的函数 $f$，必存在由 $f$ 所控制的最大的下半连续函数（无须有限），例如，上镜图为 $f$ 在 $\mathbf{R}^{n+1}$ 中的闭包的函数。一般地，称此函数为 $f$ 的下

半连续包。

如果凸函数 $f$ 不取值 $-\infty$ 时，则 $f$ 的闭包定义为 $f$ 的下半连续包。如果 $f$ 为在某些点取得 $-\infty$ 的非正常凸函数，则 $f$ 的闭包定义为常函数 $-\infty$。无论哪种方式，$f$ 的闭包都是另外一个凸函数，用 $\mathrm{cl}f$ 表示。（$\mathrm{cl}f$ 定义的一种例外是为了使定理 12.2 中的公式 $f^{**}=\mathrm{cl}f$ 即使在 $f$ 为非正常情况下也成立，这样做，特别是在鞍函数（saddle-function）的理论中，会带来方便。）

凸函数 $f$ 如果满足 $\mathrm{cl}f=f$，则称其为闭的。因此，对于正常凸函数，闭性与下半连续性相同。但是，只有常数 $-\infty$ 及 $+\infty$ 才为闭非正常凸函数。

如果 $f$ 为使得 $\mathrm{dom}f$ 为闭集的正常凸函数，并相对于 $\mathrm{dom}f$ 连续，则由定理 7.1 中的判别准则（b）知道 $f$ 为闭的。然而，对于凸函数而言，在不要求其有效域为闭的情况下也能够是闭的，例如，在 $\mathbf{R}$ 上定义的函数 $f(x)=1/x\,(x>0)$；$f(x)=\infty\,(x\leqslant 0)$。

假设 $f$ 为正常凸函数，则由定义有

$$\mathrm{epi}(\mathrm{cl}f)=\mathrm{cl}(\mathrm{epi}f)$$

由此及定理 7.1 的证明知道 $\mathrm{cl}f$ 能够表示成为

$$(\mathrm{cl}f)(\boldsymbol{x})=\liminf_{\boldsymbol{y}\to\boldsymbol{x}} f(\boldsymbol{y})$$

也就是说 $(\mathrm{cl}f)(\boldsymbol{x})$ 能够被看作使得 $\boldsymbol{x}$ 属于 $\mathrm{cl}\{\boldsymbol{x}\mid f(\boldsymbol{x})\leqslant\mu\}$ 的那些 $\mu$ 值的下确界。因此，

$$\{\boldsymbol{x}\mid(\mathrm{cl}f)(\boldsymbol{x})\leqslant\alpha\}=\bigcap_{\mu>\alpha}\mathrm{cl}\{\boldsymbol{x}\mid f(\boldsymbol{x})\leqslant\mu\}$$

无论在哪种情况下都有 $\mathrm{cl}f\leqslant f$，且由 $f_1\leqslant f_2$ 得到 $\mathrm{cl}f_1\leqslant\mathrm{cl}f_2$。很明显，函数 $f$ 与 $\mathrm{cl}f$ 在 $\mathbf{R}^n$ 上具有相同的下确界。

为了获得闭包运算是什么样的，考虑定义在 $\mathbf{R}$ 上的凸函数 $f(x)=\begin{cases}0, & x>0\\ \infty, & x\leqslant 0\end{cases}$。除原点之外，$\mathrm{cl}f$ 与 $f$ 在各处的函数值相同，而在原点函数值为 0，而非 $+\infty$。另外一个例子是，取 $\mathbf{R}^2$ 中的任一圆盘，定义函数 $f$ 在 $C$ 的内部的函数值为 0，在 $C$ 的外部为 $+\infty$。定义函数 $f$ 在 $C$ 的边界上的值为 $[0,\infty]$ 的任一数值，则 $f$ 为 $\mathbf{R}^n$ 上的正常凸函数。通过重新定义 $f$ 在 $C$ 的边界上的值为 0 而获得 $f$ 的闭包。

这些例子使我们看到，闭包运算是一种合理的标准化，通过定义凸函数在某些不自然连续点上的函数值而使得凸函数更加正规。这是闭包运算得以在理论和应用方面有巨大应用的秘诀。它通常使人们在没有严重损失一般性的情况下，将问题简化到使得凸函数为闭的情况。这样的函数便具有定理 7.1 中的三个重要性质。

我们现在给出 $\mathrm{cl}f$ 与 $f$ 在一般意义下的详细比较。暂时先处理非正常凸函数，为此我们需要下列的事实，这也确实是关于非正常凸函数所能够证明的主要定理。

**定理 7.2**　如果 $f$ 为非正常凸函数，则对于每个 $\boldsymbol{x}\in\mathrm{ri}(\mathrm{dom}f)$ 有 $f(\boldsymbol{x})=-\infty$。因此，一个非正常凸函数在其有效域之外的点上的值一定为无限的。

**证明**　如果 $f$ 的有效域含有点，（由“不正常”的定义）它一定含有使得 $f$ 的值为 $-\infty$ 的点。令 $\boldsymbol{u}$ 为这样的点，且 $\boldsymbol{x}\in \mathrm{ri}(\mathrm{dom}f)$。由定理 6.4 知道存在 $\mu>1$ 而使 $\boldsymbol{y}\in \mathrm{dom}f$，其中 $\boldsymbol{y}=(1-\mu)\boldsymbol{u}+\mu\boldsymbol{x}$。因而 $\boldsymbol{x}=(1-\lambda)\boldsymbol{u}+\lambda\boldsymbol{y}$，这里 $0<\lambda=\mu^{-1}<1$。因此，由定理 4.2 知道对于 $\alpha>f(\boldsymbol{u})$ 和 $\beta>f(\boldsymbol{y})$ 有

$$f(\boldsymbol{x})=f((1-\lambda)\boldsymbol{u}+\lambda\boldsymbol{y})<(1-\lambda)\alpha+\lambda\beta$$

因为 $f(\boldsymbol{u})=-\infty$ 且 $f(\boldsymbol{y})<+\infty$，$f(\boldsymbol{x})$ 一定为 $-\infty$。

**推论 7.2.1**　下半连续非正常凸函数无有限值。

**证明**　由下半连续性可知满足 $f(\boldsymbol{x})=-\infty$ 的 $\boldsymbol{x}$ 所构成的集合一定包含 $\mathrm{cl}(\mathrm{ri}(\mathrm{dom}f))$，再由定理 6.3 知道

$$\mathrm{cl}(\mathrm{ri}(\mathrm{dom}f))=\mathrm{cl}(\mathrm{dom}f)\supset \mathrm{dom}f$$

**推论 7.2.2**　设 $f$ 为非正常凸函数，则 $\mathrm{cl}f$ 为闭的非正常凸函数且在 $\mathrm{ri}(\mathrm{dom}f)$ 上与 $f$ 相统一。

按照这些结果，从某种程度上讲，具有函数值 $-\infty$ 的凸函数的闭包，并不是这样彻底的不同于 $f$ 的下半连续包 $\overline{f}$，正如可以从定义的任意性所得到的那样。的确，对于这样的函数，在 $\mathrm{cl}(\mathrm{dom}f)$ 上 $\overline{f}$ 的值为 $-\infty$，但在 $\mathrm{cl}(\mathrm{dom}f)$ 之外 $\overline{f}$ 的值为 $+\infty$，然而，$(\mathrm{cl}f)(\boldsymbol{x})$ 在各处的值都为 $-\infty$。

我们将顺便指出定理 7.2 的其他结果，尽管它们与本节的下半连续的主题没有关系。

**推论 7.2.3**　如果凸函数 $f$ 的有效域为相对开的（如 $\mathrm{dom}f=\mathbf{R}^n$），则或者对每个 $\boldsymbol{x}$，$f(\boldsymbol{x})>-\infty$，或者对每个 $x$，$f(\boldsymbol{x})$ 为无限的。

作为这个推论的一个典型应用（因此，也作为非正常凸函数的应用），我们考虑定义在 $\mathbf{R}^2$ 上的有限凸函数 $f$。函数

$$g(\xi_1)=\inf_{\xi_2} f(\xi_1,\xi_2)$$

为凸的（见定理 5.7 后面的说明），它的有效域为 $\mathbf{R}$。我们可以断定对于每个 $\xi_1$ 下确界或为有限的或为 $-\infty$。因此，如果 $f$ 沿着仅仅一条平行于 $\xi_2$ 轴的直线有下界，则会沿着每个这样的直线都有下界。

$\mathbf{R}^n$ 中凸集最重要的拓扑性质是它们的闭包与相对内部之间的亲密关系。因为对正常凸函数做闭包意味着其上镜图 $\mathrm{epi}f$ 的闭包，$\mathrm{epi}f$ 的相对内部在对 $\mathrm{cl}f$ 的分析中明显是重要的。

**引理 7.3**　对于任意凸函数 $f$，$\mathrm{ri}(\mathrm{epi}f)$ 由满足 $\boldsymbol{x}\in \mathrm{ri}(\mathrm{dom}f)$ 及 $f(\boldsymbol{x})<\mu<+\infty$ 的点对 $(\boldsymbol{x},\mu)$ 组成。

**证明**　这是定理 6.8 在 $m=n$，$p=1$ 以及 $C=\mathrm{epi}f$ 时的特殊情况，由定理 6.4 和定理 6.1 容易得到。然而，我们也给出另外一种证明。只要证明

$$\mathrm{int}(\mathrm{epi}f)=\{(\boldsymbol{x},\mu)\mid \boldsymbol{x}\in \mathrm{int}(\mathrm{dom}f),f(\boldsymbol{x})<\mu<\infty\}$$

即可。包含关系 $\subset$ 是显然的，所以只需验证 $\supset$。设 $\overline{\boldsymbol{x}}\in \mathrm{int}(\mathrm{dom}f)$，实数 $\overline{\mu}$ 满足 $\overline{\mu}>f(\overline{\boldsymbol{x}})$。令 $\boldsymbol{a}_1,\cdots,\boldsymbol{a}_r$ 为 $\mathrm{dom}f$ 中满足 $\overline{\boldsymbol{x}}\in \mathrm{int}P$ 的点，其中

$$P=\text{conv}\{\boldsymbol{a}_1,\cdots,\boldsymbol{a}_r\}$$

并令

$$\alpha=\max\{f(\boldsymbol{a}_i)\mid i=1,\cdots,r\}.$$

给定 $\boldsymbol{x}\in P$，我们将 $\boldsymbol{x}$ 表示成为凸组合

$$\boldsymbol{x}=\lambda_1\boldsymbol{a}_1+\cdots+\lambda_r\boldsymbol{a}_r,\lambda_i\geqslant 0,\lambda_1+\cdots+\lambda_r=1$$

因而，

$$f(\boldsymbol{x})\leqslant\lambda_1 f_1(\boldsymbol{a}_1)+\cdots+\lambda_r f_r(\boldsymbol{a}_r)\leqslant(\lambda_1+\cdots+\lambda_r)\alpha=\alpha$$



因此，开集

$$\{(\boldsymbol{x},\mu)\mid x\in\text{int}P,\alpha<\mu<\infty\}$$

包含于 epi$f$。特别地，对于每个 $\mu>\alpha$ 有

$$(\overline{x},\mu)\in\text{int}(\text{epi}f)$$

因此，$(\overline{\boldsymbol{x}},\overline{\mu})$ 可被看作与 int(epi$f$) 相交的 epi$f$ 中某个“垂直”线段的相对内部。由定理 6.1 有

$$(\overline{\boldsymbol{x}},\overline{\mu})\in\text{int}(\text{epi}f)$$

**推论 7.3.1**　设 $\alpha$ 为实数，$f$ 为凸函数并且存在 $\boldsymbol{x}$ 使得 $f(\boldsymbol{x})<\alpha$，则一定存在 $\boldsymbol{x}\in\text{ri}(\text{dom}f)$使得 $f(\boldsymbol{x})<\alpha$。

**证明**　如果 $\mathbf{R}^{n+1}$中的开半空间$\{(\boldsymbol{x},\mu)\mid\boldsymbol{x}\in\mathbf{R}^n,\mu<\alpha\}$与 epi$f$ 相交，则其一定与 ri(epi$f$) 相交（推论 6.3.2）。

**推论 7.3.2**　设 $f$ 为凸函数，$C$ 为满足 ri$C\subset$dom$f$ 的凸集。存在 $\boldsymbol{x}\in$cl$C$ 使得实数 $\alpha$ 满足 $f(\boldsymbol{x})<\alpha$，则一定存在 $\boldsymbol{x}\in$ri$C$ 使 $f(\boldsymbol{x})<\alpha$。

**证明**　设 $g(\boldsymbol{x})=f(\boldsymbol{x})(\boldsymbol{x}\in\text{cl}C)$；$g(\boldsymbol{x})=+\infty(\boldsymbol{x}\notin\text{cl}C)$，则

$$\text{ri}C\subset\text{dom}g\subset\text{cl}C$$

因此 ri(dom$g$)=ri$C$。由假设知道存在 $\boldsymbol{x}$ 使得 $g(\boldsymbol{x})<\alpha$。因此，由前面的推论知道存在 $\boldsymbol{x}\in$ri(dom$g$)使 $g(\boldsymbol{x})<\alpha$。换言之，存在 $\boldsymbol{x}\in$ri$C$ 使 $f(\boldsymbol{x})<\alpha$。

**推论 7.3.3**　设 $f$ 为定义在 $\mathbf{R}^n$ 上的凸函数，$C$ 为凸集，并且 $f$ 在其上的值为有限的。如果对于每个 $\boldsymbol{x}\in C$ 都有 $f(\boldsymbol{x})\geqslant\alpha$，则对于每个 $\boldsymbol{x}\in$cl$C$ 也有 $f(\boldsymbol{x})\geqslant\alpha$。

**证明**　由前面的推论显然可以得到。

由引理 7.3 容易得到另外一个结论：凸函数 $f$ 的闭包由其在 ri(dom$f$) 上的限制完全决定：

**推论 7.3.4**　如果 $f$ 和 $g$ 为 $\mathbf{R}^n$ 上满足

$$\text{ri}(\text{dom}f)=\text{ri}(\text{dom}g)$$

的凸函数，且 $f$ 和 $g$ 在后者集合上相同，则 cl$f$=cl$g$。

**证明**　由假设条件得到 ri(epi$f$)=ri(epi$g$)。因此，由定理 6.3 有

$$\text{cl}(\text{epi}f)=\text{cl}(\text{epi}g)$$

这个关系说明，至少在 $f$ 和 $g$ 都为正常函数时 cl$f$=cl$g$。对于非正常的情况，由定理 7.2 直接得到包含关系。

关于 $\mathrm{cl}f$ 最重要的定理是下列定理。

**定理 7.4**　设 $f$ 为定义在 $\mathbf{R}^n$ 上的正常凸函数，则 $\mathrm{cl}f$ 为闭的正常凸函数。并且，或许在除去 $\mathrm{dom}f$ 的相对边界点之外的点上 $f$ 与 $\mathrm{cl}f$ 吻合。

**证明**　因为 $\mathrm{epi}(\mathrm{cl}f)=\mathrm{cl}(\mathrm{epi}f)$，$\mathrm{epi}f$ 为凸集，$\mathrm{epi}(\mathrm{cl}f)$ 为 $\mathbf{R}^{n+1}$ 中的闭凸集以及 $\mathrm{cl}f$ 为下半连续的凸函数。因为 $f$ 在 $\mathrm{dom}f$ 上为有限的，考虑到推论 7.2.1，$\mathrm{cl}f$ 的性质，因而其闭性将由前面定理中的结论得到。给定任意 $\boldsymbol{x}\in\mathrm{ri}(\mathrm{dom}f)$，考虑垂直线 $M=\{(\boldsymbol{x},\mu)\mid\mu\in\boldsymbol{R}\}$。由引理 7.3，这个 $M$ 与 $\mathrm{ri}(\mathrm{epi}f)$ 相交。因此，由推论 6.5.1（或者在定理 6.1 的基础上直接证明）知道

$$M\cap\mathrm{cl}(\mathrm{epi}f)=\mathrm{cl}(M\cap\mathrm{epi}f)=M\cap\mathrm{epi}f.$$

这便说明$(\mathrm{cl}f)(\boldsymbol{x})=f(\boldsymbol{x})$。另一方面，现假设 $\boldsymbol{x}\notin\mathrm{cl}(\mathrm{dom}f)$。由 $\mathrm{cl}f$ 的“lim inf”公式有

$$\mathrm{cl}(\mathrm{dom}f)\supset\mathrm{dom}(\mathrm{cl}f)\supset\mathrm{dom}f,$$

因此，$(\mathrm{cl}f)(\boldsymbol{x})=\infty=f(\boldsymbol{x})$。

**推论 7.4.1**　如果 $f$ 为正常凸函数，则 $\mathrm{dom}(\mathrm{cl}f)$与 $\mathrm{dom}f$ 至多在 $\mathrm{dom}f$ 的包含某些附加的相对边界点上不同。特别地，$\mathrm{dom}(\mathrm{cl}f)$与 $\mathrm{dom}f$ 不仅有相同的维数，也有相同的闭包和相同的相对内点。

**推论 7.4.2**　如果 $f$ 为正常凸函数且 $\mathrm{dom}f$ 为仿射集（特别，当 $f$ 为 $\mathbf{R}^n$ 上的有限函数时为真的），则 $f$ 为闭的。

**证明**　此时 $\mathrm{dom}f$ 没有相对边界，所以，$\mathrm{cl}f$ 与 $f$ 处处相同。

定理 7.2 和定理 7.4 说明凸函数也许在去掉 $\mathrm{dom}f$ 的相对边界点之外的点上总是下半连续的。第 10 节中将看到 $f$ 其实对 $\mathrm{ri}(\mathrm{dom}f)$ 是连续的。

第 9 节中将给出由第 5 节中运算所构造的各种凸函数的闭包。

凸函数闭包运算已经以“lim inf”的形式得以刻画，我们现在证明借助十分简单的极限确实就可以通过 $f$ 来计算 $\mathrm{cl}f$。

**定理 7.5**　设 $f$ 为正常凸函数，并且 $\boldsymbol{x}\in\mathrm{ri}(\mathrm{dom}f)$，则对每个 $\boldsymbol{y}$ 有

$$(\mathrm{cl}f)(\boldsymbol{y})=\lim_{\lambda\uparrow 1}f((1-\lambda)\boldsymbol{x}+\lambda\boldsymbol{y})$$

（当 $f$ 为非正常凸函数时，公式对 $y\in\mathrm{cl}(\mathrm{dom}f)$ 也成立。）

**证明**　因为 $\mathrm{cl}f$ 下半连续且 $\mathrm{cl}f\leqslant f$，所以，

$$(\mathrm{cl}f)(\boldsymbol{y})\leqslant\liminf_{\lambda\uparrow 1}f((1-\lambda)\boldsymbol{x}+\lambda\boldsymbol{y}).$$

下面仅需证明

$$(\mathrm{cl}f)(\boldsymbol{y})\geqslant\limsup_{\lambda\uparrow 1}f((1-\lambda)\boldsymbol{x}+\lambda\boldsymbol{y}).$$

假设实数 $\beta$ 满足 $\beta\geqslant(\mathrm{cl}f)(\boldsymbol{y})$。选取任意实数 $\alpha>f(\boldsymbol{x})$，则

$$(\boldsymbol{y},\beta)\in\mathrm{epi}(\mathrm{cl}f)=\mathrm{cl}(\mathrm{epi}f),$$

由引理 7.3 知道 $(\boldsymbol{x},\alpha)\in\mathrm{ri}(\mathrm{epi}f)$，因此（定理 6.1），

$$(1-\lambda)(\boldsymbol{x},\alpha)+\lambda(\boldsymbol{y},\beta)\in\mathrm{ri}(\mathrm{epi}f),0\leqslant\lambda<1$$

所以

$$f((1-\lambda)\boldsymbol{x}+\lambda\boldsymbol{y})<(1-\lambda)\alpha+\beta,0\leqslant\lambda<1$$

因此，

$$\limsup_{\lambda\uparrow 1} f((1-\lambda)\boldsymbol{x}+\lambda\boldsymbol{y})\leqslant\limsup_{\lambda\uparrow 1}[(1-\lambda)\alpha+\lambda\beta]=\beta.$$

这便得到所要的结果。公式在 $f$ 为非正常凸函数且 $\boldsymbol{y}\in\mathrm{cl}(\mathrm{dom}f)$ 时也成立，因为此时由定理 6.1 和定理 7.2 知道，对于 $0\leqslant\lambda<1$ 有

$$f((1-\lambda)\boldsymbol{x}+\lambda\boldsymbol{y})=-\infty。$$



**推论 7.5.1**　对于闭的正常凸函数 $f$，$\boldsymbol{x}\in\mathrm{dom}f$ 以及每个 $\boldsymbol{y}$ 有

$$f(\boldsymbol{y})=\lim_{\lambda\uparrow 1} f((1-\lambda)\boldsymbol{x}+\lambda\boldsymbol{y}).$$

**证明**　令 $\varphi(\lambda)=f((1-\lambda)\boldsymbol{x}+\lambda\boldsymbol{y})$，$\varphi(\lambda)$ 为 $\mathbf{R}$ 上的凸函数，并且满足 $\varphi(0)=f(\boldsymbol{x})<\infty$ 以及 $\varphi(1)=f(\boldsymbol{y})$。因为 $\{\lambda\mid\varphi(\lambda)\leqslant\alpha\}$ 是闭集 $\{\boldsymbol{z}\mid f(\boldsymbol{z})\leqslant\alpha\}$ 在连续变换 $\lambda\to(1-\lambda)\boldsymbol{x}+\lambda\boldsymbol{y}=\boldsymbol{z}$ 下的逆像，所以，由定理 7.1 知道 $\varphi$ 为下半连续的，$\varphi$ 的有效域是一个区间。如果区间的内点介于 0 和 1 之间，由定理知道，当 $\lambda\uparrow 1$ 时 $\varphi(\lambda)$ 的极限为 $(\mathrm{cl}\varphi)(1)=\varphi(1)$。否则，其极限以及 $\varphi(1)$ 都将为 $+\infty$。

定理 7.5 和推论 7.5.1 将在定理 10.2 和定理 10.3 中得以推广。

定理 7.5 在证明给定函数为凸函数方面有时是有用的。例如，定义在 $\mathbf{R}^n$ 上的函数 $f(\boldsymbol{x})=\begin{cases}-(1-|\boldsymbol{x}|^2)^{\frac{1}{2}}, & |\boldsymbol{x}|\leqslant 1,\\ +\infty, & |\boldsymbol{x}|>1\end{cases}$ 则 $f(\boldsymbol{x})$ 的有效域为单位球 $B=\{\boldsymbol{x}\mid|\boldsymbol{x}|\leqslant 1\}$。在 $B$ 的内部，$f$ 的凸性能够借助二阶导数证明（定理 4.5）。因为 $f$ 在 $B$ 的边界上的值为 $f$ 沿 $B$ 的半径的极限，由定理 7.5 知道 $f$ 为闭的正常凸函数。

在不等式理论等方面，形如 $\{\boldsymbol{x}\mid f(\boldsymbol{x})\leqslant\alpha\}$ 的水平集是重要的。它们明显的优点体现在能够借助凸函数的闭包运算系统地将这些集合安排为闭集。而且像我们现要证明的，这些集合的相对内部可以通过函数 $f$ 本身借助常规方法得到。

**定理 7.6**　设 $f$ 为正常凸函数，$\alpha\in\mathbf{R}$ 满足 $\alpha>\inf f$，则凸水平集 $\{\boldsymbol{x}\mid f(\boldsymbol{x})\leqslant\alpha\}$ 与 $\{\boldsymbol{x}\mid f(\boldsymbol{x})<\alpha\}$ 具有相同的闭包和相同的相对内部，且分别有

$$\{\boldsymbol{x}\mid(\mathrm{cl}f)(\boldsymbol{x})\leqslant\alpha\},\{\boldsymbol{x}\in\mathrm{ri}(\mathrm{dom}f)\mid f(\boldsymbol{x})<\alpha\}.$$

它们与 $\mathrm{dom}f$（以及 $f$）有相同的维数。

**证明**　设 $M$ 为 $\mathbf{R}^{n+1}$ 中的水平超平面 $\{(\boldsymbol{x},\alpha)\mid\boldsymbol{x}\in\mathbf{R}^n\}$。由推论 7.3.1 和引理 7.3 知道 $M$ 与 $\mathrm{ri}(\mathrm{epi}f)$ 相交。我们关心

$$M\cap\mathrm{epi}f=\{(\boldsymbol{x},\alpha)\mid f(\boldsymbol{x})\leqslant\alpha\}$$

的闭包和相对内部。由推论 6.5.1 知道它们分别为 $M\cap\mathrm{cl}(\mathrm{epi}f)$ 和 $M\cap\mathrm{ri}(\mathrm{epi}f)$。当然，$\mathrm{cl}(\mathrm{epi}f)=\mathrm{epi}(\mathrm{cl}f)$，因此，

$$\mathrm{cl}\{\boldsymbol{x}\mid f(\boldsymbol{x})\leqslant\alpha\}=\{\boldsymbol{x}\mid(\mathrm{cl}f)(\boldsymbol{x})\leqslant\alpha\},$$

$$\mathrm{ri}\{\boldsymbol{x}\mid f(\boldsymbol{x})\leqslant\alpha\}=\{\boldsymbol{x}\in\mathrm{ri}(\mathrm{dom}f)\mid f(\boldsymbol{x})<\alpha\}.$$

后一公式表明

$$\mathrm{ri}\{\boldsymbol{x} \mid f(\boldsymbol{x}) \leqslant \alpha\} \subset \{\boldsymbol{x} \mid f(\boldsymbol{x}) < \alpha\} \subset \{\boldsymbol{x} \mid f(\boldsymbol{x}) \leqslant \alpha\},$$

因此$\{\boldsymbol{x} \mid f(\boldsymbol{x}) < \alpha\}$与$\{\boldsymbol{x} \mid f(\boldsymbol{x}) \leqslant \alpha\}$有相同的相对内部（推论 6.3.1）。由定理 6.2 知道，这些集合的维数相等。事实上，它们与 $M \cap \mathrm{ri}(\mathrm{epi} f)$ 的维数相同，其显然小于 $\mathrm{ri}(\mathrm{epi} f)$ 的维数，而 $\mathrm{ri}(\mathrm{epi} f)$ 的维数又大于 $\mathrm{dom} f$ 的维数。

**推论 7.6.1**　如果 $f$ 为有效域为相对开的（特别地，如果 $\mathrm{dom} f$ 为一个仿射开集）闭正常凸函数，则当 $\inf f < \alpha < +\infty$ 时有

$$\mathrm{ri}\{\boldsymbol{x} \mid f(\boldsymbol{x}) \leqslant \alpha\} = \{\boldsymbol{x} \mid f(\boldsymbol{x}) < \alpha\},$$
$$\mathrm{cl}\{\boldsymbol{x} \mid f(\boldsymbol{x}) < \alpha\} = \{\boldsymbol{x} \mid f(\boldsymbol{x}) \leqslant \alpha\}.$$

**证明**　这里 $\mathrm{cl} f = f$ 且 $\mathrm{ri}(\mathrm{dom} f) = \mathrm{dom} f$。

推论中的关系依赖于 $f$ 的凸性，并不是仅仅依赖于水平集的凸性。例如，考虑在 $\mathbf{R}$ 上定义的非凸函数

$$f(\boldsymbol{x}) = \begin{cases} 0, & |\boldsymbol{x}| \leqslant 1, \\ 1, & |\boldsymbol{x}| > 1. \end{cases}$$

这个函数的水平集$\{\boldsymbol{x} \mid f(\boldsymbol{x}) \leqslant \alpha\}$与$\{\boldsymbol{x} \mid f(\boldsymbol{x}) < \alpha\}$为凸集。而且 $f$ 为下半连续的（由定理 7.1 的（b）），它的“有效域”为整个 $\mathbf{R}$，是相对开的。但是$\{\boldsymbol{x} \mid f(\boldsymbol{x}) < 1\}$不是$\{\boldsymbol{x} \mid f(\boldsymbol{x}) \leqslant 1\}$的相对内部，也不是$\{\boldsymbol{x} \mid f(\boldsymbol{x}) < 1\}$的闭包。

当 $\alpha < \inf f$ 时，定理 7.6 和推论 7.6.1 中有关闭包和相对内部的公式都是显然的，因为在这种情况下所有提到的集合都为空集。当 $\alpha = \inf f$ 时公式不成立，因为此时$\{\boldsymbol{x} \mid f(\boldsymbol{x}) < \alpha\}$为空集，但是$\{\boldsymbol{x} \mid f(\boldsymbol{x}) \leqslant \alpha\}$可能不为空集。

## 第 8 节　回收锥及其无界性

$\mathbf{R}^n$ 中的闭有界集通常要比无界集容易处理。然而，当集合为凸集时，无界性所带来的困难会少得多，幸运的是供我们可考虑的这样的（凸）集合是很多的，如上镜图，由其性质知道是无界的。

按照直觉，无界凸集在“无限远”处有简单的性态。假设 $C$ 为这样的集合，$\boldsymbol{x}$ 为 $C$ 中的点。似乎 $C$ 一定含有从 $\boldsymbol{x}$ 点出发的整个半直线，否则，就与无界性相矛盾。这样的半直线的方向似乎不依赖于 $\boldsymbol{x}$：从 $C$ 中不同点 $\boldsymbol{y}$ 出发的半直线似乎都可以看作从 $\boldsymbol{x}$ 点出发的半直线的平移。模仿投影几何的方式，$C$ 中无限逐渐远离的方向可以被看作 $C$ 中理想的无限远点，即“地平线上的点”。$C$ 中从 $\boldsymbol{x}$ 点出发的半直线能够被看成连接 $\boldsymbol{x}$ 与此理想点的线段。

下面的目的是给这种直觉概念以良好的数学基础，并应用于凸函数的研究。

让我们先考虑将“方向”的概念标准化。$\mathbf{R}^n$ 中每个闭半直线都有一个“方向”，两条半直线有相同的“方向”当且仅当它们之间可以相互平移。我们因此将 $\mathbf{R}^n$ 中的一个“方向”简单地定义为 $\mathbf{R}^n$ 中所有闭的半直线按照等价关系“半直线 $L_1$ 为半直线 $L_2$ 的平移”的等价类的集合。半直线$\{\boldsymbol{x} + \lambda \boldsymbol{y} \mid \lambda \geqslant 0\}$，$\boldsymbol{y} \neq \boldsymbol{0}$，的方向

则定义为此半直线的所有平移的方向，其与 $\boldsymbol{x}$ 无关，也称其为 $\boldsymbol{y}$ 的方向。$\mathbf{R}^n$ 中两个向量具有相同的方向当且仅当它们互为数乘。零向量没有方向。当然，给定方向的"反面"为"反方向"。

按照 $\mathbf{R}^n$ 中的点和 $\mathbf{R}^{n+1}$ 中超平面 $M=\{(1,\boldsymbol{x})\mid \boldsymbol{x}\in\mathbf{R}^n\}$ 中的点之间的自然对应，点 $\boldsymbol{x}\in\mathbf{R}^n$ 可以用射线 $\{\lambda(1,\boldsymbol{x})\mid\lambda\geqslant 0\}$ 来表示。$\mathbf{R}^n$ 的方向因此可用与 $M$ 平行且含在此超平面中的射线 $\{\lambda(0,\boldsymbol{y})\mid\lambda\geqslant 0\}$，$\boldsymbol{y}\neq\mathbf{0}$ 来表示。这使建议用 $\mathbf{R}^n$ 中的方向代替 $\mathbf{R}^n$ 在无限远处的点。（这种方法不同于投影几何，这里无穷点为平行直线的等价类；而在我们意义下的投影几何中，无限点为与在远处的一对相反的点对应。）形成 $\mathbf{R}^{n+1}$ 中与 $M$ 相交的两个射线的凸包对应于形成 $\mathbf{R}^n$ 中它们所代表的点之间的线段。如果其中一个射线代表无限远处的一个点，则所得到的不是一个线段，而是具有端点和方向的半直线。



设 $C$ 为 $\mathbf{R}^n$ 中的非空凸集，如果 $C$ 包含方向 $D$ 上所有从 $C$ 点出发的半直线，则称 $C$ 沿着方向 $D$ 为逐渐远离的。换句话说，$C$ 在 $\boldsymbol{y}(\boldsymbol{y}\neq\mathbf{0})$ 的方向逐渐远离当且仅当对于每个 $\lambda\geqslant 0$ 和 $\boldsymbol{x}\in C$ 有 $\boldsymbol{x}+\lambda\boldsymbol{y}\in C$。所有满足后者条件的向量 $\boldsymbol{y}$ 的集合，包括 $\boldsymbol{y}=\mathbf{0}$，称为 $C$ 的回收锥（recession cone）。$C$ 的回收锥记为 $0^+C$，原因很简单。使得 $C$ 逐渐远离的方向将称为 $C$ 的回收方向（directions of recession）。

cl$C$ 的回收锥在别处被称为渐近锥（asymptotic cone）。但是，我们这里不采纳"渐近锥"这个术语，因为它与"渐近线（asymptote）"和"渐近的（asymptotic）"并不一致且容易混淆。

**定理 8.1**　设 $C$ 为非空凸集，则回收锥 $0^+C$ 是含原点的凸锥，它与满足 $C+\boldsymbol{y}\subset C$ 的向量 $\boldsymbol{y}$ 的集合相同。

**证明**　对于每个 $\boldsymbol{x}\in C$，每个 $\boldsymbol{y}\in 0^+C$ 都具有性质 $\boldsymbol{x}+\boldsymbol{y}\in C$，即 $C+\boldsymbol{y}\subset C$。另一方面，如果 $C+\boldsymbol{y}\subset C$，则

$$C+2\boldsymbol{y}=(C+\boldsymbol{y})+\boldsymbol{y}\subset C+\boldsymbol{y}\subset C$$

等，由此得到对每个 $\boldsymbol{x}\in C$ 以及正整数 $m$ 有 $\boldsymbol{x}+m\boldsymbol{y}\in C$。由凸性知道连接点 $\boldsymbol{x}\in C$，$\boldsymbol{x}+\boldsymbol{y}$，$\boldsymbol{x}+2\boldsymbol{y}$，…的线段将整个包含于 $C$，所以对于每个 $\lambda\geqslant 0$ 都有 $\boldsymbol{x}+\lambda\boldsymbol{y}\in C$。因此 $\boldsymbol{y}\in 0^+C$。因为正数乘积不改变方向，所以 $0^+C$ 确实是一个锥。如果 $\boldsymbol{y}_1$ 和 $\boldsymbol{y}_2$ 都为 $0^+C$ 中的向量且 $0\leqslant\lambda\leqslant 1$，则

$$(1-\lambda)\boldsymbol{y}_1+\lambda\boldsymbol{y}_2+C=(1-\lambda)(\boldsymbol{y}_1+C)+\lambda(\boldsymbol{y}_2+C)\subset(1-\lambda)C+\lambda C=C$$

（应用定理 3.2 中的分配律）。因此 $(1-\lambda)\boldsymbol{y}_1+\lambda\boldsymbol{y}_2$ 属于 $0^+C$。

$\mathbf{R}^2$ 中凸集回收锥的一些例子。对于集合

$$C_1=\{(\xi_1,\xi_2)\mid\xi_1>0,\xi_2\geqslant 1/\xi_1\},$$
$$C_2=\{(\xi_1,\xi_2)\mid\xi_2\geqslant\xi_1^2\},$$
$$C_3=\{(\xi_1,\xi_2)\mid\xi_1^2+\xi_2^2\leqslant 1\},$$
$$C_4=\{(\xi_1,\xi_2)\mid\xi_1>0,\xi_2>0\}\cup\{(0,0)\},$$

有

$$0^+C_1=\{(\xi_1,\xi_2)\mid\xi_1\geqslant0,\xi_2\geqslant0\},$$
$$0^+C_2=\{(\xi_1,\xi_2)\mid\xi_1=0,\xi_2\geqslant0\},$$
$$0^+C_3=\{(\xi_1,\xi_2)\mid\xi_1=0=\xi_2\}=\{(0,0)\},$$
$$0^+C_4=\{(\xi_1,\xi_2)\mid\xi_1>0,\xi_2>0\}\cup\{(0,0)\}=C_4.$$

当然，非空仿射集 $M$ 的回收锥为平行于 $M$ 的子空间 $L$。如果 $C$ 为 $\mathbf{R}^n$ 中弱线性不等式系统

$$C=\{\boldsymbol{x}\mid\langle\boldsymbol{x},\boldsymbol{b}_i\rangle\geqslant\beta_i,\forall i\in I\}\neq\varnothing$$

的解集，则 $C$ 的回收锥由对应的齐次不等式系统给出，并且易证

$$0^+C=\{\boldsymbol{x}\mid\langle\boldsymbol{x},\boldsymbol{b}_i\rangle\geqslant0,\forall i\in I\}.$$

当 $\mathbf{R}^n$ 中的点用 $\mathbf{R}^{n+1}$ 中的射线按照上述刻画的方式表示时，非空凸集 $C$ 被表示成为表示其点的射线的集合。这个集合为凸锥

$$K=\{(\lambda,\boldsymbol{x})\mid\lambda\geqslant0,\boldsymbol{x}\in\lambda C\}$$

除去原点之外，这个锥整个包含于半空间$\{(\lambda,\boldsymbol{x})\mid\lambda>0\}$之中。让我们考虑如何将 $K$ 可能增大到形如 $K\cup K_0$ 的凸锥，其中 $K_0$ 为包含于超平面$\{(0,\boldsymbol{x})\mid\boldsymbol{x}\in\mathbf{R}^n\}$中的锥。因为 $K$ 已经为凸锥，因此 $K\cup K_0$ 为凸锥的充分必要条件是 $K_0$ 为凸的且 $K+K_0\subset K\cup K_0$（定理 2.6）。我们将得到 $K+K_0\subset K\cup K_0$ 当且仅当每个$(0,\boldsymbol{x})\in K_0$ 都满足对于每个$(1,\boldsymbol{x}')\in K$，$(1,x')+(0,x)$属于 $K$。这个性质意味着对于每个 $\boldsymbol{x}'\in C$ 都有 $\boldsymbol{x}'+\boldsymbol{x}\in C$，因此，由定理 8.1 知道 $\boldsymbol{x}\in0^+C$。从而，在半空间$\{(\lambda,\boldsymbol{x})\mid\lambda\geqslant0\}$中存在唯一最大凸锥 $K'$ 使其与半空集$\{(\lambda,\boldsymbol{x})\mid\lambda>0\}$的交集为 $K\setminus\{(0,0)\}$，如

$$K'=\{(\lambda,\boldsymbol{x})\mid\lambda>0,\boldsymbol{x}\in\lambda C\}\cup\{(0,\boldsymbol{x})\mid\boldsymbol{x}\in0^+C\}.$$

从这个意义上讲，从符号上看，$0^+C$ 能恰好被看作当 $\lambda\to0^+$ 时的 $\lambda C$。

**定理 8.2** 设 $C$ 为 $\mathbf{R}^n$ 中的非空凸集，则 $0^+C$ 为闭的且由所有形如 $\lambda_1\boldsymbol{x}_1$，$\lambda_2\boldsymbol{x}_2$，…的序列组成，其中 $\boldsymbol{x}_i\in C$ 且 $\lambda_i\downarrow0$。事实上，对于由$\{(1,\boldsymbol{x})\mid\boldsymbol{x}\in C\}$所生成的 $\mathbf{R}^{n+1}$ 中的凸锥 $K$ 有

$$\mathrm{cl}K=K\cup\{(0,\boldsymbol{x})\mid\boldsymbol{x}\in0^+C\}.$$

**证明** 超平面 $M=\{(1,\boldsymbol{x})\mid\boldsymbol{x}\in\mathbf{R}^n\}$一定与 $\mathrm{ri}K$ 相交（如推论 6.8.1），所以，由推论 6.5.1 中的闭包规则有

$$M\cap\mathrm{cl}K=\mathrm{cl}(M\cap K)=M\cap K=\{(1,\boldsymbol{x})\mid\boldsymbol{x}\in C\}.$$

由于最大性，刚刚在定理之前所定义的锥 $K'$ 一定包含 $\mathrm{cl}K$。另一方面，因为 $K'$ 包含于半空间 $H=\{(\lambda,\boldsymbol{x})\mid\lambda\geqslant0\}$之中且与 $\mathrm{int}H$ 相交，$\mathrm{ri}K'$ 一定被整个包含于 $\mathrm{int}H$ 之中（推论 6.5.2）。因此 $\mathrm{ri}K'\subset K$，有

$$\mathrm{cl}K\subset K'\subset\mathrm{cl}(\mathrm{ri}K')\subset\mathrm{cl}K.$$

这便证明了定理中所论述的公式 $\mathrm{cl}K=K'$。集合$\{(0,\boldsymbol{x})\mid\boldsymbol{x}\in0^+C\}$是 $\mathrm{cl}K$ 与$\{(0,\boldsymbol{x})\mid\boldsymbol{x}\in\mathbf{R}^n\}$的交集，所以为闭的，并且由形如 $\lambda_1(1,\boldsymbol{x}_1),\lambda_2(1,\boldsymbol{x}_2),\cdots$的序列的极

限组成，其中 $x_i\in C$ 且 $\lambda_i\downarrow 0$。

上述集合 $C_4$ 说明，当 $C$ 不为闭集时 $0^+C$ 不可能为闭集。

假设 $C$ 为闭的凸集，$z$ 满足存在 $x\in C$ 使得 $x$ 与 $z$ 之间线段的相对内部属于 $C$，则 $z\in C$，同样性质对每个 $x\in C$ 成立。下一定理可以解释为这个事实在 $z$ 为无限远点的情形。

**定理 8.3** 设 $C$ 为非空闭凸集，且 $y\neq 0$。如果存在甚至一个 $x$ 使得半直线 $\{x+\lambda y\mid\lambda\geqslant 0\}$ 包含于 $C$，则对于每个 $x\in C$ 有相同的现象，即 $y\in 0^+C$。而且，此时对于每个 $x\in \mathrm{ri}C$ 集合 $\{x+\lambda y\mid\lambda\geqslant 0\}$ 都包含于 $\mathrm{ri}C$，所以 $y\in 0^+(\mathrm{ri}C)$。

**证明** 设 $\{x+\lambda y\mid\lambda\geqslant 0\}$ 包含于 $C$，则 $y$ 为序列 $\lambda_1x_1$，$\lambda_2x_2$，…的极限，其中 $\lambda_k=1/k$ 且 $x_k=x+ky\in C$。因此，由定理 8.2 知道 $y\in 0^+C$。定理的最后一个断言由 $C$ 中与 $\mathrm{ri}C$ 相交的任何线段的内部一定属于 $\mathrm{ri}C$（定理 6.1）的事实立刻可以得到。

**推论 8.3.1** 对于任何非空集 $C$，有 $0^+(\mathrm{ri}C)=0^+(\mathrm{cl}C)$。事实上，对于任何给定的 $x\in\mathrm{ri}C$，$y\in 0^+(\mathrm{cl}C)$ 当且仅当对于任意 $\lambda>0$ 有 $x+\lambda y\in C$。

**推论 8.3.2** 设 $C$ 为含有原点的闭凸集，则

$$0^+C=\{y\mid\varepsilon^{-1}y\in C,\forall\varepsilon>0\}=\bigcap_{\varepsilon>0}\varepsilon C.$$

**推论 8.3.3** 如果 $\{C_i\mid i\in I\}$ 为 $\mathbf{R}^n$ 中交集非空的凸集的集合，则

$$0^+(\bigcap_{i\in I}C_i)=\bigcap_{i\in I}0^+C_i$$

**证明** 设 $x$ 为闭凸集 $C=\bigcap_{i\in I}C_i$ 中的点，给定向量 $y$，则其方向确定为使得 $C$ 逐渐远离的方向当且仅当半直线 $\{x+\lambda y\mid\lambda\geqslant 0\}$ 包含于每个 $C_i$。这也意味着每个 $C_i$ 都沿 $y$ 的方向远离。

**推论 8.3.4** 设 $A$ 为映 $\mathbf{R}^n$ 到 $\mathbf{R}^m$ 的线性变换，$C$ 为 $\mathbf{R}^m$ 中满足 $A^{-1}C\neq\varnothing$ 的闭凸集，则

$$0^+(A^{-1}C)=A^{-1}(0^+C).$$

**证明** 因为 $A$ 为连续的，$C$ 为闭的，所以 $A^{-1}C$ 为闭的。取 $x\in A^{-1}C$，则有 $y\in 0^+(A^{-1}C)$ 当且仅当对于每个 $\lambda\geqslant 0$，$C$ 包含 $A(x+\lambda y)=Ax+\lambda Ay$。这便说明 $Ay\in 0^+C$，即 $y\in A^{-1}(0^+C)$。

当 $C$ 不为闭集时定理 8.3 的第一个论断不成立：上述的 $C_4$ 包含所有形如 $(1,1)+\lambda(1,0)$ 的点所组成的半直线，但是，$(1,0)$ 不属于 $0^+C_4$。由推论 8.3.1 也可以看到 $0^+(\mathrm{ri}C_4)$ 确实比 $0^+(C_4)$ 大些。

无界闭凸集至少含有一个无限远点，即按照下列定理，它至少沿一个方向远离。因此，它的无界性，确实为所能够希望的最简单类。

**定理 8.4** $\mathbf{R}^n$ 中的非空闭凸集 $C$ 为有界的，当且仅当它的回收锥（Recession cone）仅由零向量组成。

**证明** 如果 $C$ 为有界的，则它一定不含有半直线，所以 $0^+C=\{0\}$。另一方面，如果 $C$ 为无界的，它一定含有非零向量数列 $x_1$，$x_2$，…，它的欧氏范数

$|\boldsymbol{x}_i|$无界递增。当$\lambda_i=1/|\boldsymbol{x}_i|$时，向量$\lambda_i\boldsymbol{x}_i$均属于单位球$S=\{\boldsymbol{x}\,|\,|\boldsymbol{x}|=1\}$内。因为$S$为$\mathbf{R}^n$中的闭有界子集，$\lambda_1\boldsymbol{x}_1$，$\lambda_2\boldsymbol{x}_2$，…中的某些子列将会收敛于某个$\boldsymbol{y}\in S$。由定理8.2知道这个$\boldsymbol{y}$为$0^+C$中的非零向量。

**推论8.4.1**　设$C$为闭凸集，$M$为仿射集且$M\cap C$非空有界，则对于每个平行于$M$的仿射集$M'$，$M'\cap C$为有界的。

**证明**　由“平行”的定义知道$0^+M'=0^+M$。假设$M'\cap C$确实非空，则由推论8.3.3中交集规则有

$$0^+(M'\cap C)=0^+M'\cap 0^+C=0^+M\cap 0^+C=0^+(M\cap C).$$

因为$M\cap C$有界，这便说明$0^+(M'\cap C)=0$，因此$M'\cap C$有界。



如果$C$为非空凸集，则称$(-0^+C)\cap 0^+C$为$C$的线性空间。它由所有满足对于每个$\boldsymbol{x}\in C$，沿着$\boldsymbol{y}$方向且通过$\boldsymbol{x}$的直线都含于$C$中的非零向量$\boldsymbol{y}$组成。这个线性空间中向量$\boldsymbol{y}$的方向称为使$C$为线性的方向。当然，如果$C$为闭的且含有直线$M$，则所有通过$C$中的点且与$M$平行的直线都包含于$C$。（这是定理8.3的特殊情况）线性空间与满足$C+\boldsymbol{y}=C$的向量集合相同；这个可以作为基本练习。

$C$的线性空间为子空间，且为包含于凸锥$0^+C$（定理2.7）中的最大的子空间，它的维数称为$C$的线性性。

例如，考虑圆柱

$$C=\{(\xi_1,\xi_2,\xi_3)\,|\,\xi_1^2+\xi_2^2\leqslant 1\}\subset\mathbf{R}^3.$$

$C$的线性空间（lineality space）为$\xi_2$轴，所以$C$的线性性（lineality）为1。这里$C$为直线和圆盘的直和。

一般地，如果$C$为含有非平凡的线性空间$L$的非空凸集，则我们能够将$C$表示成为直和

$$C=L+(C\cap L^{\perp}),$$

其中$L^{\perp}$为$L$的正交补。在这种表示下，集合$C\cap L^{\perp}$的线性性为0。$C\cap L^{\perp}$的维数，也就是$C$的维数减去$C$的线性性，称为$C$的秩（Rank）。它为$C$的非线性性的一种度量。

秩为0的凸集为仿射集，闭凸集的秩与维数相等，当且仅当其不含有直线。此时集合

$$C=\{\boldsymbol{x}\,|\,\langle\boldsymbol{x},\boldsymbol{b}_i\rangle\geqslant\beta_i,\forall i\in I\}$$

的线性空间$L$可由一个方程系统来表示：

$$L=\{\boldsymbol{x}\,|\,\langle\boldsymbol{x},\boldsymbol{b}_i\rangle=0,\forall i\in I\}$$

我们现转向上述结果对于凸函数的应用。设$f$为在$\mathbf{R}^n$上定义的凸函数，并且不恒等于$+\infty$。作为$\mathbf{R}^{n+1}$中的非空集合，$f$的上镜图具有回收锥。由定义知道，$(\boldsymbol{y},v)\in 0^+(\mathrm{epi}f)$当且仅当对于每个$(\boldsymbol{x},\mu)\in\mathrm{epi}f$和$\lambda\geqslant 0$有

$$(\boldsymbol{x},\mu)+\lambda(\boldsymbol{y},v)=(\boldsymbol{x}+\lambda\boldsymbol{y},\mu+\lambda v)\in\mathrm{epi}f.$$

这便意味着对于每个$\boldsymbol{x}$及每个$\lambda\geqslant 0$有

$$f(\boldsymbol{x}+\lambda\boldsymbol{y})\leqslant f(\boldsymbol{x})+\lambda v.$$

事实上，由定理 8.1 知道，后面的不等式如果仅对于每个 $\boldsymbol{x}$ 及 $\lambda=1$ 成立，则对所有 $\boldsymbol{x}$ 及 $\lambda\geqslant 0$ 成立。在整个过程中，对于固定的 $\boldsymbol{y}$，满足 $(\boldsymbol{y},v)\in 0^+(\text{epi}f)$ 的 $v$ 或形成 $\mathbf{R}$ 中无上界的闭区间，或形成空的区间。因此 $0^+$ $(\text{epi}f)$ 为某些函数的上镜图。我们称此函数为 $f$ 的回收函数，并且记为 $f0^+$。由定义有

$$\text{epi}(f0^+)=0^+(\text{epi}f).$$

因此，$f0^+$ 的概念与前面第 5 节中右数乘的概念是一致的。



**定理 8.5**　设 $f$ 为正常凸函数，则 $f$ 的回收函数为正齐次正常凸函数。对于每个向量 $\boldsymbol{y}$ 有

$$(f0^+)(\boldsymbol{y})=\sup\{f(\boldsymbol{x}+\boldsymbol{y})-f(\boldsymbol{x})\mid \boldsymbol{x}\in\text{dom}f\}.$$

如果 $f$ 为闭的，则 $f0^+$ 也为闭的，且对于任意 $\boldsymbol{x}\in\text{dom}f$，$f0^+$ 由公式

$$(f0^+)(\boldsymbol{y})=\sup_{\lambda>0}\frac{f(\boldsymbol{x}+\lambda\boldsymbol{y})-f(\boldsymbol{x})}{\lambda}=\lim_{\lambda\to\infty}\frac{f(\boldsymbol{x}+\lambda\boldsymbol{y})-f(\boldsymbol{x})}{\lambda}$$

给出。

**证明**　第一个公式为刚刚观察的结果。条件 $v\geqslant(f0^+)(y)$ 也表示

$$v\geqslant\sup_{\lambda>0}\{[f(\boldsymbol{x}+\lambda\boldsymbol{y})-f(\boldsymbol{x})]/\lambda\},\forall\,\boldsymbol{x}\in\text{dom}f$$

(由此注意到 $(f0^+)(\boldsymbol{y})$ 不会为 $-\infty$。)对于任意固定的 $\boldsymbol{x}\in\text{dom}f$，上确界确定最小的实数 $v$（如果有的话）使得 $\text{epi}f$ 含有沿着方向（$\boldsymbol{y},v$）具有端点 $(\boldsymbol{x},f(\boldsymbol{x}))$ 的半直线。如果 $f$ 为闭的，则 $\text{epi}f$ 也为闭的，由定理 8.3 知道这个 $v$ 与 $\boldsymbol{x}$ 无关。这便证明了定理中的第二个上确界公式。上确界与 $\lambda\to\infty$ 时的极限相同，因为由 $f$ 的凸性知道，差商 $[f(\boldsymbol{x}+\lambda\boldsymbol{y})-f(\boldsymbol{x})]/\lambda$ 是关于 $\lambda$ 的非减函数（见定理 23.1）。上镜图的 $0^+(\text{epi}f)$ 为非空凸锥。如果 $f$ 为闭的，则 $0^+(\text{epi}f)$ 也为闭集。因此，$f0^+$ 为正齐次正常凸函数。当 $f$ 为闭的时 $f0^+$ 也为闭的。

**推论 8.5.1**　设 $f$ 为正常凸函数，则 $f0^+$ 为满足

$$f(\boldsymbol{z})\leqslant f(\boldsymbol{x})+h(\boldsymbol{z}-\boldsymbol{x}),\forall\,\boldsymbol{z},\forall\,\boldsymbol{x}$$

的函数 $h$ 中的最小者。

当 $f$ 为闭正常凸函数时，$f$ 的回收函数看作具有闭结构。设 $g$ 为由 $h$ 产生的正齐次凸函数，其中

$$h(\lambda,\boldsymbol{x})=f(\boldsymbol{x})+\delta(\lambda\mid 1)$$

即

$$g(\lambda,\boldsymbol{x})=\begin{cases}(f\lambda)(\boldsymbol{x}), & \lambda\geqslant 0\\ +\infty, & \lambda<0\end{cases}$$

由定理 8.2 和 $f0^+$ 的定义有

$$(\text{cl}g)(\lambda,\boldsymbol{x})=\begin{cases}(f\lambda)(\boldsymbol{x}), & \lambda>0\\ (f0^+)(x), & \lambda=0\\ +\infty, & \lambda<0\end{cases}$$

**推论 8.5.2**　如果 $f$ 为闭的正常凸函数，则对于每个 $\boldsymbol{y}\in\operatorname{dom}f$ 有

$$(f0^+)(\boldsymbol{y})=\lim_{\lambda\downarrow 0}(f\lambda)(\boldsymbol{y}).$$

如果 $\boldsymbol{0}\in\operatorname{dom}f$，则此公式对每个 $\boldsymbol{y}\in\mathbf{R}^n$ 成立。

**证明**　如果 $\boldsymbol{0}\in\operatorname{dom}f$，则由定理 8.5 的最后一个公式有

$$(f0^+)(\boldsymbol{y})=\lim_{\lambda\uparrow\infty}[f(\lambda\boldsymbol{y})-f(\boldsymbol{0})]/\lambda=\lim_{\lambda\downarrow 0}\lambda f(\lambda^{-1}\boldsymbol{y}),$$

即使 $\boldsymbol{0}\notin\operatorname{dom}f$，由推论 7.5.1 知道对于 $\lambda>0$，当 $(\lambda,\boldsymbol{y})$ 属于 $\operatorname{dom}(\operatorname{cl}g)$ 时也有（对于上述的 $g$）

$$(\operatorname{cl}g)(0,\boldsymbol{y})=\lim_{\lambda\downarrow 0}(\operatorname{cl}g)(\lambda,\boldsymbol{y}).$$

后面的条件当 $\boldsymbol{y}\in\operatorname{dom}f$ 时一定满足。

我们考虑函数

$$f_1(\boldsymbol{x})=(1+\langle\boldsymbol{x},Q\boldsymbol{x}\rangle)^{1/2},$$

其中 $Q$ 为对称 $n\times n$ 正半定矩阵。（$f_1$ 的凸性可以借助定理 5.1 由函数 $f_0(\boldsymbol{x})=\langle\boldsymbol{x},Q\boldsymbol{x}\rangle^{1/2}$的凸性得到，$f_0(\boldsymbol{x})$ 的凸性由 $Q$ 的对角化而得到。）由推论 8.5.2，

$$\begin{aligned}(f_10^+)(\boldsymbol{y})&=\lim_{\lambda\downarrow 0}\lambda f_1(\lambda^{-1}\boldsymbol{y})\\&=\lim_{\lambda\downarrow 0}(\lambda^2+\langle\boldsymbol{y},Q\boldsymbol{y}\rangle)^{1/2}=\langle\boldsymbol{y},Q\boldsymbol{y}\rangle^{1/2}.\end{aligned}$$

另一方面，对于函数

$$f_2(\boldsymbol{x})=\langle\boldsymbol{x},Q\boldsymbol{x}\rangle+\langle\boldsymbol{a},\boldsymbol{x}\rangle+\alpha$$

由同一公式得到

$$\begin{aligned}(f_20^+)(\boldsymbol{y})&=\lim_{\lambda\downarrow 0}[\lambda^{-1}\langle\boldsymbol{y},Q\boldsymbol{y}\rangle+\langle\boldsymbol{a},\boldsymbol{y}\rangle+\lambda\alpha]\\&=\begin{cases}\langle\boldsymbol{a},\boldsymbol{y}\rangle, & Q\boldsymbol{y}=\boldsymbol{0},\\+\infty, & Q\boldsymbol{y}\neq\boldsymbol{0},\end{cases}\end{aligned}$$

特别，当 $Q$ 正定时（即，也是非奇异的）有 $f_20^+=\delta(\cdot\,|\,0)$。当然，后一公式对于有效域有限的任何正常函数都成立。特别有趣的例子是

$$f_3(\boldsymbol{x})=\log(\mathrm{e}^{\xi_1}+\cdots+\mathrm{e}^{\xi_n}),\boldsymbol{x}=(\xi_1,\cdots,\xi_n),n>1$$

（$f_3$ 的凸性借助经典讨论由定理 4.5 得到，独立的推导将在后面的定理 16.4 中给出）读者可以作为练习来计算得到

$$(f_30^+)(\boldsymbol{y})=\max\{\eta_j\,|\,j=1,\cdots,n\},\boldsymbol{y}=(\eta_1,\cdots,\eta_n)$$

因此，即使 $f_30^+$ 为几乎处处有限且 $f_3$ 本身为解析的，$f_30^+$ 也是不可微分的。

闭正常凸函数 $f$ 的回收函数将在定理 13.3 中作为与 $f$ 共轭的凸函数的有效域的支撑函数来刻画。

**定理 8.6**　设 $f$ 为正常凸函数，$\boldsymbol{y}$ 为向量。如果对于给定的 $\boldsymbol{x}$ 有

$$\liminf_{\lambda\to+\infty}f(\boldsymbol{x}+\lambda\boldsymbol{y})<+\infty,$$

则 $\boldsymbol{x}$ 具有使 $f(\boldsymbol{x}+\lambda\boldsymbol{y})$成为关于 $\lambda$ 为非增函数的性质，其中 $-\infty<\lambda<+\infty$。此性

质对于每个 $x$ 成立当且仅当 $(f0^+)(y)\leqslant 0$。当 $f$ 为闭的时，只要对于一个 $x\in\operatorname{dom}f$ 成立此性质，则对每个 $x$ 成立此性质。

**证明**　由定义 $(f0^+)(y)\leqslant 0$ 当且仅当 $\operatorname{epi}f$ 的回收锥含有向量 $(y,0)$，这说明对于每个 $z$ 以及每个 $\lambda\geqslant 0$ 有 $f(z+\lambda y)\leqslant f(z)$。因此，$(f0^+)(y)\leqslant 0$ 当且仅当对于每个 $x$，$f(x+\lambda y)$ 为关于 $\lambda$ 的非增函数，这里 $-\infty<\lambda<+\infty$。如果 $f$ 为闭的，并存在一个 $x\in\operatorname{dom}f$ 使得 $f(x+\lambda y)$ 为关于 $\lambda$ 的非增函数，则由定理 8.5 的最后一个公式有 $(f0^+)(y)\leqslant 0$。现设 $x\in\mathbf{R}$ 满足



$$\liminf_{\lambda\to+\infty} f(x+\lambda y)<\alpha,$$

其中 $\alpha\in\mathbf{R}$，定义 $\mathbf{R}$ 上的正常凸函数 $h(\lambda)=f(x+\lambda y)$。$h$ 的上镜图含有当 $\lambda_k\to+\infty$ 时形如 $(\lambda_k,\alpha)$，$k=1,2,\cdots$ 的点。这个序列的凸包为沿着 $(1,0)$ 方向上的半直线，这个半直线包含在闭凸集 $\operatorname{epi}(\operatorname{cl}h)$ 中，因此，$(1,0)$ 属于 $\operatorname{epi}(\operatorname{cl}h)$ 的回收锥，即 $\operatorname{cl}h$ 为 $\mathbf{R}$ 上的非增函数。$\operatorname{cl}h$ 的有效域一定是无上界的区间。闭包运算充其量降低函数在其有效域的边界上的值（定理 7.4），所以，$h$ 一定为 $\mathbf{R}$ 上的非增函数。因此，$f(x+\lambda y)$ 为关于 $\lambda$ 的非增函数。

**推论 8.6.1**　设 $f$ 为正常凸函数，$y$ 为向量。$f(x+\lambda y)$ 对于每个 $x$ 为关于 $\lambda$ $(-\infty<\lambda<+\infty)$ 的常函数的充分必要条件是 $(f0^+)(y)\leqslant 0$ 且 $(f0^+)(-y)\leqslant 0$。当 $f$ 为闭函数时，如果存在 $x$ 使得对于某些实数 $\alpha$ 有

$$f(x+\lambda y)\leqslant\alpha,\ \forall\lambda\in\mathbf{R}$$

则此条件一定满足。

**推论 8.6.2**　定义在仿射集 $M$ 上的凸函数如果为有限且有上界的，则一定为常函数。

**证明**　必要时重新定义 $f$ 在 $M$ 以外的值为 $+\infty$，则可以假设 $M=\operatorname{dom}f$，则 $f$ 为闭的（推论 7.4.2）。由前面的推论知道，$f$ 沿 $M$ 中的每条直线为常数。因为 $M$ 包含通过其内任何两（个不同）点的直线，所以 $f$ 在 $M$ 的所有点上的值相同。

满足 $(f0^+)(y)\leqslant 0$ 的向量 $y$ 的集合被称为 $f$ 的回收锥（当然，不要与 $\operatorname{epi}f$ 的回收锥相混淆）。这是一个含有 0 元素的锥，如果 $f$ 为闭的，此锥也为闭的。（它对应于 $0^+(\operatorname{epi}f)$ 与 $\mathbf{R}^{n+1}$ 中水平超平面 $\{(y,0)\mid y\in\mathbf{R}^n\}$ 的交）。正如定理 8.6 所建议的，称 $f$ 的回收锥中向量的方向为 $f$ 的远离方向，或 $f$ 的回收方向。

满足 $(f0^+)(y)\leqslant 0$ 和 $(f0^+)(-y)\leqslant 0$ 的向量 $y$ 的集合是包含 $f$ 的回收锥的最大子空间（定理 2.7）。鉴于推论 8.6.1，我们将称其为 $f$ 的恒性空间。$f$ 的恒性空间中的方向向量被称为使 $f$ 为常数的方向。

在前面定理 8.6 的例子中，$f_1$ 的回收锥和恒性空间都为 $\{y\mid Qy=\mathbf{0}\}$，而 $f_2$ 的回收锥和恒性空间分别为

$$\{y\mid Qy=0,\langle a,y\rangle\leqslant 0\}\text{及}\{y\mid Qy=\mathbf{0},\langle a,y\rangle=0\}$$

$f_3$ 的回收锥为 $\mathbf{R}^n$ 中的非正象限，但是，$f_3$ 的恒性空间仅由零向量所构成。

**定理 8.7**　设 $f$ 为闭正常凸函数，则所有形如 $\{x\mid f(x)\leqslant\alpha\}$，$\alpha\in\mathbf{R}$ 的非空水

平集有相同的回收锥和相同的线性空间，如分别为 $f$ 的回收锥和恒性空间。

**证明**　由定理 8.6 得到：$\boldsymbol{y}$ 属于$\{\boldsymbol{x}\mid f(\boldsymbol{x})\leqslant\alpha\}$的回收锥当且仅当只要 $f(\boldsymbol{x})\leqslant\alpha$ 及 $\lambda\geqslant0$ 就有 $f(\boldsymbol{x}+\lambda\boldsymbol{y})\leqslant\alpha$。

**推论 8.7.1**　设 $f$ 为闭正常凸函数。如果存在 $\alpha$ 使得水平集$\{\boldsymbol{x}\mid f(\boldsymbol{x})\leqslant\alpha\}$非空、有界，则对每个 $\alpha$ 它都是有界的。

**证明**　应用定理 8.4。

**定理 8.8**　对于任意正常凸函数 $f$，下列关于向量 $\boldsymbol{y}$ 和实数 $v$ 的条件是等价的：

(a) 对于每个向量 $\boldsymbol{x}$ 和实数 $\lambda\in\mathbf{R}$ 有 $f(\boldsymbol{x}+\lambda\boldsymbol{y})=f(\boldsymbol{x})+\lambda v$；

(b) $(\boldsymbol{y},v)$ 属于 $\mathrm{epi}f$ 的线性空间；

(c) $-(f0^+)(-\boldsymbol{y})=(f0^+)(\boldsymbol{y})=v$。

当 $f$ 为闭的时，如果存在点 $\boldsymbol{x}\in\mathrm{dom}f$ 使得 $f(\boldsymbol{x}+\lambda\boldsymbol{y})$为 $\lambda$ 的仿射函数，则 $\boldsymbol{y}$ 满足条件 $v=(f0^+)(\boldsymbol{y})$。

**证明**　当条件 (a) 满足时，对于每个 $\boldsymbol{x}\in\mathrm{dom}f$ 有 $f(\boldsymbol{x}+\boldsymbol{y})-f(\boldsymbol{x})=v$，所以，由定理 8.5 中的第一个公式有 $v=(f0^+)(\boldsymbol{y})$且$-v=(f0^+)(-\boldsymbol{y})$。又由 (c) 知道 $(\boldsymbol{y},v)$ 与 $(-\boldsymbol{y},-v)$ 均属于 $\mathrm{epi}(f0^+)$，即 $(\boldsymbol{y},v)$ 与 $(-\boldsymbol{y},-v)$ 均属于 $0^+(\mathrm{epi}f)$。这与条件 (b) 相同。最后，由 (b) 得到

$$(\mathrm{epi}f)-\lambda(\boldsymbol{y},v)=\mathrm{epi}f,\ \forall\lambda\in\mathbf{R}.$$

对于任意 $\lambda$，左边的集合是 $\mathrm{epi}g$，其中 $g$ 定义为

$$g(\boldsymbol{x})=f(\boldsymbol{x}+\lambda\boldsymbol{y})-\lambda v.$$

所以，(a) 一定成立。因此，(a),(b)和 (c) 等价。定理中的最后一个断言由定理 8.5 的最后一个公式得到。

满足$(f0^+)(-\boldsymbol{y})=-(f0^+)(\boldsymbol{y})$的向量 $\boldsymbol{y}$ 的集合称为正常凸函数 $f$ 的线性空间。它是 $\mathbf{R}^n$ 的子空间，即为凸集 $\mathrm{epi}f$ 的线性空间关于投影$(\boldsymbol{y},v)\to\boldsymbol{y}$ 的像并且在其上 $f0^+$ 为线性的（定理 4.8）。使得 $f$ 为仿射的方向称为 $f$ 的线性空间中向量的方向。线性空间的维数称为 $f$ 的线性性 (lineality)。$f$ 的秩定义为 $f$ 的维数减去 $f$ 的线性性。

秩为 0 的正常凸函数为局部仿射函数，即这些函数沿着某些仿射集与某个仿射函数重合而在其他点上值为$+\infty$。闭正常凸函数 $f$ 满足

$$\mathrm{rank}f=\dim f.$$

当且仅当它沿着 $\mathrm{dom}f$ 中的任何直线不为仿射的。

显然，凸集的秩与其指示函数的秩相同。

## 第 9 节　闭性准则

许多凸集的运算保持相对内部，但要保持闭包却是比较复杂的。例如，给定凸

集 $C$ 和线性变换 $A$，则 $\mathrm{ri}(AC)=A(\mathrm{ri}C)$，但是，一般仅有 $\mathrm{cl}(AC)\supset A(\mathrm{cl}C)$（定理 6.6）。我们的问题是：什么时候 $\mathrm{cl}(AC)$ 确实等于 $A(\mathrm{cl}C)$？什么时候闭凸集的像仍为闭的？

这些问题值得密切注意。一个因素是它们与下半连续的保持性相联系。正常凸函数 $h$ 在线性变换 $A$ 下的像 $Ah$ 的上镜图具有形式 $F\cup F_0$，其中 $F$ 为 $\mathrm{epi}h$ 在线性变换 $B:(\boldsymbol{x},\mu)\to(A\boldsymbol{x},\mu)$下的像，而 $F_0$ 为 $F$ 的“下边界”（在定理 5.3 意义下）。如果 $F$ 为闭的，则确有 $F=\mathrm{epi}(Ah)$，所以，$Ah$ 为下半连续的（定理 7.1）。这便导致了关于在 $B$ 的作用下 $\mathrm{epi}h$ 的像为闭的条件的研究。使得 $\mathrm{epi}h$ 本身为闭的条件，即使得 $h$ 为下半连续的条件，一般不是充分性的：如果 $h$ 为 $\mathbf{R}^2$ 上定义的正常凸函数

$$h(\boldsymbol{x})=\begin{cases}\exp[-(\xi_1\xi_2)^{1/2}], & \boldsymbol{x}=(\xi_1,\xi_2)\geqslant 0,\\ +\infty, & \text{其他},\end{cases}$$

且 $A$ 为投影$(\xi_1,\xi_2)\to\xi_1$，则 $\mathrm{epi}h$ 的像不是闭的，且事实上

$$(Ah)(\xi_1)=\begin{cases}0, & \xi_1>0,\\ 1, & \xi_1=0,\\ +\infty, & \xi_1<0,\end{cases}$$

所以，$Ah$ 在点 0 不为下半连续的。

对于闭性准则感兴趣的第二个理由是那些使极值问题解存在的判据。例如，$(Ah)(\boldsymbol{y})$为 $h$ 在仿射集$\{\boldsymbol{x}\mid A\boldsymbol{x}=\boldsymbol{y}\}$上的下确界。取到下确界的充分必要条件是垂直线$\{(\boldsymbol{y},\mu)\mid\mu\in\mathbf{R}\}$与上述 $F$ 相交于一条闭半直线（或空集）内，这个现象在 $F$ 闭且不将“向下”的方向作为回收的方向时是成立的。我们再一次需要使 $\mathrm{epi}h$ 的像一定为闭的条件。

下面将借助于回收锥理论给出在各种运算下闭性保持的简单条件。几个这些条件将在第 16 节得到对偶，并在第 19 节和第 20 节中借助于多面凸性得以加强。

我们要证明的定理是本节其他所有结果的基础，作为动因（motivation），考虑闭凸集 $C$ 在投影 $A$ 下的像为非闭的情形也是好事，如 $C$ 和 $A$ 分别为

$$C=\{(\xi_1,\xi_2)\mid\xi_1>0,\xi_2\geqslant\xi_1^{-1}\},$$
$$A:(\xi_1,\xi_2)\to\xi_1,$$

的情形。

主要困难来源于双曲凸集 $C$ 关于被 $A$ 变换成点的这种直线为渐近的。如果相反，$C$ 为 $\mathbf{R}^2$ 中与平行于 $\xi_2$ 轴的每个直线的交集为有界的闭凸集，则正如所期望的那样，像将会为闭的。这个条件能够用回收锥来表示：$0^+C$ 不含有（0,1）或（0,−1）方向上的任何向量。

**定理 9.1**　$C$ 为 $\mathbf{R}^n$ 中的非空凸集，$A$ 为映 $\mathbf{R}^n$ 到 $\mathbf{R}^m$ 的线性变换。假设 $0^+(\mathrm{cl}C)$ 中满足 $A\boldsymbol{z}=\boldsymbol{0}$ 的每个非零向量都属于 $\mathrm{cl}C$ 的线性空间，则 $\mathrm{cl}(AC)=A(\mathrm{cl}C)$，且$0^+A(\mathrm{cl}C)=A(0^+(\mathrm{cl}C))$。特别地，如果 $C$ 为闭的，$\boldsymbol{z}=\boldsymbol{0}$ 为 $0^+C$ 中

唯一满足 $A\boldsymbol{z}=\boldsymbol{0}$ 的点，则 $AC$ 为闭的。

**证明** 已知 $\mathrm{cl}(AC)\supset A(\mathrm{cl}C)$。设 $\boldsymbol{y}$ 为 $\mathrm{cl}(AC)$ 中的点，我们将证明存在 $\boldsymbol{x}\in\mathrm{cl}C$ 使 $\boldsymbol{y}=A\boldsymbol{x}$。设 $L$ 为 $\mathrm{cl}C$ 的线性空间与 $A$ 的零空间的交，即

$$L=(-0^+(\mathrm{cl}C))\cap 0^+(\mathrm{cl}C)\cap\{\boldsymbol{z}\mid A\boldsymbol{z}=\boldsymbol{0}\}$$

这个 $L$ 为 $\mathbf{R}^n$ 的子空间，由关于对 $0^+(\mathrm{cl}C)$ 的假设有

$$L=0^+(\mathrm{cl}C)\cap\{\boldsymbol{z}\mid A\boldsymbol{z}=\boldsymbol{0}\}.$$

由于

$$\mathrm{cl}C=(L^\perp\cap\mathrm{cl}C)+L,$$

所以，在 $A$ 的作用下，集合 $L^\perp\cap\mathrm{cl}C$ 与 $\mathrm{cl}C$ 有相同的像。进一步地，$\boldsymbol{y}$ 属于这个像的闭包。因此，对于每个 $\varepsilon>0$，交集

$$C_\varepsilon=L^\perp\cap(\mathrm{cl}C)\cap D_\varepsilon,D_\varepsilon=\{\boldsymbol{x}\mid|\boldsymbol{y}-A\boldsymbol{x}|\leqslant\varepsilon\}$$

非空。显然 $C_\varepsilon$ 为 $\mathbf{R}^n$ 中的闭凸集。进一步地，$C_\varepsilon$ 还为有界的。可以借助定理 8.4 通过证明 $0^+C_\varepsilon$ 仅仅包含零向量来完成：由推论 8.3.3 有

$$\begin{aligned}0^+C_\varepsilon&=0^+L^\perp\cap 0^+(\mathrm{cl}C)\cap 0^+D_\varepsilon\\&=L^\perp\cap 0^+(\mathrm{cl}C)\cap\{\boldsymbol{z}\mid A\boldsymbol{z}=\boldsymbol{0}\}=L^\perp\cap L=\{0\}\end{aligned}$$

此时，对于任意 $\varepsilon>0$ 集合 $C_\varepsilon$ 形成 $\mathbf{R}^n$ 中的闭有界子集套，这些集合的交集为非空的。对于交集中的任意 $\boldsymbol{x}$ 有 $\boldsymbol{x}\in\mathrm{cl}C$ 且 $\boldsymbol{y}-A\boldsymbol{x}=\boldsymbol{0}$。

下面仅需证明如果 $C$ 为闭的，则 $A(0^+C)=0^+(AC)$。考虑凸锥

$$K=\{(\lambda,\boldsymbol{x})\mid\lambda>0,\boldsymbol{x}\in\lambda C\}\subset\mathbf{R}^{n+1},$$

以及线性变换

$$B:(\lambda,\boldsymbol{x})\rightarrow(\lambda,A\boldsymbol{x}).$$

假设 $C$ 为闭集，则有（定理 8.2）

$$\mathrm{cl}K=0^+(\mathrm{cl}K)=K\cup\{(0,\boldsymbol{z})\mid\boldsymbol{z}\in 0^+C\},$$

在 $B$ 的作用下像为原点的向量 $(\lambda,\boldsymbol{z})$ 满足 $\lambda=0$ 以及 $A\boldsymbol{z}=\boldsymbol{0}$。因此定理中已经证明的部分能够被应用于 $K$ 和 $B$，因此，$\mathrm{cl}(BK)=B(\mathrm{cl}K)$，其中

$$B(\mathrm{cl}K)=\{(\lambda,A\boldsymbol{x})\mid\lambda>0,\boldsymbol{x}\in\lambda C\}\cup\{(0,A\boldsymbol{z})\mid\boldsymbol{z}\in 0^+C\},$$

因为 $AC$ 为闭的，因此我们也有（定理 8.2）

$$\begin{aligned}\mathrm{cl}(BK)&=\mathrm{cl}\{(\lambda,\boldsymbol{y})\mid\lambda>0,\boldsymbol{y}\in A(\lambda C)=\lambda AC)\}\\&=\{(\lambda,\boldsymbol{y})\mid\lambda>0,\boldsymbol{y}\in\lambda AC)\}\cup\{(0,\boldsymbol{y})\mid\boldsymbol{y}\in 0^+(AC)\}\end{aligned}$$

$\mathrm{cl}(BK)$与 $B(\mathrm{cl}K)$相等意味着集合$\{A\boldsymbol{z}\mid\boldsymbol{z}\in 0^+C\}$与 $0^+(AC)$相同。

应该注意到，即使在 $C$ 和 $AC$ 为闭集的情况下，$0^+(AC)$ 和 $A(0^+C)$ 有时候也是不一样的，例如，

$$C=\{(\xi_1,\xi_2)\mid\xi_2\geqslant\xi_1^2\},A:(\xi_1,\xi_2)\rightarrow\xi_1,$$

**推论 9.1.1** 设 $C_1,C_2,\cdots,C_m$ 为 $\mathbf{R}^n$ 中的非空凸集并满足条件：如果向量 $\boldsymbol{z}_1,\boldsymbol{z}_2,\cdots,\boldsymbol{z}_m$ 满足 $\boldsymbol{z}_i\in 0^+(\mathrm{cl}C_i)$ 且 $\boldsymbol{z}_1+\boldsymbol{z}_2+\cdots+\boldsymbol{z}_m=\boldsymbol{0}$，则对于 $i=1,\cdots,m$，$\boldsymbol{z}_i$ 属于 $\mathrm{cl}C_i$ 的线性空间，则有

$$\mathrm{cl}(C_1+C_2+\cdots+C_m)=\mathrm{cl}C_1+\mathrm{cl}C_2+\cdots+\mathrm{cl}C_m,$$
$$0^+(\mathrm{cl}(C_1+C_2+\cdots+C_m))=0^+(\mathrm{cl}C_1)+0^+(\mathrm{cl}C_2)+\cdots+0^+(\mathrm{cl}C_m),$$
特别，在假设 $C_1,C_2,\cdots,C_m$ 均为闭集的情况下 $C_1+C_2+\cdots+C_m$ 全为闭的。

**证明** 设 $C$ 为 $\mathrm{R}^{mn}$ 中的直和 $C_1\oplus C_2\oplus\cdots\oplus C_m$，$A$ 为线性变换，
$$(\boldsymbol{x}_1,\cdots,\boldsymbol{x}_m)\rightarrow\boldsymbol{x}_1+\cdots+\boldsymbol{x}_m,\boldsymbol{x}_i\in\mathbf{R}^n.$$
则 $AC=C_1+C_2+\cdots+C_m$。因为
$$\mathrm{cl}C=\mathrm{cl}C_1\oplus\cdots\oplus\mathrm{cl}C_m,$$



故有（作为“回收锥”定义的基本结果）
$$0^+(\mathrm{cl}C)=0^+(\mathrm{cl}C_1)\oplus\cdots\oplus0^+(\mathrm{cl}C_m).$$
再由定理即得到所证。

**推论 9.1.2** 设 $C_1$ 和 $C_2$ 为 $\mathbf{R}^n$ 中的非空闭凸集。假设 $C_1$ 的回收方向的反向不为 $C_2$ 的回收方向。(这种特殊情况在 $C_1$ 或 $C_2$ 为有界时为真的)，则 $C_1+C_2$ 为闭的且
$$0^+(C_1+C_2)=0^+C_1+0^+C_2.$$

**证明** 将前一个推论特殊到 $m=2$。

推论 9.1.2 的精确结果将在推论 19.3.2 和定理 20.3 中给出。

**推论 9.1.3** 设 $K_1,K_2,\cdots,K_m$ 为 $\mathbf{R}^n$ 中的非空凸集并满足条件：如果对于 $i=1,\cdots,m$，有 $\boldsymbol{z}_i\in\mathrm{cl}K_i$ 且 $\boldsymbol{z}_1+\boldsymbol{z}_2+\cdots+\boldsymbol{z}_m=\mathbf{0}$，则 $\boldsymbol{z}_i$ 属于 $\mathrm{cl}K_i$ 的线性空间，则
$$\mathrm{cl}(K_1+\cdots+K_m)=\mathrm{cl}K_1+\cdots+\mathrm{cl}K_m.$$

**证明** 在推论 9.1.1 中取 $C_i=K_i$。

现将这个结果应用于凸函数。

**定理 9.2** 设 $h$ 为定义在 $\mathbf{R}^n$ 上的闭正常凸函数，且设 $A$ 为映 $\mathbf{R}^n$ 到 $\mathbf{R}^m$ 的线性变换。假设对于每个满足 $(h0^+)(\boldsymbol{z})\leqslant0$ 及 $(h0^+)(-\boldsymbol{z})>0$ 的 $\boldsymbol{z}$ 都有 $A\boldsymbol{z}\neq\mathbf{0}$，则函数 $Ah$，
$$(Ah)(\boldsymbol{y})=\inf\{h(\boldsymbol{x})\mid A\boldsymbol{x}=\boldsymbol{y}\},$$
为闭正常凸函数且 $(Ah)0^+=A(h0^+)$。并且对于每个满足 $(Ah)(\boldsymbol{y})\neq+\infty$ 的 $\boldsymbol{y}$，$(Ah)(\boldsymbol{y})$ 定义中的下确界在某些点 $\boldsymbol{x}$ 上取到。

**证明** 考虑非空闭凸集 $\mathrm{epi}h$ 以及线性变换 $B:(\boldsymbol{x},\mu)\rightarrow(A\boldsymbol{x},\mu)$。$\mathrm{epi}h$ 的回收锥为 $\mathrm{epi}(h0^+)$，而 $\mathrm{epi}h$ 的线性空间由满足 $(h0^+)(\boldsymbol{z})\leqslant\mu$ 及 $(h0^+)(-\boldsymbol{z})\leqslant-\mu$ 的向量 $(\boldsymbol{z},\mu)$ 组成。因此，$\mathrm{epi}h$ 和 $B$ 满足定理 9.1 的假设，我们得到 $B(\mathrm{epi}h)$ 为非空闭凸集，它的回收锥为 $B(\mathrm{epi}(h0^+))$。而且，
$$B(\mathrm{epi}h)=\mathrm{epi}(Ah),$$
$$B(\mathrm{epi}(h0^+))=\mathrm{epi}(A(h0^+)).$$
如果我们能够证明 $\mathrm{epi}(Ah)$ 不含有垂线，则定理中的结果就会成立。垂线的存在将意味着回收锥 $B(\mathrm{epi}(h0^+))$ 含有满足 $\mu<0$ 的形如 $(\mathbf{0},\mu)$ 的向量。这样 $\mathrm{epi}(h0^+)$

将包含满足 $Az=\mathbf{0}$ 且 $\mu<0$ 的 $(z,\mu)$。对于这些 $z$ 我们有$(h0^+)(z)<0$且

$$(h0^+)(-z)\geqslant-(h0^+)(z)>0$$

（推论 4.7.2），与定理的假设相矛盾。

当然，如果 $h$ 没有回收方向，特别地，dom$h$ 为有界的，则定理 9.2 与 $h0^+$ 相关的假设一定满足。注意这个假设在本节开头所给出的例子中是不成立的。



**推论 9.2.1**　设 $f_1,\cdots,f_m$ 为定义在 $\mathbf{R}^n$ 上的闭正常凸函数。假设对于所有满足选择

$$(f_10^+)(z_1)+\cdots+(f_m0^+)(z_m)\leqslant 0,$$
$$(f_10^+)(-z_1)+\cdots+(f_m0^+)(-z_m)>0,$$

的向量 $z_1,z_2,\cdots,z_m$ 都有 $z_1+\cdots+z_m\neq\mathbf{0}$，则卷积下确界 $f_1\square\cdots\square f_m$ 为 $\mathbf{R}^n$ 上定义的闭的正常凸函数且对于每个 $x$，$(f_1\square\cdots\square f_m)(x)$定义中的下确界都取到。进一步地，有

$$(f_1\square\cdots\square f_m)0^+=f_10^+\square\cdots\square f_m0^+$$

**证明**　设 $A$ 为映 $\mathbf{R}^{mn}$到 $\mathbf{R}^n$ 的“加法”线性变换：

$$A:(x_1,\cdots,x_m)\to x_1+\cdots+x_m,x_i\in\mathbf{R}^n$$

令 $h$ 为在 $\mathbf{R}^{mn}$上定义的闭正常凸函数，其定义为

$$h(x_1,\cdots,x_m)=f_1(x_1)+\cdots+f_m(x_m),x_i\in\mathbf{R}^n$$

则将定理 9.2 的结果应用于这个 $h$ 和 $A$ 就得到所证的结果。证明的细节作为练习留给读者。

推论 9.2.1 的其他形式将在推论 19.3.4 以及推论 20.1.1 中出现。

**推论 9.2.2**　设 $f_1$，$f_2$ 为定义在 $\mathbf{R}^n$ 上的闭正常凸函数并满足

$$(f_10^+)(z)+(f_20^+)(-z)>0,\forall z\neq 0,$$

则 $f_1\square f_2$ 为闭正常凸函数且对于每个 $x$ 公式

$$(f_1\square f_2)(x)=\inf_y\{f_1(x-y)+f_2(y)\},$$

中的下确界在某些 $y$ 点达到。

**证明**　在前面的推论中取 $m=2$。

作为推论 9.2.2 的说明，假设 $f=f_2$ 为任一闭的正常凸函数，令 $f_1$ 为$-C$ 的指示函数，其中 $C$ 为非空闭凸集，则

$$\begin{aligned}(f_1\square f_2)(x)&=\inf\{\delta(x-y\mid -C)+f(y)\mid y\in\mathbf{R}^n\}\\&=\inf\{f(y)\mid y\in(C+x)\}.\end{aligned}$$

如果 $f$ 和$C$ 没有公共的回收方向，则推论中的回收条件满足。在这种条件下，对于每个 $x$，$f$ 在平移$C+x$ 上的下确界取到，并且为 $x$ 的下半连续（凸）函数。

例如，选 $C$ 为 $\mathbf{R}^n$ 中的非负象限，则对于每个 $x$ 有

$$C+x=\{y\mid y\geqslant x\}.$$

如果 $f$ 为定义在 $\mathbf{R}^n$ 上的闭正常凸函数，它的回收锥不含有非负的和非零的向量，我们能得到对于每个 $x$，公式

$$g(\boldsymbol{x})=\inf\{f(\boldsymbol{y})\mid \boldsymbol{y}\geqslant \boldsymbol{x}\}$$

的下确界可以取到且 $g(\boldsymbol{x})$ 为定义在 $\mathbf{R}^n$ 上的闭正常凸函数。注意到 $g$ 为满足 $g\leqslant f$ 的最大函数且对于每个 $j=1,\cdots,n$, $g(\xi_1,\cdots,\xi_n)$ 为关于实变量 $\xi_j$ 的非减函数。

有下列关于凸集和凸函数其他运算的闭包性质。

**定理 9.3**　设 $f_1,\cdots,f_m$ 为定义在 $\mathbf{R}^n$ 上的正常凸函数，如果每个 $f_i$ 为闭的且 $f_1+\cdots+f_m$ 不恒等于 $+\infty$，则 $f_1+\cdots+f_m$ 为闭正常凸函数且

$$(f_1+\cdots+f_m)0^+=f_1 0^++\cdots+f_m 0^+.$$



如果 $f_i$ 不全为闭的，但是 $\mathrm{ri}(\mathrm{dom}f_i)$ 存在共同点，则

$$\mathrm{cl}(f_1+\cdots+f_m)=\mathrm{cl}f_1+\cdots+\mathrm{cl}f_m.$$

**证明**　设 $f=f_1+\cdots+f_m$ 及

$$\boldsymbol{x}\in \mathrm{ri}(\mathrm{dom}f)=\mathrm{ri}\left(\bigcap_{i=1}^{m}\mathrm{dom}f_i\right),$$

对于每个 $\boldsymbol{y}$ 有（定理 7.5）

$$(\mathrm{cl}f)(\boldsymbol{y})=\lim_{\lambda\uparrow 1}f((1-\lambda)\boldsymbol{x}+\lambda\boldsymbol{y})=\sum_{i=1}^{m}\lim_{\lambda\uparrow 1}f_i((1-\lambda)\boldsymbol{x}+\lambda\boldsymbol{y})$$

如果每个 $f_i$ 为闭的，则后者的和为 $f_1(\boldsymbol{y})+\cdots+f_m(\boldsymbol{y})$，所以 $\mathrm{cl}f=f$。另一方面，如果集合 $\mathrm{ri}(\mathrm{dom}f_i)$ 有共同点，由定理 6.5 有

$$\bigcap_{i=1}^{m}\mathrm{ri}(\mathrm{dom}f_i)=\mathrm{ri}(\mathrm{dom}f),$$

此时，对于每个 $i=1,\cdots,m$，有 $\boldsymbol{x}\in\mathrm{ri}(\mathrm{dom}f_i)$ 且上式和中 $f_i$ 的极限为 $(\mathrm{cl}f_i)(\boldsymbol{y})$；因此，$\mathrm{cl}f=\mathrm{cl}f_1+\cdots+\mathrm{cl}f_m$。关于 $f0^+$ 的公式由定理 8.5 中的极限公式而得到。

**定理 9.4**　假设对于固定的 $i\in I$（任意的指标集），$f_i$ 为定义在 $\mathbf{R}^n$ 上的正常凸函数且

$$f=\sup\{f_i\mid i\in I\}.$$

如果 $f$ 在某处为有限的，并且每个 $f_i$ 为闭的，则 $f$ 为闭的、正常的且

$$f0^+=\sup\{f_i 0^+\mid i\in I\}.$$

如果 $f_i$ 不全为闭的，但是存在 $\mathrm{ri}(\mathrm{dom}f_i)$ 的共同点 $\overline{\boldsymbol{x}}$ 使得 $f(\overline{\boldsymbol{x}})$ 为有限的，则

$$\mathrm{cl}f=\sup\{\mathrm{cl}f_i\mid i\in I\}.$$

**证明**　因为 $\mathrm{epi}f$ 为集合 $\mathrm{epi}f_i$ 的交集，所以，当每个 $f_i$ 闭时 $\mathrm{epi}f$ 为闭的。关于 $f0^+$ 的公式可以由推论 8.3.3 得到。闭包公式由定理 6.5 和引理 7.3 得到：集合 $\mathrm{ri}(\mathrm{epi}f_i)$ 的交集将包含点 $(\overline{\boldsymbol{x}},f(\overline{\boldsymbol{x}})+1)$。

**定理 9.5**　设 $A$ 为映 $\mathbf{R}^n$ 到 $\mathbf{R}^m$ 的线性变换，$g$ 为定义在 $\mathbf{R}^n$ 上的正常凸函数并使得 $gA$ 不恒等于 $+\infty$。如果 $g$ 为闭的，则 $gA$ 也为闭的且 $(gA)0^+=(g0^+)A$。如果 $g$ 不为闭的，但是存在 $\boldsymbol{x}$ 使 $A\boldsymbol{x}\in\mathrm{ri}(\mathrm{dom}g)$，则 $\mathrm{cl}(gA)=(\mathrm{cl}g)A$。

**证明**　已知 $gA$ 为正常凸函数（定理 5.7）。$gA$ 的上镜图为 $\mathrm{epi}g$ 关于（连续）线性变换 $B:(\boldsymbol{x},\mu)\to(A\boldsymbol{x},\mu)$ 的逆像，所以当 $g$ 为闭的时 $gA$ 也为闭的。关于

$(gA)0^+$ 的公式由推论 8.3.4 立刻得到。闭包公式由定理 6.7 和引理 7.3 得到。

**定理 9.6**　设 $C$ 为不含有原点的非空闭凸集，$K$ 为 $C$ 所生成的锥，则

$$\mathrm{cl}K=K\cup 0^+C=\cup\{\lambda C\mid\lambda>0 \text{ 或 } \lambda=0^+\}.$$

**证明**　设 $K'$ 为 $\{(1,\boldsymbol{x})\mid \boldsymbol{x}\in C\}$ 在 $\mathbf{R}^{n+1}$ 中的生成的锥，则（定理 8.2）

$$\mathrm{cl}K'=\{(\lambda,\boldsymbol{x})\mid\lambda>0,\boldsymbol{x}\in\lambda C\}\cup\{(0,\boldsymbol{x})\mid\boldsymbol{x}\in 0^+C\}$$

在线性变换 $A:(\lambda,\boldsymbol{x})\to\boldsymbol{x}$ 的作用下，$\mathrm{cl}K'$ 的像为 $K\cup 0^+C$。在 $A$ 的作用下不存在非零的 $(\lambda,\boldsymbol{x})$ 属于 $\mathrm{cl}K'=0^+(\mathrm{cl}K')$ 且以 0 为其像，所以由定理 9.1 有

$$A(\mathrm{cl}K')=\mathrm{cl}(AK')=\mathrm{cl}K.$$



**推论 9.6.1**　设 $C$ 为不含有原点的非空闭有界凸集，则由 $C$ 所生成的凸锥 $K$ 为闭的。

**证明**　这里 $0^+C=\{0\}$。（借助于紧性容易证明此结论。）

定理 9.6 和推论 9.6.1 中所要求的条件 $\mathbf{0}\notin C$ 在 $C$ 为闭球且边界含有原点的情况下得到证明。推论 9.6.1 中有界性假设条件的需要性在 $C$ 穿过原点的直线时得到证明。

**定理 9.7**　设 $f$ 为定义在 $\mathbf{R}^n$ 上的闭正常凸函数且 $f(\mathbf{0})>0$，$k$ 为由 $f$ 生成的正齐次凸函数，则 $k$ 为正常的且

$$(\mathrm{cl}k)(\boldsymbol{x})=\inf\{(f\lambda)(\boldsymbol{x})\mid\lambda>0 \text{ 或 } \lambda=0^+\}$$

对于每个 $\boldsymbol{x}$，下确界都将取到。如果 $\mathbf{0}\in\mathrm{dom}f$，$k$ 本身为闭的且 $\lambda=0^+$ 可从下确界中去掉（但是，下确界一定取不到）。

**证明**　这里 $\mathrm{epi}f$ 为 $\mathbf{R}^{n+1}$ 中不含原点的非空闭凸集，由前面的定理知道，它所产生的闭凸锥，即 $\mathrm{cl}(\mathrm{epi}k)$，为集合 $\lambda(\mathrm{epi}f)=\mathrm{epi}(f\lambda)$ 关于 $\lambda\geqslant 0^+$ 的并集。这个并集不含有满足 $\mu<0$ 的向量 $(\mathbf{0},\mu)$，所以它确实为 $\mathrm{epi}(\mathrm{cl}k)$ 且 $k$ 为正常的。公式因此得到。如果 $\mathbf{0}\in\mathrm{dom}f$，则由定理 8.5 的最后一个公式有

$$(f0^+)(\boldsymbol{x})=\lim_{\alpha\uparrow+\infty}[f(\alpha\boldsymbol{x})-f(0)]/\alpha=\lim_{\lambda\downarrow 0}(f\lambda)(\boldsymbol{x}).$$

所以，只需要对 $(f\lambda)(\boldsymbol{x})$ 关于 $\lambda>0$ 取下确界即可。由定义，这个下确界就是 $k$。

**推论 9.7.1**　设 $C$ 为 $\mathbf{R}^n$ 中含有 0 的闭凸集，$C$ 的度规函数 $\gamma(\cdot\mid C)$ 为闭的，则对任意 $\lambda>0$ 有 $\{\boldsymbol{x}\mid\gamma(\boldsymbol{x}\mid C)\leqslant\lambda\}=\lambda C$，且

$$\{\boldsymbol{x}\mid\gamma(\boldsymbol{x}\mid C)=0\}=0^+C.$$

**证明**　将定理应用于 $f(\boldsymbol{x})=\delta(\boldsymbol{x}\mid C)+1$，由定义得到 $k=\gamma(\cdot\mid C)$ 且

$$(f\lambda)(\boldsymbol{x})=\delta(\boldsymbol{x}\mid\lambda C)+\lambda,\ \forall\lambda>0$$

及 $f0^+=\delta(\cdot\mid 0^+C)$。

**定理 9.8**　设 $C_1,\cdots,C_m$ 为 $\mathbf{R}^n$ 中的非空闭凸集并满足：如果 $\boldsymbol{z}_1,\cdots,\boldsymbol{z}_m$ 为满足 $\boldsymbol{z}_i\in 0^+C_i$ 且 $\boldsymbol{z}_1+\cdots+\boldsymbol{z}_m=\mathbf{0}$ 的向量，则对于 $i=1,\cdots,m$，$\boldsymbol{z}_i$ 属于 $C_i$ 的线性空间。令 $C=\mathrm{conv}(C_1\cup\cdots\cup C_m)$，则

$$\mathrm{cl}C=\cup\{\lambda_1C_1+\cdots+\lambda_mC_m\mid\lambda_i\geqslant 0^+,\lambda_1+\cdots+\lambda_m=1\}$$

（这里，概念 $\lambda_i\geqslant 0^+$ 意味着当 $\lambda_i=0$ 时 $\lambda_iC_i$ 取为 $0^+C_i$ 而不为 $\{0\}$。）进一步有，

$$0^+(\mathrm{cl}C)=0^+C_1+\cdots+0^+C_m.$$

**证明**　令 $K_i$ 为 $\mathbf{R}^{n+1}$ 中由 $\{(1,\boldsymbol{x}_i)\mid \boldsymbol{x}_i\in C_i\}$，$i=1,\cdots,m$ 所生成的凸锥，则（定理 8.2）

$$\mathrm{cl}K_i=\{(\lambda_i,\boldsymbol{x}_i)\mid\lambda_i>0,\boldsymbol{x}_i\in\lambda_iC_i\}\cup\{(0,\boldsymbol{x}_i)\mid\boldsymbol{x}_i\in 0^+C_i\}$$

关于锥 $0^+C_i$ 的条件的本质使我们可以将推论 9.1.3 应用于锥 $K_i$。因此

$$\mathrm{cl}(K_1+\cdots+K_m)=\mathrm{cl}K_1+\cdots+\mathrm{cl}K_m$$

$\mathrm{cl}(K_1+\cdots+K_m)$ 与 $H_1=\{(1,\boldsymbol{x})\mid\boldsymbol{x}\in\mathbf{R}^n\}$ 的交集为 $K_1+\cdots+K_m$ 与 $H_1$ 交集的闭包，其为使得 $\boldsymbol{x}$ 属于定理中所描述的并集的向量 $(1,\boldsymbol{x})$ 所组成。这便证明了关于 $\mathrm{cl}C$ 的公式。由所证可以知道 $\mathrm{cl}(K_1+\cdots+K_m)$ 一定包含于 $\mathbf{R}^{n+1}$ 中由 $\{(1,\boldsymbol{x})\mid\boldsymbol{x}\in\mathrm{cl}C\}$ 所生成的凸锥的闭包，所以，包含 $(0,\boldsymbol{x})$ 的向量一定满足 $\boldsymbol{x}\in 0^+(\mathrm{cl}C)$（定理 8.2）。形如 $(0,\boldsymbol{x})$ 且包含于 $\mathrm{cl}K_1+\cdots+\mathrm{cl}K_m$ 的向量满足 $0\in 0^+C_1+\cdots+0^+C_m$。因此，$0^+(\mathrm{cl}C)$ 与 $0^+C_1+\cdots+0^+C_m$ 相同。

**推论 9.8.1**　设 $C_1,\cdots,C_m$ 为非空闭凸集并含有公共的回收锥 $K$，则凸集 $C=\mathrm{conv}(C_1\cup\cdots\cup C_m)$ 为闭的，并且 $K$ 为它的回收锥。

**证明**　设向量 $\boldsymbol{z}_1,\cdots,\boldsymbol{z}_m$ 满足 $\boldsymbol{z}_i\in K$ 且 $\boldsymbol{z}_1+\cdots+\boldsymbol{z}_m=\boldsymbol{0}$，则

$$-\boldsymbol{z}_1=\boldsymbol{z}_2+\cdots+\boldsymbol{z}_m\in(-K)\cap K$$

对于 $\boldsymbol{z}_2,\cdots,\boldsymbol{z}_m$ 有类似的结果。因此，对于 $i=1,\cdots,m$，$\boldsymbol{z}_i$ 属于 $C_i$ 的线性空间，可以应用定理。在定理的并集中没有必要用 $\{0\}=0C_i$ 替代 $0^+C_i$，这是因为对于任意满足 $\lambda_j>0$ 的指标 $j$ 有

$$0^+C_i+\lambda_jC_j=\lambda_j(K+C_j)=\lambda_jC_j=0C_i+\lambda_jC_j.$$

因此 $\mathrm{cl}C=C$（定理 3.3）。

**推论 9.8.2**　如果 $C_1,\cdots,C_m$ 为 $\mathbf{R}^n$ 中的闭有界凸集，则 $\mathrm{conv}(C_1\cup\cdots\cup C_m)$ 也为闭有界的。

**证明**　任何空集 $C_i$ 都可以去掉而不改变凸包，其他的 $C_i$ 满足 $0^+C_i=\{0\}$。

推论 9.8.2 加强的结果将在定理 17.2 中给出。

显然，定理 9.8 的结果对于凸函数能够成立。然而，我们仅仅处理与推论 9.8.1 类似的结果。

**推论 9.8.3**　设 $f_1,\cdots,f_m$ 为定义在 $\mathbf{R}^n$ 上的闭正常凸函数且有相同的回归函数 $k$，则函数 $f=\mathrm{conv}\{f_1,\ \cdots,\ f_m\}$ 为闭正常的，并同样以 $k$ 为回归函数。在定理 5.6 中关于 $f(\boldsymbol{x})$ 的公式中，对于每个 $\boldsymbol{x}$，下确界在某些凸组合上取得。

**证明**　应用推论 9.8.1。选取 $C_i=\mathrm{epi}f_i$，$K\rightarrow\mathrm{epi}k$。集合 $C_i$ 的凸包 $C$ 为 $\mathbf{R}^{n+1}$ 中的非空闭凸集，并由回收锥 $K$ 的性质知道它一定为某个闭正常凸函数的上镜图。这个函数一定为 $f$，因而，$f0^+$ 一定为 $k$。正如在定理 5.6 中所证明的，那些可表示成为一种组合，在这种组合上取到定理 5.6 中的下确界的数 $\mu$ 恰好使 $(\boldsymbol{x},\mu)$ 属于 $C$。这里 $C=\mathrm{epi}f$，所以 $\mu=f(\boldsymbol{x})$ 自身是可表示的，即下确界可取到。

# 第 10 节　凸函数的连续性

凸函数的闭包运算稍加改变，便使其成为下半连续的。我们现描述一些使凸函数为上半连续的情形，以便 $\mathrm{cl}f$（或者 $f$ 本身使得它与 $\mathrm{cl}f$ 相吻合）确实为连续的，也要考虑一致连续和等度连续的情况。由于凸性，在每种情况下，关于连续的每个很强的结论都来自于这个基本的假设。

如果将在 $\mathbf{R}^n$ 上定义的函数 $f$ 限制在 $\mathbf{R}^n$ 的子集 $S$ 上时仍为连续的，则称其相对于 $S$ 连续。换句话说，相对于 $S$ 连续指的是对于 $\boldsymbol{x}\in S$，当 $\boldsymbol{y}$ 沿着 $S$ 趋向于 $\boldsymbol{x}$ 时 $f(\boldsymbol{y})$ 趋向于 $f(\boldsymbol{x})$，但是当 $\boldsymbol{y}$ 从 $S$ 以外趋向于 $\boldsymbol{x}$ 时此结果不一定成立。

虽然在定理 10.2 和定理 10.4 中将给出更强的结果，但是下列的连续性定理是最重要的。

**定理 10.1**　定义在 $\mathbf{R}^n$ 上的凸函数相对于其有效域内的任何开凸集都是连续的，特别地，相对于 $\mathrm{ri}(\mathrm{dom}f)$ 为连续的。

**证明**　在 $C$ 上与 $f$ 吻合，但是在 $C$ 以外的任何点上都为 $+\infty$ 的函数 $g$ 以 $C$ 为有效域。在必要时我们用 $g$ 代替 $f$，可将定理简化到 $C=\mathrm{dom}f$ 的情况。不失一般性，我们也能够假设 $C$ 为 $n$ 维的（且为开的，不仅仅为相对开的）。如果 $f$ 非正常，则在 $C$ 上恒等于 $-\infty$（定理 7.2），连续性为平凡的。因此，假设 $f$ 为正常的，即在 $C$ 上有限。我们得到对于每个 $\boldsymbol{x}\in C$ 有 $(\mathrm{cl}f)(\boldsymbol{x})=f(\boldsymbol{x})$（定理 7.4），所以 $f$ 在 $C$ 上为下半连续的。为证明连续性，只要证明水平集 $\{\boldsymbol{x}\mid f(\boldsymbol{x})\geqslant\alpha\}$ 都是闭集，因为这样将意味着 $f$ 为处处上半连续的（定理 7.1）。因为 $C=\mathrm{dom}f$ 为开集，由引理 7.3 有

$$\mathrm{int}(\mathrm{epi}f)=\{(\boldsymbol{x},\mu)\mid\mu>f(\boldsymbol{x})\}.$$

因此，对于任意 $\boldsymbol{x}\in\mathbf{R}$，$\{\boldsymbol{x}\mid f(\boldsymbol{x})<\alpha\}$ 为 $\mathrm{int}(\mathrm{epi}f)$ 与半空间 $\{(\boldsymbol{x},\mu)\mid\mu<\alpha\}$ 在 $\mathbf{R}^{n+1}$ 中的交集（开凸的）在 $\mathbf{R}^n$ 上的投影，这说明集合 $\{\boldsymbol{x}\mid f(\boldsymbol{x})<\alpha\}$ 为开集且它的补集 $\{\boldsymbol{x}\mid f(\boldsymbol{x})\geqslant\alpha\}$ 为闭的。

**推论 10.1.1**　在所有 $\mathbf{R}^n$ 的子集上均为有限的凸函数一定为连续的。

连续性结果有用的一个原因是某些运算保持凸性，但是通常不能够希望其保持连续性。

例如，设 $f$ 为定义在 $\mathbf{R}^n\times T$（$T$ 为任意集）上的实值函数，使 $f(\boldsymbol{x},t)$ 关于每个 $t$ 为 $\boldsymbol{x}$ 的凸函数，且对于每个 $\boldsymbol{x}$ 关于 $t$ 的函数为有上界的。(一旦定义在 $\mathbf{R}^n$ 上的有限凸函数在某个闭区间 $T$ 上关于 $t$ 为连续的，则这种情况将会出现)，则

$$h(\boldsymbol{x})=\sup\{f(\boldsymbol{x},t)\mid t\in T\}$$

将连续依赖于 $\boldsymbol{x}$。为了由推论 10.1.1 得到这个结果，只需注意到在所设的条件下 $h(\boldsymbol{x})$ 为处处有限的且作为凸函数类的点态上确界为凸的。

作为另一个有趣的例子，我们考虑在所有 $\mathbf{R}^n$ 的子集上均有限的凸函数以及

$\mathbf{R}^n$ 中的非空凸集 $C$。对于每个 $\boldsymbol{x}\in\mathbf{R}^n$，设 $h(\boldsymbol{x})$ 为 $f$ 在平移 $C+\boldsymbol{x}$ 上的下确界。我们认为 $h(\boldsymbol{x})$ 连续依赖于 $\boldsymbol{x}$，这里，

$$h(\boldsymbol{x})=\inf_{\boldsymbol{z}}\{f(\boldsymbol{x}-\boldsymbol{z})+\delta(\boldsymbol{z}\mid -C)\}=(f\square g)(\boldsymbol{x})$$

其中 $g$ 为 $-C$ 的指示函数。因此，$h$ 为 $\mathbf{R}^n$ 上的凸函数。因为 $f$ 处处有限，所以 $\mathrm{dom}h=\mathbf{R}^n$。因此 $h$ 或者恒等于 $-\infty$，或者处处有限。所有这些都说明 $h$ 为连续的。



关于有效域的边界上的相对连续性我们会有什么结果？这里有一个令人误入歧途的启发性例子。在 $\mathbf{R}^2$ 上定义

$$f(\xi_1,\xi_2)=\begin{cases}\xi_2^2/2\xi_1, & \xi_1>0,\\ 0, & \xi_1=0,\xi_2=0,\\ +\infty, & \text{其他}.\end{cases}$$

则 $f$ 为抛物型凸集

$$C=\{(\xi_1,\xi_2)\mid \xi_1+(\xi_2^2/2)\leqslant 0\}$$

的支撑函数，由此决定其凸性。注意到，除在点 $(0,0)$ 处为下半连续以外，$f$ 处处连续。当 $(\xi_1,\xi_2)$ 沿着抛物型路径 $\xi_1=\xi_2^2/2\alpha$ 趋向于 $(0,0)$ 点时 $f(\xi_1,\xi_2)$ 的极限为 $\alpha$；这里 $\alpha$ 能够为任何正实数。然而，沿着开右半平面中任何与原点相交的线段趋向于 $\boldsymbol{x}$ 时极限都为 0，这可以直接看出来，也可以由定理 7.5 得到。似乎麻烦仅仅出现在当沿着“相切”于 $\mathrm{dom}f$ 的边界的路径逼近原点时的情形。当路径保留在 $\mathrm{dom}f$ 中的一个以原点为其顶点的单纯形中时极限为$0=f(0,0)$。

这个例子使人们猜想闭凸函数在其有效域中的任何单纯形上一定为连续的。由推论 7.5.1 知道，此猜想在单纯形为线段的情况下是成立的。我们将甚至证明更强的一般性结果。

达成共识，如果 $\mathbf{R}^n$ 中的子集 $S$ 满足对于每个 $\boldsymbol{x}\in S$ 存在 $S$ 中的有限个单纯形 $S_1,\cdots,S_m$ 及 $x$ 的邻域 $U$ 使

$$U\cap(S_1\cup\cdots\cup S_m)=U\cap S$$

则称 $S$ 为局部单纯形的。

局部单纯形集不一定为凸集或闭集。局部单纯形集类，除线段和其他单纯形以外，还包含所有的多面体和多面体凸集。这将在后文的定理 20.5 中证明。它也包括所有的相对开凸集。

在后面的证明中我们将利用下列显然为直觉的事实。设 $C$ 为以 $\boldsymbol{x}_0,\boldsymbol{x}_1,\cdots,\boldsymbol{x}_m$ 为顶点的单纯形且 $\boldsymbol{x}\in C$，则 $C$ 能被三角分化成为以 $\boldsymbol{x}$ 为顶点的单纯形，即每个 $\boldsymbol{y}\in C$ 均属于一个以 $\boldsymbol{x}$ 以及 $C$ 的 $m+1$ 个顶点中的 $m$ 个为顶点的单纯形（讨论可以简化到 $\boldsymbol{x}$ 不能够表示成为少于 $C$ 的 $m+1$ 个顶点的凸组合的情况，即 $\boldsymbol{x}\in\mathrm{ri}C$ 的情形。每个 $\boldsymbol{y}\in C$ 均属于连接 $\boldsymbol{x}$ 和 $C$ 的相对边界点 $\boldsymbol{z}$ 的线段。这个 $\boldsymbol{z}$ 能够表示成为 $C$ 中 $m$ 个顶点，如 $\boldsymbol{x}_1,\cdots,\boldsymbol{x}_m$ 的凸组合。点 $\boldsymbol{x},\boldsymbol{x}_1,\cdots,\boldsymbol{x}_m$ 为仿射无关的且它们所生成的单纯形包含 $\boldsymbol{y}$。）

**定理 10.2**　设 $f$ 为定义在 $\mathbf{R}^n$ 上的凸函数，$S$ 为 $\mathrm{dom}f$ 中的任意局部单纯形子集，则 $f$ 相对于 $S$ 为上半连续的，如果 $f$ 为闭的，则 $f$ 一定相对于 $S$ 连续。

**证明**　设 $\boldsymbol{x}\in S$，令 $S_1,\cdots,S_m$ 为 $S$ 中的单纯形并存在 $\boldsymbol{x}$ 的某邻域其与 $S_1\cup\cdots\cup S_m$ 及 $S$ 有相同的交集。每个含有 $\boldsymbol{x}$ 的单纯形都能够被三角分解成为有限多个其他的单纯形，正像上述所解释的，这些单纯形中的每一个都以 $\boldsymbol{x}$ 为其顶点之一。假设由此获得的单纯形为 $T_1,\cdots,T_k$。因此，每个 $T_i$ 均以 $\boldsymbol{x}$ 为其顶点，$\boldsymbol{x}$ 的某个邻域与 $T_1\cup\cdots\cup T_k$ 及 $S$ 有相同的交集。如果我们能够证明 $f$ 在 $\boldsymbol{x}$ 点相对于每个集 $T_j$ 上半连续，它将在 $x$ 点相对于集 $T_1\cup\cdots\cup T_k$ 为上半连续的，因此 $f$ 在 $\boldsymbol{x}$ 点相对于 $S$ 连续。这样，讨论简化到证明如果 $T$ 为包含于 $\mathrm{dom}f$ 的单纯形且 $\boldsymbol{x}$ 为 $T$ 的顶点，则 $f$ 在 $\boldsymbol{x}$ 点相对于 $T$ 为上半连续的。不失一般性，假设 $T$ 为 $n$ 维的。事实上，如果必要时可以用仿射变换，我们能够假设 $\boldsymbol{x}=\mathbf{0}$ 且 $T$ 的非 0 顶点为 $\boldsymbol{e}_1=(1,0,\cdots,0),\cdots,\boldsymbol{e}_n=(0,0,\cdots,1)$，对于属于 $T$ 的任意 $\boldsymbol{z}=(\zeta_1,\cdots,\zeta_n)$，由凸性有

$$f(\boldsymbol{z})\leqslant(1-\zeta_1-\cdots-\zeta_n)f(\mathbf{0})+\zeta_1 f(\boldsymbol{e}_1)+\cdots+\zeta_n f(\boldsymbol{e}_n)$$

（即使在 $f$ 可能为非正常时，此式也成立；这里不会出现 $\infty-\infty$ 的情况，因为 $f$ 在 $T$ 上不会取到值 $+\infty$。）当 $\boldsymbol{z}$ 在 $T$ 中趋向于 $\mathbf{0}$ 时，这个不等式左边的“上极限”不会超过右边的“上极限”$f(0)$。因此，$f$ 在 $\mathbf{0}$ 点关于 $T$ 是上半连续的。

定理 10.2 在延拓问题中的应用很好地说明了它的用途。

**定理 10.3**　设 $C$ 为局部单纯形集，$f$ 为定义在 $\mathrm{ri}C$ 上的有限凸函数，其在 $\mathrm{ri}C$ 的每个有界子集上有上界，则 $f$ 能够且只能够用一种方法延拓成为定义在整个 $C$ 上的有限凸函数。

**证明**　对于 $\boldsymbol{x}\notin \mathrm{ri}C$ 令 $f(x)=+\infty$，并取 $\mathrm{cl}f$。函数 $\mathrm{cl}f$ 为凸的、闭的、正常的，且在 $\mathrm{ri}C$ 上与 $f$ 吻合（定理 7.4），由 $f$ 的有界性条件知道 $\mathrm{cl}f$ 在 $C$ 的相对边界上为有限的。由定理 10.2 知 $\mathrm{cl}f$ 在 $C$ 上连续。所以 $\mathrm{cl}f$ 在 $C$ 上的限制为 $f$ 的连续、有限的凸延拓。只能有一个这样的延拓，因为 $C\subset\mathrm{cl}(\mathrm{ri}C)$。

当然，定理 10.3 中的延拓能够受到影响，我们可以取 $f(\boldsymbol{x})$ 为当 $\boldsymbol{y}$ 沿着任何连接 $\boldsymbol{x}$ 与 $\mathrm{ri}C$ 中的点线段趋向于 $\boldsymbol{x}$ 时 $f(\boldsymbol{y})$ 的极限。

作为例子，我们考虑 $C$ 为 $\mathbf{R}^n$ 中非负象限的情形（按照定理 20.5，它为局部单纯形的），$C$ 的内部为正象限。设 $f$ 为定义在正象限上的有限凸函数，其为非减的，即对于 $j=1,\cdots,n$，$f(\xi_1,\cdots,\xi_n)$ 为 $\xi_j$ 的非减函数。对于每个正数 $\lambda$ 以及对于所有 $j$ 满足 $0<\xi_j\leqslant\lambda$ 的向量 $\boldsymbol{x}=(\xi_1,\cdots,\xi_n)$ 成立

$$f(\xi_1,\cdots,\xi_n)\leqslant f(\lambda,\cdots,\lambda)$$

因此，$f$ 在正象限的每个有界子集上有上界。由定理 10.3 知道 $f$ 能够唯一延拓成为定义在整个非负象限上的有限连续（非增）凸函数。

设 $f$ 为定义在集合 $S\subset\mathbf{R}^n$ 上的实函数，如果存在实数 $\alpha\geqslant0$ 使

$$|f(\boldsymbol{y})-f(\boldsymbol{x})|\leqslant\alpha|\boldsymbol{y}-\boldsymbol{x}|,\forall\boldsymbol{y}\in S,\forall\boldsymbol{x}\in S,$$

则称 $f$ 相对于 $S$ 为 Lipschitzian 的。这个条件意味着 $f$ 相对于 $S$ 为一致连续的。

下列定理属于对定理 10.1 的精确化结果。

**定理 10.4**　设 $f$ 为正常凸函数，$S$ 为 $\mathrm{ri}(\mathrm{dom} f)$ 中的闭有界子集，则 $f$ 相对 $S$ 为 Lipschitzian 的。

**证明**　不失一般性，假设 $\mathrm{ri}(\mathrm{dom} f)$ 在 $\mathbf{R}^n$ 中为 $n$ 维的，这样 $S$ 确实属于 $\mathrm{ri}(\mathrm{dom} f)$ 的内部。令 $B$ 为欧氏单位球。对于每个 $\varepsilon>0$，$S+\varepsilon B$ 为闭有界集（紧集 $S\times B$ 在连续变换$(\boldsymbol{x},\mu)\to \boldsymbol{x}+\varepsilon u$ 下的像）。集合套

$$(S+\varepsilon B)\cap(\mathbf{R}^n\backslash \mathrm{int}(\mathrm{dom} f)),\varepsilon>0$$



的交集为空集，集合套中至少存在一个空集。因此，存在某个 $\varepsilon>0$，使

$$S+\varepsilon B\subset \mathrm{int}(\mathrm{dom} f),$$

由定理 10.1 知道 $f$ 在 $S+\varepsilon B$ 上为连续的。因为 $S+\varepsilon B$ 为闭有界集，因此 $f$ 在 $S+\varepsilon B$ 上为有界的。设 $\alpha_1$ 和 $\alpha_2$ 分别为 $f$ 的上界和下界。令 $\boldsymbol{x}$ 和 $\boldsymbol{y}$ 分别为 $S$ 中两个不同的点且

$$\boldsymbol{z}=\boldsymbol{y}+(\varepsilon/|\boldsymbol{y}-\boldsymbol{x}|)(\boldsymbol{y}-\boldsymbol{x}),$$

则 $\boldsymbol{z}\in S+\varepsilon B$ 且

$$\boldsymbol{y}=(1-\lambda)\boldsymbol{x}+\lambda \boldsymbol{z},\ \lambda=|\boldsymbol{y}-\boldsymbol{x}|/(\varepsilon+|\boldsymbol{y}-\boldsymbol{x}|),$$

由 $f$ 的凸性有

$$f(\boldsymbol{y})\leqslant(1-\lambda)f(\boldsymbol{x})+\lambda f(\boldsymbol{z})=f(\boldsymbol{x})+\lambda(f(\boldsymbol{z})-f(\boldsymbol{x})),$$

因此

$$f(\boldsymbol{y})-f(\boldsymbol{x})\leqslant\lambda(\alpha_2-\alpha_1)\leqslant\alpha|\boldsymbol{y}-\boldsymbol{x}|,\ \alpha=(\alpha_2-\alpha_1)/\varepsilon.$$

这个不等式对于 $S$ 中的任意 $\boldsymbol{x}$ 和 $\boldsymbol{y}$ 都成立，所以，$f$ 相对 $S$ 为 Lipschitzian 的。

定义在 $\mathbf{R}^n$ 上的有限凸函数为一致连续的，甚至由定理 10.4 知道，相对于每个有界集为 Lipschitzian 的，但是，$f$ 在整个 $\mathbf{R}^n$ 上却不一定为一致连续或 Lipschitzian 的。现在描述使 $f$ 具有这些附加性质的环境。

**定理 10.5**　设 $f$ 为定义在 $\mathbf{R}^n$ 上的有限凸函数，以便 $f$ 相对于 $\mathbf{R}^n$ 为一致连续的必要充分条件是 $f$ 的回收函数 $f0^+$ 为处处有限的。在这个条件下 $f$ 确实相对于 $\mathbf{R}^n$ 为 Lipschitzian 的。

**证明**　假设 $f$ 为一致连续的，选择任意 $\varepsilon>0$，存在 $\delta>0$ 使得由 $|z|\leqslant\delta$ 得到

$$f(\boldsymbol{x}+\boldsymbol{z})-f(\boldsymbol{x})\leqslant\varepsilon,\ \forall\,\boldsymbol{x}.$$

对于这个 $\delta$，当 $|\boldsymbol{z}|\leqslant\delta$ 时，由定理 8.5 中的第一个公式有$(f0^+)(\boldsymbol{z})\leqslant\varepsilon$。因为 $f0^+$ 正齐次正常凸，所以 $f0^+$ 处处有限。

反之，假设 $f0^+$ 处处有限，则按照推论 10.1，$f0^+$ 为处处连续的，因此，

$$\begin{aligned}\infty>\alpha&=\sup\{(f0^+)(\boldsymbol{z})\mid|\boldsymbol{z}|=1\}\\&=\sup\{|\boldsymbol{z}|^{-1}(f0^+)(\boldsymbol{z})\mid\boldsymbol{z}\neq\mathbf{0}\}.\end{aligned}$$

由此得到

$$\alpha|\boldsymbol{y}-\boldsymbol{x}|\geqslant(f0^+)(\boldsymbol{y}-\boldsymbol{x})\geqslant f(\boldsymbol{y})-f(\boldsymbol{x}),\ \forall\,\boldsymbol{x},\forall\,\boldsymbol{y}$$

（推论 8.5.1）。因此 $f$ 相对于 $\mathbf{R}^n$ 为 Lipschitzian 的，特别地，$f$ 相对于 $\mathbf{R}^n$ 为连

续的。

**推论 10.5.1**　有限正常凸函数 $f$ 如满足

$$\liminf_{\lambda\to\infty} f(\lambda \boldsymbol{y})/\lambda<\infty, \forall \boldsymbol{y},$$

则其相对于 $\mathbf{R}^n$ 为 Lipschitzian 的。

**证明**　由定理 8.5 知道极限等于$(f0^+)(\boldsymbol{y})$。

**推论 10.5.2**　设 $g$ 相对于 $\mathbf{R}^n$ 为 Lipschitzian 的有限的凸函数（例如，$g(\boldsymbol{x})=\alpha|\boldsymbol{x}|+\beta$，$\alpha>0$），则满足 $f\leqslant g$ 的每个有限凸函数 $f$ 也相对于 $\mathbf{R}^n$ 为 Lipschitzian 的。



**证明**　当 $f\leqslant g$ 时成立 $f0^+\leqslant g0^+$。

推论 13.3.3 将得到定理 10.5 的对偶。

现在转向凸函数类的连续性及紧密相关的收敛性的讨论。

设$\{f_i|i\in I\}$为定义在 $\mathbf{R}^n$ 中的子集 $S$ 上的函数集，如果存在实数 $\alpha\geqslant 0$ 使

$$|f_i(\boldsymbol{y})-f_i(\boldsymbol{x})|\leqslant\alpha|\boldsymbol{y}-\boldsymbol{x}|, \forall \boldsymbol{y}\in S, \forall \boldsymbol{x}\in S, \forall i\in I$$

则称$\{f_i|i\in I\}$相对于 $S$ 为等-Lipschitzian 的。

当此条件满足时也有函数类$\{f_i|i\in I\}$关于 $S$ 的一致等-连续性，即对于每个 $\varepsilon>0$ 存在 $\delta>0$ 使只要 $\boldsymbol{y}\in S$，$\boldsymbol{x}\in S$ 满足$|\boldsymbol{y}-\boldsymbol{x}|\leqslant\delta$，就有

$$|f_i(\boldsymbol{y})-f_i(\boldsymbol{x})|\leqslant\varepsilon, \forall i\in I$$

当然，如果对于每个 $\boldsymbol{x}\in S$ 实数 $f_i(\boldsymbol{x})$，$i\in I$，为有界的，则称$\{f_i|i\in I\}$在 $S$ 上为点态有界的。如果存在实数 $\alpha_1$ 和 $\alpha_2$ 使得

$$\alpha_1\leqslant f_i(\boldsymbol{x})\leqslant\alpha_2, \forall \boldsymbol{x}\in S, \forall i\in I$$

则称$\{f_i|i\in I\}$在 $S$ 上为一致有界的。

**定理 10.6**　设 $C$ 为相对开凸集，$\{f_i(\boldsymbol{x})|i\in I\}$为在 $C$ 上的有限且点态有界的函数类。$S$ 为 $C$ 中的闭有界子集，则$\{f_i(\boldsymbol{x})|i\in I\}$在 $S$ 上为一致有界且相对于 $S$ 为等-Lipschitzian 的。

如果点态有界性假设减弱到下列的两个假设：

(a) 存在 $C$ 的子集 $C'$使得 $\mathrm{conv}(\mathrm{cl}C')\supset C$ 且对于每个 $\boldsymbol{x}\in C'$ 函数 $\sup\{f_i(x)|i\in I\}$为限的；

(b) 存在至少一个 $\boldsymbol{x}\in C$ 使得 $\inf\{f_i(x)|i\in I\}$为有限的，则结论仍然成立。

**证明**　为不失一般性，假设 $C$ 为开集。故假设 (a) 和 (b) 成立，我们将证明$\{f_i|i\in I\}$在 $C$ 的每个闭有界子集上为一致有界的。等-Lipschitzian 则由定理 10.4 的证明而得到，因为在证明中所构造的 Lipschitzian 常数 $\alpha$ 仅仅依赖于给定的上、下界 $\alpha_1$ 和 $\alpha_2$。令

$$f(\boldsymbol{x})=\sup\{f_i(\boldsymbol{x})|i\in I\}.$$

这个 $f$ 为凸函数，且由 (a) 有

$$\mathrm{dom}f\supset\mathrm{int}(\mathrm{cl}(\mathrm{dom}f))\supset\mathrm{int}C=C.$$

这是因为 cldom$f$ 包含 cl$C'$，因此含有 convcl$C'$和 $C$。（因为 dom$f$ 为凸的，由定理 6.3 知道第一个包含关系成立。）因此，$f$ 相对于 $C$ 连续（定理 10.1）。特别地，$f$ 在 $C$ 的每个闭有界子集上为有上界的。为证明$\{f_i \mid i\in I\}$在 $C$ 的每个闭有界子集上一致有下界，只要构造连续实值函数 $g$ 使得

$$f_i(\boldsymbol{x})\geqslant g(\boldsymbol{x}),\forall \boldsymbol{x}\in C,\forall i\in I$$

利用 (b)，选择点 $\overline{\boldsymbol{x}}\in C$ 使得

$$-\infty<\beta_1=\inf\{f_i(\overline{\boldsymbol{x}})\mid i\in I\}$$



选择 $\varepsilon>0$ 足够小使 $\overline{\boldsymbol{x}}+\varepsilon B\subset C$，其中 $B$ 为欧氏单位球，设 $\beta_2$ 为 $f$ 在 $\overline{\boldsymbol{x}}+\varepsilon B$ 上的函数值的正上界。给定 $\boldsymbol{x}\in C$，$\boldsymbol{x}\neq\overline{\boldsymbol{x}}$，对于

$$\boldsymbol{z}=\overline{\boldsymbol{x}}+(\varepsilon/|\overline{\boldsymbol{x}}-\boldsymbol{x}|)(\overline{\boldsymbol{x}}-\boldsymbol{x}),$$
$$\lambda=\varepsilon/(\varepsilon+|\overline{\boldsymbol{x}}-\boldsymbol{x}|).$$

有 $\overline{\boldsymbol{x}}=(1-\lambda)\boldsymbol{z}+\lambda\boldsymbol{x}$。因为 $0<\lambda<1$ 及$|\boldsymbol{z}-\overline{\boldsymbol{x}}|=\varepsilon$，所以（对于任意 $i\in I$）

$$\begin{aligned}\beta_1\leqslant f_i(\overline{\boldsymbol{x}})&\leqslant(1-\lambda)f_i(\boldsymbol{z})+\lambda f_i(\boldsymbol{x})\\&\leqslant(1-\lambda)\beta_2+\lambda f_i(\boldsymbol{x})\leqslant\beta_2+\lambda f_i(\boldsymbol{x}),\end{aligned}$$

因此，

$$f_i(\boldsymbol{x})\geqslant(\beta_1-\beta_2)/\lambda=(\varepsilon+|\overline{\boldsymbol{x}}-\boldsymbol{x}|)(\beta_1-\beta_2)/\varepsilon.$$

上式右边连续依赖于 $\boldsymbol{x}$。不等式对于每个 $\boldsymbol{x}\in C$ 及每个 $i\in I$ 成立，定理得到证明。

**定理 10.7**　设 $C$ 为 $\mathbf{R}^n$ 中的相对开凸集，$T$ 为局部紧拓扑空间（如 $\mathbf{R}^m$ 中的闭或开子集）。设 $f$ 为定义在 $C\times T$ 上的实值函数，$f(\boldsymbol{x},t)$对于每个 $t\in T$ 关于 $\boldsymbol{x}$ 为凸的，且对于每个 $\boldsymbol{x}\in C$ 关于 $t$ 为连续的，则 $f$ 在 $C\times T$ 上为连续的，即 $f(\boldsymbol{x},t)$ 关于 $\boldsymbol{x}$ 和 $t$ 均连续。

如果关于 $t$ 的连续性假设减弱为下列条件：存在 $C$ 的子集 $C'$使得 cl$C'\supset C$ 且对于每个 $\boldsymbol{x}\in C'$，$f(\boldsymbol{x},\cdot)$在 $T$ 上为连续的，则结论也将成立。

**证明**　设 $(\boldsymbol{x}_0,t_0)$ 为 $C\times T$ 上的任一点，$T_0$ 为 $t_0$ 在 $T$ 中的紧邻域，因此，$\{f(\cdot,t)\mid t\in T_0\}$为定义在 $C$ 上的有限凸函数的一个集合，这个集合在 $C'$上为点态有界的。由定理 10.6 知道函数类$\{f(\cdot,t)\mid t\in T_0\}$在 $C$ 的闭有界子集上为等-Lipschitzian 的，特别地，在 $\boldsymbol{x}_0$ 点为等-连续的。给定任意 $\varepsilon>0$，我们可以找到$\delta>0$，使只要$|x-x_0|\leqslant\delta$ 就有

$$|f(\boldsymbol{x},t)-f(\boldsymbol{x}_0,t)|\leqslant\varepsilon/4,\forall t\in T_0.$$

设 $\boldsymbol{x}_1$ 为 $C'$中满足$|\boldsymbol{x}_1-\boldsymbol{x}_0|\leqslant\delta$ 的点。因为 $f(\boldsymbol{x}_1,\cdot)$在 $t_0$ 点连续，我们可以找到 $t_0$ 在 $T_0$ 中的邻域 $V$ 使

$$|f(\boldsymbol{x}_1,t)-f(\boldsymbol{x}_1,t_0)|\leqslant\varepsilon/4,\forall t\in V.$$

对于任何满足$|\boldsymbol{x}-\boldsymbol{x}_0|\leqslant\delta$ 及 $t\in V$ 的 $(\boldsymbol{x},t)$ 有

$$\begin{aligned}|f(\boldsymbol{x},t)-f(\boldsymbol{x}_0,t_0)|\leqslant&|f(\boldsymbol{x},t)-f(\boldsymbol{x}_0,t)|+|f(\boldsymbol{x}_0,t)-f(\boldsymbol{x}_1,t)|+\\&|f(\boldsymbol{x}_1,t)-f(\boldsymbol{x}_1,t_0)|+|f(\boldsymbol{x}_1,t_0)-f(\boldsymbol{x}_0,t_0)|\\\leqslant&(\varepsilon/4)+(\varepsilon/4)+(\varepsilon/4)+(\varepsilon/4)=\varepsilon.\end{aligned}$$

这便证明了 $f$ 在 $(\boldsymbol{x}_0,t_0)$ 点为连续的。

**定理 10.8**　设 $C$ 为相对开凸集，$f_1,f_2,\cdots$ 为定义在 $C$ 上的有限凸函数列。假设序列在 $C$ 的某个稠密子集上为点态收敛的，即存在 $C$ 的子集 $C'$ 使得 $\mathrm{cl}C'\supset C$ 且对于每个 $\boldsymbol{x}\in C'$ 数列 $f_1(\boldsymbol{x}),f_2(\boldsymbol{x}),\cdots$ 的极限存在且是有限的，则对于每个 $\boldsymbol{x}\in C$ 存在极限且函数

$$f(\boldsymbol{x})=\lim_{i\to\infty}f_i(\boldsymbol{x})$$

在 $C$ 上有限且为凸的。而且，序列 $f_1,f_2,\cdots$ 在 $C$ 的每个闭有界子集上为一致收敛的。



**证明**　不失一般性，假设 $C$ 为开的。集合 $\{f_i\mid i=1,2,\cdots\}$ 在 $C'$ 上为点态有界的，由定理 10.6 知道在 $C$ 的每个有界闭子集上为等-Lipschitzian 的。

设 $S$ 为 $C$ 的任意闭有界子集，$S'$ 为 $C$ 的闭有界子集并满足 $\mathrm{int}S'\supset S$。(有关 $S'$ 存在性的讨论在定理 10.4 证明的开头将给出) 存在实数 $\alpha>0$ 使

$$|f_i(\boldsymbol{y})-f_i(\boldsymbol{x})|\leqslant\alpha|\boldsymbol{y}-\boldsymbol{x}|,\forall\boldsymbol{y}\in S',\forall\boldsymbol{x}\in S',\forall i.$$

给定任意 $\varepsilon>0$，存在 $C'\cap S'$ 的有限子集 $C_0'$ 使得 $S$ 中的每个点都属于 $C_0'$ 中至少一个点的 $\varepsilon/3\alpha$ 邻域。因为 $C_0'$ 为有限的，且函数 $f_i$ 在 $C_0'$ 上点态收敛，所以存在一个整数 $i_0$ 使得

$$|f_i(\boldsymbol{z})-f_j(\boldsymbol{z})|\leqslant\varepsilon/3,\forall i\geqslant i_0,\forall j\geqslant i_0,\forall\boldsymbol{z}\in C_0'.$$

给定任意 $\boldsymbol{x}\in S$，令 $\boldsymbol{z}$ 为 $C_0'$ 中满足 $|\boldsymbol{z}-\boldsymbol{x}|\leqslant\varepsilon/3\alpha$ 的点，则对于每个 $i\geqslant i_0$ 和 $\forall j\geqslant i_0$ 有

$$\begin{aligned}|f_i(\boldsymbol{x})-f_j(\boldsymbol{x})|&\leqslant|f_i(\boldsymbol{x})-f_i(\boldsymbol{z})|+|f_i(\boldsymbol{z})-f_j(\boldsymbol{z})|+|f_j(\boldsymbol{z})-f_j(\boldsymbol{x})|\\&\leqslant\alpha|\boldsymbol{x}-\boldsymbol{z}|+(\varepsilon/3)+\alpha|\boldsymbol{z}-\boldsymbol{x}|\leqslant\varepsilon.\end{aligned}$$

这便证明，对于任意 $\varepsilon>0$，存在整数 $i_0$ 使

$$|f_i(\boldsymbol{x})-f_j(\boldsymbol{x})|\leqslant\varepsilon,\forall i\geqslant i_0,\forall j\geqslant j_0,\forall\boldsymbol{x}\in S.$$

因此，对于每个 $\boldsymbol{x}\in S$，实数 $f_1(\boldsymbol{x}),f_2(\boldsymbol{x}),\cdots$ 形成 Cauchy 序列，这样极限 $f(\boldsymbol{x})$ 存在且为有限的。而且，给定 $\varepsilon>0$，存在整数 $i_0$ 使得

$$|f_i(\boldsymbol{x})-f(\boldsymbol{x})|=\lim_{j\to\infty}|f_i(\boldsymbol{x})-f_j(\boldsymbol{x})|\leqslant\varepsilon,\forall\boldsymbol{x}\in S,\forall i\geqslant i_0.$$

因此，函数 $f_i(\boldsymbol{x})$ 在 $S$ 上一致收敛于 $f(\boldsymbol{x})$。因为 $S$ 为 $C$ 中的任意有界闭子集，我们可以特别得到 $f$ 在整个 $C$ 上存在。当然，对于每个 $\boldsymbol{x}\in C$，$\boldsymbol{y}\in C$，当 $i\to\infty$ 时凸性不等式

$$f_i((1-\lambda)\boldsymbol{x}+\lambda\boldsymbol{y})\leqslant(1-\lambda)f_i(\boldsymbol{x})+\lambda f_i(\boldsymbol{y})$$

保持成立，所以 $f$ 是凸的。

**推论 10.8.1**　设 $f$ 为定义在相对开凸集 $C$ 上的有限凸函数，$f_1(\boldsymbol{x}),f_2(\boldsymbol{x}),\cdots$ 为定义在 $C$ 上的有限凸函数序列并满足

$$\limsup_{i\to\infty}f_i(\boldsymbol{x})\leqslant f(\boldsymbol{x}),\forall\boldsymbol{x}\in C.$$

则对于每个 $C$ 的闭有界子集 $S$ 以及每个 $\varepsilon>0$，存在一个指标 $i_0$ 使

$$f_i(\boldsymbol{x})\leqslant f(\boldsymbol{x})+\varepsilon,\forall i\geqslant i_0,\forall \boldsymbol{x}\in C.$$

**证明**　令 $g_i(\boldsymbol{x})=\max\{f_i(\boldsymbol{x}),f(\boldsymbol{x})\}$。则有限凸函数序列 $g_i$ 在 $C$ 上点态收敛于 $f$。

**定理 10.9**　设 $C$ 为相对凸开集，$f_1(\boldsymbol{x}),f_2(\boldsymbol{x}),\cdots$ 为定义在 $C$ 上的有限凸函数序列。假设对于每个 $\boldsymbol{x}\in C$ 实数序列 $f_1(\boldsymbol{x}),f_2(\boldsymbol{x}),\cdots$ 是有界的（或仅仅对于 $\boldsymbol{x}\in C'$ 假设成立），则可能选择 $f_1(\boldsymbol{x}),f_2(\boldsymbol{x}),\cdots$ 的子序列，使其在 $C$ 的闭有界子集上一致收敛于某凸函数 $f$。

**证明**　需要一个基本事实：如果 $C'$ 为 $\mathbf{R}^n$ 的子集，则存在 $C'$ 的可数子集 $C''$ 使得 $\mathrm{cl}C''\supset C'$。（证明思路：令 $Q_1$ 为 $\mathbf{R}^n$ 中所有以有理坐标为球心且半径为有理数的闭（欧氏）球。令 $Q$ 为 $Q_1$ 中与 $C'$ 具有非空交的元素的子集合。对于每个 $D\in Q$ 通过选择 $D\cap C'$ 中的点形成 $C''$。）

我们将这个事实应用于 $C$ 的某个子集 $C'$ 使得 $\mathrm{cl}C'\supset C$ 且对于每个 $\boldsymbol{x}\in C'$ 集合 $\{f_i(\boldsymbol{x})|i=1,2,\cdots\}$ 有界，所得到的 $C''$ 具有相同的性质，其也是可数的。考虑到定理 10.8，我们所需要证明的是存在在 $C''$ 上点态收敛的子序列。令 $\boldsymbol{x}_1,\boldsymbol{x}_2,\cdots$ 为 $C''$ 中的元素，并且组成序列。实数列 $\{f_i(\boldsymbol{x}_1)\mid i=1,2,\cdots\}$ 有界，存在至少一个收敛的子列。因此，我们能够找到实数 $\alpha_1$ 和 $\{1,2,\cdots\}$ 的无限子集 $I_1$ 使得函数 $f_i(\boldsymbol{x})$ 相应于 $I_1$ 的子序列在 $\boldsymbol{x}_1$ 点收敛于 $\alpha_1$。下一步，因为 $\{f_i(\boldsymbol{x}_2)\mid i=1,2,\cdots\}$ 有界，我们可以找到实数 $\alpha_2$ 和（至少）不含有 $I_1$ 的第一个整数无限子集 $I_2$，使得函数 $f_i(\boldsymbol{x})$ 中相应于 $I_2$ 的子序列在 $\boldsymbol{x}_2$ 点收敛于 $\alpha_2$（此外，在 $\boldsymbol{x}_1$ 点收敛于 $\alpha_1$）。因此，我们可以找到实数 $\alpha_3$ 和（至少）不含有 $I_2$ 的第一个整数的无限子集 $I_3$，使得对于 $i\in I_3$，$f_i(\boldsymbol{x}_3)$ 在 $\boldsymbol{x}_3$ 点收敛于 $\alpha_3$ 等。对于每个 $j$，实数序列 $f_i(\boldsymbol{x}_j)$，$i\in I$，收敛于 $\alpha_j$。因此，函数列 $f_i(\boldsymbol{x})$ 在 $C''$ 上点态收敛。

# 第3部分 对偶对应

## 第11节 分离定理

分离的概念已经被证明是凸性理论及其应用中内涵最丰富的概念之一。$\mathbf{R}^n$ 中的超平面将 $\mathbf{R}^n$ 分为两部分，即超平面的补集是两个不相交的开凸集（与超平面相联系的开半空间）的并。



设 $C_1$ 和 $C_2$ 为 $\mathbf{R}^n$ 中的非空集合。如果 $C_1$ 包含在与超平面 $H$ 相关的一个闭半空间内，而 $C_2$ 包含于相反一侧的闭半空间内，则称 $H$ 分离了 $C_1$ 和 $C_2$。如果 $C_1$ 和 $C_2$ 都不含于 $H$，则称此分离为正常分离。设 $B$ 为单位欧氏球 $\{\boldsymbol{x} \mid |\boldsymbol{x}| \leqslant 1\}$，如果存在 $\varepsilon>0$ 使得 $C_1+\varepsilon B$ 属于与超平面 $H$ 相关的半开空间，而 $C_2+\varepsilon B$ 位于相反的开半空间，则称 $C_1$ 和 $C_2$ 被 $H$ 所强分离。（当然 $C_i+\varepsilon B$ 由至少存在一个 $\boldsymbol{y} \in C_i$ 使 $|\boldsymbol{x}-\boldsymbol{y}| \leqslant \varepsilon$ 的点 $\boldsymbol{x}$ 所组成。）

有时也考虑其他种类的分离，如严格分离，此时 $C_1$ 和 $C_2$ 必须简单地属于相反的开半空间。正常分离和强分离似乎至今最为有用，也许由于它们以自然的方式对应于线性泛函的极值。

**定理 11.1** 设 $C_1$ 和 $C_2$ 为 $\mathbf{R}^n$ 中的非空集合，则存在正常分离 $C_1$ 和 $C_2$ 的超平面的充要条件是存在向量 $\boldsymbol{b}$ 使得

(a) $\inf\{\langle \boldsymbol{x}, \boldsymbol{b}\rangle \mid \boldsymbol{x} \in C_1\} \geqslant \sup\{\langle \boldsymbol{x}, \boldsymbol{b}\rangle \mid \boldsymbol{x} \in C_2\}$，

(b) $\sup\{\langle \boldsymbol{x}, \boldsymbol{b}\rangle \mid \boldsymbol{x} \in C_1\} > \inf\{\langle \boldsymbol{x}, \boldsymbol{b}\rangle \mid \boldsymbol{x} \in C_2\}$。

存在强分离 $C_1$ 和 $C_2$ 的超平面的充要条件是存在向量 $\boldsymbol{b}$ 使得

(c) $\inf\{\langle \boldsymbol{x}, \boldsymbol{b}\rangle \mid \boldsymbol{x} \in C_1\} > \sup\{\langle \boldsymbol{x}, \boldsymbol{b}\rangle \mid \boldsymbol{x} \in C_2\}$。

**证明** 假设 $\boldsymbol{b}$ 满足条件 (a) 和 (b)，选择介于位于 $C_1$ 的下确界和位于 $C_2$ 的上确界之间的数 $\beta$，则 $\boldsymbol{b} \neq \mathbf{0}$ 且 $\beta \in \mathbf{R}$，所以 $H=\{\boldsymbol{x} \mid \langle \boldsymbol{x}, \boldsymbol{b}\rangle=\beta\}$ 为超平面（定理 1.3）。半平面 $\{\boldsymbol{x} \mid \langle \boldsymbol{x}, \boldsymbol{b}\rangle \geqslant \beta\}$ 包含 $C_1$，而 $\{\boldsymbol{x} \mid \langle \boldsymbol{x}, \boldsymbol{b}\rangle \leqslant \beta\}$ 包含 $C_2$。条件 (b) 意味着 $C_1$ 和 $C_2$ 不同时包含于 $H$。因此，$H$ 为 $C_1$ 和 $C_2$ 的正常分离。

相反，当 $C_1$ 和 $C_2$ 能够被正常分离时，用于分离的超平面以及包含 $C_1$ 和 $C_2$ 的相应闭半空间能够被表示成为刚才所刻画的 $\boldsymbol{b}$ 和 $\beta$ 的方式。因此，对每个 $\boldsymbol{x} \in C_1$ 有 $\langle \boldsymbol{x}, \boldsymbol{b}\rangle \geqslant \beta$，而对于 $\boldsymbol{x} \in C_2$ 有 $\langle \boldsymbol{x}, \boldsymbol{b}\rangle \leqslant \beta$，并且对于至少一个 $\boldsymbol{x} \in C_1$ 或 $\boldsymbol{x} \in C_2$ 有严格不等式成立。因此，$\boldsymbol{b}$ 满足条件 (a) 和 (b)。

如果 $\boldsymbol{b}$ 满足较强的条件 (c)，则确实可以找到 $\beta \in \mathbf{R}$ 以及 $\delta>0$ 使对于每个 $\boldsymbol{x} \in C_1$ 有 $\langle \boldsymbol{x}, \boldsymbol{b}\rangle \geqslant \beta+\delta$，而对于每个 $\boldsymbol{x} \in C_2$ 有 $\langle \boldsymbol{x}, \boldsymbol{b}\rangle \leqslant \beta-\delta$。由于单位球 $B$ 有界，所

以，可以选择足够小的 $\varepsilon>0$ 使对于每个 $\boldsymbol{y}$ 属于 $\varepsilon B$ 有 $\langle \boldsymbol{y},\boldsymbol{b}\rangle<\delta$，因此，

$$C_1+\varepsilon B\subset\{\boldsymbol{x}\mid\langle \boldsymbol{x},\boldsymbol{b}\rangle>\beta\}$$
$$C_2+\varepsilon B\subset\{\boldsymbol{x}\mid\langle \boldsymbol{x},\boldsymbol{b}\rangle<\beta\}$$

所以，$H=\{\boldsymbol{x}\mid\langle \boldsymbol{x},\boldsymbol{b}\rangle=\beta\}$ 强分离 $C_1$ 和 $C_2$。相反，如果 $C_1$ 和 $C_2$ 被强分离，刚才所描述的包含关系对于某些 $\boldsymbol{b}$，$\beta$ 以及 $\varepsilon>0$ 成立，则

$$\beta\leqslant\inf\{\langle \boldsymbol{x},\boldsymbol{b}\rangle+\varepsilon\langle \boldsymbol{y},\boldsymbol{b}\rangle\mid \boldsymbol{x}\in C_1,\boldsymbol{y}\in B\}<\inf\{\langle \boldsymbol{x},\boldsymbol{b}\rangle\mid \boldsymbol{x}\in C_1\}$$
$$\beta\geqslant\sup\{\langle \boldsymbol{x},\boldsymbol{b}\rangle+\varepsilon\langle \boldsymbol{y},\boldsymbol{b}\rangle\mid \boldsymbol{x}\in C_2,\boldsymbol{y}\in B\}>\sup\{\langle \boldsymbol{x},\boldsymbol{b}\rangle\mid \boldsymbol{x}\in C_2\}$$

因此，条件（c）成立。

是否两个集合能够被分离反映的是一种存在性问题，所以，分离理论的最著名的应用出现在各种存在性定理的证明方面是不足为奇的。当需要寻找具备某种性质的向量 $\boldsymbol{b}$，且能够构造一对凸集 $C_1$ 和 $C_2$，使得在考虑之中的向量 $\boldsymbol{b}$ 与分离 $C_1$ 和 $C_2$（如果可能的话）的超平面相对应。我们将借助一个定理来说明 $C_1$ 和 $C_2$ 确实能够按照所期望意义得到分离。



恰好 $\mathbf{R}^n$ 中分离超平面的存在性是个相对基本的问题，并非涉及公理的选择，基本构造从下面定理证明中可以看到。

**定理 11.2**　设 $C$ 为 $\mathbf{R}^n$ 中非空相对开凸集，$M$ 为 $\mathbf{R}^n$ 中与 $C$ 不相交的非空仿射集，则存在包含 $M$ 的超平面 $H$ 使与其相关的开半空间包含 $C$。

**证明**　如果 $M$ 本身为超平面，则必有其中一个开半空间包含 $C$，否则 $M$ 将与 $C$ 相交，与假设矛盾了。（如果 $C$ 含有属于相对的开半空间中的 $\boldsymbol{x}$ 和 $\boldsymbol{y}$，某些 $\boldsymbol{x}$ 和 $\boldsymbol{y}$ 之间线段上的点将属于 $M$ 在半空间共同的边界内。）因此，假设 $M$ 不为超平面。我们将证明如何构造出比 $M$ 高一维的仿射集 $M'$ 且仍与 $C$ 不相交。这种构造将在 $n$ 步或更少的情况下给出一种具有所期望性质的超平面 $H$，从而完成定理的证明。

如果必要，可以采用平移的办法，总能假设 $\mathbf{0}\in M$，以便 $M$ 为子空间。凸集 $C-M$ 包含 $C$，但是不包含 $\mathbf{0}$。因为 $M$ 不为超平面，子空间 $M^{\perp}$ 包含一个二维的子空间 $P$。令 $C'=P\cap(C-M)$。这是 $P$ 中一个相对开凸集（推论 6.5.1 和推论 6.6.2），其不含有 0。我们所需要做的是在 $P$ 中找到穿过 $\mathbf{0}$，但与 $C'$ 不相交的直线 $L$，因为这样，$M'=M+L$ 将是一个比 $M$ 高一维与 $C$ 不相交的子空间。（确实，$(M+L)\cap C\neq\varnothing$ 将意味着 $L\cap(C-M)\neq\varnothing$，与 $L\cap C'=\varnothing$ 相矛盾。）为简单起见，我们在 $\mathbf{R}^2$ 中确定平面 $P$。如果 $C'$ 是空集或零维的，则直线 $L$ 的存在性为显然的。如果 $\mathrm{aff}C'$ 为不包含 $\mathbf{0}$ 的直线，我们可选择 $L$ 为通过 $\mathbf{0}$ 点的平行线。如果 $\mathrm{aff}C'$ 为包含 $\mathbf{0}$ 的直线，则可以选择 $L$ 为通过 $\mathbf{0}$ 点的垂线。唯一剩余情况下，$C'$ 为二维的，因此为开的。集合 $K=\bigcup\{\lambda C'\mid\lambda>0\}$ 为包含 $C'$ 的最小的凸锥（推论 2.6.3）且为开的，因为是开集的并。它不包含 $\mathbf{0}$。因此 $K$ 为 $\mathbf{R}^2$ 中的一个对应角度不大于 $\pi$ 的开扇形。我们将 $L$ 选取为扇形的两个边界线之一的伸展。

**定理 11.3**　设 $C_1$ 和 $C_2$ 为 $\mathbf{R}^n$ 中两个非空凸集。存在分离 $C_1$ 和 $C_2$ 的正常超平面的充要条件是 $\mathrm{ri}C_1$ 和 $\mathrm{ri}C_2$ 没有公共点。

**证明**　考虑凸集 $C=C_1-C_2$。由推论 6.6.2 知道其相对内部为 $\mathrm{ri}C_1-\mathrm{ri}C_2$，所以，$\mathbf{0}\notin \mathrm{ri}C$ 当且仅当 $\mathrm{ri}C_1$ 和 $\mathrm{ri}C_2$ 没有公共点。现在，如果 $\mathbf{0}\notin \mathrm{ri}C$，则由前面的定理知道存在包含 $M=\{\mathbf{0}\}$ 的超平面使得 $\mathrm{ri}C$ 包含于一个相关的开半空间中；因为 $C\subset \mathrm{cl}(\mathrm{ri}C)$，这个开半空间的闭包包含 $C$。因此，如果 $\mathbf{0}\notin \mathrm{ri}C$，则存在向量 $\boldsymbol{b}$ 使

$$0\leqslant \inf_{\boldsymbol{x}\in C}\langle \boldsymbol{x},\boldsymbol{b}\rangle=\inf_{\boldsymbol{x}_1\in C_1}\langle \boldsymbol{x}_1,\boldsymbol{b}\rangle-\sup_{\boldsymbol{x}_2\in C_2}\langle \boldsymbol{x}_2,\boldsymbol{b}\rangle$$

$$0<\sup_{\boldsymbol{x}\in C}\langle \boldsymbol{x},\boldsymbol{b}\rangle=\sup_{\boldsymbol{x}_1\in C_1}\langle \boldsymbol{x}_1,\boldsymbol{b}\rangle-\inf_{\boldsymbol{x}_2\in C_2}\langle \boldsymbol{x}_2,\boldsymbol{b}\rangle$$

但是，按照定理 11.1，这意味着 $C_1$ 和 $C_2$ 能够被正常分离。这些条件反过来表明 $\mathbf{0}\notin \mathrm{ri}C$，因为它们断言存在包含 $C$ 的半空间 $D=\{\boldsymbol{x}\mid\langle \boldsymbol{x},\boldsymbol{b}\rangle\geqslant 0\}$，其内部 $\mathrm{ri}D=\{\boldsymbol{x}\mid\langle \boldsymbol{x},\boldsymbol{b}\rangle>0\}$ 与 $C$ 相交。在这种情况下 $\mathrm{ri}C\subset \mathrm{ri}D$（推论 6.5.2）。

正常分离允许一个集合（并非两个都）包含于分离超平面本身。这个规定在定理 11.3 中的必要性可由 $\mathbf{R}^2$ 中的两个集合

$$C_1=\{(\xi_1,\xi_2)\mid \xi_1>0,\xi_2\geqslant \xi_1^{-1}\}$$

$$C_2=\{(\xi_1,0)\mid \xi_1\geqslant 0\}$$

看到。这两个凸集不相交。唯一的分离超平面为包含整个 $C_2$ 的 $\xi_1$ 轴。

这个例子也说明并非每对不相交的闭凸集都能够强分离。

**定理 11.4**　设 $C_1$ 和 $C_2$ 为 $\mathbf{R}^n$ 中的非空凸集，则存在强分离 $C_1$ 和 $C_2$ 的超平面的充要条件是

$$\inf\{|\boldsymbol{x}_1-\boldsymbol{x}_2|\mid \boldsymbol{x}_1\in C_1,\boldsymbol{x}_2\in C_2\}>0$$

换句话说，即$\mathbf{0}\in \mathrm{cl}(C_1-C_2)$。

**证明**　如果 $C_1$ 和 $C_2$ 能够被强分离，则存在 $\varepsilon>0$ 使 $C_1+\varepsilon B$ 与 $C_2+\varepsilon B$ 不相交。另一方面，按照前面的定理，如果后者成立，则凸集 $C_1+\varepsilon B$ 与 $C_2+\varepsilon B$ 将能够被正常分离。对于 $\varepsilon'=\varepsilon/2$，因为 $\varepsilon B=\varepsilon' B+\varepsilon' B$，集合$(C_1+\varepsilon' B)+\varepsilon' B$ 与$(C_2+\varepsilon' B)+\varepsilon' B$ 则属于相反的闭半空间内，$C_1+\varepsilon' B$ 与 $C_2+\varepsilon' B$ 属于相反的开半空间。因此 $C_1$ 和 $C_2$ 能够被强分离的充要条件是存在 $\varepsilon>0$ 使原点不属于集合

$$(C_1+\varepsilon B)-(C_2+\varepsilon B)=C_1-C_2-2\varepsilon B$$

这个条件意即存在 $\varepsilon>0$ 使

$$2\varepsilon B\cap(C_1-C_2)=\varnothing$$

换句话说，就是$\mathbf{0}\notin \mathrm{cl}(C_1-C_2)$。

**推论 11.4.1**　设 $C_1$ 和 $C_2$ 为 $\mathbf{R}^n$ 中不含共同回收方向的非空、不相交闭凸集，则存在超平面强分离 $C_1$ 和 $C_2$。

**证明**　因为 $C_1$ 和 $C_2$ 不相交，所以，$\mathbf{0}\notin(C_1-C_2)$。但是，由推论 9.1.2，在回收条件下 $\mathrm{cl}(C_1-C_2)=C_1-C_2$。

**推论 11.4.2**　设 $C_1$ 和 $C_2$ 为 $\mathbf{R}^n$ 中非空凸集，它们的闭包不相交。如果两个集合都为有界的，则存在超平面强分离 $C_1$ 和 $C_2$。

**证明**　将第一个推论应用于 $\mathrm{cl}C_1$ 和 $\mathrm{cl}C_2$，其中一个集合根本就不存在回收

方向。

利用多面凸性优点的特殊的分离性结果将在推论 19.3.3、定理 20.2、推论 20.3.1 以及定理 22.6 中给出。

弱线性不等式系统$\langle \boldsymbol{x}, \boldsymbol{b}_i \rangle \leqslant \beta_i$，$i \in I$，的解 $\boldsymbol{x}$ 所构成的解集是闭凸集，这是因为它是闭半空间的交。我们将证明 $\mathbf{R}^n$ 中的每个闭凸集都能够表示成为这样的解集。



**定理 11.5**　闭凸集 $C$ 是包含它的所有闭半空间的交。

**证明**　假设$\varnothing \neq C \neq \mathbf{R}^n$，否则定理为平凡的。给定任意 $\boldsymbol{a} \notin C$，集合 $C_1 = \{\boldsymbol{a}\}$ 和 $C_2 = C$ 满足定理 11.4 中的条件。因此，存在超平面强分离$\{\boldsymbol{a}\}$和 $C$。与此超平面相应的一个闭半空间包含 $C$，但是，不包含 $\boldsymbol{a}$。因此，包含 $C$ 的闭半空间的交所含有的点没有 $C$ 以外的点。

**推论 11.5.1**　设 $S$ 为 $\mathbf{R}^n$ 中的子集，则 cl(conv$S$) 为所有包含 $S$ 的闭半空间的交。

**证明**　闭半空间包含 $C = \mathrm{cl}(\mathrm{conv}S)$ 当且仅当其包含 $S$。

**推论 11.5.2**　设 $C$ 为 $\mathbf{R}^n$ 中的凸子集，但非 $\mathbf{R}^n$ 本身，则存在包含 $C$ 的闭半空间。换句话说，存在 $\boldsymbol{b} \in \mathbf{R}^n$ 使得线性函数 $\langle \cdot, \boldsymbol{b} \rangle$ 在 $C$ 上为有上界的。

**证明**　由假设得到 $\mathrm{cl}C \neq \mathbf{R}^n$（因为，否则 $\mathbf{R}^n = \mathrm{ri}(\mathrm{cl}C) \subset C$）。由定理，点属于 cl$C$ 当且仅当它属于包含 cl$C$ 的每个闭半空间，所以包含 cl$C$ 的闭半空间的类不为空集。

定理 18.8 中将给出改进的定理 11.5。

相切的几何概念是分析中最重要的工具之一。经典曲线的切线和曲面的切平面借助微分来定义。凸分析中给出的方法有所不同。从几何上讲，一般切线借助分离来定义。这个概念因而被应用于建立推广的微分理论。

广义的相切用“支撑”超平面和半空间表示。设 $C$ 为 $\mathbf{R}^n$ 中的凸集，$C$ 的支撑半空间为包含 $C$ 并且在其边界上有 $C$ 中点的闭半空间。$C$ 的支撑超平面是关于 $C$ 的支撑半空间的边界的超平面。换句话说，关于 $C$ 的支撑超平面能够表示成形如

$$H = \{\boldsymbol{x} \mid \langle \boldsymbol{x}, \boldsymbol{b} \rangle = \beta\}, \boldsymbol{b} \neq \mathbf{0}$$

的超平面，其中对于每个 $\boldsymbol{x} \in C$ 有$\langle \boldsymbol{x}, \boldsymbol{b} \rangle \leqslant \beta$ 且至少存在一个 $\boldsymbol{x} \in C$ 使$\langle \boldsymbol{x}, \boldsymbol{b} \rangle = \beta$。因此，关于 $C$ 的支撑超平面总是与在 $C$ 上取到最大值的某个线性函数相关。正如早期所定义，通过给定点 $\boldsymbol{a} \in C$ 的支撑超平面一定对应于在 $\boldsymbol{a}$ 点垂直于 $C$ 的向量 $\boldsymbol{b}$。

如果 $C$ 不为 $n$ 维的，则 $\mathrm{aff}C \neq \mathbf{R}^n$，我们总可以将 aff$C$ 延拓为含有所有 $C$ 的超平面。这样的支撑超平面几乎没有意义，我们一般指关于 $C$ 的非平凡支撑超平面，即不含 $C$ 本身。

**定理 11.6**　设 $C$ 为凸集，并设 $D$ 为 $C$ 的非空凸子集（如单点集）。存在包含 $D$ 关于 $C$ 的非平凡支撑超平面的充要条件是 $D$ 与 ri$C$ 不相交。

**证明**　因为 $D \subset C$，所以，包含 $D$ 的关于 $C$ 的支撑超平面与分离 $D$ 和 $C$ 的超

平面相同。由定理 11.3 知道，这样的超平面存在当且仅当 ri$D$ 与 ri$C$ 不相交。这个条件等价于 $D$ 与 ri$C$ 不相交（推论 6.5.2）。

**推论 11.6.1**　凸集在每个边界点处存在法线。

**推论 11.6.2**　设 $C$ 为凸集，则 $\boldsymbol{x}\in C$ 为 $C$ 的相对边界点当且仅当存在线性函数 $h$，其在 $C$ 上非常数，并在 $\boldsymbol{x}$ 处取到最大值。

在凸锥的情况下，前面的结果能够得到完善。

**定理 11.7**　设 $C_1$ 和 $C_2$ 为 $\mathbf{R}^n$ 中的非空子集，至少其之一为锥。如果存在超平面正常分离 $C_1$ 和 $C_2$，则存在正常分离 $C_1$ 和 $C_2$ 且通过原点的超平面。

**证明**　比如说，假设 $C_2$ 为一个锥。如果 $C_1$ 和 $C_2$ 能够被正常分离，则存在一个向量 $\boldsymbol{b}$ 满足定理 11.1 中的前两个条件。令

$$\beta=\sup\{\langle \boldsymbol{x},\boldsymbol{b}\rangle \mid \boldsymbol{x}\in C_2\}$$

则正如定理 11.1 所证明的，集合

$$H=\{\boldsymbol{x}\mid \langle \boldsymbol{x},\boldsymbol{b}\rangle=\beta\}$$

为正常分离 $C_1$ 和 $C_2$ 的超平面。因为 $C_2$ 为锥，所以，

$$\lambda\langle \boldsymbol{x},\boldsymbol{b}\rangle=\langle \lambda\boldsymbol{x},\boldsymbol{b}\rangle\leqslant\beta<\infty,\ \forall\, \boldsymbol{x}\in C_2,\ \forall\,\lambda>0$$

这便说明对于 $C_2$ 中的每个 $\boldsymbol{x}$ 都有 $\beta\geqslant 0$ 及 $\langle \boldsymbol{x},\boldsymbol{b}\rangle\leqslant 0$。因此，$\beta=0$ 及 $0\in H$。

**推论 11.7.1**　$\mathbf{R}^n$ 中的非空闭凸锥是包含它的所有齐次闭半空间的交（齐次半空间指原点位于边界的空间）。

**证明**　用定理对定理 11.5 进行精细化即可。

**推论 11.7.2**　设 $S$ 为 $\mathbf{R}^n$ 中的子集，$K$ 为由 $S$ 所生成的凸锥的闭包，则 $K$ 为所有包含 $S$ 的齐次闭半空间的交。

**证明**　齐次闭半空间是特殊的含有原点的闭凸锥，这样的锥包含 $S$ 当且仅当它包含 $K$。应用前面的推论即可。

**推论 11.7.3**　设 $K$ 为 $\mathbf{R}^n$ 中的凸锥且不是 $\mathbf{R}^n$ 本身，则 $K$ 包含于 $\mathbf{R}^n$ 中某齐次闭半空间。换句话说，存在向量 $\boldsymbol{\beta}\neq\boldsymbol{0}$ 使对于每个 $\boldsymbol{x}\in K$ 有 $\langle \boldsymbol{x},\boldsymbol{b}\rangle\leqslant 0$。

**证明**　与推论 11.5.2 同样证明。

## 第 12 节　凸函数的共轭

对于经典曲线或锥形的曲面有作为点的轨迹或作为切线的包络的两种看法。这个基本的对偶性（duality）以稍有不同的形式被引入到了凸性理论中：$\mathbf{R}^n$ 中的闭凸集是包含其所有闭半空间的交（定理 11.5）。许多令人好奇的对偶对应都是作为这个事实的具体化而存在的，其中有凸函数的共轭性，凸锥或其他凸集类或函数的极值，以及凸集及其支撑函数之间的对应。这里所给出的有关共轭的基本理论在随后将被用于推导其他的对应性。

函数共轭的定义来源于这样的事实，即在 $\mathbf{R}^n$ 上所定义的闭正常凸函数的上镜

图总可以表示成为 $\mathbf{R}^{n+1}$ 包含它的闭半空间的交。首先是将这个几何结果翻译成为函数语言。

$\mathbf{R}^{n+1}$ 中的超平面能够用在 $\mathbf{R}^{n+1}$ 上定义的线性泛函来表示，这些泛函反过来可以表示成为

$$(\boldsymbol{x},\mu)\rightarrow\langle\boldsymbol{x},\boldsymbol{b}\rangle+\mu\beta_0,\ \boldsymbol{b}\in\mathbf{R}^n,\beta_0\in\mathbf{R}$$

的形式。因为表示成为数乘的非零线性泛函产生相同的超平面，我们仅需讨论 $\beta_0=0$ 或 $\beta_0=-1$ 的情况。$\beta_0=0$ 时超平面的形式为

$$\{(\boldsymbol{x},\mu)\mid\langle\boldsymbol{x},\boldsymbol{b}\rangle=\beta\},\ \boldsymbol{0}\neq\boldsymbol{b}\in\mathbf{R}^n,\beta\in\mathbf{R}$$

我们称这些为垂直的。$\beta_0=-1$ 时的超平面的形式为

$$\{(\boldsymbol{x},\mu)\mid\langle\boldsymbol{x},\boldsymbol{b}\rangle-\mu=\beta\},\boldsymbol{b}\in\mathbf{R}^n,\beta\in\mathbf{R}$$



这些为仿射函数 $h(\boldsymbol{x})=\langle\boldsymbol{x},\boldsymbol{b}\rangle-\beta$ 在 $\mathbf{R}^n$ 上的像。因此，$\mathbf{R}^{n+1}$ 中的每个闭半空间都为下列类型之一：

1. $\{(\boldsymbol{x},\mu)\mid\langle\boldsymbol{x},\boldsymbol{b}\rangle\leqslant\beta\}=\{(\boldsymbol{x},\mu)\mid h(\boldsymbol{x})\leqslant 0\},\boldsymbol{b}\neq\boldsymbol{0}$,
2. $\{(\boldsymbol{x},\mu)\mid\mu\geqslant\langle\boldsymbol{x},\boldsymbol{b}\rangle-\beta\}=\mathrm{epi}h$,
3. $\{(\boldsymbol{x},\mu)\mid\mu\leqslant\langle\boldsymbol{x},\boldsymbol{b}\rangle-\beta\}$。

我们将半空间分别称为垂直的、上方的和下方的。

**定理 12.1**　任何闭凸函数 $f$ 都可以表示成为所有满足 $h\leqslant f$ 的仿射函数 $h$ 所成函数类的点态上确界。

**证明**　选取正常的函数 $f$，否则定理将是平凡的（由关于非正常凸函数闭包运算的定义可以知道）。由于 $\mathrm{epi}f$ 为闭凸集，正如已经所指出的，$\mathrm{epi}f$ 为 $\mathbf{R}^{n+1}$ 中包含它的闭半空间的交。当然，下方半空间不可能包含类似于 $\mathrm{epi}f$ 的集合，仅仅垂直的和上方闭半空间才参与交集。涉及的半空间不能都为垂直的，因为这将意味着 $\mathrm{epi}f$ 将为 $\mathbf{R}^{n+1}$ 中垂线的并，与正常函数的假设矛盾了。包含 $\mathrm{epi}f$ 的上方闭半空间为满足 $h\leqslant f$ 的仿射函数 $h$ 的上镜图。它们的交为这样的函数 $h$ 的点态上确界的上镜图。因此，为证明定理，我们必须证明包含它的垂直、上方的闭半空间的交恒等于包含它的上方的闭半空间的交。假设

$$V=\{(\boldsymbol{x},\mu)\mid 0\geqslant\langle\boldsymbol{x},\boldsymbol{b}_1\rangle-\beta_1=h_1(\boldsymbol{x})\}$$

为包含 $\mathrm{epi}f$ 的垂直半空间，点 $(\boldsymbol{x}_0,\mu_0)$ 不属于 $V$。只要能证明存在仿射函数 $h$ 满足 $h\leqslant f$ 且 $\mu_0<h(\boldsymbol{x}_0)$ 即可。已知至少存在一个仿射函数 $h_2$ 使 $\mathrm{epi}h_2\supset\mathrm{epi}f$，即 $h_2\leqslant f$。对于每个 $\boldsymbol{x}\in\mathrm{dom}f$，我们有 $h_1(\boldsymbol{x})\leqslant 0$ 且 $h_2(\boldsymbol{x})\leqslant f(\boldsymbol{x})$，因此，

$$\lambda h_1(\boldsymbol{x})+h_2(\boldsymbol{x})\leqslant f(\boldsymbol{x}),\ \forall\lambda\geqslant 0$$

相同的不等式在 $\boldsymbol{x}\notin\mathrm{dom}f$ 时一定成立，因为此时 $f(\boldsymbol{x})=+\infty$。因此，如果我们固定 $\lambda\geqslant 0$ 而定义 $h$ 为

$$h(\boldsymbol{x})=\lambda h_1(\boldsymbol{x})+h_2(\boldsymbol{x})=\langle\boldsymbol{x},\lambda\boldsymbol{b}_1+\boldsymbol{b}_2\rangle-(\lambda\beta_1+\beta_2)$$

则将有 $h\leqslant f$。因为 $h_1(\boldsymbol{x}_0)>0$，正如所期望的，可以选择足够大的 $\lambda$ 使得 $h(\boldsymbol{x}_0)>\mu_0$。

**推论 12.1.1**　如果 $f$ 为映 $\mathbf{R}^n$ 到 $(-\infty,\infty)$ 的函数，则 $\mathrm{cl}(\mathrm{conv}f)$ 为所有在 $\mathbf{R}^n$ 上定义且被 $f$ 所控制的仿射函数集合的点态上确界。

**证明**　因为 $\mathrm{cl}(\mathrm{conv}f)$ 为能被 $f$ 所控制的最大的闭凸函数，所以满足 $h\leqslant \mathrm{cl}(\mathrm{conv}f)$ 的仿射函数与那些满足 $h\leqslant f$ 的仿射函数集合相同。

**推论 12.1.2**　对于在 $\mathbf{R}^n$ 上定义的任何正常凸函数 $f$，一定存在 $\boldsymbol{b}\in\mathbf{R}^n$ 和 $\beta\in\mathbf{R}$ 使对于每个 $\boldsymbol{x}$ 都有 $f(\boldsymbol{x})\geqslant\langle\boldsymbol{x},\boldsymbol{b}\rangle-\beta$。

注意，定理 12.1 包括了凸集情形下所相应的定理，即定理 11.5 是一种特殊情况。事实上，如果 $f$ 为凸集 $C$ 的指示函数且 $h(\boldsymbol{x})=\langle\boldsymbol{x},\boldsymbol{b}\rangle-\beta$，则 $h\leqslant f$ 当且仅当对于每个 $\boldsymbol{x}\in C$ 有 $h(\boldsymbol{x})\leqslant 0$，即当且仅当 $C\subset\{\boldsymbol{x}\mid\langle\boldsymbol{x},\boldsymbol{b}\rangle\leqslant\beta\}$。

设 $f$ 为定义在 $\mathbf{R}^n$ 上的闭凸函数。由定理 12.1 中描述 $f$ 的对偶方法：为我们能够刻画 $\mathbf{R}^{n+1}$ 中所有使得仿射函数 $h(\boldsymbol{x})=\langle\boldsymbol{x},\boldsymbol{x}^*\rangle-\mu^*$ 能够被 $f$ 所控制的点对 $(\boldsymbol{x}^*,\mu^*)$ 所成的集合 $F^*$。对于每个 $\boldsymbol{x}$ 成立 $h(\boldsymbol{x})\leqslant f(\boldsymbol{x})$ 当且仅当

$$\mu^*\geqslant\sup\{\langle\boldsymbol{x},\boldsymbol{x}^*\rangle-f(\boldsymbol{x})\mid\boldsymbol{x}\in\mathbf{R}^n\}$$

因此，$F^*$ 确实为定义在 $\mathbf{R}^n$ 上的函数

$$f^*(\boldsymbol{x}^*)=\sup_{\boldsymbol{x}}\{\langle\boldsymbol{x},\boldsymbol{x}^*\rangle-f(\boldsymbol{x})\}=-\inf_{\boldsymbol{x}}\{f(\boldsymbol{x})-\langle\boldsymbol{x},\boldsymbol{x}^*\rangle\}$$

的上镜图。这个函数称为 $f$ 的共轭。它确实是仿射函数 $g(\boldsymbol{x}^*)=\langle\boldsymbol{x},\boldsymbol{x}^*\rangle-\mu$ 当 $(\boldsymbol{x},\mu)$ 属于集合 $F=\mathrm{epi}f$ 时的点态上确界。因此，$f^*$ 为另外的凸函数，事实上，还为闭凸函数。因为 $f(\boldsymbol{x})$ 为仿射函数 $h(\boldsymbol{x})=\langle\boldsymbol{x},\boldsymbol{x}^*\rangle-\mu^*$ 在 $\langle\boldsymbol{x}^*,\mu^*\rangle\in F^*=\mathrm{epi}F^*$ 时的点态上确界，所以，

$$f(x)=\sup_{\boldsymbol{x}^*}\{\langle\boldsymbol{x},\boldsymbol{x}^*\rangle-f^*(\boldsymbol{x}^*)\}=-\inf_{\boldsymbol{x}^*}\{f^*(\boldsymbol{x}^*)-\langle\boldsymbol{x},\boldsymbol{x}^*\rangle\}$$

但这也说明 $f^*$ 的共轭 $f^{**}$ 为 $f$。

常函数 $+\infty$ 与 $-\infty$ 显然相互共轭。因为是唯一的非正常闭凸函数，其余它的共轭对一定是正常的。

映 $\mathbf{R}^n$ 到 $[-\infty,+\infty]$ 的函数 $f$ 的共轭 $f^*$ 能够用上述公式来定义。因为 $f^*$ 简单地刻画了由 $f$ 所控制的仿射函数，$f^*$ 与 $\mathrm{cl}(\mathrm{conv}f)$ 的共轭相同（推论 12.1.1）。

主要结果概括如下：

**定理 12.2**　设 $f$ 为凸函数，则共轭函数 $f^*$ 为闭凸函数，它为正常函数当且仅当 $f$ 为正常的。进一步地，有 $(\mathrm{cl}f)^*=f^*$ 且 $f^{**}=\mathrm{cl}f$。

**推论 12.2.1**　共轭运算 $f\to f^*$ 为定义在在 $\mathbf{R}^n$ 上有定义的所有闭正常凸函数类上的一一对应。

**推论 12.2.2**　对于定义在 $\mathbf{R}^n$ 上的任意凸函数 $f$ 有

$$f^*(\boldsymbol{x}^*)=\sup\{\langle\boldsymbol{x},\boldsymbol{x}^*\rangle-f(x)\mid\boldsymbol{x}\in\mathrm{ri}(\mathrm{dom}f)\}$$

**证明**　设 $g$ 为在 $\mathrm{ri}(\mathrm{dom}f)$ 与 $f$ 相同而在其他点处为 $+\infty$ 的函数，取上确界 $g^*(\boldsymbol{x}^*)$，我们有 $\mathrm{cl}g=\mathrm{cl}f$（推论 7.3.4），因此由定理有 $f^*=g^*$。

共轭有显然的反向不等式：由 $f_1\leqslant f_2$ 得到 $f_1^*\geqslant f_2^*$。

共轭理论能够被看作形如

$$\langle \boldsymbol{x},\boldsymbol{y}\rangle \leqslant f(\boldsymbol{x})+f(\boldsymbol{y}),\ \forall \boldsymbol{x},\forall \boldsymbol{y}$$

的“最好”不等式理论，其中 $f$ 和 $g$ 为映 $\mathbf{R}^n$ 到 $(-\infty,+\infty]$ 的函数。令 $W$ 表示所有使上述不等式成立的函数对 $(f,g)$。$W$ 中的“最好”对 $(f,g)$ 使不等式不能够被加强，即如果存在$(f',g')\in W, f'\leqslant f$，且 $g'\leqslant g$，则 $f'=f$ 且 $g'=g$。显然，$(f,g)\in W$ 当且仅当

$$g(\boldsymbol{y})\geqslant \sup_{\boldsymbol{x}}\{\langle \boldsymbol{x},\boldsymbol{y}\rangle - f(\boldsymbol{x})\}=f^*(y),\ \forall y$$

或等价的

$$f(x)\geqslant \sup_{\boldsymbol{y}}\{\langle \boldsymbol{x},\boldsymbol{y}\rangle - g(\boldsymbol{y})\}=g^*(\boldsymbol{x}),\ \forall \boldsymbol{x}$$

因此，$W$ 中的“最好”对一定满足 $g=f^*$ 及 $f=g^*$。因此，“最好”不等式对应于相互共轭的闭正常凸函数。



应特别记住，对于任何正常凸函数 $f$ 以及它的共轭函数 $f^*$，不等式

$$\langle \boldsymbol{x},\boldsymbol{x}^*\rangle \leqslant f(\boldsymbol{x})+f^*(\boldsymbol{x}^*),\ \forall \boldsymbol{x},\forall \boldsymbol{x}^*$$

始终成立。我们称之为 Fenchel 不等式。使 Fenchel 不等式成立的点对 $(\boldsymbol{x},\boldsymbol{x}^*)$ 作为方程产生，我们称之为 $f$ 的次微分的多值映射$\partial f$ 的像；见定理 23.5。这个映射的许多性质将在第 23 节、第 24 节以及第 25 节中得到刻画。

共轭运算 $f\rightarrow f^*$ 与有关可微凸函数经典的 Legendre 变换有关系，这些将在第 26 节中进行详细讨论。

下面给出共轭函数的例子。

作为开头，考虑闭正常凸函数 $f(x)=\mathrm{e}^x$，$x\in\mathbf{R}$。由定义有

$$f^*(x^*)=\sup_x\{xx^*-\mathrm{e}^x\},\ \forall x^*\in\mathbf{R}$$

如果 $x^*<0$，能够通过选取负 $x$ 使得 $xx^*-\mathrm{e}^x$ 任意大，所以上确界为$+\infty$。

如果 $x^*>0$，可以用初等微积分来确定上确界，结果为 $x^*\log x^*-x^*$。

如果 $x^*=0$，上确界显然为 0。因此，此指数函数的共轭函数为

$$f^*(x^*)=\begin{cases} x^*\log x^*-x^*, & x^*>0 \\ 0, & x^*=0 \\ +\infty, & x^*<0 \end{cases}$$

注意到 $f^*$ 在 $x^*=0$ 处的值可以作为 $x^*\downarrow 0$ 时 $x^*\log x^*-x^*$ 的极限（推论 7.5.1）。这个 $f^*$ 的共轭反过来由

$$\sup_{x^*}\{xx^*-f^*(x^*)\}=\sup\{xx^*-x^*\log x^*+x^*\mid x^*>0\}$$

所给出，由微积分知道，这个上确界为 $\mathrm{e}^x$。当然，使用微积分是多余的，因为由推论 12.2.1 可以知道 $f^{**}=f$。

由这个例子可以看到几乎处处有限的函数不一定有几乎处处有限的共轭函数。凸函数的共轭函数有效域的性质将与第 13 节中函数 $f$ 的性质相联系。

这里给出一些定义在 $\mathbf{R}$ 上的闭正常凸函数的共轭对（其中 $1/p+1/q=1$）：

1. $f(x)=(1/p)|x|^p, 1<p<+\infty$

$f^*(x^*)=(1/q)|x^*|^q, 1<q<+\infty$

2. $f(x)=\begin{cases}-(1/p)|x|^p, & \text{如果 } x\geqslant 0, 0<p<1\\ +\infty, & \text{如果 } x<0\end{cases}$

$f^*(x^*)=\begin{cases}-(1/q)|x^*|^q, & \text{如果 } x^*<0, -\infty<q<0\\ +\infty, & \text{如果 } x^*\geqslant 0\end{cases}$

3. $f(x)=\begin{cases}-(a^2-x^2)^{1/2}, & \text{如果} |x|\leqslant a, a\geqslant 0\\ +\infty, & \text{如果} |x|>a\end{cases}$

$f^*(x^*)=a\ (1+x^{*2})^{1/2}$

4. $f(x)=\begin{cases}-\dfrac{1}{2}-\log x, & \text{如果 } x>0\\ +\infty, & \text{如果 } x\leqslant 0\end{cases}$

$f^*(x^*)=\begin{cases}-\dfrac{1}{2}-\log(-x^*), & x^*<0\\ +\infty, & x^*\geqslant 0\end{cases}$



在最后的例子中，我们有 $f^*(x^*)=f(-x^*)$。确实有许多满足此不等式的凸函数。等式 $f^*=f$ 要严格得多，然而它在 $\mathbf{R}^n$ 中有唯一解 $f=w$，其中

$$w(x)=(1/2)\langle x,x\rangle.$$

事实上，由直接计算得到 $w^*=w$。另外，如果 $f$ 为满足 $f^*=f$ 的凸函数，则 $f$ 为正常的，且由 Fenchel 不等式得到

$$\langle x,x\rangle\leqslant f(x)+f^*(x)=2f(x)$$

因此 $f\geqslant w$。由这个不等式得到 $f^*\leqslant w^*$。因为 $f^*=f$ 且 $w^*=w$，所以一定有 $f=w$。

作为共轭函数的不同例子，考虑当 $f$ 为 $\mathbf{R}^n$ 中子空间 $L$ 的指示函数的情况，此时

$$f^*(x^*)=\sup_x\{\langle x,x^*\rangle-\delta(x|L)\}=\sup\{\langle x,x^*\rangle|x\in L\}$$

如果对每个 $x\in L$ 有 $\langle x,x^*\rangle=0$，则后者的上确界为 0，而在另外的情况下为 $+\infty$。因此，$f^*$ 为正交补子空间 $L^\perp$ 的指示函数。关系 $f^{**}=f$ 对应于 $L^{\perp\perp}=L$。在这个意义下，子空间的正交对应能够被看作凸函数共轭对应的特殊情况。这一事实将在第 14 节的开头得到拓广。

我们能够将关于子空间的正交对应稍加推广，使得其基本元素不为子空间，而是在其上能够定义某种仿射函数（也许恒等于 0）的非空的仿射子集。当然，这样的元素能够借助使 $\operatorname{dom} f$ 为仿射集，$f$ 为 $\operatorname{dom} f$ 上的仿射的部分仿射函数来确定。意想不到的是部分仿射函数的共轭为另外一个部分仿射函数。因为部分仿射函数一定为闭的（推论 7.4.2），它为其共轭的共轭。因此，部分仿射函数，如子空间，总是成对出现。容易获得这种对偶性的公式。仿射函数能够（不唯一）表示成为

$$f(x)=\delta(\boldsymbol{x}|L+\boldsymbol{a})+\langle \boldsymbol{x},\boldsymbol{a}^*\rangle+\alpha$$

的形式，其中 $L$ 为子空间，$\boldsymbol{a}$ 和 $\boldsymbol{a}^*$ 为向量，$\alpha$ 为实数。共轭部分仿射函数，因此为

$$f^*(\boldsymbol{x}^*)=\delta(\boldsymbol{x}^*\,|\,L^{\perp}+\boldsymbol{a}^*)+\langle \boldsymbol{x}^*,\boldsymbol{a}\rangle+\alpha^*$$

其中 $\alpha^*=-\alpha-\langle \boldsymbol{a},\boldsymbol{a}^*\rangle$。这个结果可以通过应用下面的定理于函数 $h=\delta(\cdot\,|\,L)$，$A=I$ 而得到。

**定理 12.3**　设 $h$ 为定义在 $\mathbf{R}^n$ 上的凸函数，并且

$$f(\boldsymbol{x})=h(A(\boldsymbol{x}-\boldsymbol{a}))+\langle \boldsymbol{x},\boldsymbol{a}^*\rangle+\alpha$$

其中 $A$ 为映 $\mathbf{R}^n$ 到 $\mathbf{R}^n$ 的一一对应的线性变换，$\boldsymbol{a}$ 和 $\boldsymbol{a}^*$ 为 $\mathbf{R}^n$ 中的向量且 $\alpha\in\mathbf{R}$，则

$$f^*(\boldsymbol{x}^*)=h^*(A^{*-1}(\boldsymbol{x}^*-\boldsymbol{a}^*))+\langle \boldsymbol{x}^*,\boldsymbol{a}\rangle+\alpha^*$$

其中 $A^*$ 为 $A$ 的伴随且 $\alpha^*=-\alpha-\langle \boldsymbol{a},\boldsymbol{a}^*\rangle$。

**证明**　做替换 $\boldsymbol{y}=A(\boldsymbol{x}-\boldsymbol{a})$，则可如下计算 $f^*$：

$$\begin{aligned}f^*(\boldsymbol{x}^*)&=\sup_{\boldsymbol{x}}\{\langle \boldsymbol{x},\boldsymbol{x}^*\rangle-h(A(\boldsymbol{x}-\boldsymbol{a}))-\langle \boldsymbol{x},\boldsymbol{a}^*\rangle-\alpha\}\\&=\sup_{\boldsymbol{y}}\{\langle A^{-1}\boldsymbol{y}+\boldsymbol{a},\boldsymbol{x}^*\rangle-h(\boldsymbol{y})-\langle A^{-1}\boldsymbol{y}+\boldsymbol{a},\boldsymbol{a}^*\rangle-\alpha\}\\&=\sup_{\boldsymbol{y}}\{\langle A^{-1}\boldsymbol{y},\boldsymbol{x}^*-\boldsymbol{a}^*\rangle-h(\boldsymbol{y})\}+\langle \boldsymbol{a},\boldsymbol{x}^*-\boldsymbol{a}^*\rangle-\alpha\\&=\sup_{\boldsymbol{y}}\{\langle \boldsymbol{y},A^{*-1}(\boldsymbol{x}^*-\boldsymbol{a}^*)\rangle-h(\boldsymbol{y})\}+\langle \boldsymbol{x}^*,\boldsymbol{a}\rangle+\alpha^*.\end{aligned}$$

由定义，最后式子中的上确界为 $h^*(A^{*-1}(\boldsymbol{x}^*-\boldsymbol{a}^*))$。

部分仿射函数的共轭对应能够借助仿射集的 Tucker 表示式来表示。设 $f$ 为定义在 $\mathbf{R}^N$，$0<n<N$，上的 $n$ 维部分仿射函数。$\mathrm{dom} f$（如第 1 节的最后所刻画的那样）的每一种 Tucker 表达式都将给出形如

$$f(x)=\begin{cases}\alpha_{01}\xi_{\bar 1}+\cdots+\alpha_{0n}\xi_{\bar n}-\alpha_{00}, & \text{如果 } \xi_{\overline{n+i}}=\alpha_{i1}\xi_{\bar 1}+\cdots+\alpha_{in}\xi_{\bar n}-\alpha_{i0},\ i=1,\cdots,m\\+\infty, & \text{其他情形}\end{cases}$$

的 $f$ 的一种表示，这里 $\xi_j$ 为 $\boldsymbol{x}$ 的第 $j$ 个分量，$m=N-n$，且 $\bar{1}$，…，$\bar{N}$ 为下标 1，…，$N$ 的某些允许值。（一旦那些允许值确定，系数 $\alpha_{ij}$ 便唯一确定）。如果我们能够使函数 $f$ 具有这样的表达式，则立刻便可以写出 $f^*$ 的相应表达式，

$$f^*(x^*)=\begin{cases}\beta_{01}\xi^*_{\overline{n+1}}+\cdots+\beta_{0m}\xi^*_{\overline{n+m}}-\beta_{00}, & \text{如果 } \xi^*_{\bar j}=\beta_{j1}\xi^*_{\overline{n+1}}+\cdots+\beta_{jm}\xi^*_{\overline{n+m}}-\beta_{j0},\ i=1,\cdots,n\\+\infty & \text{其他}\end{cases}$$

其中对于 $i=0,1,\cdots,m$ 以及 $j=0,1,\cdots,n$ 有 $\beta_{ji}=-\alpha_{ij}$。这些可通过对 $f$ 的直接计算而得到。

设 $\boldsymbol{Q}$ 为 $n\times n$ 对称正半定矩阵，一旦知道了形如

$$h(\boldsymbol{x})=(1/2)\langle \boldsymbol{x},\boldsymbol{Q}\boldsymbol{x}\rangle$$

的函数的共轭函数，定义在 $\mathbf{R}^n$ 上的所有二次凸函数的共轭都能够通过定理 12.3 中的公式得到（取 $\boldsymbol{A}=\boldsymbol{I}$）。如果 $\boldsymbol{Q}$ 为非奇异的，则可以通过微积分证明 $\langle \boldsymbol{x},\boldsymbol{x}^*\rangle=h(\boldsymbol{x})$ 关于 $\boldsymbol{x}$ 的上确界在唯一点 $\boldsymbol{x}=\boldsymbol{Q}^{-1}\boldsymbol{x}^*$ 处获得，因此，

$$h^*(\boldsymbol{x}^*)=(1/2)\langle \boldsymbol{x}^*,\boldsymbol{Q}^{-1}\boldsymbol{x}^*\rangle$$

如果 $\boldsymbol{Q}$ 为奇异的，则 $\boldsymbol{Q}^{-1}$ 不存在，但是，唯一存在对称正半定 $n\times n$ 矩阵 $\boldsymbol{Q}'$（容

易通过 $\boldsymbol{Q}$ 计算得到）使

$$\boldsymbol{Q}\boldsymbol{Q}'=\boldsymbol{Q}'\boldsymbol{Q}=\boldsymbol{P},$$

其中 $\boldsymbol{P}$ 为线性变换矩阵，其将 $\mathbf{R}^n$ 投影到子空间$\{\boldsymbol{x}\mid\boldsymbol{Q}\boldsymbol{x}=\boldsymbol{0}\}$的正交补 $L$。对于这个 $\boldsymbol{Q}'$有

$$h^*(\boldsymbol{x}^*)=\begin{cases}(1/2)\langle\boldsymbol{x}^*,\boldsymbol{Q}'\boldsymbol{x}^*\rangle, & \text{如果 } \boldsymbol{x}^*\in L\\ +\infty, & \text{如果 } \boldsymbol{x}^*\notin L\end{cases}$$

这种验证在线性代数里仅是一个练习。

正常凸函数 $f$ 如果能够表示成为

$$f(\boldsymbol{x})=q(\boldsymbol{x})+\delta(\boldsymbol{x}\mid M)$$

的形式，则称其为部分二次凸函数，其中 $q$ 为定义在 $\mathbf{R}^n$ 上的有限二次凸函数，$M$ 为 $\mathbf{R}^n$ 中的仿射集。例如，公式

$$h(\boldsymbol{z})=(1/2)(\lambda_1\zeta_1^2+\cdots+\lambda_n\zeta_n),0\leqslant\lambda_j\leqslant+\infty$$



定义一个部分二次凸函数且

$$\operatorname{dom}h(\boldsymbol{z})=\{\boldsymbol{z}=(\zeta_1,\cdots,\zeta_n)\mid\zeta_j=0,\forall j,\text{当 }\lambda_j=+\infty\text{时}\}$$

这样的函数 $h$ 被称为初等部分二次凸函数。$h$ 的共轭为另外一个相同类型的函数，经过简单计算有

$$h^*(\boldsymbol{z}^*)=(1/2)(\lambda_1^*\zeta_1^{*2}+\cdots+\lambda_n^*\zeta_n^{*2}),0\leqslant\lambda_j^*\leqslant+\infty$$

其中 $\lambda_j^*=1/\lambda$（规定 $1/\infty$为 0，而 $1/0$ 为$+\infty$）。一般地，$f$ 为定义在 $\mathbf{R}^n$ 上的局部二次凸函数当且仅当 $f$ 具有形式

$$f(\boldsymbol{x})=h(A(\boldsymbol{x}-\boldsymbol{a}))+\langle\boldsymbol{x},\boldsymbol{a}^*\rangle+\alpha$$

其中 $h$ 为定义在 $\mathbf{R}^n$ 上的初等部分二次凸函数，$A$ 为映 $\mathbf{R}^n$ 到其内的一一对应线性变换，$\boldsymbol{a}$ 和 $\boldsymbol{a}^*$ 为 $\mathbf{R}^n$ 中的向量，而 $\alpha$ 为实数。给定 $f$ 这样的一个表达式，由定理 12.3 可以得到 $f^*$ 的类似表示。由此得到局部二次凸函数的共轭函数是局部二次凸函数。

设 $f$ 为闭正常凸函数，因此 $f^{**}=f$。由定义

$$\inf_{\boldsymbol{x}}f(\boldsymbol{x})=-\sup_{\boldsymbol{x}}\{\langle\boldsymbol{x},0\rangle-f(\boldsymbol{x})\}=-f^*(\boldsymbol{0})$$

以及对偶

$$\inf_{\boldsymbol{x}^*}f^*(\boldsymbol{x}^*)=-f^{**}(\boldsymbol{0})=-f(\boldsymbol{0})$$

因此

$$\inf_{\boldsymbol{x}}f(\boldsymbol{x})=0=f(\boldsymbol{0})$$

成立当且仅当

$$\inf_{\boldsymbol{x}^*}f^*(\boldsymbol{x}^*)=0=f^*(\boldsymbol{0})$$

换句话说，共轭对应保持在原点为零的非负闭凸函数所成的函数类。

闭凸函数 $f$ 为对称，即满足

$$f(-\boldsymbol{x})=f(\boldsymbol{x}),\forall\boldsymbol{x}$$

当且仅当它的共轭为对称的。这个事实经简单验证就可以得到，但是，它也是由定

理 12.3 所得到的一个更一般对称结果的特殊情况。设 $G$ 为映 $\mathbf{R}^n$ 到其内的正交线性变换的集合，如果

$$f(A\boldsymbol{x})=f(\boldsymbol{x}),\ \forall\, \boldsymbol{x},\ \forall\, A\in G$$

则称 $f$ 关于 $G$ 对称。通常的对称由单个变换 $A:\boldsymbol{x}\to-\boldsymbol{x}$ 所构成的 $G$ 的情形。

**推论 12.3.1**　闭凸函数 $f$ 关于正交线性变换集合 $G$ 对称当且仅当 $f^*$ 关于 $G$ 对称。

**证明**　将定理 12.3 特殊到 $h=f$，$a=0=a^*$，$\alpha=0$ 的情形，我们看到 $fA=f$ 蕴含 $f^*A^{*-1}=f^*$。由定义，当 $A$ 正交时 $A^{*-1}=A$。因此，如果对于每个 $A\in G$ 有 $fA=f$，则对于每个 $A\in G$ 有 $f^*A=f^*$。当 $f$ 闭时，相反的结果也成立，因为 $f^{**}=f$。



当然，在 $\mathbf{R}^n$ 上定义并关于 $\mathbf{R}^n$ 中所有正交变换对称的函数具有形式

$$f(\boldsymbol{x})=g(|\boldsymbol{x}|)$$

其中 $|\cdot|$ 为欧氏范数，$g$ 为定义在 $[0,+\infty)$ 上的函数。这样的函数 $f$ 为闭正常凸函数，当且仅当 $g$ 为非减的下半连续凸函数且 $g(0)$ 有限（定理 5.1、定理 7.1）。对于后一种情形，共轭函数具有相同类型，即

$$f^*(\boldsymbol{x}^*)=g^+(|\boldsymbol{x}^*|),$$

其中 $g^+$ 为定义在 $[0,+\infty)$ 上的下半连续的凸函数并且 $g(0)$ 有限。事实上，有

$$\begin{aligned}f^*(\boldsymbol{x}^*)&=\sup_{\boldsymbol{x}}\{\langle\boldsymbol{x},\boldsymbol{x}^*\rangle-f(\boldsymbol{x})\}\\&=\sup_{\zeta\geqslant0}\sup_{|\boldsymbol{x}|=\zeta}\{\langle\boldsymbol{x},\boldsymbol{x}^*\rangle-g(\zeta)\}\\&=\sup_{\zeta\geqslant0}\{\zeta|\boldsymbol{x}^*|-g(\zeta)\},\end{aligned}$$

因此 $g^+$ 由公式

$$g^+(\zeta^*)=\sup\{\zeta\zeta^*-g^+(\zeta)\mid\zeta\geqslant0\}$$

得到。我们称 $g^+$ 为 $g$ 的单调共轭。因为 $f^{**}=f$，所以 $g^{++}=g$，即

$$g(\zeta)=\sup\{\zeta\zeta^*-g^+(\zeta^*)\mid\zeta^*\geqslant0\}$$

因此，单调共轭定义了一种定义在 $[0,+\infty)$ 上定义并在 0 点有限的所有非减下半连续凸函数类上的对称的一一对应。

在前一段落中，欧氏范数能够被在定理 15.3 中所描述的闭的规度函数所代替。

单调共轭能够被推广到 $n$ 维的情形。考虑在 $\mathbf{R}^n$ 上定义并且关于每个分量对称的函数 $f$，即其关于 $G=\{A_1,\cdots,A_n\}$ 对称，其中 $A_j$ 为使得 $\mathbf{R}^n$ 中第 $j$ 个分量变号的（正交）线性变换。显然，$f$ 属于此类函数，当且仅当

$$f(\boldsymbol{x})=g(\mathrm{abs}\boldsymbol{x}),$$

其中 $g$ 为定义在 $\mathbf{R}^n$ 中的非负象限的函数且

$$\mathrm{abs}(\xi_1,\cdots,\xi_n)=(|\xi_1|,\cdots,|\xi_n|).$$

为了 $f$ 为闭正常凸函数，当且仅当 $g$ 为下半连续、凸的、在原点有限且为非减的

(当 $\mathbf{0}\leqslant \boldsymbol{x}\leqslant \boldsymbol{x}'$，即对于 $j=1,\cdots,n$ 当 $0\leqslant \xi_j\leqslant \xi_j'$ 时有 $g(\boldsymbol{x})\leqslant g(\boldsymbol{x}')$)。在这种情况下，由推论 12.3.1 有

$$f^*(\boldsymbol{x}^*)=g^+(\mathrm{abs}\boldsymbol{x}^*)$$

其中 $g^+$ 为在 $\mathbf{R}^n$ 的非负象限上定义，且 $g^+(0)$ 有限的某种另外的非减下半连续的凸函数。易证

$$g^+(\boldsymbol{z}^*)=\sup\{\langle \boldsymbol{z},\boldsymbol{z}^*\rangle-g(\boldsymbol{z})\mid \boldsymbol{z}\geqslant\mathbf{0}\},\forall \boldsymbol{z}^*\geqslant\mathbf{0}$$

考虑到这个公式，$g^+$ 称为 $g$ 的单调共轭。我们有下列结果。

**定理 12.4**　设 $f$ 为在 $\mathbf{R}^n$ 中的非负象限上定义且满足 $g^+(\mathbf{0})$ 为有限值的非减下半连续的凸函数，则 $g$ 的单调共轭 $g^+$ 为另外一个此类函数且 $g^+$ 的单调共轭反过来为 $g$。

能够证明，公式

$$g^-(\boldsymbol{z}^*)=\inf\{\langle \boldsymbol{z},\boldsymbol{z}^*\rangle-g(\boldsymbol{z})\mid \boldsymbol{z}\geqslant\mathbf{0}\},g(\boldsymbol{z})=\inf\{\langle \boldsymbol{z},\boldsymbol{z}^*\rangle-g^-(\boldsymbol{z}^*)\mid \boldsymbol{z}^*\geqslant\mathbf{0}\}$$



确定了关于在 $\mathbf{R}^n$ 中的非负象限上定义的、取值于 $[-\infty,+\infty)$ 且不恒等于 $-\infty$ 的非减上半连续的凹函数类上的一一对称对应。(证明可以通过将这个类中的每个 $g$ 与闭正常凸函数 $f$ 相一致，其在非负象限上与 $-g$ 一致并且在别处的值为 $+\infty$；$f$ 的性质与 $f^*$ 的性质对偶，恰好 $f^*$ 能够以某种办法用 $g^-$ 表示出来。) 这个对应称为有关凹函数的单调共轭。

凹函数的一般共轭对应与凸函数紧密相关，将在随后的三节，特别地，在第 16 节中给出。

# 第 13 节　支撑函数

研究极值问题通常需要求在 $\mathbf{R}^n$ 中的凸集 $C$ 上定义的线性函数 $\langle\cdot,\boldsymbol{x}^*\rangle$ 的最大值。此问题的一个成熟的方法是研究当 $\boldsymbol{x}^*$ 变化时会有什么结果。这便要求人们考虑能够将上确界表示成为依赖于 $\boldsymbol{x}^*$ 的函数，如 $C$ 的支撑函数 $\delta^*(\cdot\mid C)$：

$$\delta^*(x^*\mid C)=\sup\{\langle \boldsymbol{x},\boldsymbol{x}^*\rangle\mid \boldsymbol{x}\in C\}$$

支撑函数 $\delta^*$ 概念的适应性下面就会清楚。

线性函数在 $C$ 上的最小化问题也能够借助 $\delta^*(\cdot\mid C)$ 来研究，因为

$$\inf\{\langle \boldsymbol{x},\boldsymbol{x}^*\rangle\mid \boldsymbol{x}\in C\}=-\delta^*(-\boldsymbol{x}^*\mid C)$$

$C$ 的支撑函数刻画了所有包含 $C$ 的闭半空间。不等式

$$C\subset\{\boldsymbol{x}\mid\langle \boldsymbol{x},\boldsymbol{x}^*\rangle\leqslant\beta\}$$

成立当且仅当

$$\beta\geqslant\delta^*(\boldsymbol{x}^*\mid C)$$

$\delta^*(\cdot\mid C)$ 的有效域为 $C$ 的障碍锥。显然，对于每个凸集 $C$ 有

$$\delta^*(\boldsymbol{x}^*\mid C)=\delta^*(\boldsymbol{x}^*\mid \mathrm{cl}C)=\delta^*(\boldsymbol{x}^*\mid \mathrm{ri}C),\forall \boldsymbol{x}^*$$

分离理论导致下列结果。

**定理 13.1**　设 $C$ 为凸集，则 $\boldsymbol{x}\in \mathrm{cl}C$ 当且仅当对于每个向量 $\boldsymbol{x}^*$ 均有

$$\langle \boldsymbol{x},\boldsymbol{x}^*\rangle\leqslant\delta^*(\boldsymbol{x}^*|C)$$

另一方面，$\boldsymbol{x}\in \mathrm{ri}C$ 当且仅当相同条件成立，但是，当 $\boldsymbol{x}^*$ 满足 $-\delta^*(-\boldsymbol{x}^*|C)\neq\delta^*(\boldsymbol{x}^*|C)$ 时严格不等式成立。$\boldsymbol{x}\in\mathrm{int}C$ 当且仅当对于每个 $\boldsymbol{x}^*\neq\boldsymbol{0}$ 有

$$\langle \boldsymbol{x},\boldsymbol{x}^*\rangle<\delta^*(\boldsymbol{x}^*|C)$$

最后，假设 $C\neq\varnothing$，则 $\boldsymbol{x}\in\mathrm{aff}C$ 当且仅当对于每个满足 $-\delta^*(-\boldsymbol{x}^*|C)=\delta^*(\boldsymbol{x}^*|C)$ 的 $\boldsymbol{x}^*$ 有

$$\langle \boldsymbol{x},\boldsymbol{x}^*\rangle=\delta^*(\boldsymbol{x}^*|C)$$

**证明**　$\mathrm{cl}C$ 与 $\mathrm{ri}C$ 的特征分别由推论 11.5.1 和推论 11.6.2 立即得到。$\mathrm{ri}C$ 等于 $\mathrm{int}C$ 就是 $C$ 不包含于任何超平面的情况，此时，对于每个 $\boldsymbol{x}^*$ 有 $-\delta^*(-\boldsymbol{x}^*|C)\neq\delta^*(\boldsymbol{x}^*|C)$。这便是 $\mathrm{int}C$ 的特征。$\mathrm{aff}C$ 的特征表明了一种事实，包含 $C$ 的最小仿射集等于所有包含 $C$ 的超平面的交集（推论 1.4.1）。



**推论 13.1.1**　对于 $\mathbf{R}^n$ 中的凸集 $C_1$ 和 $C_2$，$\mathrm{cl}C_1\subset\mathrm{cl}C_2$ 成立当且仅当 $\delta^*(\cdot|C_1)\leqslant\delta^*(\cdot|C_2)$。

由此得到闭凸集 $C$ 能够表示成为关于其支撑函数不等式系统的解集：

$$C=\{\boldsymbol{x}\,|\,\langle \boldsymbol{x},\boldsymbol{x}^*\rangle\leqslant\delta^*(\boldsymbol{x}^*|C),\ \forall\,\boldsymbol{x}^*\}$$

因此，$C$ 由其支撑函数完全确定。这个事实是有意义的，因为它说明存在 $\mathbf{R}^n$ 中的闭凸集与定义在 $\mathbf{R}^n$ 上的函数这种完全不同类之间的一一对应。这种对应具有许多著名的性质，例如，两个非空凸集 $C_1$ 和 $C_2$ 的和的支撑函数为

$$\begin{aligned}\delta^*(\boldsymbol{x}^*|C_1+C_2)&=\sup\{\langle \boldsymbol{x}_1+\boldsymbol{x}_2,\boldsymbol{x}^*\rangle\,|\,\boldsymbol{x}_1\in C_1,\boldsymbol{x}_2\in C_2\}\\&=\sup\{\langle \boldsymbol{x}_1,\boldsymbol{x}^*\rangle\,|\,\boldsymbol{x}_1\in C_1\}+\sup\{\langle \boldsymbol{x}_2,\boldsymbol{x}^*\rangle\,|\,\boldsymbol{x}_2\in C_2\}\\&=\delta^*(\boldsymbol{x}^*|C_1)+\delta^*(\boldsymbol{x}^*|C_2)\end{aligned}$$

集合的加法因此而转换为函数的加法。此类进一步的性质在第 16 节将会遇到。

这些性质涉及哪些函数？给定定义在 $\mathbf{R}^n$ 上的函数，如何确认是否其为某些集合 $C$ 的支撑函数？这些问题随后将给出回答。

令人惊讶的是支撑函数的对应能够被看成是共轭的特殊情况。我们只要记住凸集 $C$ 与指示函数 $\delta(\cdot|C)$ 之间的一一对应。由定义，$\delta(\cdot|C)$ 的共轭由

$$\sup_{x\in\mathbf{R}^n}\{\langle \boldsymbol{x},\boldsymbol{x}^*\rangle-\delta(\boldsymbol{x}|C)\}=\sup_{x\in C}\langle \boldsymbol{x},\boldsymbol{x}^*\rangle=\delta^*(\boldsymbol{x}^*|C)$$

给出。按照共轭对应的本质，$\delta^*(\boldsymbol{x}^*|C)$ 的共轭满足

$$(\delta^*(\cdot|C))^*=\mathrm{cl}\delta(\cdot|C))=\delta(\cdot|\mathrm{cl}C))$$

**定理 13.2**　闭凸集的指示函数与支撑函数互为共轭函数。非空凸集的支撑函数为闭正常正齐次凸函数。

**证明**　实际上，由定理 12.2 和刚才的注释知道这些都是显然的。我们只需要证明闭正常凸函数除了 0 和 $+\infty$ 之外没有别的值当且仅当它的共轭为正齐次的。$f$ 的第一个性质等价于对于每个 $\boldsymbol{x}$ 和 $\lambda>0$ 有 $f(\boldsymbol{x})=\lambda f(\boldsymbol{x})$。第二个性质等价于对于

每个 $x^*$ 和 $\lambda>0$ 有

$$f^*(x^*)=\lambda f^*(\lambda^{-1}x^*)=(f^*\lambda)(x^*).$$

但是，

$$\begin{aligned}(\lambda f^*)(x^*)&=\sup_x\{\langle x,x^*\rangle-\lambda f(x)\}\\&=\sup_x\{\lambda(\langle x,\lambda^{-1}x^*\rangle-f(x))\}=\lambda f^*(\lambda^{-1}x^*)\end{aligned}$$

因此，当 $f$ 为闭凸函数时，对于每个 $\lambda>0$ 有 $f(x)=\lambda f(x)$ 当且仅当对于每个 $\lambda>0$ 有 $f^*=f^*\lambda$。

特别地，定理 13.2 说明 $\delta^*(x^*|C)$ 是关于 $x^*$ 的下半连续的函数，且

$$\delta^*(x_1^*+x_2^*|C)\leqslant\delta^*(x_1^*|C)+\delta^*(x_2^*|C),\forall x_1^*,\forall x_2^*$$

**推论 13.2.1**　设 $f$ 为不恒等于 $+\infty$ 的正齐次凸函数，则 $\mathrm{cl}f$ 为某些闭凸集 $C$ 的支撑函数，例如，

$$C=\{x^*\mid\forall x,\langle x,x^*\rangle\leqslant f(x)\}$$

**证明**　$\mathrm{cl}f$ 或者为闭正常正齐次凸函数或者为常函数 $-\infty$（$\varnothing$的支撑函数）。于是，存在闭凸集 $C$ 使得 $\mathrm{cl}f=\delta^*(\cdot|C)$。由定义得到 $f^*=(\mathrm{cl}f)^*=\delta(\cdot|C)$，且 $C=\{x^*|f^*(x^*)\leqslant 0\}$。但是，对于每个 $x$ 成立 $f^*(x^*)\leqslant 0$ 的充要条件是 $\langle x,x^*\rangle-f(x)\leqslant 0$。

**推论 13.2.2**　非空有界凸集的支撑函数为有限正齐次凸函数。

**证明**　有限凸函数一定为闭的（推论 7.4.2）。考虑到定理中支撑函数的特征，我们只要注意到凸集 $C$ 有界当且仅当对于每个 $x^*$ 成立 $\delta^*(x^*|C)<+\infty$。确实，$\mathbf{R}^n$ 的子集 $C$ 有界当且仅当它包含于某些立方体内，这个结果成立当且仅当每个线性函数在 $C$ 有上界。

例如，欧氏范数一定为某些集合的支撑函数，这是因为它为有限正齐次凸函数，这些集合是什么？由 Cauchy-Schwarz 不等式

$$\langle x,y\rangle\leqslant|x|\cdot|y|$$

知道，当 $|y|\leqslant 1$ 时 $\langle x,y\rangle\leqslant|x|$。当然，如果 $x=\mathbf{0}$ 或 $y=|x|^{-1}x$，则 $\langle x,y\rangle=|x|$。因此，

$$|x|=\sup\{\langle x,y\rangle\,|\,|y|\leqslant 1\}=\delta^*(x|B),$$

其中 $B$ 为单位欧氏球。更一般地，球 $a+\lambda B$，$\lambda\geqslant 0$ 的支撑函数为

$$f(x)=\langle x,a\rangle+\lambda|x|$$

进一步地，下列集合

$$C_1=\{x=\{\xi_1,\cdots,\xi_n\}|\xi_j\geqslant 0,\xi_1+\cdots+\xi_n=1\}$$

$$C_2=\{x=\{\xi_1,\cdots,\xi_n\}\,|\,|\xi_1|+\cdots+|\xi_n|\leqslant 1\}$$

$$C_3=\{x=\{\xi_1,\xi_2\}|\xi_1<0,\xi_2\leqslant\xi_1^{-1}\}$$

$$C_4=\{x=\{\xi_1,\xi_2\}|2\xi_1+\xi_2^2\leqslant 0\}$$

的支撑函数经计算为

$$\delta^*(x^*|C_1)=\max\{\xi_j^*|j=1,\cdots,n\}$$

$$\delta^*(x^*|C_2)=\max\{|\xi_j^*||j=1,\cdots,n\}$$

$$\delta^*(x^*|C_3)=\begin{cases}-2(\xi_1^*\xi_2^*)^{1/2}, & x^*=(\xi_1^*,\xi_2^*)\geqslant 0\\ +\infty, & \text{其他}\end{cases}$$

$$\delta^*(x^*|C_4)=\begin{cases}\xi_2^{*2}/2\xi_1^*, & \xi_1^*>0\\ 0, & \xi_1^*=0=\xi_2^*\\ +\infty, & \text{其他}\end{cases}$$

按照定理 13.2，凸集的支撑函数为正齐次凸函数，对于凸集的度规函数也成立。支撑函数与度规函数的关系将在第 14 节中探讨。

凸函数伴随着各种各样的凸集，如它的有效域、上镜图及水平集等。我们将证明这些集合的支撑函数如何通过共轭凸函数 $f^*$ 而得到。



**定理 13.3**　设 $f$ 为正常凸函数，则 $\mathrm{dom}f$ 的支撑函数为 $f^*$ 的回收函数 $f^*0^+$。如果 $f$ 为闭的，$\mathrm{dom}f^*$ 的支撑函数为 $f$ 的回收函数 $f0^+$。

**证明**　由定义，$f^*$ 为仿射函数

$$h(x^*)=\langle x,x^*\rangle-\mu,(x,\mu)\in\mathrm{epi}f$$

的点态上确界，因此 $\mathrm{epi}f^*$ 为对应的闭半空间 $\mathrm{epi}h$ 的横截距。回收锥 $0^+(\mathrm{epi}f^*)$ 为集合 $0^+(\mathrm{epi}h)$ 的横截距（推论 8.3.3）。这便说明 $f^*0^+$ 为函数 $h0^+$ 的点态上确界。显然，当 $h(x^*)=\langle x,x^*\rangle-\mu$ 时，$(h0^+)(x^*)=\langle x,x^*\rangle$。因此 $f^*0^+$ 为线性函数$\langle x,\cdot\rangle$的点态上确界，并且存在 $\mu$ 使$(x,\mu)\in\mathrm{epi}f$，即

$$(f^*0^+)(x^*)=\sup\{\langle x,x^*\rangle|x\in\mathrm{dom}f\}=\delta^*(x^*|\mathrm{dom}f)$$

定理中的第二个断言由对偶得到，因为当 $f$ 为闭的时 $f^{**}=f$。

凸函数 $f$ 如为闭的、正常的且 $\mathrm{epi}f$ 不含非垂直半直线，即

$$(f0^+)(y)=+\infty,\forall y\neq 0$$

则称其为上有界的。当然，如果 $\mathrm{dom}f$ 为有界的，则一定为上有界的。

**推论 13.3.1**　设 $f$ 为定义在 $\mathbf{R}^n$ 上的闭凸函数。为保证 $f^*$ 处处有限并使 $\mathrm{dom}f^*=\mathbf{R}^n$，当且仅当 $f$ 为上有界的。

**证明**　我们知道 $\mathrm{dom}f^*=\mathbf{R}^n$ 当且仅当 $\mathrm{dom}f^*$ 不含有 $\mathbf{R}^n$ 中的任何闭半空间（推论 11.5.2）。这等价于条件 $\delta^*(x\mid\mathrm{dom}f^*)<+\infty$仅对于 $x=0$ 成立。

**推论 13.3.2**　设 $f$ 为闭正常凸函数。为保证 $\mathrm{dom}f^*$ 为仿射集当且仅当对于确实属于 $f$ 的线性空间内的每个 $y$ 都有$(f0^+)(y)=+\infty$。

**证明**　作为分离理论中的一个练习，能看到，凸集 $C$ 为仿射的当且仅当定义在 $C$ 上的每个有上界的线性函数为常函数。这个条件意味着只要 $\delta^*(y|C)<+\infty$，则$-\delta^*(-y|C)=\delta^*(y|C)$。对于 $C=\mathrm{dom}f^*$ 我们有 $\delta^*(y|C)=(f0^+)(y)$，且由定义，满足$-\delta^*(-y|C)=\delta^*(y|C)$的向量属于 $f$ 的线性空间。

**推论 13.3.3**　设 $f$ 为正常凸函数，则 $\mathrm{dom}f^*$ 有界当且仅当 $f$ 几乎处处有限，并且存在实数 $\alpha\geqslant 0$ 使

$$|f(z)-f(x)|\leqslant\alpha|z-x|,\forall z,\forall x$$

保证此 Lipschitz 条件成立的最小的 $\alpha$ 为

$$\alpha=\sup\{|x^*|\,|\,x^*\in\operatorname{dom}f^*\}$$

**证明** 我们可以假设 $f$ 为闭的，因为 $f$ 和 $\operatorname{cl}f$ 具有相同的共轭，$f$ 满足 Lipschitz 条件当且仅当 $\operatorname{cl}f$ 也满足 Lipschitz 条件，由定理 10.5 便可以得到第一个论断。因为 $\operatorname{dom}f^*$ 有界当且仅当其支撑函数，由定理 13.3 就是 $f0^+$，处处有限。关于 $f$ 的 Lipschitz 条件等价于

$$f(x+y)\leqslant f(x)+\alpha|y|,\forall x,\forall y$$

这又等价于

$$(f0^+)(y)\leqslant\alpha|y|,\forall y$$

（推论 8.5.1）。但是，$g(y)=\alpha|y|$ 为 $\alpha B$ 的支撑函数，其中 $B$ 为单位欧氏球。因此 $f0^+\leqslant g$ 说明 $\operatorname{cl}(\operatorname{dom}f^*)\subset\alpha B$（推论 13.1.1）。这便说明 Lipschitz 不等式对于给定的 $\alpha$ 成立当且仅当对于每个 $x^*\in\operatorname{dom}f^*$ 有 $|x^*|\leqslant\alpha$。



**推论 13.3.4** 设 $f$ 为闭正常凸函数。$x^*$ 为固定向量且 $g(x)=f(x)-\langle x,x^*\rangle$。则

(a) $x^*\in\operatorname{cl}(\operatorname{dom}f^*)$ 当且仅当对于每个 $y$ 有 $(g0^+)(y)\geqslant0$；

(b) $x^*\in\operatorname{ri}(\operatorname{dom}f^*)$ 当且仅当对于除去满足关系 $-(g0^+)(-y)=(g0^+)(y)=0$ 之外的所有的 $y$ 都有 $(g0^+)(y)>0$；

(c) $x^*\in\operatorname{int}(\operatorname{dom}f^*)$ 当且仅当对于每个 $y\neq\mathbf{0}$ 有 $(g0^+)(y)>0$；

(d) $x^*\in\operatorname{aff}(\operatorname{dom}f^*)$ 当且仅当对于每个满足 $-(g0^+)(-y)=(g0^+)(y)$ 的向量 $y$ 都有 $(g0^+)(y)=0$。

**证明** 令 $C=(\operatorname{dom}f^*)-x^*$。显然 $x^*\in\operatorname{cl}(\operatorname{dom}f^*)$ 当且仅当 $\mathbf{0}\in\operatorname{cl}C$，等等。我们有 $g^*(y^*)=f^*(y^*+x^*)$（定理 12.3），因此 $\operatorname{dom}g^*=C$。由定理 13.3 知道 $C$ 的支撑函数为 $g0^+$，条件 (a)、(b) 和 (c) 可由定理 13.1 中对应的支撑函数的条件而得到。

**定理 13.4** 设 $f$ 为定义在 $\mathbf{R}^n$ 上的正常凸函数，则 $f^*$ 的线性空间为平行于 $\operatorname{aff}(\operatorname{dom}f)$ 的子空间的正交补。对偶的，如果 $f$ 为闭的，则平行于 $\operatorname{aff}(\operatorname{dom}f^*)$ 的子空间为 $f$ 的线性空间的正交补，并且有

$$\text{线性性(lineality}f)^*=n-\text{维数(dimension)}f$$

$$\text{维数(dimension)}f^*=n-\text{线性性(lineality)}f$$

**证明** $f^*$ 的线性空间 $L$ 由满足 $-(f^*0^+)(-x^*)=(f^*0^+)(x^*)$ 的向量 $x^*$ 组成。由定理 13.3 知道，$(f^*0^+)(x^*)$ 和 $-(f^*0^+)(-x)$ 分别为线性函数 $\langle\cdot,x^*\rangle$ 在 $\operatorname{dom}f$ 上的上确界和下确界。因此 $x^*\in L$ 当且仅当 $\langle\cdot,x^*\rangle$ 在 $\operatorname{dom}f$ 上为常数，或等价的，在 $\operatorname{aff}(\operatorname{dom}f)$ 上为常数（因为含有 $\operatorname{aff}(\operatorname{dom}f)$ 的超平面与 $\operatorname{dom}f$ 相同）。线性函数 $\langle\cdot,x^*\rangle$ 在非空仿射集 $M$ 上为常数当且仅当

$$0=\langle x_1,x^*\rangle-\langle x_2,x^*\rangle=\langle x_1-x_2,x^*\rangle,\forall x_1\in M,\forall x_2\in M$$

这个条件说明 $x^* \in (M-M)^\perp$。因此 $L=(M-M)^\perp$，其中 $M=\text{aff}(\text{dom}f)$。但是 $M\text{-}M$ 为平行于 $M$ 的子空间（定理 1.2）。这便确定了定理的第一个断言。因为 $\mathbf{R}^n$ 中正交补子空间的维数总计为 $n$，且相互平行的仿射集具有相同的维数，因此

$$\dim M+\dim L=n$$

然而，由定义知道，$\dim M$ 为 $f$ 的维数且 $\dim L$ 为 $f^*$ 的线性性（lineality）。定理的第二个论断以及第二个维数公式一定成立，因为当 $f$ 闭时 $f^{**}=f$。

**推论 13.4.1**　相互共轭的闭正常凸函数具有相同的秩。

**证明**　由定理中的公式和秩的定义而得到。

**推论 13.4.2**　设 $f$ 为闭正常凸函数，则 $\text{dom}f^*$ 具有非空内部当且仅当不存在使 $f$ 沿其为（有限且）仿射的直线。



**证明**　$f^*$ 的维数为 $n$ 当且仅当 $f$ 的线性性为 0。

给定凸函数 $h$，则形如

$$C=\{\boldsymbol{x}\mid h(\boldsymbol{x})\leqslant\beta+\langle\boldsymbol{x},\boldsymbol{b}^*\rangle\}$$

的水平集总可以表示成为$\{\boldsymbol{x}\mid f(\boldsymbol{x})\leqslant 0\}$，其中，

$$f(\boldsymbol{x})=h(\boldsymbol{x})-\langle\boldsymbol{x},\boldsymbol{b}^*\rangle-\beta$$

$f$ 的共轭为

$$f^*(\boldsymbol{x}^*)=h^*(\boldsymbol{x}^*+\boldsymbol{b}^*)+\beta$$

下列定理确定了 $C$ 的支撑函数。

**定理 13.5**　设 $f$ 为闭正常凸函数，则$\{\boldsymbol{x}\mid f(\boldsymbol{x})\leqslant 0\}$的支撑函数为 $\text{cl}g$，其中 $g$ 为由 $f^*$ 所生成的正齐次凸函数。对偶地，由 $f$ 所生成的正齐次凸函数的闭包为$\{\boldsymbol{x}^*\mid f^*(\boldsymbol{x}^*)\leqslant 0\}$的支撑函数。

**证明**　由 $f$ 和 $f^*$ 对偶的本质知道仅需证明第二个断言。由推论 13.2.1 知道，$\text{cl}k$ 为 $D$ 的支撑函数，其中 $D$ 为满足$\langle\cdot,\boldsymbol{x}^*\rangle\leqslant k$ 的向量 $\boldsymbol{x}^*$ 的集合。由 $k$ 所控制的线性函数类对应于 $\mathbf{R}^{n+1}$中的上闭半空间，这种上闭半空间为包含 $\text{epi}k$ 的凸锥。但是，由 $k$ 的定义知道，含有 $\text{epi}k$ 的闭凸锥与包含 $\text{epi}f$ 的闭凸锥相同。因此，对于每个 $\boldsymbol{x}$，$D$ 由满足$\langle\boldsymbol{x},\boldsymbol{x}^*\rangle\leqslant f(\boldsymbol{x})$的向量 $\boldsymbol{x}^*$ 组成，换句话说 $f^*(\boldsymbol{x}^*)\leqslant 0$。

$\text{epi}f$ 的支撑函数可以通过下列结果（以及逆符号）的对偶得到。

**推论 13.5.1**　设 $f$ 为定义在 $\mathbf{R}^n$ 上的闭正常凸函数，定义在 $\mathbf{R}^{n+1}$上的函数 $k$

$$k(\lambda,\boldsymbol{x})=\begin{cases}(f\lambda)(\boldsymbol{x}), & \lambda>0\\(f0^+)(\boldsymbol{x}), & \lambda=0\\+\infty, & \lambda<0,\end{cases}$$

为 $C=\{(\lambda^*,\boldsymbol{x}^*)\mid\lambda^*\leqslant -f^*(\boldsymbol{x}^*)\}\subset\mathbf{R}^{n+1}$的支撑函数。

**证明**　在 $\mathbf{R}^{n+1}$上定义函数 $h(\lambda,\boldsymbol{x})=f(\boldsymbol{x})+\delta(\lambda\mid 1)$。就如在定理 8.5 后面所指出的，由 $h$ 所生成的正齐次凸函数为 $k$。因此，由现有定理知道 $k$ 为

$$\{(\lambda^*,\boldsymbol{x}^*)\mid h^*(\lambda^*,\boldsymbol{x}^*)\leqslant 0\}$$

的支撑函数。但是，

$$h^*(\lambda^*, \boldsymbol{x}^*) = \sup\{\lambda\lambda^* + \langle \boldsymbol{x}, \boldsymbol{x}^* \rangle - f(\boldsymbol{x}) - \delta(\lambda \mid 1) \mid \lambda \in \mathbf{R}, \boldsymbol{x} \in \mathbf{R}^n\}$$
$$= \sup_x\{\lambda^* + \langle \boldsymbol{x}, \boldsymbol{x}^* \rangle - f(\boldsymbol{x})\} = \lambda^* + f^*(\boldsymbol{x}^*)$$

因此，$h^*(\lambda^*, \boldsymbol{x}^*) \leqslant 0$ 意味着 $\lambda^* \leqslant -f^*(\boldsymbol{x}^*)$。

定理 13.5 中支撑函数更加显式的公式能够借助定理 9.7 而由给定函数所生成的正齐次函数的公式得到。

作为例子，我们计算一种"椭圆"凸集

$$C = \{\boldsymbol{x} \mid (1/2)\langle \boldsymbol{x}, \boldsymbol{Q}\boldsymbol{x} \rangle + \langle \boldsymbol{a}, \boldsymbol{x} \rangle + \alpha \leqslant 0\}$$

的支撑函数，这里 $\boldsymbol{Q}$ 为正定的 $n \times n$ 对称矩阵。存在定义于 $\mathbf{R}^n$ 上的有限凸函数 $f$ 使 $C = \{\boldsymbol{x} \mid f(\boldsymbol{x}) \leqslant 0\}$。由定理 13.5 知道，$\delta^*(\cdot \mid C)$ 为由 $f^*$ 所生成的正齐次凸函数的闭包。正如在前节所看到的，

$$f^*(\boldsymbol{x}^*) = (1/2)\langle \boldsymbol{x}^* - \boldsymbol{a}, \boldsymbol{Q}^{-1}(\boldsymbol{x}^* - \boldsymbol{a}) \rangle - \alpha$$
$$= (1/2)\langle \boldsymbol{x}^*, \boldsymbol{Q}^{-1}\boldsymbol{x}^* \rangle + \langle \boldsymbol{b}, \boldsymbol{x}^* \rangle + \beta$$

其中 $\boldsymbol{b} = -\boldsymbol{Q}^{-1}\boldsymbol{a}$ 且 $\beta = (1/2)\langle \boldsymbol{a}, \boldsymbol{Q}^{-1}\boldsymbol{a} \rangle - \alpha$。由定义，对于任意 $\boldsymbol{x}^* \neq \boldsymbol{0}$，$g(\boldsymbol{x}^*)$ 为$(f^*\lambda)(\boldsymbol{x}^*) = \lambda f^*(\lambda^{-1}\boldsymbol{x}^*)$关于 $\lambda > 0$ 的下确界。因为 $\mathrm{dom} f^* = \mathbf{R}^n$，我们有 $\mathrm{dom} g = \mathbf{R}^n$。因此，$g$ 本身为闭的且

$$\delta^*(\boldsymbol{x}^* \mid C) = g(\boldsymbol{x}^*) = \inf_{\lambda > 0}\{(1/2\lambda)\langle \boldsymbol{x}^*, \boldsymbol{Q}^{-1}\boldsymbol{x}^* \rangle + \langle \boldsymbol{b}, \boldsymbol{x}^* \rangle + \lambda\beta\}$$

这个下确界容易计算。假设 $C \neq \varnothing$，我们有

$$0 \leqslant \sup_x\{-f(\boldsymbol{x})\} = f^*(\boldsymbol{0}) = \beta$$

如果 $\beta = 0$，下确界为显然的。如果 $\beta > 0$，我们能够通过对 $\lambda$ 取导数并令其等于 0 而得到下确界。如此获得的一般公式为

$$\delta^*(\boldsymbol{x}^* \mid C) = \langle \boldsymbol{b}, \boldsymbol{x}^* \rangle + [2\beta\langle \boldsymbol{x}^*, \boldsymbol{Q}^{-1}\boldsymbol{x}^* \rangle]^{1/2}.$$

## 第14节　凸集的极

凸集与它们的支撑函数之间的对应反映出正齐次性以及指示函数的某种对偶性。例如，假设 $f$ 为定义在 $\mathbf{R}^n$ 上的正常凸函数。如果 $f$ 为指示函数，它的共轭 $f^*$ 为正齐次的（定理 13.2）。如果 $f$ 为正齐次的，则 $f^*$ 为指示函数（推论 13.2.1）。由此得到，如果 $f$ 为正齐次的指示函数，则 $f^*$ 为正齐次指示函数。当然，正齐次的指示函数一定为锥的指示函数。因此，如果对于非空凸锥 $K$ 有 $f(\boldsymbol{x}) = \delta(\boldsymbol{x} \mid K)$，则存在某非空凸锥 $K^\circ$使 $f^*(\boldsymbol{x}^*) = \delta(\boldsymbol{x}^* \mid K^\circ)$，因为 $f^*$ 为闭的，所以 $K^\circ$一定为闭的。这种 $K^\circ$被称为 $K$ 的极（polar）。由推论 13.2.1 有

$$K^\circ = \{\boldsymbol{x}^* \mid \forall \boldsymbol{x}, \langle \boldsymbol{x}, \boldsymbol{x}^* \rangle \leqslant \delta(\boldsymbol{x} \mid K)\}$$
$$= \{\boldsymbol{x}^* \mid \forall \boldsymbol{x} \in K, \langle \boldsymbol{x}, \boldsymbol{x}^* \rangle \leqslant 0\}$$

因为 $f^* = \delta(\cdot \mid K^\circ)$的共轭为 $\mathrm{cl} f = \delta(\cdot \mid \mathrm{cl} K)$，所以，$K^\circ$的极 $K^{\circ\circ}$为 $\mathrm{cl} K$。而且，$(\mathrm{cl} K)^\circ = K^\circ$（因为$(\mathrm{cl} f)^* = f^*$）。因此，凸函数之间的共轭对应包含了凸锥之间如下特殊的一一对应。

**定理 14.1**　设 $K$ 为非空闭凸锥，则 $K$ 的极 $K^\circ$ 为另外的非空的闭凸锥，且 $K^{\circ\circ}=K$。$K$ 与 $K^\circ$ 的指示函数为相互共轭的。

定理 14.1 的第一个论断也能够直接从非空闭凸锥为包含它的齐次闭半空间的交（推论 11.7.1）直接得到。

定理 14.1 的第二个论断值得注意，因为凸锥的指示反复出现在极值问题中，且在确定相应的对偶问题时其共轭是需要的。

注意到，如果 $K$ 为 $\mathbf{R}^n$ 的子空间，则 $K^\circ$ 为正交补子空间。一般地，对于任何非空闭凸锥 $K$，$K^\circ$ 由所有在 $\mathbf{0}$ 点垂直于 $K$ 的向量所组成，而 $K$ 由所有在 $\mathbf{0}$ 点垂直于 $K^\circ$ 的向量所组成。



如果 $K$ 为 $\mathbf{R}^n$ 中的非负象限，则 $K^\circ=-K$（非正象限）。如果 $K$ 为由非空向量集合 $\{\boldsymbol{a}_i \mid i\in I\}$ 所产生的凸锥，则 $K$ 由所有 $\boldsymbol{a}_i$ 的非负线性组合构成，因此得到

$$\begin{aligned}K^\circ&=\{\boldsymbol{x}^* \mid \forall\,\boldsymbol{x}\in K,\langle \boldsymbol{x},\boldsymbol{x}^*\rangle\leqslant 0\}\\&=\{\boldsymbol{x}^* \mid \forall\, i\in I,\langle \boldsymbol{a}_i,\boldsymbol{x}^*\rangle\leqslant 0\}\end{aligned}$$

由此知道，$K^\circ$ 的极反过来为 $\mathrm{cl}K$。因此，形如

$$\{\boldsymbol{y} \mid \forall\, i\in I,\langle \boldsymbol{a}_i,\boldsymbol{y}\rangle\leqslant 0\}$$

的凸锥的极为由 $\boldsymbol{a}_i$ 所生成的凸锥的闭包。如果后一锥为闭的（如在定理 19.1 中将能够看到的，这种情况经常在集合 $\{\boldsymbol{a}_i \mid i\in I\}$ 为有限时出现），极由 $a_i$ 的所有非负线性组合组成。

与更一般的凸集相应的推广的极性将在后面讨论，我们先刻画凸锥与凸函数的共轭之间的进一步联系。

**定理 14.2**　设 $f$ 为正常凸函数，则由 $\mathrm{dom}f$ 所生成的凸锥的极为 $f^*$ 的回收锥。对偶地，如果 $f$ 为闭的，则 $f$ 的回收锥的极为 $\mathrm{dom}f^*$ 所生成的凸锥的闭包。

**证明**　对于任意 $\alpha>\inf f^*$，由定理 8.7 知道 $f^*$ 的回收锥与（非空闭）凸集

$$\begin{aligned}C&=\{\boldsymbol{x}^* \mid f^*(\boldsymbol{x}^*)\leqslant\alpha\}\\&=\{\boldsymbol{x}^* \mid \langle \boldsymbol{x},\boldsymbol{x}^*\rangle-f(\boldsymbol{x})\leqslant\alpha,\forall\,\boldsymbol{x}\}\\&=\{\boldsymbol{x}^* \mid \langle \boldsymbol{x},\boldsymbol{x}^*\rangle\leqslant\alpha+f(\boldsymbol{x}),\forall\,\boldsymbol{x}\in\mathrm{dom}f\}\end{aligned}$$

的回收锥 $0^+C$ 相同。

从后面的表达式可以看到，向量 $\boldsymbol{y}^*$ 具有性质

$$\boldsymbol{x}^*+\lambda\boldsymbol{y}^*\in C,\forall\,\boldsymbol{x}^*\in C,\forall\,\lambda\geqslant 0$$

当且仅当

$$\langle \boldsymbol{x},\boldsymbol{y}^*\rangle\leqslant 0,\forall\,\boldsymbol{x}\in\mathrm{dom}f.$$

因此，

$$\begin{aligned}0^+C&=\{\boldsymbol{y}^* \mid \langle \boldsymbol{x},\boldsymbol{y}^*\rangle\leqslant 0,\forall\,\boldsymbol{x}\in\mathrm{dom}f\}\\&=\{\boldsymbol{y}^* \mid \langle \boldsymbol{y},\boldsymbol{y}^*\rangle\leqslant 0,\forall\,\boldsymbol{y}\in K\},\end{aligned}$$

其中

$$K=\{\boldsymbol{y} \mid \exists\,\boldsymbol{x}\in\mathrm{dom}f,\exists\,\lambda\geqslant 0,\boldsymbol{y}=\lambda\boldsymbol{x}\}$$

因此 $0^+C=K^\circ$，其中 $K$ 为由 $\mathrm{dom}f$ 所生成的凸锥。定理的对偶部分由 $f$ 为闭时 $f^{**}=f$ 而得到。

**推论 14.2.1**　非空闭凸集 $C$ 的障碍锥的极为 $C$ 的回收锥。

**证明**　取 $f$ 为 $C$ 的支撑函数（以便由定理 13.2 得到 $f^*$ 为 $C$ 的指示函数）。

**推论 14.2.2**　设 $f$ 为闭正常凸函数，则对于每个 $\alpha$，$\{\boldsymbol{x}\mid f(\boldsymbol{x})\leqslant\alpha\}$ 为有界集的充要条件是 $\mathbf{0}\in\mathrm{int}(\mathrm{dom}f^*)$。

**证明**　我们知道 $\mathbf{0}\in\mathrm{int}(\mathrm{dom}f^*)$ 当且仅当由 $\mathrm{dom}f^*$ 所生成的凸锥就是 $\mathbf{R}^n$ 本身（推论 6.4.1）。另一方面，水平集 $\{\boldsymbol{x}\mid f(\boldsymbol{x})\leqslant\alpha\}$ 为有界集当且仅当 $f$ 的回收锥，即 $K^\circ$，仅由零向量组成（定理 8.7 和定理 8.4）。我们有 $K^\circ=\{\mathbf{0}\}$ 当且仅当 $\mathrm{cl}K=\{\mathbf{0}\}^\circ=\mathbf{R}^n$，且由 $\mathrm{cl}K=\mathbf{R}^n$ 确实得到 $K=\mathbf{R}^n$。

**定理 14.3**　设 $f$ 为闭正常凸函数并且满足 $f(\mathbf{0})>0>\inf f$。则由水平集 $\{\boldsymbol{x}\mid f(\boldsymbol{x})\leqslant 0\}$ 和 $\{\boldsymbol{x}^*\mid f^*(\boldsymbol{x}^*)\leqslant\alpha\}$ 所生成的闭凸锥相互为极。



**证明**　因为 $f^*(\mathbf{0})=-\inf f$ 且 $f(\mathbf{0})=-\inf f^*$，所以，由假设得到 $f^*(\mathbf{0})>0>\inf f^*$。因此 $\{\boldsymbol{x}\mid f(\boldsymbol{x})\leqslant 0\}$ 和 $\{\boldsymbol{x}^*\mid f^*(\boldsymbol{x}^*)\leqslant 0\}$ 为不含有坐标原点的非空闭凸集。设 $k$ 为由 $f$ 所生成的正齐次凸函数。因为 $\mathrm{cl}k$ 与 $\{\boldsymbol{x}^*\mid f^*(\boldsymbol{x}^*)\leqslant 0\}$ 的指示函数互为共轭（定理 13.5、定理 13.2），$\mathrm{cl}k$ 的回收锥 $K$ 和由 $\{\boldsymbol{x}^*\mid f^*(\boldsymbol{x}^*)\leqslant 0\}$ 所生成的凸锥的闭包相互为极（定理 14.2）。我们必须证明 $K$ 为由 $\{\boldsymbol{x}\mid f(\boldsymbol{x})\leqslant 0\}$ 所生成的凸锥的闭包。由正齐次性有 $(\mathrm{cl}k)0^+=\mathrm{cl}k$，所以，由定义有

$$K=\{\boldsymbol{x}\mid(\mathrm{cl}k)(\boldsymbol{x})\leqslant 0\}$$

因此，由定理 7.6 知道当最后的集合非空时有

$$K=\mathrm{cl}\{\boldsymbol{x}\mid k(\boldsymbol{x})\leqslant 0\}=\mathrm{cl}\{\boldsymbol{x}\mid k(\boldsymbol{x})<0\}$$

现在 $k(\boldsymbol{x})$ 为 $(f\lambda)(\boldsymbol{x})$ 对于每个 $\boldsymbol{x}\neq\mathbf{0}$ 关于 $\lambda$ 的下确界。并且，对于每个正数 $\lambda$ 成立不等式 $(f\lambda)(\boldsymbol{x})\leqslant 0$ 当且仅当 $\lambda^{-1}\boldsymbol{x}\in\{\boldsymbol{y}\mid f(\boldsymbol{y})\leqslant 0\}$；类似地，用 $<$ 代替 $\leqslant$。因为 $\inf f<0$，所以，集合 $\{\boldsymbol{x}\mid k(\boldsymbol{x})<0\}$ 非空。由 $\{\boldsymbol{x}\mid f(\boldsymbol{x})\leqslant 0\}$ 所生成的凸锥介于 $\{\boldsymbol{x}\mid k(\boldsymbol{x})<0\}$ 与 $\{\boldsymbol{x}\mid k(\boldsymbol{x})\leqslant 0\}$ 之间，所以，它的闭包一定为 $K$。

凸锥之间的极性对应可以由凸函数之间的共轭对应而得到，但是，反向的结果也是可能的。注意到定义在 $\mathbf{R}^n$ 上的每个闭正常凸函数对应于 $\mathbf{R}^{n+2}$ 中的某些非空闭凸锥，如 $\mathrm{cl}K$，其中 $K$ 为由满足 $(\boldsymbol{x},\mu)\in\mathrm{epi}f$ 的三元组 $(1,\boldsymbol{x},\mu)$ 所生成的凸锥。当然，这个锥完全确定了 $f$。其实，由回收锥及其函数的讨论知，$\mathrm{cl}K$ 就是满足 $\lambda>0$ 以及 $\mu\geqslant(f\lambda)(\boldsymbol{x})$，或 $\lambda=0$ 以及 $\mu\geqslant(f0^+)(\boldsymbol{x})$ 的 $(\lambda,\boldsymbol{x},\mu)\in\mathbf{R}^{n+2}$ 所构成的集合。我们现在将证明 $f$ 的共轭可以通过 $K$ 的极经过微小变化而得到。

**定理 14.4**　设 $f$ 为定义在 $\mathbf{R}^n$ 上的闭正常凸函数，令 $K$ 为由满足 $\mu\geqslant f(\boldsymbol{x})$ 的向量 $(1,\boldsymbol{x},\mu)\in\mathbf{R}^{n+2}$ 所生成的凸锥，$K^*$ 为由满足 $\mu^*\geqslant f^*(\boldsymbol{x}^*)$ 的向量 $(1,\boldsymbol{x}^*,\mu^*)\in\mathbf{R}^{n+2}$ 所生成的凸锥，则

$$\mathrm{cl}K^*=\{(\lambda^*,\boldsymbol{x}^*,\mu^*)\mid(-\mu^*,\boldsymbol{x}^*,-\lambda^*)\in K^\circ\}$$

**证明**　因为 $f$ 为正常的，$\mathrm{cl}K$ 包含向量 $(0,0,1)$，但不包含 $(0,0,-1)$。因

此，极锥$(\mathrm{cl}K)^{\circ}=K^{\circ}$包含于半空间

$$H=\{(-\mu^{*},\boldsymbol{x}^{*},-\lambda^{*})\mid\lambda^{*}\geqslant 0\}$$

之中，但是，并不包含于 $H$ 的边界。因此，$K^{\circ}$为具有 $H$ 的内部的截面的闭包（推论 6.5.2）。$K^{\circ}$为由具有超平面

$$\{(-\mu^{*},\boldsymbol{x}^{*},-\lambda^{*})\mid\lambda^{*}=1\}$$

的 $K^{\circ}$的截面所生成的凸锥的闭包。

向量属于 $K^{\circ}$当且仅当它与形如$\lambda(1,\boldsymbol{x},\mu)$且满足 $\lambda\geqslant 0$，$\mu\geqslant f(\boldsymbol{x})$ 的向量具有非正的内积。因此，$(-\mu^{*},\boldsymbol{x}^{*},-1)$ 属于 $K^{\circ}$当且仅当只要 $\mu\geqslant f(\boldsymbol{x})$ 就有

$$-\mu^{*}+\langle\boldsymbol{x},\boldsymbol{x}^{*}\rangle-\mu\leqslant 0,$$

即，当且仅当

$$\mu^{*}\geqslant\sup_{x}\{\langle\boldsymbol{x},\boldsymbol{x}^{*}\rangle-f(\boldsymbol{x})\}=f^{*}(\boldsymbol{x}^{*})$$



这便证明 $K^{\circ}$在映射

$$(\lambda^{*},\boldsymbol{x}^{*},\mu^{*})\to(-\mu^{*},\boldsymbol{x}^{*},-\lambda^{*})$$

下的像为由满足 $\mu^{*}\geqslant f^{*}(\boldsymbol{x}^{*})$的向量$(1,\boldsymbol{x}^{*},\mu^{*})$所生成的凸锥的闭包，即为 $K^{*}$ 的闭包。

凸锥之间的极对应能够推广到所有包含原点的闭凸集类上去。这能够通过对凸集的度规函数而不是凸锥的指示函数取共轭而看到。当然，当集合为锥时，非空凸集的度规函数与指示函数为相同的。

设 $C$ 为非空凸集。由定义，度规函数 $\gamma(\cdot\mid C)$是由 $f=\delta(\cdot\mid C)+1$ 所生成的正齐次凸函数。$\gamma(\cdot\mid C)$的闭包为$\{\boldsymbol{x}^{*}\mid f^{*}(\boldsymbol{x}^{*})\leqslant 0\}$（定理 13.5）的支撑函数。但是 $f^{*}=\delta^{*}(\cdot\mid C)-1$. 所以，

$$\mathrm{cl}\gamma(\cdot\mid C)=\delta^{*}(\cdot\mid C^{\circ})$$

其中 $C^{\circ}$为由

$$\begin{aligned}C^{\circ}&=\{\boldsymbol{x}^{*}\mid\delta^{*}(\boldsymbol{x}^{*}\mid C)-1\leqslant 0\}\\&=\{\boldsymbol{x}^{*}\mid\forall\,\boldsymbol{x}\in C,\langle\boldsymbol{x},\boldsymbol{x}^{*}\rangle\leqslant 1\}\end{aligned}$$

所定义的闭凸集。集合 $C^{\circ}$称为 $C$ 的极。注意到 $C^{\circ}$含有坐标原点。$C^{\circ}$的极为

$$\begin{aligned}C^{\circ\circ}&=\{\boldsymbol{x}\mid\forall\,\boldsymbol{x}^{*}\in C^{\circ},\langle\boldsymbol{x},\boldsymbol{x}^{*}\rangle\leqslant 1\}\\&=\{\boldsymbol{x}\mid\delta^{*}(\boldsymbol{x}\mid C^{\circ})\leqslant 1\}=\{\boldsymbol{x}\mid\mathrm{cl}\gamma(\boldsymbol{x}\mid C)\leqslant 1\}\end{aligned}$$

如果 $C$ 自身包含坐标原点且为闭的，则由推论 9.7.1 知道，后一集合恰恰为 $C$。一般有 $C^{\circ}=D^{\circ}$，其中

$$D=\mathrm{cl}(\mathrm{conv}(C\cup\{0\}))$$

因为形如$\{\boldsymbol{x}\mid\langle\boldsymbol{x},\boldsymbol{x}^{*}\rangle\leqslant 1\}$的集合包含 $C$ 当且仅当它包含 $D$。因为 $D^{\circ\circ}=D$，所以，

$$C^{\circ\circ}=\mathrm{cl}(\mathrm{conv}(C\cup\{0\}))$$

特别地，我们有另外的一一对应。

**定理 14.5**　设 $C$ 为含有原点的闭凸集，则极 $C^{\circ}$为另外一个含有坐标原点的闭凸集，且 $C^{\circ\circ}=C$。$C$ 的度规函数为 $C^{\circ}$的支撑函数。对偶地，$C^{\circ}$的度规函数为 $C$ 的

支撑函数。

**推论 14.5.1** 设 $C$ 为包含原点的闭凸集，则 $C^\circ$ 有界当且仅当 $\mathbf{0}\in \mathrm{int}C$。对偶地，$C$ 为有界的当且仅当 $0\in \mathrm{int}C^\circ$。

**证明** 我们知道，$C^\circ$ 有界当且仅当 $C^\circ$ 的支撑函数 $\gamma(\cdot\mid C)$ 处处有限（推论 13.2.2）。另一方面，$\gamma(\cdot\mid C)$ 处处有限当且仅当 $\mathbf{0}\in \mathrm{int}C$（推论 6.4.1）。

如前所定义，凸锥 $K$ 的极，本身作为凸集与 $K$ 的极为吻合的，因为半空间 $\{\boldsymbol{x}\mid\langle \boldsymbol{x},\boldsymbol{x}^*\rangle\leqslant 1\}$ 含有 $K$ 当且仅当 $\{\boldsymbol{x}\mid\langle \boldsymbol{x},\boldsymbol{x}^*\rangle\leqslant 0\}$ 含有 $K$。

注意到极性为倒序的，即由 $C_1\subset C_2$ 得到 $C_1^\circ\supset C_2^\circ$。作为例子，闭凸集

$$C_1=\{\boldsymbol{x}=(\xi_1,\cdots,\xi_n)\mid \xi_j\geqslant 0,\xi_1+\xi_2+\cdots+\xi_n\leqslant 1\}$$

$$C_2=\{\boldsymbol{x}=(\xi_1,\cdots,\xi_n)\mid |\xi_1|+|\xi_2|+\cdots+|\xi_n|\leqslant 1\}$$

$$C_3=\{\boldsymbol{x}=(\xi_1,\xi_2)\mid (\xi_1-1)^2+\xi_2^2\leqslant 1\}$$

$$C_4=\{\boldsymbol{x}=(\xi_1,\xi_2)\mid \xi_1\leqslant 1-(1+\xi_2^2)^{1/2}\}$$

的极能够确定为

$$C_1^\circ=\{\boldsymbol{x}^*=(\xi_1^*,\cdots,\xi_n^*)\mid \xi_i^*\leqslant 1,j=1,\cdots,n\}$$

$$C_2^\circ=\{\boldsymbol{x}^*=(\xi_1^*,\cdots,\xi_n^*)\mid |\xi_j|\leqslant 1,j=1,\cdots,n\}$$

$$C_3^\circ=\{\boldsymbol{x}^*=(\xi_1^*,\xi_2^*)\mid \xi_1^*\leqslant(1-\xi_2^{*2})/2\}$$

$$C_4^\circ=\mathrm{conv}\{P\cup\{0\}\}$$

其中

$$P=\{\boldsymbol{x}^*=(\xi_1^*,\xi_2^*)\mid \xi_1^*\geqslant(1+\xi_2^{*2})/2\}$$

其他的例子将在推论 15.3.2 中给出。

**定理 14.6** 设 $C$ 和 $C^\circ$ 为包含原点的闭凸集的极对，则 $C$ 的回收锥以及由 $C^\circ$ 所生成的凸锥的闭包相互为极。$C$ 的线性空间与由 $C^\circ$ 所生成的子空间互为正交补。对偶地，当 $C$ 和 $C^\circ$ 交换位置时也成立。

**证明** $C$ 的回收锥为闭凸锥且因为 $\mathbf{0}\in C$，所以为包含于 $C$ 的最大的这样的锥（推论 8.3.2）。它的极一定为含有 $C^\circ$ 的最小的闭凸锥，且是由 $C^\circ$ 所生成的凸锥的闭包。类似地，$C$ 的线性空间为包含于 $C$ 的最大子空间，由于 $\mathbf{0}\in C$，所以，它的正交补一定为包含 $C^\circ$ 的最小子空间。

**推论 14.6.1** 设 $C$ 为 $\mathbf{R}^n$ 中包含原点的闭凸集，则

$$\mathrm{dimension}C^\circ=n-\mathrm{lineality}C$$

$$\mathrm{lineality}C^\circ=n-\mathrm{dimension}C$$

$$\mathrm{rank}C^\circ=\mathrm{rank}C$$

**证明** 当凸集包含有 $\mathbf{0}$ 时，它所产生的子空间与它所产生的仿射集吻合（定理 1.1）。$C$ 和 $C^\circ$ 之间的维数关系由定理中的正交关系而得到。

一般地，凸函数及其共轭函数的水平集之间没有简单的极关系。然而，对于一类重要的函数，确实成立一个有用的不等式。

**定理 14.7**　设 $f$ 为非负闭凸函数并且在原点的值为零，则 $f^*$ 也是非负的且在原点的值为零，并且对于 $0<\alpha<\infty$ 有

$$\{x\mid f(x)\leqslant\alpha\}^\circ\subset\alpha^{-1}\{x^*\mid f^*(x^*)\leqslant\alpha\}\subset 2\{x\mid f(x)\leqslant\alpha\}^\circ$$

**证明**　由假设知道 $\inf f=f(0)=0$。因为 $\inf f=-f^*(0)$ 且 $\inf f^*=-f^{**}(0)=-f(0)$，正如第 2 节中所指出的，也有 $\inf f^*=f^*(0)=0$。令 $C=\{x\mid f(x)\leqslant\alpha\}$，$0<\alpha<\infty$。这个 $C$ 为含有原点的闭凸集。可以将 $C$ 写为 $C=\{x\mid h(x)\leqslant 0\}$，其中 $h(x)=f(x)-\alpha$。那么，$h^*(x^*)=f^*(x^*)-\alpha$，且由 $h^*$ 所生成的正齐次凸函数的闭包是 $C$ 的支撑函数 $\delta^*(\cdot\mid C)$（定理 13.5）。但是，由定理 14.5 知道 $\delta^*(\cdot\mid C)=\gamma(x^*\mid C^\circ)$。因为，$0<h^*(0)<\infty$，由 $h^*$ 所生成的正齐次凸函数本身为闭的（定理 9.7），且有公式

$$\gamma(x^*\mid C^\circ)=\inf\{(h^*\lambda)(x^*)\mid\lambda>0\}$$

特别地，$\gamma(x^*\mid C^\circ)\leqslant h^*(x^*)$，从而有

$$\begin{aligned}\{x^*\mid f^*(x^*)\leqslant\alpha\}&=\{x^*\mid h^*(x^*)\leqslant 2\alpha\}\\&\subset\{x^*\mid\gamma(x^*\mid C^\circ)\leqslant 2\alpha\}=2\alpha C^\circ\end{aligned}$$

这便建立了定理中的第二个包含关系。为建立第一个包含关系，只要证明

$$\{x^*\mid\gamma(x^*\mid C^\circ)<\alpha\}\subset\{x^*\mid f^*(x^*)\leqslant\alpha\}$$

因为第一个集合的闭包为 $\alpha C^\circ$，第二个集合为闭的（$f^*$ 为闭的）。给定向量 $x^*$ 满足 $\gamma(x^*\mid C^\circ)<\alpha$，存在（由上述公式）$\lambda>0$ 使

$$\alpha>(h^*\lambda)(x^*)=\lambda f^*(\lambda^{-1}x^*)+\lambda\alpha$$

因为 $f^*\geqslant 0$，$\lambda$ 必须小于 1。我们有

$$\begin{aligned}f^*(x^*)&=f^*((1-\lambda)0+\lambda(\lambda^{-1}x^*))\leqslant(1-\lambda)f^*(0)+\lambda f^*(\lambda^{-1}x^*)\\&=\lambda f^*(\lambda^{-1}x^*)<(1-\lambda)\alpha\end{aligned}$$

因此，$f^*(x^*)<\alpha$。

# 第 15 节　凸函数的极

设 $k$ 为定义在 $\mathbf{R}^n$ 上的函数，如果 $k$ 为满足 $k(0)=0$的非负正齐次凸函数，即 $\mathrm{epi}k$ 为 $\mathbf{R}^{n+1}$中含有原点，但不含有满足 $\mu<0$ 的任意向量 $(x,\mu)$ 的凸锥，则称 $k$ 为度规的。因此，度规为这样的函数 $k$，存在非空凸集 $C$ 使

$$k(x)=\gamma(x\mid C)=\inf\{\mu\geqslant 0\mid x\in\mu C\}$$

当然，一般而言，$C$ 不是由 $k$ 唯一确定的。虽然对于凸集 $C=\{x\mid k(x)\leqslant 1\}$ 总是成立 $\gamma(\cdot\mid C)=k$。如果 $k$ 为闭的，后面的 $C$ 为含有原点并满足 $\gamma(\cdot\mid C)=k$ 的唯一的闭凸集。

度规 $k$ 的极为由

$$k^\circ(x^*)=\inf\{\mu^*\geqslant 0\mid\langle x,x^*\rangle\leqslant\mu^*k(x),\forall x\}$$

所定义的函数 $k^\circ$。

如果 $k$ 处处有限并且除原点外为正的，则这个公式能够写为

$$k^{\circ}(\boldsymbol{x}^{*})=\sup_{\boldsymbol{x}\neq\boldsymbol{0}}\frac{\langle\boldsymbol{x},\boldsymbol{x}^{*}\rangle}{k(\boldsymbol{x})}$$

注意到如果 $k$ 为凸锥 $K$ 的指示函数，$k^{\circ}$将与 $k$ 的共轭，即极凸锥 $K^{\circ}$的指示函数相同。

比度规函数更一般的凸函数的极将在本节的后面通过一个修正的公式来定义。

**定理 15.1**　如果 $k$ 为度规函数，则 $k$ 的极 $k^{\circ}$为闭度规函数且 $k^{\circ\circ}=\mathrm{cl}k$。事实上，如果 $k=\gamma(\cdot\mid C)$，其中 $C$ 为非空凸集，则 $k^{\circ}=\gamma(\cdot\mid C^{\circ})$，其中 $C^{\circ}$为 $C$ 的极。

**证明**　设 $C$ 为满足 $k=\gamma(\cdot\mid C)$的非空凸集。对于 $\mu^{*}>0$，$k^{\circ}$定义中的条件

$$\langle\boldsymbol{x},\boldsymbol{x}^{*}\rangle\leqslant\mu^{*}\gamma(\boldsymbol{x}\mid C),\forall\boldsymbol{x}$$

能够表示成为

$$\langle\mu\boldsymbol{y},\mu^{*-1}\boldsymbol{x}^{*}\rangle\leqslant\mu,\forall\boldsymbol{y}\in C,\forall\mu\geqslant0$$

并等价于

$$\langle\boldsymbol{y},\mu^{*-1}\boldsymbol{x}^{*}\rangle\leqslant1,\forall\boldsymbol{y}\in C$$

即 $\mu^{*-1}\boldsymbol{x}^{*}\in C^{\circ}$。另一方面，对于 $\mu^{*}=0$，根据相同条件得到 $\boldsymbol{x}^{*}=\boldsymbol{0}$。因此，

$$k^{\circ}(\boldsymbol{x}^{*})=\inf\{\mu^{*}\geqslant0\mid\boldsymbol{x}^{*}\in\mu^{*}C^{\circ}\}=\gamma(\boldsymbol{x}^{*}\mid C^{\circ})$$

特别地，$k^{\circ}$为闭的（推论 9.7.1）。现设 $D=\{\boldsymbol{x}\mid k(\boldsymbol{x})\leqslant1\}$。这个 $D$ 为含有原点的凸集，并且 $\gamma(\cdot\mid D)=k$。因此得到 $k^{\circ}=\gamma(\cdot\mid D^{\circ})$及 $k^{\circ\circ}=\gamma(\cdot\mid D^{\circ\circ})$。当然，$D^{\circ\circ}=(\mathrm{cl}D)^{\circ\circ}=\mathrm{cl}D$（定理 14.5）。因为（定理 7.6）

$$\{\boldsymbol{x}\mid(\mathrm{cl}k)(\boldsymbol{x})\leqslant1\}=\mathrm{cl}\{\boldsymbol{x}\mid k(\boldsymbol{x})\leqslant1\}$$

我们有 $\mathrm{cl}k=\gamma(\cdot\mid\mathrm{cl}D)$。因此，$k^{\circ\circ}=\mathrm{cl}k$。

**推论 15.1.1**　极运算 $k\rightarrow k^{\circ}$在 $\mathbf{R}^n$ 上定义的所有闭度规上诱导出一个一对一的对称对应。含有原点的两个闭凸集相互为极当且仅当它们的度规函数相互为极。

**推论 15.1.2**　如果 $C$ 为含有原点的闭凸集，则 $C$ 的度规函数与 $C$ 的支撑函数互为度规极。

**证明**　由定理 14.5 立即得到。

下文将讨论的一般范数为特殊的闭度规；这种类型极度规的例子将在定理 15.2 和推论 15.3.2 中给出。非范数的闭度规极对的例子为

$$k(\boldsymbol{x})=(\xi_1^2+\xi_2^2)^{\frac{1}{2}}+\xi_1,\boldsymbol{x}=(\xi_1,\xi_2)\in\mathbf{R}^2$$

$$k^{\circ}(\boldsymbol{x}^{*})=\begin{cases}[(\xi_2^{*2}/\xi_1^{*})+\xi_1^{*}]/2, & \text{如果 } \xi_1^{*}>0\\ 0, & \text{如果 } \xi_1^{*}=0=\xi_2^{*}\\ +\infty, & \text{其他情况，其中 } \boldsymbol{x}^{*}=(\xi_1^{*},\xi_2^{*})\end{cases}$$

注意到相互度规极具有性质

$$\langle\boldsymbol{x},\boldsymbol{x}^{*}\rangle\leqslant k(\boldsymbol{x})k^{\circ}(\boldsymbol{x}^{*}),\forall\boldsymbol{x}\in\mathrm{dom}k,\forall\boldsymbol{x}^{*}\in\mathrm{dom}k^{*}$$

这些不等式理论是研究极凸集的初衷。正如在第 12 节中所解释的那样，一对

共轭的凸函数对应于形如

$$\langle x, y\rangle \leqslant f(x)+g(y), \forall \boldsymbol{x}, \forall \boldsymbol{y}$$

"最佳"不等式一样，一对度规极也对应于形如$\langle x, y\rangle \leqslant k(x) j(y)$，$\forall \boldsymbol{x} \in H$，$\forall \boldsymbol{y} \in J$，的"最佳"不等式，其中 $H$ 与 $J$ 为 $\mathbf{R}^n$ 的子集，$h$ 与 $j$ 分别为定义在 $H$ 与 $J$ 上的非负实值函数。比如说，给定任意上述的不等式，总可以如下定义"较好"的不等式。令

$$k(\boldsymbol{x})=\inf \{\mu \geqslant 0 \mid\langle\boldsymbol{x}, \boldsymbol{y}\rangle \leqslant \mu j(\boldsymbol{y}), \forall \boldsymbol{y} \in J\}$$

这个公式将 $k$ 的上镜图表示成为 $\mathbf{R}^{n+1}$ 中某些边界超平面穿过原点的闭半空间的交，所以，$k$ 为闭度规。我们有

$$\langle\boldsymbol{x}, \boldsymbol{y}\rangle \leqslant k(\boldsymbol{x}) j(\boldsymbol{y}), \forall \boldsymbol{x} \in \operatorname{dom} k, \forall \boldsymbol{y} \in J$$



且这个不等式比在 $\operatorname{dom} k \supset H$

$$k(\boldsymbol{x}) \leqslant h(\boldsymbol{x}), \forall \boldsymbol{x} \in H$$

意义下所给出的不等式要好些。新的不等式意味着 $\operatorname{dom} k^{\circ} \supset J$ 且

$$k^{\circ}(\boldsymbol{y}) \leqslant j(\boldsymbol{y}), \forall \boldsymbol{y} \in J$$

因此，甚至存在"更好"的不等式，例如，

$$\langle\boldsymbol{x}, \boldsymbol{y}\rangle \leqslant k(\boldsymbol{x}) k^{\circ}(\boldsymbol{y}), \forall \boldsymbol{x} \in \operatorname{dom} k, \forall \boldsymbol{y} \in \operatorname{dom} k^{\circ}$$

因此，"最好"的不等式是那些不能够用在更大的区域上所定义的更小的函数来代替 $h$ 或 $j$ 来加强的不等式，精确到使当 $\boldsymbol{x} \notin H$ 时 $h(\boldsymbol{x})=+\infty$，当 $\boldsymbol{x} \notin J$ 时 $j(\boldsymbol{y})=+\infty$的函数互为闭度规极。

在 $k$ 为欧氏范数的情况下，$k$ 既为欧氏单位球的度规函数，也为它的支撑函数，所以 $k^{\circ}=k$。相应的不等式则恰好为 Schwarz 不等式

$$\langle\boldsymbol{x}, \boldsymbol{y}\rangle \leqslant|\boldsymbol{x}| \cdot|\boldsymbol{y}|$$

一般，度规 $k$ 当处处有限、对称并且在原点之外为正时被称为范数。范数因此（按照定理 4.7 的观点）被刻画为满足

(a) $k(\boldsymbol{x})>0, \forall \boldsymbol{x} \neq \mathbf{0}$

(b) $k(\boldsymbol{x}_1+\boldsymbol{x}_2) \leqslant k(\boldsymbol{x}_1)+k(\boldsymbol{x}_2), \forall \boldsymbol{x}_1, \forall \boldsymbol{x}_2$

(c) $k(\lambda \boldsymbol{x})=\lambda k(\boldsymbol{x}), \forall \boldsymbol{x}, \forall \lambda>0$

(d) $k(-\boldsymbol{x})=k(\boldsymbol{x}), \forall \boldsymbol{x}$

的实值函数 $k$。

性质（c）和性质（d）能够合并为

$$k(\lambda \boldsymbol{x})=|\lambda| k(\boldsymbol{x}), \forall \boldsymbol{x}, \forall \lambda$$

**定理 15.2** 关系

$$k(\boldsymbol{x})=\gamma(\boldsymbol{x} \mid C), C=\{\boldsymbol{x} \mid k(\boldsymbol{x}) \leqslant 1\}$$

定义了范数 $k$ 与满足 $0 \in \operatorname{int} C$ 的闭有界凸集 $C$ 之间的一一对应。范数的极仍为范数。

**证明**　范数为有限的凸函数，因此为连续（定理 10.1）、闭的。我们已经知

道，定理中的关系定义了闭度规函数 $k$ 与含有原点的闭凸集 $C$ 之间的一种一一对应。$k$ 的对称性显然等价于 $C$ 的对称性。$k$ 处处有限的条件等价于 $C$ 含有每个向量的正的乘子，这个条件成立当且仅当 $\mathbf{0}\in\mathrm{int}C$（推论 6.4.1）。条件当 $\boldsymbol{x}\neq\mathbf{0}$ 时 $k(\boldsymbol{x})>0$ 等价于 $C$ 不含有形如 $\{\lambda\boldsymbol{x}\mid\lambda\geqslant 0\}$ 的半直线，这个条件当且仅当 $C$ 有界时才满足（定理 8.4）。如果 $C$ 为对称闭有界凸集，并且 $\mathbf{0}\in\mathrm{int}C$，则 $C$ 的支撑函数处处有限，对称且除原点之外为正的。$C$ 的支撑函数为 $C^\circ$ 的度规函数，$\gamma(\cdot\mid C)$ 的极，所以，在这种情况下 $\gamma(\cdot\mid C)$ 的极为范数。

相互非欧氏范数极的一个例子为

$$k(\boldsymbol{x})=\max\{|\xi_1|,\cdots,|\xi_n|\},\boldsymbol{x}=(\xi_1,\cdots,\xi_n)$$

$$k^\circ(\boldsymbol{x}^*)=|\xi_1^*|+\cdots+|\xi_n^*|,\boldsymbol{x}^*=(\xi_1^*,\cdots,\xi_n^*)$$

更多的例子将在下文给出。



如果 $k$ 为范数，则由 $k$ 和 $k^*$ 对称性和有限性的本质知道，与 $k$ 相关的不等式能够表示成为

$$|\langle\boldsymbol{x},\boldsymbol{x}^*\rangle|\leqslant k(\boldsymbol{x})k^\circ(\boldsymbol{x}^*),\forall\boldsymbol{x},\forall\boldsymbol{x}^*$$

范数的概念对于某些度量结构和相应的逼近问题是自然的。由定义，定义在 $\mathbf{R}^n$ 上的度量为定义在 $\mathbf{R}^n\times\mathbf{R}^n$ 上的实函数 $\rho$，其满足

(a) 如果 $\boldsymbol{x}\neq\boldsymbol{y}$，则 $\rho(\boldsymbol{x},\boldsymbol{y})>0$；如果 $\boldsymbol{x}=\boldsymbol{y}$，则 $\rho(\boldsymbol{x},\boldsymbol{y})=0$

(b) $\rho(\boldsymbol{x},\boldsymbol{y})=\rho(\boldsymbol{y},\boldsymbol{x}),\forall\boldsymbol{x},\forall\boldsymbol{y}$

(c) $\rho(\boldsymbol{x},\boldsymbol{z})\leqslant\rho(\boldsymbol{x},\boldsymbol{y})+\rho(\boldsymbol{y},\boldsymbol{z}),\forall\boldsymbol{x},\forall\boldsymbol{y},\forall\boldsymbol{z}$

量 $\rho(\boldsymbol{x},\boldsymbol{y})$ 理解为 $\boldsymbol{x}$ 与 $\boldsymbol{y}$ 关于 $\rho$ 的距离。一般而言，$\mathbf{R}^n$ 上的度量不一定与 $\mathbf{R}^n$ 的代数结构有关，一个特别的例子是度量

$$\rho(\boldsymbol{x},\boldsymbol{y})=\begin{cases}0,\boldsymbol{x}=\boldsymbol{y}\\1,\boldsymbol{x}\neq\boldsymbol{y}\end{cases}$$

为了与向量加法和数乘具有可比性，自然要求度量具有两个性质：

(d) $\rho(\boldsymbol{x}+\boldsymbol{z},\boldsymbol{y}+\boldsymbol{z})=\rho(\boldsymbol{x},\boldsymbol{y}),\forall\boldsymbol{x},\boldsymbol{y},\boldsymbol{z}$，

(e) $\rho(\boldsymbol{x},(1-\lambda)\boldsymbol{x}+\lambda\boldsymbol{y})=\lambda\rho(\boldsymbol{x},\boldsymbol{y}),\forall\boldsymbol{x},\boldsymbol{y},\forall\lambda\in[0,1]$.

性质 (d) 说明距离在平移下保持不变性，性质 (c) 说明距离沿线段具有线性性。具有这两个额外性质的度量称为 $\mathbf{R}^n$ 上的 Minkowski 度量。

Minkowski 度量和范数之间有一一对应。如果 $k$ 为一个范数，则

$$\rho(\boldsymbol{x},\boldsymbol{y})=k(\boldsymbol{x}-\boldsymbol{y})$$

定义了一种 Minkowski 度量；而且，如此定义的 Minkowski 度量对应于唯一确定的范数。这些事实易于验证，作为练习留给读者。

由定理 15.2 知道 Minkowski 度量与满足 $\mathbf{0}\in\mathrm{int}C$ 的对称闭有界凸集 $C$ 之间存在一一对应关系。给定这样的 $C$，存在唯一的 Minkowski 度量 $\rho$ 使

$$\{\boldsymbol{y}\mid\rho(\boldsymbol{x},\boldsymbol{y})\leqslant\varepsilon\}=\boldsymbol{x}+\varepsilon C,\forall\boldsymbol{x},\forall\varepsilon>0$$

注意到，因为 $C$ 有界且 $\mathbf{0}\in\mathrm{int}C$，存在正的常数 $\alpha$ 与 $\beta$ 使

$$\alpha B\subset C\subset \beta B,$$

其中 $B$ 为单位欧氏球。对于这样的数，存在关系

$$\alpha^{-1}d(\boldsymbol{x},\boldsymbol{y})\geqslant\rho(\boldsymbol{x},\boldsymbol{y})\geqslant\beta^{-1}d(\boldsymbol{x},\boldsymbol{y}),\forall\boldsymbol{x},\forall\boldsymbol{y},$$

其中 $d(\boldsymbol{x},\boldsymbol{y})$ 为欧氏距离。这便说明 $\mathbf{R}^n$ 上的所有 Minkowski 度量都"等价于"欧氏度量，即它们都定义相同的开集、闭集和在度量理论意义下的 Cauchy 序列。

一些重要的相互共轭凸函数的例子，如某些度规类凸函数，可以通过相互度规极来构造。定义在 $\mathbf{R}^n$ 上的推广的实值函数 $f$ 如果满足 $f(\mathbf{0})=\inf f$ 且各种水平集

$$\{\boldsymbol{x}\mid f(\boldsymbol{x})\leqslant\alpha\},f(\mathbf{0})<\alpha<+\infty$$

都是成比例的，即都能够表示成为某个集合的正的数乘，则称之为度规型的。

**定理 15.3**　函数 $f$ 为度规型的正常凸函数当且仅当其能够表示成为

$$f(\boldsymbol{x})=g(k(\boldsymbol{x}))$$



其中 $k$ 为一个闭度规，$g$ 为定义在 $[0,+\infty]$ 上的非常数、非减下半连续凸函数，并存在 $\zeta>0$ 使得 $g(\zeta)$ 有限。（认为 $g(+\infty)$ 对应的 $f$ 的值为 $+\infty$。）如果 $f$ 具有这样的类型，则 $f^*$ 也是度规型的 。事实上，

$$f^*(\boldsymbol{x}^*)=g^+(k^\circ(\boldsymbol{x}^*)),$$

其中 $g$ 的单调共轭 $g^+$ 满足与 $g$ 相同的条件。

**证明**　假设 $f$ 形如 $f(\boldsymbol{x})=g(k(\boldsymbol{x}))$，其中 $g$ 与 $k$ 具有上述性质。设 $I$ 为使 $g$ 在其上有限的区间，并令 $C=\{\boldsymbol{x}\mid k(\boldsymbol{x})\leqslant1\}$。关于 $g$ 的条件说明当 $\zeta\to+\infty$ 时 $g(\zeta)\to+\infty$（定理8.6)。对于任意实数 $\alpha>f(0)=g(0)$，数

$$\lambda=\sup\{\zeta\geqslant0\mid g(\zeta)\leqslant\alpha\}$$

为有限、正的，并有

$$\{\boldsymbol{x}\mid f(\boldsymbol{x})\leqslant\alpha\}=\{\boldsymbol{x}\mid k(\boldsymbol{x})\leqslant\lambda\}=\lambda C$$

这便说明 $f$ 为度规型的。$f$ 的共轭可以表示成为

$$\begin{aligned}f^*(\boldsymbol{x}^*)&=\sup_{x}\{\langle\boldsymbol{x},\boldsymbol{x}^*\rangle-g(k(\boldsymbol{x}))\}=\sup_{\zeta\in I}\ \sup_{x\in\zeta C}\{\langle\boldsymbol{x},\boldsymbol{x}^*\rangle-g(\zeta)\}\\&=\sup_{\zeta\in I}\{\zeta(\sup_{y\in C}\langle\boldsymbol{y},\boldsymbol{x}^*\rangle)-g(\zeta)\}.\end{aligned}$$

由定义,内部的上确界为 $\delta^*(\boldsymbol{x}^*\mid C)$。并与 $\gamma(\boldsymbol{x}^*\mid C^\circ)$相同（定理 14.5)。事实上，因为 $k=\gamma(\cdot\mid C)$，所以，与 $k^\circ(\boldsymbol{x}^*)$ 相同。另一方面，对于 $\zeta^*\geqslant0$，有

$$\sup_{\zeta\in I}\{\zeta\zeta^*-g(\zeta)\}=\sup_{\zeta\geqslant0}\{\zeta\zeta^*-g(\zeta)\}=g^+(\zeta^*).$$

由此得到 $f^*(\boldsymbol{x}^*)=g^+(k^\circ(\boldsymbol{x}^*))$。根据我们在第 12 节最后有关单调共轭的讨论知道 $g^+$ 满足我们所赋予 $g$ 的相同条件。因此，$f^*$ 为度规型的，对 $f^*$ 进行相同的运算得到

$$f^{**}(\boldsymbol{x})=g^{++}(k^{\circ\circ}(\boldsymbol{x}))=g(k(\boldsymbol{x}))=f(\boldsymbol{x})$$

因为 $f^{**}(\boldsymbol{x})=f(\boldsymbol{x})$，并且由 $g$ 的条件知道 $f(\mathbf{0})$ 为有限的，这便说明 $f$ 为闭的正常凸函数（定理 12.2)。

下面仅需证明对于任意给定的度规型闭正常凸函数 $f$，存在如上所述的 $g$ 和 $k$

使 $f(\boldsymbol{x})=g(k(\boldsymbol{x}))$。关于 $f$ 的条件说明水平集

$$C_\alpha=\{\boldsymbol{x}\mid f(\boldsymbol{x})\leqslant\alpha\},\alpha>\alpha_0=f(\boldsymbol{0})=\inf f$$

为含有原点的闭凸集，且它们都为某个 $C$ 的正的乘积。如果它们都确实为乘积 $\lambda C$，则一定有

$$f(\boldsymbol{x})=f(\boldsymbol{0})+\delta(\boldsymbol{x}\mid\lambda C)=g(k(\boldsymbol{x})),$$

其中 $k$ 为 $C$ 的度规且

$$g(\zeta)=\begin{cases}\alpha_0, 如果\ 0\leqslant\zeta\leqslant\lambda\\ +\infty, 如果\ \zeta>\lambda\end{cases}$$

我们因此假设 $C$ 不是锥，$f$ 不仅仅为 $\mathrm{dom}f$ 上的常数。在这种情况下定义 $g$ 为

$$g(\zeta)=\inf\{\alpha\mid C_\alpha\supset\zeta C\},\zeta\geqslant 0.$$

显然，$g$ 非减、非常数且

$$\alpha_0=g(0)=\inf\{g(\zeta)\mid\zeta>0\}<\infty$$

对于每个向量 $\boldsymbol{x}$ 有

$$\begin{aligned}f(\boldsymbol{x})&=\inf\{\alpha\mid\alpha>\alpha_0,\boldsymbol{x}\in C_\alpha\}\\&=\inf\{\alpha\mid\zeta>0,\boldsymbol{x}\in\zeta C\subset C_\alpha\}\\&=\inf\{g(\zeta)\mid\zeta>0,\boldsymbol{x}\in\zeta C\}\\&=\inf\{g(\zeta)\mid\zeta\geqslant\gamma(\boldsymbol{x}\mid C)=k(\boldsymbol{x})\}=g(k(\boldsymbol{x}))\end{aligned}$$

因为 $C$ 不为锥，所以，存在向量 $\boldsymbol{x}$ 使得 $k(\boldsymbol{x})=1$，且对于这样的向量有

$$g(\zeta)=g(\zeta k(\boldsymbol{x}))=g(k(\zeta\boldsymbol{x}))=f(\zeta\boldsymbol{x}),\forall\zeta\geqslant 0$$

$f$ 的凸性以及半连续性因此由 $g$ 得到，并由此得到 $g$ 所满足的性质。

定理 15.3 主要应用于具有这样性质的函数：存在指数 $p$，$1<p<\infty$，使得

$$f(\lambda\boldsymbol{x})=\lambda^p f(\boldsymbol{x}),\forall\lambda>0,\forall\boldsymbol{x}$$

这样的函数称为 $p$ 阶正齐次函数。

**推论 15.3.1**　闭正常凸函数 $f$ 为 $p$ 阶正齐次的，其中 $1<p<\infty$，当且仅当存在某个闭度规 $k$ 使得

$$f(x)=(1/p)k(x)^p$$

对于这样的 $f$，$f$ 的共轭为 $q$ 阶正齐次函数，其中 $1<q<\infty$ 且 $(1/p)+(1/q)=1$；事实上，

$$f^*(\boldsymbol{x}^*)=(1/q)k^\circ(\boldsymbol{x}^*)^q$$

**证明**　如果 $f$ 为 $p$ 阶正齐次，则 $f$ 为度规型的。由于函数 $g(\zeta)=(1/p)\zeta^p$，$\zeta\geqslant 0$，满足定理的条件并且 $g^+(\zeta^*)=(1/q)\zeta^{*q}$，所以，推论成立。

当然，如果如推论一样有 $f(\boldsymbol{x})=(1/p)k(\boldsymbol{x})^p$，则 $(pf)^{1/p}=k$。因此：

**推论 15.3.2**　设 $f$ 为闭正常 $p$ 阶正齐次凸函数，其中 $1<p<\infty$，则 $(pf)^{1/p}$ 为闭的度规，其极为 $(qf^*)^{1/q}$，其中 $1<q<\infty$ 且 $(1/p)+(1/q)=1$。因此，

$$\langle\boldsymbol{x},\boldsymbol{x}^*\rangle\leqslant(pf(\boldsymbol{x}))^{1/p}(qf^*(\boldsymbol{x}^*))^{1/q},\forall\boldsymbol{x}\in\mathrm{dom}f,\forall\boldsymbol{x}^*\in\mathrm{dom}f^*,$$

并且下列闭凸集

$$C=\{x\mid[pf(x)]^{1/p}\leqslant 1\}=\{x\mid f(x)\leqslant 1/p\}$$
$$C^*=\{x^*\mid[qf^*(x^*)]^{1/q}\leqslant 1\}=\{x^*\mid f^*(x^*)\leqslant 1/q\}$$
互为极。

**证明**　由前面的推论和一般性质立即得到 $k=(pf)^{1/p}$ 为闭的度规。

例如，对于任意 $p$ 定义函数
$$f(\xi_1,\cdots,\xi_n)=(1/p)(|\xi_1|^p+\cdots+|\xi_n|^p)$$
则 $f$ 为在 $\mathbf{R}^n$ 上定义的闭正常 $p$ 阶正齐次凸函数，$f$ 的共轭函数为
$$f^*(\xi_1^*,\cdots,\xi_n^*)=(1/q)(|\xi_1^*|^q+\cdots+|\xi_n^*|^q)$$
其中 $1<q<\infty$ 且易证 $(1/p)+(1/q)=1$。由推论 15.3.2 知道函数
$$k(\xi_1,\cdots,\xi_n)=(|\xi_1|^p+\cdots+|\xi_n|^p)^{1/p}$$
为闭度规，其极为



$$k^\circ(\xi_1^*,\cdots,\xi_n^*)=(|\xi_1^*|^q+\cdots+|\xi_n^*|^q)^{1/q}$$
且闭凸集
$$C=\{x=(\xi_1,\cdots,\xi_n)\mid|\xi_1|^p+\cdots+|\xi_n|^p\leqslant 1\}$$
$$C^*=\{x^*=(\xi_1^*,\cdots,\xi_n^*)\mid|\xi_1^*|^q+\cdots+|\xi_n^*|^q\leqslant 1\}$$
相互为极。事实上，此时，$k$ 与 $k^\circ$ 互为范数极。

另外一个例子。令 $Q$ 为对称 $n\times n$ 阶正定矩阵，并且
$$f(x)=(1/2)\langle x,Qx\rangle.$$
如在第 12 节所指出的，$f$ 为定义在 $\mathbf{R}^n$ 上的（闭正常）凸函数，其共轭为
$$f^*(x^*)=(1/2)\langle x^*,Q^{-1}x^*\rangle.$$
因为 $f$ 为 2 阶正齐次的，由推论 15.3.2 知道
$$k(x)=\langle x,Qx\rangle^{1/2}$$
为度规——事实上为具有极
$$k^\circ(x)=\langle x^*,Q^{-1}x^*\rangle^{1/2}$$
的范数。凸集
$$C=\{x\mid\langle x,Qx\rangle\leqslant 1\}$$
的极为
$$C^\circ=\{x^*\mid\langle x^*,Q^{-1}x^*\rangle\leqslant 1\}.$$
因此，例如，椭圆盘
$$C=\{(\xi_1,\xi_2)\mid(\xi_1^2/\alpha_1^2)+(\xi_2^2/\alpha_2^2)\leqslant 1\}$$
的极为椭圆盘
$$C^\circ=\{(\xi_1^*,\xi_2^*)\mid(\alpha_1^2\xi_1^{*2})+(\alpha_2^2\xi_2^{*2})\leqslant 1\}.$$
进一步，对于满足定理 15.3 假设的 $g$，可定义一对相互共轭的正常闭凸函数
$$f(x)=g(\langle x,Qx\rangle^{1/2}),f^*(x^*)=g^+(\langle x^*,Q^{-1}x^*\rangle^{1/2}).$$

度规属于在原点为零的那类非负凸函数类，通过定义 $f$ 的极为
$$f^\circ(x^*)=\inf\{\mu^*\geqslant 0\mid\langle x,x^*\rangle\leqslant 1+\mu^*f(x),\forall x\}.$$

的办法，度规之间的极性对应能够被推广到这个较大的类中。

如果 $f$ 为度规，由于 $f$ 的正齐次性，这个定义简化到已有的定义。如果 $f$ 为含有原点的凸集 $C$ 的指示函数，则 $f^\circ$为 $C^\circ$的指示函数。

**定理 15.4**　设 $f$ 为非负凸函数，且在原点为零。$f$ 的极 $f^\circ$为在原点为零的非负闭凸函数且 $f^{\circ\circ}=\mathrm{cl}f$。

**证明**　当然，$f^\circ$为非负的且 $f^\circ(0)=0$。$f^\circ$的上镜图由 $\mathbf{R}^{n+1}$ 中满足

$$\langle \boldsymbol{x},\boldsymbol{x}^*\rangle-\mu\mu^*\leqslant 1,\ \forall(\boldsymbol{x},\mu)\in \mathrm{epi}f$$

的向量组成，因此

$$\mathrm{epi}f^\circ=(A(\mathrm{epi}f))^\circ=A((\mathrm{epi}f)^\circ)$$

其中 $A$ 为 $\mathbf{R}^{n+1}$ 中的垂直反射，即线性变换$(\boldsymbol{x}^*,\mu^*)\to(\boldsymbol{x}^*,-\mu^*)$。因此，$\mathrm{epi}f^\circ$为闭凸集（蕴含着 $f^\circ$为闭凸函数）。进一步（定理 14.5）地，

$$\begin{aligned}\mathrm{epi}(f^{\circ\circ})&=(A(\mathrm{epi}f^\circ))^\circ=(AA((\mathrm{epi}f)^\circ))^\circ\\&=(\mathrm{epi}f)^{\circ\circ}=\mathrm{cl}(\mathrm{epi}f)=\mathrm{epi}(\mathrm{cl}f)\end{aligned}$$

所以 $f^{\circ\circ}=\mathrm{cl}f$。

**推论 15.4.1**　极运算 $f\to f^\circ$在所有在原点为零的非负闭凸函数所构成的函数类中诱导出一种一对一的对应。

注意到在推广意义下函数的相互极永远满足

$$\langle \boldsymbol{x},\boldsymbol{x}^*\rangle\leqslant 1+f(\boldsymbol{x})f^\circ(\boldsymbol{x}^*),\ \forall \boldsymbol{x}\in \mathrm{dom}f,\ \forall \boldsymbol{x}^*\in \mathrm{dom}f^\circ$$

它们导致了一类“最好”不等式，其细节可以作为简单练习。

设 $f$ 为在原点为零的非负闭凸函数，则正如我们刚才所看到的，$f^\circ$具有这些相同的性质。但是，由定义可以看到，共轭函数 $f^*$ 也具有这些性质。$f^\circ$和 $f^*$ 之间的关系如何？对于这个问题的回答可通过比较函数 $g=f^{*\circ}$与 $f$ 的上镜图之间的几何分析而得到。

首先由 $f^*$ 来计算 $g$。由定义，如果 $g(x)<\lambda<\infty$，则有 $\lambda>0$ 且

$$\begin{aligned}1&\geqslant\sup_{\boldsymbol{x}^*}\{\langle \boldsymbol{x},\boldsymbol{x}^*\rangle-\lambda f^*(\boldsymbol{x}^*)\}=\lambda\sup_{\boldsymbol{x}^*}\{\langle \lambda^{-1}\boldsymbol{x},\boldsymbol{x}^*\rangle-f^*(\boldsymbol{x}^*)\}\\&=\lambda f^{**}(\lambda^{-1}\boldsymbol{x})=\lambda f(\lambda^{-1}\boldsymbol{x})=(f\lambda)(\boldsymbol{x}).\end{aligned}$$

另一方面，由同样计算得到，如果 $0<\lambda<\infty$ 且$(f\lambda)(\boldsymbol{x})\leqslant 1$，则有 $\lambda\geqslant g(x)$。因此，

$$g(\boldsymbol{x})=\inf\{\lambda>0\mid(f\lambda)(\boldsymbol{x})\leqslant 1\}$$

我们称函数 $g$ 为 $f$ 的对立。

注意到，如果 $f$ 为某个含有原点的闭凸集 $C$ 的指示函数，则 $g$ 为 $C$ 的度规。另一方面，如果 $f$ 为 $C$ 的度规，则 $g$ 为 $C$ 的指示函数。因此，$C$ 的指示函数与度规函数互为对立。

一般地，$\mathrm{epi}f$ 与 $\mathrm{epi}g$ 之间存在简单的几何关系。在上述公式中，当 $\lambda\downarrow 0$ 时$(f\lambda)(\boldsymbol{x})$趋向于$(f0^+)(\boldsymbol{x})$（推论 8.5.2），我们有

$$\mathrm{epi}g=\{(\boldsymbol{x},\lambda)\mid h(\lambda,\boldsymbol{x})\leqslant 1\}$$

其中

$$h(\lambda,\boldsymbol{x})=\begin{cases}(f\lambda)(\boldsymbol{x}), & \lambda>0\\ (f0^{+})(\boldsymbol{x}), & \lambda=0\\ +\infty, & \lambda<0\end{cases}$$

正如我们在第 8 节中所看到的，$P=\mathrm{epi}h$ 为 $\mathbf{R}^{n+2}$ 中的闭凸锥且为包含$\{(1,\boldsymbol{x},\mu)\mid \mu\geqslant f(\boldsymbol{x})\}$的最小的这样的锥。因此，$P$ 与超平面$\{(\lambda,\boldsymbol{x},\mu)\mid\lambda=1\}$的交对应于 $\mathrm{epi}f$。上述计算说明 $P$ 与超平面$\{(\lambda,\boldsymbol{x},\mu)\mid\mu=1\}$的交对应于 $\mathrm{epi}g$。进一步地，因为 $P$ 等于它与开半空间$\{(\lambda,\boldsymbol{x},\mu)\mid\mu\geqslant 0\}$交的闭包（只要 $f\geqslant 0$），$P$ 一定为包含$\{(\lambda,\boldsymbol{z},1)\mid\lambda\geqslant g(\boldsymbol{x})\}$的最小的凸锥。因此，$f$ 与 $g$ 在 $\mathbf{R}^{n+2}$ 中导出相同的闭凸锥 $P$，$\lambda$ 与 $\mu$ 的作用为互逆的。



**定理 15.5**　设 $f$ 为在原点为零的非负闭凸函数，且 $g$ 为 $f$ 的对立，则 $g$ 为在原点为零的闭凸函数，且 $f$ 为 $g$ 的对立。我们有 $f^{\circ}=g^{*}$ 且 $f^{*}=g^{\circ}$。进一步地，$f^{\circ}$ 和 $g^{*}$ 为相互对立。

**证明**　$f$ 为 $g$ 的对立显然可以由刚才解释的对称性而得到。因此 $f=g^{*\circ}$。这说明 $f^{\circ}=g^{*\circ\circ}=g^{*}$。另一方面，$g=f^{*\circ}$说明 $g^{\circ}=f^{*\circ\circ}=f^{*}$。$f^{*}$ 的对立为 $f^{**\circ}=f^{\circ}$。

**推论 15.5.1**　设 $f$ 为在原点为零的非负闭凸函数，则有 $f^{*\circ}=f^{\circ *}$。

**证明**　$f^{\circ *}=g^{**}=g=f^{*\circ}$。

一般地，$f^{\circ}$的水平集并不简单地为 $f$ 的水平集，且定理 15.3 中的度规函数不能够用任意的函数极对来取替。对于 $f$ 的对立 $g$，我们有 $(f\lambda)(\boldsymbol{x})\leqslant\mu$ 当且仅当$(g\mu)(\boldsymbol{x})\leqslant\lambda$（假设 $\lambda>0$ 且 $\mu>0$）。因此，对于 $0<\alpha<\infty$，确实有

$$\{\boldsymbol{x}\mid g(\boldsymbol{x})\leqslant\alpha\}=\{\boldsymbol{x}\mid(f\alpha)(\boldsymbol{x})\leqslant 1\}=\alpha\{\boldsymbol{x}\mid f(\boldsymbol{x})\leqslant\alpha^{-1}\}$$

因为 $f$ 为 $f^{*}$ 的对立，我们得到

$$\{\boldsymbol{x}^{*}\mid f^{\circ}(\boldsymbol{x}^{*})\leqslant\alpha^{-1}\}=\alpha^{-1}\{\boldsymbol{x}^{*}\mid f^{*}(\boldsymbol{x}^{*})\leqslant\alpha\},\forall\alpha>0$$

注意到这个集合为定理 14.7 中不等式中的中间集合。

## 第 16 节　对偶运算

假如我们要对给定的凸函数 $f_1,\cdots,f_m$ 进行一些诸如加法的运算。那么，运算后函数的共轭与共轭函数 $f_1^{*},\cdots,f_m^{*}$ 之间的关系会如何？类似问题在极对应的意义下对于集合或函数的性态是否成立。在大多数情况下，对偶对应会将类似的运算传给另外的类似运算（模仿关于闭包的一些细节）。运算因此以偶对的形式出现。

我们从定理 12.3 中一些简单的例子开始。设 $h$ 为定义在 $\mathbf{R}^n$ 上的凸函数。如果我们对 $h$ 平移 $\boldsymbol{a}$，即用 $f(\boldsymbol{x})=h(\boldsymbol{x}-\boldsymbol{a})$代替 $h$，得到 $f^{*}(\boldsymbol{x}^{*})=h^{*}(\boldsymbol{x}^{*})+\langle\boldsymbol{a},\boldsymbol{x}^{*}\rangle$。另一方面，如果我们对 $h$ 加上一个线性函数得到 $f(\boldsymbol{x})=h(\boldsymbol{x})+\langle\boldsymbol{x},\boldsymbol{a}^{*}\rangle$，$f$ 的共轭为 $f^{*}(\boldsymbol{x}^{*})=h^{*}(\boldsymbol{x}^{*}-\boldsymbol{a}^{*})$，这是 $h^{*}$ 的平移。

对于实数 $\alpha$，$h+\alpha$ 的共轭为 $h^*-\alpha$。

对于凸集 $C$，平移 $C+\boldsymbol{a}$ 的支撑函数为 $\delta^*(\boldsymbol{x}^* \mid C)+\langle \boldsymbol{a},\boldsymbol{x}^*\rangle$。这只要直接验证就够了，但应该注意到，这仅仅是我们刚才所说的特殊情况。指示函数 $h=\delta(\cdot \mid C)$ 的共轭为支撑函数 $\delta^*(\cdot \mid C)$，平移 $C$ 与平移它的指示函数相同。

左右非负数乘运算相互对偶：

**定理 16.1**　对于任何正常凸函数 $f$，有 $(\lambda f)^*=f^*\lambda$ 及 $(f\lambda)^*=\lambda f^*$，$0\leqslant\lambda<\infty$。

**证明**　当 $\lambda>0$ 时是基本的，由共轭的定义易证。当 $\lambda=0$ 时，简单地表达了一个事实，常函数 0 与指示函数 $\delta(\cdot \mid 0)$ 共轭。

**推论 16.1.1**　对于任意非空凸集 $C$，有 $\delta^*(\boldsymbol{x}^* \mid \lambda C)=\lambda\delta^*(\boldsymbol{x}^* \mid C)$，$0\leqslant\lambda<\infty$。

**证明**　取 $f(\boldsymbol{x})=\delta(\boldsymbol{x} \mid C)$。

凸集 $C$ 的极是 $C$ 的支撑函数，例如，

$$C^\circ=\{\boldsymbol{x}^* \mid \delta^*(\boldsymbol{x}^* \mid C)\leqslant 1\}$$

的一个水平集。

结果类似于推论 16.1.1 的任何支撑函数都能够被立即平移至一个极性结果。

**推论 16.1.2**　对于任意非空凸集 $C$ 当 $0<\lambda<\infty$ 时都有 $(\lambda C)^\circ=\lambda^{-1}C^\circ$。

为了处理有关凸集和函数的其他各类运算的对偶，我们需要借助第 9 节中的条件来处理关于闭包的问题。首先讨论这些条件的对偶问题。

**引理 16.2**　设 $L$ 为 $\mathbf{R}^n$ 的子空间且 $f$ 为正常凸函数，则 $L$ 与 $\mathrm{ri}(\mathrm{dom} f)$ 相交当且仅当不存在向量 $\boldsymbol{x}^*\in L^\perp$ 使 $(f^*0^+)(\boldsymbol{x}^*)\leqslant 0$ 且 $(f^*0^+)(-\boldsymbol{x}^*)>0$。

**证明**　因为 $L$ 为相对开集，则 $L\cap\mathrm{ri}(\mathrm{dom} f)$ 为空集当且仅当存在一个超平面正常分离 $L$ 和 $\mathrm{dom} f$（定理 11.3）。正常分离对应于存在某些 $\boldsymbol{x}^*\in\mathbf{R}^n$ 使（见定理 11.1）

$$\inf\{\langle \boldsymbol{x},\boldsymbol{x}^*\rangle \mid \boldsymbol{x}\in L\}\geqslant\sup\{\langle \boldsymbol{x},\boldsymbol{x}^*\rangle \mid \boldsymbol{x}\in \mathrm{dom} f\}$$

$$\sup\{\langle \boldsymbol{x},\boldsymbol{x}^*\rangle \mid x\in L\}>\inf\{\langle \boldsymbol{x},\boldsymbol{x}^*\rangle \mid \boldsymbol{x}\in \mathrm{dom} f\}$$

因为 $f^*0^+$ 为 $\mathrm{dom} f$ 的支撑函数（定理 13.3），在 $\mathrm{dom} f$ 上的上、下确界分别为

$$(f^*0^+)(\boldsymbol{x}^*) \text{ 及} -(f^*0^+)(-\boldsymbol{x}^*)$$

如果 $\boldsymbol{x}^*\in L^\perp$，则在 $L$ 上的下确界为 0；如果 $\boldsymbol{x}^*\notin L^\perp$，则在 $L$ 上的下确界为 $-\infty$。因此 $\boldsymbol{x}^*$ 的两个极端的条件等价于条件 $\boldsymbol{x}^*\in L^\perp$，即，$0\geqslant(f^*0^+)(\boldsymbol{x}^*)$ 及 $0>-(f^*0^+)(-\boldsymbol{x}^*)$。

**推论 16.2.1**　设 $A$ 为映 $\mathbf{R}^n$ 到 $\mathbf{R}^m$ 的线性变换，$g$ 为 $\mathbf{R}^m$ 上的正常凸函数。为不存在向量 $\boldsymbol{y}^*\in\mathbf{R}^m$ 使

$$A^*\boldsymbol{y}^*=0,(g^*0^+)(\boldsymbol{y}^*)\leqslant 0,(g^*0^+)(-\boldsymbol{y}^*)>0$$

当且仅当至少存在一个 $\boldsymbol{x}\in\mathbf{R}^n$ 使得 $A\boldsymbol{x}\in\mathrm{ri}(\mathrm{dom} g)$。

**证明**　对于子空间 $L=\{A\boldsymbol{x} \mid \boldsymbol{x}\in\mathbf{R}^n\}$，有

$$L^\perp=\{\boldsymbol{y}^* \mid A^*\boldsymbol{y}^*=0\}$$

应用引理于 $L$ 和 $g$。

**推论 16.2.2** 设 $f_1,\cdots,f_m$ 为定义在 $\mathbf{R}^n$ 上的正常凸函数。为了不存在向量 $\boldsymbol{x}_1^*,\cdots,\boldsymbol{x}_m^*$ 使得

$$\boldsymbol{x}_1^*+\cdots+\boldsymbol{x}_m^*=\mathbf{0}$$
$$(f_1^*0^+)(\boldsymbol{x}_1^*)+\cdots+(f_m^*0^+)(\boldsymbol{x}_m^*)\leqslant 0$$
$$(f_1^*0^+)(-\boldsymbol{x}_1^*)+\cdots+(f_m^*0^+)(-\boldsymbol{x}_m^*)>0$$

当且仅当

$$\mathrm{ri}(\mathrm{dom}f_1)\cap\cdots\cap\mathrm{ri}(\mathrm{dom}f_m)\neq\varnothing$$

**证明** 将 $\mathbf{R}^{mn}$ 看作 $m$ 元数组 $\boldsymbol{x}=(\boldsymbol{x}_1,\cdots,\boldsymbol{x}_m)$，其中 $\boldsymbol{x}_i\in\mathbf{R}^n$，的空间，从而内积能表示成为

$$\langle\boldsymbol{x},\boldsymbol{x}^*\rangle=\langle\boldsymbol{x}_1,\boldsymbol{x}_1^*\rangle+\cdots+\langle\boldsymbol{x}_m,\boldsymbol{x}_m^*\rangle.$$



定义在 $\mathbf{R}^{mn}$ 上的凸函数

$$f(\boldsymbol{x}_1,\cdots,\boldsymbol{x}_m)=f_1(\boldsymbol{x}_1)+\cdots+f_m(\boldsymbol{x}_m),$$

有共轭

$$f^*(\boldsymbol{x}_1^*,\cdots,\boldsymbol{x}_m^*)=f_1^*(\boldsymbol{x}_1^*)+\cdots+f_m^*(\boldsymbol{x}_m^*),$$

$f^*$ 的回收函数为

$$(f^*0^+)(\boldsymbol{x}_1^*,\cdots,\boldsymbol{x}_m^*)=(f_1^*0^+)(\boldsymbol{x}_1^*)+\cdots+(f_m^*0^+)(\boldsymbol{x}_m^*).$$

子空间

$$L=\{\boldsymbol{x}\mid\boldsymbol{x}_1=\boldsymbol{x}_2=\cdots=\boldsymbol{x}_m\}$$

存在正交补

$$L^\perp=\{\boldsymbol{x}^*\mid\boldsymbol{x}_1^*+\cdots+\boldsymbol{x}_m^*=\mathbf{0}\}.$$

对 $f$ 和 $L$ 应用引理即可。

我们现在证明第5节中所涉及的两个线性变换为相互对偶的。

**定理 16.3** 设 $A$ 为映 $\mathbf{R}^n$ 到 $\mathbf{R}^m$ 的线性变换。对于定义在 $\mathbf{R}^n$ 上的任何凸函数总有

$$(Af)^*=f^*A^*$$

对于定义在 $\mathbf{R}^m$ 上的任何凸函数 $g$，总有

$$((\mathrm{cl}g)A)^*=\mathrm{cl}(A^*g^*)$$

如果存在 $\boldsymbol{x}$ 使得 $A\boldsymbol{x}\in\mathrm{ri}(\mathrm{dom}g)$，则闭包运算能够从第二个公式中去掉；因而，

$$(gA)^*(\boldsymbol{x}^*)=\inf\{g^*(\boldsymbol{y}^*)\mid A^*\boldsymbol{y}^*=\boldsymbol{x}^*\}$$

这里，对于每个 $\boldsymbol{x}^*$，下确界都可以取到（或为无意义的 $+\infty$）。

**证明** 直接计算可以证明第一个关系：

$$\begin{aligned}(Af)^*(\boldsymbol{y}^*)&=\sup_{\boldsymbol{y}}\{\langle\boldsymbol{y},\boldsymbol{y}^*\rangle-\inf_{A\boldsymbol{x}=\boldsymbol{y}}f(\boldsymbol{x})\}=\sup_{\boldsymbol{y}}\sup_{A\boldsymbol{x}=\boldsymbol{y}}\{\langle\boldsymbol{y},\boldsymbol{y}^*\rangle-f(\boldsymbol{x})\}\\&=\sup_{\boldsymbol{x}}\{\langle A\boldsymbol{x},\boldsymbol{y}^*\rangle-f(\boldsymbol{x})\}=\sup_{\boldsymbol{x}}\{\langle\boldsymbol{x},A^*\boldsymbol{y}^*\rangle-f(\boldsymbol{x})\}=f^*(A^*\boldsymbol{y}^*).\end{aligned}$$

将此公式应用于 $A^*$ 与 $g^*$，有

$$(A^*g^*)^*=g^{**}A^{**}=(\mathrm{cl}g)A,$$

因此，

$$((\mathrm{cl}g)A)^*=(A^*g^*)^{**}=\mathrm{cl}(A^*g^*)$$

如果 $g$ 取 $-\infty$，则定理的其余部分为显然的［因为此时按照定理 7.2，在整个 ri(dom$g$) 上 $g(\boldsymbol{y})=-\infty$，所以 $g^*$ 与 $(gA)^*$ 同为 $+\infty$］。因此，假设对于每个 $\boldsymbol{y}$ 有 $g(\boldsymbol{y})>-\infty$ 且存在 $\boldsymbol{x}$ 使得 $A\boldsymbol{x}$ 属于 ri(dom$g$)。在这种情况下，由定理 9.5 得到 $(\mathrm{cl}g)A=\mathrm{cl}(gA)$。因此，$((\mathrm{cl}g)A)^*=(gA)^*$。另一方面，推论 16.2.1 说明 $g^*$ 和 $A^*$ 满足定理 9.2 中的条件。这个条件保证了 $\mathrm{cl}(A^*g^*)=A^*g^*$ 且取到有关 $A^*g^*$ 定义中的下确界。

**推论 16.3.1**　设 $A$ 为映 $\mathbf{R}^n$ 到 $\mathbf{R}^m$ 的线性变换。对于 $\mathbf{R}^n$ 中的任意凸集 $C$ 有

$$\delta^*(y^*\mid AC)=\delta^*(A^*y^*\mid C),\forall y^*\in\mathbf{R}^m.$$

对于 $\mathbf{R}^m$ 中的任意凸集 $D$ 有

$$\delta^*(\cdot\mid A^{-1}(\mathrm{cl}D))=\mathrm{cl}(A^*\delta^*(\cdot\mid D)).$$

如果存在 $\boldsymbol{x}$ 使 $A\boldsymbol{x}\in\mathrm{ri}D$，第二个公式中的闭包运算能够去掉且

$$\delta^*(\boldsymbol{x}^*\mid A^{-1}D)=\inf\{\delta^*(\boldsymbol{y}^*\mid D)\mid A^*\boldsymbol{y}^*=\boldsymbol{x}^*\}$$

其中，对于每个 $\boldsymbol{x}^*$，下确界达到（或为无意义的 $+\infty$）。

**证明**　取 $f(\boldsymbol{x})=\delta(\boldsymbol{x}\mid C)$，$g(\boldsymbol{y})=\delta(\boldsymbol{y}\mid D)$。

**推论 16.3.2**　设 $A$ 为映 $\mathbf{R}^n$ 到 $\mathbf{R}^m$ 的线性变换。对于 $\mathbf{R}^n$ 中的任意凸集 $C$ 有

$$(AC)^\circ=A^{*-1}(C^\circ).$$

对于 $\mathbf{R}^m$ 中的任意凸集 $D$ 有

$$(A^{-1}(\mathrm{cl}D))^\circ=\mathrm{cl}(A^*(D^\circ)).$$

如果存在 $\boldsymbol{x}$ 使得 $A\boldsymbol{x}\in\mathrm{ri}D$，则闭包运算能够从第二个公式中去掉。

**证明**　由前一推论立即得到。

由推论 19.3.1 知道，当 $g$ 为一个“多面体”，即 $g$ 的上镜图为一个多面体凸集，则定理 16.3 中的条件 $A\boldsymbol{x}\in\mathrm{ri}(\mathrm{dom}g)$ 能够减弱为 $A\boldsymbol{x}\in\mathrm{dom}g$。当然，由推论 16.2.1 以及第 9 节开头在定理 9.2 中所给出的对应的回收函数条件可以看到，一般情况下需要相对内部的条件。

作为对定理 16.3 的说明，假设

$$h(\xi_1)=\inf_{\xi_2}f(\xi_1,\xi_2),\xi_1\in\mathbf{R},$$

其中 $f$ 为定义在 $\mathbf{R}^2$ 上的凸函数，则 $h=Af$，其中 $A$ 为投影 $(\xi_1,\xi_2)\to\xi_1$。伴随 $A^*$ 为变换 $\xi_1^*\to(\xi_1^*,0)$，所以，

$$h^*(\xi_1^*)=f^*(\xi_1^*,0)$$

作为另外一个例子，考虑定义在 $\mathbf{R}^n$ 上的形如

$$h(\boldsymbol{x})=g_1(\langle\boldsymbol{a}_1,\boldsymbol{x}\rangle)+\cdots+g_m(\langle\boldsymbol{a}_m,\boldsymbol{x}\rangle)$$

的凸函数 $h$，其中 $\boldsymbol{a}_1,\cdots,\boldsymbol{a}_m$ 为 $\mathbf{R}^n$ 中的元素，$g_1,\cdots,g_m$ 为单个实变量正常凸函

数。为了确定 $h$ 的共轭，我们注意到 $h=gA$，其中 $A$ 为线性变换

$$\boldsymbol{x}\to(\langle \boldsymbol{a}_1,\boldsymbol{x}\rangle,\cdots,\langle \boldsymbol{a}_m,\boldsymbol{x}\rangle)$$

且 $g$ 为定义在 $\mathbf{R}^m$ 上的闭的正常凸函数，定义为

$$g(\boldsymbol{y})=g_1(\eta_1)+\cdots+g_m(\eta_m),\boldsymbol{y}=(\eta_1,\cdots,\eta_m)$$

伴随 $A^*$ 为线性变换

$$\boldsymbol{y}^*=(\eta_1^*,\cdots,\eta_m^*)\to\eta_1^*a_1+\cdots+\eta_m^*a_m$$

同时，显然有

$$g^*(\boldsymbol{y}^*)=g_1^*(\eta_1^*)+\cdots+g_m^*(\eta_m^*).$$

因此，对于每个 $\boldsymbol{x}^*\in\mathbf{R}^n$，$(A^*g^*)(\boldsymbol{x}^*)$为

$$g_1^*(\eta_1^*)+\cdots+g_m^*(\eta_m^*)$$



关于满足

$$\eta_1^*\boldsymbol{a}_1+\cdots+\eta_m^*\boldsymbol{a}_m=\boldsymbol{x}^*$$

的所有实数 $\eta_1^*,\cdots,\eta_m^*$ 的下确界。由定理 16.3 知道，$h$ 的共轭是这个凸函数 $A^*g^*$ 的闭包。如果存在向量 $\boldsymbol{x}\in\mathbf{R}^n$ 使对于 $i=1,\cdots,m$，有

$$\langle \boldsymbol{a}_i,\boldsymbol{x}\rangle\in\mathrm{ri}(\mathrm{dom}g_i)$$

则对于每个 $\boldsymbol{x}^*$，定义$(A^*g^*)(\boldsymbol{x}^*)$中的下确界可以通过选择 $\eta_1^*,\cdots,\eta_m^*$ 而取到，简单写为 $h^*=A^*g^*$。

注意到在定理 16.3 中，闭包运算可以省略，公式$(gA)^*=A^*g^*$说明（对于任意 $\boldsymbol{x}^*\in\mathbf{R}^n$）有

$$\sup\{\langle\boldsymbol{x},\boldsymbol{x}^*\rangle-g(A\boldsymbol{x})\mid\boldsymbol{x}\in\mathbf{R}^n\}=\inf\{g^*(\boldsymbol{y}^*)\mid A^*\boldsymbol{y}^*=\boldsymbol{x}^*\}.$$

因此，定理 16.3 给出了两种不同的极值问题关系之间的一种非平凡事实。类似的结果包含在下面的定理 16.4 和定理 16.5 中。求导和诸如“inf=sup”这样的公式为第 30 节和第 31 节中所建立的对偶极值问题一般理论的主题。

我们现在证明有关凸集的加法和卷积下确界运算是相互对偶的。当应用于极值问题，这是对偶运算中最重要的情况。

**定理 16.4** 设 $f_1,\cdots,f_m$ 为定义在 $\mathbf{R}^n$ 上的正常凸函数，则

$$(f_1\square\cdots\square f_m)^*=f_1^*+\cdots+f_m^*$$

$$(\mathrm{cl}f_1+\cdots+\mathrm{cl}f_m)^*=\mathrm{cl}(f_1^*\square\cdots\square f_m^*)$$

如果集合 $\mathrm{ri}(\mathrm{dom}f_i),i=1,2,\cdots,m$，具有公共点，第二个公式中的闭包运算能够去掉且

$$(f_1,\cdots,f_m)^*(\boldsymbol{x}^*)=\inf\{f_1^*(\boldsymbol{x}_1^*)+\cdots+f_m^*(\boldsymbol{x}_m^*)\mid\boldsymbol{x}_1^*+\cdots+\boldsymbol{x}_m^*=\boldsymbol{x}^*\},$$

其中对于每个 $\boldsymbol{x}^*$ 下确界都可以取到。

**证明** 由定义有

$$\begin{aligned}(f_1\square\cdots\square f_m)^*(x^*)&=\sup_{\boldsymbol{x}}\{\langle\boldsymbol{x},\boldsymbol{x}^*\rangle-\inf_{\boldsymbol{x}_1+\cdots+\boldsymbol{x}_m=\boldsymbol{x}}\{f_1(\boldsymbol{x}_1)+\cdots+f_m(\boldsymbol{x}_m)\}\}\\&=\sup_{\boldsymbol{x}}\sup_{\boldsymbol{x}_1+\cdots+\boldsymbol{x}_m=\boldsymbol{x}}\{\langle\boldsymbol{x},\boldsymbol{x}^*\rangle-f_1(\boldsymbol{x}_1)-\cdots-f_m(\boldsymbol{x}_m)\}\end{aligned}$$

$$= \sup_{x_1,\cdots,x_m} \{\langle x_1, x^* \rangle + \cdots + \langle x_m, x^* \rangle - f_1(x_1) - \cdots - f_m(x_m)\}$$
$$= f_1^*(x_1^*) + \cdots + f^*(x^*)$$

这样有

$$(f_1^* \square \cdots \square f_m^*)^* = f_1^{**} + \cdots + f_m^{**} = \mathrm{cl} f_1 + \cdots + \mathrm{cl} f_m,$$

因此

$$(\mathrm{cl} f_1 + \cdots + \mathrm{cl} f_m)^* = (f_1^* \square \cdots \square f_m^*)^{**} = \mathrm{cl}(f_1^* \square \cdots \square f_m^*).$$

如果集合 $\mathrm{ri}(\mathrm{dom} f_i)$ 有公共点，按照定理 9.3，$\mathrm{cl} f_1 + \cdots + \mathrm{cl} f_m$ 与 $\mathrm{cl}(f_1 + \cdots + f_m)$ 相同。后者函数的共轭为$(f_1 + \cdots + f_m)^*$。另一方面，推论 16.2.2 说明，在相同的相交条件下，$f_1^*$，…，$f_m^*$ 满足推论 9.2.1 的假设，这便保证了 $f_1^* \square \cdots \square f_m^*$ 为闭的且在 $f_1^* \square \cdots \square f_m^*$ 定义中的下确界总可以取到。



**推论 16.4.1**　设 $C_1, \cdots, C_m$ 为 $\mathbf{R}^n$ 中的非空凸集，则

$$\delta^*(\cdot \mid C_1, \cdots, C_m) = \delta^*(\cdot \mid C_1) + \cdots + \delta^*(\cdot \mid C_m),$$
$$\delta^*(\cdot \mid \mathrm{cl} C_1 \cap \cdots \cap \mathrm{cl} C_m) = \mathrm{cl}(\delta^*(\cdot \mid C_1) \square \cdots \square \delta^*(\cdot \mid C_m)).$$

如果集合 $\mathrm{ri} C_i$，$i = 1, \cdots, m$，有公共点，闭包运算能够从第二个公式中去掉，并且

$$\delta^*(x^* \mid C_1 \cap \cdots \cap C_m) = \inf\{\delta^*(x_1^* \mid C_1) + \cdots + \delta^*(x_m^* \mid C_m) \mid x_1^* + \cdots + x_m^* = x^*\},$$

这里，对于每个 $x^*$，下确界达到。

**证明**　取 $f_i = \delta(\cdot \mid C_i)$。

**推论 16.4.2**　设 $K_1, \cdots, K_m$ 为 $\mathbf{R}^n$ 中的非空凸锥，则

$$(K_1 + \cdots + K_m)^\circ = K_1^\circ \cap \cdots \cap K_m^\circ$$
$$(\mathrm{cl} K_1 \cap \cdots \cap \mathrm{cl} K_m)^\circ = \mathrm{cl}(K_1^\circ + \cdots + K_m^\circ).$$

如果锥 $\mathrm{ri} K_i, i = 1, \cdots, m$，有公共点，则闭包运算能够从第二个公式中去掉。

**证明**　应用定理于 $f_i = \delta(\cdot \mid K_i)$。就像第 14 节开头所解释的有 $f_i^* = \delta(\cdot \mid K_i^\circ)$。

定理 20.1 将对定理 16.4 的最后一部分中某些函数 $f_i$ 为“多面体”的情况进行重要的完善。

定理 16.4 应用的一个例子是距离函数

$$f(x) = d(x, C) = \inf\{|x - y| \mid y \in C\}$$

的共轭函数的计算，其中 $C$ 为给定的非空凸集。如定理 5.4 后面所注，有 $f = f_1 \square f_2$，其中

$$f_1(x) = |x|, f_2(x) = \delta(x \mid C).$$

因此，

$$f^*(x^*) = f_1^*(x^*) + f_2^*(x^*) = \begin{cases} \delta^*(x^* \mid C), & \text{如果} |x^*| \leqslant 1, \\ +\infty, & \text{其他情况}. \end{cases}$$

作为逼近论中有趣的例子我们考虑函数

$$f(\boldsymbol{x})=\inf\{\|\boldsymbol{x}-\zeta_1\boldsymbol{a}_1-\cdots-\zeta_m\boldsymbol{a}_m\|\mid\zeta_i\in\mathbf{R}\},$$

其中 $\boldsymbol{a}_1,\cdots,\boldsymbol{a}_m$ 为 $\mathbf{R}^n$ 中给定的元素且对于 $\boldsymbol{x}=(\xi_1,\cdots,\xi_n)$ 有

$$\|\boldsymbol{x}\|_\infty=\max\{|\xi_j|\mid j=1,\cdots,n\}.$$

这里 $f=f_1\square f_2$，其中

$$f_1(\boldsymbol{x})=\|\boldsymbol{x}\|_\infty,f_2(\boldsymbol{x})=\delta(\boldsymbol{x}\mid L),$$

$L$ 为由 $a_1$，$\cdots,a_m$ 所生成的 $\mathbf{R}^n$ 中的子空间。因为 $f_1$ 为集合

$$D=\{\boldsymbol{x}^*=(\xi_1^*,\cdots,\xi_n^*)\mid|\xi_1^*|+\cdots+|\xi_n^*|\leqslant1\}$$

的支撑函数，$f_1^*$ 为 $D$ 的指示函数（定理13.2）。另一方面，$f_2^*$ 为正交补子空间

$$L^\perp=\{\boldsymbol{x}^*\mid\langle\boldsymbol{x}^*,\boldsymbol{a}_i\rangle=0,i=1,2,\cdots,m\}$$

的指示函数。因此，按照定理16.4，$f^*$ 等于 $f_1^*+f_2^*$，其为 $D\cap L^\perp$ 的指示函数。由此得到 $f$ 本身为（多面体）凸集 $D\cap L^\perp$ 的支撑函数。



定理16.4的第二部分通过计算函数

$$f(\boldsymbol{x})=\begin{cases}h(\boldsymbol{x}),\boldsymbol{x}\geqslant\boldsymbol{0},\\+\infty,\boldsymbol{x}\text{ 为其他}\end{cases}$$

的共轭来说明，其中 $h$ 为在 $\mathbf{R}^n$ 上定义的给定闭正常凸函数。我们有 $f=h+\delta(\cdot\mid K)$，其中 $K$ 为 $\mathbf{R}^n$ 中非负象限。由定理14.1知道 $\delta(\cdot\mid K)$ 的共轭刚好为极锥 $K^\circ$ 的指示，$K^\circ$ 恰好就是非负象限 $-K$。由定理16.4知 $f^*$ 为凸函数

$$g=h^*\square\delta(\cdot\mid -K)$$

的闭包，$g$ 定义为

$$g(\boldsymbol{x}^*)=\inf\{h^*(\boldsymbol{z}^*)\mid\boldsymbol{z}^*\geqslant\boldsymbol{x}^*\}.$$

如果 $\mathrm{ri}(\mathrm{dom}h)$ 与 $\mathrm{ri}K$（正半象限）相交，有公式

$$f^*(\boldsymbol{x}^*)=\min\{h^*(\boldsymbol{z}^*)\mid\boldsymbol{z}^*\geqslant\boldsymbol{x}^*\}.$$

在定理20.1中我们将会看到（因为 $K$ 为多面体），上面第二式在 $\mathrm{ri}(\mathrm{dom}h)$ 仅仅与非负象限 $K$ 本身相交而不与 $\mathrm{ri}K$ 相交时也成立。

作为定理16.4能够被用于确定共轭函数的最后例子，我们计算重要函数

$$f(\xi_1,\cdots,\xi_n)=\begin{cases}\xi_1\log\xi_1+\cdots+\xi_n\log\xi_n,\text{如果对于 }j=1,\cdots,n\text{ 有 }\xi_j\geqslant0\text{ 及 }\xi_1+\cdots+\xi_n=1\\+\infty,\text{其他}\end{cases}$$

的共轭函数（其中 $0\log0=0$）。注意到 $f$ 为定义在 $\mathbf{R}^n$ 上的闭正常凸函数，因为

$$f(\boldsymbol{x})=g(\boldsymbol{x})+\delta(\boldsymbol{x}\mid C),$$

其中

$$C=\{\boldsymbol{x}=(\xi_1,\cdots,\xi_n)\mid\xi_1+\cdots+\xi_n=1\},$$

$$g(\boldsymbol{x})=k(\xi_1)+\cdots+k(\xi_n),$$

$$k(\xi)=\begin{cases}\xi\log\xi, & \xi>0,\\0, & \xi=0,\\+\infty, & \xi<0.\end{cases}$$

$g$ 的有效域的相对内部与 $\delta(\cdot|C)$ 的相对内部存在非空交集，所以，由定理 16.4 的最后部分有

$$f^*=[g+\delta(\cdot|C)]^*=g^*\Box\delta(\cdot|C)^*=g^*\Box\delta^*(\cdot|C),$$

换句话说，

$$f^*(\boldsymbol{x}^*)=\inf_{y^*}\{g^*(\boldsymbol{x}^*-\boldsymbol{y}^*)+\delta^*(\boldsymbol{y}^*|C)\},$$

其中对于每个 $\boldsymbol{x}^*$，下确界在某些 $\boldsymbol{y}^*$ 上取到。显然，

$$g^*(\boldsymbol{x}^*)=k^*(\xi_1^*)+\cdots+k^*(\xi_n^*),$$

且由基本计算得到

$$k^*(\xi^*)=e^{\xi^*-1}$$

另一方面，

$$\delta^*(\boldsymbol{x}^*|C)=\begin{cases}\lambda, & \text{如果存在 } \lambda\in\mathbf{R} \text{ 使得 } \boldsymbol{x}^*=\lambda(1,\cdots,1),\\ +\infty, & \text{其他}\end{cases}$$



因此，

$$f^*(\boldsymbol{x}^*)=\min_{\lambda\in\mathbf{R}}\{\lambda+\sum_{j=1}^{n}e^{\xi_j^*-\lambda-1}\}.$$

这个下确界可以通过关于 $\lambda$ 求导并令其等于 0 而得到。结果是公式

$$f^*(\boldsymbol{x}^*)=\log(e^{\xi_1^*}+\cdots+e^{\xi_n^*})$$

共轭对应为倒序的事实导致点态上确界运算的对偶以及关于凸函数的凸包运算。

**定理 16.5** 假设对于每个 $i\in I$（任意指标集）$f_i$ 为定义在 $\mathbf{R}^n$ 上的正常凸函数，则

$$(\mathrm{conv}\{f_i|i\in I\}^*)=\sup\{f_i^*|i\in I\},$$

$$(\sup\{\mathrm{cl}f_i|i\in I\}^*)=\mathrm{cl}(\mathrm{conv}\{f_i^*|i\in I\}).$$

如果 $I$ 为有限的且集合 $\mathrm{cl}(\mathrm{dom}f_i)$ 都是同一集合 $C$（如每个 $f_i$ 都在整个 $\mathbf{R}^n$ 上为有限的情况），则闭包运算能够从第二个公式中去掉。进一步地，在这种情况下，

$$(\sup\{f_i\mid i\in I\})^*=\inf\{\sum\nolimits_{i\in I}\lambda_i f_i^*(x_i^*)\},$$

其中对于每个 $\boldsymbol{x}^*$，下确界（对所有可以表示成为凸组合 $\sum_{i\in I}\lambda_i\boldsymbol{x}_i^*$ 的 $\boldsymbol{x}^*$ 求下确界）被取到。

**证明** 令 $f=\mathrm{conv}\{f_i|i\in I\}$。$\mathrm{epi}f^*$ 中的元素 $(x^*,\mu^*)$ 对应的仿射函数 $h=\langle\cdot,\boldsymbol{x}^*\rangle-\mu^*$ 满足 $h\leqslant f$。这些函数 $h$ 与那些满足对于每个 $i$ 都有 $h\leqslant f_i$ 的 $h$ 相同。因此 $\mu^*\geqslant f^*(\boldsymbol{x}^*)$ 当且仅当对于每个 $i$ 都有 $\mu^*\geqslant f_i^*(\boldsymbol{x}^*)$，这便证明了第一个公式。将此公式应用于 $f_i^*$，得到

$$(\mathrm{conv}\{f_i^*\mid i\in I\})^*=\sup\{f_i^{**}\mid i\in I\}=\sup\{\mathrm{cl}f_i\mid i\in I\},$$

因此，

$$(\sup\{\mathrm{cl}f_i \mid i\in I\})^*=(\mathrm{conv}\{f_i^* \mid i\in I\})^{**}=\mathrm{cl}(\mathrm{conv}\{f_i^* \mid i\in I\}).$$

如果存在 $\mathrm{ri}(\mathrm{dom}f_i)$ 的公共点使 $f_i$ 的上确界在此点为有限的，则由定理 9.4 有

$$(\sup\{\mathrm{cl}f_i \mid i\in I\})^*=(\mathrm{cl}(\sup\{f_i^* \mid i\in I\}))^*=(\sup\{f_i \mid i\in I\})^*.$$

特别地，当 $I$ 有限且对于每个 $i$ 都有 $\mathrm{cl}(\mathrm{dom}f_i)=C$ 时这也是成立的。对于后一情况，集合 $\mathrm{dom}f_i$ 的支撑函数都等于 $\delta^*(\cdot \mid C)$，它们是函数 $f_i^*0^+$ 的回收函数（定理 13.3）。由推论 9.8.3 知道 $\mathrm{conv}\{f_i^* \mid i\in I\}$ 为闭的，可以由所描述的下确界公式给出。

**推论 16.5.1**　假设对于每个 $i\in I$（指标集），$C_i$ 都是 $\mathbf{R}^n$ 中的非空凸集，则集合 $C_i$ 并集的凸包 $D$ 的支撑函数为

$$\delta^*(\cdot \mid D)=\sup\{\delta^*(\cdot \mid C_i) \mid i\in I\},$$



而 $\mathrm{cl}C_i$ 交集 $C$ 的支撑函数为

$$\delta^*(\cdot \mid C)=\mathrm{cl}(\mathrm{conv}\{\delta^*(\cdot \mid C_i) \mid i\in I\}).$$

**证明**　在定理中取 $f_i=\delta(\cdot \mid C_i)$即可。

**推论 16.5.2**　设对于每个 $i\in I$（一个指标集）$C_i$ 为 $\mathbf{R}^n$ 中的凸集，则

$$(\mathrm{conv}\{C_i \mid i\in I\})^\circ=\bigcap\{C_i^\circ \mid i\in I\},$$

$$(\bigcap\{\mathrm{cl}C_i \mid i\in I\})^\circ=\mathrm{cl}(\mathrm{conv}\{C_i^\circ \mid i\in I\}).$$

**证明**　由前一个推论知道这是显然的。也可以直接由极性对应为反序而得到。

对于定理 16.5 的一个解释是函数

$$f(x)=\max\{|x-a_2\| i=1,\cdots,m\}$$

共轭的计算，其中 $\boldsymbol{a}_1,\cdots,\boldsymbol{a}_m$ 为 $\mathbf{R}^n$ 中给定的元素。这里 $f$ 为凸函数

$$f_i(\boldsymbol{x})=|\boldsymbol{x}-a_i|,i=1,\cdots,m$$

的点态最大值，这些函数的共轭为

$$f_i^*(\boldsymbol{x}^*)=\delta(\boldsymbol{x}^* \mid B)+\langle \boldsymbol{a}_i,\boldsymbol{x}^*\rangle,$$

其中 $B$ 为欧氏单位球。因为函数 $f_i$ 有相同的有效域，例如整个 $\mathbf{R}^n$，定理 16.5 的最后部分是可应用的，我们可以总结如下：对于每个 $\boldsymbol{x}^*$，$f^*(\boldsymbol{x}^*)$ 为

$$\lambda_1\langle a_1,\boldsymbol{x}_1^*\rangle+\cdots+\lambda_m\langle a_m,\boldsymbol{x}_m^*\rangle$$

关于所有满足

$$\lambda_1\boldsymbol{x}_1^*+\cdots+\lambda_m\boldsymbol{x}_m^*=\boldsymbol{x}^*,$$

$$|\boldsymbol{x}_i^*|\leqslant 1,\lambda_i\geqslant 0,\lambda_1+\cdots+\lambda_m=1,$$

的 $\boldsymbol{x}_i^*$ 及 $\lambda_i$ 的最小值。

# 第 4 部分　表述与不等式

## 第 17 节　Carathéodory 定理

如果 $S$ 为 $\mathbf{R}^n$ 中的子集，则 $S$ 的凸包由 $S$ 中元素的所有凸组合组成。按照经典的 Carathéodory 定理，没有必要包括多于 $n+1$ 个元素的组合。我们可以将注意力集中到满足 $m \leqslant n+1$ 的那些凸组合 $\lambda_1 \boldsymbol{x}_1 + \cdots + \lambda_m \boldsymbol{x}_m$（甚至在不要求元素 $\boldsymbol{x}_i$ 互不相同时，将注意力集中到 $m=n+1$ 的情况）。

Carathéodory 定理为凸性理论中基本的维数结果，它是许多其他牵扯到维数的结果的来源。除用其证明许多关于无限线性不等式的结果以外，也将在第 21 节中用于证明与凸集的交相关的 Helly 定理。



为了形成有关 Carathéodory 定理综合的结论，这些结论不仅要涵盖通常凸包的推广，也要包括凸锥以及其他无界凸集的推广，我们考虑由点及方向（在无限远处的点）所组成的集合 $S$ 的凸包。

设 $S_0$ 为 $\mathbf{R}^n$ 中的点集，$S_1$ 为 $\mathbf{R}^n$ 中如第 8 节中定义的方向的集合。我们定义 $S=S_0 \cup S_1$ 的凸包 $\mathrm{conv} S$ 为 $\mathbf{R}^n$ 中满足 $C \supset S_0$ 且 $C$ 在 $S_1$ 中所有方向都逐渐远离的最小的凸集 $C$。显然，这个最小的 $C$ 是存在的。事实上，

$$C=\mathrm{conv}(S_0+\mathrm{ray} S_1)=\mathrm{conv} S_0+\mathrm{cone} S_1,$$

其中 $\mathrm{ray} S_1$ 由原点以及所有方向属于 $S_1$ 的向量组成，且

$$\mathrm{cone} S_1=\mathrm{conv}(\mathrm{ray} S_1),$$

即 $\mathrm{cone} S_1$ 为所有方向属于 $S_1$ 的向量所组成的凸锥。从代数的角度来讲，向量 $\boldsymbol{x}$ 属于 $\mathrm{conv} S$ 当且仅当其可表示为

$$\boldsymbol{x}=\lambda_1 \boldsymbol{x}_1+\cdots+\lambda_k \boldsymbol{x}_k+\lambda_{k+1} \boldsymbol{x}_{k+1}+\cdots+\lambda_m \boldsymbol{x}_m,$$

其中 $\boldsymbol{x}_1, \cdots, \boldsymbol{x}_k$ 为 $S_0$ 中的向量，$\boldsymbol{x}_{k+1}, \cdots, \boldsymbol{x}_m$ 为方向属于 $\boldsymbol{S}_1 (1 \leqslant k \leqslant m)$ 的向量，所有系数 $\lambda_k$ 为非负的且 $\lambda_1+\cdots+\lambda_k=1$。我们把这样的 $\boldsymbol{x}$ 称为是 $S$ 中 $m$ 个点和方向的凸组合。这样的凸组合对应于 $\mathbf{R}^{n+1}$ 中包含于超平面 $H=\{(1, \boldsymbol{x}) \mid \boldsymbol{x} \in \mathbf{R}^n\}$ 的非负线性组合

$$\lambda_1(1, \boldsymbol{x}_1)+\cdots+\lambda_k(1, \boldsymbol{x}_k)+\lambda_{k+1}(0, \boldsymbol{x}_{k+1})+\cdots+\lambda_m(0, \boldsymbol{x}_m).$$

另一获得 $\mathrm{conv} S$ 的方法是将超平面与 $\mathbf{R}^{n+1}$ 中由 $S'$ 所生成的凸锥相交，其中 $S'$ 由 $\mathbf{R}^{n+1}$ 中所有形如 $(1, \boldsymbol{x})$，其中 $\boldsymbol{x} \in S_0$，或形如 $(0, \boldsymbol{x})$，其中 $\boldsymbol{x} \in S_1'$ 的向量所组成，这里 $S_1'$ 为 $\mathbf{R}^n$ 中的子集，它在 $S_1'$ 中的向量方向的集合为 $S_1$。

由集合 $T \subset \mathbf{R}^n$ 所生成的凸锥可被看作由原点以及 $T$ 中所有方向向量所构成的

集合 $S$ 的凸包。这个 $S$ 中 $m$ 个元素的凸组合一定是 0 与 $S$ 中 $m-1$ 个方向的凸组合，因此，就是 $T$ 中 $m-1$ 个元素的非负线性组合。

$\mathbf{R}^n$ 中点和方向的混合集的仿射包定义为 aff(conv$S$)，这是含有 $S$ 中所有点以及沿 $S$ 中所有方向无限远离的最小的放射集。平凡的情况是当 $S$ 仅仅含有方向的情形 aff$S$=conv$S$=0。如果(aff$S$)$=m-1$，则称 $S$ 为仿射无关的，其中 $m$ 为 $S$ 中点和方向的总数。对于非空的 $S$，这个条件表明 $S$ 含有至少一个点且方向

$$(1,\boldsymbol{x}_1),\cdots,(1,\boldsymbol{x}_k),(0,\boldsymbol{x}_{k+1}),\cdots,(0,\boldsymbol{x}_m)$$

在 $\mathbf{R}^{n+1}$ 中为线性无关的，其中 $\boldsymbol{x}_1,\cdots,\boldsymbol{x}_k$ 为 $S$ 中的点而 $\boldsymbol{x}_{k+1},\cdots,\boldsymbol{x}_m$ 为向量，它们的方向为 $S$ 中的不同方向。

一个广义的 $m$ 维单纯形是指由 $m+1$ 个仿射无关点和方向的凸包所构成的集合，这些点被称为单纯形的普通顶点，方向称为无穷顶点（vertices at infinity），因此，一维广义单纯形为线段和闭半射线。二维广义单纯形为三角形，闭的带状（一对不同的平行闭半射线的凸包）以及闭的象限（具有相同端点的不同闭半射线对的凸包）。



含有一个普通顶点和 $m-1$ 个无限顶点的广义 $m$ 维单纯形被称为 $m$ 维（不对称）卦限。$\mathbf{R}^n$ 中的 $m$ 维卦限仅仅是 $\mathbf{R}^m$ 中非负卦限在映 $\mathbf{R}^m$ 到 $\mathbf{R}^n$ 的一一对应仿射变换下的像。这些卦限都为闭集，因为 $\mathbf{R}^m$ 中的非负卦限为闭的。

更一般地，$\mathbf{R}^n$ 中每个广义 $m$ 维单纯形都为闭的，因为这样的集合能够被确定为 $\mathbf{R}^{n+1}$ 中的（$m+1$）维卦限与上述所表示的超平面 $\{(1,\boldsymbol{x})\mid \boldsymbol{x}\in\mathbf{R}^n\}$ 的交集。

**定理 17.1（Carathéodory 定理）**　设 $S$ 为由 $\mathbf{R}^n$ 中点和方向所构成的集合，且 $C=\text{conv}S$，则 $\boldsymbol{x}\in C$ 当且仅当 $\boldsymbol{x}$ 能够被表示成为 $S$ 中 $n+1$ 个点和方向的凸组合（无须不同）。事实上，$C$ 为所有顶点属于 $S$ 的广义 $d$ 维单纯形的并，其中 $d=\dim C$。

**证明**　设 $S_0$ 为 $S$ 中点的集合，$S_1$ 为 $S$ 中方向的集合。设 $S_1'$ 为 $\mathbf{R}^n$ 中向量的集合使其中的方向向量的集合为 $S_1$。设 $S'$ 为 $\mathbf{R}^{n+1}$ 中的子集，其由所有形如（$1,\boldsymbol{x}$）且满足 $\boldsymbol{x}\in S_0$ 或形如（$0,\boldsymbol{x}$）且满足 $\boldsymbol{x}\in S_1'$ 的向量所构成。设 $K$ 为由 $S'$ 所生成的凸锥。如前面所指，conv$S$ 能够被看作为 $K$ 与超平面 $\{(1,\boldsymbol{x})\mid \boldsymbol{x}\in\mathbf{R}^n\}$ 的交集。将定理中的论述翻译成为 $\mathbf{R}^{n+1}$ 的内容，我们看到仅需证明任何非零向量 $\boldsymbol{y}\in K$，只要为 $S'$ 中元素的线性组合，都一定能够表示成为 $S'$ 中 $d+1$ 个线性无关向量的非负线性组合，其中 $d+1$ 为 $K$ 的维数（=由 $S'$ 所生成的 $\mathbf{R}^{n+1}$ 中的子空间）。自变量为代数且不依赖于 $S'$ 与 $S$ 之间的关系。给定 $\boldsymbol{y}\in K$，令 $\boldsymbol{y}_1$，$\cdots$，$\boldsymbol{y}_m$ 为 $S'$ 中的向量并满足 $\boldsymbol{y}=\lambda_1\boldsymbol{y}_1+\cdots+\lambda_m\boldsymbol{y}_m$，其中系数 $\lambda_i$ 为非负的。假设向量 $\boldsymbol{y}_i$ 本身不是线性无关的，我们可以找到标量 $\mu_1,\cdots,\mu_m$，其中至少一个非正的，使 $\mu_1\boldsymbol{y}_1+\cdots+\mu_m\boldsymbol{y}_m=\mathbf{0}$。设 $\lambda$ 为 $\lambda\mu_i\leqslant\lambda_i$ 对所有 $i=1,\cdots,m$ 成立的最大标量，并且 $\lambda_i'=\lambda_i-\lambda\mu_i$，则

$$\lambda_1'\boldsymbol{y}_1+\cdots+\lambda_m'\boldsymbol{y}_m=\lambda_1\boldsymbol{y}_1+\cdots+\lambda_m\boldsymbol{y}_m-\lambda(\mu_1\boldsymbol{y}_1+\cdots+\mu_m\boldsymbol{y}_m)=\boldsymbol{y}.$$

由 $\lambda$ 的选择知道，新的系数 $\lambda_i'$ 非负且至少有一个为 0。我们将 $\boldsymbol{y}$ 表示成为 $S'$ 中少于 $m$ 个元素的线性组合。如果这些剩余的元素仍不是线性无关的，我们可以重复讨论并且消去它们中的另外一个。经过有限次消元，我们可将 $\boldsymbol{y}$ 表示成为 $S'$ 中线性无关向量 $\boldsymbol{z}_1,\cdots,\boldsymbol{z}_r$ 的非负线性组合。因此，由 $d+1$ 的定义知道 $r\leqslant d+1$。如果有必要则从 $S'$ 中选择多余向量 $\boldsymbol{z}_{r+1},\cdots,\boldsymbol{z}_{d+1}$ 构成由 $S'$ 所生成的子空间的基，接着只要在项 $\boldsymbol{z}_1,\cdots,\boldsymbol{z}_m$ 的表达式中增添项 $0\boldsymbol{z}_{r+1}+\cdots+0\boldsymbol{z}_{d+1}$ 就可以得到所要的 $\boldsymbol{y}$ 的表达式。

**推论 17.1.1** 设 $\{C_i\mid i\in I\}$ 为 $\mathbf{R}^n$ 中一些凸集类，$C$ 为这些集合并的凸包，则 $C$ 中的每个点都能表示成为 $n+1$ 个或更少的每个属于不同的 $C_i$ 的仿射无关点的凸组合。

**证明** 由定理知道，每个 $\boldsymbol{x}\in C$ 均可以表示成为凸组合 $\lambda_0\boldsymbol{x}_0+\cdots+\lambda_d\boldsymbol{x}_d$，其中 $\boldsymbol{x}_0,\boldsymbol{x}_1,\cdots,\boldsymbol{x}_d$ 为集合并集中的仿射无关点且 $d=\dim C\leqslant n$。系数取 0 的点能够从这个表达式中去掉。如果两个非零系数点属于同一个 $C_i$，比如说 $\boldsymbol{x}_0$ 和 $\boldsymbol{x}_1$，则对应项 $\lambda_0\boldsymbol{x}_0+\lambda_1\boldsymbol{x}_1$ 能合并成为 $\mu\boldsymbol{y}$，其中 $\mu=\lambda_0+\lambda_1$ 且

$$\boldsymbol{y}=(\lambda_0/\mu)\boldsymbol{x}_0+(\lambda_1/\mu)\boldsymbol{x}_1\in C_i,$$

这个 $\boldsymbol{y}$ 与 $\boldsymbol{x}_2,\cdots,\boldsymbol{x}_d$ 为仿射无关的。这便证明 $\boldsymbol{x}$ 的表达式可以简化到每个不同集合只有一个点。

**推论 17.1.2** 设 $\{C_i\mid i\in I\}$ 为 $\mathbf{R}^n$ 中任意非空凸集类，$K$ 为由这些凸集类的并集所生成的凸锥，则 $K$ 中每个非零向量都能够表示为来自于不同 $C_i$ 的线性无关的向量的非负线性组合。

**证明** 取定理中的 $S$ 为由原点和集合 $C_i$ 中的所有的方向向量所组成。由定理知道，每个 $\boldsymbol{x}\in K$ 一定属于一个以原点为顶点的 $d$ 维卦限，其中 $d=\dim K$。因此，每个非零的 $\boldsymbol{x}\in K$ 都能够被表示成为集合 $C_i$ 并集中的 $d$ 个线性无关向量的非负组合。由前一推论中的证明知道，这个表达式能够简化到没有两个向量属于同一 $C_i$。

**推论 17.1.3** 设 $\{f_i\mid i\in I\}$ 为由定义在 $\mathbf{R}^n$ 上的正常凸函数所组成的函数类，$f$ 为这个函数类的凸包，则对于每个向量 $\boldsymbol{x}$ 成立

$$f(\boldsymbol{x})=\inf\left\{\sum_{i\in I}\lambda_i f_i(\boldsymbol{x}_i)\;\middle|\;\sum_{i\in I}\lambda_i\boldsymbol{x}_i=\boldsymbol{x}\right\},$$

其中下确界取自所有 $\boldsymbol{x}$ 的凸组合，其中最多 $n+1$ 个系数 $\lambda_i$ 非零，且系数非零的向量 $\boldsymbol{x}_i$ 为仿射无关的。

**证明** 将推论 17.1.1 应用于集合 $C_i=\operatorname{epi}f_i$。证明过程除一个特点之外与定理 5.6 相同。由推论 17.1.1 知道 $\mu>f(\boldsymbol{x})$ 当且仅当存在一 $\alpha<\mu$ 使 $(\boldsymbol{x},\alpha)$ 属于顶点位于集合 $\operatorname{epi}f_i$ 的单纯形，这些集合的下标不同。当 $(\boldsymbol{x},\alpha)$ 属于 $\mathbf{R}^{n+1}$ 中的一个单纯形，则存在一个最小的 $\alpha'\leqslant\alpha$ 使 $(\boldsymbol{x},\alpha')$ 属于相同的单纯形。这个单纯形的顶点需要将 $(\boldsymbol{x},\alpha')$ 表示成为凸组合，并产生一个不含有“垂直”线段的“次单纯形”。这些顶点 $(\boldsymbol{y}_1,\alpha_1),\cdots,(\boldsymbol{y}_m,\alpha_m)$ 具有使得 $\boldsymbol{y}_1,\cdots,\boldsymbol{y}_m$ 自身仿射无关性。因此

$f'(\boldsymbol{x})$为能够使（$\boldsymbol{x},\alpha$）表示成为点$(\boldsymbol{y}_1,\alpha_1),\cdots,(\boldsymbol{y}_m,\alpha_m)$（属于具有不同下标 $i$ 的集合 epi$f_i$）的凸组合使 $\boldsymbol{y}_1,\cdots,\boldsymbol{y}_m$ 为自身仿射无关性的 $\alpha$ 值的下确界。$\boldsymbol{y}_1$，…，$\boldsymbol{y}_m$ 的仿射无关性说明 $m\leqslant n+1$，并立即得到所期望的公式。

我们需要指出的是推论 17.1.1 为推论 17.1.3 特殊的情况。（选取 $f_i$ 为 $C_i$ 的指示函数。）

**推论 17.1.4**　设$\{f_i\mid i\in I\}$为定义在 $\mathbf{R}^n$ 上的正常凸函数的集合。$f$ 为对于每个 $i\in I$ 均满足 $f\leqslant f_i$ 的最大正齐次凸函数，即为由 conv$\{f_i\mid i\in I\}$所生成的正齐次凸函数，则对于每个 $\boldsymbol{x}\neq\boldsymbol{0}$，有

$$f(\boldsymbol{x})=\inf\left\{\sum_{i\in I}\lambda_i f_i(\boldsymbol{x}_i)\mid\sum_{i\in I}\lambda_i\boldsymbol{x}_i=\boldsymbol{x}\right\},$$

其中下确界取遍所有能够表示成为非负线性组合的表示式的 $\boldsymbol{x}$ 组成，在这些表示式中至多有 $n$ 个系数$\lambda_i$ 非零，且与非零系数相对应的向量为线性无关的。

**证明**　与上述推论类似证明，所不同的是将推论 17.1.2（而不是推论 17.1.1）应用于集合 $C_i=\text{epi}f_i$。由集合 $C_i$ 所生成的凸锥 $K$ 产生 epi$f$，当然，是在它的“下边界”不毗连（在定理 5.3 的意义下）的情形。



**推论 17.1.5**　设 $f$ 为映 $\mathbf{R}^n$ 到$(-\infty,+\infty]$的函数，则

$$(\text{conv}f)(\boldsymbol{x})=\inf\left\{\sum_{i=1}^{n+1}\lambda_i f(\boldsymbol{x}_i)\mid\sum_{i=1}^{n+1}\lambda_i\boldsymbol{x}_i=\boldsymbol{x}\right\},$$

其中下确界取遍所有 $\boldsymbol{x}$ 的能够表示成为 $n+1$ 个点的凸组合的形式的 $\boldsymbol{x}$。（当选择组合使其中 $n+1$ 个点为仿射无关时公式仍然成立。）

**证明**　将定理 17.1 应用于 $\mathbf{R}^{n+1}$ 中的 $S=\text{epi}f$，并且再次使用推论 17.1.3 中消去点的个数的方法将个数由 $n+2$ 减少到 $n+1$。

**推论 17.1.6**　设 $f$ 为映 $\mathbf{R}^n$ 到$(-\infty,+\infty]$的任意函数，$k$ 为由 $f$ 所生成（即由 conv$f$）的正齐次凸函数，则对于每个向量 $\boldsymbol{x}\neq\boldsymbol{0}$，有

$$k(\boldsymbol{x})=\inf\left\{\sum_{i=1}^{n}\lambda_i f(\boldsymbol{x}_i)\mid\sum_{i=1}^{n}\lambda_i\boldsymbol{x}_i=\boldsymbol{x}\right\},$$

其下确界取遍所有能够表示成为 $n$ 个向量的非负线性组合的 $\boldsymbol{x}$。（当选择组合使其中 $n$ 个向量为线性无关时公式仍然成立。）

**证明**　应用定理 17.1 于由原点和 epi$f$ 中的方向向量所构成的集合 $S$，并且应用证明推论 17.1.3 中所用到的方法将向量的个数由 $n+1$ 降至 $n$。

Carathéodory 定理的最重要结果涉及凸包的闭性。当然，一般来说，点的闭集的凸包不一定为闭的。例如，当 $S$ 为 $\mathbf{R}^n$ 中的一条直线和不在直线上的单点集的并时，conv$S$ 不为闭的。

**定理 17.2**　设 $S$ 为由 $\mathbf{R}^n$ 中的点所构成的有界集，则 cl(conv$S$)=conv(cl$S$)。特别地，如果 $S$ 为闭有界的，则 conv$S$ 也是闭有界的。

**证明**　令 $m=(n+1)^2$，且 $Q$ 为由形如

$$(\lambda_0,\cdots,\lambda_n,\boldsymbol{x}_0,\cdots,\boldsymbol{x}_n)\in\mathbf{R}^m$$

的向量所组成的集合，其中分量 $\lambda_i\in\mathbf{R}$ 且 $x_i\in\mathbf{R}^n$ 满足

$$\lambda_i\geqslant 0,\lambda_0+\cdots+\lambda_n=1,\boldsymbol{x}_i\in \mathrm{cl}S$$

由 Carathéodory 定理知道 $Q$ 在映 $\mathbf{R}^m$ 到 $\mathbf{R}^n$ 连续映射

$$\theta:(\lambda_0,\cdots,\lambda_n,\boldsymbol{x}_0,\cdots,\boldsymbol{x}_n)\to\lambda_0\boldsymbol{x}_0+\cdots+\lambda_n\boldsymbol{x}_n$$

下的像为 $\mathrm{conv}(\mathrm{cl}S)$。如果 $S$ 为 $\mathbf{R}^n$ 中的有界集，则 $Q$ 为 $\mathbf{R}^m$ 的闭有界集，因此，$Q$ 在 $\theta$ 下的像也是闭的和有界的。这样，

$$\mathrm{conv}(\mathrm{cl}S)=\mathrm{cl}(\mathrm{conv}(\mathrm{cl}S))\supset\mathrm{cl}(\mathrm{conv}S).$$

当然，一般有

$$\mathrm{cl}(\mathrm{conv}S)=\mathrm{conv}(\mathrm{cl}(\mathrm{conv}S))\supset\mathrm{conv}(\mathrm{cl}S),$$

所以“conv”与“cl”的交换性成立。

**推论 17.2.1** 设 $S$ 为 $\mathbf{R}^n$ 中的非空闭有界集，$f$ 为定义在 $S$ 上的连续实值函数，且对于 $\boldsymbol{x}\notin S$ 取 $f(\boldsymbol{x})=+\infty$，则 $\mathrm{conv}f$ 为闭正常凸函数。

**证明** 设 $F$ 为 $f$ 在 $S$ 上的像，即由形如$(\boldsymbol{x},f(\boldsymbol{x})),\boldsymbol{x}\in S$ 的点所构成的 $\mathbf{R}^{n+1}$ 中的子集。因为 $S$ 为闭且有界的，$f$ 为连续的，则 $F$ 为闭的且有界。由定理知道 $\mathrm{conv}F$ 为闭的且有界。设 $K$ 为 $\mathbf{R}^{n+1}$ 中的垂直线$\{(0,\mu)\mid\mu\geqslant 0\}$。非空凸集 $K+\mathrm{conv}F$ 为闭的（因为能够由 $\mathrm{conv}F$ 的紧性和 $K$ 的闭性的基本讨论中所看到），它不含有“垂直”直线。因此为某个闭正常凸函数的上镜图，这个函数一定为 $\mathrm{conv}f$。

注意到，在推论 17.2.1 的条件下，由

$$h(\boldsymbol{z})=\sup\{\langle\boldsymbol{z},\boldsymbol{x}\rangle-f(\boldsymbol{x})\mid\boldsymbol{x}\in S\}.$$

所定义的凸函数 $h$ 为处处有限的（且因此处处连续的）。推论 17.2.1 说明 $h$ 的共轭为函数 $\mathrm{conv}f$（定理 12.2）。

Carathéodory 定理涉及给定的点和方向所构成的集合的凸包，而与 Carathéodory 定理对偶的结果则涉及给定半空间的交。

当然，$\mathbf{R}^n$ 中的任意半空间 $H$ 都能够用 $\mathbf{R}^{n+1}$ 中满足 $\boldsymbol{x}^*\neq\boldsymbol{0}$ 的向量 $(\boldsymbol{x}^*,\mu^*)$ 来表示：

$$H=\{\boldsymbol{x}\in\mathbf{R}^n\mid\langle\boldsymbol{x},\boldsymbol{x}^*\rangle\leqslant\mu^*\}.$$

假设 $S^*$ 为由 $\mathbf{R}^{n+1}$ 中向量 $(\boldsymbol{x}^*,\mu^*)$ 所成的非空集合，考虑与这些向量对应的闭半空间的交所成的闭凸集 $C$，即

$$C=\{\boldsymbol{x}\mid\forall(\boldsymbol{x}^*,\mu^*)\in S^*,\langle\boldsymbol{x},\boldsymbol{x}^*\rangle\leqslant\mu^*\}.$$

一般来说，除与 $S^*$ 中的向量所对应的以外，也有其他包含 $C$ 的闭半空间。如何使得这些表示其他半空间的向量 $(\boldsymbol{x}^*,\mu^*)$ 也能够用 $S^*$ 中的向量来表示？

因为不等式$\langle\boldsymbol{x},\boldsymbol{x}^*\rangle\leqslant\mu^*$对每个 $\boldsymbol{x}\in C$ 成立当且仅当

$$\mu^*\geqslant\sup\{\langle\boldsymbol{x},\boldsymbol{x}^*\rangle\mid\boldsymbol{x}\in C\}=\delta^*(\boldsymbol{x}^*\mid C).$$

所以含有 $C$ 并表示闭半空间的向量当然为属于 $C$ 的支撑函数的上镜图的向量$(\boldsymbol{x}^*,\mu^*),\boldsymbol{x}^*\neq\boldsymbol{0}$。

为使 $k$ 成为凸集 $D$ 的支撑函数，而 $D$ 为包含于与 $S^*$ 中的向量对应的所有半平面中，当且仅当 $k$ 为定义在 $\mathbf{R}^n$ 上的正齐次闭凸函数且 $S^*\subset\mathrm{epi}K$（定理13.2）。因为 $C$ 为这些 $D$ 中的最大者，它的支撑函数一定为这些函数中的最大者。因此，$\delta^*(\cdot|C)=\mathrm{cl}f$，其中 $f$ 为由 $S^*$ 所生成的正齐次凸函数，其定义为

$$f(\boldsymbol{x}^*)=\inf\{\mu^*|(\boldsymbol{x}^*,\mu^*)\in K\},$$

其中 $K$ 为 $\mathbf{R}^{n+1}$ 中由 $S^*$ 与 $\mathbf{R}^{n+1}$ 中的“垂直”向量（0，1）所生成的凸锥。设 $C$ 非空，则有

$$\mathrm{epi}\delta^*(\cdot|C)=\mathrm{epi}(\mathrm{cl}f)=\mathrm{cl}(\mathrm{epi}f)=\mathrm{cl}K.$$

因此，含有 $C$ 的最一般的闭半空间对应于向量$(\boldsymbol{x}^*,\mu^*)$，$\boldsymbol{x}^*\neq\boldsymbol{0}$，它是 $K$ 中向量的极限。另一方面，$K$ 中的向量本身能够用 $S^*$ 中的向量表示。因此$(\boldsymbol{x}^*,\mu^*)\in K$ 当且仅当存在向量$(\boldsymbol{x}_i^*,\mu_i^*)\in S^*$，$i=1,\cdots,m$，以及非负标量 $\lambda_0,\lambda_1,\cdots,\lambda_m$ 使

$$(\boldsymbol{x}^*,\mu^*)=\lambda_0(0,1)+\lambda_1(\boldsymbol{x}_1^*,\mu_1^*)+\cdots+\lambda_m(\boldsymbol{x}_m^*,\mu_m^*)$$

这个条件说明

$$\boldsymbol{x}^*=\lambda_1\boldsymbol{x}_1^*+\cdots+\lambda_m\boldsymbol{x}_m^*$$



且

$$\mu^*\geqslant\lambda_1\mu_1^*+\cdots+\lambda_m\mu_m^*.$$

应用Carathéodory定理于由原点、$\mathbf{R}^{n+1}$ 中“向上”的方向以及 $S^*$ 中的向量方向所成的集合 $S$（这个 $S$ 满足 $\mathrm{conv}S=K$），我们看到 $m$ 总可以选择为 $m\leqslant n+1$。这里确实仅需要 $\mathbf{R}^{n+1}$ 中单纯形的“底”，所以（如推论17.1.3的证明）总可使得 $m\leqslant n$。由此得到，当 $\mathrm{cl}K=K$ 时，能够将每个含有 $C$ 的闭半空间用 $n$ 个或少于 $n$ 个与 $S^*$ 对应的给定的半空间来表示。

下面给出这样一种表示。

**定理17.3**　设 $S^*$ 为 $\mathbf{R}^{n+1}$ 中向量（$\boldsymbol{x}^*,\mu^*$）所构成的非空闭有界集合，并令

$$C=\{\boldsymbol{x}\,|\,\forall(\boldsymbol{x}^*,\mu^*)\in S^*,\quad\langle\boldsymbol{x},\boldsymbol{x}^*\rangle\leqslant\mu^*\}.$$

假设凸集 $C$ 为 $n$ 维的，则对于给定的向量$(\boldsymbol{x}^*,\mu^*)$，$\boldsymbol{x}^*\neq\boldsymbol{0}$，半空间

$$H=\{\boldsymbol{x}\,|\,\langle\boldsymbol{x},\boldsymbol{x}^*\rangle\leqslant\mu^*\}$$

包含 $C$ 当且仅当存在向量$(\boldsymbol{x}_i^*,\mu_i^*)\in S^*$ 以及系数 $\lambda_i\geqslant0$，$i=1,\cdots,m$，其中 $m\leqslant n$，使

$$\lambda_1\boldsymbol{x}_1^*+\cdots+\lambda_m\boldsymbol{x}_m^*=\boldsymbol{x}^*,\lambda_1\mu_1^*+\cdots+\lambda_m\mu_m^*\leqslant\mu^*.$$

**证明**　设 $D$ 为 $S^*$ 与点（0,1）组成的 $\mathbf{R}^{n+1}$ 中的集合。$K$ 为由 $D$ 所生成的凸锥。由前面的说明，我们只要证明 $\mathrm{cl}K=K$。因为 $D$ 闭且有界，由定理17.2知道 $\mathrm{conv}D$ 也是闭有界的。而且 $K$ 与由 $\mathrm{conv}D$ 所生成的凸锥相同。如果 $\mathbf{R}^{n+1}$ 的原点不属于 $\mathrm{conv}D$，则如我们所希望（推论9.6.1）的有 $\mathrm{cl}K=K$。为证明原点不属于 $\mathrm{conv}D$，我们利用 $C$ 为 $n$ 维的性质。$n$ 维说明存在点 $\overline{\boldsymbol{x}}$ 属于 $C$。我们知道对于这样的 $\overline{\boldsymbol{x}}$ 以及每个$(\boldsymbol{x}^*,\mu^*)\in S^*$都有$\langle\overline{\boldsymbol{x}},\boldsymbol{x}^*\rangle\leqslant\mu^*$。因此 $\mathbf{R}^{n+1}$ 中的开上半空间

$$\{(\boldsymbol{x}^*,\mu^*)\,|\,\langle\overline{\boldsymbol{x}},\boldsymbol{x}^*\rangle-\mu^*<0\}$$

包含 $D$（因此包含 $\mathrm{conv}D$），但不包含原点。‖

当然，定理 17.3 中的条件等价于存在形如

$$H_i=\{x\mid\langle x,x_i^*\rangle\leqslant\mu_i^*\},\quad (x_i^*,\mu_i^*)\in S^*$$

的 $n$ 个半空间（不一定互不相同）使得

$$H_1\cap\cdots\cap H_n\subset H.$$

## 第 18 节　极点与凸集的面

给定凸集 $C$，存在不止一个点集 $S$ 满足 $C=\mathrm{conv}S$。由 Carathéodory 定理，对于任何这样的集合 $S$，$C$ 中的点能够表示成为 $S$ 中点的凸组合。我们称其为 $C$ 的“内部表示”，不同于将 $C$ 表示成为一些半空间交的“外部表示”。与前节一样，形如 $C=\mathrm{conv}S$ 或 $C=\mathrm{cl}(\mathrm{conv}S)$的表示也能够看成 $S$ 含有点和方向的情形。当然，$S$ 越小或越特殊，$C$ 的内部表示就越有意义。最重要的情况是确实存在最小的 $S$。我们下面将用有关面的构造的一般理论来将其表示出来。

凸集 $C$ 的面为 $C$ 的子集 $C'$，其满足对于 $C$ 中每个（闭）线段，当有一个相对内部点属于 $C'$时两个端点都会属于 $C'$。空集以及 $C$ 是自身的面。$C$ 的零维数面称为 $C$ 的极点（extreme point）。因此，点 $x\in C$ 为 $C$ 的极点当且仅当无法将 $x$ 表示成为凸组合$(1-\lambda)y+\lambda z$ 使 $y\in C$，$z\in C$ 且 $0<\lambda<1$，除非 $y=z=x$。



对于凸锥，极点概念用的不是太多，因为只有原点具备此条件。因此，转而研究锥的极射线，一个极射线就为一个面，它是从原点传出的半直线。一般地，如果 $C'$为凸集 $C$ 的半直线面，我们称 $C'$的方向为 $C$ 的极方向（$C$ 在无限远处的极点）。凸锥的极射线与锥的极方向一一对应。

如果 $C'$由使得某个线性泛函 $h$ 在 $C$ 上取到最大值的点所组成，则 $C'$为 $C$ 的面。(例如，$C'$为凸的，因为它是 $C$ 与$\{x\mid h(x)=\alpha\}$的交，其中 $\alpha$ 为最大值。如果最大值在线段 $L\subset C$ 的相对内部上取到，则 $h$ 在 $L$ 一定为常数，从而 $L\subset C'$。）这种类型的面称为暴露面（exposed face）。$C$ 的暴露面（除去 $C$ 本身以及可能为空集之外）一定为形如 $C\cap H$ 的集合，其中 $H$ 为 $C$ 的非平凡支撑超平面。$C$ 的暴露点（exposed point）为暴露面，其为一个点，有一个不含有 $C$ 中其他点的支撑超平面穿过它。我们将 $C$ 的暴露半直线面定义为 $C$ 的暴露方向（exposed direction）（无限远处的暴露点）。凸锥的暴露射线（exposed ray）是从原点传出的半直线。注意到暴露点为极点，暴露方向为极方向，并且暴露射线为极射线。

面不总是暴露的。例如，假设 $C$ 为一个环面的凸包，并且 $D$ 为形成 $C$ 的两个闭圆盘之一。$D$ 的相对边界点为 $C$ 的极点但不是 $C$ 的暴露点。（它们为 $D$ 的暴露点，然而 $D$ 为 $C$ 的暴露面。）

如果 $C''$为 $C'$的面而 $C'$为 $C$ 的面，则 $C''$为 $C$ 的面。这由“面”的定义立即得到。特别地，$C$ 的面的极点或极方向为 $C$ 本身的极点或极方向。正如环面例子所

显示的，关于暴露面的平行论述不成立。

如果$C'$为$C$的面，$D$为满足$C'\subset D\subset C$的凸集，则$C'$不容置疑是$D$的面。如果$C'$在$C$中暴露，则也在$D$中暴露。

例如，设$C$为闭凸集，$C'$是以$\boldsymbol{x}$为端点的$C$的半直线面，并且令$D=\boldsymbol{x}+0^+C$。则$C'\subset D\subset C$（定理8.3），所以$C'$为$D$的半直线面且$C'-\boldsymbol{x}$为锥$0^+C$的极射线。由此得知$C$的每个极方向也是$0^+C$的极方向。类似地，$C$的每个暴露方向为$0^+C$的暴露方向。逆结果不成立：例如，设$C$为$\mathbf{R}^2$中的抛物凸集，$0^+C$为$C$的轴方向的射线；在这种情况下$0^+C$只有一个极（实际上为暴露）方向，而$C$本身没有半直线面，因此根本就没有极或暴露（exposed）方向。

“面”的定义，不仅仅牵扯到线段，也牵扯到任意凸子集的较强性质：

**定理 18.1**　设$C$为凸集，$C'$为$C$的面。如果$D$为$C$中的凸集并使$\mathrm{ri}D$与$C'$相交，则$D\subset C'$。

**证明**　设$\boldsymbol{z}\in C'\cap\mathrm{ri}D$。如果$\boldsymbol{x}$为$D$中不同于$\boldsymbol{z}$的点，则存在$\boldsymbol{y}\in D$使$\boldsymbol{z}$属于$\boldsymbol{x}$与$\boldsymbol{y}$之间线段的相对内部。因为$C'$为面，所以$\boldsymbol{x}$和$\boldsymbol{y}$一定属于$C'$。



**推论 18.1.1**　如果$C'$为凸集$C$的面，则$C'=C\cap\mathrm{ri}C'$。特别，如果$C$为闭的，则$C'$也为闭的。

**证明**　取$D=C\cap\mathrm{cl}C'$。

**推论 18.1.2**　如果$C'$与$C''$均为$C$的面使$\mathrm{ri}C'$与$\mathrm{ri}C''$具有共同点，则一定有$C'=C''$。

**证明**　因为$\mathrm{ri}C''$与$\mathrm{ri}C'$相交，所以$C''\subset C'$。类似地，因为$\mathrm{ri}C'$与$\mathrm{ri}C''$相交，所以$C'\subset C''$。

**推论 18.1.3**　设$C$为凸集，$C'$为$C$的面而不是$C$本身，则$C'$整个包含于$C$的相对边界，因此$\dim C'<\dim C$。

**证明**　如果$\mathrm{ri}C$与$C'$相交，则有$C\subset C'$。关于维数的论述来源于推论6.3.3。

设$F(C)$为给定凸集$C$的所有面的类。按照包含关系，$F(C)$被看作偏序集，具有最大元素和最小元素（$C$和$\varnothing$）。面的集合之间的交显然为另外的面，所以在偏序的意义下$F(C)$中的每个元素集具有最大的下界。每个元素集也具有最小的上界（因为所有它的上界的集合具有最大的下界）。因此$F(C)$为完备格。任何严格递减的面序列一定是长度有限的，因为按照推论18.1.3，面的维数一定为严格递减的。

**定理 18.2**　设$C$为非空凸集，且$U$为$C$的非空面的相对内部集合，则$U$为$C$的一个分划，即$U$中的集合不相交且它们的并为$C$。$C$的每个相对开凸子集包含于$U$的一个集合之中，且存在$C$的最大相对开凸子集。

**证明**　由推论18.1.2知，$C$的不同面的相对内部不相交。给定面$C$的一个非空相对开凸子集（如$D$可以由单点集构成）。设$C'$为$C$中含有$D$的最小的面（包含$D$的所有面的交）。如果$D$包含在$C'$的相对边界内，则存在关于$C'$的支撑超平

面 $H$，其包含 $D$ 的，但并非 $C'$ 的全部（定理 11.6），$D$ 将属于 $C'$ 的暴露面 $C''=C'\cap H$，这是 $C$ 的一个正常小于 $C'$ 的面。因此 $D$ 不会整个包含于 $C'$ 的相对边界但一定与 $\mathrm{ri}C'$ 相交。这便说明 $\mathrm{ri}D\subset\mathrm{ri}C'$（推论 6.5.2）。但是 $\mathrm{ri}D=D$。因此 $D$ 包含于 $U$ 的某个集合之中。因为 $U$ 中集合互不包含，我们可以认为 $U$ 中的集合为 $C$ 的最大相对开凸子集且它们的并一定为 $C$。

注意到，给定 $C$ 中两个不同点 $\boldsymbol{x}$ 和 $\boldsymbol{y}$，存在 $C$ 的相对开凸子集 $D$ 同时包含 $\boldsymbol{x}$ 和 $\boldsymbol{y}$ 的充分必要条件是存在 $C$ 中的一个同时以 $\boldsymbol{x}$ 和 $\boldsymbol{y}$ 为相对内点的线段。如果我们用 $\boldsymbol{x}\sim\boldsymbol{y}$ 表示 $x$ 或 $\boldsymbol{y}$ 中之一满足这个线段条件或 $x=y$，由定理知道 $\sim$ 为 $C$ 中的一个等价关系，其等价类为 $C$ 的非空面的相对内部。

如果 $C=\mathrm{conv}S$，则按照下面的定理，存在 $C$ 的面与 $S$ 的某些子集之间的一一对应。

**定理 18.3**　设 $C=\mathrm{conv}S$，其中 $S$ 为点和方向的集合，且设 $C'$ 为 $C$ 的一个非空面，则 $C'=\mathrm{conv}S'$，其中 $S'$ 由 $S$ 中属于 $C'$ 的点以及 $S$ 中属于 $C'$ 的回收方向的方向组成。

**证明**　由定义有 $C'\supset\mathrm{conv}S'$。另一方面，设 $\boldsymbol{x}$ 为 $C'$ 中的任意一点，我们将证明 $\boldsymbol{x}\in\mathrm{conv}S'$。因为 $\boldsymbol{x}\in\mathrm{conv}S$，所以，在 $S$ 中存在点 $\boldsymbol{x}_1$，$\boldsymbol{x}_2$，…，$\boldsymbol{x}_k$ 以及方向属于 $S$（$1\leqslant k\leqslant m$）的非零向量 $\boldsymbol{x}_{k+1}$，…，$\boldsymbol{x}_m$，使

$$\boldsymbol{x}=\lambda_1\boldsymbol{x}_1+\cdots+\lambda_k\boldsymbol{x}_k+\lambda_{k+1}\boldsymbol{x}_{k+1}+\cdots+\lambda_m\boldsymbol{x}_m,$$

其中对于 $i=1$，…，$m$ 有 $\lambda_i>0$ 且 $\lambda_1+\cdots+\lambda_k=1$。（见第 17 节）设 $D=\mathrm{conv}S''$，其中 $S''$ 由点 $\boldsymbol{x}_1$，$\boldsymbol{x}_2$，…，$\boldsymbol{x}_k$ 及 $\boldsymbol{x}_{k+1}$，…，$\boldsymbol{x}_m$ 的方向所构成。只要上述表示式中的系数 $\lambda_i$ 全为正的（定理 6.4），则 $\boldsymbol{x}\in\mathrm{ri}D$。因此 $\mathrm{ri}D$ 与 $C'$ 相交。由定理 18.1 知道 $D\subset C'$。因此，$\boldsymbol{x}_1$，$\boldsymbol{x}_2$，…，$\boldsymbol{x}_k$ 属于 $C'$，且（假设 $k<m$）$C'$ 含有方向为 $\boldsymbol{x}_{k+1}$，…，$\boldsymbol{x}_m$ 的半直线。这些方向因此为 $\mathrm{cl}C'$ 逐渐远离的方向。它们也是 $C$ 的回收方向（因为它们属于 $S$ 且 $C=\mathrm{conv}S$）。由推论 18.1.1 知道 $C'=C\cap\mathrm{cl}C'$，它们事实上在 $C'$ 远离的方向。因此，$S''\subset S'$ 且 $\boldsymbol{x}\in\mathrm{conv}S$。

**推论 18.3.1**　假设 $C=\mathrm{conv}S$，其中 $S$ 为点和方向的集合，则 $C$ 的每个极点都为 $S$ 中的点。如果 $C$ 中没有半直线含有 $S$ 中无界点的集合（特别，当 $S$ 中的所有点集都为无界时一定成立），则 $C$ 的每个端方向都是 $S$ 中的方向。

**证明**　选择 $C'$ 为由单点集或半直线所成的面。

当然，如果凸集的线性性是非零的，则无论如何也没有极点或极方向。而此时，$C=C_0+L$，其中 $L$ 为 $C$ 的线性子空间，$C_0=C\cap L^{\perp}$ 为具有线性零的凸集。$C$ 的面 $C'$ 显然与 $C_0$ 的面 $C_0'$ 通过公式 $C'=C_0'+L$，$C_0'=C'\cap L^{\perp}$ 而一一对应。因此，在大多数情况下，在研究面时，只要考虑具有线性零的凸集就够了。

我们现在转向内部表示问题。首先，什么时候闭凸集是其相对边界的凸包。当 $C$ 为仿射集或仿射集的闭半（仿射集同一个与其相交但又不包含它的闭的半空间的交）时显然不成立。但是由下面的定理知道在所有其他的情况下都成立。

**定理 18.4**　设 $C$ 是一个既非仿射集，也不是仿射集的闭半的闭凸集，则 $C$ 的每个相对内点都位于连接 $C$ 的两个相对边界点的线段上。

**证明**　设 $D$ 为 $C$ 的相对边界。因为 $C$ 不为仿射的，所以 $D$ 非空。我们先证明 $D$ 不为凸集。如果 $D$ 为凸集，则存在关于 $C$ 的支撑超平面 $H$ 使 $H \supset D$（定理 11.6）。设 $A$ 为相应的包含 $\text{ri}C$ 但是与 $D$ 不相交的开半空间。因为 $C$ 不为 $\text{aff}C$ 的闭半，则一定存在点 $\boldsymbol{x}$ 属于 $A \cap \text{aff}C$ 使 $\boldsymbol{x} \notin \text{ri}C$。任何连接 $\boldsymbol{x}$ 与 $\text{ri}C$ 中的点的线段一定与 $C$ 在一个端点之一属于 $D$ 的线段上相交。这同 $A$ 与 $D$ 不相交矛盾。因此，$D$ 非凸，一定在 $D$ 中存在不同点 $\boldsymbol{x}_1$ 与 $\boldsymbol{x}_2$ 使它们连接的线段含有 $\text{ri}C$ 中的点。设 $M$ 为经过 $\boldsymbol{x}_1$ 与 $\boldsymbol{x}_2$ 的直线。$M$ 与 $C$ 的交一定为连接 $\boldsymbol{x}_1$ 与 $\boldsymbol{x}_2$ 的线段，由定理 6.1 知道，如果 $\boldsymbol{x}_1$ 与 $\boldsymbol{x}_2$ 再大一点便属于 $\text{ri}C$。由推论 8.4.1 知道，每个平行于 $M$ 的直线一定也同样与 $C$ 有闭的有界交。因此，给定任意 $\boldsymbol{y} \in \text{ri}C$，穿过 $\boldsymbol{y}$ 且平行于 $M$ 的直线一定与 $C$ 相交于端点属于 $D$ 的线段。

下面的基本表示定理表明，如上述的注释所看到的，对于具有线型零的闭凸集，可以推广到具有任意线型性的闭凸集。



**定理 18.5**　设 $C$ 为不包含直线的闭凸集，$S$ 为 $C$ 的所有极点和端方向所构成的集合，则 $C=\text{conv}S$。

**证明**　如果 $\dim C \leqslant 1$，则定理结果为平凡的（此时 $C$ 为 $\varnothing$ 或单点集，或闭线段，或闭半直线）。我们进行推理，假设定理对于所有维数小于给定 $m>1$ 的闭凸集均成立，且 $C$ 自身为 $m$ 维的。由定义有 $C \supset \text{conv}S$，这是因为 $S$ 中的点属于 $C$ 且 $S$ 中的方向为 $C$ 的回收方向。因为 $C$ 不含有直线且自身不为半直线，由定理 18.4 知道为其自身相对边界的凸包。因此，欲证明 $C \subset \text{conv}S$，仅需要证明 $C$ 的每个相对边界点均属于 $\text{conv}S$。由定理 18.2 知道，相对边界点 $\boldsymbol{x}$ 包含于某些面 $C'$ 的相对内点中，而不是 $C$ 本身。由推论 18.1.1 知道这个 $C'$ 为闭的，由推论 18.1.3 知道它具有更小的维数。由推理假设知定理对 $C'$ 成立，所以 $\boldsymbol{x} \in \text{conv}S'$，其中 $S'$ 为 $C'$ 的极点和端方向的集合。因为 $S' \subset S$，所以 $\boldsymbol{x} \in \text{conv}S$。

**推论 18.5.1**　闭有界凸集为其极点的凸包。

**推论 18.5.2**　设 $K$ 为含有原点以外的点，但不含有直线的闭凸锥。设 $T$ 为 $K$ 中使 $K$ 的每个端射线都由某个 $\boldsymbol{x} \in T$ 所生成的向量的集合，则 $K$ 为由 $T$ 所生成的凸锥。

**证明**　我们说 $K$ 是由 $T$ 所生成的凸锥是指 $K=\text{conv}S$，其中 $S$ 由原点以及 $T$ 中向量的方向组成，这里原点是 $K$ 的唯一极点，$T$ 中向量的方向为 $K$ 的端方向。

**推论 18.5.3**　非空且不含有直线的闭凸集具有至少一个极点。

**证明**　如果定理中的 $S$ 仅仅包含方向，则由定义知道 $\text{conv}S$ 将为空集。

注意到（由推论 18.3.1 知道），如果 $S'$ 为点和向量的集合，满足 $C=\text{conv}S'$ 且没有半直线含有 $S'$ 中点的无界集，则 $S' \supset S$。

闭有界凸集 $C$ 的极点集合不一定为闭的。例如，设 $C_1$ 为 $\mathbf{R}^3$ 中的闭圆盘，并

且设 $C_2$ 为垂直于 $C_1$ 的线段，它的中点为 $C_1$ 的相对边界点。$C_1 \cup C_2$ 的凸包 $C$ 为闭的。但是 $C$ 的极点集由 $C_2$ 的两个端点 以及 $C_1$ 的所有相对边界点（但没有 $C_2$ 的中点）所构成，且不为闭的。

借助于下列定理，我们得到形如 $C=\mathrm{cl}$（conv$S$）的内部表示。用暴露点代替极点。

**定理 18.6（Straszewicz 定理）**　对于任意闭凸集 $C$，$C$ 的暴露点为 $C$ 的极点的一个稠密子集合。因此，每个极点都是某个暴露点序列的极限。

**证明**　设 $B$ 为单位欧氏球。对于任意 $\alpha>0$，$C$ 中满足 $|\boldsymbol{x}|<\alpha$ 的极点或暴露点与 $C\cap\alpha B$ 的极点以及暴露点相同。因此，只要在 $C$ 为有界的（且非空）情况下证明定理即可。设 $S$ 为 $C$ 的暴露点的集合。当然，$S$ 包含于 $C$ 的极点集且 $\mathrm{cl}S\subset C$。我们必须证明每个极点一定属于 $\mathrm{cl}S$。假设 $\boldsymbol{x}$ 为 $C$ 的极点，但是不属于 $\mathrm{cl}S$，则 $\boldsymbol{x}$ 不会属于 $C_0=\mathrm{conv}(\mathrm{cl}S)$（推论 18.3.1）。因为 $C_0$ 为闭的（定理 17.2），存在包含 $C_0$ 但是不含有 $\boldsymbol{x}$ 的闭半空间 $H$（定理 11.5）。我们将构造一个 $C$ 的暴露点使其不属于 $H$，这个矛盾将支持定理的成立。设 $\boldsymbol{e}$ 是“外向的”垂直于 $H$ 且 $|\boldsymbol{e}|=1$。设 $\varepsilon$ 为满足$(\boldsymbol{x}-\varepsilon\boldsymbol{e})\in H$ 的最小的正数，选择 $\lambda>\varepsilon$ 使 $\boldsymbol{y}=\boldsymbol{x}-\lambda\boldsymbol{e}$。考虑以 $\boldsymbol{y}$ 为中心，以 $\lambda$ 为半径的欧氏球 $B_0$。$B_0$ 的边界包含 $\boldsymbol{x}$。然而，利用勾股定理能够算出 $H$ 中相对于 $B_0$ 非内点的点与 $\boldsymbol{x}$ 之间的距离至少为$(2\varepsilon\lambda)^{1/2}$。现假设选择 $\lambda$ 足够大使$(2\varepsilon\lambda)^{1/2}>r$，其中 $r$ 为$|\boldsymbol{z}-\boldsymbol{x}|$关于 $\boldsymbol{z}\in C\cap H$ 的上确界。则 $C$ 含有与 $\boldsymbol{y}$ 的距离至少为 $\lambda$ 的点（如 $\boldsymbol{x}$），但是不含有 $C\cap H$ 中满足此特点的点。选择 $\boldsymbol{p}\in C$ 使$|\boldsymbol{p}-\boldsymbol{y}|$（$C$ 中离 $\boldsymbol{y}$ 最远的点）在 $\boldsymbol{p}\in C$ 处取到最大值，则 $\boldsymbol{p}\notin H$。设 $B_1$ 为以 $\boldsymbol{y}$ 为中心，以 $\boldsymbol{p}$ 为其边界中点的欧氏球。过 $\boldsymbol{p}$ 点关于 $B_1$ 的支撑超平面不含有 $B_1$ 中的点，但含有 $\boldsymbol{p}$ 点。因为 $\boldsymbol{p}\in C\subset B_1$，因此，$\boldsymbol{p}$ 为 $C$ 的暴露点。

**定理 18.7**　设 $C$ 为不含有直线的闭凸集，且设 $S$ 为 $C$ 的所有暴露点和暴露方向的集合，则 $C=\mathrm{cl}(\mathrm{conv}S)$。

**证明**　为简单起见我们假设 $C$ 在 $\mathbf{R}^n$ 中为 $n$ 维的，且 $n\geqslant 2$（当 $C$ 的维数小于 2 维时定理确实为平凡的），因为这里的 $S$ 包含于定理 18.5 中的 $S$，所以 $C\supset\mathrm{cl}$（conv$S$）。

因为 $\mathrm{cl}(\mathrm{conv}S)$ 为包含 $C$ 的所有极点的闭凸集（定理 18.6），因此为非空的（推论 18.5.3）。假设 $\mathrm{cl}(\mathrm{conv}S)$ 不为 $C$，我们将由此推出矛盾。由定理 11.5 知道存在与 $C$ 相交而与 $\mathrm{cl}(\mathrm{conv}S)$ 不相交的超平面。凸集 $C\cap H$ 一定至少有一个极点（推论 18.5.3）和一个暴露点 $\boldsymbol{x}$（定理 18.6）。按照“暴露点”的定义，在 $H$ 中存在一个（$n-2$）维的仿射集 $M$ 与 $C\cap H$ 仅仅相交于 $\boldsymbol{x}$。特别地，$M$ 与 $C$ 的内部（非空）不相交，所以，由定理 11.2 知道可以将 $M$ 推广成为与 $\mathrm{int}C$ 不相交的超平面 $H'$。这个 $H'$ 为关于 $C$ 的支撑超平面，且 $C'=C\cap H'$ 为 $C$ 的一个（闭的）暴露面。$C'$ 的极点与暴露点也为 $C$ 的极点，且因此属于 $\mathrm{cl}(\mathrm{conv}S)$ 但是不属于 $H$。超平面 $H$ 与 $C'$ 仅仅相交于点 $\boldsymbol{x}$。因为 $\boldsymbol{x}$ 不能够为 $C'$ 的暴露点，我们一定有$\{\boldsymbol{x}\}=H$

$\cap \mathrm{ri} C'$ 且因此有 $\dim C'=1$。由假设，$C'$ 不为直线，也不会为两个点之间的连线，因为这些点（为 $C'$ 的极点）属于 $S$，与 $\boldsymbol{x} \notin \mathrm{conv} S$ 矛盾。唯一其他的可能性是 $C'$ 为端点属于 $S$ 的闭半直线。$C'$ 的方向因此属于 $S$，因为，由定义知道它是 $C$ 的暴露方向。这便说明 $C' \subset \mathrm{conv} S$ 与 $\boldsymbol{x} \notin \mathrm{conv} S$ 相矛盾。

**推论 18.7.1**　设 $K$ 为含有原点但不含有直线的闭凸锥。设 $T$ 为 $K$ 中使 $K$ 的每个暴露射线都由某些 $\boldsymbol{x} \in T$ 所生成的向量，则 $K$ 为由 $T$ 所生成的凸锥的闭包。

闭凸集 $C$ 的暴露点将在推论 25.1.3 中作为 $C$ 的支撑函数而得以刻画。

与"暴露点"相对偶的概念是"切超平面"。如果 $H$ 为 $C$ 在 $\boldsymbol{x}$ 点处唯一的超平面，则称超平面在点 $\boldsymbol{x}$ 处与闭凸集 $C$ 相切。$C$ 的切半空间为边界与 $C$ 在某些点处相切的支撑半空间。从后面有关凸函数可微性的讨论将会看到，切平面也能像经典分析那样，用微分极限来定义。

下面的"外部"表示定理可以看成为定理 18.7 的对偶，是定理 11.5 较强的一种形式。

**定理 18.8**　$\mathbf{R}^n$ 中的闭 $n$ 维闭凸集 $C$ 为与其相切的闭半空间的交。



**证明**　设 $G$ 为支撑函数 $\delta^*(\cdot \mid C)$ 的上镜图。这个 $G$ 为 $\mathbf{R}^{n+1}$ 中含有不止原点的闭凸集。因为 $C$ 为 $n$ 维的，$C$ 具有非空的内部，所以，对于每个 $\boldsymbol{x}^* \neq \mathbf{0}$ 有

$$-\delta^*(-\boldsymbol{x}^* \mid C) < \delta^*(\boldsymbol{x}^* \mid C)$$

因此，不含有通过原点的直线。由推论 18.7.1 知道，$G=\mathrm{cl}(\mathrm{conv} S)$，其中 $S$ 为 $G$ 的所有暴露射线的集合。由此知线性函数 $\langle \boldsymbol{x}, \cdot \rangle$ 由 $\delta^*(\cdot \mid C)$ 所控制，它当然与 $C$ 中的点 $\boldsymbol{x}$ 相对应（定理 13.1），它与上镜图中含有 $G$ 的每个"非垂直"暴露射线的线性函数相同。换一种表达方式，$C$ 为所有使得（$\boldsymbol{x}^*, \alpha$）的非负乘子所成集合为 $G$ 的某"非垂直"暴露射线的半空间 $\{\boldsymbol{x} \mid \langle \boldsymbol{x}, \boldsymbol{x}^* \rangle \leqslant \alpha\}$ 的交。后者条件说明存在关于 $G$ 的仅仅相交于由（$\boldsymbol{x}^*, \alpha$）生成的射线的某种非垂直支撑超平面。换句话说，存在 $\boldsymbol{y} \in C$ 使 $\langle \boldsymbol{y}, \boldsymbol{x}^* \rangle = \delta^*(\boldsymbol{x}^* \mid C) = \alpha$，但对于每个 $\boldsymbol{x}^*$ 的非负乘子 $\boldsymbol{y}^*$ 有 $\langle \boldsymbol{y}, \boldsymbol{y}^* \rangle < \delta^*(\boldsymbol{y}^* \mid C)$。这说明半空间 $\{\boldsymbol{x} \mid \langle \boldsymbol{x}, \boldsymbol{x}^* \rangle \leqslant \alpha\}$ 在 $\boldsymbol{y}$ 点与 $C$ 相切。因此，$C$ 为所有这样的半空间的交。

## 第 19 节　多面体凸集与函数

由定义，$\mathbf{R}^n$ 中的多面体凸集（polyhedral convex set）是一个集合，这个集合能够表示成为有限个闭半空间的交，即能够表示成为形如

$$\langle \boldsymbol{x}, \boldsymbol{b}_i \rangle \leqslant \beta_i, \qquad i=1,\cdots,m$$

的不等式系统的解。

确实，任意有限个固定的线性方程和弱线性不等式系统的解集为多面体凸集，这是因为等式 $\langle \boldsymbol{x}, \boldsymbol{b} \rangle = \beta$ 总可以表示成为两个不等式 $\langle \boldsymbol{x}, \boldsymbol{b} \rangle \leqslant \beta$ 和 $\langle \boldsymbol{x}, -\boldsymbol{b} \rangle \leqslant -\beta$。每个仿射集（包括空集和 $\mathbf{R}^n$）都是多面体（推论 1.4.1）。

显然，多面体凸集为锥当且仅当它能够表示成为有限个边界超平面通过原点的闭半空间集的交。因此，多面体凸锥为某些齐次（$\beta_i=0$）弱线性不等式系统的解集。

所谓的“多面体”性质就是凸集“外部”表示的有限性条件。存在关于凸集“内部”表示有限性条件的对偶性质。有限生成凸集为由点和方向（按照第 17 节的意义）所构成的有限个集合的凸包。因此，$C$ 为有限生成凸集当且仅当存在向量 $\boldsymbol{a}_1,\cdots,\boldsymbol{a}_m$ 使对于固定的整数 $k$，$0\leqslant k\leqslant m$，$C$ 由所有形如

$$\boldsymbol{x}=\lambda_1\boldsymbol{a}_1+\cdots+\lambda_k\boldsymbol{a}_k+\lambda_{k+1}\boldsymbol{a}_{k+1}+\cdots+\lambda_m\boldsymbol{a}_m,$$

的向量所组成，其中

$$\lambda_1+\cdots+\lambda_k=1,\qquad \lambda_i\geqslant 0, i=1,\cdots,m.$$

有限生成凸集为锥时是能够表示成为 $k=0$ 时的集合，即没有关于系数加起来为 1 的要求；在这样的表示下，$\{\boldsymbol{a}_1,\cdots,\boldsymbol{a}_m\}$ 称为锥的生成元。因此，有限生成凸锥为原点和有限多个方向的凸包。

有界的有限生成凸集称为多面体，包括了单纯形的情况。无界有限生成凸集，如第 17 节中的推广单纯形，可以看成为某些顶点为无限的推广的多面体。



多面体凸集与有限生成锥相同。这个经典的结果是关于某个事实有名的例子，这个事实从直觉上讲是完全显然的，但是又显示着重要的代数内涵且不易证明。我们将给出的证明是基于凸集的面的理论。这种方法强调定理真实性的直觉理由。要求较弱复杂性的代数证明也是可能的，然而有定理。

**定理 19.1**　凸集 $C$ 的下列性质等价：

(a) $C$ 为多面体；

(b) $C$ 为闭的且具有有限多个面；

(c) $C$ 为有限生成的。

**证明**　由 (a) 到 (b)：设 $H_1,\cdots,H_m$ 是交集为 $C$ 的闭半空间。设 $C'$ 为 $C$ 的非空面。对于每个 $i$，$\mathrm{ri}C'$ 一定包含于 $\mathrm{int}H_i$ 或包含于 $H_i$ 的边界超平面 $M_i$。设 $D$ 为由有限个相对开集 $\mathrm{int}H_i$ 或含有 $\mathrm{ri}C'$ 的 $M_i$ 所成的类的交集。这个 $D$ 为 $C$ 的凸子集，且为相对开的（定理 6.5）。因为 $\mathrm{ri}C'$ 为 $C$ 的最大相对开凸子集（定理 18.2），我们确实有 $\mathrm{ri}C'=D$。仅有有限多个形如 $D$ 的交，且 $C$ 的不同面具有不相交的相对内部（推论 18.1.2），所以，$C$ 有有限多个面。

由 (b) 到 (c)：先考虑 $C$ 不含有直线的情形。按照定理 18.5，$C$ 为其极点和端方向的凸包。因为 $C$ 仅有有限多个面，它仅有有限多个极点和端方向。因此 $C$ 为有限生成的。现设 $C$ 含有直线，则 $C=C_0+L$，其中 $L$ 为 $C$ 的线性空间且 $C_0$ 为不含有直线的闭凸集，例如，$C_0=C\cap L^{\perp}$。$C_0$ 的面具有形式 $C_0'=C'\cap L^{\perp}$，其中 $C'$ 为 $C$ 的一个面，所以，$C_0$ 仅有有限多个面。因此，$C_0$ 为有限生成的。设 $\boldsymbol{b}_1,\cdots,\boldsymbol{b}_m$ 为 $L$ 的基，则任何 $\boldsymbol{x}\in C$ 都可以表示成为

$$\boldsymbol{x}=\boldsymbol{x}_0+\mu_1\boldsymbol{b}_1+\cdots+\mu_m\boldsymbol{b}_m+\mu_1'(-\boldsymbol{b}_1)+\cdots+\mu_m'(-\boldsymbol{b}_m)$$

其中 $x_0 \in C_0$，且对于 $i=1,\cdots,m$ 有 $\mu_i \geqslant 0$ 和 $\mu_i' \geqslant 0$。因此，$C$ 本身为有限生成的。

由（c）到（b）：假设 $C=\mathrm{conv}S$，其中 $S$ 为点和方向的有限集，由 Carathéodory 定理（定理 17.1），我们可以将 $C$ 表示成为有限多个推广的单纯形的并集。每个推广的单纯形都是闭集，所以，$C$ 也是闭集。由定理 18.3 知道在 $C$ 的面与 $S$ 的某些子集之间存在一一对应，所以 $C$ 仅有有限多个面。

由（b）到（a）：只要对 $C$ 为 $\mathbf{R}^n$ 中的 $n$ 维集合的情况进行处理即可。在这种情况下，$C$ 为其切闭半空间的交（定理 18.8）。如果 $H$ 为一个切闭半空间的边界超平面，由定义，存在 $\boldsymbol{x} \in C$ 使 $H$ 为过 $\boldsymbol{x}$ 的关于 $C$ 的唯一支撑超平面。因此，$H$ 为经过暴露面 $C \cap H$ 关于 $C$ 的唯一支撑超平面。因为 $C$ 仅有有限多个面，它仅能够有有限多个切闭半空间。因此，$C$ 为多面体。

定理 19.1 的证明碰巧也说明多面体凸集的每个面本身为多面体。

**推论 19.1.1**　多面体凸集至多有有限多个极点和端方向。

**证明**　由极点和端方向对应于面，而面分别为点和半直线而得到。



多面体凸函数是上镜图为多面体的凸函数。这样的函数的一般例子为仿射（或部分仿射）函数以及多面体凸集（特别地，如 $\mathbf{R}^n$ 中的非负象限）的指示函数。

一般地，对于定义在 $\mathbf{R}^n$ 上的多面体凸函数，$\mathrm{epi} f$ 一定为 $\mathbf{R}^{n+1}$ 中有限多个闭半空间的交，这些闭半空间或"垂直"或为仿射函数的上镜图。换句话说，$f$ 为多面体凸函数当且仅当 $f$ 能够表示成为

$$f(\boldsymbol{x})=h(\boldsymbol{x})+\delta(\boldsymbol{x} \mid C),$$

其中

$$\boldsymbol{h}(\boldsymbol{x})=\max\{\langle \boldsymbol{x},\boldsymbol{b}_1\rangle-\beta_1,\cdots,\langle \boldsymbol{x},\boldsymbol{b}_k\rangle-\beta_k\},$$
$$C=\{\boldsymbol{x} \mid \langle \boldsymbol{x},\boldsymbol{b}_{k+1}\rangle \leqslant \beta_{k+1},\cdots,\langle \boldsymbol{x},\boldsymbol{b}_m\rangle \leqslant \beta_m\}.$$

如果存在向量 $\boldsymbol{a}_1,\cdots,\boldsymbol{a}_k,\boldsymbol{a}_{k+1},\cdots,\boldsymbol{a}_m$ 以及相应的的标量 $\alpha_i$ 使

$$f(\boldsymbol{x})=\inf\{\lambda_1\alpha_1+\cdots+\lambda_k\alpha_k+\lambda_{k+1}\alpha_{k+1}+\cdots+\lambda_m\alpha_m\}$$

则称凸函数 $f(\boldsymbol{x})$ 为有限生成的，其中下确界取自所有满足

$$\lambda_1\boldsymbol{a}_1+\cdots+\lambda_k\boldsymbol{a}_k+\lambda_{k+1}\boldsymbol{a}_{k+1}+\cdots+\lambda_m\boldsymbol{a}_m=\boldsymbol{x},\lambda_1+\cdots+\lambda_k=1,\quad \lambda_i \geqslant 0,\quad i=1,\cdots,m.$$

的系数 $\lambda_i$。这个关于 $f$ 的条件说明

$$f(\boldsymbol{x})=\inf\{\mu \mid (\boldsymbol{x},\mu) \in F\},$$

其中 $F$ 为 $\mathbf{R}^{n+1}$ 中某些有限集和方向的凸包，比如说为点$(\boldsymbol{a}_i,\alpha_i)$，$i=1,\cdots,k$，以及方向$(\boldsymbol{a}_i,\alpha_i)$，$i=k+1,\cdots,m$，沿着方向 $(0,1)$（"向上"）的凸包。按照定理 19.1，这样的 $F$ 为闭集，因此与 $\mathrm{epi} f$ 完全重合。这也特别说明，对于使 $f(\boldsymbol{x})$ 为有限的任意 $\boldsymbol{x}$，点$(\boldsymbol{x},f(\boldsymbol{x}))$属于 $F$，且 $f(\boldsymbol{x})$ 定义中的下确界确实取到。我们可以归结为下列的结论。

**推论 19.1.2**　凸函数为多面体当且仅当其为有限生成的。这样的函数，如果为正常的，一定为闭的。对于给定的 $\boldsymbol{x}$，有限生成凸函数定义中的下确界，如果为

有限的，则可以通过选择系数 $\lambda_i$ 而取到。

绝对值函数为定义在 $\mathbf{R}$ 上的多面体凸函数。更一般地，如下定义的函数

$$f(\boldsymbol{x})=|\xi_1|+\cdots+|\xi_n|,\qquad \boldsymbol{x}=(\xi_1,\cdots,\xi_n)$$

在 $\mathbf{R}^n$ 上为多面体凸的，因为它为 $2^n$ 个形如

$$\boldsymbol{x}\to\varepsilon_1\xi_1+\cdots+\varepsilon_n\xi_n,\qquad \varepsilon_j=+1\text{ 或}-1.$$

的线性函数的点态上确界。

注意到 $f$ 实际上为范数。另外一个经常见到的多面体凸范数是如下定义的 Tchebycheff 范数

$$f(x)=\max\{|\xi_1|,\cdots,|\xi_n|\}.$$

这个 $f$ 为 $2n$ 个形如

$$\boldsymbol{x}\to\varepsilon_j\xi_j,\quad \varepsilon_j=+1\text{ 或}-1,\quad j=1,\cdots,n.$$

的线性函数的点态上确界。

我们现在证明“多面体”性质在许多重要的运算下是保持的。我们从对偶开始。

**定理 19.2** 多面体凸函数的共轭为多面体。

**证明** 如果 $f$ 为多面体，则是有限生成的，且能够与前面一样用向量 $\boldsymbol{a}_1,\cdots,\boldsymbol{a}_k,\boldsymbol{a}_{k+1},\cdots,\boldsymbol{a}_m$ 及相应的标量 $\alpha_i$ 表示。将这个公式代入定义共轭函数 $f^*$ 的公式中得到

$$f^*(\boldsymbol{x}^*)=\sup\left\{\langle\sum_{i=1}^m\lambda_i\boldsymbol{a}_i,\boldsymbol{x}^*\rangle-\sum_{i=1}^m\lambda_i\alpha_i\right\},$$

其中上确界取自于

$$\lambda_1\geqslant0,\cdots,\lambda_m\geqslant0,\lambda_1+\cdots+\lambda_k=1.$$

容易看到，当

$$\langle\boldsymbol{a}_i,\boldsymbol{x}^*\rangle-\alpha_i\leqslant0,i=k+1,\cdots,m$$

成立时有

$$f^*(\boldsymbol{x}^*)=\max\{\langle\boldsymbol{a}_i,\boldsymbol{x}^*\rangle-\alpha_i\,|\,i=1,\cdots,k\}.$$

否则，$f^*(\boldsymbol{x}^*)=+\infty$。因此，$f$ 为多面体。

**推论 19.2.1** 闭凸集 $C$ 为多面体当且仅当其支撑函数 $\delta^*(\cdot\,|\,C)$ 为多面体。

**证明** $C$ 的指示函数与支撑函数互为共轭的，所以由定理知道，一个为多面体时另外一个也为多面体。

作为例子，考虑在集合 $C$ 上求线性泛函 $\langle\boldsymbol{a},\cdot\rangle$ 的最大值，$C$ 由某弱线性不等式系统的解所组成。上确界为 $\delta^*(\boldsymbol{a}|C)$。因为 $C$ 为多面体，由推论 19.2.1 知道上确界为 $\boldsymbol{a}$ 的多面体凸函数。

如果 $f$ 为任意多面体凸函数，则水平集 $\{\boldsymbol{x}\,|\,f(\boldsymbol{x})\leqslant\alpha\}$ 显然为多面体凸集。因为凸集 $C$ 的极 $C^\circ$ 为对应于 $\alpha=1$ 的支撑函数 $\delta^*(\cdot\,|C)$ 的水平集，我们有：

**推论 19.2.2** 多面体凸集的极为多面体。

有限多个多面体凸集的交为多面体。类似地，有限多个多面体凸函数的点态上确界为多面体。

**定理 19.3**　设 $A$ 为映 $\mathbf{R}^n$ 到 $\mathbf{R}^m$ 的线性变换，则对于每个 $\mathbf{R}^n$ 中的多面体凸集 $C$，$AC$ 为 $\mathbf{R}^m$ 中的多面体凸集，而对于 $\mathbf{R}^m$ 中的每个多面体凸集 $D$，$A^{-1}D$ 为 $\mathbf{R}^n$ 中的多面体凸集。

**证明**　设 $C$ 为 $\mathbf{R}^n$ 中的多面体。由定理 19.1 知道 $C$ 为有限生成的，所以，存在向量 $\boldsymbol{a}_1,\cdots,\boldsymbol{a}_k,\boldsymbol{a}_{k+1},\cdots,\boldsymbol{a}_r$ 使

$$C=\{\sum_{i=1}^{r}\lambda_i\boldsymbol{a}_i\,|\,\lambda_1+\cdots+\lambda_k=1,\lambda_i\geqslant 0,i=1,\cdots,r\}.$$

设 $\boldsymbol{b}_i$ 为 $\boldsymbol{a}_i$ 关于 $A$ 的像，则

$$AC=\{\sum_{i=1}^{r}\lambda_i\boldsymbol{b}_i\,|\,\lambda_1+\cdots+\lambda_k=1,\lambda_i\geqslant 0,i=1,\cdots,r\}.$$

因此，$AC$ 为有限生成的，因此，由定理 19.1 知道为多面体。现设 $D$ 为 $\mathbf{R}^m$ 中的多面体凸集。将 $D$ 表示成为系统



$$\langle \boldsymbol{y},\boldsymbol{a}_i^*\rangle\leqslant\alpha_i,\qquad i=1,\cdots,s.$$

的解集，则 $A^{-1}D$ 为关于

$$\langle A\boldsymbol{x},\boldsymbol{a}_i^*\rangle\leqslant\alpha_i,\qquad i=1,\cdots,s$$

的解集。这是有限个关于 $\boldsymbol{x}$ 的弱线性不等式系统，所以，$A^{-1}D$ 为多面体。

**推论 19.3.1**　设 $A$ 为映 $\mathbf{R}^n$ 到 $\mathbf{R}^m$ 的线性变换。对于每个定义在 $\mathbf{R}^n$ 上的多面体凸函数 $f$，凸函数 $Af$ 为定义在 $\mathbf{R}^m$ 上的多面体，而且定义中的下确界在有限时一定取到。对于定义于 $\mathbf{R}^m$ 上的多面体凸函数 $g$，$gA$ 为定义在 $\mathbf{R}^n$ 上的多面体。

**证明**　epi$f$ 在线性变换 $(\boldsymbol{x},\mu)\to(A\boldsymbol{x},\mu)$ 下的像为多面体凸集，且等于 epi$(Af)$。epi$g$ 在相同变换下的逆像为多面体凸集，并且等于 epi$(gA)$。

**推论 19.3.2**　如果 $C_1$ 和 $C_2$ 为 $\mathbf{R}^n$ 中的多面体凸集，则 $C_1+C_2$ 为多面体。

**证明**　设 $C=\{(\boldsymbol{x}_1,\boldsymbol{x}_2)\,|\,\boldsymbol{x}_1\in C_1,\boldsymbol{x}_2\in C_2\}$。显然，$C$ 能够表示成 $\mathbf{R}^{2n}$ 中有限个闭半空间的交。因此，$C$ 为多面体。由定理，$C$ 在线性变换 $A:(\boldsymbol{x}_1,\boldsymbol{x}_2)\to\boldsymbol{x}_1+\boldsymbol{x}_2$ 下的像也为多面体，这个像就是 $C_1+C_2$。

**推论 19.3.3**　设 $C_1$ 和 $C_2$ 为非空不相交的多面体凸集，则存在强分离 $C_1$ 和 $C_2$ 的超平面。

**证明**　我们有 $\mathbf{0}\notin C_1-C_2$，且由前面的推论知道，$C_1-C_2$ 为闭的。按照定理 11.4 知道强分离是可能的。

**推论 19.3.4**　如果 $f_1$ 和 $f_2$ 为定义在 $\mathbf{R}^n$ 上的正常多面体凸函数，则 $f_1\square f_2$ 也为多面体凸函数。而且，如果 $f_1\square f_2$ 为正常的，则对于每个 $\boldsymbol{x}$，$(f_1\square f_2)(\boldsymbol{x})$ 定义中的下确界可以达到。

**证明**　epi$f_1$+epi$f_2$ 为多面体凸集，它等于 epi $(f_1\square f_2)$。

定理 19.3 特别说明多面体凸集 $C\subset\mathbf{R}^n$ 向子空间 $L$ 的正交投影为另外一个多面

体凸集。

为进一步说明定理 19.3 及推论 19.3.2，假设 $A$ 为映 $\mathbf{R}^n$ 到 $\mathbf{R}^m$ 的线性变换。令

$$C=\{\boldsymbol{z}\in\mathbf{R}^n \mid \exists\, \boldsymbol{x}\geqslant \boldsymbol{z}, A\boldsymbol{x}\in \operatorname{conv}\{\boldsymbol{b}_1,\cdots,\boldsymbol{b}_r\}\},$$

其中 $\boldsymbol{b}_1,\cdots,\boldsymbol{b}_r$ 为 $\mathbf{R}^m$ 中的固定元素。我们有

$$C=A^{-1}D-K,$$

其中 $K$ 为 $\mathbf{R}^n$ 中的非负象限（一种多面体凸锥）且

$$D=\operatorname{conv}\{\boldsymbol{b}_1,\cdots,\boldsymbol{b}_r\}$$

（一种有限生成凸集），$C$ 因而为多面体凸集。

推论 19.3.4 的一种好的解释是当

$$f_1(x)=\max\{|\xi_j| \mid j=1,\cdots,n\}=\|\boldsymbol{x}\|_\infty,$$
$$f_2(\boldsymbol{x})=\delta(\boldsymbol{x}\mid C), C=\{\boldsymbol{x}\mid\langle \boldsymbol{a}_i,\boldsymbol{x}\rangle\leqslant\alpha_i, i=1,2,\cdots,m\}.$$

这里，

$$(f_1\square f_2)(\boldsymbol{y})=\inf_{\boldsymbol{x}}\{f_1(\boldsymbol{y}-\boldsymbol{x})+f_2(\boldsymbol{x})\}$$
$$=\inf\{\|\boldsymbol{y}-\boldsymbol{x}\|_\infty \mid \boldsymbol{x}\in C\},$$

且当 $\boldsymbol{y}$ 能够在以 Tchebycheff 范数 $\|\cdot\|_\infty$ 被系统

$$\langle \boldsymbol{a}_i,\boldsymbol{x}\rangle\leqslant\alpha_i, i=1,2,\cdots,m$$

的解 $\boldsymbol{x}$ 所任意逼近时，这个量是有意义的。

因为 $f_1$ 和 $f_2$ 为多面体凸函数，所以，$f_1\square f_2$ 也为关于 $\boldsymbol{y}$ 的多面体凸函数。

**定理 19.4**　如果 $f_1$ 和 $f_2$ 为正常多面体凸函数，则 $f_1+f_2$ 也为多面体。

**证明**　对于 $i=1$，2，有 $f_i(\boldsymbol{x})=h_i(\boldsymbol{x})+\delta(\boldsymbol{x}\mid C_i)$，其中 $C_1$ 和 $C_2$ 为多面体凸集且

$$h_1(\boldsymbol{x})=\max\{\langle \boldsymbol{x},\boldsymbol{a}_i\rangle-\alpha_i \mid i=1,2,\cdots,k\},$$
$$h_2(\boldsymbol{x})=\max\{\langle \boldsymbol{x},\boldsymbol{b}_j\rangle-\beta_j \mid j=1,2,\cdots,r\}.$$

令 $C=C_1\cap C_2$，$d_{ij}=a_i+b_j$ 且 $\mu_{ij}=\alpha_i+\beta_j$，则 $C$ 为多面体凸集，且

$$(f_1+f_2)(\boldsymbol{x})=h(\boldsymbol{x})+\delta(\boldsymbol{x}\mid C),$$

其中

$$h(\boldsymbol{x})=\max\{\langle \boldsymbol{x},d_{ij}\rangle-\mu_{ij} \mid i=1,\cdots,k \text{ 且 } j=1,\cdots,r\}.$$

因此 $f_1+f_2$ 为多面体。

显然，如果 $f$ 为多面体凸函数，则对于 $\lambda\geqslant0$，$\lambda f$ 也为多面体。

**定理 19.5**　设 $C$ 为非空多面体凸集，则对于每个数值 $\lambda$，$\lambda C$ 也为多面体。回收锥 $0^+C$ 也为多面体。事实上，如果 $C$ 被表示为 $\operatorname{conv}S$，其中 $S$ 为点和方向的有限集，则 $0^+C=\operatorname{conv}S_0$，其中 $S_0$ 由原点和 $S$ 中的方向组成。

**证明**　将 $C$ 表示成为有限个不等式系统

$$\langle \boldsymbol{x},\boldsymbol{b}_i\rangle\leqslant\beta_i,\quad i=1,\cdots,m$$

的解集，则对于 $\lambda>0$，$\lambda C$ 为不等式系统：$\langle \boldsymbol{x},\boldsymbol{b}_i\rangle\leqslant\lambda\beta_i$，$i=1,\cdots,m$ 的解集。进一

步地，$0^+C$ 为系统 $\langle \boldsymbol{x}, \boldsymbol{b}_i \rangle \leqslant 0$，$i=1,\cdots,m$ 的解。因此对于 $\lambda>0$，$\lambda C$ 和 $0^+C$ 都为多面体。特别地，由定义 $0C=\{0\}$，所以 $0C$ 也为多面体。因为 $-C$ 为 $C$ 在线性变换 $\boldsymbol{x} \to -\boldsymbol{x}$ 下的像，所以 $-C$ 是多面体，由此得到对于 $\lambda<0$，$\lambda C$ 也为多面体。现假设 $C=\mathrm{conv}S$，其中 $S$ 由点 $\boldsymbol{a}_1,\cdots,\boldsymbol{a}_k$ 及方向 $\boldsymbol{a}_{k+1},\cdots,\boldsymbol{a}_m$ 所构成。设 $K$ 为 $\mathbf{R}^{n+1}$ 中由向量 $(1,\boldsymbol{a}_1),\cdots,(1,\boldsymbol{a}_k),(0,\boldsymbol{a}_{k+1}),\cdots,(0,\boldsymbol{a}_m)$ 所生成的多面体凸锥。$K$ 与超平面 $\{(1,\boldsymbol{x})\in\mathbf{R}^{n+1} \mid \boldsymbol{x}\in\mathbf{R}^n\}$ 的交能够由 $C$ 确定且（因为 $K$ 为闭的）$K$ 与超平面 $\{(0,\boldsymbol{x})\in\mathbf{R}^{n+1} \mid \boldsymbol{x}\in\mathbf{R}^n\}$ 的交集能够被 $0^+C$ 所确定。因此，$0^+C$ 由 $\boldsymbol{a}_{k+1}$，…，$\boldsymbol{a}_m$ 所生成。换句话说，$0^+C=\mathrm{conv}S_0$。

**推论 19.5.1**　如果 $f$ 为正常多面体凸函数，则对于 $\lambda\geqslant 0$ 及 $\lambda=0^+$，$\lambda C$ 也为多面体。

**证明**　应用定理 19.5 于 $C=\mathrm{epi}f$。

两个多面体凸集并集的凸包不一定为多面体，例如一条直线和一个不在直线上的点的情况。困难在于通常的凸包运算没有顾及回收锥的方向。$\mathbf{R}^n$ 中一对非空多面体凸集 $C_1$ 和 $C_2$ 能够表示成为 $C_1=\mathrm{conv}S_1$ 及 $C_2=\mathrm{conv}S_2$，其中 $S_1$ 和 $S_2$ 为点和方向的有限集，因此有



$$\mathrm{conv}(C_1\cup C_2)\subset\mathrm{conv}(S_1\cup S_2),$$

但是，等号不一定成立。一般地，由定理 19.5 有

$$\mathrm{conv}(S_1\cup S_2)=(C_1+0^+C_2)\cup(0^+C_1+C_2)\cup\mathrm{conv}(C_1\cup C_2).$$

然而，$\mathrm{cl}(\mathrm{conv}(C_1\cup C_2))$ 一定在 $C_1$ 和 $C_2$ 都减弱的方向也减弱，因为它是一个包含 $C_1$ 和 $C_2$ 的闭凸集（定理 8.3）。$\mathrm{cl}(\mathrm{conv}(C_1\cup C_2))$ 包含 $C_1+0^+C_2$ 和 $0^+C_1+C_2$，因此，包含 $\mathrm{conv}(S_1\cup S_2)$。因为 $\mathrm{conv}(S_1\cup S_2)$，有限生成且为多面体，所以为闭的，这样

$$\mathrm{conv}(S_1\cup S_2)=\mathrm{cl}(\mathrm{conv}(C_1\cup C_2)).$$

下列结论可以得到。

**定理 19.6**　设 $C_1,\cdots,C_m$ 为 $\mathbf{R}^n$ 中的非空多面体凸集，且 $C=\mathrm{cl}(\mathrm{conv}(C_1\cup\cdots\cup C_m))$，则 $C$ 为多面体凸集且

$$C=\bigcup\{\lambda_1C_1+\cdots+\lambda_mC_m\},$$

其中并集取遍所有 $\lambda_i\geqslant 0$，$\lambda_1+\cdots+\lambda_m=1$，当 $\lambda_i=0$ 时用 $0^+C_i$ 代替 $0C_i$。

在凸锥是生成锥的情况下，有完全类似的结果。

**定理 19.7**　设 $C$ 为非空多面体凸集，$K$ 为由 $C$ 所生成的凸锥的闭包，则 $K$ 为多面体凸锥，且

$$K=\bigcup\{\lambda C \mid \lambda>0 \text{ 或 } \lambda=0^+\}$$

**证明**　将后者的并集记为 $K'$，则由 $C$ 所张成的凸锥包含于 $K'$，但其闭包 $K$ 包含 $K'$（因为 $K$ 为包含 $C$ 和 $\mathbf{0}$ 的闭凸集，由定理 8.3 知道，$K$ 一定包含回收锥 $0^+C$）。因此，$\mathrm{cl}K'=K$。只需要证明 $K'$ 为多面体就行了。将 $C$ 表示成为 $\mathrm{conv}S$，其中 $S$ 由点 $\boldsymbol{a}_1,\cdots,\boldsymbol{a}_k$ 及方向 $\boldsymbol{a}_{k+1},\cdots,\boldsymbol{a}_m$ 所构成。对于 $\lambda>0$，$\lambda C$ 为点 $\lambda\boldsymbol{a}_1,\cdots,$

$\lambda \boldsymbol{a}_k$ 及方向 $\boldsymbol{a}_{k+1},\cdots,\boldsymbol{a}_m$ 所构成的凸包，由定理 19.5 知道 $0^+C$ 为原点及方向 $\boldsymbol{a}_{k+1},\cdots,\boldsymbol{a}_m$ 的凸包。因此，$K'$就是 $\boldsymbol{a}_1,\cdots,\boldsymbol{a}_k,\boldsymbol{a}_{k+1},\cdots,\boldsymbol{a}_m$ 的所有非负线性组合的集合。这便说明 $K'$是有限生成的，因此为多面体的。

**推论 19.7.1**　如果 $C$ 为含有原点的多面体凸集，则由 $C$ 所生成的凸锥为多面体的。

**证明**　如果 $\mathbf{0}\in C$，则对于 $\lambda>0$，$0^+C$ 包含于集合 $\lambda C$，因此可以从定理中的集合中去掉。集合仅仅为由 $C$ 所生成的凸锥的集合，由定理知道这个集合为多面体。

作为多面体凸性方面的综合练习，可以证明，如果 $C$ 为 $\mathbf{R}^n$ 中的凸多面体，$S$ 为 $C$ 中的任意非空子集，则

$$D=\{\boldsymbol{y}\mid S+\boldsymbol{y}\subset C\}$$

为凸多面体。进一步地，在什么环境下，第 3 节末尾所定义的“暗影（Umbra）”和“半影（Penumbra）”多面体凸集是存在的?



# 第 20 节　多面体凸性的应用

本节讨论当某些凸性为多面体时前面所证明的有关一般凸集和凸函数的分离定理、闭包条件和其他的结果可以得到加强。

我们从正常凸函数（定理 16.4）和共轭函数入手：

$$(\mathrm{cl}f_1+\cdots+\mathrm{cl}f_m)^*=\mathrm{cl}(f_1^*\square\cdots\square f_m^*).$$

设每个 $f_i$ 为多面体且

$$\mathrm{dom}f_1\cap\cdots\cap\mathrm{dom}f_m\neq\varnothing.$$

则 $\mathrm{cl}f_i=f_i$，且 $f_1+\cdots+f_m$ 为正常多面体凸函数（定理 19.4）。$f_1+\cdots+f_m$ 的共轭也一定为正常的，所以 $f_1^*\square\cdots\square f_m^*$ 也一定为正常的。每个 $f_i^*$ 为多面体（定理 19.2），因此，由推论 19.3.4 知道 $f_1^*\square\cdots\square f_m^*$ 为（特别地，为闭的）多面体，由此得到

$$(f_1+\cdots+f_m)^*=f_1^*\square\cdots\square f_m^*.$$

进一步地，由推论 19.3.4 知道，对于每个 $\boldsymbol{x}^*$，$(f_1^*\square\cdots\square f_m^*)(\boldsymbol{x}^*)$的定义中的下确界是取到的，这个结果是定理 16.4 后半部分的细化。

我们现在证明，在部分函数为多面体，部分函数不为多面体的一般混合情形下，如果对于那些使 $f_i$ 为多面体的每个 $i$，应用 $\mathrm{dom}f_i$ 代替 $\mathrm{ri}(\mathrm{dom}f_i)$，定理 16.4 中的共轭公式仍然成立。

**定理 20.1**　设 $f_1,\cdots,f_m$ 为定义在 $\mathbf{R}^n$ 上的正常凸函数，且 $f_1$，…，$f_k$ 为多面体。假设交集

$$\mathrm{dom}f_1\cap\cdots\cap\mathrm{dom}f_k\cap\mathrm{ri}(\mathrm{dom}f_{k+1})\cap\cdots\cap\mathrm{ri}(\mathrm{dom}f_m)$$

非空，则对每个取到下确界的点 $\boldsymbol{x}^*$ 成立等式

$$(f_1+\cdots+f_m)^*(\boldsymbol{x}^*)=(f_1^*\square\cdots\square f_m^*)(\boldsymbol{x}^*)$$
$$=\inf\{f_1^*(\boldsymbol{x}_1^*)+\cdots+f_m^*(\boldsymbol{x}_m^*)\mid \boldsymbol{x}_1^*+\cdots+\boldsymbol{x}_m^*=\boldsymbol{x}^*\}$$

**证明**　已经知道，在所有集合 $\mathrm{ri}(\mathrm{dom}f_i), i=1,\cdots,m$，中确实存在一个公共点（定理16.4）及 $k=m$（刚才所描述的）的情况下这个公式的正确性。假设 $1\leqslant k\leqslant m$，且令

$$g_1=f_1+\cdots+f_k,\quad g_2=f_{k+1}+\cdots+f_m.$$

公式对于 $g_1$ 和 $g_2$ 的共轭运算是成立的，所以

$$g_1^*(\boldsymbol{y}_1^*)=\inf\{f_1^*(\boldsymbol{x}_1^*)+\cdots+f_k^*(\boldsymbol{x}_k^*)\mid \boldsymbol{x}_1^*+\cdots+\boldsymbol{x}_k^*=\boldsymbol{y}_k^*\},$$
$$g_2^*(\boldsymbol{y}_2^*)=\inf\{f_{k+1}^*(\boldsymbol{x}_{k+1}^*)+\cdots+f_m^*(\boldsymbol{x}_m^*)\mid \boldsymbol{x}_{k+1}^*+\cdots+\boldsymbol{x}_m^*=\boldsymbol{y}_2^*\},$$

其中，对于每个 $\boldsymbol{y}_1^*$ 和 $\boldsymbol{y}_2^*$，下确界是取到的。因此，只需证明

$$(g_1+g_2)^*(\boldsymbol{x}^*)=\inf\{g_1^*(\boldsymbol{y}_1^*)+g_2^*(\boldsymbol{y}_2^*)\mid \boldsymbol{y}_1^*+\boldsymbol{y}_2^*=\boldsymbol{x}^*\},$$

这里，对于每个 $\boldsymbol{x}^*$，下确界通过 $\boldsymbol{y}_1^*$ 和 $\boldsymbol{y}_2^*$ 所取到。凸函数 $g_1$ 和 $g_2$ 为正常的，且 $g_1$ 为多面体（定理19.4）。因为

$$\mathrm{dom}g_1=\mathrm{dom}f_1\cap\cdots\cap\mathrm{dom}f_k,$$
$$\mathrm{dom}g_2=\mathrm{dom}f_{k+1}\cap\cdots\cap\mathrm{dom}f_m,$$

所以（定理6.5），

$$\mathrm{ri}(\mathrm{dom}g_2)=\mathrm{ri}(\mathrm{domf}_{k+1}\cap\cdots\cap\mathrm{dom}f_m)$$
$$=\mathrm{ri}(\mathrm{dom}f_{k+1})\cap\cdots\cap\mathrm{ri}(\mathrm{dom}f_m),$$

因此，

$$\mathrm{dom}g_1\cap\mathrm{ri}(\mathrm{dom}g_2)\neq\varnothing.$$

这便说明，对于 $\mathrm{dom}g_2$ 的仿射包 $M$ 有

$$\mathrm{ri}(M\cap\mathrm{dom}g_1)\cap\mathrm{ri}(\mathrm{dom}g_2)\neq\varnothing.$$

正常凸函数 $h=\delta(\cdot\mid M)+g_1$ 以 $M\cap\mathrm{dom}g_1$ 为有效域，所以

$$\mathrm{ri}(\mathrm{dom}h)\cap\mathrm{ri}(\mathrm{dom}g_2)\neq\varnothing.$$

且定理中的公式对于运算 $(h+g_2)^*$ 成立。进一步地，因为 $h+g_2=g_1+g_2$，所以，

$$(g_1+g_2)^*(\boldsymbol{x}^*)=(h^*\square g_2^*)(\boldsymbol{x}^*)$$
$$=\inf\{h^*(\boldsymbol{z}^*)+g_2^*(\boldsymbol{y}^*)\mid \boldsymbol{z}^*+\boldsymbol{y}^*=\boldsymbol{x}^*\},$$

其中，对于每个 $\boldsymbol{x}^*$，下确界达到。另一方面，因为 $\delta(\cdot\mid M)$ 和 $g_1$ 为多面体，定理中的公式对于计算 $h^*$ 也成立：

$$h^*(\boldsymbol{z}^*)=\inf\{\delta^*(\boldsymbol{u}^*\mid M)+g_1^*(\boldsymbol{y}_1^*)\mid \boldsymbol{u}^*+\boldsymbol{y}_1^*=\boldsymbol{z}^*\}$$

并且上确界总是取到的。因此，

$$(g_1+g_2)^*(\boldsymbol{x}^*)=\inf\{\delta^*(\boldsymbol{u}^*\mid M)+g_1^*(\boldsymbol{y}_1^*)+g_2^*(\boldsymbol{y}^*)\mid \boldsymbol{u}^*+\boldsymbol{y}_1^*+\boldsymbol{y}^*=\boldsymbol{x}^*\},$$

其中，对于每个 $\boldsymbol{x}^*$，下确界达到。因为 $\delta(\cdot\mid M)$ 的有效域的相对内部与 $g_2$ 具有

公共点，再次应用已建立的公式得到

$$\inf\{\delta^*(\boldsymbol{u}^*|M)+g_2^*(\boldsymbol{y}^*)|\boldsymbol{u}^*+\boldsymbol{y}^*=\boldsymbol{y}_2^*\}=(\delta(\cdot|M)+g_2)^*(\boldsymbol{y}_2^*)=g_2^*(\boldsymbol{y}_2^*),$$

并且上确界总是取到。因此得到

$$(g_1+g_2)^*(\boldsymbol{x}^*)=\inf\{g_1^*(\boldsymbol{y}_1^*)+g_2^*(\boldsymbol{y}_2^*)|\boldsymbol{y}_1^*+\boldsymbol{y}_2^*=\boldsymbol{x}^*\},$$

这里，对于每个 $\boldsymbol{x}^*$，下确界达到。定理证明完毕。

**推论 20.1.1**　设 $f_1,\cdots,f_m$ 为定义在 $\mathbf{R}^n$ 上的正常凸函数且 $f_1,\cdots,f_k$ 为多面体。假设交集

$$\mathrm{dom}f_1^*\cap\cdots\cap\mathrm{dom}f_k^*\cap\mathrm{ri}(\mathrm{dom}f_{k+1}^*)\cap\cdots\cap\mathrm{ri}(\mathrm{dom}f_m^*)$$

非空。则 $f_1\square\cdots\square f_m$ 为闭正常凸函数，且在其定义中的下确界总是可以取到。

**证明**　应用定理于共轭函数 $f_1^*,\cdots,f_m^*$。

下列有关多面体的特殊分离定理能够用于分析定理 20.1 和推论 20.1.1 中的相交性条件。

**定理 20.2**　设 $C_1$ 和 $C_2$ 为 $\mathbf{R}^n$ 中的非空凸集且 $C_1$ 为多面体。存在不包含 $C_2$ 且正常分离 $C_1$ 和 $C_2$ 的超平面的充要条件是 $C_1\cap\mathrm{ri}C_2=\varnothing$。



**证明**　假设 $H$ 为不包含 $C_2$ 且正常分离 $C_1$ 和 $C_2$ 的超平面，则 $\mathrm{ri}C_2$ 整个位于由 $H$ 所确定的某个开的半空间内，不会与 $C_1$ 相交。这便证明了必要条件。

为证明充分性，假设 $C_1\cap\mathrm{ri}C_2=\varnothing$。令 $D=C_1\cap\mathrm{aff}C_2$。如果 $D=\varnothing$，由推论 19.3.3 我们可以强分离 $C_1$ 和 $\mathrm{aff}C_2$，且任何强分离超平面将一定正常分离 $C_1$ 和 $C_2$ 且不含有 $C_2$。我们因此假设 $D\neq\varnothing$。因为 $\mathrm{ri}D\cap\mathrm{ri}C_2=\varnothing$，由定理 11.3 知道存在超平面 $H$ 正常分离 $D$ 和 $C_2$。这个 $H$ 不可能包含 $C_2$，否则就会有

$$H\supset\mathrm{aff}C_2\supset C_2\cup D,$$

这便与所称的“正常分离”相矛盾。设 $C_2'$ 为 $\mathrm{aff}C_2$ 与包含 $C_2$ 且以 $H$ 为边界的闭的半空间的交集，则 $C_2'$ 为 $\mathrm{aff}C_2$ 的闭的一半并满足 $C_2'\supset C_2$ 且 $\mathrm{ri}C_2'\supset\mathrm{ri}C_2$。$C_2'$ 为多面体且

$$C_1\cap\mathrm{ri}C_2'=D\cap\mathrm{ri}C_2=\varnothing$$

如果确实 $C_1\cap C'_2=\varnothing$，我们能够强分离（再次应用推论 19.3.3）$C_1$ 和 $C_2'$，且如所需要的，强分离超平面将特别分离 $C_1$ 和 $C_2$。因此，我们能假设 $C_1\cap C_2'\neq\varnothing$。此时，$C_1\cap M\neq\varnothing$，其中 $M$ 为仿射集，其为 $C_2'$ 的相对边界，即 $M=H\cap\mathrm{aff}C_2$。必要时平移所有集合，我们假设原点属于 $C_1\cap M$，以便 $M$ 为子空间且 $C_2'$ 为锥。由推论 19.7.1 知道，由 $C_1$ 所生成的锥为多面体，且 $K\cap\mathrm{ri}C_2'=\varnothing$。令 $C_1'=K+M$。则 $C_1'$ 为多面体凸锥（推论 19.3.2），$C_1'\supset C_1$ 且 $C_1'\cap C_2'=M$。将 $C_1'$ 表示成为有限个闭半空间 $H_1,\cdots,H_p$ 的交集，其中每个 $H_i$ 的边界都含有原点。每个 $H_i$ 一定包含 $M$。如果某个给定的 $H_i$ 含有 $\mathrm{ri}C_2'$ 中的点，则一定包含整个 $C_2'$（因为 $C_2'$ 为锥，其为某个仿射集的闭半）。因为 $\mathrm{ri}C_2'$ 不含于 $C_1'$，则存在某个半空间 $H_i$ 不含有 $\mathrm{ri}C_2'$ 中的任何点。这个 $H_i$ 的边界超平面正常分离 $C_1'$ 和 $C_2'$ 且与 $\mathrm{ri}C_2'$ 不相交。因为 $C_1\subset C_1'$ 且 $\mathrm{ri}C_2\subset\mathrm{ri}C_2'$，这个超平面正常分离 $C_1$ 和 $C_2$ 且不含有 $C_2$。

定理 20.2 中的分离条件能够转化为支撑函数条件：

**推论 20.2.1**　设 $C_1$ 和 $C_2$ 为 $\mathbf{R}^n$ 中的非空凸集并且 $C_1$ 为多面体。$C_1 \cap \mathrm{ri} C_2$ 为非空的充要条件是每个满足

$$\delta^*(\boldsymbol{x}^* \mid C_1) \leqslant -\delta^*(-\boldsymbol{x}^* \mid C_2)$$

的 $\boldsymbol{x}^*$ 一定满足

$$\delta^*(\boldsymbol{x}^* \mid C_1) = \delta^*(\boldsymbol{x}^* \mid C_2).$$

**证明**　假设 $\boldsymbol{x}^* \neq \mathbf{0}$。由定义知道，$\delta^*(\boldsymbol{x}^* \mid C_1)$ 为线性函数 $\langle \cdot, \boldsymbol{x}^* \rangle$ 在 $C_1$ 上的上确界，而 $-\delta^*(-\boldsymbol{x}^* \mid C_2)$ 为 $\langle \cdot, \boldsymbol{x}^* \rangle$ 在 $C_2$ 的下确界。因此，介于 $\delta^*(\boldsymbol{x}^* \mid C_1)$ 和 $-\delta^*(-\boldsymbol{x}^* \mid C_2)$ 之间的数 $\alpha$ 对应于分离 $C_1$ 和 $C_2$ 的超平面 $\{\boldsymbol{x} \mid \langle \boldsymbol{x}, \boldsymbol{x}^* \rangle = \alpha\}$。这样的超平面包含整个 $C_2$ 当且仅当 $\delta = \delta^*(\boldsymbol{x}^* \mid C_2)$。因此，推论中的支撑函数条件断言既正常分离 $C_1$ 和 $C_2$ 又不包含 $C_2$ 的超平面是不存在的。由定理知就等价于 $C_1 \cap \mathrm{ri} C_2$ 为非空的。

这里是另外一个利用多面体凸性的闭包条件。

**定理 20.3**　设 $C_1$ 和 $C_2$ 为 $\mathbf{R}^n$ 中的非空凸集且 $C_1$ 为多面体，$C_2$ 为闭的。假设 $C_1$ 的每个回收方向，当其反方向为 $C_2$ 的回收方向时，都确实是使 $C_2$ 为线性的方向，则 $C_1 + C_2$ 为闭的。



**证明**　想法是应用推论 20.1.1 于函数 $f_1 = \delta(\cdot \mid C_1)$ 和 $f_2 = \delta(\cdot \mid C_2)$。如果 $\mathrm{dom} f_1^* \cap \mathrm{ri}(\mathrm{dom} f_2^*)$ 非空，由推论 20.1.1 知道 $f_1 \square f_2$ 为闭的，且与 $C_1 + C_2$ 为闭的情况相同。现在集合 $K_1 = \mathrm{dom} f_1^*$ 和 $K_2 = \mathrm{dom} f_2^*$ 仅仅为 $C_1$ 和 $C_2$ 的闸锥，且 $K_1$ 为多面体（定理 19.2）。按照推论 20.2.1，如果满足

$$\delta^*(\boldsymbol{x}^* \mid K_1) \leqslant -\delta^*(-\boldsymbol{x}^* \mid K_2)$$

的向量也满足

$$\delta^*(\boldsymbol{x}^* \mid K_1) = \delta^*(\boldsymbol{x}^* \mid K_2)$$

则 $K_1 \cap \mathrm{ri} K_2$ 为非空的。

闸锥 $K_1$ 和 $K_2$ 的支撑函数简单地为这些锥的极的指示函数，这些锥为 $0^+ C_1$ 和 $0^+ C_2$ 的回收锥（推论 14.2.1）。因此，支撑函数条件恰好是使得 $0^+ C_1 \cap (-0^+ C_2)$ 中的每个 $\boldsymbol{x}^*$ 属于 $0^+ C_2$（推论 14.2.1）（因此属于 $C_2$ 中的线性空间 $0^+ C_2 \cap (-0^+ C_2)$）。这个条件与定理中的方向条件相同，由假设所满足。

**推论 20.3.1**　设 $C_1$ 和 $C_2$ 为 $\mathbf{R}^n$ 中的非空凸集且 $C_1$ 为多面体，$C_2$ 为闭的且 $C_1 \cap C_2 = \varnothing$。假设除去使得 $C_2$ 为线性的方向以外，$C_1$ 和 $C_2$ 没有公共的回收方向，则存在强分离 $C_1$ 和 $C_2$ 的超平面。

**证明**　按照定理 11.4，如果 $\mathbf{0} \notin \mathrm{cl}(C_1 - C_2)$，则强分离是可能的。当然，因为 $C_1$ 和 $C_2$ 不相连，所以 $\mathbf{0} \notin C_1 - C_2$。由现有的定理知道，方向假设说明 $C_1 + (-C_2)$ 为闭的，即 $C_1 - C_2 = \mathrm{cl}(C_1 - C_2)$。

多面体凸性应用中一个有用的事实是 $\mathbf{R}^n$ 中的每个闭有界凸集都能够用多面体

凸集足够程度地逼近：

**定理 20.4**　设 $C$ 为非空闭有界凸集，$D$ 为满足 $C\subset \mathrm{int}D$ 的任意凸集，则存在多面体凸集 $P$ 使得 $P\subset \mathrm{int}D$ 且 $C\subset \mathrm{int}P$。

**证明**　对于每个 $\boldsymbol{x}\in C$，可以选择单纯形 $S_x$ 使得 $\boldsymbol{x}\in \mathrm{int}S_x$ 且 $S_x\subset \mathrm{int}D$。因为 $C$ 为闭的且有界，则一定存在 $C$ 的有限子集 $C_0$ 使

$$C\subset \bigcup\{\mathrm{int}S_x \mid \boldsymbol{x}\in C_0\}.$$

令 $P=\mathrm{conv}\bigcup\{\mathrm{int}S_x \mid \boldsymbol{x}\in C_0\}$，则 $P\subset \mathrm{int}D$ 且 $C\subset \mathrm{int}P$。而且 $P$ 为多胞形（Polytope)，由定理 19.1 知道为多面体。

下面的结果已经被引用于刻画有关定义在局部单纯形集上的下半连续凸函数（定理 10.2)。

**定理 20.5**　每个多面体凸集都是局部单纯形的，特别，每个多胞形都为局部单纯形的。

**证明**　设 $C$ 为多面体凸集且 $\boldsymbol{x}\in C$。设 $U$ 为单纯形且 $\boldsymbol{x}$ 为其之内点，则 $U\cap C$ 为多面体凸集。因为 $U\cap C$ 也为有界的，它能够被表示成为某有限点集的凸包（定理 19.1)。由 Caratheodory 定理（定理 17.1）知道

$$U\cap C=S_1\cup\cdots\cup S_m,$$

其中 $S_1,\cdots,S_m$ 为单纯形，由定义知道 $C$ 为局部单纯形的。



## 第 21 节　Helly 定理与不等式系统

定义在 $\mathbf{R}^n$ 上的凸不等式系统是指能够表示成为不等式

$$f_i(\boldsymbol{x})\leqslant\alpha_i,\qquad \forall i\in I_1,$$
$$f_i(\boldsymbol{x})<\alpha_i,\qquad \forall i\in I_2,$$

的系统，其中 $I=I_1\cup I_2$ 为任意指标集，每个 $f_i$ 为在 $\mathbf{R}^n$ 上定义的凸函数且 $-\infty\leqslant\alpha_i\leqslant+\infty$。这个系统的解 $\boldsymbol{x}$ 所构成的集合为 $\mathbf{R}^n$ 中的凸集，且为凸水平集

$$\{\boldsymbol{x}\mid f_i(\boldsymbol{x})\leqslant\alpha_i\},\qquad \forall i\in I_1,$$
$$\{\boldsymbol{x}\mid f_i(\boldsymbol{x})<\alpha_i\},\qquad \forall i\in I_2,$$

的交。如果每个 $f_i$ 为闭的且没有严格不等式（即 $I_2=\varnothing$)，则解集为闭的。如果解集为空集，则称系统为不相容的，否则就称为相容的。

如果 $\alpha_i$ 为有限的且 $g_i$ 为凸函数 $f_i-\alpha_i$，则不等式 $f_i(\boldsymbol{x})\leqslant\alpha_i$ 与 $g_i(\boldsymbol{x})\leqslant 0$ 相同，$f_i(\boldsymbol{x})<\alpha_i$ 与 $g_i(\boldsymbol{x})<0$ 相同。由于这样的原因，在大多数情况下，我们简单地考虑所有右边为 0 的不等式系统。

如果将 $\langle\boldsymbol{x},\boldsymbol{b}\rangle=\beta$ 写成一对不等式：$\langle\boldsymbol{x},\boldsymbol{b}\rangle\leqslant\beta$ 及 $\langle\boldsymbol{x},-\boldsymbol{b}\rangle\leqslant-\beta$，则可将线性方程化为凸不等式系统。

下面的定理多数与某些有限或无限的凸不等式的解有关。系统一般为非线性的，对于纯粹的有限线性不等式系统的情况（弱的或者严格的)，存在特殊的，更

精确并涉及所谓基本向量的存在和表示理论。这将在下节处理。

我们将建立的第一个结果为一个不相容定理。

**定理 21.1**　设 $C$ 为凸集且 $f_1,\cdots,f_m$ 为定义在 $C$ 上的正常凸函数且 $\mathrm{dom} f_i \supset \mathrm{ri} C$，则有且仅有下列中的一个选择成立：

(a) 存在 $\boldsymbol{x}\in C$ 使

$$f_1(\boldsymbol{x})<0,\cdots,f_m(\boldsymbol{x})<0;$$

(b) 存在不全为零的非负实数 $\lambda_1,\cdots,\lambda_m$ 使

$$\lambda_1 f_1(\boldsymbol{x})+\cdots+\lambda_m f_m(\boldsymbol{x})\geqslant 0, \qquad \forall \boldsymbol{x}\in C.$$

**证明**　假设 (a) 成立。给定满足 (a) 的 $\boldsymbol{x}$ 以及乘子 $\lambda_1\geqslant 0,\cdots,\lambda_m\geqslant 0$，式子

$$\lambda_1 f_1(\boldsymbol{x})+\cdots+\lambda_m f_m(\boldsymbol{x})$$

中的每项都是非正的。使 $\lambda_i$ 非零的项一定为负的，所以，如果乘子 $\lambda_i$ 不全为零，则整体表达式为负的。因此 (b) 不成立。

假设 (a) 不成立。我们证明此时 (b) 一定成立。我们可以假设 $C$ 非空，因为否则 (b) 自然成立。设



$$C_1=\{\boldsymbol{z}=(\zeta_1,\cdots,\zeta_m)\in\mathbf{R}^m \mid \exists\, \boldsymbol{x}\in C, f_i(\boldsymbol{x})<\zeta_i, i=1,\cdots,m\}.$$

容易证明 $C_1$ 为 $\mathbf{R}^m$ 中的非空凸集。因为(a)不成立，$C_1$ 不含有对于 $i=1,\cdots,m$，都满足 $\zeta_i\leqslant 0$ 的 $\boldsymbol{z}$。因此，非正象限

$$C_2=\{\boldsymbol{z}=(\zeta_1,\cdots,\zeta_m) \mid \zeta_i\leqslant 0, i=1,\cdots,m\}$$

(为凸集) 与 $C_1$ 不相交，$C_1$ 和 $C_2$ 可以用超平面正常分离 (定理 11.3)。因此，存在非零向量 $\boldsymbol{z}^*=(\lambda_1,\cdots,\lambda_m)$ 及实数 $\alpha$ 使

$$\alpha\leqslant(\boldsymbol{z}^*,\boldsymbol{z})=\lambda_1\zeta_1+\cdots+\lambda_m\zeta_m, \forall \boldsymbol{z}\in C_1,$$

$$\alpha\geqslant(\boldsymbol{z}^*,\boldsymbol{z})=\lambda_1\zeta_1+\cdots+\lambda_m\zeta_m, \forall \boldsymbol{z}\in C_2.$$

因为 $C_2$ 为非负象限，由两个条件的第二个得到 $\alpha\geqslant 0$，并对 $i=1,\cdots,m$ 都有 $\lambda_i\geqslant 0$。(例如，若 $\lambda_1$ 为负的，则对于任意形如 $(\zeta_1, 0,\cdots,0)$ 的 $\boldsymbol{z}$ 当 $\zeta_1$ 足够负时不等式 $\alpha\geqslant(\boldsymbol{z}^*,\boldsymbol{z})$ 将被破坏。) 由第二个条件知只要存在 $\boldsymbol{x}\in C$ 使对于 $i=1,\cdots,m$ 有 $\zeta_i>f_i(\boldsymbol{x})$，则

$$0\leqslant\lambda_1\zeta_1+\cdots+\lambda_m\zeta_m.$$

因此，对于每个属于集合

$$D=C\cap\mathrm{dom} f_1\cap\cdots\cap\mathrm{dom} f_m$$

的 $\boldsymbol{x}$ 及任意 $\varepsilon>0$ 有

$$0\leqslant\lambda_1[f_1(\boldsymbol{x})+\varepsilon]+\cdots+\lambda_m[f_m(\boldsymbol{x})+\varepsilon].$$

由此得到

$$0\leqslant\lambda_1 f_1(\boldsymbol{x})+\cdots+\lambda_m f_m(\boldsymbol{x}).$$

因此，凸函数 $f=\lambda_1 f_1+\cdots+\lambda_m f_m$ 非负且在 $D$ 上为有限的。这样 $f$ 在 $\mathrm{cl} D$ 上也是非负的 (推论 7.3.3)。由假设知道 $\mathrm{ri} C\subset D$，所以，

$$C\subset\mathrm{cl}(\mathrm{ri} C)\subset\mathrm{cl} D$$

因而，对于每个 $\boldsymbol{x}\in C$ 不等式 $f(\boldsymbol{x})\geqslant 0$ 成立 。因此（b）成立。

从下面的例子可以看到，定理 21.1 中的条件 $\text{ri}C\subset\text{dom}f_i$ 为必要条件。设 $f_1$ 为定义在 $\mathbf{R}$ 上的凸函数，定义为

$$f_1(x)=\begin{cases}-x^{1/2}, & \text{如果 } x\geqslant 0,\\ +\infty, & \text{如果 } x<0.\end{cases}$$

设 $f_2(x)=x$ 及 $C=\mathbf{R}$。则不存在 $x\in C$ 满足 $f_1(x)<0$ 且 $f_2(x)<0$[即(a)不成立]，且对于每个 $x\in C$ 满足 $\lambda_1 f_1(x)+\lambda_2 f_2(x)\geqslant 0$ 的唯一非负乘子 $\lambda_1$ 和 $\lambda_2$ 为 $\lambda_1=0$，$\lambda_2=0$。[即（b）也不成立]。这个例子不满足条件 $\text{ri}C\subset\text{dom}f_1$。

考虑到仿射函数的特殊性，下一个结果改进了定理 21.1。（注意，定理 21.1 能够被看作是 $k=m$ 的情况。）

**定理 21.2**　设 $C$ 为凸集，$f_1,\cdots,f_k$ 为正常凸函数并满足 $\text{dom}f_i\supset\text{ri}C$。设 $f_{k+1},\cdots,f_m$ 为仿射函数且系统

$$f_{k+1}(\boldsymbol{x})\leqslant 0,\cdots,f_m(\boldsymbol{x})\leqslant 0$$

在 $\text{ri}C$ 中至少有一个解，则下列选择中有且仅有一个成立：

（a）存在 $\boldsymbol{x}\in C$ 使

$$f_1(\boldsymbol{x})<0,\cdots,f_k(\boldsymbol{x})<0,f_{k+1}(\boldsymbol{x})\leqslant 0,\cdots,f_m(\boldsymbol{x})\leqslant 0.$$

（b）存在非负实数 $\lambda_1,\cdots,\lambda_m$ 使 $\lambda_1,\cdots,\lambda_k$ 中至少有一个不为零，且

$$\lambda_1 f_1(\boldsymbol{x})+\cdots+\lambda_m f_m(\boldsymbol{x})\geqslant 0,\qquad \forall\,\boldsymbol{x}\in C.$$

**证明**　证明同定理 21.1，不同的只是需要一个较为详细的分离结果。如果（a）成立而（b）不成立，与前面同样证明。假设（a）不成立，我们将证明（b）成立。设 $C_1$ 为由 $\mathbf{R}^m$ 中向量 $\boldsymbol{z}=(\zeta_1,\cdots,\zeta_m)$ 所构成的集合，其满足对于每个 $\boldsymbol{z}=(\zeta_1,\cdots,\zeta_m)\in C_1$ 存在 $\boldsymbol{x}\in C$ 使

$$f_i(\boldsymbol{x})<\zeta_i,i=1,\cdots,k$$

及

$$f_i(\boldsymbol{x})=\zeta_i,i=k+1,\cdots,m$$

（这里，不失一般性，我们假设 $C\neq\varnothing$ 时 $C_1\neq\varnothing$。）设 $C_2$ 为非正象限：

$$C_2=\{\boldsymbol{z}=(\zeta_1,\cdots,\zeta_m)\mid\zeta_i\leqslant 0,i=1,\cdots,m\}.$$

显然 $C_1$ 和 $C_2$ 为凸集，且 $C_2$ 为多面体。因为（a）不成立，我们有 $C_1\cap C_2=\varnothing$。按照我们所证明的有关多面体凸集的特殊的分离定理 20.2 知道，存在超平面正常分离 $C_1$ 和 $C_2$ 且不包含 $C_1$。因此，存在一个实数 $\alpha$ 和向量 $\boldsymbol{z}^*=(\lambda_1,\cdots,\lambda_m)$ 使

$$\alpha\leqslant\lambda_1\zeta_1+\cdots+\lambda_m\zeta_m,\ \forall\,(\zeta_1,\cdots,\zeta_m)\in C_1,$$

$$\alpha\geqslant\lambda_1\zeta_1+\cdots+\lambda_m\zeta_m,\ \forall\,(\zeta_1,\cdots,\zeta_m)\in C_2,$$

且使第一个不等式至少对于 $C_1$ 中的一个元素为严格不等式。由第二个不等式得到

$$\alpha\geqslant 0,\lambda_1\geqslant 0,\cdots,\lambda_m\geqslant 0.$$

由第一个不等式知只要 $\boldsymbol{x}\in C$ 且对于 $i=1,\cdots,k$，有 $\zeta_i>f_i(\boldsymbol{x})$，则

$$\lambda_1\zeta_1+\cdots+\lambda_k\zeta_k+\lambda_{k+1}f_{k+1}(\boldsymbol{x})+\cdots+\lambda_m f_m(\boldsymbol{x})\geqslant\alpha.$$

因此，对于凸集

$$D=C\cap\operatorname{dom}f_1\cap\cdots\cap\operatorname{dom}f_k$$

中的每个 $\boldsymbol{x}$，都有

$$\lambda_1 f_1(\boldsymbol{x})+\cdots+\lambda_k f_k(\boldsymbol{x})+\lambda_{k+1} f_{k+1}(\boldsymbol{x})+\cdots+\lambda_m f_m(\boldsymbol{x})\geqslant\alpha.$$

因为对于每个 $\boldsymbol{x}\in D$，凸函数 $f=\lambda_1 f_1+\cdots+\lambda_m f_m$ 都满足 $f(\boldsymbol{x})\geqslant\alpha$，且对于每个 $\boldsymbol{x}\in\operatorname{cl}D$（推论 7.3.3）也满足 $f(\boldsymbol{x})\geqslant\alpha$。所以，由假设 $\operatorname{ri}C\subset D$ 知道，对于每个 $\boldsymbol{x}\in C$ 有 $f(\boldsymbol{x})\geqslant\alpha$。因此，正如我们所希望的有

$$\lambda_1 f_1(\boldsymbol{x})+\cdots+\lambda_m f_m(\boldsymbol{x})\geqslant 0.$$

为证明（b）成立，仅需证明乘子 $\lambda_1,\cdots,\lambda_k$ 不全为零。假设 $\lambda_1=\cdots=\lambda_k=0$，我们将得到矛盾。此时，有 $f=\lambda_{k+1} f_{k+1}+\cdots+\lambda_m f_m$，所以 $f(\boldsymbol{x})$ 为仿射的。由定理假设知至少存在一个 $\boldsymbol{x}\in\operatorname{ri}C$ 使对于 $i=k+1,\cdots,m$，有 $f_i(\boldsymbol{x})\leqslant 0$，且对于这样的 $\boldsymbol{x}$ 有 $f(\boldsymbol{x})\leqslant 0$。但是，对于每个 $\boldsymbol{x}\in C$ 有 $f(\boldsymbol{x})\geqslant\alpha\geqslant 0$，这便说明 $\alpha=0$ 且 $f$ 在 $C$ 上的下确界在 $\operatorname{ri}C$ 上取到。因此，作为仿射函数，$f$ 在 $C$ 上确实为常数，即对于每个 $\boldsymbol{x}\in C$ 成立 $f(\boldsymbol{x})=0$。另一方面，按照分离 $C_1$ 和 $C_2$ 的超平面的选取，存在 $(\zeta_1,\cdots,\zeta_m)\in C_1$ 使



$$\alpha<\lambda_1\zeta_1+\cdots+\lambda_m\zeta_m.$$

因此，存在 $\boldsymbol{x}\in C$ 使

$$\alpha<\lambda_{k+1} f_{k+1}(\boldsymbol{x})+\cdots+\lambda_m f_m(\boldsymbol{x})=f(\boldsymbol{x}).$$

对于这样的 $\boldsymbol{x}$ 有 $f(\boldsymbol{x})\neq 0$，且与 $f$ 的常数性相矛盾。

我们给出如下的关于弱凸不等式系统（不是严格的）的存在性定理。

**定理 21.3**　设 $\{f_i(\boldsymbol{x})\mid i\in I\}$ 为定义在 $\mathbf{R}^n$ 上的闭正常凸函数类，其中 $I$ 为任意指标集，$C$ 为 $\mathbf{R}^n$ 中的任意非空闭凸集。假设函数 $f_i(\boldsymbol{x})$ 没有公共的且属于 $C$ 的回收方向，则下列的选择中有且仅有一个成立：

（a）存在向量 $\boldsymbol{x}\in C$ 使

$$f_i(\boldsymbol{x})\leqslant 0,\qquad \forall i\in I$$

（b）存在仅仅有限多个为非零的非负实数 $\lambda_i$ 使对于某个 $\varepsilon>0$ 有

$$\sum_{i\in I}\lambda_i f_i(\boldsymbol{x})\geqslant\varepsilon,\forall\boldsymbol{x}\in C.$$

如果选择（b）成立，则确实可以选择乘子 $\lambda_i$ 使得至多其中的 $n+1$ 个非零。

**证明**　如果需要时可以对给定的函数类中增加 $C$ 的指示函数，从而将定理简化到 $C=\mathbf{R}^n$ 的情形。显然，（a）和（b）不能同时成立。假设（a）不成立，我们将证明（b）成立，从而证明定理。

设 $k$ 为由

$$h=\operatorname{conv}\{f_i^*\mid i\in I\}$$

所生成的正齐次凸函数。$k$ 的共轭为凸集 $\{\boldsymbol{x}\mid h^*(\boldsymbol{x})\leqslant 0\}$ 的指示函数（定理 13.5）。由假设知道每个 $f_i$ 为闭的，由定理 16.5 知道

$$h^*=\sup\{f_i^{**}\mid i\in I\}=\sup\{f_i\mid i\in I\}.$$

因此 $k^*$ 为

$$D=\{\boldsymbol{x}\mid f_i(\boldsymbol{x})\leqslant 0,\forall i\in I\}$$

的指示函数。但是，因为（a）不成立，所以 $D$ 为空集。因此，$k^*$ 为常数 $+\infty$，且 $\mathrm{cl}k=k^{**}$ 一定为常函数 $-\infty$。特别地，$(\mathrm{cl}k)(0)=-\infty$。

剩余的证明分为两个部分：我们证明，如果 $k(0)=(\mathrm{cl}k)(0)$，则选择（b）成立，然后证明在关于回收方向的假设下有 $k(0)=(\mathrm{cl}k)(0)$。

假设 $k(0)=-\infty$，则 $h(0)<0$。应用形如推论 17.1.3 中的 Carathéodory 定理，得到向量 $\boldsymbol{x}_i^*$ 及其中至多 $n+1$ 个非零的非负常数 $\lambda_i$ 使

$$\sum\nolimits_{i\in I}\lambda_i\boldsymbol{x}_i^*=\boldsymbol{0},\ \sum\nolimits_{i\in I}\lambda_i f_i(\boldsymbol{x}_i^*)<0.$$

为了概念简单化，我们假设与非零常数 $\lambda_i$ 对应的指标 $i$ 仅仅为整数 $1,\cdots,m$ $(m\leqslant n+1)$。令 $\boldsymbol{y}_i^*=\lambda_i\boldsymbol{x}_i^*$，得到

$$\boldsymbol{y}_1^*+\cdots+\boldsymbol{y}_m^*=\boldsymbol{0}$$

$$(f_1^*\lambda_1)(\boldsymbol{y}_1^*)+\cdots+(f_m^*\lambda_m)(\boldsymbol{y}_m^*)<0.$$

因此，

$$(f_1^*\lambda_1\square\cdots\square f_m^*\lambda_m)(\boldsymbol{0})<0.$$

后面的不等式说明了函数 $f=f_1\lambda_1+\cdots+f_m\lambda_m$ 的某些性质。例如，由定理 16.4 和定理 16.1 有

$$\begin{aligned}f^*&=\mathrm{cl}((\lambda_1 f_1)^*\square\cdots\square(\lambda_m f_m)^*)\\&=\mathrm{cl}(f_1^*\lambda_1\square\cdots\square f_m^*\lambda_m).\end{aligned}$$

因此，$f^*(\boldsymbol{0})<0$。但是，由定义有

$$f^*(\boldsymbol{0})=\sup_{\boldsymbol{x}}\{\langle\boldsymbol{x},0\rangle-f(\boldsymbol{x})\}=-\inf_{\boldsymbol{x}}f(\boldsymbol{x}),$$

所以 $\inf f>0$，即存在 $\varepsilon>0$ 使

$$\lambda_1 f_1(\boldsymbol{x})+\cdots+\lambda_m f_m(\boldsymbol{x})\geqslant\varepsilon,\qquad\forall\boldsymbol{x}\in\mathbf{R}^n.$$

因此，乘子 $\lambda_i$ 满足选择（b）。

现在必须证明 $k(0)=(\mathrm{cl}k)(0)$。$k$ 的有效域为由集合 $\mathrm{dom}f_i^*$，$i\in I$，的并所生成的凸锥。如果这个集合的相对内部含有 0，则一定有我们所希望的 $k(0)=(\mathrm{cl}k)(0)$。如果 $\boldsymbol{0}\notin\mathrm{ri}(\mathrm{dom}k)$，我们能够将 $\boldsymbol{0}$ 从 $\mathrm{dom}k$ 中分离（定理 11.3）。此时，存在非零向量 $\boldsymbol{y}$ 使对于每个 $\boldsymbol{x}^*\in\mathrm{dom}k$ 有 $\langle\boldsymbol{y},\boldsymbol{x}^*\rangle\leqslant 0$。因此，

$$\langle\boldsymbol{y},\boldsymbol{x}^*\rangle\leqslant 0,\forall\boldsymbol{x}^*\in\mathrm{dom}f_i^*,\forall i\in I.$$

这样，对于每个 $i\in I$，$\boldsymbol{y}$ 的方向为 $f_i$ 的回收方向（定理 13.3）。但这样的方向的存在性已经被假设所排除，所以 $\boldsymbol{0}\notin\mathrm{ri}(\mathrm{dom}k)$，是不可能的，这便完成了证明。

定理 21.3 经常被应用于无限系统和有限系统两种情况。就无限系统而言，这样的系统的存在性能简化为下列意义下的有限系统的存在性问题。

**推论 21.3.1**　设 $\{f_i(\boldsymbol{x})\mid i\in I\}$ 为定义在 $\mathbf{R}^n$ 上的闭的正常凸函数类，$I$ 为任

意指标集。设 $C$ 为 $\mathbf{R}^n$ 中的任意非空闭凸集。假设函数 $f_i(\boldsymbol{x})$ 没有公共的同时属于 $C$ 的回收方向，并设对于每个 $\varepsilon>0$ 及 $I$ 中的每个满足 $m\leqslant n+1$ 的 $m$ 个指标 $i_1$，$\cdots,i_m$，至少有一个 $\boldsymbol{x}\in C$ 满足系统

$$f_{i_1}(\boldsymbol{x})<\varepsilon,\cdots,f_{i_m}(\boldsymbol{x})<\varepsilon,$$

则存在 $\boldsymbol{x}\in C$ 使

$$f_i(\boldsymbol{x})\leqslant 0,\qquad \forall i\in I.$$

**证明**　只要证明定理中的选择（b）与这里有解的子系统的假设不相容即可。在（b）成立的情况下，将存在 $I$ 中含有或少于 $n+1$ 个指标的非空子集 $I'$，某些正实数 $\lambda_i$（其中 $i\in I'$）以及 $\delta>0$ 使

$$\sum_{i\in I'}\lambda_i f_i(\boldsymbol{x})\geqslant\delta,\qquad \forall \boldsymbol{x}\in C.$$

定义 $\lambda=\sum_{i\in I'}\lambda_i$ 及 $\varepsilon=\delta/\lambda$，则

$$\sum_{i\in I'}(\lambda_i/\lambda)f_i(\boldsymbol{x})\geqslant\varepsilon,\qquad \forall \boldsymbol{x}\in C.$$



因此，

$$\sum_{i\in I'}(\lambda_i/\lambda)(f_i(\boldsymbol{x})-\varepsilon)\geqslant 0,\qquad \forall \boldsymbol{x}\in C.$$

这是不可能的，因为由假设知道，这里存在 $\boldsymbol{x}\in C$ 使对于每个 $i\in I'$都有 $f_i(\boldsymbol{x})<\varepsilon$。

推论 21.3.1 包含了一个关于 Helly 定理的经典结论。

**推论 21.3.2（Helly 定理）**　设 $\{C_i\mid i\in I\}$ 为 $\mathbf{R}^n$ 中非空闭凸集的集合，其中 $I$ 为一个任意的指标集。假设集合 $C_i$ 没有公共回收方向。如果每个由 $n+1$ 个集合或少于 $n+1$ 个集合所构成的子集均具有非空的交，则整个集合就有非空的交。

**证明**　在 $C=\mathbf{R}^n$ 的情况下，将前面的推论于函数 $f_i=\delta(\cdot\mid C_i)$。

当然，如果一个或更多的集合 $C_i$ 为有界的，则 Helly 定理中的回收假设便满足了。事实上，在假设每个有限子集都有非空交的条件下，此条件满足当且仅当 $C_i$ 的某些有限的子集具有有界交。这个证明将作为练习。

定理 21.3 中关于回收方向的条件是需要的，反例可以如下得到：取 $C=\mathbf{R}^2$，$I=\{1,2\}$及

$$f_1(\boldsymbol{x})=(\xi_1^2+1)^{1/2}-\xi_2$$

$$f_2(\boldsymbol{x})=(\xi_2^2+1)^{1/2}-\xi_1$$

其中 $\boldsymbol{x}=(\xi_1,\xi_2)$。“双曲”凸集

$$\{\boldsymbol{x}\mid f_1(\boldsymbol{x})\leqslant 0\}=\{(\xi_1,\xi_2)\mid\xi_2\geqslant(\xi_1^2+1)^{1/2}\},$$

$$\{\boldsymbol{x}\mid f_2(\boldsymbol{x})\leqslant 0\}=\{(\xi_1,\xi_2)\mid\xi_1\geqslant(\xi_2^2+1)^{1/2}\}$$

没有公共点，所以，定理 21.3 中的第一个选择不成立，但第二个选择也不成立，因为对于系数 $\lambda_1\geqslant 0$ 和 $\lambda_2\geqslant 0$ 的每个选择，组合

$$\lambda_1 f_1(\boldsymbol{x})+\lambda_2 f_2(\boldsymbol{x})$$

在从原点传出的、沿向量方向（1,1）的射线上的最小值为 0。后一方向恰好为关于 $f_1$ 和 $f_2$ 共同的回收方向。

现给出一个类似的，证明 Helly 定理中回收方向的假设条件为必需的反例。$f_1$ 和 $f_2$ 如上定义，考虑 $\mathbf{R}^n$ 中由形如

$$C_{k,\varepsilon}=\{\boldsymbol{x}\mid f_k(\boldsymbol{x})\leqslant\varepsilon\},\qquad \varepsilon>0,k=1,2$$

的（非空闭凸）子集的集合。

每个由三个（$=n+1$）或更少的集合组成的子集合都具有非空交，这是因为每个 $C_{k,\varepsilon}$ 都包含半直线

$$\{\lambda(1,1)\mid\lambda\geqslant(1-\varepsilon^2)/2\varepsilon\},$$

但整个集类的交为空的。

刚才给出的反例依赖于所涉及的凸集均具有非平凡的渐近线的实事。因此，自然希望，在当没有足够的线性性或多面体凸性存在，从而避免不合适的渐近状态的情况下获得更强的结果。此类结果的精细化将在随后的两个定理中描述。

**定理 21.4** 如果 $C=\mathbf{R}^n$，则定理 21.3 和推论 21.3.1 中关于回收方向的假设可用下面更弱的假设来代替。存在指标集 $I$ 的一个有限子集 $I_0$ 使对于每个 $i\in I_0$，$f_i(\boldsymbol{x})$ 为仿射，且对于每个 $i\in I$，$f_i(\boldsymbol{x})$ 的回收方向都确实是使得对于每个 $i\in I\setminus I_0$，$f_i(\boldsymbol{x})$都为常数的方向。 139

**证明** 我们必须说明如何修改定理 21.3 的证明以适应较弱的假设。仅涉及证明中最后部分中的$(\mathrm{cl}k)(\mathbf{0})=k(\mathbf{0})$。先假设选择（a）不成立。

设 $I_1=I\setminus I_0$。只要证明在 $I_0$ 和 $I_1$ 都非空的情况下$(\mathrm{cl}k)(\mathbf{0})=k(\mathbf{0})$成立即可。(我们可以对 $I_0$ 和 $I_1$ 增加指标使相应的新函数 $f_i(\boldsymbol{x})$ 恒等于零。所牵扯到的系统仍然满足假设，选择（a）和选择（b）成立当且仅当相同的选择对于原来的系统成立。）对于 $j=0,1$，设 $k_j$ 为由

$$h_j=\mathrm{conv}\{f_i^*\mid i\in I_j\}$$

所生成的正齐次凸函数。$k$ 如定理 21.3 所定义。显然，

$$k=\mathrm{conv}\{k_0,k_1\}.$$

因为 $k_0$ 和 $k_1$ 的上镜图都为包含原点的凸锥，两个这样的锥的凸包与它们的和相同（定理 3.8），所以

$$k(\boldsymbol{x}^*)=\inf\{\mu\mid(\boldsymbol{x}^*,\mu)\in K\},$$

其中 $K=\mathrm{epi}k_0+\mathrm{epi}k_1$。因此，

$$k(\boldsymbol{x}^*)=\inf\{k_0(\boldsymbol{x}_0^*)+k_1(\boldsymbol{x}_1^*)\mid\boldsymbol{x}_1^*+\boldsymbol{x}_2^*=\boldsymbol{x}^*,\boldsymbol{x}_j^*\in\mathrm{dom}k_j\}.$$

特别地，令 $\boldsymbol{x}^*=\mathbf{0}$，则

$$k(\mathbf{0})=\inf\{k_0(-\boldsymbol{z})+k_1(\boldsymbol{z})\mid\boldsymbol{z}\in(-\mathrm{dom}k_0)\cap\mathrm{dom}k_1\}.$$

我们首先精确地考虑 $k_0$ 和 $\mathrm{dom}k_0$ 的性质。

对于每个 $i\in I_0$，由假设知道函数 $f_i$ 为仿射的，如

$$f_i(\boldsymbol{x})=\langle\boldsymbol{a}_i,\boldsymbol{x}\rangle-\alpha_i.$$

其共轭函数的形式为

$$f_i^*(\boldsymbol{x}^*)=\delta(\boldsymbol{x}^*|\boldsymbol{a}_i)+\alpha_i,$$

即 $\mathrm{epi}f_i^*$ 为 $\mathbf{R}^{n+1}$ 中从点 $(\boldsymbol{a}_i,\alpha_i)$ 向上伸展的垂直半直线。因此 $\mathrm{epi}k_0$ 为由点 $(\boldsymbol{a}_i,\alpha_i)$ 和 $(0,1)$ 的并所生成的凸锥。因为

$$k_0(\boldsymbol{x}^*)=\inf\{\mu|(\boldsymbol{x}^*,\mu)\in\mathrm{epi}k_0\}$$

因此，

$$k_0(\boldsymbol{x}^*)=\inf\{\sum_{i\in I_0}\lambda_i\alpha_i \mid \lambda_i\geqslant 0,\sum_{i\in I_0}\lambda_i\boldsymbol{a}_i=\boldsymbol{x}^*\},$$

$k_0$ 为生成的有限的凸函数。因此 $k_0$ 和 $\mathrm{dom}k_0$ 为多面体（推论 19.1.2）。

至于下一步，我们认为

$$(-\mathrm{dom}k_0)\cap\mathrm{ri}(\mathrm{dom}k_1)\neq\varnothing.$$

可以借助分离方法和回收假设而证明。假设多面体凸集 $-\mathrm{dom}k_0$ 与 $\mathrm{ri}(\mathrm{dom}k_1)$ 不相交，则由定理 20.2 知道，存在正常分离 $-\mathrm{dom}k_0$ 与 $\mathrm{dom}k_1$ 且不含有 $\mathrm{dom}k_1$ 的超平面。这个超平面一定通过原点，因为原点既属于 $\mathrm{dom}k_0$ 也属于 $\mathrm{dom}k_1$。因而，存在向量 $\boldsymbol{y}\neq\boldsymbol{0}$ 使



$$\langle\boldsymbol{y},\boldsymbol{x}^*\rangle\geqslant 0,\qquad\forall\,\boldsymbol{x}^*\in(-\mathrm{dom}k_0),$$

$$\langle\boldsymbol{y},\boldsymbol{x}^*\rangle\leqslant 0,\qquad\forall\,\boldsymbol{x}^*\in\mathrm{dom}k_1,$$

其中至少存在一个 $\boldsymbol{x}^*\in\mathrm{dom}k_1$ 使 $\langle\boldsymbol{y},\boldsymbol{x}^*\rangle<0$。因此，

$$\langle\boldsymbol{y},\boldsymbol{x}^*\rangle\leqslant 0,\qquad\forall\,\boldsymbol{x}^*\in\mathrm{dom}f_i^*,\forall\,i\in I.$$

所以，对于每个 $i\in I$，$\boldsymbol{y}$ 的方向为 $f_i$ 的回收方向（定理 13.3）。由假设，这样的方向为使得对于每个 $i\in I_1$，$f_i$ 都为常数的方向。因此，对于每个 $i\in I_1$，$f_i$ 也以 $-\boldsymbol{y}$ 的方向为回收方向，所以，

$$\langle-\boldsymbol{y},\boldsymbol{x}^*\rangle\leqslant 0,\quad\forall\,\boldsymbol{x}^*\in\mathrm{dom}f_i^*,\forall\,i\in I_1.$$

但是 $\mathrm{dom}k_1$ 为由集合 $\mathrm{dom}f_i$，$i\in I_1$ 所生成的凸锥。因此，有

$$\langle-\boldsymbol{y},\boldsymbol{x}^*\rangle\leqslant 0,\quad\forall\,\boldsymbol{x}^*\in\mathrm{dom}k_1.$$

这便与至少存在一个 $\boldsymbol{x}^*\in\mathrm{dom}k_1$ 使 $\langle\boldsymbol{y},\boldsymbol{x}^*\rangle<0$ 的假设相矛盾。这个矛盾说明 $-\mathrm{dom}k_0$ 与 $\mathrm{ri}(\mathrm{dom}k_1)$ 的交集非空。

如果 $k_1$ 为非正常的，则其在 $\mathrm{ri}(\mathrm{dom}k_1)$ 上恒等于 $-\infty$。在任意一种情况下对

$$\boldsymbol{z}\in(-\mathrm{dom}k_0)\cap\mathrm{ri}(\mathrm{dom}k_1)$$

都有

$$k_0(-\boldsymbol{z})+k_1(\boldsymbol{z})=-\infty,$$

因此，对于在证明的开始所建立的有关 $k$ 的公式，有 $k(\boldsymbol{0})=-\infty$。所以 $k(\boldsymbol{0})=(\mathrm{cl}k)(\boldsymbol{0})$，其余无须证明。

因此假设 $k_0$ 和 $k_1$ 都为正常的。设 $g$ 为由 $g(\boldsymbol{z})=k_0(-\boldsymbol{z})$ 所定义的多面体凸函数，从而 $\mathrm{dom}g=-\mathrm{dom}k_0$。借助于 $g$ 有

$$k(\boldsymbol{0})=\inf_{\boldsymbol{z}}\{g(\boldsymbol{z})+k_1(\boldsymbol{z})\}$$

$$= -\sup_z\{\langle \mathbf{0}, \boldsymbol{z}\rangle - (g+k_1)(\boldsymbol{z})\} = -(g+k_1)^*(\mathbf{0}).$$

因为 $g$ 为多面体且 $\mathrm{dom}g$ 与 $\mathrm{ri}(\mathrm{dom}k_1)$ 相交，所以 $(g+k_1)^*$ 的共轭由定理 20.1 中的公式得到。因此，

$$-k(\mathbf{0}) = (g^* \,\square\, k_1^*)(\mathbf{0}).$$

现在，由在定理 21.3 的证明中刚开始所用到的关于 $k$ 的讨论知道，$k_j^*$ 为凸集

$$C_j = \{\boldsymbol{x} \mid f_i(\boldsymbol{x}) \leqslant 0, \forall i \in I_j\}, \quad j=0,1$$

的指示函数。因此 $g^*$ 为 $-C_0$ 的指示函数，且 $g^* \,\square\, k_1^*$ 为 $-C_0+C_1$ 的指示函数，集合 $D=C_0\cap C_1$ 为空集，原点不属于 $-C_0+C_1$，因为选择（$a$）假设不成立，因此

$$-k(\mathbf{0}) = \delta(\mathbf{0} \mid -C_0+C_1) = +\infty.$$

因而 $(\mathrm{cl}k)(\mathbf{0}) = k(\mathbf{0}) = -\infty$，定理证毕。

**定理 21.5**　Helly 定理（推论 21.3.2）中有关回收方向的假设可以被下列更弱的条件所代替。存在指标集 $I$ 的一个有限的子集 $I_0$ 使得对于每个 $i\in I_0$，$C_i$ 为多面体，且对于每个 $i\in I$ 都为 $C_i$ 的回收方向的方向都确实为使得对于每个 $i\in I\backslash I_0 C_i$ 为线性的方向。

**证明**　设 $\{C_i \mid i\in I\}$ 为满足 Helly 定理中修正条件的集合类。首先考虑对于每个 $i\in I_0$，$C_i$ 为闭的半空间的情况。对于 $i\in I_0$，假设 $f_i$ 为满足

$$C_i = \{\boldsymbol{x} \mid f_i(\boldsymbol{x}) \leqslant 0\}$$

的仿射函数。对于每个 $i\in I\backslash I_0$，设 $f_i$ 为 $C_i$ 的指示函数，应用推论 21.3.1 于 $C=\mathbf{R}^n$ 以及在更弱的条件下由定理 21.4 中所建立的函数类 $\{f_i \mid i\in I\}$，得到 $\{C_i \mid i\in I\}$ 的交集为非空的。在一般多面体的情况下，对于每个 $i\in I_0$，$C_i$ 能够被表示成为某些闭半空间类的交。记所有这些半空间组成的类为 $\{C_i' \mid i\in I_0'\}$。对于每个 $i\in I\backslash I_0$ 令 $C_i'=C_i$，从而形成集合

$$\{C_i' \mid i\in I'\}, I'=(I\backslash I_0)\cup I_0'$$

这个集合也满足 $\{C_i \mid i\in I\}$ 所具有的 $n+1$ 交的性质。任何方向，如果使 $C_i'$ 关于每个 $i\in I'$ 都为逐渐远离的方向，都为 $C_i$ 关于每个 $i\in I$ 的逐渐远离方向，因而为对于每个 $i\in I'\backslash I_0' C_i'$ 为线性的方向。因而集合 $\{C_i' \mid i\in I'\}$ 满足 Helly 定理中的修正假设，其中对于每个 $i\in I_0'$，$C_i'$ 为半空间。在半空间的情况下结果已经得到验证，所以，$\{C_i' \mid i\in I'\}$ 的交（与 $\{C_i \mid i\in I\}$ 的交相同的）一定为非空的。

对于由凸集所构成的有限集合的情况，正如我们所要刻画的，Helly 定理在没有关于任何回收方向假设的情况下也是成立的。

**定理 21.6**　设 $\{C_i \mid i\in I\}$ 为 $\mathbf{R}^n$ 中由凸集构成的有限集合（不要求都是闭的）。如果每个由 $n+1$ 个或更少的集合所构成的每个子集合都具有非空的交，则整个集合具有非空的交。

**证明**　对于每个由 $n+1$ 个或更少的集合所构成的每个子集合，选择子集合交集中的一个向量，则所选择的向量构成 $\mathbf{R}^n$ 中的有限子集 $S$。对于每个 $i\in I$，设 $C_i'$ 为由非空有限集 $S\cap C_i$ 所构成的凸包，每个 $C_i'$ 都为包含于 $C_i$ 的闭有界凸集。如

果 $J$ 为 $I$ 中 $n+1$ 或更少的指标的集合，则 $C_i$ 关于 $i\in J$ 的交集包含一个 $S$ 中的向量，这个向量属于 $C_i'$关于 $i\in J$ 的交集中。集合$\{C_i' \mid i\in I\}$满足推论 21.3.2 的假设，因此，具有非空的交。这个交集包含于原来集合的交集之中，也为非空的。

Helly 定理的结果能够类似地应用于有限凸不等式系统：

**推论 21.6.1**　设给定如下形式的系统

$$f_1(\boldsymbol{x})<0,\cdots,f_k(\boldsymbol{x})<0,f_{k+1}(\boldsymbol{x})\leqslant 0,\cdots,f_m(\boldsymbol{x})\leqslant 0,$$

其中 $f_1,\cdots,f_m$ 为定义在 $\mathbf{R}^n$ 上的凸函数。(不等式可能全部为严格的或全部为弱的) 如果由 $n+1$ 个或更少的不等式所组成的子系统在给定的凸集 $C$ 中都有一个解，则整个系统在 $C$ 中有解。

证明　令

$$C_0=C,$$
$$C_i=\{\boldsymbol{x}\mid f_i(\boldsymbol{x})<0\},i=1,\cdots,k$$

及

$$C_i=\{\boldsymbol{x}\mid f_i(\boldsymbol{x})\leqslant 0\},i=k+1,\cdots,m$$



应用定理于集合$\{C_i\mid i=0,\cdots,m\}$即可。

**推论 21.6.2**　如果定理 21.1 或定理 21.2 中的选择 (b) 成立，则可以选择 $\lambda_i$ 使得它中不同于零的个数不超过 $n+1$。

**证明**　如果定理 21.1 或定理 21.2 中的 (a) 不成立，则由推论 21.6.1 知道，对于由 $n+1$ 个或更少的不等式所构成的子系统 (a) 也将不成立，则选择 (b) 也对此系统成立。

# 第 22 节　线性不等式

本节处理线性不等式 (弱的或严格的) 有限系统理论。作为在第 21 节中一般不等式系统的特殊情况，我们将首先论述各种存在性结果。表述所建立的选择性方法，以一般但不依赖于一般凸性理论的方法给出讨论的结果。

**定理 22.1**　设 $i=1,\cdots,m$，令 $a_i\in\mathbf{R}^n$ 及 $\alpha_i\in\mathbf{R}$，则有且仅有下列选择中的一个成立：

(a) 存在向量 $\boldsymbol{x}\in\mathbf{R}^n$ 使 $\langle \boldsymbol{a}_i,\boldsymbol{x}\rangle\leqslant\alpha_i,i=1,\cdots,m$；

(b) 存在非负实数 $\lambda_1,\cdots,\lambda_m$ 使 $\sum_{i=1}^m\lambda_i\boldsymbol{a}_i=\mathbf{0}$ 且 $\sum_{i=1}^m\lambda_i\alpha_i<0$。

**证明**　对 $i=1,\cdots,m$ 令 $f_i(\boldsymbol{x})=\langle\boldsymbol{a}_i,\boldsymbol{x}\rangle-\alpha_i$。则以 $I_0=I=\{1,\cdots,m\}$满足定理 21.4 的假设。因此，有且仅有一个定理 21.3 中的选择满足 (以 $C=\mathbf{R}^n$)。选择 (a) 与现在的选择 (a) 相同。定理 21.3 中的选择 (b) 说明对于某些非负数 $\lambda_1,\cdots,\lambda_m$，函数

$$f(\boldsymbol{x})=\sum_{i=1}^{m}\lambda_i f_i(\boldsymbol{x})=\langle\sum_{i=1}^{m}\lambda_i\boldsymbol{a}_i,\boldsymbol{x}\rangle-\sum_{i=1}^{m}\lambda_i\alpha_i$$

在 $\mathbf{R}^n$ 上有正的下界。因为 $f$ 为仿射函数，这只有在 $f$ 为正的常函数的情况下才会出现，这就是现在定理中选择（b）的含义。

在涉及严格不等式的情况下，将用到下列结果。

**定理 22.2**　对 $i=1,\cdots,m$ 令 $\boldsymbol{a}_i\in\mathbf{R}^n$ 及 $\alpha_i\in\mathbf{R}$，令 $k$ 为整数，$1\leqslant k\leqslant m$。假设系统

$$\langle\boldsymbol{a}_i,\boldsymbol{x}\rangle\leqslant\alpha_i,i=k+1,\cdots,m$$

一致成立，则有且仅有下列选择中的一个成立：

（a）存在向量 $\boldsymbol{x}$ 使

$$\langle\boldsymbol{a}_i,\boldsymbol{x}\rangle<\alpha_i\ \text{对于}\ i=1,\cdots,k,$$

$$\langle\boldsymbol{a}_i,\boldsymbol{x}\rangle\leqslant\alpha_i\ \text{对于}\ i=k+1,\cdots,m.$$

（b）存在非负实数 $\lambda_1,\cdots,\lambda_m$ 使 $\lambda_1,\cdots,\lambda_k$ 中至少一个非零且

$$\sum_{i=1}^{m}\lambda_i\boldsymbol{a}_i=\boldsymbol{0}\ \text{且}\sum_{i=1}^{m}\lambda_i\alpha_i\leqslant 0.$$

**证明**　对 $i=1,\cdots,m$ 令 $f_i(\boldsymbol{x})=\langle\boldsymbol{a}_i,\boldsymbol{x}\rangle-\alpha_i$。以 $C=\boldsymbol{R}^n$ 满足定理 21.2 中的假设。正如前面所证明的，定理 21.2 中的选择（a）和（b）对应于现在的选择（a）和（b）。

当然，定理 22.1 能够应用于定理 22.2 所假设的系统。因此，当且仅当存在非负实数 $\lambda_{k+1},\cdots,\lambda_m$ 使

$$\sum_{i=k+1}^{m}\lambda_i\boldsymbol{a}_i=\boldsymbol{0}\ \text{且}\sum_{i=k+1}^{m}\lambda_i\alpha_i<0$$

时定理 22.2 的假设才不会满足。

到此，我们得到关于有限（弱或严格）线性不等式系统解的存在性的必要和充分性条件。

如果不等式 $\langle\boldsymbol{a}_0,\boldsymbol{x}\rangle\leqslant\alpha_0$ 对满足系统

$$\langle\boldsymbol{a}_i,\boldsymbol{x}\rangle\leqslant\alpha_i,i=1,2,\cdots,m$$

的每个 $\boldsymbol{x}$ 都成立，则称其为上述系统的结论。如，不等式 $\xi_1+\xi_2\geqslant0$ 为系统

$$\xi_i\geqslant0,\quad i=1,2$$

的结论。

当 $(\xi_1,\xi_2)=\boldsymbol{x},\boldsymbol{a}_0=(-1,-1),\boldsymbol{a}_1=(-1,0),\boldsymbol{a}_2=(0,-1)$ 以及 $\alpha_0=\alpha_1=\alpha_2=0$ 便是这种情形。

**定理 22.3**　假设系统

$$\langle\boldsymbol{a}_i,\boldsymbol{x}\rangle\leqslant\alpha_i,\qquad i=1,\cdots,m$$

一致成立。不等式 $\langle\boldsymbol{a}_0,\boldsymbol{x}\rangle\leqslant\alpha_0$ 为此系统的结果当且仅当存在非负实数 $\lambda_1,\cdots,\lambda_m$ 使

$$\sum_{i=1}^{m}\lambda_i\boldsymbol{a}_i=\boldsymbol{a}_0\ \text{且}\sum_{i=1}^{m}\lambda_i\alpha_i\leqslant\alpha_0$$

**证明**　不等式 $\langle\boldsymbol{a}_0,\boldsymbol{x}\rangle\leqslant\alpha_0$ 为结论当且仅当系统

$$\langle -\boldsymbol{a}_0, \boldsymbol{x}\rangle < -\alpha_0, \langle \boldsymbol{a}_i, \boldsymbol{x}\rangle \leqslant \alpha_i$$

对于 $i=1,\cdots,m$ 一致成立，即不存在零解 $\boldsymbol{x}$。由定理 22.2 知道这种非一致性等价于存在非负实数 $\lambda_0',\lambda_1',\cdots,\lambda_m'$ 使 $\lambda_0'\neq 0$，

$$\lambda_0'(-\boldsymbol{a}_0)+\lambda_1'\boldsymbol{a}_1+\cdots+\lambda_m'\boldsymbol{a}_m=\boldsymbol{0},$$

$$\lambda_0'(-\alpha_0)+\lambda_1'\alpha_1+\cdots+\lambda_m'\alpha_m\leqslant 0.$$

这个条件等价于在定理中取 $\lambda_i=\lambda_i'/\lambda_0'$，$i=1,\cdots,m$。

**推论 22.3.1** （Farkas 引理）不等式 $\langle \boldsymbol{a}_0, \boldsymbol{x}\rangle \leqslant \alpha_0$ 为系统

$$\langle \boldsymbol{a}_i, \boldsymbol{x}\rangle \leqslant 0, \quad i=1,\cdots,m$$

的结果当且仅当存在非负实数 $\lambda_1,\cdots,\lambda_m$ 使得

$$\sum_{i=1}^{m}\lambda_i\boldsymbol{a}_i=\boldsymbol{a}_0 .$$

**证明**　因为对于 $i=1,\cdots,m$ 有 $\langle \boldsymbol{a}_i, \boldsymbol{x}\rangle \leqslant 0$，所以，定理 22.3 的假设一定满足。

Farkas 引理有一个用极凸锥表示的简单形式。$\boldsymbol{a}_1,\cdots,\boldsymbol{a}_m$ 的所有非负线性组合的集合称为由 $\boldsymbol{a}_1,\cdots,\boldsymbol{a}_m$ 所生成的凸锥 $K$，系统 $\langle \boldsymbol{a}_i, \boldsymbol{x}\rangle \leqslant 0$，$i=1,\cdots,m$ 的解构成 $K$ 的极性锥 $K^\circ$。不等式 $\langle \boldsymbol{a}_0, \boldsymbol{x}\rangle \leqslant 0$ 为此系统的结论当且仅当对于每个 $\boldsymbol{x}\in K^\circ$ 有 $\langle \boldsymbol{a}_0, \boldsymbol{x}\rangle \leqslant 0$，换句话说 $\boldsymbol{a}_0\in K^{\circ\circ}$。



Farkas 引理说明 $K^{\circ\circ}=K$。这个结果也已经用另外的方法得到。如第 14 节所证明的，对于任何凸锥 $K$，总有 $K^{\circ\circ}=\mathrm{cl}K$。这里 $K$ 为有限生成的，因此为闭的（定理 19.1），所以，$K^{\circ\circ}=K$。

按照定理 17.3、定理 22.3 和 Farkas 引理对于某些无限系统

$$\langle \boldsymbol{a}_i, \boldsymbol{x}\rangle \leqslant \alpha_i, \quad i\in I$$

也是成立的。正确性成立的条件是系统的解集有非空的内部且点集

$$\{(\boldsymbol{a}_i,\alpha_i)\mid i\in I\}$$

为 $\mathbf{R}^{n+1}$ 中闭的有界集。

如果定理 22.1 中选择（a）中的不等式之一改为等式条件，则关于选择（b）的影响将是去掉对应条件中有关乘子 $\lambda_i$ 的非负性要求。读者能够以练习的形式，将定理 22.1 应用于修正的系统，在此修正的系统中，每个方程都能够通过一对不等式来表示。

定理 22.3 容易被推广到混合型弱的或严格的不等式系统（同样证明）的情形，但是，在这种情况下结果的论述将会变得有些复杂。

用矩阵表示不等式系统通常是方便的。例如，在定理 22.1 的情况中，设 $\boldsymbol{A}$ 为 $m\times n$ 矩阵，其行为 $\boldsymbol{a}_1,\cdots,\boldsymbol{a}_m$，且令 $\boldsymbol{a}=(\alpha_1,\cdots,\alpha_m)$。选择（a）中的系统能够表示成为

$$\boldsymbol{A}\boldsymbol{x}\leqslant\boldsymbol{a}.$$

按照惯例，向量不等式对应于分量的不等式。令 $\boldsymbol{w}=(\lambda_1,\cdots,\lambda_m)$，我们能将选择（b）中的条件表示成为

$$w \geqslant \mathbf{0}, A^{*} w=\mathbf{0}, \langle w, a\rangle<0,$$

其中 $A^{*}$ 为转置矩阵。这个公式清楚表明（b）与（a）一样，涉及能够用有限多个线性不等式表示的系统解的存在性问题。（b）中的系统可被称为关于系统（a）的选择。两个系统互为对偶，其意义在于，无论系数如何选择，只有一个系统有解，另外一个系统没有解。

也可以构造其他的不等式对偶。例如，系统

$$x \geqslant \mathbf{0}, \quad A x=a$$

的选择能够从 Farkas 引理得到。用 $a_1, \cdots, a_n$ 表示 $A$ 的列。所给定的系统涉及满足 $\xi_1 a_1+\cdots+\xi_n a_n=a$ 的非负实数 $\xi_1, \cdots, \xi_n$（$x$ 的坐标）。按照 Farkas 引理，这样的数不存在当且仅当存在向量 $w \in \mathbf{R}^m$ 使对于 $j=1, \cdots, n$ 有 $\langle a_j, w\rangle \leqslant 0$ 且 $\langle a, w\rangle>0$。系统

$$A^{*} w \leqslant \mathbf{0}, \langle a, w\rangle>0$$

因此与给定系统对偶。

从练习的角度能够证明系统

$$x \geqslant \mathbf{0}, A x \leqslant a$$

与系统

$$w \geqslant 0, A^{*} w \geqslant 0, \langle a, w\rangle<0$$

互为对偶。

有许多系统对偶对能通过各种等式和弱的及严格的不等式的混合而得到，并且不能指望把它们全部写出来。

一般地，我们感兴趣于找到能够表示成为

$$\zeta_j \in I_j, j=1, \cdots, N,$$

$$\zeta_{n+i}=\sum_{j=1}^{n} \alpha_{ij} \zeta_j, i=1, \cdots, m,$$

的形式的系统的选项，其中 $N=M+n, A=(\alpha_{ij})$ 为给定的系数矩阵，每个 $I_j$ 为特定的实区间。（实区间仅仅表示 $\mathbf{R}$ 中的凸子集；因此 $I_j$ 可能为开的或闭的或两者都不是，也可能仅由单个数所构成。）例如，系统 $A x \leqslant a$ 对应于当 $j=1, \cdots, n$ 时 $I_j=(-\infty,+\infty)$ 且当 $i=1, \cdots, m$ 时 $I_{n+i}=(-\infty, \alpha_i]$ 的情形。系统 $x \geqslant \mathbf{0}$，$A x=a$ 对应于当 $j=1, \cdots, n$ 时 $I_j=[0,+\infty)$ 及当 $i=1, \cdots, m$ 时 $I_{n+i}=\{\alpha_i\}$ 的情形。

所提到的每种选择系统都涉及关于数 $\zeta_1^{*}, \cdots, \zeta_N^{*}$ 的条件，这些数满足

$$-\zeta_j^{*}=\sum_{i=1}^{m} \zeta_{n+i}^{*} \alpha_{ij}, j=1, \cdots, n .$$

在关于 $A x \leqslant a$ 的选项中的条件为

$$\zeta_j^{*}=0, j=1, \cdots, n,$$

$$\zeta_{n+i}^{*} \geqslant 0, i=1, \cdots, m,$$

$$\zeta_{n+1}^{*} \alpha_1+\cdots+\zeta_{n+m}^{*} \alpha_m<0.$$

注意到这个条件等价于对 $i=1,\cdots,m$ 满足 $\zeta_{n+i}\leqslant\alpha_i$ 的数 $\zeta_1,\cdots,\zeta_N$，都有

$$\zeta_1^*\zeta_1+\cdots+\zeta_N^*\zeta_N<0,$$

换句话说，对于 $j=1,\cdots,N$ 满足 $\zeta_j\in I_j$ 的 $\zeta_1,\cdots,\zeta_N$，都有上式成立。

因此，选择系统中条件能够简单地表示成为

$$\zeta_1^*I_1+\cdots+\zeta_N^*I_N<0.$$

(这里“$<0$”确实意味着$\subset(-\infty,0)$。)类似地，选择系统 $\boldsymbol{x}\geqslant0$，$\boldsymbol{A}\boldsymbol{x}=\boldsymbol{a}$ 中的条件为

$$\zeta_j^*\geqslant0,j=1,\cdots,n,$$

$$\zeta_{n+1}^*\alpha_1+\cdots+\zeta_{n+m}^*\alpha_m>0.$$

能够用相应的区间 $I_j$ 表示为

$$\zeta_1^*I_1+\cdots+\zeta_N^*I_N>0.$$

我们猜测，在一般情况下，无论指定什么区间 $I_1,\cdots,I_N$，将存在能够表示成为

$$\zeta_1^*I_1+\cdots+\zeta_N^*I_N>0,$$

$$-\zeta_j^*=\sum_{i=1}^m\zeta_{n+i}^*\alpha_{ij},j=1,\cdots,n,$$



的选择系统。(不失一般性，仅仅选择“$>0$”的情形，因为在这种情况下，解存在当且仅当在“$<0$”的情况下解的存在性。)下面将证明这个猜想是正确的。

对于 $i=1,\cdots,m$，$\mathbf{R}^N$ 中满足

$$\zeta_{n+i}=\sum_{j=1}^n\alpha_{ij}\zeta_j,i=1,\cdots,m$$

的向量 $\boldsymbol{z}=(\zeta_1,\cdots,\zeta_N)$形成 $\mathbf{R}^n$ 中的 $n$ 维子空间 $L$。如在第 1 节结尾所指出的那样，正交补子空间 $L^{\perp}$ 由满足

$$-\zeta_j^*=\sum_{i=1}^m\zeta_{n+i}^*\alpha_{ij},j=1,\cdots,n$$

的向量 $\boldsymbol{z}^*=(\zeta_1^*,\cdots,\zeta_N^*)$所组成。为简单起见，我们说 $L$ 和 $L^{\perp}$，而不说由系数矩阵 $\boldsymbol{A}$ 所确定的线性关系。(当然，任何子空间及其正交补都能够如第 1 节中那样借助 Tucker 表示而用系数矩阵来表示。)

因此，我们可以假设仅给 $\mathbf{R}^N$ 的子空间 $L$ 及某些实区间 $I_1,\cdots,I_N$。问题是，是否存在向量$(\zeta_1,\cdots,\zeta_N)\in L$ 使对于 $j=1,\cdots,N$ 有 $\zeta_i\in I_j$。我们猜测这样的向量不存在当且仅当存在向量$(\zeta_1^*,\cdots,\zeta_N^*)\in L^{\perp}$ 使 $\sum\limits_{j=1}^N\zeta_j^*I_j>0$。顺便要说的是，因为凸集的线性组合为凸的，所以，集 $\sum\limits_{j=1}^N\zeta_j^*I_j>0$ 为实区间。

猜测在分离定理的形式下是正确的：子空间 $L$ 与推广的矩形域

$$C=\{(\zeta_1,\cdots,\zeta_N)\mid\zeta_j\in I_j,j=1,\cdots,N\}$$

相交，或存在包含 $L$ 的超平面 $\{z\mid\langle z,z^*\rangle=0\}$ 与 $C$ 不相交。这猜测提供了一些几何方面的动因。然而，下面的证明并没有利用几何性质，也没有借助任何关于凸性的一般定理。这是一种完全不依赖于组合性质的证明，它提供一种直接获得类似于 Farkas 引理这样的结果的基本方法。

一切都依赖于 $\mathbf{R}^N$ 中的子空间 $L$ 的“基本向量”的概念。将向量 $z=(\zeta_1,\cdots,\zeta_N)$ 看作定义在集合 $\{1,\cdots,N\}$（在点 $j$ 处的函数值为 $\zeta_j$）上的实值函数，这便提示我们定义 $z$ 的支集（support）为使 $\zeta_j\neq0$ 的下标 $j$ 的集合。$L$ 中的每个向量都用 $\{1,\cdots,N\}$ 的某个子集，比如说，它的支集来编号。$L$ 的基本向量为 $L$ 中的非零向量 $z$，它的支集关于 $L$ 来说是最小的，即它的支集不会正常包含 $L$ 中其他任何非零向量的支集。如果 $z$ 为 $L$ 中的基本向量，则对于任意 $\lambda\neq0$，$\lambda z$ 也为 $L$ 中的基本向量。基本向量的概念来源于图论中一个重要的例子，我们在这里不做叙述。

有向图 $G$ 可被定义为三元组 $(E,V,C)$，其中 $E=\{e_1,\cdots,e_N\}$ 为元素的抽象集合，称为边（edge）（分支、线、弧或链环），$V=\{v_1,\cdots,v_M\}$ 被称为抽象顶点（vertices）（结点或点）元素的集合，$\mathbf{C}=(c_{ij})$ 为 $M\times N$ 矩阵，称其为关联矩阵（incidence matrix），它的元素全都为 1，$-1$，或 0，每列就一个 $+1$ 和一个 $-1$。关联矩阵 $C$ 解释为，对于每个边 $e_j$，位于 $e_j$ 始端的顶点 $v_i$ 满足 $c_{ij}=1$，而位于 $e_j$ 末端的顶点 $v_i$ 满足 $c_{ij}=-1$。



给定有向图，考虑由所有满足

$$\sum_{j=1}^{N}c_{ij}\zeta_j=0,i=1,\cdots,M$$

的向量 $z=(\zeta_1,\cdots,\zeta_N)$ 组成的 $\mathbf{R}^n$ 中的子空间 $L$。

如果我们把 $G$ 看作管道网络，例如，将 $\zeta_j$ 解释为每秒通过管道 $e_j$ 的流水量（正的 $\zeta_j$ 看作由 $e_j$ 的起始顶点流向末端顶点，负的 $\zeta_j$ 表示相反方向的水流），则 $L$ 中的向量能被解释为 $G$ 中的环流（circulation），即稳定在每个顶点的流。这种向量 $z$ 的支集形成对应流为非零的边 $e_j$ 的集合。因此，$L$ 中的基本向量对应于 $G$ 中的非零环流，其在边的最小集合中为非零的。无须进行深入细致的描述就可以说，所述的最小边的集合构成了 $G$ 中基本回路（不相互交叉的“闭路”），事实上，$L$ 中的每个基本向量都具有形式

$$z=\lambda(\varepsilon_1,\cdots,\varepsilon_N),\quad\lambda\neq0$$

其中 $(\varepsilon_1,\cdots,\varepsilon_N)$ 为关于某些基本回路的关联向量。（如果回路由开始顶点到最末顶点穿过边 $e_j$，则 $\varepsilon_j=+1$；如果回路以相反方向穿过 $e_j$，则 $\varepsilon_j=-1$；如果回路根本就没有用到 $e_j$，则 $\varepsilon_j=0$。）

另外一个有关基本向量的例子可以通过考虑环流空间 $L$ 的正交补 $L^\perp$ 而得到。当然，$L^\perp$ 为由关联矩阵 $C$ 的行所生成的 $\mathbf{R}^N$ 中的子空间，或换句话说，$L^\perp$ 由满

足存在向量 $\boldsymbol{p}=(\pi_1,\cdots,\pi_M)$ 使对于 $j=1,\cdots,N$ 有

$$\zeta_j^*=-\sum_{i=1}^{M}\pi_i c_{ij}$$

的向量 $\boldsymbol{z}^*=(\zeta_1^*,\cdots,\zeta_N^*)$ 所组成。如果将 $\pi_i$ 解释为位于顶点 $v_i$ 处的位势，则这个公式说明 $\zeta_j^*$ 可以通过从 $e_j$ 的最末顶点的位势中减去初始顶点的位势而得到。因此，$L^{\perp}$ 中的向量能够解释为 $G$ 中的张力，$\zeta_j^*$ 为张力的量或穿过 $e_j$ 的位势差。这种向量的支集构成与其相应张力值非零的边的集合。$L^{\perp}$ 中的每个基本向量对应于 $G$ 中一种张力，这种张力在 $G$ 中最小的边的集合上非零。能够证明，这样的边的集合构成了所谓的 $G$ 中的基本余回路，且 $L^{\perp}$ 中基本向量具有形式

$$\boldsymbol{z}^*=\lambda(\varepsilon_1,\cdots,\varepsilon_N),\quad \lambda\neq 0,$$

其中 $(\varepsilon_1,\cdots,\varepsilon_N)$ 为某些基本余回路的关联向量。($G$ 中的基本余回路对应于 $G$ 的“最小剖分”，其可以如下得到，为了简单起见，假设 $G$ 为连通的。选择顶点集的任意一集 $W$，将 $G$ 中所有一个顶点属于 $W$ 而另一个顶点不属于 $W$ 的边删去，将得到一个恰好具有两个连通分图的有向图。与 $W$ 相关的基本余回路由刚刚刻画过的边组成，如果 $e_j$ 的初始顶点属于 $W$ 而末端顶点不属于 $W$，则 $\varepsilon_j=+1$；如果 $e_j$ 的末端顶点属于 $W$，而初始顶点不属于 $W$，则 $\varepsilon_j=-1$；如果 $e_j$ 的两个顶点都不属于 $W$ 或全都属于 $W$，则 $\varepsilon_j=0$。)



在 $\mathbf{R}^N$ 中一般子空间不是由某有向图中所有环流或张力所构成的空间的情况下，当然，没有必要每个基本向量都是所有坐标都为 $+1$，$-1$ 或 0 的向量的乘积，然而，基本向量确实有某些特殊的性质，正如下一引理中所证明的，这个引理在证明定理 22.6 时将是需要的。

**引理 22.4**　设 $L$ 为 $\mathbf{R}^N$ 的子空间，如果 $\boldsymbol{z}$ 和 $\boldsymbol{z}'$ 为 $L$ 中具有相同支集的基本向量，则 $\boldsymbol{z}$ 和 $\boldsymbol{z}'$ 为成比例的，即存在 $\lambda\neq 0$ 使得 $\boldsymbol{z}'=\lambda\boldsymbol{z}$。

**证明**　设 $j$ 为 $\boldsymbol{z}$ 和 $\boldsymbol{z}'$ 的共同支集中的任何下标，且令 $\lambda=\zeta'_j/\zeta_j$（其中 $\zeta_j$ 和 $\zeta'_j$ 分别为 $\boldsymbol{z}$ 和 $\boldsymbol{z}'$ 的第 $j$ 个坐标）。向量 $\boldsymbol{y}=\boldsymbol{z}'-\lambda\boldsymbol{z}$ 属于 $L$。$\boldsymbol{y}$ 的支集包含于 $\boldsymbol{z}$ 的支集，并且正常的小于 $\boldsymbol{z}$ 的支集，因为它不包含有 $j$。因为 $\boldsymbol{z}$ 为 $L$ 中的基本向量，由定义知道 $\boldsymbol{y}$ 一定为零向量，因此，$\boldsymbol{z}'=\lambda\boldsymbol{z}$。

**推论 22.4.1**　$\mathbf{R}^N$ 的子空间 $L$ 中仅有有限多个表示成为数的倍数的基本向量。

**证明**　只有有限多个 $\{1,\cdots,N\}$ 的子集出现在 $L$ 基本向量的支集中，由引理知道，这些集合与基本向量之间的对应为一对一的，直至达到数的倍数。

**引理 22.5**　给定子空间 $L$ 中的每个向量都能够表示成为 $L$ 中基本向量的线性组合。

**证明**　设 $\boldsymbol{z}$ 为 $L$ 中的非零向量。一定存在 $L$ 中的支集包含于 $\boldsymbol{z}$ 的支集中的基本向量 $\boldsymbol{z}_1$。设 $j$ 为 $\boldsymbol{z}_1$ 支集中的一个指标，并令 $\lambda_1$ 为 $\boldsymbol{z}$ 的第 $j$ 个分量与 $\boldsymbol{z}_1$ 的第 $j$ 个分量的商。向量 $\boldsymbol{z}'=\boldsymbol{z}-\lambda_1\boldsymbol{z}_1$ 属于 $L$ 且其支集正常包含于 $\boldsymbol{z}$。如果 $\boldsymbol{z}'$ 为基本的（或假设 $\boldsymbol{z}'=\mathbf{0}$，则表达式 $\boldsymbol{z}=\boldsymbol{z}'+\lambda_1\boldsymbol{z}_1$ 满足要求。否则我们能够将同样的讨论应用

于 $z'$ 获得进一步的分解

$$z=(z''+\lambda_2 z_2)+\lambda_1 z_1,$$

其中 $z_2$ 为 $L$ 的基本向量而 $z''$ 为 $L$ 中支集正常包含于 $z'$ 的支集的向量。($z''$ 的支集因此至少含有两个指标小于 $z$ 的支集中的指标)经过有限次的分解，就可以得到所要求的 $z$ 表达式。

在以下的证明中，我们需要另外一个显而易见的事实：如果 $J_1,\cdots,J_m$ 为任意两个都相交的实区间，所有这 $m$ 个区间一定有公共点。这是 Helly 定理的特殊情况（$n=1$ 时的定理 21.6），但是这种情况太简单，我们想给出一种容易的新的证明。从每个交集 $J_i\cap J_j$ 中选择一个元素 $\alpha_{ij}$ 形成对称的 $m\times m$ 矩阵 $\mathbf{A}$。令

$$\beta_1=\max_i(\min_j \alpha_{ij}),$$

$$\beta_2=\min_j(\max_i \alpha_{ij})=\min_i(\max_j \alpha_{ij}).$$

则 $\beta_1\leqslant\beta_2$。设 $\beta$ 为 $\beta_1$ 与 $\beta_2$ 之间的任意数。对于 $i=1,\cdots,m$ 有

$$\min_j \alpha_{ij}\leqslant\beta\leqslant\max_j \alpha_{ij},$$

从而 $\beta$ 介于 $J_i$ 中的两个数之间，因此，对于 $i=1,\cdots,m$ 有 $\beta\in J_i$。



**定理 22.6** 设 $L$ 为 $\mathbf{R}^n$ 的子空间且设 $I_1,\cdots,I_N$ 为实区间，则有且仅有一个下列选择成立：

(a) 存在向量 $z=(\zeta_1,\cdots,\zeta_N)\in L$ 使 $\zeta_1\in I_1,\cdots,\zeta_N\in I_N$；

(b) 存在向量 $z^*=(\zeta_1^*,\cdots,\zeta_N^*)\in L^{\perp}$ 使

$$\zeta_1^* I_1+\cdots+\zeta_N^* I_N>0.$$

如果选择 (a) 成立，则 $z^*$ 一定能够选为 $L^{\perp}$ 的基本向量。

**证明** 选择 (a) 和选择 (b) 不能够同时成立，否则会存在两个向量 $z$ 和 $z^*$ 同时满足 $z^*\perp z$ 且 $\langle z^*,z\rangle>0$。假设 (b) 在牵扯到基本向量的较强的形式下不成立，换句话说，假设对于 $L^{\perp}$ 的基本向量都有

$$\mathbf{0}\in(\zeta_1^* I_1+\cdots+\zeta_N^* I_N).$$

我们将证明 (a) 成立。设 $p$ 为 $I_1,\cdots,I_N$ 中的非平凡集合的个数，即含有至少一个点且不简单地为整个区间 $(-\infty,+\infty)$ 的区间个数。通过对 $p$ 进行归纳来证明。

在 $p=0$ 的情况下，（简单起见）对于 $j=1,\cdots,k$，假设 $I_j$ 仅由单个数 $\alpha_j$ 构成，且对于 $j=k+1,\cdots,N$ 有 $I_j=(-\infty,+\infty)$。假设 $L_0$ 为 $\mathbf{R}^N$ 的子空间，其元素 $z'=(\zeta'_1,\cdots,\zeta'_N)$ 满足存在向量 $z\in L$ 使对于 $j=1,\cdots,k$ 有 $\zeta'_j=\zeta_j$。子空间 $L_0^{\perp}$ 中的向量 $z^*\in L^{\perp}$，则由满足对于 $j=k+1,\cdots,N$ 有 $\zeta_j^*=0$ 的向量组成，$L_0^{\perp}$ 中的基本向量仅仅为 $L^{\perp}$ 的基本向量中属于 $L_0^{\perp}$ 者。由假设

$$0\in[\zeta_1^*\alpha_1+\cdots+\zeta^*\alpha_k+\zeta_{k+1}(-\infty,\infty)+\cdots+\zeta_N^*(-\infty,+\infty)]$$

知道，对于 $L^{\perp}$ 中的每个基本向量 $z^*$ 有

$$0=\zeta_1^*\alpha_1+\cdots+\zeta_k^*\alpha_k+\zeta_{k+1}^*\cdot 0+\cdots+\zeta_N^*\cdot 0.$$

因此，向量$(\alpha_1,\cdots,\alpha_k,0,\cdots,0)$与$L_0^{\perp}$的所有基本向量正交。因为$L_0^{\perp}$由基本向量按照引理 22.5 的方法代数生成，所以，

$$(\alpha_1,\cdots,\alpha_k,0,\cdots,0)\in L_0^{\perp\perp}=L_0.$$

这便意味着存在向量$z\in L$使对于$j=1,\cdots,k$有$\zeta_j=\alpha_j$。这个$z$满足选择 (a)。

现假设给定区间中至少有一个区间，如$I_1$，为非平凡的情况。做归纳假设，设 (a) 对所有比给定的情形更少的非平凡区间的情况都成立。我们将证明存在数$\alpha_1\in I_1$使对于$L^{\perp}$的每个基本向量$z^*$都有

$$0\in(\zeta_1^*\alpha_1+\zeta_2^*I_2+\cdots+\zeta_N^*I_N).$$

这便意味着$I_1$能够被一个平凡的子区间所替代，从而，由归纳法知道 (a) 成立。

我们所需要的$\alpha_1\in I_1$必须满足对于每个$L^{\perp}$中满足$\zeta_1^*=-1$的向量$z^*$都有

$$\alpha_1\in[\zeta_2^*I_2+\cdots+\zeta_N^*I_N].$$

由引理 22.4 知道存在仅仅有限多个此类基本向量。将它们所构成的集合记为$E$，并对每个$z^*\in E$用$J_{z^*}$表示区间

$$\zeta_2^*I_2+\cdots+\zeta_N^*I_N,$$



为证明所期望的$\alpha_1$的存在性，我们必须证明由$I_1$中区间所组成的有限类与$J_{z^*}$，$z^*\in E$具有非空交。只要证明这个类中没有两个区间是不相交的。对于$z^*\in E$，一定有$I_1\cap J_{z^*}\neq\varnothing$，因为

$$0\in[(-1)I_1+\zeta_2^*I_2+\cdots+\zeta_N^*I_N]=-I_1+J_{z^*}$$

由假设知道对于$L^{\perp}$中的每个基本向量$z^*$都有$0\in\sum_{j=1}^{n}\zeta_j^*I_j$。注意到如果用$(-\infty,+\infty)$替换$I_1$，则后面的条件仍然满足。这个替代导致了与给定的相比较来说具有更少的非平凡区间的系统，归纳法假设对于此另外的系统 (a) 成立。因此，存在向量$z\in L$使$\zeta_2\in I_2,\cdots,\zeta_N\in I_N$，对于每个$z^*\in E$，这个$z$满足

$$0=\langle z^*,z\rangle=(-1)\zeta_1+\zeta_2^*\zeta_2+\cdots+\zeta_N^*\zeta_N.$$

因此，对于每个$z^*\in E$有$\zeta_1\in J_{z^*}$且没有两个区间$J_{z^*}$不相交。定理由此得证。

如上所述，在定理 22.6 的情况下，$L$为某有向图$G$的环流的空间，选择 (a) 断言存在环流$z$使对于每个$j$，沿着边$e_j$的流量$\zeta_j$属于某个给定的区间$I_j$。另外，选择 (b) 断言了关于基本向量空间$L^{\perp}$的一些结果，$L^{\perp}$为$G$中所有张力的集合。事实上，只要注意到$L^{\perp}$中的基本向量与$G$中基本余回路之间的关系，我们就可以将 (b) 表示成为：存在$G$的基本余回路其关联向量$(\varepsilon_1,\cdots,\varepsilon_N)$具有性质

$$\varepsilon_1I_1+\cdots+\varepsilon_NI_N>0.$$

同理，在定理 22.6 的情况下，$L$为某有向图$G$的所有张力的集合，所以$L^{\perp}$为$G$中所有环流的空间。选择 (a) 断言存在流量属于某个给定区间的张力，而选择 (b) 断言存在$G$的基本回路使其关联向量$(\varepsilon_1,\cdots,\varepsilon_N)$具有性质

$$\varepsilon_1 I_1 + \cdots + \varepsilon_N I_N > 0.$$

作为定理 22.6 的应用，我们将证明：

**定理 22.7（Tucker 互补定理）** 给定 $\mathbf{R}^N$ 的子空间 $L$，则存在非负向量 $\boldsymbol{z}=(\zeta_1,\cdots,\zeta_N)\in L$ 以及非负向量 $\boldsymbol{z}^*=(\zeta_1^*,\cdots,\zeta_N^*)\in L^{\perp}$ 使 $\boldsymbol{z}$ 和 $\boldsymbol{z}^*$ 的支集为互补的（即对于每个下标 $i$，或者有 $\zeta_i>0$ 及 $\zeta_i^*=0$，或者 $\zeta_i=0$ 而 $\zeta_i^*>0$。）。$\boldsymbol{z}$ 和 $\boldsymbol{z}^*$ 的支集（而不是 $\boldsymbol{z}$ 和 $\boldsymbol{z}^*$ 本身）由 $L$ 唯一确定。

**证明** 首先注意到，对于每个下标 $k$，有且仅有下列中的一个选择成立：

(a) 存在非负向量 $\boldsymbol{z}\in L$ 使 $\zeta_k>0$；

(b) 存在非负向量 $\boldsymbol{z}^*\in L^{\perp}$ 使 $\zeta_k^*>0$。

将定理 22.6 应用于当 $i\neq k$ 时 $I_i=[0,+\infty)$ 及 $I_k=(0,+\infty)$ 的情况．现假设 $S$ 为使 (a) 成立的下标 $k$ 的集合，并且对于每个 $k\in S$ 设 $\boldsymbol{z}_k$ 为 $L$ 中第 $k$ 个坐标为正的向量。令 $S^*$ 为使 (b) 成立的下标 $k$ 的集合，并且对于每个 $k\in S^*$ 设 $z_k{}^*$ 为 $L^{\perp}$ 中第 $k$ 个分量为正的非负向量。则 $S$ 和 $S^*$ 为 $\{1,\cdots,N\}$ 中互补子集，非负向量

$$\boldsymbol{z}=\sum_{k\in S}\boldsymbol{z}_k\in L,\ \boldsymbol{z}^*=\sum_{k\in S^*}\boldsymbol{z}_k^*\in L^{\perp}$$

分别以 $S$ 和 $S^*$ 为支集。

# 第 5 部分　微 分 理 论

## 第 23 节　方向导数与次梯度

凸函数有很多有用的微分性质，其中之一就是凸函数的单边（ore-sided）方向导数总是存在的。正如可微函数 $f$ 的双边（two-sided）方向导数可以用与 $f$ 的图的切超平面相对应的梯度向量来描述一样，任意正常凸函数 $f$，在不要求可微的情况下，它的单边方向导数可以用与 $f$ 的上镜图的支撑超平面相对应的“次梯度（Subgradient）”向量来刻画。

设函数 $f:\mathbf{R}^n\to[-\infty,+\infty]$，$f$ 在点 $\boldsymbol{x}$ 处函数值有限。若极限

$$f'(\boldsymbol{x};\boldsymbol{y})=\lim_{\lambda\downarrow 0}\frac{f(\boldsymbol{x}+\lambda\boldsymbol{y})-f(\boldsymbol{x})}{\lambda}$$

存在（可以是$+\infty$和$-\infty$），该极限定义为 $f$ 在 $\boldsymbol{x}$ 处关于向量 $\boldsymbol{y}$ 的单边方向导数。注意到



$$-f'(\boldsymbol{x};-\boldsymbol{y})=\lim_{\lambda\uparrow 0}\frac{f(\boldsymbol{x}+\lambda\boldsymbol{y})-f(\boldsymbol{x})}{\lambda},$$

所以，单边方向导数 $f'(\boldsymbol{x};\boldsymbol{y})$是双边的，当且仅当 $f'(\boldsymbol{x};-\boldsymbol{y})$存在，且

$$f'(\boldsymbol{x};-\boldsymbol{y})=-f'(\boldsymbol{x};\boldsymbol{y}).$$

当然，如果 $f$ 在点 $\boldsymbol{x}$ 处可微，则方向导数 $f'(\boldsymbol{x};\boldsymbol{y})$有限且是双边的，而且，

$$f'(\boldsymbol{x};\boldsymbol{y})=\langle\nabla f(\boldsymbol{x}),\boldsymbol{y}\rangle,\quad\forall\,\boldsymbol{y},$$

其中$\nabla f(\boldsymbol{x})$ 是 $f$ 在 $\boldsymbol{x}$ 处的梯度。（见第 25 节）

**定理 23.1**　设 $f$ 为凸函数，$f$ 在点 $\boldsymbol{x}$ 处函数值有限。对任意 $\boldsymbol{y}$，$f'(\boldsymbol{x};\boldsymbol{y})$的定义中的差商是关于$\lambda>0$ 的非减函数，因而 $f'(\boldsymbol{x};\boldsymbol{y})$存在且

$$f'(\boldsymbol{x};\boldsymbol{y})=\inf_{\lambda>0}\frac{f(\boldsymbol{x}+\lambda\boldsymbol{y})-f(\boldsymbol{x})}{\lambda}.$$

进一步地，$f'(\boldsymbol{x};\boldsymbol{y})$是关于 $\boldsymbol{y}$ 的正齐次凸函数，$f'(\boldsymbol{x};0)=0$且

$$-f'(\boldsymbol{x};-\boldsymbol{y})\leqslant f'(\boldsymbol{x};\boldsymbol{y}),\quad\forall\,\boldsymbol{y}.$$

**证明**　对$\lambda>0$，定义中的差商可表示为 $\lambda^{-1}h(\lambda\boldsymbol{y})$，其中，$h(\boldsymbol{y})=f(\boldsymbol{x}+\boldsymbol{y})-f(\boldsymbol{x})$。平移 epi$f$ 得到凸集 epi$h$，而点$(\boldsymbol{x},f(\boldsymbol{x}))$被平移到点 $(\boldsymbol{0},0)$。另一方面，$\lambda^{-1}h(\lambda\boldsymbol{y})=(h\lambda^{-1})(\boldsymbol{y})$，其中 $h\lambda^{-1}$是以 $\lambda^{-1}$epi$h$ 为上镜图的凸函数。由于 epi$h$ 包含边界，所以其随着 $\lambda^{-1}$的增大而增大。换句话说，对任意 $\boldsymbol{y}$，差商$(h\lambda^{-1})(\boldsymbol{y})$随着 $\lambda$ 的减小而减小。于是，

$$\inf_{\lambda>0}(h\lambda^{-1})(\boldsymbol{y})=f'(\boldsymbol{x};\boldsymbol{y}),\quad\forall\,\boldsymbol{y}.$$

所以，方向导数 $f'(\boldsymbol{x};\cdot)$存在且是由 $\boldsymbol{y}$ 生成的正齐次凸函数。由定义得 $f'(\boldsymbol{x};0)=0$。如果 $\mu_1>f'(\boldsymbol{x};-\boldsymbol{y})$且 $\mu_2>f'(\boldsymbol{x};\boldsymbol{y})$，由凸性可得

$$(1/2)\mu_1+(1/2)\mu_2\geqslant f'(\boldsymbol{x};(1/2)(-\boldsymbol{y})+(1/2)\boldsymbol{y})=0.$$

所以，对任意 $\boldsymbol{y}$ 都有$-f'(\boldsymbol{x};-\boldsymbol{y})\leqslant f'(\boldsymbol{x};\boldsymbol{y})$。

这里要注意的是，作为 $\boldsymbol{y}$ 的凸函数，$f'(\boldsymbol{x};\boldsymbol{y})$的有效域是通过平移$(\mathrm{dom} f)-\boldsymbol{x}$（包含边界）所成的凸锥。

在 $f$ 为 $\mathbf{R}$ 上的凸函数的情况下，$f$ 在 $x$ 处的方向导数完全可以用右导数（right derivative）$f'_+(\boldsymbol{x})=f'(\boldsymbol{x},1)$和左导数（left derivative）$f'_-(\boldsymbol{x})=-f'(\boldsymbol{x},-1)$来刻画。

按照定理 23.1，如果 $f$ 是正常的，则 $f'_+$和 $f'_-$ 在 $\mathrm{dom} f$ 上有定义且 $f'_-(x)\leqslant f'_+(x)$。一维情形将在第 24 节中给出详细介绍。

向量 $\boldsymbol{x}^*$ 如果满足：

$$f(\boldsymbol{z})\geqslant f(\boldsymbol{x})+\langle \boldsymbol{x}^*,\boldsymbol{z}-\boldsymbol{x}\rangle,\forall \boldsymbol{z},$$

则称为凸函数 $f$ 在点 $\boldsymbol{x}$ 处的次梯度。这个条件称为次梯度不等式。当 $f$ 在 $\boldsymbol{x}$ 处有限时，此条件有简单的几何意义：其表示仿射函数 $h(\boldsymbol{z})=f(\boldsymbol{x})+\langle \boldsymbol{x}^*,\boldsymbol{z}-\boldsymbol{x}\rangle$的图为凸集 $\mathrm{epi} f$ 在点$(\boldsymbol{x},f(\boldsymbol{x}))$处的非竖直支撑超平面。

$f$ 在点 $\boldsymbol{x}$ 处的所有次梯度所构成的集合称为 $f$ 在点 $x$ 处的次微分，记为$\partial f(\boldsymbol{x})$。多值映射$\partial f:\boldsymbol{x}\to\partial f(\boldsymbol{x})$称为 $f$ 的次微分。易见$\partial f(\boldsymbol{x})$是闭凸集，因为由定义可知 $\boldsymbol{x}^*\in\partial f(\boldsymbol{x})$当且仅当 $\boldsymbol{x}^*$ 满足一定的弱线性不等式组（一个对任意 $\boldsymbol{z}$）的无限系统。一般地，$\partial f(\boldsymbol{x})$可能是空集或者只包含一个向量。如果$\partial f(\boldsymbol{x})$非空，则称 $f$ 在点 $\boldsymbol{x}$ 处次可微。

例如，欧氏范数 $f(\boldsymbol{x})=|\boldsymbol{x}|$，尽管只在 $\boldsymbol{x}\neq\mathbf{0}$ 处可微，但在任意 $\boldsymbol{x}\in\mathbf{R}^n$ 处次可微。集合$\partial f(\mathbf{0})$由所有满足：

$$|\boldsymbol{z}|\geqslant\langle \boldsymbol{x}^*,\boldsymbol{z}\rangle,\quad \forall \boldsymbol{z}$$

的向量 $\boldsymbol{x}^*$ 组成。换句话说，它是欧氏单位球。对 $\boldsymbol{x}\neq\mathbf{0}$，$\partial f(\boldsymbol{x})$由含单个向量$|\boldsymbol{x}|^{-1}\boldsymbol{x}$ 所构成。如果 $f$ 是 Tchebycheff 范数，而不是欧氏范数，即

$$f(\boldsymbol{x})=\max\{|\xi_j|\,|\,j=1,\cdots,n\},\boldsymbol{x}=(\xi_1,\cdots,\xi_n)$$

则

$$\partial f(0)=\mathrm{conv}\{\pm\boldsymbol{e}_1,\cdots,\pm\boldsymbol{e}_n\}$$

（其中，$\boldsymbol{e}_j$ 是 $n\times n$ 单位矩阵的第 $j$ 列向量），而对 $\boldsymbol{x}\neq\mathbf{0}$，

$$\partial f(\boldsymbol{x})=\mathrm{conv}\{(\mathrm{sign}\xi_j)\boldsymbol{e}_j\,|\,j\in J_x\},$$

其中

$$J_x=\{j\,|\,|\xi_j|=f(\boldsymbol{x})\}.$$

一个不处处次可微凸函数的例子是

$$f(\boldsymbol{x})=\begin{cases}-(1-|\boldsymbol{x}|^2)^{\frac{1}{2}}, & |\boldsymbol{x}|\leqslant 1\\ +\infty, & \text{其他}\end{cases}$$

当$|x|<1$ 时，函数 $f$ 在 $\boldsymbol{x}$ 处次可微（事实上是可微的），但当$|\boldsymbol{x}|\geqslant 1$ 时，虽然当$|\boldsymbol{x}|=1$ 时 $\boldsymbol{x}\in\mathrm{dom} f$，但是$\partial f(\boldsymbol{x})=\varnothing$。

次梯度理论中一个重要的情形是 $f$ 为某非空凸集 $C$ 的指示函数。由定义知道 $\boldsymbol{x}^* \in \partial\delta(\boldsymbol{x}|C)$ 当且仅当

$$\delta(\boldsymbol{z}|C) \geqslant \delta(\boldsymbol{x}|C) + \langle \boldsymbol{x}^*, \boldsymbol{z}-\boldsymbol{x}\rangle, \quad \forall \boldsymbol{z}$$

此条件说明，$\boldsymbol{x} \in C$ 且对任意 $\boldsymbol{z} \in C$ 有 $0 \geqslant \langle \boldsymbol{x}^*, \boldsymbol{z}-\boldsymbol{x}\rangle$，即 $\boldsymbol{x}^*$ 在 $\boldsymbol{x}$ 处垂直于 $C$。所以，$\partial\delta(\boldsymbol{x}|C)$ 是 $C$ 在 $\boldsymbol{x}$ 处的法锥（Normal Cone）（当 $\boldsymbol{x} \notin C$ 时为空集）。$C$ 是 $\mathbf{R}^n$ 的非负卦限的情形将在本节的最后部分进行讨论。

定理 25.1 将指出，$\partial f(\boldsymbol{x})$ 包含单个向量 $\boldsymbol{x}^*$ 当且仅当凸函数 $f$ 在 $\boldsymbol{x}$ 的某个邻域内有限，在 $\boldsymbol{x}$ 处可微（通常意义下）且 $\boldsymbol{x}^*$ 是它在 $\boldsymbol{x}$ 处的梯度。当然，在这种情况下，$\partial f(\boldsymbol{x})$ 完全表示 $f$ 在 $\boldsymbol{x}$ 处的方向导数。然而，即使是 $\partial f(\boldsymbol{x})$ 不只包含单个向量，$\partial f(\boldsymbol{x})$ 与 $f$ 在 $\boldsymbol{x}$ 处的方向导数之间也有密切的关系，下面的三个定理将给出具体描述。

**定理 23.2**　设 $f$ 为凸函数，$f$ 在点 $\boldsymbol{x}$ 处函数值有限，则 $\boldsymbol{x}^*$ 是 $f$ 在 $\boldsymbol{x}$ 处的次梯度当且仅当

$$f'(\boldsymbol{x};\boldsymbol{y}) \geqslant \langle \boldsymbol{x}^*, \boldsymbol{y}\rangle, \quad \forall \boldsymbol{y}.$$

事实上，作为 $\boldsymbol{y}$ 的凸函数，$f'(\boldsymbol{x};\boldsymbol{y})$ 的闭包是闭凸集 $\partial f(\boldsymbol{x})$ 的支撑函数。

**证明**　令 $\boldsymbol{z}=\boldsymbol{x}+\lambda\boldsymbol{y}$，可以将次梯度不等式转化为对任意 $\boldsymbol{y}$ 和 $\lambda>0$ 成立

$$[f(\boldsymbol{x}+\lambda\boldsymbol{y})-f(\boldsymbol{x})]/\lambda \geqslant \langle \boldsymbol{x}^*, \boldsymbol{y}\rangle.$$

因为当 $\lambda \downarrow 0$ 时，差商递减趋向于 $f'(\boldsymbol{x};\boldsymbol{y})$，所以该不等式等价于定理中的不等式，应用推论 13.2.1 于正齐次凸函数 $f'(\boldsymbol{x};\cdot)$ 即可得定理结论。



在一维情形下，定理 23.2 中次梯度就是 $\mathbf{R}^2$ 上经过 $(\boldsymbol{x}, f(\boldsymbol{x}))$ 点且与 $\mathrm{ri}(\mathrm{epi}f)$ 不相交的非垂直线的斜率 $x^*$，其形成了介于 $f'_-(\boldsymbol{x})$ 与 $f'_+(\boldsymbol{x})$ 之间的实数区间。

定理 23.2 有很多推论，首先给出关于次梯度存在性的一个主要结论。

**定理 23.3**　设 $f$ 为凸函数，$f$ 在点 $\boldsymbol{x}$ 处函数值有限。如果 $f$ 在 $\boldsymbol{x}$ 处次可微，则 $f$ 是正常的。如果 $f$ 在 $\boldsymbol{x}$ 处不次可微，则在 $\boldsymbol{x}$ 处一定存在无限双边方向导数，即存在 $\boldsymbol{y}$ 使

$$f'(\boldsymbol{x};\boldsymbol{y}) = -f'(\boldsymbol{x},-\boldsymbol{y}) = -\infty;$$

事实上，当 $\boldsymbol{z} \in \mathrm{ri}(\mathrm{dom}f)$ 时，对于任意形如 $\boldsymbol{z}-\boldsymbol{x}$ 的 $\boldsymbol{y}$，上述等式一定成立。

**证明**　在 $\boldsymbol{x}$ 处的次可微性说明 $f$ 大于某些仿射函数，因而，$f$ 是正常的。集合 $\partial f(\boldsymbol{x})$ 是空集，当且仅当它的支撑函数是常函数 $-\infty$。由前面的定理知，该支撑函数是 $\mathrm{cl}(f'(\boldsymbol{x};\cdot))$。凸函数的闭包恒等于 $-\infty$ 当且仅当函数本身在某点处取值 $-\infty$。因此，如果 $f$ 在 $\boldsymbol{x}$ 处不次可微，一定存在 $\boldsymbol{y}$ 使 $f'(\boldsymbol{x};\boldsymbol{y})=-\infty$ [此时，$-f'(\boldsymbol{x};-\boldsymbol{y})=-\infty$ 也成立，因为由定理 23.1 得 $-f'(\boldsymbol{x};-\boldsymbol{y}) \leqslant f'(\boldsymbol{x};\boldsymbol{y})$]。在这种情况下，在其有效域 $D$ 的相对内部上，$f'(\boldsymbol{x};\cdot)$ 一定可以取到 $-\infty$（定理 7.2）。但是，$D$ 是凸集 $\lambda C$ 关于 $\lambda \geqslant 0$ 的并，其中 $C$ 是平移 $(\mathrm{dom}f)-\boldsymbol{x}$。又因为 $\mathbf{0} \in C$，所以

$$C \subset D \subset \mathrm{aff}C.$$

因此 $\mathrm{ri}C\subset\mathrm{ri}D$，两个相对内部都是相对于同一个仿射集的内部。可见，在$(\mathrm{dom}f)-x$ 上 $f'(x;\cdot)$一定可以取到$-\infty$，定理得证。

**定理 23.4** 设 $f$ 为正常凸函数。对 $x\notin\mathrm{dom}f$，$\partial f(x)$是空集。对 $x\in\mathrm{ri}(\mathrm{dom}f)$，$\partial f(x)$非空，以 $y$ 为变量的函数 $f'(x;y)$是封闭的正常函数且

$$f'(x;y)=\sup\{\langle x^*,y\rangle\mid x^*\in\partial f(x)\}=\delta^*(y\mid\partial f(x)),$$

最后，$\partial f(x)$是非空有界集当且仅当 $x\in\mathrm{int}(\mathrm{dom}f)$，此时，对任意 $y$，$f'(x;y)$都有限。

**证明** 在次梯度不等式中取 $z\in\mathrm{dom}f$，我们发现，当 $f(x)=+\infty$时，任何 $x^*$ 都不满足此不等式。如果 $x\in\mathrm{ri}(\mathrm{dom}f)$，则 $f'(x;\cdot)$的有效域为仿射集，其子空间与 $\mathrm{dom}f$ 的仿射包平行。因为 $f'(x;\cdot)$在原点取值为零，所以不能在这个仿射集上恒等于$-\infty$。因此，$f'(x;\cdot)$是正常（定理 7.2）且封闭的（推论 7.4.2）。不过，由定理 23.2 的上确界公式和$\partial f(x)$的非空知道，$f'(x;\cdot)$本身是$\partial f(x)$的支撑函数。实际上，如果 $\mathrm{ri}(\mathrm{dom}f)=\mathrm{int}(\mathrm{dom}f)$，则 $f'(x;\cdot)$的有效域是整个空间，所以支撑函数 $\delta^*(\cdot\mid\partial f(x))$处处有限。另一方面，由于 $\delta^*(\cdot\mid\partial f(x))$是 $f'(x;\cdot)$的闭包，如果 $\delta^*(\cdot\mid\partial f(x))$处处有限，则 $f'(x;\cdot)$也一定处处有限，由推论 6.4.1 知道 $x\in\mathrm{int}(\mathrm{dom}f)$。定理中的最后部分基于这样的事实：非空凸集有界当且仅当它的支撑函数处处有界（推论 13.2.2）。

也可以用更直观的方法证明正常凸函数 $f$ 在 $\mathrm{ri}(\mathrm{dom}f)$ 上总是次可微的。对任意 $x\in\mathrm{ri}(\mathrm{dom}f)$ 及 $f(x)<\mu<\infty$，都有$(x,\mu)\in\mathrm{ri}(\mathrm{epi}f)$(引理7.3)，然而$(x,f(x))$本身为 $\mathrm{epi}f$ 的相对边界点。根据定理 11.6，存在含有点$(x,f(x))$的关于 $\mathrm{epi}f$ 的非平凡支撑超平面。这个超平面不是竖直的，所以它是与在 $x$ 处的次梯度 $x^*$ 相对应的仿射函数的图。

一个重要的例子是 $f$ 为 $\mathbf{R}^n$ 上有限凸函数的情形。在任意点 $x$ 处，$\partial f(x)$都是非空有界闭凸集，$f'(x;\cdot)$是有限正齐次凸函数，且对任意的向量 $y$，方向梯度 $f'(x;y)$是内积$\langle x^*,y\rangle$的最大值，此内积的值随着 $x^*$ 在$\partial f(x)$上取值变化而变化。

定理 23.4 中的“当 $x\in\mathrm{int}(\mathrm{dom}f)$ 时$\partial f(x)$为有界的”这种结论的一般情形为：对于满足$\partial f(x)\neq\varnothing$的任意 $x\in\mathrm{dom}f$，$\partial f(x)$的回收锥是 $\mathrm{dom}f$ 在 $x$ 处的法锥。这个结论的证明可以作为练习，具体的证明将在后面作为定理 25.6 证明过程的一部分给出，这个一般形式解释了当 $\mathrm{int}(\mathrm{dom}f)$ 非空时，如何由通常梯度序列的极限来构造$\partial f(x)$。

按照定理 23.4，使正常凸函数次可微的点所构成的集合介于 $\mathrm{dom}f$ 和 $\mathrm{ri}(\mathrm{dom}f)$ 之间，但不一定是凸集。例如，在 $\mathbf{R}^2$ 上令

$$f(\xi_1,\xi_2)=\max\{g(\xi_1),|\xi_2|\}$$

其中，当 $\xi_1\geqslant0$ 时，$g(\xi_1)=1-\xi_1^{\frac{1}{2}}$；当 $\xi_1<0$ 时，$g(\xi_1)=+\infty$。$f$ 的有效域是右闭半平面，除了连接点 $(0,1)$ 和 $(0,-1)$ 的线段的相对内部以外，$f$ 在这个半平面上的其他点上处处次可微。

对偶性在次梯度理论中用得很多，正是由于下列事实。

**定理 23.5**　对任意正常凸函数及 $\boldsymbol{x}$，关于向量 $\boldsymbol{x}^*$ 的以下四个条件相互等价：

(a) $\boldsymbol{x}^* \in \partial f(\boldsymbol{x})$；

(b) $\langle \boldsymbol{z}, \boldsymbol{x}^* \rangle - f(\boldsymbol{z})$在 $\boldsymbol{z}=\boldsymbol{x}$ 处达到关于 $\boldsymbol{z}$ 的上确界；

(c) $f(\boldsymbol{x}) + f^*(\boldsymbol{x}^*) \leqslant \langle \boldsymbol{x}, \boldsymbol{x}^* \rangle$；

(d) $f(\boldsymbol{x}) + f^*(\boldsymbol{x}^*) = \langle \boldsymbol{x}, \boldsymbol{x}^* \rangle$。

进一步地，如果$(\mathrm{cl} f)(\boldsymbol{x}) = f(\boldsymbol{x})$，则下面三个条件连同上面的四个条件都相互等价：

($\mathrm{a}^*$) $\boldsymbol{x} \in \partial f^*(\boldsymbol{x}^*)$；

($\mathrm{b}^*$) $\langle \boldsymbol{x}, \boldsymbol{z}^* \rangle - f^*(\boldsymbol{z}^*)$在 $\boldsymbol{z}^* = \boldsymbol{x}^*$处达到关于 $\boldsymbol{z}^*$ 的上确界；

($\mathrm{a}^{**}$) $\boldsymbol{x}^* \in \partial (\mathrm{cl} f)(\boldsymbol{x})$。

**证明**　由次梯度不等式的定义，(a) 可以改写为

$$\langle \boldsymbol{x}, \boldsymbol{x}^* \rangle - f(\boldsymbol{x}) \geqslant \langle \boldsymbol{z}, \boldsymbol{x}^* \rangle - f(\boldsymbol{z}), \forall \boldsymbol{z}.$$

即为 (b)。根据定义可知，(b) 中的上确界是 $f^*(\boldsymbol{x}^*)$，所以 (b) 等价于 (c) 或者 (d)。对偶的，($\mathrm{a}^*$)、($\mathrm{b}^*$) 和 ($\mathrm{a}^{**}$) 都等价于

$$f^{**}(\boldsymbol{x}) + f^*(\boldsymbol{x}^*) = \langle \boldsymbol{x}, \boldsymbol{x}^* \rangle,$$

而且，当 $f(\boldsymbol{x}) = (\mathrm{cl} f)(\boldsymbol{x}) = f^{**}(\boldsymbol{x})$时，上式与 (d) 一致。



**推论 23.5.1**　如果 $f$ 是闭的正常凸函数，则$\partial f^*$ 是$\partial f$ 在多值映射意义下的逆，即 $\boldsymbol{x} \in \partial f^*(\boldsymbol{x}^*)$当且仅当 $\boldsymbol{x}^* \in \partial f(\boldsymbol{x})$。

**推论 23.5.2**　如果 $f$ 是正常凸函数且在点 $\boldsymbol{x}$ 处次可微，那么$(\mathrm{cl} f)(\boldsymbol{x}) = f(\boldsymbol{x})$且$\partial (\mathrm{cl} f)(\boldsymbol{x}) = \partial f(\boldsymbol{x})$。

**证明**　一般地，

$$f(\boldsymbol{x}) \geqslant (\mathrm{cl} f)(\boldsymbol{x}) = f^{**}(\boldsymbol{x}) \geqslant \langle \boldsymbol{x}, \boldsymbol{x}^* \rangle - f^*(\boldsymbol{x}^*).$$

如果 $f$ 在点 $\boldsymbol{x}$ 处次可微，则至少存在一个 $\boldsymbol{x}^*$ 使 (d) 成立，意味着，$f(\boldsymbol{x}) = (\mathrm{cl} f)(\boldsymbol{x})$。由定理中 (a) 与 ($\mathrm{a}^{**}$) 的等价性可得$\partial (\mathrm{cl} f)(\boldsymbol{x}) = \partial f(\boldsymbol{x})$。

**推论 23.5.3**　设 $C$ 为非空闭凸集，则对于每个向量 $\boldsymbol{x}^*$，$\partial \delta^*(\boldsymbol{x}^* | C)$由线性函数$\langle \cdot, \boldsymbol{x}^* \rangle$在 $C$ 上取到最大值的点 $\boldsymbol{x}$（如果有的话）所构成。

**证明**　在定理中取 $f = \delta(\cdot | C)$，则 $f^*$ 是 $\delta^*(\cdot | C)$的支撑函数。因此，($\mathrm{a}^*$) 与 (b) 等价。

**推论 23.5.4**　设 $K$ 为非空闭凸锥，则 $\boldsymbol{x}^* \in \partial \delta(\boldsymbol{x} | K)$当且仅当 $\boldsymbol{x} \in \partial \delta(\boldsymbol{x}^* | K^\circ)$。这些条件等价于

$$\boldsymbol{x} \in K, \quad \boldsymbol{x}^* \in K^\circ, \quad \langle \boldsymbol{x}, \boldsymbol{x}^* \rangle = 0.$$

**证明**　在定理中取 $f = \delta(\cdot | K)$，$f^* = \delta(\cdot | K^\circ)$，可得 (a)、($\mathrm{a}^*$) 与 (d) 之间的等价性。

可以通过对方向导数函数 $f'(\boldsymbol{x}; \cdot)$的闭包得到支撑函数 $\delta^*(\cdot | \partial f(\boldsymbol{x}))$。但是，在有效域的一些相对边界点处这两个函数值会存在差异。关于“近似次梯度”

的研究揭示了这些差异对于对偶的含义。

设 $f$ 为在 $\boldsymbol{x}$ 处有限的凸函数，如果

$$f(\boldsymbol{z})\geqslant(f(\boldsymbol{x})-\varepsilon)+\langle\boldsymbol{x}^*,\boldsymbol{z}-\boldsymbol{x}\rangle,\quad\forall\boldsymbol{z}$$

则向量 $\boldsymbol{x}^*$ 为 $f$ 在 $\boldsymbol{x}$ 处的 $\varepsilon$-次梯度（$\varepsilon>0$）。所有 $\varepsilon$一次梯度构成的集合记为$\partial_\varepsilon f(x)$。

$\varepsilon$-次梯度的本质可以由函数

$$h(\boldsymbol{y})=f(\boldsymbol{x}+\boldsymbol{y})-f(\boldsymbol{x})$$

得出，它的共轭由下式给出：

$$h^*(\boldsymbol{x}^*)=f^*(\boldsymbol{x}^*)+f(\boldsymbol{x})-\langle\boldsymbol{x},\boldsymbol{x}^*\rangle.$$

注意到 $h^*$ 是 $\mathbf{R}^n$ 上的非负闭凸函数，且 $h^*$ 的零点集为$\partial f(\boldsymbol{x})$(定理 23.5)。可得 $\boldsymbol{x}^*\in\partial_\varepsilon f(\boldsymbol{x})$当且仅当

$$\varepsilon\geqslant\langle\boldsymbol{x}^*,\boldsymbol{y}\rangle-h(\boldsymbol{y}),\quad\forall\boldsymbol{y}.$$

$\langle\boldsymbol{x}^*,\boldsymbol{y}\rangle-h(\boldsymbol{y})$关于 $\boldsymbol{y}$ 的上确界是$h^*(\boldsymbol{x}^*)$；因而

$$\partial_\varepsilon f(\boldsymbol{x})=\{\boldsymbol{x}^*\mid h^*(\boldsymbol{x}^*)\leqslant\varepsilon\}.$$

特别地，$\partial_\varepsilon f(\boldsymbol{x})$是闭凸集。$\partial_\varepsilon f(\boldsymbol{x})$随着 $\varepsilon$ 的减少而减小，且集合套$\partial_\varepsilon f(\boldsymbol{x})$关于 $\varepsilon>0$的交集是$\partial f(\boldsymbol{x})$。

虽然当 $\varepsilon\to0$ 时，$\partial_\varepsilon f(\boldsymbol{x})\to\partial f(\boldsymbol{x})$，但线性函数$\langle\cdot,\boldsymbol{y}\rangle$在$\partial_\varepsilon f(\boldsymbol{x})$上的上确界 $\delta^*(\boldsymbol{y}\mid\partial_\varepsilon f(\boldsymbol{x}))$不一定必须趋向于$\partial f(\boldsymbol{x})$上的上确界 $\delta^*(\boldsymbol{y}\mid\partial f(\boldsymbol{x}))$。这种矛盾与下面将要证明的 $f'(\boldsymbol{x},\ \boldsymbol{y})$ 与 $\delta^*(\boldsymbol{y}\mid\partial f(\boldsymbol{x}))$之间可能存在的矛盾正好一致。



**定理 23.6**　设 $f$ 为正常凸函数，$f$ 在点 $\boldsymbol{x}$ 处函数值有限，则

$$f'(\boldsymbol{x};\boldsymbol{y})=\lim_{\varepsilon\downarrow0}\delta^*(\boldsymbol{y}\mid\partial_\varepsilon f(\boldsymbol{x})).$$

**证明**　如前所述，令 $h(\boldsymbol{y})=f(\boldsymbol{x}+\boldsymbol{y})-f(\boldsymbol{x})$，则$\partial_\varepsilon f(\boldsymbol{x})=\{\boldsymbol{x}^*\mid h^*(\boldsymbol{x}^*)\leqslant\varepsilon\}$。由于 $h^*-\varepsilon$ 是$h+\varepsilon$ 的共轭，由定理 13.5 可知 $\delta^*(\cdot\mid\partial_\varepsilon f(\boldsymbol{x}))$是由 $h+\varepsilon$ 生成的正齐次凸函数的闭包。又因为 $h+\varepsilon$ 有限且在原点处取值为正，由定理 9.7 知道，由 $h+\varepsilon$ 所生成的正齐次凸函数是自闭的，且在 $\boldsymbol{y}$ 点的值为

$$((h+\varepsilon)\lambda)(\boldsymbol{y})=\lambda[f(\boldsymbol{x}+\lambda^{-1}\boldsymbol{y})-f(\boldsymbol{x})+\varepsilon]$$

关于$\lambda>0$ 上的下确界。将 $\lambda$ 用其倒数替换，得到公式

$$\delta^*(\boldsymbol{y}\mid\partial_\varepsilon f(\boldsymbol{x}))=\inf_{\lambda>0}\frac{f(\boldsymbol{x}+\lambda\boldsymbol{y})-f(\boldsymbol{x})+\varepsilon}{\lambda}.$$

当 $\varepsilon\downarrow0$ 时，上式递减并趋向于

$$\inf_{\lambda>0}\frac{f(\boldsymbol{x}+\lambda\boldsymbol{y})-f(\boldsymbol{x})}{\lambda}.$$

由定理 23.1 知道该极限值正好是 $f'(\boldsymbol{x},\boldsymbol{y})$。

为进一步解释定理 23.6，考虑在 $\mathbf{R}^2$ 上定义的函数

$$f=\operatorname{conv}\{f_1,f_2\},$$

其中，对任意 $\boldsymbol{x}=(\xi_1,\xi_2)$，

$$f_1(\boldsymbol{x})=\begin{cases}0, & \xi_1^2+(\xi_2-1)^2\leqslant 1,\\ +\infty, & \text{其他},\end{cases}$$

$$f_2(\boldsymbol{x})=\begin{cases}1, & \xi_1=1,\\ +\infty, & \text{其他}.\end{cases}$$

易见，对 $\boldsymbol{y}=(\eta_1,\eta_2)$ 有

$$f'(0,\boldsymbol{y})=\begin{cases}0,\eta_2>0, & \text{或 } \eta_1=\eta_2=0,\\ \eta_1,\eta_1>0 & \text{且 } \eta_2=0,\\ +\infty,\eta_2<0, & \text{或 } \eta_1<0 \text{ 且 } \eta_2=0.\end{cases}$$

另一方面，函数 $f'(0;\cdot)$ 的闭包在 $\eta_2\geqslant 0$ 时取值为 0，当 $\eta_2<0$ 时值为 $+\infty$。通过考察集合

$$\begin{aligned}\partial_\varepsilon f(0)&=\{\boldsymbol{x}^*\mid f(0)+f^*(\boldsymbol{x}^*)-\langle\boldsymbol{0},\boldsymbol{x}^*\rangle\leqslant\varepsilon\}\\&=\{\boldsymbol{x}^*\mid f^*(\boldsymbol{x}^*)\leqslant\varepsilon\},\varepsilon>0.\end{aligned}$$

可以解释 $f'(0;\cdot)$与其闭包之间差异的对偶意义。由定理 16.5，$f^*$ 是 $f_1^*$ 和 $f_2^*$ 的点态最大值。直接计算有

$$f_1^*(\boldsymbol{x}^*)=(\xi_1^{*2}+\xi_2^{*2})^{\frac{1}{2}}+\xi_2^*,$$

$$f_2^*(\boldsymbol{x}^*)=\xi_1^*-1,$$

因此，$\partial_\varepsilon f(0)$由满足

$$\max\{(\xi_1^{*2}+\xi_2^{*2})^{\frac{1}{2}}+\xi_2^*,\xi_1^*-1\}\leqslant\varepsilon$$

的所有向量 $\boldsymbol{x}^*=(\xi_1^*,\xi_2^*)$所组成。换句话说，对 $\varepsilon>0$，$\partial_\varepsilon f(\boldsymbol{0})$是“抛物线型”凸集

$$\{\boldsymbol{x}^*\mid\xi_2^*\leqslant(\varepsilon/2)-(\xi_1^{*2}/2\varepsilon)\}$$

与闭半空间

$$\{\boldsymbol{x}^*\mid\xi_1^*\leqslant 1+\varepsilon\}$$

的交，其中，

$$\partial f(\boldsymbol{0})=\partial_0 f(\boldsymbol{0})=\{\boldsymbol{x}^*\mid\xi_1^*=0,\xi_2^*\leqslant 0\}.$$

对任意 $\varepsilon>0$，及 $\boldsymbol{y}_1=(1,0)$，$\langle\cdot,\boldsymbol{y}_1\rangle$在$\partial_\varepsilon f(\boldsymbol{0})$上的上确界都是 1，而在$\partial f(\boldsymbol{0})$上的上确界是 0。这与 $f'(0;\cdot)$和它的闭包在 $y_1$ 处的值分别是 1 和 0 的事实一致。类似地，对任意 $\varepsilon>0$，及 $\boldsymbol{y}_2=(-1,0)$，$\langle\cdot,\boldsymbol{y}_2\rangle$在$\partial_\varepsilon f(\boldsymbol{0})$上的上确界都是$+\infty$，而在$\partial f(\boldsymbol{0})$上的上确界是 0。这与 $f'(0;\cdot)$和它的闭包在 $\boldsymbol{y}_2$ 处的值分别是$+\infty$和 0 的事实一致。

在经典分析学中，一般希望 $f$ 在 $\boldsymbol{x}$ 处的梯度垂直于 $f$ 经过 $\boldsymbol{x}$ 点的水平面。从凸集的法线角度，次梯度也有类似的结论。

**定理 23.7**　设 $f$ 为正常凸函数，$f$ 在 $\boldsymbol{x}$ 点处次可微但没有取到最小值，则 $C=\{\boldsymbol{z}\mid f(\boldsymbol{z})\leqslant f(\boldsymbol{x})\}$在 $\boldsymbol{x}$ 处的法锥是由$\partial f(\boldsymbol{x})$所生成的凸锥的闭包。

**证明**　由假设 $f(\boldsymbol{x})>\inf f$，根据定理 7.6 知道，集合$\{\boldsymbol{z}\mid f(\boldsymbol{z})<f(\boldsymbol{x})\}$与 $C$

有相同的闭包。因此，当 $f(z)<f(x)$时，$\langle z-x,x^*\rangle\leqslant 0$是 $x^*$ 为 $C$ 在 $x$ 处的法线的充要条件。这时，形如$\lambda(z-x)$（其中，$\lambda>0$且 $f(z)<f(x)$）的向量 $y$ 正好满足 $f'(x;y)<0$(定理23.1)。从而，$C$ 在 $x$ 处的法向锥 $K_0$ 是凸锥（非空）$K=\{y\,|\,f'(x;y)<0\}$的极。由定理 7.6 和定理 23.2 知道，

$$\begin{aligned}\mathrm{cl}K&=\{y\,|\,\mathrm{cl}_y f'(x;y)\leqslant 0\}=\{y\,|\,\delta^*(y\,|\,\partial f(x))\leqslant 0\}\\&=\{y\,|\,\langle y,x^*\rangle\leqslant 0,\forall x^*\in\partial f(x)\}=K_1^\circ,\end{aligned}$$

其中 $K_1$ 是由$\partial f(x)$生成的凸锥（包括$\partial f(x)$中元素的所有非负乘积）。所以，

$$K_0=K^\circ=(\mathrm{cl}K)^\circ=K_1^{\circ\circ}=\mathrm{cl}K_1.$$

定理得证。

**推论 23.7.1**　设 $f$ 为正常凸函数，$x$ 为 $\mathrm{dom}f$ 中使得 $f(x)$ 不取 $f$ 的最小值的内点，则向量 $x^*$ 在 $x$ 处垂直于$C=\{z\,|\,f(z)\leqslant f(x)\}$在 $x$ 处的法线当且仅当存在$\lambda\geqslant 0$ 使 $x^*\in\lambda\partial f(x)$。

**证明**　由定理23.4，命题假设说明$\partial f(x)$是不包含边界的非空有界闭凸集。在这种情况下，由$\partial f(x)$所生成的凸锥的闭包是集合 $\lambda\partial f(x)$（$\lambda\geqslant 0$）的并集（推论9.6.1）。

由次梯度的定义易得

$$\partial(\lambda f)(x)=\lambda\partial f(x),\quad \forall x,\forall\lambda>0.$$

如果$\partial f(x)\neq\varnothing$，则上述公式对 $\lambda=0$ 也成立。

更加令人惊讶的事实是，当 $f_1,f_2,\cdots,f_m$ 是正常凸函数且它们的有效域充分重叠时，下面公式成立

$$\partial(f_1+\cdots+f_m)(x)=\partial f_1(x)+\cdots+\partial f_m(x),\forall x.$$

**定理 23.8**　设 $f_1,f_2,\cdots,f_m$ 是定义在 $\mathbf{R}^n$ 上的正常凸函数。令 $f=f_1+\cdots+f_m$，则

$$\partial f(x)\supset\partial f_1(x)+\cdots+\partial f_m(x),\forall x.$$

如果凸集 $\mathrm{ri}(\mathrm{dom}f_i),i=1,\cdots,m$，有公共点，则

$$\partial f(x)=\partial f_1(x)+\cdots+\partial f_m(x),\quad \forall x.$$

如果其中一些函数，如 $f_1,f_2,\cdots,f_k$，是多面体函数，那么上述等式成立的条件可以减弱为集合 $\mathrm{dom}f_i,i=1,\cdots,k$ 与 $\mathrm{ri}(\mathrm{dom}f_i),i=k+1,\cdots,m$，有公共点。

**证明**　如果 $x^*=x_1^*+\cdots+x_m^*$，其中 $x_i^*\in\partial f_i(x)$，则对任意 $z$ 都有

$$\begin{aligned}f(z)&=f_1(z)+\cdots+f_m(z)\geqslant f_1(x)+\langle z-x,x_1^*\rangle+\cdots+f_m(x)+\langle z-x,x_m^*\rangle\\&=f(x)+\langle z-x,x_1^*+\cdots+x_m^*\rangle=f(x)+\langle z-x,x^*\rangle.\end{aligned}$$

从而，$x^*\in\partial f(x)$。这就证明了一般性的包含关系。假设 $\mathrm{ri}(\mathrm{dom}f_i)$有公共点，则 $f^*$ 由定理 16.4 中的最后公式给出。因此，根据定理 23.5 知道 $x^*\in\partial f(x)$当且仅当

$$\langle x,x^*\rangle=f_1(x)+\cdots+f_m(x)+\inf\{f_1^*(x_1^*)+\cdots+f_m^*(x_m^*)\,|\,x_1^*+\cdots+x_m^*=x^*\}$$

其中，对任意 $x^*$，式中的下确界在某些 $x_1^*,\cdots,x_m^*$ 上取到。所以，$\partial f(x)$ 由形如 $x_1^*+\cdots+x_m^*$ 且满足

$$\langle x,x_1^*\rangle+\cdots+\langle x,x_m^*\rangle=f_1(x)+\cdots+f_m(x)+f_1^*(x_1^*)+\cdots+f_m^*(x_m^*)$$

的向量所构成。

但是，通常有不等式 $\langle x,x_i^*\rangle\leqslant f_i(x)+f_i^*(x_i^*)$，等号当且仅当 $x^*\in\partial f(x)$ 时成立。因此，$\partial f(x)$ 与 $\partial f_1(x)+\cdots+\partial f_m(x)$ 相同。对于有些函数是多面体函数的情况，用定理 20.1 代替定理 16.4 即可得证。

**推论 23.8.1** 设 $C_1,\cdots,C_m$ 为 $\mathbf{R}^n$ 上的凸集且其相对内部有公共点，则 $C_1\cap\cdots\cap C_m$ 在任意给定点 $x$ 处的法锥是 $K_1+\cdots+K_m$，其中 $K_i$ 是 $C_i$ 在点 $x$ 处的法锥。如果某些集合，如 $C_1,\cdots,C_k$ 是多面体，条件可减弱为集合 $C_1,\cdots,C_k$，$\mathrm{ri}C_{k+1},\cdots,\mathrm{ri}C_m$ 有公共点，结论仍然成立。

**证明** 对指示函数 $f_i=\delta(\cdot\mid C_i)$ 应用定理即可证得。

由于定理 23.8 在各种应用中的重要性，值得给出第二种证明，这种证明不包括最后的结论（关于多面体凸性），只用到分离理论而不使用定理 16.4 和定理 20.1。

另一种证明。继续上面定理 23.8 关于一般性结论的证明部分，接下来证明当集合 $\mathrm{ri}(\mathrm{dom}f_i),i=1,\cdots,m$ 有公共点时，对任意 $\overline{x}$ 有

$$\partial(f_1+\cdots+f_m)(\overline{x})\subset\partial f_1(\overline{x})+\cdots+\partial f_m(\overline{x}).$$



只考虑 $m=2$ 的情形，因为一般的情形可以应用归纳法而得到（对集合 $\mathrm{dom}f_i$ 应用定理 6.5）。因此，对于满足 $\overline{x}^*\in\partial(f_1+f_2)(\overline{x})$ 的给定点 $\overline{x}$ 和 $\overline{x}^*$，我们将证明

$$\overline{x}^*\in\partial f_1(\overline{x})+\partial f_2(\overline{x}).$$

如果有必要，将 $f_1$ 和 $f_2$ 用正常凸函数

$$g_1(x)=f_1(x+\overline{x})-f_1(\overline{x})-\langle x,\overline{x}^*\rangle,$$
$$g_2(x)=f_2(x+\overline{x})-f_2(\overline{x}),$$

替换，还可以将讨论简化为情形

$$\overline{x}=\mathbf{0},\overline{x}^*=\mathbf{0},f_1(\mathbf{0})=0=f_2(\mathbf{0}).$$

进而（因为由假设有 $\overline{x}^*\in\partial(f_1+f_2)(\overline{x})$），

$$\min_x(f_1+f_2)(x)=(f_1+f_2)(\mathbf{0})=0.$$

考虑凸集，

$$C_1=\{(x,\mu)\in\mathbf{R}^{n+1}\mid\mu\geqslant f_1(x)\},$$
$$C_2=\{(x,\mu)\in\mathbf{R}^{n+1}\mid\mu\leqslant-f_2(x)\}.$$

按照引理 7.3，有

$$\mathrm{ri}C_1=\{(x,\mu)\mid x\in\mathrm{ri}(\mathrm{dom}f_1),\mu>f_1(x)\},$$
$$\mathrm{ri}C_2=\{(x,\mu)\mid x\in\mathrm{ri}(\mathrm{dom}f_2),\mu<-f_2(x)\}.$$

因为 $f_1+f_2$ 的最小值为 0，所以得到 $\mathrm{ri}C_1\cap\mathrm{ri}C_2=\varnothing$。因此，$C_1$，$C_2$ 可以用

$\mathbf{R}^{n+1}$中的超平面分离（定理 11.3）。该分离超平面不可能是垂直的，因为如果是垂直的，那么它们在影射$(\boldsymbol{x},\mu)\to\boldsymbol{x}$下的图正好是 $\mathbf{R}^n$ 中分离 $\mathrm{dom}f_1$ 和 $\mathrm{dom}f_2$ 的超平面，这是不可能的，因为

$$\mathrm{ri}(\mathrm{dom}f_1)\cap\mathrm{ri}(\mathrm{dom}f_2)\neq\varnothing$$

（定理 11.3）。因此，该分离超平面必须是 $\mathbf{R}^n$ 上仿射函数的图，事实上，因为 $C_1$，$C_2$ 在 $\mathbf{R}^{n+1}$有公共的原点，所以为线性函数。因此，存在 $\boldsymbol{x}^*\in\mathbf{R}^n$ 使

$$\mu\geqslant\langle\boldsymbol{x},\boldsymbol{x}^*\rangle,\quad\forall(\boldsymbol{x},\mu)\in C_1,$$
$$\mu\leqslant\langle\boldsymbol{x},\boldsymbol{x}^*\rangle,\quad\forall(\boldsymbol{x},\mu)\in C_2.$$

后面的条件可以分别表示为

$$f_1(\boldsymbol{x})\geqslant f_1(\mathbf{0})+\langle\boldsymbol{x}-\mathbf{0},\boldsymbol{x}^*\rangle,\qquad\forall\boldsymbol{x}\in\mathbf{R}^n,$$
$$f_2(\boldsymbol{x})\geqslant f_2(0)+\langle\boldsymbol{x}-\mathbf{0},-\boldsymbol{x}^*\rangle,\quad\forall\boldsymbol{x}\in\mathbf{R}^n,$$

换句话说，

$$\boldsymbol{x}^*\in\partial f_1(0)\text{且}-\boldsymbol{x}^*\in\partial f_2(\mathbf{0}).$$

由此可得

$$\mathbf{0}\in\partial f_1(\mathbf{0})+\partial f_2(\mathbf{0}).$$

证毕。

下面给出另一个结论，该结论在次梯度的计算中有用。

**定理 23.9** 设 $f(\boldsymbol{x})=h(A\boldsymbol{x})$，其中 $h$ 为在 $\mathbf{R}^m$ 上定义的正常凸函数，$A$ 为映 $\mathbf{R}^n$ 到 $\mathbf{R}^m$ 的线性变换，则

$$\partial f(\boldsymbol{x})\supset A^*\partial h(A\boldsymbol{x}),\forall\boldsymbol{x}.$$

如果 $A$ 的值域包含 ri（dom $h$）的点，或 $h$ 是多面体函数且 $A$ 的值域仅仅包含 $\mathrm{dom}h$ 的一个点，则

$$\partial f(\boldsymbol{x})=A^*\partial h(A\boldsymbol{x}),\quad\forall\boldsymbol{x}.$$

**证明** 如果 $\boldsymbol{x}^*\in A^*\partial h(A\boldsymbol{x})$，那么，存在 $\boldsymbol{y}^*\in\partial h(A\boldsymbol{x})$使得 $\boldsymbol{x}^*=A^*\boldsymbol{y}^*$。对任意 $\boldsymbol{z}\in\mathbf{R}^n$，我们有

$$f(\boldsymbol{z})=h(A\boldsymbol{z})\geqslant h(A\boldsymbol{x})+(\boldsymbol{y}^*,A\boldsymbol{z}-A\boldsymbol{x})=f(\boldsymbol{x})+\langle\boldsymbol{x}^*,\boldsymbol{z}-\boldsymbol{x}\rangle.$$

因此，$\boldsymbol{x}^*\in\partial f(\boldsymbol{x})$。另一方面，假设如果 $A$ 的值域包含 $\mathrm{ri}(\mathrm{dom}h)$ 中的点，那么 $f$ 是正常的且由定理 16.3 得

$$f^*(\boldsymbol{x}^*)=\inf\{h^*(\boldsymbol{y}^*)\,|\,A^*\boldsymbol{y}^*=\boldsymbol{x}^*\},$$

其中，对于每个满足 $f^*(\boldsymbol{x}^*)\neq+\infty$的 $\boldsymbol{x}^*$，此下确界在某些 $\boldsymbol{y}^*$ 点上取到。任意给定 $\boldsymbol{x}^*\in\partial f(\boldsymbol{x})$，由定理 23.5 得

$$f(\boldsymbol{x})+f^*(\boldsymbol{x}^*)=\langle\boldsymbol{x},\boldsymbol{x}^*\rangle.$$

因此，存在向量 $\boldsymbol{y}^*$ 使 $A^*\boldsymbol{y}^*=\boldsymbol{x}^*$ 且

$$f(\boldsymbol{x})+h^*(\boldsymbol{y}^*)=\langle\boldsymbol{x},A^*\boldsymbol{y}^*\rangle.$$

这个条件说明

$$h(A\boldsymbol{x})+h^*(\boldsymbol{y}^*)=\langle A\boldsymbol{x},\boldsymbol{y}^*\rangle,$$

换句话说，由定理 23.5 有 $\boldsymbol{y}^* \in \partial h(A\boldsymbol{x})$，因此，$\boldsymbol{x}^* \in A^* \partial h(A\boldsymbol{x})$。如果 $h$ 是多面体，如果存在 $\boldsymbol{x}$ 使得 $A(\boldsymbol{x}) \in \mathrm{dom}h$，则同样方法证明结论成立，因为用 $h^*$ 表示的 $f^*$ 公式也可以通过推论 19.3.1 由定理 16.3 得到。

对于多面体凸函数，方向导数和次微分的相关理论可以借助下列定理而大大简化。

**定理 23.10**　设 $f$ 为多面体凸函数，且在点 $\boldsymbol{x}$ 处函数值有限，则 $f$ 点 $\boldsymbol{x}$ 处次可微，且 $\partial f(\boldsymbol{x})$ 是多面体凸集。方向导数函数 $f'(\boldsymbol{x};\cdot)$ 是正常多面体凸函数，且它是 $\partial f(\boldsymbol{x})$ 的支撑函数。

**证明**　多面体凸集 $(\mathrm{epi}f)-(\boldsymbol{x},f(\boldsymbol{x}))$ 包含原点，所以它生成的凸锥是多面体而且是闭的（推论 19.7.1）。这个锥正好是 $f'(\boldsymbol{x};\cdot)$ 的上镜图，所以 $f'(\boldsymbol{x};\cdot)$ 是多面体凸函数。因为 $f'(\boldsymbol{x};0)=0$，所以 $f'(\boldsymbol{x};\cdot)$ 是正常的。（在一些点处取 $-\infty$ 的多面体凸函数不存在有限值点。）进而可得，$f'(\boldsymbol{x};\cdot)$ 与 $\partial f(\boldsymbol{x})$ 的支撑函数一致（定理 23.2）。这说明 $\partial f(\boldsymbol{x})$ 是非空多面体凸集（推论 19.2.2）。

极值问题中经常讨论多面体凸函数的次可微性，它就是 $\mathbf{R}^n$ 中非负象限的指示函数 $f$

$$f(\boldsymbol{x})=\delta(\boldsymbol{x}\mid\boldsymbol{x}\geqslant\boldsymbol{0})=\begin{cases}0, & \xi_1\geqslant 0,\cdots,\xi_n\geqslant 0,\\ +\infty, & \text{其他},\end{cases}$$

其中 $(\xi_1,\cdots,\xi_n)=\boldsymbol{x}$。$f$ 在 $\boldsymbol{x}$ 处的次梯度 $\boldsymbol{x}^*$ 构成非负象限在 $\boldsymbol{x}$ 处的法锥，所以，

$$\partial f(\boldsymbol{x})=\{\boldsymbol{x}^*=(\xi_1^*,\cdots,\xi_n^*)\mid\boldsymbol{x}^*\leqslant 0,\langle\boldsymbol{x},\boldsymbol{x}^*\rangle=0\}.$$

换句话说，对这个函数 $f$ 来说，关系 $\boldsymbol{x}^* \in \partial f(\boldsymbol{x})$ 等价于 $n$ 个互补松弛条件：

$$\xi_j\geqslant 0,\xi_j^*\leqslant 0,\xi_j\xi_j^*=0,j=1,\cdots,n.$$



## 第 24 节　微分的连续性和单调性

设 $f$ 是在 $\mathbf{R}^n$ 上定义的闭正常凸函数。如前面章节所定义，次微分映射 $\partial f$ 满足任意 $\boldsymbol{x}\in\mathbf{R}^n$ 对应于 $\mathbf{R}^n$ 中确定的闭凸子集。$\partial f$ 的有效域是集合 $\mathrm{dom}\partial f=\{\boldsymbol{x}\mid\partial f(\boldsymbol{x})\neq\varnothing\}$，此集合不一定是凸集，但是在包含关系

$$\mathrm{ri}(\mathrm{dom}f)\subset\mathrm{dom}\partial f\subset\mathrm{dom}f$$

的意义下（定理 23.4），和凸集区别不大。多值映射 $\partial f$ 的值域为

$$\mathrm{range}\partial f=\bigcup\{\partial f(\boldsymbol{x})\mid\boldsymbol{x}\in\mathbf{R}^n\}.$$

由推论 23.5.1 知道 $\partial f$ 的值域是 $\partial f^*$ 的有效域，所以

$$\mathrm{ri}(\mathrm{dom}f^*)\subset\mathrm{range}\partial f\subset\mathrm{dom}f^*.$$

本节将证明 $\partial f$ 及集合 $\mathrm{graph}\partial f=\{(\boldsymbol{x},\boldsymbol{x}^*)\in\mathbf{R}^{2n}\mid\boldsymbol{x}^*\in\partial f(\boldsymbol{x})\}$ 的连续性和单调性。这些性质与 $f$ 的方向导数的连续性和单调性相对应且隐含了 $f$ 本身的 Lipschitz 性质。进一步地，还将给出多值映射是一个正常闭凸函数的次微分的充分必要条件。

先考虑一维情形，因为一维情形要简单得多，且有助于推广到一般情形。

**定理 24.1**　设 $f$ 是定义在 $\mathbf{R}$ 上的闭正常凸函数。为方便起见，通过令 $\mathrm{dom}f$ 右边的所有点对应值都是 $+\infty$，$\mathrm{dom}f$ 左边的所有点对应值都是 $-\infty$ 的办法，延拓左右导函数 $f'_-$ 和 $f'_+$ 到区间 $\mathrm{dom}f$ 之外，则 $f'_+$ 和 $f'_-$ 是 $\mathbf{R}$ 上定义的非减函数，在 $\mathrm{dom}f$ 的内部有限，当 $z_1<x<z_2$ 时，有不等式

$$f'_+(z_1)\leqslant f'_-(x)\leqslant f'_+(x)\leqslant f'_-(z_2),z_1<x<z_2$$

且对任意 $x$ 都有

$$\lim_{z\downarrow x}f'_+(z)=f'_+(x),\qquad \lim_{z\uparrow x}f'_+(z)=f'_-(x),$$
$$\lim_{z\downarrow x}f'_-(z)=f'_+(x),\qquad \lim_{z\uparrow x}f'_-(z)=f'_-(x).$$

**证明**　对任意 $x\in\mathrm{dom}f$，根据定义有

$$f'_+(x)=\lim_{z\downarrow x}\frac{f(z)-f(x)}{z-x}=\lim_{\lambda\downarrow 0}\frac{f(x+\lambda)-f(x)}{\lambda}=f'(x;1),$$

$$f'_-(x)=\lim_{z\downarrow x}\frac{f(z)-f(x)}{z-x}=\lim_{\lambda\downarrow 0}\frac{f(x-\lambda)-f(x)}{-\lambda}=-f'(x';-1).$$

根据定理 23.1，上述极限分别在单调递减和单调递增的意义下存在且 $f'_-(x)\leqslant f'_+(x)$。(由定义，当 $x\notin\mathrm{dom}f$ 时，后一不等式也成立。) 由差商的单调性易见，$f'_+(x)<+\infty$ 当且仅当 $x$ 在 $\mathrm{cl}(\mathrm{dom}f)$ 的右端点的左边，而 $f'_-(x)>-\infty$ 当且仅当 $x$ 在 $\mathrm{cl}(\mathrm{dom}f)$ 的左端点的右边。因此，使得 $f'_-$ 和 $f'_+$ 都有界的点一定属于 $\mathrm{int}(\mathrm{dom}f)$。如果 $y$ 和 $z$ 都属于 $\mathrm{dom}f$ 且 $y<z$，则

$$f'_+(y)\leqslant\frac{f(z)-f(y)}{z-y}=\frac{f(y)-f(z)}{y-z}\leqslant f'_-(z).$$

如果 $y$ 和 $z$ 不属于 $\mathrm{dom}f$ 且 $y<z$，那么根据定义有 $f'_+(y)\leqslant f'_-(z)$。这便证明了定理中的三重不等式，该不等式说明 $f'_-$ 和 $f'_+$ 是非减的。进一步地，有

$$f'_+(x)\leqslant\lim_{z\downarrow x}f'_-(z)\leqslant\lim_{z\downarrow x}f'_+(z).$$

为证明等式确实成立，只需验证存在 $\varepsilon>0$，当 $\mathrm{dom}f$ 包含区间 $(x,x+\varepsilon)$ 时第二个极限不超过 $f'_+(x)$。(否则，根据 $f'_-$ 和 $f'_+$ 的延拓的定义即可证明等式成立。) 此时，由推论 7.5.1 知道当 $z\downarrow x$ 时，$f(z)$ 趋向于 $f(x)$，所以，对 $x<y<x+\varepsilon$ 有

$$\frac{f(y)-f(x)}{y-x}=\lim_{z\downarrow x}\frac{f(y)-f(z)}{y-z}\geqslant\lim_{z\downarrow x}f'_+(z).$$

因此，

$$\lim_{z\downarrow x}f'_+(z)\leqslant\lim_{y\downarrow x}\frac{f(y)-f(x)}{y-x}=f'_+(x).$$

同理可证定理中的另外两个极限公式。

正如定理 23.2 后面所指出的，在定理 24.1 的假设条件下，对任意 $x$ 都有

$$\partial f(x)=\{x^*\in\mathbf{R}\mid f'_-(x)\leqslant x^*\leqslant f'_+(x)\}.$$

例如，令

$$f(x)=\begin{cases}|x|-2(1-x)^{\frac{1}{2}}, & -3\leqslant x\leqslant 1,\\ +\infty, & \text{其他}.\end{cases}$$

如此定义的 $f$ 是 **R** 上的闭正常凸函数，且有

$$f'_+(x)=\begin{cases}+\infty, & x\geqslant 1,\\ 1+(1-x)^{-\frac{1}{2}}, & 0\leqslant x<1,\\ -1+(1-x)^{-\frac{1}{2}}, & -3\leqslant x<0,\\ -\infty, & x<-3,\end{cases}$$

$$f'_-(x)=\begin{cases}+\infty, & x\geqslant 1,\\ 1+(1-x)^{-\frac{1}{2}}, & 0<x<1,\\ -1+(1-x)^{-\frac{1}{2}}, & -3<x\leqslant 0,\\ -\infty, & x\leqslant -3,\end{cases}$$

所以，

$$\partial f(x)=\begin{cases}\varnothing, & x\geqslant 1,\\ \{1+(1-x)^{-\frac{1}{2}}\}, & 0<x<1,\\ [0,2], & x=0,\\ \{-1+(1-x)^{-\frac{1}{2}}\}, & -3<x<0,\\ [-\infty,-1/2], & x=-3,\\ \varnothing, & x<-3.\end{cases}$$



注意到当画出$\partial f$ 的图时便会发现此图构成一条“连续的无穷曲线”。在定理 24.3 中将看到，定义在 **R** 上的闭正常凸函数的次微分映射的图可以用 $\mathbf{R}^2$ 上的“完全非减曲线”来描述。

为了说明当 $f$ 非闭时定理 24.1 中的极限公式有可能不成立，考虑

$$f(x)=\begin{cases}0, & x>0,\\ 1, & x=0,\\ +\infty, & x<0.\end{cases}$$

此时，

$$f'_+(x)=\begin{cases}0, & x>0,\\ -\infty, & x\leqslant 0.\end{cases}$$

所以，$f'_+$ 在 0 点不为右连续的。

当 $f$ 是闭正常函数时，$f'_-$ 和 $f'_+$ 可以根据定理中的极限公式相互确定。事实上，令 $\varphi$ 是映 **R** 到 $[-\infty,+\infty]$ 的函数且满足

$$f'_{-}(x)\leqslant\varphi(x)\leqslant f'_{+}(x),\forall x\in\mathbf{R}.$$

再令　$\varphi_{+}(x)=\lim\limits_{z\downarrow x}\varphi(z)$，　　$\varphi_{-}(x)=\lim\limits_{z\uparrow x}\varphi(z)$.

则由定理 24.1 知道 $\varphi$ 非减，且 $f'_{+}=\varphi_{+}$，$f'_{-}=\varphi_{-}$。因而，$\varphi$ 完全确定$\partial f$。

下面的定理将说明 $\varphi$ 如何通过一个附加常数确定 $f$ 本身。[注意到 $\varphi$ 在（非空）区间 $I=\text{domain}\partial f$ 上可以取有限值。在区间 $I$ 外，$\varphi$ 必须是无穷，而在 $I$ 的内部，$\varphi$ 必须有限。]

**定理 24.2**　设 $a\in\mathbf{R}$，$\varphi$ 是映 $\mathbf{R}$ 到 $[-\infty,+\infty]$ 的非减函数，且 $\varphi(a)$ 有限。如上所述，令 $\varphi_{-}$ 和 $\varphi_{+}$ 分别表示 $\varphi$ 的左、右极限，则由

$$f(x)=\int_{a}^{x}\varphi(t)\,\mathrm{d}t$$

定义的函数 $f$ 是定义在 $\mathbf{R}$ 上的闭正常凸函数，且满足

$$f'_{-}=\varphi_{-}\leqslant\varphi\leqslant\varphi_{+}=f'_{+}.$$

而且，如果 $g$ 是定义在 $\mathbf{R}$ 上的闭正常凸函数，且满足 $g'_{-}\leqslant\varphi\leqslant g'_{+}$，那么，存在 $\alpha\in\mathbf{R}$ 使得 $g=f+\alpha$。

**证明**　设 $J$ 为使得 $\varphi$ 取有限值的区间。因为 $\varphi$ 非减，所以作为 $\boldsymbol{x}\in J$ 上的 Riemann 积分，$f(x)$ 有定义且有限。在 $\text{cl}J$ 的有限端点处，$f(x)$ 作为 Riemann 积分的极限（或 Lebesgue 积分）有定义；而当 $x\notin\text{cl}J$ 时，积分肯定是$+\infty$。下面将证明 $f$ 在 $J$ 上是凸的。由 $\text{cl}J$ 上积分的连续性知道 $f$ 是定义在 $\mathbf{R}$ 上的闭正常凸函数。设 $x$ 和 $y$ 是 $J$ 中的点，$x<y$，且令 $z=(1-\lambda)x+\lambda y$，$0<\lambda<1$。那么 $\lambda=(z-x)/(y-x)$且$1-\lambda=(y-z)/(y-x)$。我们有

$$f(z)-f(x)=\int_{x}^{z}\varphi(t)\,\mathrm{d}t\leqslant(z-x)\varphi(z),$$

$$f(y)-f(z)=\int_{z}^{y}\varphi(t)\,\mathrm{d}t\geqslant(y-z)\varphi(z).$$

因此，

$$\begin{aligned}&(1-\lambda)[f(z)-f(x)]+\lambda[f(z)-f(y)]\\&\leqslant[(1-\lambda)(z-x)-\lambda(y-z)]\varphi(z)=0\end{aligned}$$

且

$$f(z)\leqslant(1-\lambda)f(x)+\lambda f(y).$$

这就证明了 $f$ 的凸性。对任意 $x\in J$，有

$$\frac{f(z)-f(x)}{z-x}=\frac{1}{z-x}\int_{x}^{z}\varphi(t)\,\mathrm{d}t\geqslant\varphi(x),\quad\forall z>x,$$

所以 $f'_{+}(x)\geqslant\varphi(x)$。同理，对 $x\in J$ 有 $\varphi(x)\geqslant f'_{-}(x)$。当 $x\notin J$ 时，这两个不等式也成立，因此，正如给出定理之前所解释的，一定有 $f'_{+}=\varphi_{+}$和 $f'_{-}=\varphi_{-}$。如果 $g$ 是定义在$R$ 上的闭正常凸函数，且满足 $g'_{-}\leqslant\varphi\leqslant g'_{+}$，我们也有 $g'_{+}=\varphi_{+}$ 和 $g'_{-}=\varphi_{-}$，因此 $g'_{+}=f'_{+}$，且 $g'_{-}=f'_{-}$。根据定理 24.1 中左右导数的有限性及 $J\subset\text{dom}f\subset\text{cl}J$ 可得

$$\text{ri}(\text{dom}g)=\text{ri}(\text{dom}f)=\text{ri}J.$$

又因为 $f$ 和 $g$ 都是闭的，它们在 $\mathbf{R}$ 上的值完全由其在 $\mathrm{ri}J$ 上的值确定。因此，只需证明在 $\mathrm{ri}J$ 上有 $g=f+$常数即可。如果 $J$ 是单点集，这是显然的，所以设 $\mathrm{ri}J=\mathrm{int}J\neq\varnothing$。由定理 24.1 知道 $f$ 和 $g$ 的左右导数在 $\mathrm{int}J$ 上都有限。由极限的可加性，函数 $h=f-g$ 在 $\mathrm{int}J$ 上的左右导数都存在且

$$h'_+(x)=f'_+(x)-g'_+(x)=0,$$
$$h'_-(x)=f'_-(x)-g'_-(x)=0.$$

所以 $h$ 在 $\mathrm{int}J$ 上的双边导数存在且恒等于 0。这说明在 $\mathrm{int}J$ 上 $f-g=$常数。

**推论 24.2.1**　设 $f$ 是定义在非空实开区间 $I$ 上的有限凸函数，则对 $I$ 内的任意 $x$ 和 $y$ 都有

$$f(y)-f(x)=\int_x^y f'_+(t)\mathrm{d}t=\int_x^y f'_-(t)\mathrm{d}t\,.$$

**证明**　将 $f$ 拓展为 $\mathbf{R}$ 上的正常闭凸函数，再对 $\varphi=f'_+$ 或者 $\varphi=f'_-$ 应用定理即可得证。

完整的非减曲线是 $\mathbf{R}^2$ 中具有如下形式的子集：

$$\Gamma=\{(x,x^*)\,|\,x\in\mathbf{R},x^*\in\mathbf{R},\varphi_-(x)\leqslant x^*\leqslant\varphi_+(x)\},$$

其中 $\varphi$ 是某个映 $\mathbf{R}$ 到 $[-\infty,+\infty]$ 且非处处无限的非减函数。

除了可能包含垂直和水平的线段之外，这样的集合 $\Gamma$ 类似于在区间

$$I=\{x\,|\,(x,x^*)\in\Gamma,\text{对一些 }x^*\}$$

上定义的某个连续非减函数的图。



这是一个基础训练题，需要证明对任意一条完全非减曲线 $\Gamma$，映射$(x,x^*)\to x+x^*$是映 $\Gamma$ 到$\mathbf{R}$ 的一一对应且双向连续的映射。因此，$\Gamma$ 是条“两端都无界”的曲线。

完全非减曲线可以用 $\mathbf{R}^2$ 中关于坐标偏序的极大全有序子集来刻画。(在这种序中，$\mathbf{R}^2$ 中的子集 $\Gamma$ 全有序当且仅当对 $\Gamma$ 内任意对 $(x_0,x_0^*)$ 和 $(x_1,x_1^*)$ 都有，$x_0\leqslant x_1$ 且 $x_0^*\leqslant x_1^*$，或者 $x_0\geqslant x_1$ 且 $x_0^*\geqslant x_1^*$。极大全有序子集是指它不会被任意其他的任何全有序子集所真包含。)

本节的结论给出映 $\mathbf{R}$ 到 $\mathbf{R}$ 的次微分映射的简单特征。

**定理 24.3**　定义在 $\mathbf{R}$ 上的闭正常凸函数 $f$ 的次微分映射$\partial f$ 的图正好是 $\mathbf{R}^2$ 上的完全非减曲线 $\Gamma$，且 $f$ 由 $\Gamma$ 加上一个常数所唯一确定。

**证明**　由定理 24.1 和定理 24.2 即可得证。

如果 $\Gamma$ 是一条完整非减曲线，那么，

$$\Gamma^*=\{(x^*,x)\,|\,(x,x^*)\in\Gamma\}$$

也是完整的非减曲线。事实上，如果 $f$ 是定义在 $\mathbf{R}$ 上的闭正常凸函数，且满足 $\Gamma=\mathrm{graph}\partial f$，则由定理 23.5 知道 $\Gamma^*=\mathrm{graph}\partial f^*$。按照此同一定理可知 $\Gamma$ 由在 $\mathbf{R}^2$ 上定义的非负、下半连续函数

$$h(x,x^*)=f(x)+f^*(x^*)-xx^*$$

的零点构成。

在一般 $n$ 维情况下，次微分映射的特征不易画出。在刻画这种映射的特征之前，先给一些基本的连续性结论。

**定理 24.4**　设 $f$ 是在 $\mathbf{R}^n$ 上定义的闭正常凸函数。如果 $\boldsymbol{x}_1, \boldsymbol{x}_2, \cdots$ 和 $\boldsymbol{x}_1^*, \boldsymbol{x}_2^*, \cdots$ 都是满足 $\boldsymbol{x}_i^* \in \partial f(\boldsymbol{x}_i)$ 的点列，其中 $\boldsymbol{x}_i$ 收敛于 $\boldsymbol{x}$ 且 $\boldsymbol{x}_i^*$ 收敛于 $\boldsymbol{x}^*$，那么有 $\boldsymbol{x}^* \in \partial f(\boldsymbol{x})$。换句话说，$\partial f$ 的图是 $\mathbf{R}^n \times \mathbf{R}^n$ 中的闭子集。

**证明**　由定理 23.5 有

$$\langle \boldsymbol{x}_i, \boldsymbol{x}_i^* \rangle \geqslant f(\boldsymbol{x}_i) + f^*(\boldsymbol{x}_i^*), \forall i.$$

取下极限 $i \to \infty$，结合 $f$ 和 $f^*$ 都是闭的事实可得

$$\langle \boldsymbol{x}, \boldsymbol{x}^* \rangle \geqslant f(\boldsymbol{x}) + f^*(\boldsymbol{x}^*).$$

因此 $\boldsymbol{x}^* \in \partial f(\boldsymbol{x})$。

**定理 24.5**　设 $f$ 是在 $\mathbf{R}^n$ 上定义的凸函数，$C$ 是开凸集，$f$ 在 $C$ 上有限。$f_1$，$f_2, \cdots$ 是在 $C$ 上有限的一列凸函数，在 $C$ 上逐点收敛于 $f$。令 $\boldsymbol{x} \in C$，$x_1, x_2, \cdots$ 是在 $C$ 上收敛于 $\boldsymbol{x}$ 的点列，则对于任意 $\boldsymbol{y} \in \mathbf{R}^n$ 及任意收敛于 $\boldsymbol{y}$ 的点列 $\boldsymbol{y}_1, \boldsymbol{y}_2, \cdots$ 都有

$$\limsup_{i \to \infty} f'_i(\boldsymbol{x}_i; \boldsymbol{y}_i) \leqslant f'(\boldsymbol{x}; \boldsymbol{y}).$$

而且，任意给定 $\varepsilon > 0$，存在 $i_0$ 使

$$\partial f_i(\boldsymbol{x}_i) \subset \partial f(\boldsymbol{x}) + \varepsilon B, \forall i \geqslant i_0,$$

其中 $B$ 为 $\mathbf{R}^n$ 中的欧氏单位球。

**证明**　任意给定 $\mu > f'(\boldsymbol{x}; \boldsymbol{y})$，存在 $\lambda > 0$ 使 $\boldsymbol{x} + \lambda \boldsymbol{y} \in C$ 且

$$[f(\boldsymbol{x} + \lambda \boldsymbol{y}) - f(\boldsymbol{x})]/\lambda < \mu.$$

由定理 10.8 知道，$f_i(\boldsymbol{x}_i + \lambda \boldsymbol{y}_i)$ 趋向于 $f(\boldsymbol{x} + \lambda \boldsymbol{y})$，$f_i(\boldsymbol{x}_i)$ 趋向于 $f(\boldsymbol{x})$。因此，对充分大的 $i$ 有

$$[f_i(\boldsymbol{x}_i + \lambda \boldsymbol{y}_i) - f_i(\boldsymbol{x}_i)]/\lambda < \mu.$$

因为

$$f'_i(\boldsymbol{x}_i; \boldsymbol{y}_i) \leqslant [f_i(\boldsymbol{x}_i + \lambda \boldsymbol{y}_i) - f_i(\boldsymbol{x}_i)]/\lambda,$$

所以，

$$\limsup_{i \to \infty} f'_i(\boldsymbol{x}_i; \boldsymbol{y}_i) \leqslant \mu.$$

上式对任意 $\mu > f'(\boldsymbol{x}; \boldsymbol{y})$ 都成立，所以定理中的“limsup”不等式成立。特别（对任意 $i$，取 $\boldsymbol{y}_i = \boldsymbol{y}$）有

$$\limsup_{i \to \infty} f'_i(\boldsymbol{x}_i; \boldsymbol{y}) \leqslant f'(\boldsymbol{x}; \boldsymbol{y}), \forall \boldsymbol{y} \in \mathbf{R}^n.$$

凸函数 $f'_i(\boldsymbol{x}_i; \cdot)$ 和 $f'(\boldsymbol{x}; \cdot)$ 分别是非空有界闭凸集 $\partial f_i(\boldsymbol{x}_i)$ 和 $\partial f(\boldsymbol{x})$ 的支撑函数（定理 23.4），因此在整个 $\mathbf{R}^n$ 上为有限的。由推论 10.8.1 知道，对任意给定的 $\varepsilon > 0$，存在 $i_0$ 使

$$f'_i(\boldsymbol{x}_i; \boldsymbol{y}) \leqslant f'(\boldsymbol{x}; \boldsymbol{y}) + \varepsilon, \forall \boldsymbol{y} \in B, \forall i \geqslant i_0.$$

由正齐性有

$$f'_i(\boldsymbol{x}_i;\boldsymbol{y})\leqslant f'(\boldsymbol{x};\boldsymbol{y})+\varepsilon|\boldsymbol{y}|, \forall \boldsymbol{y}\in\mathbf{R}^n, \forall i\geqslant i_0.$$

换句话说，

$$\delta^*(\boldsymbol{y}|\partial f_i(\boldsymbol{x}_i))\leqslant\delta^*(\boldsymbol{y}|\partial f(\boldsymbol{x}))+\varepsilon\delta^*(\boldsymbol{y}|B)$$
$$=\delta^*(\boldsymbol{y}|\partial f(\boldsymbol{x})+\varepsilon B), \forall \boldsymbol{y}\in\mathbf{R}^n, \forall i\geqslant i_0.$$

这说明

$$\partial f_i(\boldsymbol{x}_i)\subset\partial f(\boldsymbol{x})+\varepsilon B, \forall i\geqslant i_0$$

（推论 13.1.1）。

**推论 24.5.1** 如果 $f$ 是在 $\mathbf{R}^n$ 上的正常凸函数，那么，$f'(\boldsymbol{x};\boldsymbol{y})$是关于$(\boldsymbol{x},\boldsymbol{y})\in[\mathrm{int}(\mathrm{dom}f)]\times\mathbf{R}^n$ 的上半连续函数。而且，对任意给定 $\varepsilon>0$ 和 $\boldsymbol{x}\in\mathrm{int}(\mathrm{dom}f)$，都存在 $\delta>0$ 使

$$\partial f(\boldsymbol{z})\subset\partial f(\boldsymbol{x})+\varepsilon B, \forall \boldsymbol{z}\in(\boldsymbol{x}+\delta B),$$

其中 $B$ 表示 $\mathbf{R}^n$ 中的欧氏单位球。

**证明** 令 $C=\mathrm{int}(\mathrm{dom}f)$，且对任意 $i$，取 $f_i=f$ 即可得证。

一般地，定理 24.5 中的关系“lim sup”只有一种，这一事实可以通过下例说明。记 $C=\mathbf{R}$，$f(x)=|x|$ 及

$$f_i(x)=|x|^{p_i}, p_i>1, p_i\to1.$$

此时，右导数 $f'_i(0;1)$都等于 0，但 $f'(0;1)$本身等于 1。当然，由一维情形易知，推论 24.5.1 中的上半连续性一般不能加强为连续性［尽管对任意固定 $\boldsymbol{x}\in\mathrm{int}(\mathrm{dom}f)$，由 $f'(\boldsymbol{x};\cdot)$是 $\mathbf{R}^n$ 上的有限凸函数可得到关于 $\boldsymbol{y}$ 的连续性］。从定理 25.4 将看到，$f'(\boldsymbol{x};\boldsymbol{y})$关于 $\boldsymbol{x}$ 的连续性问题与双边方向导数的存在性密切相关。



假设 $f$ 是正常凸函数，且令 $\boldsymbol{x}\in\mathrm{int}(\mathrm{dom}f)$。设向量序列 $\boldsymbol{x}_1,\boldsymbol{x}_2,\cdots$趋向于 $\boldsymbol{x}$，且对任意 $i$，$\boldsymbol{x}_i^*\in\partial f(\boldsymbol{x}_i)$。根据推论 24.5.1，$\boldsymbol{x}_1^*,\boldsymbol{x}_2^*,\cdots$趋向于（非空闭有界）集 $\partial f(\boldsymbol{x})$，但实际上极限不一定存在，除非$\partial f(\boldsymbol{x})$仅由单个向量构成。然而，如果 $\boldsymbol{x}_1,\boldsymbol{x}_2,\cdots$从一个方向趋向于 $\boldsymbol{x}$，即如果点列渐近于从 $\boldsymbol{x}$ 出发，沿给定向量 $\boldsymbol{y}$ 的方向的半直线，则在这种情况下，根据下面的定理，$\boldsymbol{x}_1^*,\boldsymbol{x}_2^*,\cdots$一定趋向于由所有使 $\boldsymbol{y}$ 在 $\boldsymbol{x}^*$ 处垂直$\partial f(\boldsymbol{x})$的点 $\boldsymbol{x}^*$ 所构成的$\partial f(\boldsymbol{x})$的部分边界。如果这样的点 $\boldsymbol{x}^*$ 只有一个（正如在下一节将会看到的，几乎对所有的向量 $\boldsymbol{y}$，这都是对的），那么 $\boldsymbol{x}_1^*,\boldsymbol{x}_2^*,\cdots$一定收敛于 $\boldsymbol{x}^*$。

对任意 $\boldsymbol{x}\in\mathrm{dom}f$ 和任意使 $f'(\boldsymbol{x};\boldsymbol{y})$有限的 $\boldsymbol{y}$，用 $f'(\boldsymbol{x};\boldsymbol{y};\cdot)$表示凸函数 $f'(\boldsymbol{x};\cdot)$在 $\boldsymbol{y}$ 处的方向导数。从而，

$$f'(\boldsymbol{x};\boldsymbol{y};\boldsymbol{z})=\lim_{\lambda\downarrow0}[f'(\boldsymbol{x};\boldsymbol{y}+\lambda\boldsymbol{z})-f'(\boldsymbol{x};\boldsymbol{y})]/\lambda.$$

注意到，由 $f'(\boldsymbol{x};\cdot)$的正齐性得到

$$f'(\boldsymbol{x};\boldsymbol{y}+\lambda\boldsymbol{z})\leqslant f'(\boldsymbol{x};\boldsymbol{y})+\lambda f'(\boldsymbol{x};\boldsymbol{z}),$$

因此，

$$f'(\boldsymbol{x};\boldsymbol{y};\boldsymbol{z})\leqslant f'(\boldsymbol{x};\boldsymbol{z}), \forall \boldsymbol{z}.$$

**定理 24.6**　设 $f$ 是闭正常凸函数，$\boldsymbol{x}\in\mathrm{dom}f$，$\boldsymbol{x}_1,\boldsymbol{x}_2,\cdots$是 $\mathrm{dom}f$ 中收敛于 $\boldsymbol{x}$ 但不等于 $\boldsymbol{x}$ 的点列，设

$$\lim_{i\to\infty}|\boldsymbol{x}_i-\boldsymbol{x}|^{-1}(\boldsymbol{x}_i-\boldsymbol{x})=\boldsymbol{y},$$

其中 $f'(\boldsymbol{x};\boldsymbol{y})>-\infty$，且半直线$\{\boldsymbol{x}+\lambda\boldsymbol{y}\,|\,\lambda\geqslant 0\}$与 $\mathrm{int}(\mathrm{dom}f)$相交。那么，

$$\limsup_{i\to\infty}f'(\boldsymbol{x}_i,\boldsymbol{z})\leqslant f'(\boldsymbol{x};\boldsymbol{y};\boldsymbol{z}),\ \forall\,\boldsymbol{z}.$$

而且，对任意给定的 $\varepsilon>0$ 存在 $i_0$ 使

$$\partial f(\boldsymbol{x}_i)\subset\partial f\ (\boldsymbol{x})_{\boldsymbol{y}}+\varepsilon B,\ \forall\,i\geqslant i_0,$$

其中 $B$ 为 $\mathbf{R}^n$ 中的欧氏单位球，$\partial f(\boldsymbol{x})_{\boldsymbol{y}}$ 由满足 $\boldsymbol{x}^*\in\partial f(\boldsymbol{x})$且 $\boldsymbol{y}$ 在 $\boldsymbol{x}^*$ 处垂直于 $\partial f(\boldsymbol{x})$的点 $\boldsymbol{x}^*$ 所组成。

**证明**　设 $\alpha>0$ 满足 $\boldsymbol{x}+\alpha y\in\mathrm{int}(\mathrm{dom}f)$。可以找到单纯形 $S$ 使 $\boldsymbol{y}\in\mathrm{int}S$ 且 $\boldsymbol{x}+\alpha S\in\mathrm{int}(\mathrm{dom}f)$。令 $P$ 表示 $\boldsymbol{x}$ 与 $\boldsymbol{x}+\alpha S$ 的凸包，则 $P$ 是 $\mathrm{dom}f$ 内的多胞形。对任意固定的向量 $\boldsymbol{z}$，选择充分小的 $\lambda>0$ 使 $\boldsymbol{y}+\lambda\boldsymbol{z}\in int\mathrm{S}$。

取 $\varepsilon_i=|\boldsymbol{x}_i-\boldsymbol{x}|,\boldsymbol{y}_i=|\boldsymbol{x}_i-\boldsymbol{x}|^{-1}(\boldsymbol{x}_i-\boldsymbol{x})$及 $\boldsymbol{u}_i=\boldsymbol{y}_i+\lambda\boldsymbol{z}$。由假设条件知 $\varepsilon_i\to 0$，$y_i\to y$。可以选择充分大的 $i_1$，对每个 $i>i_1$，$\boldsymbol{y}_i\in\mathrm{int}S$，$\boldsymbol{u}_i\in\mathrm{int}S$ 且 $\varepsilon_i<\alpha$。这样，对每个 $i>i_1$，向量 $\boldsymbol{x}_i=\boldsymbol{x}+\varepsilon_i\boldsymbol{y}_i$ 及 $\boldsymbol{x}_i+\varepsilon_i\lambda\boldsymbol{z}=\boldsymbol{x}+\varepsilon_i\boldsymbol{u}_i$ 属于 $P$，且

$$\begin{aligned}0&=\varepsilon_i^{-1}[f(\boldsymbol{x}+\varepsilon_i\boldsymbol{y}_i)-f(\boldsymbol{x})]+\varepsilon_i^{-1}[f(\boldsymbol{x}+\varepsilon_i\boldsymbol{u}_i)-f(\boldsymbol{x}+\varepsilon_i\boldsymbol{y}_i)]+\\&\quad\varepsilon_i^{-1}[f(\boldsymbol{x})-f(\boldsymbol{x}+\varepsilon_i\boldsymbol{u}_i)]\\&\geqslant f'(\boldsymbol{x};\boldsymbol{y}_i)+f'(\boldsymbol{x}+\varepsilon_i\boldsymbol{y}_i;\boldsymbol{u}_i-\boldsymbol{y}_i)+f'(\boldsymbol{x}+\varepsilon_i\boldsymbol{u}_i;-\boldsymbol{u}_i).\end{aligned}$$

因为 $\boldsymbol{u}_i-\boldsymbol{y}_i=\lambda\boldsymbol{z}$，由定理 23.1 中的关系可得

$$\begin{aligned}f'(\boldsymbol{x};\boldsymbol{y}_i)+\lambda f'(\boldsymbol{x}_i;\boldsymbol{z})&\leqslant -f'(\boldsymbol{x}+\varepsilon_i\boldsymbol{u}_i;-\boldsymbol{u}_i)\leqslant f'(\boldsymbol{x}+\varepsilon_i\boldsymbol{u}_i;\boldsymbol{u}_i)\\&\leqslant[f(\boldsymbol{x}+\varepsilon_i\boldsymbol{u}_i+\beta\boldsymbol{u}_i)-f(\boldsymbol{x}+\varepsilon_i\boldsymbol{u}_i)]/\beta,\end{aligned}$$

其中 $\beta$ 是开区间 $(0,\alpha)$ 内的任意数。在不等式的两边同时关于 $i\to\infty$ 取“lim sup”。由于 $\boldsymbol{u}_i\to\boldsymbol{y}+\lambda\boldsymbol{z}$ 且 $\varepsilon_i\downarrow 0$，所以，对充分大的指标 $i$，$\boldsymbol{x}+\varepsilon_i\boldsymbol{u}_i+\beta\boldsymbol{u}_i$ 和 $\boldsymbol{x}+\varepsilon_i\boldsymbol{u}_i$ 都在 $P$ 内。又因为多胞形 $P$ 是局部单纯形集（定理 20.5），$f$ 相对于 $P$ 连续（定理 10.2）。从而，

$$\lim_{i\to\infty}f(\boldsymbol{x}+\varepsilon_i\boldsymbol{u}_i)=f(\boldsymbol{x}),$$

$$\lim_{i\to\infty}f(\boldsymbol{x}+\varepsilon_i\boldsymbol{u}_i+\beta\boldsymbol{u}_i)=f(\boldsymbol{x}+\beta(\boldsymbol{y}+\lambda\boldsymbol{z})).$$

向量 $\boldsymbol{x}+\alpha\boldsymbol{y}\in\mathrm{int}(\mathrm{dom}f)$，所以 $\boldsymbol{y}\in\mathrm{int}(\mathrm{dom}f'(\boldsymbol{x};\cdot))$。因此，$f'(\boldsymbol{x};\cdot)$在 $y$ 处连续（定理 10.1）且$\lim\limits_{i\to\infty}f'(\boldsymbol{x};\boldsymbol{y}_i)=f'(\boldsymbol{x};\boldsymbol{y})$。因而对 $0<\beta<\alpha$，

$$f'(\boldsymbol{x};\boldsymbol{y})+\lambda\ \limsup_{i\to\infty}f'(\boldsymbol{x}_i;\boldsymbol{z})\leqslant[f(\boldsymbol{x}+\beta(\boldsymbol{y}+\lambda\boldsymbol{z}))-f(\boldsymbol{x})]/\beta.$$

取极限 $\beta\downarrow 0$ 得

$$f'(\boldsymbol{x};\boldsymbol{y})+\lambda\ \limsup_{i\to\infty}f'(\boldsymbol{x}_i;\boldsymbol{z})\leqslant f'(\boldsymbol{x};\boldsymbol{y}+\lambda\boldsymbol{z}).$$

由假设 $f'(\boldsymbol{x};\boldsymbol{y})>-\infty$得到

$$\limsup_{i\to\infty}f'(\boldsymbol{x}_i,\boldsymbol{z})\leqslant[f'(\boldsymbol{x};\boldsymbol{y}+\lambda\boldsymbol{z})-f'(\boldsymbol{x};\boldsymbol{y})]/\lambda.$$

此不等式对任意充分小的 $\lambda>0$ 都成立，根据定义，当 $\lambda\to 0$ 时，差商的极限是 $f'(\boldsymbol{x};\boldsymbol{y};\boldsymbol{z})$。这就证明了定理中的第一个结论。第二个结论用完全类似于定理 24.5 中的证明方法，用 $f'(\boldsymbol{x};\boldsymbol{y};\cdot)$ 代替 $f'(\boldsymbol{x};\cdot)$ 即可得证。由定理 23.4 知，后面的函数处处有限［因为 $\boldsymbol{y}$ 属于凸函数 $f'(\boldsymbol{x};\cdot)$ 有效域的内部，且 $f'(\boldsymbol{x};\cdot)$ 在 $\boldsymbol{y}$ 处有限］且为定理中闭凸集 $\partial f(\boldsymbol{x})_{\boldsymbol{y}}$ 的支撑函数（推论 23.5.3）。

下面的定理刻画了 $\partial f$ 的有界性且将其与第 10 节中给出的 $f$ 的 Lipschitz 性相联系。

**定理 24.7**　设 $f$ 是闭正常凸函数，$S$ 是 $\mathrm{int}(\mathrm{dom}f)$ 中非空闭有界子集，则集合

$$\partial f(S)=\bigcup\{\partial f(\boldsymbol{x})\mid \boldsymbol{x}\in S\}$$

是非空、闭、有界集。实数 $\alpha=\sup\{|\boldsymbol{x}^*|\mid \boldsymbol{x}^*\in\partial f(S)\}<\infty$ 满足

$$f'(\boldsymbol{x},\boldsymbol{z})\leqslant\alpha|\boldsymbol{z}|,\ \forall\boldsymbol{x}\in S,\forall\boldsymbol{z},$$

$$|f(\boldsymbol{y})-f(\boldsymbol{x})|\leqslant\alpha|\boldsymbol{y}-\boldsymbol{x}|,\ \forall\boldsymbol{y}\in S,\forall\boldsymbol{x}\in S.$$

**证明**　先证明 $\partial f(S)$ 的有界性。对任意 $\boldsymbol{x}\in S$，$\partial f(\boldsymbol{x})$ 非空、有界且 $f'(\boldsymbol{x};\cdot)$ 是其支撑函数（定理 23.4）。因此，

$$\alpha=\sup_{\boldsymbol{x}^*\in\partial f(S)}\sup_{|\boldsymbol{z}|=1}\langle\boldsymbol{x}^*,\boldsymbol{z}\rangle=\sup_{|\boldsymbol{z}|=1}\sup_{\boldsymbol{x}\in S}\sup_{\boldsymbol{x}^*\in\partial f(\boldsymbol{x})}\langle\boldsymbol{x}^*,\boldsymbol{z}\rangle=\sup_{|\boldsymbol{z}|=1}\sup_{\boldsymbol{x}\in S}f'(\boldsymbol{x};\boldsymbol{z}).$$

因为 $S$ 是闭的、有界且 $f'(\boldsymbol{x};\boldsymbol{z})$ 在 $S$ 上关于 $\boldsymbol{x}$ 点上半连续（推论 24.5.1），所以，对任意 $\boldsymbol{z}$，



$$g(\boldsymbol{z})=\sup\{f'(\boldsymbol{x};\boldsymbol{z})\mid\boldsymbol{x}\in S\}$$

有限。函数 $g$ 是某些凸函数的点态上确界，因此，$g$ 是有限凸函数且一定是连续的（定理 10.1）。所以，

$$\infty>\sup\{g(\boldsymbol{z})\mid|\boldsymbol{z}|=1\}=\alpha,$$

进而 $\partial f(S)$ 有界。

为了说明 $\partial f(S)$ 是闭的，考虑在 $\partial f(S)$ 内任意收敛于点 $\boldsymbol{x}^*$ 的点列 $\boldsymbol{x}_1^*,\boldsymbol{x}_2^*,\cdots$，选择 $\boldsymbol{x}_i\in S$ 使 $\boldsymbol{x}_i^*\in\partial f(\boldsymbol{x}_i)$。由于 $S$ 是有界闭集，可以假设（如果有必要，抽取子列）点列 $\boldsymbol{x}_1,\boldsymbol{x}_2,\cdots$ 收敛于点 $\boldsymbol{x}\in S$。由定理 24.4 知道 $\boldsymbol{x}^*\in\partial f(\boldsymbol{x})$，所以，$\boldsymbol{x}^*\in\partial f(S)$，且 $\partial f(S)$ 是闭的。对 $S$ 中的任意点 $\boldsymbol{x}$ 和 $\boldsymbol{y}$，$\boldsymbol{x}\neq\boldsymbol{y}$，都有（定理 23.1）

$$f(\boldsymbol{y})-f(\boldsymbol{x})\geqslant f'(\boldsymbol{x};\boldsymbol{y}-\boldsymbol{x})\geqslant -f'(\boldsymbol{x};\boldsymbol{x}-\boldsymbol{y}).$$

因此，

$$f(\boldsymbol{x})-f(\boldsymbol{y})\leqslant f'(\boldsymbol{x};\boldsymbol{x}-\boldsymbol{y})=|\boldsymbol{x}-\boldsymbol{y}|\cdot f'(\boldsymbol{x};\boldsymbol{z}),$$

其中 $\boldsymbol{z}=|\boldsymbol{x}-\boldsymbol{y}|^{-1}(\boldsymbol{x}-\boldsymbol{y})$。这里 $\boldsymbol{z}$ 满足 $|\boldsymbol{z}|=1$，所以，$f'(\boldsymbol{x};\boldsymbol{z})\leqslant\alpha$。从而，对 $S$ 中的任意点 $\boldsymbol{x}$ 和 $\boldsymbol{y}$ 都有

$$f(\boldsymbol{x})-f(\boldsymbol{y})\leqslant\alpha|\boldsymbol{x}-\boldsymbol{y}|.$$

定理得证。

下面将从单调性的角度刻画 $\mathbf{R}^n$ 上定义的凸函数的次微分的特征。映 $\mathbf{R}^n$ 到 $\mathbf{R}^n$

的多值映射 $\rho$ 称为循环单调（Cyclically monotone）的，如果对任意满足 $\boldsymbol{x}_i^* \in \rho(\boldsymbol{x}_i)$的点集$(\boldsymbol{x}_i, \boldsymbol{x}_i^*)$, $i=0,1,\cdots,m$（$m$ 任意）都有

$$\langle \boldsymbol{x}_1-\boldsymbol{x}_0, \boldsymbol{x}_0^* \rangle+\langle \boldsymbol{x}_2-\boldsymbol{x}_1, \boldsymbol{x}_1^* \rangle+\cdots+\langle \boldsymbol{x}_0-\boldsymbol{x}_m, \boldsymbol{x}_m^* \rangle \leqslant 0$$

最大循环单调映射是指它的图不被其他任意循环单调映射的图所包含。

如果 $f$ 是正常凸函数，则$\partial f$ 循环单调。实际上，若 $\boldsymbol{x}_i^* \in \partial f(\boldsymbol{x}_i)$, $i=0,1,\cdots,m$，则对循环单调定义中的和式中的每一个内积都有

$$\langle \boldsymbol{x}_1-\boldsymbol{x}_0, \boldsymbol{x}_0^* \rangle \leqslant f(\boldsymbol{x}_1)-f(\boldsymbol{x}_0)$$

等，所以，和小于

$$[f(\boldsymbol{x}_1)-f(\boldsymbol{x}_0)]+[f(\boldsymbol{x}_2)-f(\boldsymbol{x}_1)]+\cdots+[f(\boldsymbol{x}_0)-f(\boldsymbol{x}_m)]=0.$$

**定理 24.8** 设 $\rho$ 为映 $\mathbf{R}^n$ 到 $\mathbf{R}^n$ 的多值映射。存在 $\mathbf{R}^n$ 上的闭正常凸函数 $f$ 使对任意 $\boldsymbol{x}$ 都有 $\rho(\boldsymbol{x}) \subset \partial f(\boldsymbol{x})$的充要条件是 $\rho$ 是循环单调的。

**证明** 必要性显然。因为次微分映射$\partial f$ 本身是循环单调的。另一方面，假设 $\rho$ 是循环单调的。在 $\rho$ 的图（可以假设非空）中固定（$\boldsymbol{x}_0, \boldsymbol{x}_0^*$），定义 $\mathbf{R}^n$ 上函数 $f$

$$f(\boldsymbol{x})=\sup\{\langle \boldsymbol{x}-\boldsymbol{x}_m, \boldsymbol{x}_m^* \rangle+\cdots+\langle \boldsymbol{x}_1-\boldsymbol{x}_0, \boldsymbol{x}_0^* \rangle\},$$

式中的上确界取自于由 $\rho$ 的图中的所有点对$(\boldsymbol{x}_i, \boldsymbol{x}_i^*)$, $i=1,\cdots,m$ 组成的所有有限集合。因为 $f$ 是某些仿射函数的上确界，所以 $f$ 是闭凸函数。$\rho$ 的循环单调性说明 $f(\boldsymbol{x}_0)=0$，因此，$f$ 是正常的。现设 $\boldsymbol{x}$ 和 $\boldsymbol{x}^*$ 为满足 $\boldsymbol{x}^* \in \rho(\boldsymbol{x})$的任意向量，下面证明 $\boldsymbol{x}^* \in \partial f(\boldsymbol{x})$。只需证明，对任意 $\alpha<f(\boldsymbol{x})$及 $\boldsymbol{y} \in \mathbf{R}^n$ 都有

$$f(\boldsymbol{y})>\alpha+\langle \boldsymbol{y}-\boldsymbol{x}, \boldsymbol{x}^* \rangle.$$

给定 $\alpha<f(\boldsymbol{x})$，存在（由 $f$ 的定义）确定的点对$(\boldsymbol{x}_i, \boldsymbol{x}_i^*)$, $i=1,\cdots,m$ 使 $\boldsymbol{x}_i^* \in \rho(\boldsymbol{x}_i)$ 且

$$\alpha<\langle \boldsymbol{x}-\boldsymbol{x}_m, \boldsymbol{x}_m^* \rangle+\cdots+\langle \boldsymbol{x}_1-\boldsymbol{x}_0, \boldsymbol{x}_0^* \rangle.$$

置 $\boldsymbol{x}_{m+1}=\boldsymbol{x}$ 且 $\boldsymbol{x}_{m+1}^*=\boldsymbol{x}^*$，则由 $f$ 的定义得到

$$f(\boldsymbol{y}) \geqslant \langle \boldsymbol{y}-\boldsymbol{x}_{m+1}, \boldsymbol{x}_{m+1}^* \rangle+\langle \boldsymbol{x}_{m+1}-\boldsymbol{x}_m, \boldsymbol{x}_m^* \rangle+\cdots+\langle \boldsymbol{x}_1-\boldsymbol{x}_0, \boldsymbol{x}_0^* \rangle.$$
$$>\langle y-x, x^* \rangle+\alpha$$

这就证明了$\rho \subset \partial f$。

**定理 24.9** $\mathbf{R}^n$ 上的闭正常凸函数的次微分映射是映 $\mathbf{R}^n$ 到 $\mathbf{R}^n$ 的最大循环单调映射。该函数由次微分映射附加一个常数所唯一确定。

**证明** 如果 $\rho$ 是最大的循环单调映射，则由定理 24.8 知，存在闭正常凸函数 $f$，使 $\rho \subset \partial f$。由于$\partial f$ 本身循环单调，所以一定有 $\rho=\partial f$。另一方面，设 $f$ 为任意闭正常凸函数，$\rho$ 为循环单调映射，并满足$\partial f \subset \rho$。由定理 24.8 知道，存在闭正常凸函数 $g$ 使得 $\rho \subset \partial g$。所以，对任意 $\boldsymbol{x}$ 都有$\partial f(\boldsymbol{x}) \subset \partial g(\boldsymbol{x})$。为证明定理成立，只需证明 $g=f+$常数。根据关系$\partial f \subset \partial g$ 有（定理 23.4）

$$\mathrm{ri}(\mathrm{dom} f) \subset \mathrm{dom} \partial f \subset \mathrm{dom} \partial g \subset \mathrm{dom} g.$$

对任意 $\boldsymbol{x} \in \mathrm{ri}(\mathrm{dom} f)$及 $\boldsymbol{y} \in \mathbf{R}^n$ 都有

$$f'(\boldsymbol{x}; \boldsymbol{y})=\sup_{\boldsymbol{x}^* \in \partial f(\boldsymbol{x})} \langle \boldsymbol{x}^*, \boldsymbol{y} \rangle \leqslant \sup_{\boldsymbol{x}^* \in \partial g(\boldsymbol{x})} \langle \boldsymbol{x}^*, \boldsymbol{y} \rangle \leqslant g'(\boldsymbol{x}; \boldsymbol{y})$$

（定理 23.4 和定理 23.2）。所以，对 ri(dom$f$) 内的任意 $\boldsymbol{x}_1$ 和 $\boldsymbol{x}_2$，按照

$$h(\lambda)=f((1-\lambda)\boldsymbol{x}_1+\lambda\boldsymbol{x}_2),\quad k(\lambda)=g((1-\lambda)\boldsymbol{x}_1+\lambda\boldsymbol{x}_2)$$

所定义的凸函数 $h$ 和 $k$ 满足性质：

$$k'_-(\lambda)\leqslant h'_-(\lambda)\leqslant h'_+(\lambda)\leqslant k'_+(\lambda),\quad 0\leqslant\lambda\leqslant 1.$$

由定理 6.4 知道区间 $I=\mathrm{int}(\mathrm{dom}h)$ 非空，我们得到

$$\begin{aligned}[0,1]\subset I&=\{\lambda\mid(1-\lambda)\boldsymbol{x}_1+\lambda\boldsymbol{x}_2\in\mathrm{ri}(\mathrm{dom}f)\}\\&\subset\{\lambda\mid(1-\lambda)\boldsymbol{x}_1+\lambda\boldsymbol{x}_2\in\mathrm{dom}g\}=\mathrm{dom}k.\end{aligned}$$

由推论 24.2.1 得

$$f(\boldsymbol{x}_2)-f(\boldsymbol{x}_1)=h(1)-h(0)=\int_0^1 h'_+(\lambda)\mathrm{d}\lambda=k(1)-k(0)=g(\boldsymbol{x}_2)-g(\boldsymbol{x}_1).$$

因此，存在实常数 $\alpha$ 使对任意 $\boldsymbol{x}\in\mathrm{in}(\mathrm{dom}f)$，都有 $g(\boldsymbol{x})=f(\boldsymbol{x})+\alpha$。由于 $f$ 和 $g$ 是闭的，由推论 7.5.1，对任意 $\boldsymbol{x}\in\mathrm{cl}(\mathrm{dom}f)$，一定有 $g(\boldsymbol{x})=f(\boldsymbol{x})+\alpha$。当 $\boldsymbol{x}\notin\mathrm{cl}(\mathrm{dom}f)$时，$f(\boldsymbol{x})=+\infty$，所以，显然，$g(\boldsymbol{x})\leqslant f(\boldsymbol{x})+\alpha$；等式必须证明。我们将用对偶的方法。对于共轭函数 $f^*$ 和 $g^*$ 有

$$\partial f^*(\boldsymbol{x}^*)=(\partial f)^{-1}(\boldsymbol{x}^*)\subset(\partial g)^{-1}(\boldsymbol{x}^*)=\partial g^*(\boldsymbol{x}^*).$$

所以，存在实常数 $\alpha^*$ 使对任意 $\boldsymbol{x}^*$ 都有 $g^*(\boldsymbol{x}^*)\leqslant f^*(\boldsymbol{x}^*)+\alpha^*$，当 $\boldsymbol{x}^*\in\mathrm{cl}(\mathrm{dom}f^*)$ 时等式成立。对满足 $\boldsymbol{x}^*\in\partial f(\boldsymbol{x})$ 的任意向量 $\boldsymbol{x}$ 和 $\boldsymbol{x}^*$，我们也有 $\boldsymbol{x}^*\in\partial g(\boldsymbol{x})$，因而，



$$f(\boldsymbol{x})+f^*(\boldsymbol{x}^*)=\langle\boldsymbol{x},\boldsymbol{x}^*\rangle=g(\boldsymbol{x})+g^*(\boldsymbol{x}^*)$$

而且 $\boldsymbol{x}\in\mathrm{dom}f$，$\boldsymbol{x}^*\in\mathrm{dom}f^*$，这说明 $\alpha^*=-\alpha$。因此，$g^*\leqslant f^*-\alpha=(f+\alpha)^*$。因为共轭对应是序反的，由此得到 $g\geqslant f+\alpha$。但是已证 $g\geqslant f+\alpha$。因此，$g=f+\alpha$。

映 $\mathbf{R}^n$ 到 $\mathbf{R}^n$ 的多值映射 $\rho$ 称为单调的，如果对 $\rho$ 的图上的任意点（$\boldsymbol{x}_0,\boldsymbol{x}_0^*$）和（$\boldsymbol{x}_1,\boldsymbol{x}_1^*$）都有

$$\langle\boldsymbol{x}_1-\boldsymbol{x}_0,\boldsymbol{x}_1^*-\boldsymbol{x}_0^*\rangle\geqslant 0.$$

这个条件与循环单调的定义中 $m=1$ 的情况一致；因而，每个循环单调映射都是特殊的单调映射。

当 $n=1$ 时，单调映射是映射，它们的图是关于坐标偏序构成 $\mathbf{R}^2$ 上的全序集，所以，最大单调映射与完整非减曲线 $\Gamma$ 相对应。由定理 24.3 和定理 24.9 知道，当 $n=1$ 时，单调映射与循环单调映射相同。然而，当 $n>1$ 时，存在非循环单调的单调映射。例如，当 $\rho$ 是与 $n\times n$ 矩阵 $\boldsymbol{Q}$ 相对应的映 $\mathbf{R}^n$ 到 $\mathbf{R}^n$ 的线性变换（单值的），则 $\rho$ 是循环单调当且仅当 $\boldsymbol{Q}$ 为对称半正定（可以作为练习由定理 24.9 推得）。然而，$\rho$ 是单调的只需

$$\langle\boldsymbol{x}_1-\boldsymbol{x}_0,\boldsymbol{Q}(\boldsymbol{x}_1-\boldsymbol{x}_0)\rangle\geqslant 0,\quad\forall\,\boldsymbol{x}_0,\boldsymbol{x}_1,$$

即 $\boldsymbol{Q}$ 的对称部分$(1/2)(\boldsymbol{Q}+\boldsymbol{Q}^*)$半正定即可。

在第 31 节中（推论 31.5.2）我们将证明任意闭正常凸函数 $f$ 的次微分映射

$\partial f$ 也是最大单调映射。(注意到，不能由定理 24.9 和任意循环单调映射都是特殊的单调映射这一事实直接得出。) 第 37 节中将给出从鞍函数的次微分映射来构造最大单调映射的其他例子。

## 第 25 节　凸函数的可微性

设 $f$ 是映 $\mathbf{R}^n$ 到 $[-\infty,+\infty]$ 上的函数，$f$ 在点 $\boldsymbol{x}$ 处函数值有限。按照通常定义，$f$ 在 $\boldsymbol{x}$ 处可微当且仅当存在向量 $\boldsymbol{x}^*$ (必然唯一) 使得

$$f(\boldsymbol{z})=f(\boldsymbol{x})+\langle \boldsymbol{x}^*,\boldsymbol{z}-\boldsymbol{x}\rangle+o(|\boldsymbol{z}-\boldsymbol{x}|),$$

也就是，

$$\lim_{\boldsymbol{z}\to\boldsymbol{x}}\frac{f(\boldsymbol{z})-f(\boldsymbol{x})-\langle \boldsymbol{x}^*,\boldsymbol{z}-\boldsymbol{x}\rangle}{|\boldsymbol{z}-\boldsymbol{x}|}=0.$$

如果存在这样的 $\boldsymbol{x}^*$，则称其为 $f$ 在点 $\boldsymbol{x}$ 处的梯度，记为 $\nabla f(\boldsymbol{x})$。

假设 $f$ 在 $\boldsymbol{x}$ 处可微，根据定义，对任意 $\boldsymbol{y}\neq\mathbf{0}$ 都有

$$\begin{aligned}0&=\lim_{\lambda\downarrow 0}\frac{f(\boldsymbol{x}+\lambda\boldsymbol{y})-f(\boldsymbol{x})-\langle\nabla f(\boldsymbol{x}),\lambda\boldsymbol{y}\rangle}{\lambda|\boldsymbol{y}|}\\&=[f'(\boldsymbol{x};\boldsymbol{y})-\langle\nabla f(\boldsymbol{x}),\boldsymbol{y}\rangle]/|\boldsymbol{y}|,\end{aligned}$$

因此，$f'(\boldsymbol{x};\ \boldsymbol{y})$ 存在，且是关于 $\boldsymbol{y}$ 的线性函数：

$$f'(\boldsymbol{x};\boldsymbol{y})=\langle\nabla f(\boldsymbol{x}),\boldsymbol{y}\rangle,\quad \forall\,\boldsymbol{y}.$$

特别地，对任意 $j=1,\cdots,n$，都有

$$\langle\nabla f(\boldsymbol{x}),\boldsymbol{e}_j\rangle=\lim_{\lambda\to 0}\frac{f(\boldsymbol{x}+\lambda\boldsymbol{e}_j)-f(\boldsymbol{x})}{\lambda}=\frac{\partial f}{\partial\xi_j}(\boldsymbol{x}),$$

其中 $\boldsymbol{e}_j$ 是 $n\times n$ 单位矩阵的第 $j$ 列向量，$\xi_j$ 表示 $\boldsymbol{x}$ 的第 $j$ 个元素，由此得到

$$\nabla f(\boldsymbol{x})=\left(\frac{\partial f}{\partial\xi_1}(\boldsymbol{x}),\cdots,\frac{\partial f}{\partial\xi_n}(\boldsymbol{x})\right).$$

所以，对任意 $\boldsymbol{y}=(\eta_1,\cdots,\eta_n)$ 都有

$$f'(\boldsymbol{x};\boldsymbol{y})=\frac{\partial f}{\partial\xi_1}(\boldsymbol{x})\eta_1+\cdots+\frac{\partial f}{\partial\xi_n}(\boldsymbol{x})\eta_n.$$

当 $f$ 是凸函数时，“梯度”这一概念与第 23 节和第 24 节中的“次梯度”概念之间有什么关系？它们之间的关系很简单。

**定理 25.1**　设 $f$ 是凸函数，$f$ 在点 $\boldsymbol{x}$ 处函数值有限。如果 $f$ 在 $\boldsymbol{x}$ 处可微，则 $\nabla f(\boldsymbol{x})$ 是 $f$ 在点 $\boldsymbol{x}$ 的唯一次梯度，特别，

$$f(\boldsymbol{z})\geqslant f(\boldsymbol{x})+\langle\nabla f(\boldsymbol{x}),\boldsymbol{z}-\boldsymbol{x}\rangle,\quad \forall\,\boldsymbol{z}.$$

相反，如果 $f$ 在 $\boldsymbol{x}$ 处有唯一次梯度，那么 $f$ 在 $\boldsymbol{x}$ 处可微。

**证明**　首先假设 $f$ 在 $\boldsymbol{x}$ 处可微，那么 $f'(\boldsymbol{x};\ \cdot\ )$ 是线性函数 $\langle\nabla f(\boldsymbol{x}),\cdot\rangle$。根据定理 23.2，在 $\boldsymbol{x}$ 处的次梯度是满足

$$\langle\nabla f(\boldsymbol{x}),\boldsymbol{y}\rangle\geqslant\langle\boldsymbol{x}^*,\boldsymbol{y}\rangle,\forall\,\boldsymbol{y}$$

的向量 $x^*$，且满足这个条件当且仅当 $x^*=\nabla f(x)$。因而$\nabla f(x)$ 是 $f$ 在 $x$ 处的次梯度。另一方面，假设 $f$ 在 $x$ 处有唯一次梯度 $x^*$。定义凸函数 $g$：

$$g(y)=f(x+y)-f(x)-\langle x^*,y\rangle.$$

则 $\mathbf{0}$ 是 $g$ 在原点的唯一次梯度。这说明需要证明

$$\lim_{y\to 0}\frac{g(y)}{|y|}=0.$$

$g'(\mathbf{0};\cdot)$的闭包是$\partial g(\mathbf{0})$的支撑函数，此处$\partial g(\mathbf{0})$为常函数 0（定理 23.2）。除有效域的边界点外，$g'(\mathbf{0};\cdot)$不可能与其闭包上的值不同，所以 $g'(\mathbf{0};\cdot)$恒等于 0，且

$$0=g'(\mathbf{0};u)=\lim_{\lambda\downarrow 0}[g(\lambda u)-g(\mathbf{0})]/\lambda,\quad \forall u.$$

此时 $g(\mathbf{0})=0$且差商是关于 $\lambda$ 的非减函数。当 $\lambda$ 递减到 0 时，凸函数 $h_\lambda$ 按点递减到常函数 0，其中

$$h_\lambda(u)=g(\lambda u)/\lambda,\lambda>0.$$

设 $B$ 表示欧氏单位球，$\{a_1,\cdots,a_m\}$为任意有限点集，其凸包包含 $B$。任意 $u\in B$ 都可以表示成凸组合：

$$u=\lambda_1 a_1+\cdots+\lambda_m a_m$$

且有

$$0\leqslant h_\lambda(u)\leqslant\sum_{i=1}^{m}\lambda_i h_\lambda(a_i)\leqslant\max\{h_\lambda(a_i)\mid i=1,\cdots,m\}.$$



对任意 $i$，当 $\lambda\downarrow 0$ 时，$h_\lambda(a_i)$ 递减趋向于 0，所以，当 $\lambda\downarrow 0$ 时，$h_\lambda(u)$ 对 $u\in B$ 一致递减趋向于 0。对任意给定 $\varepsilon>0$，存在 $\delta>0$ 使

$$g(\lambda u)/\lambda\leqslant\varepsilon,\forall\lambda\in(0,\delta],\forall u\in B.$$

由于任意一个满足$0<|y|\leqslant\delta$ 的向量 $y$ 都可以表示为$\lambda u$，其中 $\lambda=|y|$且 $u\in B$，所以，对任意满足 $0<|y|\leqslant\delta$ 的向量 $y$ 都有 $g(y)/|y|\leqslant\varepsilon$。这就证明了前面所述的 $g(y)/|y|$的极限是 0。

**推论 25.1.1**　设 $f$ 是凸函数，$f$ 在给定点 $x$ 处函数值有限且可微，则 $f$ 是正常的且 $x\in\operatorname{int}(\operatorname{dom}f)$。

**证明**　定理中的不等式说明，对任意 $z$ 都有 $f(z)>-\infty$。从而，$f$ 是正常的。由可微性的定义易得如果 $f$ 在点 $x$ 处可微，那么 $f$ 一定在点 $x$ 某邻域内有限。

正如在 $\operatorname{int}(\operatorname{dom}f)$ 上 $f$ 与 $\operatorname{cl}f$ 一致一样，由推论 25.1.1 易见梯度映射$\nabla f$ 与 $\nabla(\operatorname{cl}f)$ 一致。

**推论 25.1.2**　设 $f$ 是 $\mathbf{R}^n$ 上的闭正常凸函数，则凸集 $\operatorname{epi}f^*$ 在 $\mathbf{R}^{n+1}$ 内的暴露点（exposed points）是形如$(x^*,f^*(x^*))$的点，其满足存在 $x$，使 $f$ 在 $x$ 处可微且$\nabla f(x)=x^*$。

**证明**　由于$(\operatorname{cl}f)^*=f^*$及$\nabla(\operatorname{cl}f)=\nabla f$，因此，可假定 $f$ 是闭的。根据定义，$(x^*,\mu^*)$ 是 $\operatorname{epi}f^*$ 的暴露点当且仅当存在 $\operatorname{epi}f^*$ 的支撑超平面 $H$，使得其与 $\operatorname{epi}f^*$ 的交点只有 $(x^*,\mu^*)$。这样的 $H$ 一定不是垂直的且 $\mu^*$ 一定是 $f^*(x^*)$。事实上，$H$ 一定为某个仿射函数$\langle x,\cdot\rangle-\mu$ 的图，其满足 $x\in\partial f^*(x^*)$，但是当

$x^* \neq z^*$ 时 $x \notin \partial f^*(z^*)$。由定理 23.5 知道，这个条件说明 $x^*$ 是$\partial f(x)$的唯一元素。因此，由定理可得 epi$f^*$ 的暴露点是形如$(x^*, f^*(x^*))$的点，存在 $x$，使 $x^*$ 是$\partial f(x)$的唯一元素。

**推论 25.1.3** 设 $C$ 是非空闭凸集，$g$ 是任意正齐次正常凸函数并满足

$$C=\{z \mid \langle y,z\rangle \leqslant g(y), \forall y\}.$$

（特别地，$g$ 可以取为 $C$ 的支撑函数），则 $z$ 是 $C$ 的暴露点当且仅当存在点 $y$ 使 $g$ 在 $y$ 处可微且$\nabla g(y)=z$。

**证明** 根据推论 13.2.1，$C$ 的指示函数是 $g^*$，对 $g$ 应用前面的推论即可得证。

**定理 25.2** 设 $f$ 是 $\mathbf{R}^n$ 上的凸函数，$f$ 在点 $x$ 处函数值有限，则 $f$ 在 $x$ 处可微的充要条件是方向导数 $f'(x;\cdot)$是线性函数。而且，如果只有在 $x$ 处的双边偏导数存在且有限，那么这个条件也成立。

**证明** 如果 $f'(x;\cdot)$是线性的，它是闭凸函数且等于$\partial f(x)$的支撑函数（定理 23.2），则$\partial f(x)$一定只含有一个点，由定理 25.1，这说明 $f$ 在 $x$ 处可微。为完成定理证明，只需证明由$\partial f/\partial \xi_j$ 在 $x$ 点的存在性和有限性说明 $f'(x;\cdot)$是线性的。用 $e_j$ 表示 $n\times n$ 单位矩阵的第 $j$ 列向量，则有

$$f'(x;e_j)=\frac{\partial f}{\partial \xi_j}(x)=-f'(x;-e_j), j=1,\cdots,n.$$

因而，$f'(x;\cdot)$的有效域包含$\pm e_j$ 这 $2n$ 个向量，由正齐次性知道它也包含$\pm e_j$ 的正数倍。由于有效域是凸的，它一定是整个 $\mathbf{R}^n$。所以，$f'(x;\cdot)$是正常的，否则恒等于$-\infty$（定理 7.2）。定理 4.8 保证了线性性。

下面将指出关于双边方向导数和梯度的存在性的结论也可以由第 24 节中的连续性定理推得。

**定理 25.3** 设 $f$ 是定义在实轴的开区间 $I$ 上的有限凸函数，$D$ 是 $I$ 的子集，且在 $D$ 上（通常的双边）导数 $f'$存在，则 $D$ 包含 $I$ 上除了最多可数多个外所有的点（特别地，$D$ 在 $I$ 中稠密），且 $f'$关于 $D$ 连续非减。

**证明** 将 $f$ 拓展为 $\mathbf{R}$ 上的闭正常凸函数。由定理 24.1，$f'_+(x)=f'_-(x)$当且仅当 $f'_+$在 $x$ 处连续。从而，$D$ 由 $I$ 中 $f'_+$的连续点组成。$I$ 中不属于 $D$ 的点是 $f'_+$的跳跃点，且这样的点只有可数多个。$f'$与 $f'_+$在 $D$ 上一致，所以 $f'$关于 $D$ 连续非减。

**定理 25.4** 设 $f$ 是 $\mathbf{R}^n$ 上定义的闭正常凸函数。给定 $y\neq 0$，令 $D$ 表示 int(dom$f$) 内满足 $f'(x;y)=-f'(x;-y)$的点 $x$ 构成的集合，即通常的双边方向导数：

$$\lim_{\lambda\to 0}\frac{f(x+\lambda y)-f(x)}{\lambda}$$

存在，则 $D$ 正好由 int(dom$f$) 内使得 $f'(x;y)$在 $x$ 点连续的点 $x$ 组成，且 $D$ 在

int(dom$f$) 中稠密。事实上，$D$ 在 int(dom$f$) 内的补集为零测度集，且可以表示成可数多个相对于 int(dom$f$) 为闭的集合 $S_k$ 的并，且在沿含有任何 $S_k$ 中多于有限个点的方向 $\boldsymbol{y}$ 的直线上不存在有界的直线区间。

**证明**　考虑到推论 24.5.1，int(dom$f$) 内使得 $f'(\boldsymbol{x};\boldsymbol{y})$关于 $\boldsymbol{x}$ 连续的点与 $f'(\boldsymbol{x};\boldsymbol{y})$关于 $\boldsymbol{x}$ 下半连续的点相同。然而，我们认为

$$\liminf_{\boldsymbol{z}\to\boldsymbol{x}} f'(\boldsymbol{z};\boldsymbol{y})=-f'(\boldsymbol{x};-\boldsymbol{y}),\ \forall\,\boldsymbol{x}\in\operatorname{int}(\operatorname{dom}f).$$

证明上述关系便可证明定理中的连续性结论。首先，$\geqslant$关系一定成立。因为，由定理 23.1 知道，对 dom$f$ 内任意 $\boldsymbol{z}$ 都有 $f'(\boldsymbol{z};\boldsymbol{y})\geqslant -f'(\boldsymbol{z};-\boldsymbol{y})$，且 $f'(\boldsymbol{z};-\boldsymbol{y})$在 int(dom$f$)上关于 $\boldsymbol{z}$ 上半连续。另一方面，$\leqslant$也一定成立。因为，对一维凸函数 $g(\lambda)=f(\boldsymbol{x}+\lambda\boldsymbol{y})$有

$$\lim_{\lambda\uparrow 0} f'(\boldsymbol{x}+\lambda\boldsymbol{y};\boldsymbol{y})=\lim_{\lambda\uparrow 0} g'_+(\lambda)=g'_-(0)=-f'(\boldsymbol{x};-\boldsymbol{y})$$

(定理 24.1)。因此，上述的“liminf”关系成立。下面将说明，$D$ 在 int(dom$f$) 内的补集可如何按照定理中的方式表示。该补集由 int(dom$f$) 内满足

$$0<f'(\boldsymbol{x};\boldsymbol{y})+f'(\boldsymbol{x};-\boldsymbol{y})=h(\boldsymbol{x})$$

的点组成。因此，它是一列递增集合

$$S_k=\{\boldsymbol{x}\in\operatorname{int}(\operatorname{dom}f)\,|\,h(\boldsymbol{x})\geqslant 1/k\},k=1,2,\cdots$$



的并集。作为两个关于 $\boldsymbol{x}$ 的上半连续函数的和，$h$ 本身在 int(dom$f$) 上也上半连续。因而，每一个 $S_k$ 相对于 int(dom$f$) 是闭的（且是可测集）。对任意给定 $\boldsymbol{x}\in\mathbf{R}^n$，设 $L_{\boldsymbol{x}}$ 表示沿 $\boldsymbol{y}$ 的方向穿过 $\boldsymbol{x}$ 的线。假设 $L_{\boldsymbol{x}}$ 与 $S_k$ 相交，将 $f$ 限制在 $L_{\boldsymbol{x}}$ 上可得如上所述的一维凸函数 $g$，且 $L_{\boldsymbol{x}}\cap S_k$ 中的点 $\boldsymbol{z}=\boldsymbol{x}+\lambda\boldsymbol{y}$ 与满足 $g'_+(\lambda)-g'_-(\lambda)\geqslant 1/k$ 的点 $\lambda$ 相对应。定理 24.1 中的不等式保证任意有界区间内只有有限多个这样的点。这就证明了每个 $S_k$ 都有所期望的相交的性质，这说明 $S_k$ 为零测度。($S_k$ 的测度可以通过对关于 $\boldsymbol{x}\in S'_k$ 的函数 $L_{\boldsymbol{x}}\cap S_k$ 的测度求积分而得到，其中 $S'_k$ 表示 $S_k$ 在 $\mathbf{R}^n$ 中与 $\boldsymbol{y}$ 正交的子空间上的投影。) $D$ 在 int(dom$f$) 内的补集是这些集合 $S_k$ 的并，所以它的测度也一定是零。特别地，这个补集可能没有内点，所以 $D$ 在 int(dom$f$) 内稠密。

下面给出关于凸函数梯度的重要定理。

**定理 25.5**　设 $f$ 是 $\mathbf{R}^n$ 上的闭正常凸函数，$D$ 是 $f$ 的所有次可微点构成的集合，则 $D$ 是 int(dom$f$) 的稠密子集，且它在 int(dom$f$) 内的补集是零测度集，且梯度映射$\nabla f:\boldsymbol{x}\to\nabla f(\boldsymbol{x})$在 $D$ 上连续。

**证明**　用 $\boldsymbol{e}_1,\cdots,\boldsymbol{e}_n$ 表示 $n\times n$ 单位矩阵的列。对 $\boldsymbol{y}=\boldsymbol{e}_j$ 应用定理 25.4 可知 int(dom$f$) 的子集 $D_j$ 在 int(dom$f$) 内有零测度补集，其中$\partial f/\partial\xi_j$ 存在。这些补集关于 $j=1,\cdots,n$ 的并集同样为零测度，它是集合 $D_1\cap\cdots\cap D_n$ 的补集，由定理 25.2 知道，后者就是 $D$。特别地，$D$ 在 int(dom$f$) 内的补集没有内点，即 $D$ 在 int(dom$f$) 内稠密。由定理 25.4 知道每个偏导函数$\partial f/\partial\xi_j$ 在相应的 $D_j$ 上都连

续，所以这 $n$ 个偏导函数都在 $D$ 上连续。因为 $\nabla f(\boldsymbol{x})$ 是由一阶偏导数所构成的向量，所以 $\nabla f$ 在 $D$ 上连续。

**推论 25.5.1**　设 $f$ 是为定义在开凸集 $C$ 上的有限凸函数。如果 $f$ 在 $C$ 上可微，那么 $f$ 在 $C$ 上连续可微。

从拓扑学的角度，定理中 25.5 中的集合 $D$ 是一个 $G_\delta$，即可数多个开集的交集。事实上，从证明过程知 $D$ 是集合 $D_1,\cdots,D_n$ 的交集，由定理 25.4 知道每个集合都是 $G_\delta$ 的。

下面将证明当 $f$ 闭且 $\nabla f$ 非空时，凸函数 $f$ 的所有次微分映射 $\partial f$ 可以通过梯度映射 $\nabla f$ 而构造。

**定理 25.6**　设 $f$ 是闭正常凸函数，且 dom $f$ 的内部非空，则

$$\partial f(\boldsymbol{x})=\mathrm{cl}(\mathrm{conv}S(\boldsymbol{x}))+K(\boldsymbol{x}),\forall \boldsymbol{x},$$

其中，$K(\boldsymbol{x})$ 是 dom$f$ 在 $\boldsymbol{x}$ 处的法锥（若 $\boldsymbol{x}\notin \mathrm{dom}f$，则是空集），$S(\boldsymbol{x})$ 是形如 $\nabla f(\boldsymbol{x}_1),\nabla f(\boldsymbol{x}_2),\cdots$ 的点列所有极限构成的集合，使 $f$ 在 $\boldsymbol{x}_i$ 点可微且 $\boldsymbol{x}_i$ 趋向于 $\boldsymbol{x}$。

**证明**　因为 $\partial f$ 的图是闭的（定理 24.4），所以对任意 $\boldsymbol{x}$ 都有 $S(\boldsymbol{x})\subset\partial f(\boldsymbol{x})$。因为 $\partial f(\boldsymbol{x})$ 是闭凸集，这意味着 $\mathrm{cl}(\mathrm{conv}S(\boldsymbol{x}))$ 包含于 $\partial f(\boldsymbol{x})$。下面将注意到，对满足 $\partial f(\boldsymbol{x})\neq\varnothing$ 的任意 $\boldsymbol{x}$（从而 $\boldsymbol{x}\in\mathrm{dom}f$），$K(\boldsymbol{x})$ 都是 $\partial f(\boldsymbol{x})$ 的回收锥。事实上，对任意给定 $\boldsymbol{x}^*\in\partial f(\boldsymbol{x})$，$\partial f(\boldsymbol{x})$ 的回收锥由所有满足

$$\boldsymbol{x}^*+\lambda\boldsymbol{y}^*\in\partial f(\boldsymbol{x}),\forall\lambda\geqslant0,$$

即

$$f(\boldsymbol{z})\geqslant f(\boldsymbol{x})+\langle\boldsymbol{x}^*+\lambda\boldsymbol{y}^*,\boldsymbol{z}-\boldsymbol{x}\rangle,\forall\boldsymbol{z},\forall\lambda\geqslant0,$$

的向量 $\boldsymbol{y}^*$ 组成（定理 8.3）。上述条件当且仅当

$$\langle\boldsymbol{y}^*,\boldsymbol{z}-\boldsymbol{x}\rangle\leqslant0,\forall\boldsymbol{z}\in\mathrm{dom}f$$

时成立。由定义知道 $\boldsymbol{y}^*\in K(\boldsymbol{x})$。因此，

$$\mathrm{cl}(\mathrm{conv}S(\boldsymbol{x}))+K(\boldsymbol{x})\subset\partial f(\boldsymbol{x})+K(\boldsymbol{x})=\partial f(\boldsymbol{x}).$$

下面证明反向包含关系也成立。由于 $\mathrm{int}(\mathrm{dom}f)$ 非空，$K(\boldsymbol{x})$ 不包含直线，这说明 $\partial f(\boldsymbol{x})$ 本身不包含直线，因为对任意 $\boldsymbol{x}^*\in\partial f(\boldsymbol{x})$，$\boldsymbol{x}^*+K(\boldsymbol{x})$ 都包含于 $\partial f(\boldsymbol{x})$。由定理 18.5 知道，$\partial f(\boldsymbol{x})$ 是其极点和端方向的凸包。由定理 18.6 知道 $\partial f(\boldsymbol{x})$ 的每个极点都是暴露点的极限。另一方面，方向为 $\partial f(\boldsymbol{x})$ 的端方向的每个向量都属于 $\partial f(\boldsymbol{x})$ 的回收锥（由定理 8.3，$\partial f(\boldsymbol{x})$ 是闭的），即属于凸锥 $K(\boldsymbol{x})$。从而，

$$\partial f(\boldsymbol{x})\subset(\mathrm{conv}(\mathrm{cl}E))+K(\boldsymbol{x}),$$

其中 $E$ 是 $\partial f(\boldsymbol{x})$ 的所有暴露点构成的集合。当然，$\mathrm{conv}(\mathrm{cl}E)\subset\mathrm{cl}(\mathrm{conv}E)$，由于 $\mathrm{conv}(\mathrm{cl}E))$ 是包含 $\mathrm{cl}E$ 的凸集，所以，

$$\partial f(\boldsymbol{x})\subset(\mathrm{conv}(\mathrm{cl}E))+K(\boldsymbol{x})$$

因此，欲证

$$\partial f(\boldsymbol{x})\subset\mathrm{cl}(\mathrm{conv}S(\boldsymbol{x}))+K(\boldsymbol{x})$$

只需证 $E\subset S(\boldsymbol{x})$，即 $\partial f(\boldsymbol{x})$ 的每个暴露点都可以表示成是当 $\boldsymbol{x}_i$ 趋向于 $\boldsymbol{x}$ 时，梯度

序列$\nabla f(\boldsymbol{x}_i)$ 的极限。

对给定$\partial f(\boldsymbol{x})$的任意暴露点 $\boldsymbol{x}^*$，都存在$\partial f(\boldsymbol{x})$的支撑超平面使其与$\partial f(\boldsymbol{x})$只在 $\boldsymbol{x}^*$ 处相交。因而，存在$|\boldsymbol{y}|=1$ 的向量 $\boldsymbol{y}$ 使 $\boldsymbol{y}$ 在 $\boldsymbol{x}^*$ 处与$\partial f(\boldsymbol{x})$正交，而在其他任何点处都与$\partial f(\boldsymbol{x})$不正交，即

$$\langle \boldsymbol{y},\boldsymbol{x}^*\rangle > \langle \boldsymbol{y},\boldsymbol{z}^*\rangle,\ \forall \boldsymbol{z}^*\in\partial f(\boldsymbol{x}),\boldsymbol{z}^*\neq\boldsymbol{x}^*.$$

因为 $K(\boldsymbol{x})$ 是$\partial f(\boldsymbol{x})$的回收锥，后面关于 $\boldsymbol{y}$ 的一条件说明

$$\langle \boldsymbol{y},\boldsymbol{y}^*\rangle<0,\ \forall \boldsymbol{y}^*\in K(\boldsymbol{x}),\boldsymbol{y}^*\neq\boldsymbol{0}.$$

因此［由于 $K(\boldsymbol{x})$ 也是 $\mathrm{dom} f$ 在 $\boldsymbol{x}$ 处的法锥］，不存在向量 $\boldsymbol{y}^*\neq\boldsymbol{0}$ 使对任意 $\boldsymbol{z}\in\mathrm{dom} f$ 及 $\alpha\geqslant 0$ 都有

$$\langle \boldsymbol{z},\boldsymbol{y}^*\rangle\leqslant\langle \boldsymbol{x},\boldsymbol{y}^*\rangle\leqslant\langle \boldsymbol{x}+\alpha\boldsymbol{y},\boldsymbol{y}^*\rangle,$$

也就是说半直线$\{\boldsymbol{x}+\alpha\boldsymbol{y}\mid\alpha\geqslant 0\}$不能从 $\mathrm{dom} f$ 中分离。由定理 11.3，这条半直线一定与 dom $f$ 的（非空）内部相交。从而（由定理 6.1 及事实 $\boldsymbol{x}\in\mathrm{dom} f$）存在 $\alpha>0$，使当 $0<\varepsilon\leqslant\alpha$ 时 $\boldsymbol{x}+\varepsilon\boldsymbol{y}\in\mathrm{int}(\mathrm{dom} f)$。任意取趋向于 0 的点列 $\varepsilon_1,\varepsilon_2,\cdots$，使得对所有 $i$ 都有 $0<\varepsilon_i\leqslant\alpha$。由定理 25.5 知道 $f$ 在 $\mathrm{int}(\mathrm{dom} f)$ 的某个稠密子集上可微，从而对任意 $i$ 存在 $\boldsymbol{x}_i\neq\boldsymbol{x}$ 使 $f$ 在 $\boldsymbol{x}_i$ 处可微且

$$|\boldsymbol{x}_i-(\boldsymbol{x}+\varepsilon_i\boldsymbol{y})|<\varepsilon_i^2,$$

进而可得

$$\lim_{i\to\infty}\boldsymbol{x}_i=\boldsymbol{x},$$

$$\lim_{i\to\alpha}|\boldsymbol{x}_i-\boldsymbol{x}|^{-1}(\boldsymbol{x}_i-\boldsymbol{x})=\boldsymbol{y},$$



由定理 24.6 知道，这说明任意给定 $\varepsilon>0$，当指标 $i$ 充分大时，

$$\partial f(\boldsymbol{x}_i)\subset\partial f(\boldsymbol{x})_{\boldsymbol{y}}+\varepsilon B,$$

其中 $B$ 表示闭欧氏单位球，$\partial f(\boldsymbol{x})_{\boldsymbol{y}}$ 是$\partial f(\boldsymbol{x})$中以 $\boldsymbol{y}$ 为法向量的所有点构成的集合。这里$\partial f(\boldsymbol{x}_i)$只包含$\nabla f(\boldsymbol{x}_i)$（定理 25.1），$\partial f(\boldsymbol{x})_{\boldsymbol{y}}$ 只包含 $\boldsymbol{x}^*$。因而，任意给定 $\varepsilon>0$，对充分大的指标 $i$ 有

$$|\nabla f(\boldsymbol{x}_i)-\boldsymbol{x}^*|<\varepsilon.$$

这说明

$$\lim_{i\to\infty}\nabla f(\boldsymbol{x}_i)=\boldsymbol{x}^*.$$

又因为 $\boldsymbol{x}^*$ 是$\partial f(\boldsymbol{x})$的任意暴露点 $\boldsymbol{x}^*$。定理得证。

一般地，如果 $f_1,f_2,\cdots$为定义在开区间 $I$ 上的可微函数列，并点态收敛于定义在 $I$ 上的可微函数 $f$，则导数列 $f'_1,f'_2,\cdots$不一定收敛于 $f'$且有可能发散。然而，如果函数 $f'_1,f'_2,\cdots$是凸的，则不仅收敛于 $f'$而且在 $I$ 的每一个有界闭子区间上一致收敛。这是下面定理的推论。

**定理 25.7**　设 $C$ 是开凸集，$f$ 是 $C$ 上的可微有限凸函数，$f_1,f_2,\cdots$是 $C$ 上定义的一列可微有限凸函数，其满足对任意 $\boldsymbol{x}\in C$ 都有 $\lim\limits_{i\to\infty}f_i(\boldsymbol{x})=f(\boldsymbol{x})$。则

$$\lim_{i\to\infty}\nabla f_i(\boldsymbol{x})=\nabla f(\boldsymbol{x}),\ \forall\boldsymbol{x}\in C.$$

事实上，映射$\nabla f_i$在$C$的每个有界闭子集上都一致收敛于$\nabla f$。

**证明** 设$S$是$C$中的有界闭子集。只需证$f_i$的偏导数在$S$上一致收敛于函数$f$。需证，对任意给定向量$\boldsymbol{y}$及$\varepsilon>0$，存在下标$i_0$使

$$|\langle\nabla f_i(\boldsymbol{x}),\boldsymbol{y}\rangle-\langle\nabla f(\boldsymbol{x}),\boldsymbol{y}\rangle|\leqslant\varepsilon,\forall i\geqslant i_0,\forall \boldsymbol{x}\in S,$$

其可以写成下面两个不等式：

$$\langle\nabla f_i(\boldsymbol{x}),\boldsymbol{y}\rangle\leqslant\langle\nabla f(\boldsymbol{x}),\boldsymbol{y}\rangle+\varepsilon,$$

$$\langle\nabla f_i(\boldsymbol{x}),-\boldsymbol{y}\rangle\leqslant\langle\nabla f(\boldsymbol{x}),-\boldsymbol{y}\rangle+\varepsilon.$$

下面证明存在下标$i_1$，使对任意$i\geqslant i_1$及$\boldsymbol{x}\in S$第一个等式都成立。同样，针对第二个等式可以找到下标$i_2$，可以取$i_1$和$i_2$中的较大者作为所需的$i_0$。反之，假设满足要求的$i_1$不存在，那么，存在无穷多个$i$及相应的$\boldsymbol{x}_i\in S$使

$$\langle\nabla f_i(\boldsymbol{x}_i),\boldsymbol{y}\rangle>\langle\nabla f(\boldsymbol{x}_i),\boldsymbol{y}\rangle+\varepsilon,$$

必要时考虑其子列，可以假设上式对任意$i$都成立，且被选子列$x_1,x_2,\cdots$收敛于$S$上的点$\boldsymbol{x}$。选择充分小的$\lambda>0$使$\boldsymbol{x}+\lambda\boldsymbol{y}\in C$，则当$i$充分大时有$\boldsymbol{x}_i+\lambda\boldsymbol{y}\in C$且

$$\langle\nabla f_i(\boldsymbol{x}_i),\boldsymbol{y}\rangle\leqslant[f_i(\boldsymbol{x}_i+\lambda\boldsymbol{y})-f_i(\boldsymbol{x}_i)]/\lambda.$$

函数$f_i$在$C$的有界闭子集上一致收敛于$f$（定理 10.8），$f$在$C$上连续说明$f_i(\boldsymbol{x}_i)$趋向于$f(\boldsymbol{x})$且$f_i(\boldsymbol{x}_i+\lambda\boldsymbol{y})$趋向于$f(\boldsymbol{x}+\lambda\boldsymbol{y})$。由定理 25.5 知道$\nabla f$连续，$\nabla f(\boldsymbol{x}_i)$趋向于$\nabla f(\boldsymbol{x})$。因此，

$$\begin{aligned}\langle\nabla f(\boldsymbol{x}),\boldsymbol{y}\rangle+\varepsilon&=\lim_{i\to\infty}\langle\nabla f(\boldsymbol{x}_i),\boldsymbol{y}\rangle+\varepsilon\\&\leqslant\limsup_{i\to\infty}\langle\nabla f(\boldsymbol{x}_i),\boldsymbol{y}\rangle\\&\leqslant\lim_{i\to\infty}[f_i(\boldsymbol{x}_i+\lambda\boldsymbol{y})-f_i(\boldsymbol{x}_i)]/\lambda\\&=[f(\boldsymbol{x}+\lambda\boldsymbol{y})-f(\boldsymbol{x})]/\lambda.\end{aligned}$$

由假设，上式对任意充分小的$\lambda>0$都成立。但是，

$$\langle\nabla f(\boldsymbol{x}),\boldsymbol{y}\rangle=f'(\boldsymbol{x};\boldsymbol{y})=\lim_{\lambda\downarrow 0}[f(\boldsymbol{x}+\lambda\boldsymbol{y})-f(\boldsymbol{x})]/\lambda,$$

所以这是不可能的。

注意到，在定理 25.7 的假设中，只需对任意$\boldsymbol{x}\in C'$，$f_i(\boldsymbol{x})$收敛到$f(\boldsymbol{x})$即可，其中$C'$是$C$的稠密子集。由定理 10.8 及$C$上有限凸函数的连续性说明，对任意$\boldsymbol{x}\in C$，$f_i(\boldsymbol{x})$收敛于$f(\boldsymbol{x})$。

## 第 26 节 Legendre 变换

可微函数的经典 Legendre 变换，定义了一种与凸函数的共轭密切相关的对应关系。我们将根据凸函数的广义微分理论来研究 Legendre 变换。我们将证明使其有定义并且为对合的情形本质上就是凸函数的次微分映射（Subdifferential mapping）为单值的，事实上，为一一对应的情况。

多值映射$\rho$，就是对于每个$\boldsymbol{x}\in\mathbf{R}^n$对应一个集合$\rho(\boldsymbol{x})\subset\mathbf{R}^n$，当对每个$\boldsymbol{x}$，

$\rho(\boldsymbol{x})$ 最多包含单个元素 $\boldsymbol{x}^*$，则称其为单值（single-valued）映射。（从而，$\rho$ 可以退化为 $\mathrm{dom}\rho=\{\boldsymbol{x}\mid\rho(\boldsymbol{x})\neq\varnothing\}$ 上的一般函数，但不要求 $\mathrm{dom}\rho$ 是整个 $\mathbf{R}^n$。）如果 $\rho$ 和 $\rho^{-1}$ 都是单值映射，$\rho$ 称为一一（one-to-one）映射。这里 $\rho^{-1}$ 表示 $\rho$ 的逆映射，多值映射的逆映射定义为

$$\rho^{-1}(\boldsymbol{x}^*)=\{\boldsymbol{x}\mid\boldsymbol{x}^*\in\rho(\boldsymbol{x})\}$$

因此，$\rho$ 是一一映射当且仅当集合

$$\mathrm{graph}\rho=\{(\boldsymbol{x},\boldsymbol{x}^*)\in\mathbf{R}^{2n}\mid\boldsymbol{x}^*\in\rho(\boldsymbol{x})\}$$

不含有两个都以 $\boldsymbol{x}$ 为坐标的不同的点对，或者不包含两个不同的点对含有同一元素 $\boldsymbol{x}^*$。

如果 $\mathbf{R}^n$ 上推广的实值函数 $f$ 在 $\mathbf{R}^n$ 上有限且在整个 $\mathbf{R}^n$ 上可微，则称为光滑的。如果正常凸函数 $f$ 对 $C=\mathrm{int}(\mathrm{dom}f)$ 满足下面三个条件：

(a) $C$ 非空；

(b) $f$ 在整个 $C$ 上可微；

(c) 对 $C$ 内任意收敛于 $C$ 的边界点 $\boldsymbol{x}$ 的点列 $\boldsymbol{x}_1,\boldsymbol{x}_2,\cdots$，都有 $\lim\limits_{i\to\infty}|\nabla f(\boldsymbol{x}_i)|=+\infty$，则称为本质光滑的。易见，$\mathbf{R}^n$ 上的光滑凸函数是特殊的本质光滑函数［因为 (c) 显然满足］。



**定理 26.1**　设 $f$ 是闭正常凸函数，则 $\partial f$ 为单值映射当且仅当 $f$ 是本质光滑的。在这种情况下，$\partial f$ 退化为梯度映射 $\nabla f$，即当 $\boldsymbol{x}\in\mathrm{int}(\mathrm{dom}f)$ 时，$\partial f(\boldsymbol{x})$ 只包含向量 $\nabla f(\boldsymbol{x})$，而当 $\boldsymbol{x}\notin\mathrm{int}(\mathrm{dom}f)$ 时 $\partial f(\boldsymbol{x})=\varnothing$。

**证明**　由定理 25.1，映射 $\partial f$ 是单值映射当且仅当 $\partial f$ 处处可以退化为 $\nabla f$。这个判据就是只要 $f$ 不可微，$\partial f(\boldsymbol{x})$ 就是空集。当 $\boldsymbol{x}\in\mathrm{ri}(\mathrm{dom}f)$ 时，$\partial f(\boldsymbol{x})\neq\varnothing$，意思是 $f$ 在整个 $\mathrm{ri}(\mathrm{dom}f)$ 上都可微，$f$ 的所有可微点都属于 $\mathrm{int}(\mathrm{dom}f)$。因而，$\partial f$ 是单值映射当且仅当对于 $C=\mathrm{in}(\mathrm{dom}f)$，上述条件 (a) 和 (b) 满足，而当 $\boldsymbol{x}\notin C$ 时，$\partial f(\boldsymbol{x})=\varnothing$。当然，对 $\boldsymbol{x}\notin\mathrm{dom}f$，$\partial f(\boldsymbol{x})$ 总是空集。只需说明［假设 (a) 和 (b) 满足］，对 $C$ 的任意给定边界点 $\boldsymbol{x}$，条件 (c) 不满足当且仅当 $\partial f(\boldsymbol{x})\neq\varnothing$。如果 (c) 不满足，则存在收敛于 $\boldsymbol{x}$ 的点列 $\boldsymbol{x}_1,\boldsymbol{x}_2,\cdots$，使 $\nabla f(\boldsymbol{x}_1),\nabla f(\boldsymbol{x}_2),\cdots$ 有界。必要时可以删去部分子列，假设 $\nabla f(\boldsymbol{x}_i)$ 收敛于某向量 $\boldsymbol{x}^*$。$\boldsymbol{x}^*$ 一定属于 $\partial f(\boldsymbol{x})$（定理 24.4），所以 $\partial f(\boldsymbol{x})\neq\varnothing$。反过来，如果 $\partial f(\boldsymbol{x})\neq\varnothing$，那么由定理 25.6，$\partial f(\boldsymbol{x})$ 包含某点列 $\nabla f(\boldsymbol{x}_1),\nabla f(\boldsymbol{x}_2),\cdots$ 的极限，所以条件 (c) 不满足。

可以不用梯度的范数而从方向导数角度来描述本质光滑的定义。

**引理 26.2**　本质光滑（Essentially smooth）定义中的条件 (c) 等价于下面条件［假设 (a) 和 (b) 满足］：

(c′) 对任意 $\boldsymbol{a}\in C$ 及 $C$ 的任意边界上的点 $\boldsymbol{x}$，当 $\lambda\downarrow 0$ 时都有

$$f'(\boldsymbol{x}+\lambda(\boldsymbol{a}-\boldsymbol{x});\boldsymbol{a}-\boldsymbol{x})\downarrow-\infty$$

**证明**　(c) 和 (c′) 都只描述了 $f$ 在开凸集 $C$ 上的特征，因此，不失一般性，

可以假设正常凸函数 $f$ 是闭的。设 $\boldsymbol{a}\in C$，$\boldsymbol{x}$ 是 $C$ 的边界点。正如定理 26.1 的证明过程中所得出的，$\boldsymbol{x}$ 不满足条件（c）当且仅当 $\partial f(\boldsymbol{x})\neq\varnothing$。另一方面，由定理 23.3 知道 $\partial f(\boldsymbol{x})\neq\varnothing$ 当且仅当 $f(\boldsymbol{x})<\infty$ 且对任意 $\boldsymbol{y}$ 都有 $f'(\boldsymbol{x};\boldsymbol{y})>-\infty$。因为当 $\boldsymbol{a}-\boldsymbol{x}$ 属于有效域的内部时，$f'(\boldsymbol{x};\cdot)$ 是凸函数，最后一条性质可以由 $f'(\boldsymbol{x};\boldsymbol{a}-\boldsymbol{x})>-\infty$ 简单得到（定理 7.2）。从而，$\boldsymbol{x}$ 不满足条件（c）当且仅当 $f(\boldsymbol{x})<\infty$ 且 $f'(\boldsymbol{x};\boldsymbol{a}-\boldsymbol{x})>-\infty$。而后者成立当且仅当 $\boldsymbol{x}$ 不满足条件（c′）。考虑 $\mathbf{R}$ 上的正常闭凸函数 $g: g(\lambda)=f(\boldsymbol{x}+\lambda(\boldsymbol{a}-\boldsymbol{x}))$。由定理 24.1 得

$$\lim_{\lambda\downarrow 0}f'(\boldsymbol{x}+\lambda(\boldsymbol{a}-\boldsymbol{x});\boldsymbol{a}-\boldsymbol{x})=\lim_{\lambda\downarrow 0}g'_+(\lambda)=g'_+(0),$$

其中（定理 24.1 中 $g'_+$ 的扩展定义），

$$g'_+(\mathbf{0})=\begin{cases}f'(\boldsymbol{x};\boldsymbol{a}-\boldsymbol{x}), & \text{当 } \mathbf{0}\in\operatorname{dom} g\text{，即 } \boldsymbol{x}\in\operatorname{dom} f \text{ 时}\\ -\infty, & \text{当 } \mathbf{0}\notin\operatorname{dom} g\text{，即 } \boldsymbol{x}\notin\operatorname{dom} f \text{ 时}\end{cases}$$

从而（c′）中的极限不是 $-\infty$，当且仅当 $\boldsymbol{x}\in\operatorname{dom} f$ 且 $f'(\boldsymbol{x};\boldsymbol{a}-\boldsymbol{x})>-\infty$。

下面给出定理 26.1 关于共轭对应的对偶。

凸集 $C$ 上定义的实值函数 $f$ 称为 $C$ 上的严格凸函数，如果对 $C$ 内任意两个互异的点 $\boldsymbol{x}_1$ 和 $\boldsymbol{x}_2$ 都有

$$f((1-\lambda)\boldsymbol{x}_1+\lambda\boldsymbol{x}_2)<(1-\lambda)f(\boldsymbol{x}_1)+\lambda f(\boldsymbol{x}_2),0<\lambda<1.$$

$\mathbf{R}^n$ 上的正常凸函数 $f$ 称为本质严格凸函数，如果 $f$ 在 $\{\boldsymbol{x}\mid\partial f(\boldsymbol{x})\neq\varnothing\}=\operatorname{dom}\partial f$ 的任意凸子集上都是严格凸。由定理 23.4，$\operatorname{ri}(\operatorname{dom} f)\subset(\operatorname{dom}\partial f)\subset\operatorname{dom} f$，这说明 $f$ 在 $\operatorname{ri}(\operatorname{dom} f)$ 上严格凸。（正如第 23 节中所指出的，$\operatorname{dom}\partial f$ 本身不一定是凸集。）

本质严格凸的闭正常凸函数不一定在整个凸集 $\operatorname{dom} f$ 上严格凸，例如：

$$f(\boldsymbol{x})=\begin{cases}(\xi_2^2/2\xi_1)-2\xi_2^{1/2}, & \text{当 } \xi_1>0,\xi_2\geqslant 0 \text{ 时}\\ 0, & \text{当 } \xi_1=0=\xi_2 \text{ 时}\\ +\infty, & \text{其他，其中，} \boldsymbol{x}=(\xi_1,\xi_2)\end{cases}$$

这里 $\operatorname{dom}\partial f$ 是开凸集，如 $\mathbf{R}^2$ 的正象限，且 $f$ 在 $\operatorname{dom}\partial f$ 上严格凸，而 $f$ 沿着 $\xi_1$ 轴恒等于零且非严格凸。注意到，$f$ 恰好不仅本质严格凸而且本质光滑。

闭正常凸函数 $f$ 也可能在 $\operatorname{ri}(\operatorname{dom} f)$ 上严格凸，但在 $\operatorname{dom}\partial f$ 的其他一些凸子集上非严格凸（从而在 $\mathbf{R}^n$ 上不是本质严格凸）的。例如：

$$f(\boldsymbol{x})=\begin{cases}(\xi_2^2/2\xi_1)+\xi_2^2, & \text{当 } \xi_1>0,\xi_2\geqslant 0 \text{ 时，}\\ 0, & \text{当 } \xi_1=\xi_2=0 \text{ 时，}\\ +\infty, & \text{其他，} \boldsymbol{x}=(\xi_1,\xi_2).\end{cases}$$

此时 $\operatorname{ri}(\operatorname{dom} f)$ 是 $\mathbf{R}^2$ 的正象限，$f$ 在此集合上严格凸，而 $\operatorname{dom}\partial f$ 包含 $\xi_1$ 的整个非负轴，这是个凸集，在这个凸集上 $f$ 为常数。

**定理 26.3** 闭正常凸函数本质严格凸当且仅当它的共轭为本质光滑。

**证明** 设 $f$ 是闭正常凸函数。由定理 23.5，共轭函数 $f^*$ 的次微分映射是

$(\partial f)^{-1}$，且由定理 26.1 知道此映射为单值映射当且仅当 $f^*$ 是本质光滑的。从而只需证，$f$ 本质严格凸当且仅当对任意 $\boldsymbol{x}_1\neq\boldsymbol{x}_2$ 都有 $\partial f(\boldsymbol{x}_1)\cap\partial f(\boldsymbol{x}_2)=\varnothing$。

首先假设 $f$ 非本质严格凸，则存在互异的两点 $\boldsymbol{x}_1$ 和 $\boldsymbol{x}_2$ 使对一切 $\boldsymbol{x}=(1-\lambda)\boldsymbol{x}_1+\lambda\boldsymbol{x}_2$，$0<\lambda<1$，都有 $\partial f(\boldsymbol{x})\neq\varnothing$ 且

$$f(\boldsymbol{x})=(1-\lambda)f(\boldsymbol{x}_1)+\lambda f(\boldsymbol{x}_2)$$

任取 $\boldsymbol{x}^*\in\partial f(\boldsymbol{x})$，用 $H$ 表示仿射函数 $h(\boldsymbol{z})=f(\boldsymbol{x})+\langle\boldsymbol{x}^*,\boldsymbol{z}-\boldsymbol{x}\rangle$ 的图。$H$ 是 epi$f$ 在 $(\boldsymbol{x},f(\boldsymbol{x}))$ 处的支撑超平面。现在，$(\boldsymbol{x},f(\boldsymbol{x}))$ 是 epi$f$ 上连接 $(\boldsymbol{x}_1,f(\boldsymbol{x}_1))$ 和 $(\boldsymbol{x}_2,f(\boldsymbol{x}_2))$ 的线段的相对内点，点 $(\boldsymbol{x}_1,f(\boldsymbol{x}_1))$ 和 $(\boldsymbol{x}_2,f(\boldsymbol{x}_2))$ 一定属于 $H$。从而 $\boldsymbol{x}^*\in\partial f(\boldsymbol{x}_1)$ 且 $\boldsymbol{x}^*\in\partial f(\boldsymbol{x}_2)$，因此，

$$\partial f(\boldsymbol{x}_1)\cap\partial f(\boldsymbol{x}_2)\neq\varnothing.$$

反过来，假设 $\boldsymbol{x}^*$ 属于 $\partial f(\boldsymbol{x}_1)\cap\partial f(\boldsymbol{x}_2)$，其中 $\boldsymbol{x}_1\neq\boldsymbol{x}_2$。对确定的 $\mu$[如 $\mu=f^*(\boldsymbol{x}^*)$]，$h(\boldsymbol{z})=\langle\boldsymbol{x}^*,\boldsymbol{z}\rangle-\mu$ 的图是包含 $(\boldsymbol{x}_1,f(\boldsymbol{x}_1))$ 和 $(\boldsymbol{x}_2,f(\boldsymbol{x}_2))$ 点的 epi$f$ 的非垂直支撑超平面。连接这两点的线段属于 $H$，$f$ 沿着连接 $\boldsymbol{x}_1$ 和 $\boldsymbol{x}_2$ 的线段不可能严格凸。对此线段上的每一点 $\boldsymbol{x}$，都有 $\boldsymbol{x}^*\in\partial f(\boldsymbol{x})$。因此 $f$ 非本质严格凸。

**推论 26.3.1**　设 $f$ 是闭正常凸函数，则 $\partial f$ 为一一映射当且仅当 $f$ 在 int(dom$f$) 上严格凸且本质光滑。

**证明**　由推论 23.5.1，$(\partial f)^{-1}=\partial f^*$，根据定理 26.1 可知道，$\partial f$ 为一一映射当且仅当 $f$ 和 $f^*$ 都是本质光滑的。由于 $f$ 是 $f^*$ 的共轭，$f^*$ 的本质光滑性等价于 $f$ 的本质严格凸性。当 $f$ 本质光滑时，根据定理 26.1，本质严格凸性可归为在 int(dom$f$) 上的严格凸性。



由定理 26.3 可以得到关于保持本质光滑性的其他结论。

**推论 26.3.2**　设 $f_1$ 和 $f_2$ 都是 $\mathbf{R}^n$ 上的闭正常凸函数，$f_1$ 是本质光滑的且

$$\mathrm{ri}\,(\mathrm{dom}f_1^*)\cap\mathrm{ri}\,(\mathrm{dom}\ f_2^*)\neq\varnothing$$

则 $f_1\Box f_2$ 也是本质光滑的。

**证明**　由定理 26.3，$f_1^*$ 是本质严格凸的。由定理 16.4 得

$$f_1\Box f_2=(f_1^*+f_2^*)^*.$$

又由定理 23.8 得

$$\partial(f_1^*+f_2^*)(\boldsymbol{x}^*)=\partial f_1^*(\boldsymbol{x}^*)+\partial f_2^*(\boldsymbol{x}^*),\forall\boldsymbol{x}^*.$$

特别地，后者说明

$$\mathrm{dom}\partial(f_1^*+f_2^*)\subset\mathrm{dom}\partial f_1^*.$$

结合 $f_1^*$ 的本质严格凸性，可得 $f_1^*+f_2^*$ 是本质严格凸的。因此，根据定理 26.3 可得，$(f_1^*+f_2^*)^*$ 是本质光滑的。

**推论 26.3.3**　$f$ 是 $\mathbf{R}^n$ 上的闭正常凸函数且本质光滑，$A$ 是从 $\mathbf{R}^n$ 到 $\mathbf{R}^m$ 的线性变换。如果存在 $\boldsymbol{y}^*\in\mathbf{R}^m$ 使 $A^*\boldsymbol{y}^*\in\mathrm{ri}(\mathrm{dom}f^*)$，那么 $\mathbf{R}^m$ 上的凸函数 $Af$ 是本质光滑的。

**证明**　根据定理 26.3，$f^*$ 是本质严格凸的。而由定理 16.3 有

$$Af=(f^*A^*)^*$$

且由定理 23.9 得

$$\partial(f^*A^*)(\boldsymbol{y}^*)=A\partial f^*(A^*\boldsymbol{y}^*),$$

所以

$$\mathrm{dom}\partial(f^*A^*)=A^{*-1}\mathrm{dom}\partial f^*,$$

这里的 $A^{*-1}$ 是单值映射（由于 $A$ 把 $\mathbf{R}^n$ 映射到 $\mathbf{R}^m$ 上），且由 $f^*$ 的本质严格凸性知道 $f^*A^*$ 是严格凸的。从而，由定理 26.3 可得$(f^*A^*)^*$ 是本质光滑的。

例如，推论 26.3.2 说明，如果 $C$ 是 $\mathbf{R}^n$ 内任意非空闭凸集且

$$f(\boldsymbol{x})=\inf\{|\boldsymbol{x}-\boldsymbol{y}|^p \mid \boldsymbol{y}\in C\},p>1,$$

那么，$f$ 是 $\mathbf{R}^n$ 上的可微凸函数（进而由定理 25.5.1 得，连续可微）。
比如 $f=f_1\square f_2$，其中，

$$f_1(\boldsymbol{x})=|\boldsymbol{x}|^p,f_2(\boldsymbol{x})=\delta(\boldsymbol{x}|C),$$

且 $\mathrm{dom}f_1^*$ 是整个 $\mathbf{R}^n$（推论 13.3.1）。

推论 26.3.3 说明，如果 $f$ 是 $\mathbf{R}^n$ 上任意（有限）可微凸函数，$A$ 是映 $\mathbf{R}^n$ 到 $\mathbf{R}^m$ 的线性变换，并满足

由 $A\boldsymbol{x}=0$ 且 $\boldsymbol{x}\neq\boldsymbol{0}$，有$(f0^+)(\boldsymbol{x})>0$，

那么，$Af$ 是 $\mathbf{R}^m$ 上的可微凸函数。[由推论 16.2.1，这里关于 $f0^+$ 的条件意思是 $A^*$ 的值域与 $\mathrm{ri}(\mathrm{dom}f^*$] 相交。）特别地，取 $A$ 为形如

$$(\xi_1,\cdots,\xi_m,\xi_{m+1},\cdots,\xi_n)\to(\xi_1,\cdots,\xi_m)$$

的投影，易见，如果 $f$ 是可微凸函数，且它的回收锥包含形如

$$(0,\cdots,0,\xi_{m+1},\cdots,\xi_n)$$

的非零向量，那么，如下定义的凸函数 $g$：

$$g(\xi_1,\cdots,\xi_m)=\inf_{\xi_{m+1},\cdots,\xi_n}f(\xi_1,\cdots,\xi_m,\xi_{m+1},\cdots,\xi_n)$$

在整个 $\mathbf{R}^m$ 上都（连续）可微。不用说，当 $f$ 非凸时，这种构造方法几乎不能保持可微性。

设 $f$ 是 $\mathbf{R}^n$ 中开子集 $C$ 上定义的可微实值函数。对（$C,f$）上的 Legendre 共轭定义为对（$D,g$），其中 $D$ 为 $C$ 在梯度映射$\nabla f$ 下的像，$g$ 是由公式

$$g(\boldsymbol{x}^*)=\langle(\nabla f)^{-1}(\boldsymbol{x}^*),\boldsymbol{x}^*\rangle-f((\nabla f)^{-1}(\boldsymbol{x}^*))$$

所确定的函数。

为了使得 $g$ 有定义（即单值），不需要求$\nabla f$ 是 $C$ 上的一一映射。只要当 $\nabla f(\boldsymbol{x}_1)=\nabla f(\boldsymbol{x}_2)=\boldsymbol{x}^*$时，就有

$$\langle\boldsymbol{x}_1,\boldsymbol{x}^*\rangle-f(\boldsymbol{x}_1)=\langle\boldsymbol{x}_2,\boldsymbol{x}^*\rangle-f(\boldsymbol{x}_2)$$

就够了。那么，$g(\boldsymbol{x}^*)$ 的值可以通过用其所包含的任意向量代替公式中的$(\nabla f)^{-1}(\boldsymbol{x}^*)$而得到。

如上所述，从 $(C,f)$ 到 Legendre 共轭 $(D,g)$ 的变换，如果使得 $(D,g)$ 有定义，则此变换称为 Legendre 变换。

当 $f$ 和 $C$ 都凸时，$f$ 可以推广为整个 $\mathbf{R}^n$ 上以 $C$ 为其有效域的内部的闭凸函数。$(C,f)$ 的 Legendre 共轭与推广了的 $f$ 的（普通的）共轭有如下的关系。

**定理 26.4**　设 $f$ 为定义在 $C$ 上的可微闭正常凸函数且 $C=\mathrm{int}(\mathrm{dom} f)$ 非空，则 $(C,f)$ 的 Legendre 共轭 $(D,g)$ 有定义，且 $D$ 是 $\mathrm{dom} f^*$ 的子集（即 $\nabla f$ 的值域），且 $g$ 是 $f^*$ 对 $D$ 的限制。

**证明**　$\partial f$ 在 $C$ 上退化为 $\nabla f$（定理 25.1）。任意给定 $\nabla f$ 值域中的点 $\boldsymbol{x}^*$，满足 $\nabla f(\boldsymbol{x})=\boldsymbol{x}^*$ 的向量 $\boldsymbol{x}$ 属于 $C$，此时，函数 $\langle\cdot,\boldsymbol{x}^*\rangle-f$ 正好取到上确界 $f^*(\boldsymbol{x}^*)$（定理 23.5）。从而，不管选择 $(\nabla f)^{-1}(\boldsymbol{x}^*)$ 中的哪一点 $\boldsymbol{x}$，都将得到相同的 $\langle\boldsymbol{x},\boldsymbol{x}^*\rangle-f(\boldsymbol{x})$ 值，即 $f^*(\boldsymbol{x}^*)$。因此，有关 $g(\boldsymbol{x}^*)$ 的公式是清楚的，它给出了 $f^*(\boldsymbol{x}^*)$ 的值。

**推论 26.4.1**　$f$ 为任意本质光滑的闭正常凸函数，$C=\mathrm{int}(\mathrm{dom} f)$。（特别地，$f$ 可能是 $\mathbf{R}^n$ 上任意可微凸函数，此时 $C=\mathbf{R}^n$。）则 $(C,f)$ 的 Legendre 共轭 $(D,g)$ 有定义，

$$D=\{\boldsymbol{x}^*\mid\partial f^*(\boldsymbol{x}^*)\neq\varnothing\}.$$

所以在

$$\mathrm{ri}(\mathrm{dom} f^*)\subset D\subset\mathrm{dom} f^*$$



的意义下 $D$ 几乎是凸的。进而 $g$ 是 $f^*$ 对 $D$ 的限制且 $g$ 在 $D$ 的任意凸子集上都严格凸。

**证明**　所给条件说明 $\partial f=\nabla f$（定理 26.1），因此，$(\nabla f)^{-1}=\partial f^*$（定理 23.5）。从而，$\nabla f$ 的值域 $D$ 由满足 $\partial f^*(\boldsymbol{x}^*)\neq\varnothing$ 的点 $\boldsymbol{x}^*$ 构成。由定理 23.4，这个集合介于 $\mathrm{dom} f^*$ 与 $\mathrm{ri}(\mathrm{dom} f^*)$ 之间。由 $f^*$ 的本质严格凸性可得 $g$ 的严格凸性（定理 26.3）。

推论 26.4.1 说明，一个本质光滑凸函数 $f$ 的共轭也可以由 $(C,f)$ 的 Legendre 共轭 $(D,g)$，只通过将 $g$ 扩展为一个闭正常凸函数而得到。在 $D$ 上有 $f^*=g$，且在 $D$ 的任意边界点 $\boldsymbol{x}^*$ 处，$f^*$ 的值就是 $g$ 沿着连接 $\boldsymbol{x}^*$ 和 $\mathrm{ri}D$ 内点的任意线段的极限（定理 7.5）。在 $\mathrm{cl}D$ 以外有 $f^*(\boldsymbol{x}^*)=+\infty$。

尽管定理 26.4 中的 Legendre 共轭有确定的定义，在给定的情形下，求 $\nabla f$ 的逆仍总是不能得到显式表示。然而，由定理 25.5 知映射 $\nabla f$ 是映 $C$ 到 $D$ 的连续映射，提供了一种 $D$ 的自然参数化。通过对变量 $\boldsymbol{x}^*=\nabla f(\boldsymbol{x})$ 的（非线性）变换，可得

$$f^*(\nabla f(\boldsymbol{x}))=\langle\boldsymbol{x},\nabla f(\boldsymbol{x})\rangle-f(\boldsymbol{x}).$$

在这个意义上，$(C,f)$ 的 Legendre 共轭可以看作定义在 $C$ 上的（非凸）函数。

如果 $f$ 是定义在非空开凸集 $C$ 上的可微凸函数，不满足本质光滑定义中的条件 (c)，那么，Legendre 共轭的定义域 $D$ 可能不是“几乎凸。”例如，设 $C$ 为 $\mathbf{R}^2$

中开的上半平面，在 $C$ 上有函数，

$$f(\xi_1,\xi_2)=\xi_1^2/4\xi_2,$$

则 $f$ 是可微凸函数，而 $C$ 在 $\nabla f$ 下的像 $D$ 非凸。事实上，$D$ 是抛物线：

$$P=\{(\xi_1^*,\xi_2^*)\,|\,\xi_2^*=-(\xi_1^*)^2\}$$

$f$ 在原点不满足条件（c）。

一般地，可微凸函数的 Legendre 共轭不一定是可微的或凸的，且不能说 Legendre 共轭的 Legendre 共轭。然而，设（$C,f$）为由 Legendre 开集 $C$ 及在 $C$ 上定义，并且满足本质光滑定义中条件(a)，(b)和(c)[或(c′)]的严格凸函数类的全体所成的配对的类，则勒让德变换确实定义了（$C,f$）上的对称的一一对应。下面的定理将具体描述这一结论。为方便起见，上面所描述的一对（$C,f$）将称其为 Legendre 型凸函数。由推论 26.3.1 知道，闭正常凸函数 $f$ 存在一一对应的 $\partial f$，当且仅当 $f$ 在 $C=\mathrm{int}(\mathrm{dom} f)$ 上的限制是 Legendre 型凸函数。

**定理 26.5** 设 $f$ 为闭凸函数，$C=\mathrm{int}(\mathrm{dom} f)$ 且 $C^*=\mathrm{int}(\mathrm{dom} f^*)$，则（$C$，$f$）为 Legendre 型凸函数当且仅当（$C^*,f^*$）是 Legendre 型凸函数。当这些条件满足时，（$C^*,f^*$）是（$C,f$）的 Legendre 共轭，反过来（$C,f$）也是（$C^*$，$f^*$）的 Legendre 共轭。梯度映射 $\nabla f$ 是映开凸集 $C$ 到开凸集 $C^*$ 的一一映射，沿两个方向都连续且 $\nabla f^*=(\nabla f)^{-1}$。

**证明** 由 $\partial f^*=(\partial f)^{-1}$ 知道 $\partial f$ 是一一映射当且仅当 $\partial f^*$ 是一一映射。因而，由推论 26.3.1 可得定理中的第一个结论成立。除了 $\nabla f$ 和 $\nabla f^*$ 的连续性可以由定理 25.5 得到外，定理的其他结论可以根据定理 26.1 和推论 26.4.1 得证。



为了说明定理 26.5，考察本节前面已经考虑过的例子

$$f(\boldsymbol{x})=\begin{cases}(\xi_2^2/2\xi_1)-2\xi_2^{1/2}, & \xi_1>0,\xi_2\geqslant 0,\\ 0, & \xi_1=\xi_2=0,\\ +\infty, & \text{其他,其中}, \boldsymbol{x}=(\xi_1,\xi_2).\end{cases}$$

正如前面已经注明的，$f$ 既本质严格凸又本质光滑，所以，（$C,f$）是 Legendre 型凸函数，其中，

$$C=\mathrm{int}(\mathrm{dom} f)=\{\boldsymbol{x}=(\xi_1,\xi_2)\,|\,\xi_1>0,\xi_2>0\}.$$

对 $\boldsymbol{x}\in C$ 及 $\boldsymbol{x}^*=(\xi_1^*，\xi_2^*)$，我们有 $\boldsymbol{x}^*=\nabla f(\boldsymbol{x})$ 当且仅当

$$\xi_1^*=-\xi_2^2/2\xi_1^2,$$

$$\xi_2^*=(\xi_2/\xi_1)-(1/\xi_2^{1/2}).$$

从这些非线性方程组可以求解出 $\xi_1$ 和 $\xi_2$ 用 $\xi_1^*$ 和 $\xi_2^*$ 表示的显性表达式（不幸的是，在很多例子中情况会有所不同），而对 $\nabla f$ 的值域中的 $\boldsymbol{x}^*\in C^*$，方程 $\boldsymbol{x}=(\nabla f)^{-1}(\boldsymbol{x}^*)$ 可以表示为

$$\xi_1=1/(-2\xi_1^*)^{1/2}[(-2\xi_1^*)^{1/2}-\xi_2^*]^2,$$

$$\xi_2=1/[(-2\xi_1^*)^{1/2}-\xi_2^*]^2.$$

其中，

$$C^*=\{x^*=(\xi_1^*,\xi_2^*)\mid \xi_1^*<0,\xi_2^*<(-2\xi_1^*)^{1/2}\}$$

由定理 26.5 得

$$C^*=\mathrm{int}(\mathrm{dom}f^*)$$

且由公式

$$f^*(x^*)=\langle(\nabla f)^{-1}(x^*),x^*\rangle-f((\nabla f)^{-1}(x^*)),x^*\in C^*$$

可得

$$f^*(x^*)=1/[(-2\xi_1^*)^{1/2}-\xi_2^*].$$

$(C,f)$ 的 Legendre 共轭是 $(C^*,f^*)$，且 $(C^*,f^*)$ 是另一个 Legendre 型凸函数。作为练习，可以证明 $(C^*,f^*)$ 的 Legendre 共轭又是 $(C,f)$。

共轭函数 $f^*$ 在整个空间上的值可以由其在 $\mathrm{ri}(\mathrm{dom}f^*)$ 上的值通过闭包构造而得到，在这个例子中，由 $(C^*,f^*)$ 的知识可得到（推论 13.3.1）公式

$$f^*(x^*)=\begin{cases}1/[(-2\xi_1^*)^{1/2}-\xi_2^*], & \text{当 } \xi_1^*\leqslant 0,\xi_2^*<(-2\xi_1^*)^{1/2}\text{时},\\ +\infty, & \text{其他}.\end{cases}$$

在结束本节前，对 Legendre 变换与共轭对应完全一致的情形进行分析。由第 13 节中的定义，如果 $\mathrm{epi}f$ 不含非垂直半直线，则 $\mathbf{R}^n$ 上的有限凸函数 $f$ 也称为上有界的，且等价于（推论 8.5.2）条件：



$$+\infty=(f0^+)(y)=\lim_{\lambda\to\infty}f(\lambda y)/\lambda,\forall\, y\neq \mathbf{0}.$$

**定理 26.6**　设 $f$ 为 $\mathbf{R}^n$ 上（有限）可微凸函数，$\nabla f$ 为映 $\mathbf{R}^n$ 到其自身的一一映射的充要条件是 $f$ 严格凸且上有界。当这些条件成立时，$f^*$ 也是 $\mathbf{R}^n$ 上严格凸且上有界的可微凸函数，且 $f^*$ 就是 $f$ 的 Legendre 共轭，即

$$f^*(x^*)=\langle(\nabla f)^{-1}(x^*),x^*\rangle-f((\nabla f)^{-1}(x^*)),\forall\, x^*.$$

反过来，$f^*$ 的 Legendre 共轭是 $f$。

**证明**　显然，由推论 26.3.1、定理 26.5 以及 $f^*=\mathbf{R}^n$ 当且仅当 $f$ 上有界 (co-finite) 的事实而得到。

上有限界（Co-finiteness）下面的特征将有助于定理 26.6 的应用。

**引理 26.7**　设 $f$ 为 $\mathbf{R}^n$ 上定义的可微凸函数，则 $f$ 上有界的充要条件是对任意满足 $\lim\limits_{i\to\infty}|x_i|=+\infty$ 的点列 $x_1,x_2,\cdots$ 都有

$$\lim_{i\to\infty}|\nabla f(x_i)|=+\infty.$$

**证明**　由于 $\mathrm{dom}f^*=\mathbf{R}^n$ 当且仅当 $f$ 上有界，因而只需证 $\mathrm{int}(\mathrm{dom}f^*)\neq\mathbf{R}^n$ 当且仅当存在无界点列 $x_1,x_2,\cdots$ 使 $\nabla f(x_1),\nabla f(x_2),\cdots$ 收敛。假设后者成立。令 $x_i^*=\nabla f(x_i),i=1,2,\cdots$ 且 $x^*=\lim\limits_{i\to\infty}x_i^*$。那么，对任意 $i$ 都有 $x_i\in\partial f^*(x_i^*)$。如果 $x^*$ 是 $\mathrm{dom}f^*$ 的内点，则 $\partial f^*(x^*)$ 有界（定理 23.4），且由推论 24.5.1 得，存在下标 $i_0$，使

$$\partial f^*(\boldsymbol{x}_i^*) \subset \partial f^*(\boldsymbol{x}^*) + B, i \geqslant i_0,$$

($B$=单位球)，与点列 $\boldsymbol{x}_1, \boldsymbol{x}_2, \cdots$ 无界相矛盾，所以 $\boldsymbol{x}^* \notin \text{int}(\text{dom} f^*)$。反过来，假设 $\text{int}(\text{dom} f^*) \neq \mathbf{R}^n$。令 $\boldsymbol{x}^*$ 为 $\text{dom} f^*$ 的任意内点。要么$\partial f^*(\boldsymbol{x}^*)$无界，要么$\partial f^*(\boldsymbol{x}^*) = \varnothing$。如果$\partial f^*(\boldsymbol{x}^*)$无界，则它包含一个无界点列 $\boldsymbol{x}_1, \boldsymbol{x}_2, \cdots$ 且对任意 $\boldsymbol{x}_i$ 都有 $\boldsymbol{x}^* \in \partial f(\boldsymbol{x}_i)$，即 $\boldsymbol{x}^* = \nabla f(\boldsymbol{x}_i)$，所以$\nabla f(\boldsymbol{x}_1)$，$\nabla f(\boldsymbol{x}_2), \cdots$是收敛点列。另一方面，如果$\partial f^*(\boldsymbol{x}^*) = \varnothing$，设 $\boldsymbol{x}_1^*, \boldsymbol{x}_2^*, \cdots$是 $\text{ri}(\text{dom} f^*)$ 内的收敛于 $\boldsymbol{x}^*$ 的任意点列。对任意 $i$，取 $\boldsymbol{x}_i \in \partial f^*(\boldsymbol{x}_i^*)$，这是可能的，因为由定理 23.4 可以知道 $f^*$ 在 $\text{ri}(\text{dom} f^*)$ 上次可微，则对任意 $i$，有 $\boldsymbol{x}_i^* = \nabla f(\boldsymbol{x}_i)$，所以，$\nabla f(\boldsymbol{x}_i)$趋向于 $\boldsymbol{x}^*$。点列 $\boldsymbol{x}_1, \boldsymbol{x}_2, \cdots$一定有界，否则，将存在收敛于 $\boldsymbol{x}$ 的子列，由定理 24.4 得 $\boldsymbol{x} \in \partial f^*(\boldsymbol{x}^*)$，与$\partial f^*(\boldsymbol{x}^*) = \varnothing$矛盾。

# 第 6 部分　约束极值问题

## 第 27 节　凸函数的最小值

极值问题和变分原理在应用数学中非常重要，这促使大家广泛研究函数 $h$ 在集合 $C$ 上的最小值和最大值（或者某些极大极小极值）。当具备足够凸性时，研究非常简单，而且可以建立很多重要定理，尤其是关于对偶性和极值点的性质。

本节将研究凸函数 $h$ 在 $\mathbf{R}^n$ 内凸集 $C$ 上的最小值。不失一般性，假设 $h$ 是 $\mathbf{R}^n$ 上的正常凸函数。在 $C$ 上最小化 $h$，等价于在整个 $\mathbf{R}^n$ 上最小化泛函：

$$f(\boldsymbol{x})=h(\boldsymbol{x})+\delta(\boldsymbol{x}\mid C)=\begin{cases}h(\boldsymbol{x}),\text{当 } \boldsymbol{x}\in C \text{ 时},\\ +\infty,\text{ 当 } \boldsymbol{x}\notin C \text{ 时}.\end{cases}$$

因此，先讨论 $\mathbf{R}^n$ 上（可能取无限值）凸函数 $f$ 的（无约束）最小值，再具体研究 $f=h+\delta(\cdot\mid C)$ 的情形。在第 28 节中，将详细研究 $C$ 是一些不等式组的解集的情形。

下面将集中研究属于给定正常凸函数 $f$ 的水平集的参数化套

$$\operatorname{lev}_\alpha f=\{\boldsymbol{x}\mid f(\boldsymbol{x})\leqslant\alpha\},\quad \alpha\in\mathbf{R}.$$



集合$\operatorname{lev}_\alpha f$ 是凸的，且如果 $f$ 是闭的，则这些集合都是闭的。对 $\alpha\in\mathbf{R}$，$\operatorname{lev}_\alpha f$ 的并集是 $\operatorname{dom} f$。在整个 $\mathbf{R}^n$ 上最小化 $f$，相当于在凸集 $\operatorname{dom} f$ 上最小化 $f$。

用 $\inf f$ 表示 $\boldsymbol{x}$ 取遍 $\mathbf{R}^n$ 时 $f(\boldsymbol{x})$ 的下确界。按照水平集的定义，$\inf f$ 具有性质：对 $\alpha<\inf f$ 有$\operatorname{lev}_\alpha f=\varnothing$。对 $\alpha=\inf f$，$\operatorname{lev}_\alpha f$ 由使得 $f$ 取到下确界的点 $\boldsymbol{x}$ 组成；称这样的水平集为 $f$ 的最小集。显然，在给定的情况下，最重要的是要知道最小集是否为空集，或是否只包含一个点。当然，如果 $f$ 在 $\operatorname{dom} f$ 上严格凸，则它最多包含一个点。在任何情况下，$f$ 的最小集都是 $\mathbf{R}^n$ 上的一个确定凸子集，且若 $f$ 闭，它也闭。

当 $\alpha\downarrow\inf f$ 时，$\operatorname{lev}_\alpha f$ 递减趋向于最小集，在考虑使 $f(\boldsymbol{x}_i)$ 递减趋向于 $\inf f$ 的点列 $\boldsymbol{x}_1$，$\boldsymbol{x}_2$，…的收敛性时，$\operatorname{lev}_\alpha f$ 的这种趋向方式非常重要。

给定点 $\boldsymbol{x}$ 属于 $f$ 的最小集的充要条件是 $\mathbf{0}\in\partial f(\boldsymbol{x})$，即 $\boldsymbol{x}^*=\mathbf{0}$ 是 $f$ 在 $\boldsymbol{x}$ 处的次梯度。事实上，根据“次梯度”的定义即可证得。凸函数的广义微分理论，特别是第 23 节关于次梯度和方向导数的结论，以及不同情况下次梯度的计算公式，这些都使得条件 $\mathbf{0}\in\partial f(\boldsymbol{x})$尤为重要。

由定理 23.2 知道 $\mathbf{0}\in\partial f(\boldsymbol{x})$ 成立，当且仅当 $f$ 在 $\boldsymbol{x}$ 处有限且

$$f'(\boldsymbol{x};\boldsymbol{y})\geqslant\mathbf{0},\quad \forall\,\boldsymbol{y}.$$

当然，单边方向导数 $f'(x;\ y)$ 只依赖于 $f$ 在 $x$ 的任意小邻域内的值。因而，如果 $f$ 在 $x$ 处有有限局部（相对）最小值，即如果 $x\in \mathrm{dom} f$ 且对 $x$ 的任意 $\varepsilon$ 邻域内的点 $z$ 都有 $f(z)\geqslant f(x)$，那么，$0\in\partial f(x)$，所以，$f$ 在 $x$ 处取得全局最小值。这是凸性的最显著结论之一，而且是在凸性假设下分析新的最小值问题时的最先尝试和主要的证明技巧之一。

对偶性丰富了凸函数的最小值理论，接下来的章节有大量篇幅讨论对偶性。对偶性的核心是，水平集 $\mathrm{lev}_\alpha f$ 的套的性质与共轭函数 $f^*$ 在原点的性质之间有广泛的对应关系。这种对应关系在前面的章节中已经一点一点地建立起来了，为方便起见，这里将其总结一下。

**定理 27.1**　下列结论对任意闭正常凸函数 $f$ 成立：

(a) $\inf f=-f^*(0)$。从而，$f$ 有下界当且仅当 $0\in \mathrm{dom} f^*$。

(b) $f$ 的最小集是 $\partial f^*(0)$。从而，$f$ 取到下确界当且仅当 $f^*$ 在 $0$ 处次可微。特别地，当 $0\in \mathrm{ri}\,(\mathrm{dom} f^*)$ 时，这个条件成立；而且，$0\in \mathrm{ri}\,(\mathrm{dom} f^*)$ 当且仅当 $f$ 在它的每一个回收方向上都是常数。

(c) $f$ 的下确界有限但取不到的充要条件是 $f^*(0)$ 有限且 $f^{*\prime}(0;\ y)=-\infty$ 对一些 $y$ 成立。

(d) $f$ 的最小集非空有界，当且仅当 $0\in \mathrm{int}(\mathrm{dom} f)$。这个条件满足，当且仅当 $f$ 没有回收方向。

(e) $f$ 的最小集只含有一个向量 $x$ 当且仅当 $f^*$ 在 $0$ 处可微且 $x=\nabla f^*(0)$。

(f) 集合 $\mathrm{lev}_\alpha f$ 中的非空集（包括 $f$ 的最小集，如果它非空）有相同的回收锥。这与 $f$ 的回收锥一致。它是由 $\mathrm{dom} f^*$ 生成的凸锥的极。

(g) 对任意 $\alpha\in\mathbf{R}$，$\mathrm{lev}_\alpha f$ 的支撑函数是由 $f^*+\alpha$ 生成的正齐次凸函数的闭包。如果 $f$ 下有界，则 $f$ 的最小集的支撑函数是方向导函数 $f^{*\prime}(0;\ \cdot)$ 的闭包。

(h) 如果 $\inf f$ 有限，则

$$\lim_{\alpha\downarrow\inf f}\delta^*(y\,|\,\mathrm{lev}_\alpha f)=f^{*\prime}(0;y),\quad \forall y.$$

(i) $0\in \mathrm{cl}\,(\mathrm{dom} f^*)$ 当且仅当对任意 $y$ 都有 $(f0^+)(y)\geqslant 0$。从而，$0\notin \mathrm{cl}(\mathrm{dom} f^*)$ 当且仅当存在向量 $y\neq 0$ 及 $\varepsilon>0$，使

$$f(x+\lambda y)\leqslant f(x)-\lambda\varepsilon,\quad \forall\lambda\geqslant 0,\quad \forall x\in \mathrm{dom} f.$$

**证明**　(a)：根据第 12 节中 $f^*(0)$ 的定义得证。(b)：根据定理 23.5、定理 23.4 和推论 13.3.4 得证。(c)：根据 (a)、(b) 及定理 23.3 得证。(d)：根据 (b)、定理 23.4 及推论 13.3.4 得证。(e)：根据 (b) 和定理 25.1 得证。(f)：根据定理 8.7 和定理 14.2 得证。(g)：对 $f-\alpha$ 用定理 13.5，并结合定理 23.2 得证。(h)：根据 (a) 及定理 23.6，对 $\alpha=\inf f+\varepsilon$ 有，集合 $\partial_\varepsilon f^*(0)$ 是 $\mathrm{lev}_\alpha f$。(i)：根据推论 13.3.4 和定理 8.5 得证。

根据定义，$f$ 的回收方向是非零向量 $y$ 的方向，（如果任意）$y$ 满足，对任意 $x$，$f(x+\lambda y)$ 都是关于 $\lambda$ 的非减函数。如果这样的方向存在，显然存在无界点列

$\boldsymbol{x}_1$，$\boldsymbol{x}_2$，…使 $f(\boldsymbol{x}_i)\downarrow \inf f$，因而，$f$ 的下确界可能无限或达不到。对于闭凸函数，只要存在回收方向，这种情况就可能出现。

**定理 27.2** 设 $f$ 为没有回收方向的闭正常凸函数，则 $f$ 的下确界有限且可取到。而且，对任意 $\varepsilon>0$，存在 $\delta>0$ 使满足 $f(\boldsymbol{x})\leqslant \inf f+\delta$ 的向量 $\boldsymbol{x}$ 都在距离 $f$ 的最小集 $\varepsilon$ 的范围内（即 $|\boldsymbol{z}-\boldsymbol{x}|<\varepsilon$，对至少一个满足 $f(\boldsymbol{z})=\inf f$ 的 $\boldsymbol{z}$ 成立），这里的最小集是非空有界闭凸集。

**证明** 根据定理 27.1（d）可证得下确界有限且可达到。由于没有回收方向，所有的（闭凸）集合 $\mathrm{lev}_\alpha f$ 都有界（定理 27.1（f）及定理 8.4）。令 $M$ 表示 $f$ 的最小集，$B$ 表示欧氏单位球。对任意 $\varepsilon>0$，集合 $M+\varepsilon(\mathrm{int}B)$ 都是开集，因为它是开集 $\varepsilon(\mathrm{int}B)$ 变换的并集。对任意 $\delta>0$，令 $S_\delta$ 表示 $M+\varepsilon(\mathrm{int}B)$ 的余集与 $\mathrm{lev}_\alpha f$ 的交集，其中 $\alpha=\inf f+\delta$。集合 $S_\delta$ 构成 $\mathbf{R}^n$ 的有界闭子集套。如果每一个 $S_\delta$ 非空，则 $S_\delta$ 存在公共点 $\boldsymbol{x}$。这样的 $\boldsymbol{x}$ 有一个矛盾的性质：对任意 $\delta>0$（从而，$\boldsymbol{x}\in M$）有 $f(\boldsymbol{x})\leqslant \inf f+\delta$，而 $\boldsymbol{x}\notin M+\varepsilon(\mathrm{int}B)$。因此，存在 $\delta>0$，使 $S_\delta$ 一定为空集。根据需要，对这些 $\delta$，水平集 $\{\boldsymbol{x}\,|\,f(\boldsymbol{x})\leqslant \inf f+\delta\}$ 完全落在 $M+\varepsilon(\mathrm{int}B)$ 内。

**推论 27.2.1** 设 $f$ 为没有回收方向的闭正常凸函数。令 $\boldsymbol{x}_1$，$\boldsymbol{x}_2$，…为满足：

$$\lim_{i\to\infty} f(\boldsymbol{x}_i)=\inf f$$

的任意点列，则 $\boldsymbol{x}_1$，$\boldsymbol{x}_2$，…为有界点列，且所有聚点都属于 $f$ 的最小集。

**推论 27.2.2** 设 $f$ 为闭正常凸函数，且在唯一点 $\boldsymbol{x}$ 处达到下确界。如果 $\boldsymbol{x}_1$，$\boldsymbol{x}_2$，…为使 $f(\boldsymbol{x}_1)$，$f(\boldsymbol{x}_2)$，…收敛于 $\inf f$ 的任意点列，则 $\boldsymbol{x}_1$，$\boldsymbol{x}_2$，…收敛于 $\boldsymbol{x}$。

**证明** 如果最小集（一个确定的 $\mathrm{lev}_\alpha f$）只包含一个点，那么，$f$ 不会有任何回收方向，应用上述定理即可得证。



实直线上的闭正常凸函数，如果它既不非增也不非减，则它的下确界可以达到，这是定理 27.2 的一维情形。$n$ 维情形下，此定理意思是，闭正常凸函数 $f$，如果它限制在 $\mathbf{R}^n$ 的每一条线上都是刚刚描述的那种一维凸函数（或者常函数 $+\infty$），则它的下确界可达到。实际上，只要每一个不是常函数的限制都是刚刚描述的那种函数就够了。根据定理 27.1（b）可得。

一个合理的猜测是，如果 $f$ 是 $\mathbf{R}^n$ 上的闭正常凸函数，且相对于 $\mathbf{R}^n$ 内的每一条线都可以达到其下确界（即 $f$ 限制到 $\mathbf{R}^n$ 的每一条线上都可以达到下确界），那么，$f$ 在 $\mathbf{R}^n$ 上可以取到其下确界。这里给出一个例子说明这个猜测不成立。令 $P$ 为 $\mathbf{R}^2$ 内的"抛物线"凸集，定义为

$$P=\{(\xi_1,\xi_2)\,|\,\xi_2\geqslant \xi_1^2\}.$$

对任意 $\boldsymbol{x}\in\mathbf{R}^2$，设 $f_0(\boldsymbol{x})$ 为 $\boldsymbol{x}$ 到 $P$ 的距离的平方，即

$$f_0(\boldsymbol{x})=\inf\{|\boldsymbol{x}-\boldsymbol{y}|^2\,|\,\boldsymbol{y}\in P\}=(f_1\Box f_2)(\boldsymbol{x}),$$

其中 $f_1(\boldsymbol{x})=|\boldsymbol{x}|^2$，　$f_2(\boldsymbol{x})=\delta(\boldsymbol{x}\,|\,P)$。令

$$f(\boldsymbol{x})=f(\xi_1,\xi_2)=f_0(\xi_1,\xi_2)-\xi_1,$$

则 $f$ 是 $\mathbf{R}^2$ 上的有限凸函数。（事实上，$f$ 是连续可微的。）沿着与 $\xi_2$ 轴不平行的任意直线，$f(\boldsymbol{x})$ 在两个方向的极限都是 $+\infty$，因此，$f$ 相对于这条直线的下确界可以达到。作为 $\xi_2$ 的函数，$f(\boldsymbol{x})$ 沿与 $\xi_2$ 轴平行的任意直线都是非增函数，且对于 $\xi_2$ 很大的正值是常数，进而，可以取到下确界。因此，$f$ 满足猜测的假设。但是，$f$ 在 $\mathbf{R}^2$ 上取不到下确界。沿着抛物线 $\xi_2=\xi_1^2$，$f(\xi_1,\xi_2)$ 的值为 $-\xi_1$，因此 $f$ 甚至无下界！

特别地，对每个 $\boldsymbol{y}$ 可能有 $(f0^+)(\boldsymbol{y})\geqslant 0$，而 $\inf f=-\infty$。这与 $\mathbf{0}\in \mathrm{cl}(\mathrm{dom} f^*)$ 而 $\mathbf{0}\notin \mathrm{dom} f^*$ ［见定理 27.1 (a) 和定理 27.1 (i)］的情形相对应。

现给出一个特例，$f$ 具有形式 $h+\delta(\cdot|C)$，即在凸集 $C$（不需要等于 $\mathrm{dom} h$）上最小化凸函数 $h$。根据 $h$ 与 $C$ 之间的关系，描述其下确界的性质。

**定理 27.3**　设 $h$ 为闭正常凸函数，$C$ 为非空闭凸集，在 $C$ 上最小化 $h$。如果 $h$ 和 $C$ 没有公共的回收方向（若 $h$ 或者 $C$ 根本没有回收方向，这显然成立），则 $h$ 在 $C$ 上达到其下确界。当 $C$ 是多面体时，$h$ 在 $C$ 上取到下确界的条件可以减弱为：$h$ 在 $h$ 和 $C$ 的任意公共回收方向上都是常数。

**证明**　令 $f(\boldsymbol{x})=h(\boldsymbol{x})+\delta(\boldsymbol{x}|C)$，$h$ 在 $C$ 上的下确界与 $f$ 在 $\mathbf{R}^n$ 上的下确界相同。如果 $f$ 恒等于 $+\infty$，则在整个 $C$ 上的下确界可以达到。如果 $f$ 不恒等于 $+\infty$，则 $f$ 是这样的闭正常凸函数，它的回收方向是 $h$ 和 $C$ 的公共回收方向。根据定理 27.2，在没有这样的方向时，$f$ 达到下确界。这给出了非多面体情形的定理。为了得到 $C$ 多面体的改进，需要给出一个不同的论据。令

$$\beta=\inf\{h(\boldsymbol{x})\,|\,\boldsymbol{x}\in C\}<+\infty.$$

考虑这些由 $C$ 构成的闭凸集和集合 $\mathrm{lev}_\alpha h$，$\alpha>\beta$。由假设，$C$ 是多面体，且在这些集合都缩小的方向上，除了 $C$ 以外的所有集合都是线性的［定理 27.1 (f)］。可将 Helly 定理以定理 21.5 的形式应用于这些集合。适当选择 $\beta$ 使这些集合的任意部分集合的交集非空，所以，所有这些集合有非空交集。在交集中的点处，$h$ 关于 $C$ 达到下确界。

**推论 27.3.1**　设 $h$ 为闭正常凸函数，且 $h$ 在每一个回收方向都是仿射的。［当然，如果 $h$ 是仿射函数或二次凸函数，或者只要 $\mathrm{dom} h^*$ 是仿射集，这个条件就满足（推论 13.3.2）。］则 $h$ 相对于下有界的任意多面体凸集 $C$ 的下确界都可取到。

**证明**　在假设条件下，$h$ 在它和 $C$ 的任意公共回收方向上都是仿射的。因此，如果 $\boldsymbol{y}$ 是此方向上的向量，则对任意 $\boldsymbol{x}\in C$ 都有

$$\boldsymbol{x}+\lambda\boldsymbol{y}\in C,\text{且 } h(\boldsymbol{x}+\lambda\boldsymbol{y})=h(\boldsymbol{x})+v\lambda,\quad \forall\lambda\geqslant 0,$$

其中，

$$v=(h0^+)(\boldsymbol{y})=-(h0^+)(-\boldsymbol{y})\leqslant 0.$$

当 $h$ 在 $C$ 上有下界时，这个条件说明 $v=0$，所以 $h$ 在它和 $C$ 的任意公共回收方向上都是常数，根据定理得证。

任意多项式凸函数，即能够使得 $h(\xi_1,\xi_2,\cdots,\xi_n)$ 可以表示成变量 $\xi_1,\xi_2,\cdots,$

$\xi_n$ 的多项式的凸函数都满足推论 27.3.1 中的假设。[从而，无论 $\boldsymbol{x}$ 和 $\boldsymbol{y}$ 如何选择，$h(\boldsymbol{x}+\lambda\boldsymbol{y})$ 都是关于唯一实变量 $\lambda$ 的多项式凸函数，且要么是仿射的，要么当 $|\lambda|\to\infty$ 时，极限为 $+\infty$。]

**推论 27.3.2**　多面体（或等价的：有限生成）凸函数 $h$ 在多面体凸集 $C$ 下有界，则 $h$ 取到关于 $C$ 的下确界。

**证明**　设 $D$ 为 $\mathrm{epi}h$ 与 $\mathbf{R}^{n+1}$ 中使得 $\boldsymbol{x}\in C$ 的点 $(\boldsymbol{x},\mu)$ 所构成的“立柱”的交集。由于 $C$ 和 $h$ 都是多面体，$D$ 是两个多面体凸集的交集，从而 $D$ 也是多面体。在 $C$ 上最小化 $h$，等价于在 $D$ 上最小化线性函数 $(\boldsymbol{x},\mu)\to\mu$。根据前面的推论，如果其值不是 $-\infty$，则这个下确界就可以取到。

**推论 27.3.3**　设 $f_0$ 和 $f_i$，$i\in I$ 都是 $\mathbf{R}^n$ 上的闭正常凸函数，其中 $I$ 为任意指标集（有限或无限）。假设约束系统

$$f_i(\boldsymbol{x})\leqslant 0,\quad \forall i\in I$$

是相容的。如果 $f_0$ 和所有的 $f_i$，$i\in I$ 不存在公共的回收方向，则 $f_0$ 关于这些约束条件的下确界可以达到。更一般地，如果存在 $I$ 的仿射子集 $I_0$ 使得 $f_i$，$i\in I_0$ 是多面体（例如，或者是仿射的），且 $f_0$ 和 $f_i$，$i\in I\setminus I_0$ 在 $f_0$ 和所有的 $f_i$，$i\in I$ 的公共回收方向上都是常数，则 $f_0$ 关于这些约束条件的下确界可以达到。

**证明**　在非多面体情形下，取 $h=f_0$，$C$ 为满足约束条件的向量集；应用定理即可证得。在多面体情形下，令

$$h(\boldsymbol{x})=\begin{cases}f_0(\boldsymbol{x}), & f_i(\boldsymbol{x})\leqslant 0,\quad \forall i\in I\setminus I_0,\\ +\infty, & \text{其他}.\end{cases}\qquad .$$

设 $C$ 为由满足对任意 $i\in I_0$，都有 $f_i(\boldsymbol{x})\leqslant 0$ 的向量 $\boldsymbol{x}$ 所构成的多面体凸集。根据定理中的多面体情形即可获证。



为解释推论 27.3.3，考虑最小化 $f_0(\boldsymbol{x})$，满足约束

$$f_1(\boldsymbol{x})\leqslant 0,\cdots,f_m(\boldsymbol{x})\leqslant 0,\quad \boldsymbol{x}\geqslant \mathbf{0},$$

其中，$f_i(\boldsymbol{x})$ 具有形式

$$f_i(\boldsymbol{x})=(1/p_i)\langle \boldsymbol{x},\boldsymbol{Q}_i\boldsymbol{x}\rangle^{p_i/2}+\langle \boldsymbol{a}_i,\boldsymbol{x}\rangle+\alpha_i,i=0,1,\cdots,s$$

$p_i>1$ 且 $\boldsymbol{Q}_i$ 为 $n\times n$ 对称半正定矩阵，而对于 $i=s+1,\cdots,m$，$f_i(\boldsymbol{x})$ 具有形式

$$f_i(\boldsymbol{x})=\langle \boldsymbol{a}_i,\boldsymbol{x}\rangle+\alpha_i.$$

($f_i(i=0,\cdots,s)$ 的凸性根据函数 $g_i(\boldsymbol{x})=\langle \boldsymbol{x},\boldsymbol{Q}_i\boldsymbol{x}\rangle^{1/2}$ 是度规函数可得；见推论 15.3.2 后面的例子。）条件 $\boldsymbol{x}\geqslant\mathbf{0}$ 可写成

$$f_{m+1}(\boldsymbol{x})\leqslant 0,\cdots,f_{m+n}(\boldsymbol{x})\leqslant 0$$

其中，对 $\boldsymbol{x}=(\xi_1,\cdots,\xi_n)$ 有

$$f_{m+j}(\boldsymbol{x})=-\xi_j,x=(\xi_1,\cdots,\xi_n).$$

为了给出达到最小值的一个充分性判断标准，应用推论 27.3.3 中的最后一部分，取

$$I=\{1,\cdots,m+n\},\quad I_0=\{s+1,\cdots,m+n\}.$$

根据定义，$f_i$ 的回收方向是使得 $(f_i0^+)(\boldsymbol{y})\leqslant 0$ 的向量 $\boldsymbol{y}\neq\boldsymbol{0}$ 的方向，且由推论 8.5.2 中的公式得

$$(f_i0^+)(\boldsymbol{y})=\begin{cases}\langle \boldsymbol{a}_i,\boldsymbol{y}\rangle, \boldsymbol{Q}_i\boldsymbol{y}=0,\\ +\infty, \quad \boldsymbol{Q}_i\boldsymbol{y}\neq 0\end{cases}\qquad i=1,\cdots,s,$$

$$(f_i0^+)(\boldsymbol{y})=\langle \boldsymbol{a}_i,\boldsymbol{y}\rangle, i=s+1,\cdots,m,$$

且对 $\boldsymbol{y}=(\eta_1, \cdots, \eta_n)$ 有 $(f_{m+j}0^+)(\boldsymbol{y})=-\eta_j$。根据推论 27.3.3，这个存在标准是对任意 $\boldsymbol{y}$，

$$(f_i0^+)(\boldsymbol{y})\leqslant 0,\quad i=1,\cdots,m+n$$

和

$$(f_i0^+)(-\boldsymbol{y})\leqslant 0,\quad i=0,\cdots,s$$

都不满足。换句话说，如果系统

$$\boldsymbol{y}\geqslant\boldsymbol{0},\quad \langle \boldsymbol{a}_i,\boldsymbol{y}\rangle\leqslant 0(i=0,\cdots,m),\quad \boldsymbol{Q}_i\boldsymbol{y}=0(i=0,\cdots,s)$$

的任意解 $\boldsymbol{y}$ 都满足

$$\langle \boldsymbol{a}_i,\boldsymbol{y}\rangle=0,\quad i=0,\cdots,s$$

则 $f_0(\boldsymbol{x})$ 达到满足给定约束条件的最小值。

达到约束下确界的点可以用次微分理论来刻画。例如，假设要在 $\mathbf{R}^n$ 上最小化如下形式的函数：

$$f=\lambda_1 f_1+\cdots+\lambda_m f_m$$

其中，$f_1, \cdots, f_m$ 是正常凸函数且 $\lambda_1, \cdots, \lambda_m$ 为非负实数。(有些可能是指示函数。) 在 $\boldsymbol{x}$ 点达到下确界的充要条件是 $\boldsymbol{0}\in\partial f(\boldsymbol{x})$。现在，在定理 23.8 中给出的一些限制下，公式

$$\partial f(\boldsymbol{x})=\lambda_1\partial f_1(\boldsymbol{x})+\cdots+\lambda_m\partial f_m(\boldsymbol{x}),\quad \forall\,\boldsymbol{x},$$

成立。这时，充分必要的次微分条件为

$$\boldsymbol{0}\in[\lambda_1\partial f_1(\boldsymbol{x})+\cdots+\lambda_m\partial f_m(\boldsymbol{x})].$$

可以根据 $f_1, \cdots, f_m$ 的性质做进一步的分析。下面的定理给出了具体的方法。

**定理 27.4**　设 $h$ 为闭正常凸函数，$C$ 为非空凸集。$h$ 在 $\boldsymbol{x}$ 点达到关于 $C$ 的下确界的充分条件是，存在向量 $\boldsymbol{x}^*\in\partial h(\boldsymbol{x})$ 使 $-\boldsymbol{x}^*$ 在 $\boldsymbol{x}$ 处垂直于 $C$。如果 $\mathrm{ri}(\mathrm{dom}h)$ 与 $\mathrm{ri}C$ 相交，或 $C$ 是多面体且 $\mathrm{ri}(\mathrm{dom}h)$ 与 $C$ 相交，则这个条件是充分必要条件。

**证明**　我们希望在 $\mathbf{R}^n$ 上最小化 $h+\delta(\cdot\,|C)$。根据定理 23.8，条件

$$\boldsymbol{0}\in[\partial h(\boldsymbol{x})+\partial\delta(\boldsymbol{x}\,|\,C)]$$

总是在 $\boldsymbol{x}$ 点达到下确界的充分条件，且在给定关于 $\mathrm{dom}h$ 与 $C$ 相交的假设下，这个条件也是必要的。集合 $\partial\delta(\boldsymbol{x}\,|\,C)$ 正好是 $C$ 在 $\boldsymbol{x}$ 的法锥。

定理 27.4 中的条件也可以不用定理 23.8 而由分离定理得到。第 23 节中定理 23.8 的另一种证明方式，简单概括如下。设 $\alpha$ 表示 $h$ 在 $C$ 上的下确界，在 $\mathbf{R}^{n+1}$ 中考虑凸集 $C_1=\mathrm{epi}h$ 和 $C_2=\{(\boldsymbol{x}, \mu)\,|\,\boldsymbol{x}\in C, \mu\leqslant\alpha\}$。这些集合可以用一个非竖直的

超平面，即某些仿射函数 $\langle\cdot,\boldsymbol{x}^*\rangle+\beta$ 的图来分离。如果 $\boldsymbol{x}$ 为 $h$ 在 $C$ 上达到下确界的任意点，则 $\boldsymbol{x}^*$ 属于 $\partial h(\boldsymbol{x})$，$-\boldsymbol{x}^*$ 在 $\boldsymbol{x}$ 点垂直于 $C$。详细的证明过程可以作为练习。

如果定理 27.4 中的 $h$ 在 $\boldsymbol{x}$ 点可微，$\partial h(\boldsymbol{x})$ 退化为单个向量 $\nabla h(\boldsymbol{x})$(定理 25.1)。那么，最小化条件是 $-\nabla h(\boldsymbol{x})$ 在 $\boldsymbol{x}$ 点垂直于 $C$。当 $C$ 是子空间 $L$ 时，这个条件为 $\boldsymbol{x}\in L$ 且 $\nabla h(\boldsymbol{x})\perp L$。

作为定理 27.4 的应用，考虑问题：找到凸集 $C$ 上离给定点 $\boldsymbol{a}$ 的最近点。这个问题等同于在 $C$ 上最小化可微凸函数：

$$h(\boldsymbol{x})=(1/2)|\boldsymbol{x}-\boldsymbol{a}|^2$$

满足定理 27.4 中的相关性的假设条件，所以 $\boldsymbol{x}$ 为凸集 $C$ 上到给定点 $\boldsymbol{a}$ 的最近点的充要条件是向量

$$-\nabla h(\boldsymbol{x})=\boldsymbol{a}-\boldsymbol{x}$$

在 $\boldsymbol{x}$ 点垂直于 $C$。

另一个应用，考虑在 $\mathbf{R}^n$ 的子空间 $L$ 上最小化函数：

$$h(\boldsymbol{x})=f_1(\xi_1)+\cdots+f_n(\xi_n),\quad \boldsymbol{x}=(\xi_1,\cdots,\xi_n),$$

其中 $f_j(j=1,\cdots,n)$ 是 $\mathbf{R}$ 上的闭正常凸函数。这里 $\partial h(\boldsymbol{x})$ 是广义的矩形：

$$\begin{aligned}\partial h(\boldsymbol{x})&=\{\boldsymbol{x}^*=(\xi_1^*,\cdots,\xi_n^*)\mid \xi_j^*\in\partial f_j(\xi_j),j=1,\cdots,n\}\\&=\{\boldsymbol{x}^*\in\mathbf{R}^n\mid f'_-(\xi_j)\leqslant\xi_j^*\leqslant f'_+(\xi_j),j=1,\cdots,n\}\end{aligned}$$

且对任意 $\boldsymbol{x}\in\operatorname{dom}h$ 及 $\boldsymbol{z}=(\zeta_1,\cdots,\zeta_n)$ 都有

$$\begin{aligned}h'(\boldsymbol{x};\boldsymbol{z})&=f'_1(\xi_1;\zeta_1)+\cdots+f'_n(\xi_n;\zeta_n)\\&=\sup\{\zeta_1\xi_1^*+\cdots+\zeta_n\xi_n^*\mid\xi_j^*\in\partial f_j(\xi_j),j=1,\cdots,n\},\end{aligned}$$



其中[由于每一个 $\partial f_j(\xi_j)$ 都是闭区间]后面的上确界可以达到，除非它是无穷。特别地，对任意 $\boldsymbol{x}\in\operatorname{dom}h$ 及 $\boldsymbol{z}\in\mathbf{R}^n$，

$$h'(\boldsymbol{x};\boldsymbol{z})=\sup\{\langle\boldsymbol{z},\boldsymbol{x}^*\rangle\mid\boldsymbol{x}^*\in\partial h(\boldsymbol{x})\}.$$

假设 $L$ 至少包含 $\operatorname{ri}(\operatorname{dom}h)$ 的一个元素，即存在 $\boldsymbol{x}$ 使

$$\xi_j\in\operatorname{ri}(\operatorname{dom}f_j),j=1,\cdots,n,$$

那么，根据定理 27.4，$h$ 在 $L$ 上的下确界在给定点 $\boldsymbol{x}$ 处达到当且仅当 $\boldsymbol{x}\in L$ 且存在 $\boldsymbol{x}^*\in L^\perp$ 满足不等式组：

$$\alpha_j\leqslant\xi_j^*\leqslant\beta_j,\quad j=1,\cdots,n,$$

其中 $\alpha_j=f'_-(\xi_j)$，$\beta_j=f'_+(\xi_j)$。

注意到，如果这样的 $\boldsymbol{x}^*$ 不存在，则根据定理 22.6，存在 $L$ 中的一个基本向量 $\boldsymbol{z}=(\zeta_1,\cdots,\zeta_n)$ 使

$$\zeta_1\partial f_1(\xi_1)+\cdots+\zeta_n\partial f_n(\xi_n)<0,$$

或者，换句话说，对 $h'(\boldsymbol{x};\boldsymbol{z})$ 应用上面的公式得到

$$h'(\boldsymbol{x};\boldsymbol{z})<0.$$

从而，任意给定 $\boldsymbol{x}\in L\cap\operatorname{dom}h$，要么 $h$ 在 $L$ 上的下确界在 $\boldsymbol{x}$ 处已经达到，要么可

以沿着 $L$ 的某些基本向量的方向将 $\boldsymbol{x}$ 移到点 $\boldsymbol{x}'\in L\cap \mathrm{dom}h$，其中 $h(\boldsymbol{x}')<h(\boldsymbol{x})$。$L$ 的基本向量方便处理的情况下，例如当 $L$ 是由第 22 节讨论的一些定向图中所有环（或所有张力）构成的空间时，这一发现可得到在 $L$ 上最小化 $h$ 的一种有效方法（至少当函数 $f_j$ 是多面体，即分段线性时）。

在后面的推论 31.4.3 中将进一步讨论前面的例子。

## 第 28 节　常见凸规划与 Lagrange 乘子

Lagrange 乘子理论告诉我们如何将某约束极值问题转化为含有较少约束但更多变量的极值问题。本节将介绍的理论属于“凸”约束下最小化凸函数问题的分支。

常见凸规划（$P$）（与第 29 节中定义的“广义”凸规划相对）指如下形式的问题：在 $C$ 上最小化 $f_0(\boldsymbol{x})$，满足约束：

$$f_1(\boldsymbol{x})\leqslant 0,\cdots,f_r(\boldsymbol{x})\leqslant 0,f_{r+1}(\boldsymbol{x})=0,\cdots,f_m(\boldsymbol{x})=0$$

其中 $C$ 是 $\mathbf{R}^n$ 上的非空凸集，$f_i(i=0,\cdots,r)$ 是 $C$ 上的有限凸函数，$f_i(i=r+1,\cdots,m)$ 是 $C$ 上的仿射函数。包含 $r=m$（即没有等式约束）或 $r=0$（即没有不等式约束）的情形。

当然，定义（$P$）为一个“问题”是相当含糊的，这样可能导致误解。为了数学上的精确，必须指出，通常凸规划（$P$）实际上是在满足上面给出的条件下的一个 $m+3$ 元组（$C$，$f_0$，…，$f_m$，$r$）。从技术角度讲，仅从（$P$）的定义和证明的相关定理就可以推出，我们已经考虑到对最小化问题进行限制这一事实。

（$P$）的定义中只包含了函数 $f_i$ 在 $C$ 上的函数值本身。然而，为方便起见，假设在整个 $\mathbf{R}^n$ 上 $f_i$ 按这样的方式定义： 

（a）$f_0$ 是正常凸函数，且 $\mathrm{dom}f_0=C$，

（b）$f_1$，…，$f_r$ 都是正常凸函数且

$$\mathrm{ri}(\mathrm{dom}f_i)\supset \mathrm{ri}C,\quad \mathrm{dom}f_i\supset C,$$

（c）当 $i\neq 0$ 时，$f_i$ 在整个 $\mathbf{R}^n$ 上是仿射的，从而 $f_i$ 在 $C$ 上是仿射的。这样的假设不失一般性。对 $i=0$，…，$r$，当 $\boldsymbol{x}\notin C$ 时，可以令 $f_i(\boldsymbol{x})=+\infty$ 使条件（a）和（b）满足。对于（c），回顾 $C$ 上的每一个仿射函数 $f_i$ 至少被一个非垂直超平面包含，且这个超平面是整个 $\mathbf{R}^n$ 上推广的仿射函数 $f_i$ 的图。

如果 $\boldsymbol{x}\in C$，且满足（$P$）中的 $m$ 个约束条件，则称向量 $\boldsymbol{x}$ 称为（$P$）的可行解。换句话说，（$P$）的可行解集定义为（可能是空集）凸集

$$C_0=C\cap C_1\cap\cdots\cap C_m,$$

其中，

$$C_i=\{\boldsymbol{x}\mid f_i(\boldsymbol{x})\leqslant 0\},\quad i=1,\cdots,r,$$
$$C_i=\{\boldsymbol{x}\mid f_i(\boldsymbol{x})=0\},\quad i=r+1,\cdots,m.$$

在 $\mathbf{R}^n$ 上定义的凸函数 $f$：

$$f(\boldsymbol{x})=f_0(\boldsymbol{x})+\delta(\boldsymbol{x}\mid C_0)=\begin{cases}f_0(\boldsymbol{x}),\text{如果 } \boldsymbol{x}\in C_0,\\ +\infty,\quad \text{如果 } \boldsymbol{x}\notin C_0,\end{cases}$$

称为（$P$）的目标函数。易见，$f$ 以 $C_0$ 作为它的有效域，且当 $f_0$，…，$f_r$ 闭时，$f$ 闭。在 $\mathbf{R}^n$ 上最小化 $f$ 相当于在所有的可行解 $\boldsymbol{x}$ 上最小化 $f_0(\boldsymbol{x})$。$f$ 的下确界（有可能是有限值，或 $+\infty$ 或 $-\infty$）称为（$P$）的最优值。如果 $f$ 不恒等于 $+\infty$，即 $C_0\neq\varnothing$，则使得 $f$ 达到下确界的点称为（$P$）的最优解。所有最优解构成的集合（有可能是空集）是所有可行解集的一个凸子集。

应用第 27 节中的结论，尤其是推论 27.3.3，可以得到一些关于最优解存在性的定理。这里不需要进一步讨论这些结论。本节集中讨论最优解的性质。

需要强调的是，根据定义，两个普通凸规划可能有相同的目标函数（从而有相同的可行解、最优值和最优解），但值得注意，这是不同规划。通常凸规划的结构不仅仅由目标函数反映，因为其定义要求函数 $f_i$ 在整个 $C$ 上的值是具体的，当考虑 Lagrange 乘子时，这种进一步的结构非常重要。

称（$\lambda_1$，…，$\lambda_m$）$\in\mathbf{R}^m$ 为（$P$）的 Kuhn-Tucker 系数向量，或为（$P$）的 Kuhn-Tucker 向量，如果 $\lambda_i\geqslant 0$，$i=1$，…，$r$，且正常凸函数（有效域为 $C$）

$$f_0+\lambda_1 f_1+\cdots+\lambda_m f_m$$

的下确界有限且等于（$P$）的最优值。（这个术语将在“注释与参考”中讨论。）

对 Kuhn-Tucker 系数感兴趣的一个理论上的原因是，如果系数 $\lambda_i$ 已知，可以在（$P$）中进行转换运算。不用先确定（$P$）的可行解然后在可行解集上最小化 $f_0$，而是先在 $\mathbf{R}^n$ 上最小化 $f_0+\lambda_1 f_1+\cdots+\lambda_m f_m$ 然后从最小解集中删除不满足约束条件的点。下面定理给出具体解释。



**定理 28.1** 设（$P$）为通常凸规划，（$\lambda_1$，…，$\lambda_m$）为（$P$）的 Kuhn-Tucker 向量且

$$h=f_0+\lambda_1 f_1+\cdots+\lambda_m f_m.$$

用 $D$ 表示 $h$ 在 $\mathbf{R}^n$ 上取到下确界的点集，$I$ 表示满足 $1\leqslant i\leqslant r$ 且 $\lambda_i=0$ 的指标集，$J$ 表示 $I$ 在 $\{1,\ \cdots,\ m\}$ 中的余集。$D_0$ 表示满足 $\bar{\boldsymbol{x}}\in D$ 且

$$f_i(\bar{\boldsymbol{x}})=0,\forall i\in J$$

$$f_i(\bar{\boldsymbol{x}})\leqslant 0,\forall i\in I$$

的点集，则 $D_0$ 是（$P$）的所有最优解构成的集合。

**证明** 由假设，$\inf h=\inf f$，其中 $f$ 为（$P$）的目标函数且 $\inf f$ 有限。对（$P$）的任意可行解 $\boldsymbol{x}$，我们有

$$\lambda_i f_i(\boldsymbol{x})\leqslant 0,i=1,\cdots,m,$$

从而，

$$f_0(\boldsymbol{x})+\lambda_1 f_1(\boldsymbol{x})+\cdots+\lambda_m f_m(\boldsymbol{x})\leqslant f_0(\boldsymbol{x}),$$

所以，对任意 $\boldsymbol{x}$ 都有 $h(\boldsymbol{x})\leqslant f(\boldsymbol{x})$，等号成立当且仅当 $\boldsymbol{x}$ 是满足

$$\lambda_i f_i(\boldsymbol{x})=0, i=1, \cdots, m$$

的可行解。

进而可得，$f$ 的最小解集包含于 $h$ 的最小解集，事实上就是 $D_0$。而 $f$ 的最小解集是（$P$）的最优解集。

在 $C=\mathbf{R}^n$ 和 $f_i$ 都是仿射的情况下，定理 28.1 中的 $D_0$ 可能是最小解集 $D$ 的一个正常子集。在这种情况下，作为 $\mathbf{R}^n$ 上的下有界仿射函数，$h$ 一定是常数；因此，$D=\mathbf{R}^n$，而 $D_0 \subset C_0$。然而，还有 $D_0$ 与 $D$ 不一致这种重要的情形，所以，找到 $h$ 的最小值点后不需要再验证其他条件。

**推论 28.1.1**　设（$P$）为通常的凸规划，（$\lambda_1$，…，$\lambda_m$）为（$P$）的 Kuhn-Tucker 向量。假设所有函数 $f_i$ 都为闭。如果

$$h=f_0+\lambda_1 f_1+\cdots+\lambda_m f_m$$

的下确界在唯一点 $\bar{\boldsymbol{x}}$ 处达到，则这个 $\bar{\boldsymbol{x}}$ 是（$P$）的唯一最优解。

**证明**　假设条件说明，$h$ 和（$P$）的目标函数 $f$ 都是闭的。假设 $h$ 的下确界在唯一点 $\bar{\boldsymbol{x}}$ 处达到。如果（$P$）至少有一个最优解，即 $f$ 的下确界在某点可以达到，则此推论可以根据定理得证。由于 $h$ 的最小解集只包含 $\bar{\boldsymbol{x}}$，$h$ 没有回收方向，即闭凸集 epi$h$ 不包含“水平”半直线。根据定理的证明过程得 $f \geqslant h$，所以，epi$f$ 也不包含“水平”半直线。因此，$f$ 没有回收方向，又根据定理 27.2 可得 $f$ 的最小解集非空。

应该注意到，在推论 28.1.1 中，如果 $f_0$ 在 $C$ 上严格凸，则 $h$ 在 $C$ 上严格凸，所以，如果 $h$ 的下确界可以达到，一定在唯一点处达到。



Kuhn-Tucker 系数可以解释为“均衡价格”，且这是一个重要的动因。对 $\mathbf{R}^m$ 中每一个 $u=(\upsilon_1, \cdots, \upsilon_m)$[㊀]，令 $p(u)=p(\upsilon_1, \cdots, \upsilon_m)$ 表示 $f_0(\boldsymbol{x})$ 在 $C$ 在约束：

$$f_i(\boldsymbol{x}) \leqslant \upsilon_i, \quad i=1, \cdots, r$$
$$f_i(\boldsymbol{x})=\upsilon_i, \quad i=r+1, \cdots, m$$

下的最小解集（为方便起见，如果不满足这些约束条件，这个下确界为 $+\infty$。）当然，$p(0)$ 是（$P$）的最优值，且一般 $p(u)$ 是通过 $f_i-\upsilon_i$ 代替 $f_i(i=1, \cdots, m)$ 所得到的普通凸规划（$P_u$）的最优值。将向量 $\boldsymbol{u}$ 看成是对（$P$）的“扰动”，称 $p$ 为（$P$）的扰动函数，将主要注意力集中在 $p$ 在 $u=0$ 周围的性质。

假设 $f_0(\boldsymbol{x})$ 可以理解为 $\boldsymbol{x}$ 的“成本”；因而，在（$P$）中，希望在一定约束条件下最小化成本。然而，通过购买扰动 $\boldsymbol{u}$ 来修正约束条件有利于我们。具体地讲，假设除需要对这个改变付费之外，允许将（$P$）改成任意喜欢的（$P_u$），每单位扰动变量 $\upsilon_i$ 的价格为 $\upsilon_i^*$。那么，对任意扰动 $u$，在扰动问题（$P_u$）中可以求出最低

㊀　这里的符号 $\upsilon$ 是希腊字母，与斜体字母 $v$ 不同。

成本，加上 $\boldsymbol{u}$ 的成本将得到

$$p(v_1,\cdots,v_m)+v_1^*v_1+\cdots+v_m^*v_m=p(\boldsymbol{u})+\langle\boldsymbol{u}^*,\boldsymbol{u}\rangle.$$

扰动“值得购买”当且仅当这个等式小于 $p(0,\cdots,0)$，即无扰动问题的最优值。

现考虑引入 Kuhn-Tucker 系数的情况。当（$P$）的最优值有限时，（$\lambda_1$，…，$\lambda_m$）为（$P$）的 Kuhn-Tucker 向量当且仅当，以价格 $v_i^*=\lambda_i$，不论什么样的扰动都不值得购买（所以，对已经给定的满意约束条件一个“均衡”状态）。实际上，成本 $p(u)+\langle u^*,u\rangle$ 关于 $u$ 的下确界与 $f_0(\boldsymbol{x})+v_1^*v_1+\cdots+v_m^*v_m$ 关于 $u$ 和 $\boldsymbol{x}$ 的下确界相同，且满足 $v_i\geqslant f_i(\boldsymbol{x})(i=1,\cdots,r)$，$v_i=f_i(\boldsymbol{x})(i=r+1,\cdots,m)$。如果 $v_i^*\geqslant 0(i=1,\cdots,r)$ 则后者是

$$\inf_{\boldsymbol{x}}\{f_0(\boldsymbol{x})+v_1^*f_1(\boldsymbol{x})+\cdots+v_m^*f_m(\boldsymbol{x})\}.$$

否则，等于 $-\infty$。因此，当 $p(0,\cdots,0)$ 有限且 $v^*{}_i=\lambda_i$ 时，不等式

$$p(v_1,\cdots,v_m)+\lambda_1v_1+\cdots+\lambda_mv_m\geqslant p(0,\cdots,0)$$

对任意 $u=(v_1,\cdots,v_m)$ 成立当且仅当 $\lambda_i\geqslant 0(i=1,\cdots,r)$ 且

$$\inf_{\boldsymbol{x}}\{f_0(\boldsymbol{x})+\lambda_1f_1(\boldsymbol{x})+\cdots+\lambda_mf_m(\boldsymbol{x})\}=p(0,\cdots,0).$$

这个条件说明（$\lambda_1$，…，$\lambda_m$）是（$P$）的 Kuhn-Tucker 向量。

下面的定理指出，Kuhn-Tucker 系数通常是存在的。

**定理 28.2**　设（$P$）为通常的凸规划，$I$ 为使 $f_i$ 不是仿射函数的指标 $i\neq 0$ 的集合。假设（$P$）的最优值不是 $-\infty$，且（$P$）在 ri$C$ 内至少有一个可行解使 $i\in I$ 对应不等式约束的严格不等式成立，则（$P$）存在 Kuhn-Tucker 向量（不一定唯一）。



**证明**　首先考虑无等式约束的情形，即 $r=m$。为方便起见，设 $I$ 内的指标为 $1,\cdots,k$，（$P$）的最优值记为 $\alpha$。由假设，不等式组

$$f_1(\boldsymbol{x})<0,\cdots,f_k(\boldsymbol{x})<0,f_{k+1}(\boldsymbol{x})\leqslant 0,\cdots,f_m(\boldsymbol{x})\leqslant 0$$

在 $riC$ 内至少有一个解。然而，根据 $\alpha$ 的定义，不等式组

$$f_0(\boldsymbol{x})-\alpha<0,f_1(\boldsymbol{x})<0,\cdots,f_k(\boldsymbol{x})<0,f_{k+1}(\boldsymbol{x})\leqslant 0,\cdots,f_m(\boldsymbol{x})\leqslant 0$$

在 $riC$ 内无解。第二组不等式满足定理 21.2 的假设条件，所以存在不全为零的非负实数 $\lambda_0$，$\lambda_1$，…，$\lambda_m$，使

$$\lambda_0(f_0(\boldsymbol{x})-\alpha)+\lambda_1f_1(\boldsymbol{x})+\cdots+\lambda_mf_m(\boldsymbol{x})\geqslant 0,\quad\forall\boldsymbol{x}\in C.$$

事实上，$\lambda_0$ 一定是正的，因为如果 $\lambda_0=0$，则 $\lambda_1f_1+\cdots+\lambda_mf_m$，其中系数 $\lambda_1$，…，$\lambda_k$ 中至少有一个是正的，在 $C$ 上非负，这与假设第一组不等式解的存在性相矛盾。所有系数 $\lambda_i$ 都除以 $\lambda_0$，必要时可以假设 $\lambda_0=1$，则函数

$$h=f_0+\lambda_1f_1+\cdots+\lambda_mf_m$$

对所有 $\boldsymbol{x}\in C$，满足 $h(\boldsymbol{x})\geqslant\alpha$，而对所有 $\boldsymbol{x}\notin C$，$h(\boldsymbol{x})=+\infty$，所以，$\inf h\geqslant\alpha$。另一方面，对任意可行解 $\boldsymbol{x}$ 都有 $h(\boldsymbol{x})\leqslant f_0(\boldsymbol{x})$（因为 $\lambda_i\geqslant 0$ 且 $f_i(\boldsymbol{x})\leqslant 0$，$i=1,\cdots,m$），因而 $\inf h$ 不可能比 $f_0$ 在可行解集上的下确界大，它是 $\alpha$。因此，$\inf h=\alpha$ 且（$\lambda_1$，…，$\lambda_m$）是（$P$）的 Kuhn-Tucker 向量。这就证明了没有等式约束情形下定

理成立。

当有等式约束时，即 $r<m$，根据（$P$）的定义，相应的函数 $f_{r+1}$，…，$f_m$ 都是仿射函数。每一个约束 $f_i(\boldsymbol{x})=0$ 都可以用两个不等式约束

$$f_i(\boldsymbol{x})\leqslant 0,\quad (-f_i)(\boldsymbol{x})\leqslant 0,$$

代替，这样得到“等价的”只含有不等式约束的普通凸规划（$P'$）。将定理中已证明的部分应用于（$P'$）。（$P'$）的 Kuhn-Tucker 系数是非负实数 $\lambda_1$，…，$\lambda_r$，$\lambda'_{r+1}$，…，$\lambda'_m$，$\lambda''_{r+1}$，…，$\lambda''_m$ 以便函数

$$f_0+\sum_{i=1}^{r}\lambda_i f_i+\sum_{i=r+1}^{m}\lambda'_i f_i+\sum_{i=r+1}^{m}\lambda''_i(-f_i)$$

有限且等于（$P'$）的最优值，与（$P$）的最优值相同。令 $\lambda_i=\lambda'_i-\lambda''_i$，$i=r+1$，…，$m$，由这些系数即可得（$P$）的 Kuhn-Tucker 向量（$\lambda_1$，…，$\lambda_m$）。

**推论 28.2.1**　设（$P$）为只含不等式约束的通常凸规划，即 $r=m$。假设（$P$）的最优值不是 $-\infty$，且至少存在一个 $\boldsymbol{x}\in C$ 使

$$f_1(\boldsymbol{x})<0,\cdots,f_m(\boldsymbol{x})\leqslant 0.$$

则（$P$）的 Kuhn-Tucker 向量存在。

**证明**　如果 $\boldsymbol{x}\in C$ 满足 $f_i(\boldsymbol{x})<0$，$i=1$，…，$m$，且 $\boldsymbol{y}$ 是 ri$C$ 内任意点［根据本节开始部分的假设（b）为 ri(dom$f_i$)，$i=1$，…，$m$ 内任意点］，则对充分小的 $\lambda>0$ 点

$$\boldsymbol{z}=(1-\lambda)\boldsymbol{x}+\lambda\boldsymbol{y}$$

满足 $f_i(\boldsymbol{z})<0$，$i=1$，…，$m$ 且 $\boldsymbol{z}\in$ ri$C$（定理 7.5 和定理 6.1）。因此，满足定理的假设条件。

可以给推论 28.2.1 更直接的证明方法，不像定理 28.2 的证明要用到定理 21.2，只要利用第 11 节中的分离性结论及多面体凸性。思路与定理 28.2 的证明过程的前半部分类似（在假设只有不等式约束的前提下），具体的证明过程作为练习。

下面给出定理 28.2 的另外一种重要情形，它的证明不需要用多面体凸性理论。

**推论 28.2.2**　设（$P$）为只含线性约束的通常凸规划，即

$$f_i(\boldsymbol{x})=\langle \boldsymbol{a}_i,\boldsymbol{x}\rangle-\alpha_i,\quad i=1,\cdots,m.$$

如果（$P$）的最优值不是 $-\infty$，且在 ri$C$ 内有可行解，则（$P$）的 Kuhn-Tucker 向量存在。

下面给出一个 Kuhn-Tucker 系数不存在的通常凸规划的例子。令 $C=\mathbf{R}^2$，$f_0(\xi_1,\xi_2)=\xi_1$，$f_1(\xi_1,\xi_2)=\xi_2$，$f_2(\xi_1,\xi_2)=\xi_1^2-\xi_2$，$r=2$。满足约束

$$f_1(\xi_1,\xi_2)\leqslant 0,\quad f_2(\xi_1,\xi_2)\leqslant 0$$

的唯一 $\boldsymbol{x}=(\xi_1,\xi_2)$ 为 $\boldsymbol{x}=(0,0)$。因此，此规划有唯一的最优解 (0, 0)，且最优值为 0。然而，如果（$\lambda_1$，$\lambda_2$）是 Kuhn-Tucker 向量，则存在 $\lambda_1\geqslant 0$，$\lambda_2\geqslant 0$ 使得

$$0\leqslant f_0(\xi_1,\xi_2)+\lambda_1 f_1(\xi_1,\xi_2)+\lambda_2 f_2(\xi_1,\xi_2)$$

$$=\xi_1+(\lambda_1-\lambda_2)\xi_2+\lambda_2\xi_1^2,\quad \forall \xi_1,\xi_2,$$

但这是不可能的。定理28.2的假设条件在这里不满足，因为不存在（$\xi_1$，$\xi_2$）使$f_1(\xi_1,\xi_2)\leqslant 0$，$f_2(\xi_1,\xi_2)<0$。

甚至当$f_0$是$C$上的线性函数且所有的约束条件都是线性方程时，这个例子可以修改为与定理28.2和推论28.2.2中所需的相对内部类似的一些条件。令

$$C=\{(\xi_1,\xi_2)\in\mathbf{R}^2\mid \xi_1^2-\xi_2\leqslant 0\},$$

$f_0(\xi_1,\xi_2)=\xi_1$，$f_1(\xi_1,\xi_2)=\xi_2$，$r=0$。在上面给定的凸规划中这样选择其中的元素，$\boldsymbol{x}=(0,0)$又是唯一的最优解，且最优值也是0。Kuhn-Tucker向量只包含一个实数$\lambda_1$使

$$0\leqslant f_0(\xi_1,\xi_2)+\lambda_1 f_1(\xi_1,\xi_2)=\xi_1+\lambda_1\xi_2,\quad \forall (\xi_1,\xi_2)\in C.$$

但这样的$\lambda_1$不存在。

正如在第29节中将要研究的更一般情况一样，可以用（$P$）的扰动函数$p$在$\boldsymbol{u}=\mathbf{0}$处的方向导数来描述Kuhn-Tucker系数的性质。根据这个性质可得，除了从“均衡价格”的观点看，它们的存在性高度反常这些情况外，Kuhn-Tucker系数总是存在的。

现在说明如何从$\mathbf{R}^m\times\mathbf{R}^n$上某凹-凸函数的“鞍点”极值角度来刻画通常凸规划（$P$）的Kuhn-Tucker系数和最优解的性质。

（$P$）的Lagrange乘子是定义在$\mathbf{R}^m\times\mathbf{R}^n$上的函数$L$：

$$L(\boldsymbol{u}^*,\boldsymbol{x})=\begin{cases}f_0(\boldsymbol{x})+v_1^* f_1(\boldsymbol{x})+\cdots+v_m^* f_m(\boldsymbol{x}), & \boldsymbol{u}^*\in E_r,\boldsymbol{x}\in C,\\ -\infty, & \boldsymbol{u}^*\notin E_r,\boldsymbol{x}\in C,\\ +\infty, & \boldsymbol{x}\notin C,\end{cases}$$



其中，

$$E_r=\{\boldsymbol{u}^*=(v_1^*,\cdots,v_m^*)\in\mathbf{R}^m\mid v_i^*\geqslant 0,i=1,\cdots,r\}.$$

变量$v_i^*$是与（$P$）中的第$i$个约束条件相对应的Lagrange乘子。

如上所述，如果把$v_i^*$理解成变量$v_i$单位扰动的价格，则$L$有实际意义。对任意给定的$\boldsymbol{u}^*\in\mathbf{R}^m$和$\boldsymbol{x}\in\mathbf{R}^n$都有

$$L(\boldsymbol{u}^*,\boldsymbol{x})=\inf\{f_0(\boldsymbol{x})+v_1^*v_1+\cdots+v_m^*v_m\mid \boldsymbol{u}\in U_{\boldsymbol{x}}\},$$

其中$U_x$是由所有满足$v_i\geqslant f_i(\boldsymbol{x})$，$i=1,\cdots,r$且$v_i=f_i(\boldsymbol{x})$，$i=r+1,\cdots,m$，即$\boldsymbol{x}$满足扰动问题（$P_u$）中的约束条件，的扰动$\boldsymbol{u}=(v_1,\cdots,v_m)$构成的集合。因此，$L(\boldsymbol{u}^*,\boldsymbol{x})$可以解释为，当扰动价格为$\boldsymbol{u}^*$时，得到$\boldsymbol{x}$的最小最低成本。

注意到，对任意$\boldsymbol{x}$，$L$关于$u^*$是凹函数，而对任意$\boldsymbol{u}^*$，$L$关于$\boldsymbol{x}$是凸函数。而且，$L$反映了（$P$）的所有结构，因为这$m+3$元组（$C$，$f_0$，…，$f_m$，$r$）可以完全从$L$恢复。（也就是说，由于$L$有限的点集是$E_r\times C$，$C$和$r$由$L$唯一确定。$f_0$，…，$f_m$在$C$上的值可以根据公式

$$f_0(\boldsymbol{x})=L(\mathbf{0},\boldsymbol{x}),\quad \boldsymbol{x}\in C,$$

$$f_i(\boldsymbol{x})=L(\boldsymbol{e}_i,\boldsymbol{x})-L(\mathbf{0},\boldsymbol{x}),\quad i=1,\cdots,m,\boldsymbol{x}\in C,$$

由 $L$ 得到，其中 $\boldsymbol{e}_i$ 为 $m\times m$ 阶单位矩阵的第 $i$ 行向量。）因此，通常凸规划与它的 Lagrange 函数之间存在一一对应。

向量对（$\bar{\boldsymbol{u}}^*$，$\bar{\boldsymbol{x}}$）称为 $L$ 的“鞍点”（关于最大化 $\boldsymbol{u}^*$ 和最小化 $\boldsymbol{x}$），如果

$$L(\boldsymbol{u}^*,\bar{\boldsymbol{x}})\leqslant L(\bar{\boldsymbol{u}}^*,\bar{\boldsymbol{x}})\leqslant L(\bar{\boldsymbol{u}}^*,\boldsymbol{x}),\quad \forall \boldsymbol{u}^*,\quad \forall \boldsymbol{x}$$

**定理 28.3**　设$(P)$为如上所述的通常凸规划，$\bar{\boldsymbol{u}}^*$ 和 $\bar{\boldsymbol{x}}$ 分别是 $\mathbf{R}^m$ 和 $\mathbf{R}^n$ 中的向量，则$\bar{\boldsymbol{u}}^*$ 是$(P)$的 Kuhn-Tucker 向量而 $\bar{\boldsymbol{x}}$ 是$(P)$的最优解的充要条件是$(\bar{\boldsymbol{u}}^*，\bar{\boldsymbol{x}})$是$(P)$的 Lagange 函数 $L$ 的鞍点。而且，这个条件成立当且仅当 $\bar{\boldsymbol{x}}$ 和$\bar{\boldsymbol{u}}^*$ 的元素 $\lambda_i$ 满足：

a) $\lambda_i\geqslant 0, f_i(\bar{\boldsymbol{x}})\leqslant 0, \lambda_i f_i(\bar{\boldsymbol{x}})=0, i=1,\cdots,r$,

b) $f_i(\bar{\boldsymbol{x}})=0, i=r+1,\cdots,m$,

c) $0\in[\partial f_0(\bar{\boldsymbol{x}})+\lambda_1 f_1(\bar{\boldsymbol{x}})+\cdots+\lambda_m f_m(\bar{\boldsymbol{x}})]$（$\lambda_1=0$ 时省略）。

**证明**　根据“鞍点”的定义，$(\bar{\boldsymbol{u}}^*，\bar{\boldsymbol{x}})$是 $L$ 的鞍点当且仅当

$$\sup_{\boldsymbol{u}^*} L(\boldsymbol{u}^*,\bar{\boldsymbol{x}})=L(\bar{\boldsymbol{u}}^*,\bar{\boldsymbol{x}})=\inf_{\boldsymbol{x}} L(\bar{\boldsymbol{u}}^*,\boldsymbol{x})$$

而不等式

$$\sup_{\boldsymbol{u}^*} L(\boldsymbol{u}^*,\bar{\boldsymbol{x}})\geqslant L(\bar{\boldsymbol{u}}^*,\bar{\boldsymbol{x}})\geqslant\inf_{\boldsymbol{x}} L(\bar{\boldsymbol{u}}^*,\boldsymbol{x})$$

总是成立。因此，$(\bar{\boldsymbol{u}}^*，\bar{\boldsymbol{x}})$是 $L$ 的鞍点当且仅当

$$\sup_{\boldsymbol{u}^*} L(\boldsymbol{u}^*,\bar{\boldsymbol{x}})=\inf_{\boldsymbol{x}} L(\bar{\boldsymbol{u}}^*,\boldsymbol{x})$$



无论怎么选择 $\bar{\boldsymbol{x}}$ 都有

$$\sup_{\boldsymbol{u}^*} L(\boldsymbol{u}^*,\bar{\boldsymbol{x}})=\sup\{f_0(\bar{\boldsymbol{x}})+v_1^* f_1(\bar{\boldsymbol{x}})+\cdots+v_m^* f_m(\bar{\boldsymbol{x}})\mid(v_1^*,\cdots,v_m^*)\in E_r\}$$

$$=f_0(\bar{\boldsymbol{x}})+\delta(\bar{\boldsymbol{x}}\mid C_0)>-\infty,$$

其中 $C_0$ 是（$P$）的可行解集。另一方面，对任意给定$\bar{\boldsymbol{u}}^*=(\lambda_1,\cdots,\lambda_m)$ 都有

$$+\infty>\inf_{\boldsymbol{x}} L(\bar{\boldsymbol{u}}^*,\boldsymbol{x})=\begin{cases}\inf h, & \bar{\boldsymbol{u}}^*\in E_r,\\ -\infty, & \bar{\boldsymbol{u}}^*\notin E_r,\end{cases}$$

其中 $h=f_0+\lambda_1 f_1+\cdots+\lambda_m f_m$。因此，$(\bar{\boldsymbol{u}}^*，\bar{\boldsymbol{x}})$是 $L$ 的鞍点当且仅当

d) $\bar{\boldsymbol{u}}^*\in E_r$，$\bar{\boldsymbol{x}}\in C_0$，$\inf h=f_0(\bar{\boldsymbol{x}})$。

当$\bar{\boldsymbol{u}}^*$ 是 Kuhn-Tucker 向量，$\bar{\boldsymbol{x}}$ 是最优解时，条件（d）满足，进而 $\inf h=\alpha$ 且

$f_0(\bar{\boldsymbol{x}})=\alpha$，其中 $\alpha$ 是（$P$）的最优值且有限。另一方面，假设条件（d）满足，对任意 $\boldsymbol{x}\in C_0$ 都有

$$\lambda_i f_i(\boldsymbol{x})\leqslant 0,\quad i=1,\cdots,m,$$

且 $h(\boldsymbol{x})\leqslant f_0(\boldsymbol{x})$。因此，

$$\inf h=\inf_{\boldsymbol{x}\in C_0} h(\boldsymbol{x})\leqslant \inf_{\boldsymbol{x}\in C_0} f_0(\boldsymbol{x})=\alpha\leqslant f_0(\bar{\boldsymbol{x}}),$$

从而，

$$\inf h=\alpha=f_0(\bar{\boldsymbol{x}}),$$

所以，（d）说明 $\bar{\boldsymbol{u}}^*$ 是 Kuhn-Tucker 向量且 $\bar{\boldsymbol{x}}$ 是最优解。

当然，从上述分析可得，当 $\bar{\boldsymbol{u}}^*\in E_r$，$\bar{\boldsymbol{x}}\in C_0$ 时，

$$\inf h\leqslant h(\bar{\boldsymbol{x}})\leqslant f_0(\bar{\boldsymbol{x}})$$

其中，第二个不等式严格成立，除非

$$\lambda_i f_i(\bar{\boldsymbol{x}})\leqslant 0,\quad i=1,\cdots,r,$$

所以，条件（d）隐含条件（a）、（b）和条件：

$$(\mathrm{c}')\, h(\bar{\boldsymbol{x}})=\inf h.$$

反过来，条件（a）、（b）和（$c'$）也隐含条件（d），因为在条件（a）和（b）下有 $h(\bar{\boldsymbol{x}})=f_0(\bar{\boldsymbol{x}})$。假设 $\bar{\boldsymbol{u}}^*\in E_r$，为完成定理证明，只需说明（c′）与（c）等价。根据定义，$h$ 在 $\bar{\boldsymbol{x}}$ 达到下确界当且仅当 $\mathbf{0}$ 是 $h$ 在 $\bar{\boldsymbol{x}}$ 的次梯度，即 $\mathbf{0}\in\partial h(\bar{\boldsymbol{x}})$。由于



$$\bigcap_{i=0}^{m}\mathrm{ri}(\mathrm{dom} f_i)=\mathrm{ri}C\neq\varnothing,$$

根据定理 23.8 可得，对任意 $\boldsymbol{x}$ 都有

$$\begin{aligned}\partial h(\boldsymbol{x})&=\partial f_0(\boldsymbol{x})+\partial(\lambda_1 f_1)(\boldsymbol{x})+\cdots+\partial(\lambda_m f_m)(\boldsymbol{x})\\&=\partial f_0(\boldsymbol{x})+\lambda_1\partial f_1(\boldsymbol{x})+\cdots+\lambda_m\partial f_m(\boldsymbol{x}).\end{aligned}$$

因此，条件 $0\in\partial h(\bar{\boldsymbol{x}})$。等价于条件（c）。

条件(a)、(b) 和(c)称为($P$)Kuhn-Tucker 条件。当函数 $f_i$ 在 $\bar{\boldsymbol{x}}$ 可微时，$\partial \bar{f}_i(\boldsymbol{x})$ 简化为 $f_i$ 在 $\bar{\boldsymbol{x}}$ 的梯度$\nabla f_i(\bar{\boldsymbol{x}})$（定理 25.1），且条件（c）就是方程

$$\nabla f_0(\bar{\boldsymbol{x}})+\lambda_1\nabla f_1(\bar{\boldsymbol{x}})+\cdots+\lambda_m\nabla f_m(\bar{\boldsymbol{x}})=\mathbf{0}.$$

由定理 28.3 得，在确保 Kuhn-Tucker 存在的情况下，求解（$P$）中的约束最小化问题等价于求解寻找 $L$ 的鞍点这样的无约束（或更简单的约束）极值问题。

**推论 28.3.1** （Kuhn-Tucker 定理）设（$P$）为满足定理 28.2 中假设的通常凸规划。向量 $\bar{\boldsymbol{x}}$ 是（$P$）的最优解的充要条件是存在向量 $\bar{\boldsymbol{u}}^*$ 使($\bar{\boldsymbol{u}}^*$，$\bar{\boldsymbol{x}}$)是 $L$ 的鞍

点。等价地，$\bar{x}$ 是最优解当且仅当存在与 $\bar{x}$ 对应的 Lagrange 乘子 $\lambda_i$ 满足（$P$）的 Kuhn-Tucker 条件。

有趣的是，通常凸规划的 Kuhn-Tucker 条件也可以通过一种不同的甚至有指导性的方式由次可微理论直接得到。为叙述简便，假设 $C=\mathbf{R}^n$，$r=m$，且

$$f_1(\boldsymbol{x})<0,\cdots,f_m(\boldsymbol{x})<0,$$

至少有一个解。(可以推广到一般情况。) 如上所述，令

$$C_i=\{\boldsymbol{x}\mid f_i(\boldsymbol{x})\leqslant 0\},\quad i=1,\cdots,m.$$

（$P$）的目标函数 $f$ 表示为

$$f(\boldsymbol{x})=f_0(\boldsymbol{x})+\delta(\boldsymbol{x}\mid C_1)+\cdots+\delta(\boldsymbol{x}\mid C_m).$$

（$P$）的最优解是满足 $\mathbf{0}\in\partial f(\bar{\boldsymbol{x}})$ 的向量 $\bar{\boldsymbol{x}}$。关于 $f_i(\boldsymbol{x})<0$，　$i=1$，…，$m$ 的假设说明（根据 $\mathbf{R}^n$ 上有限凸函数的连续性）：

$$\mathrm{int}C_1\cap\cdots\cap\mathrm{int}C_m\neq\varnothing.$$

当然，$C_i$ 是 $\delta(\boldsymbol{x}\mid C_i)$　（$i=1$，…，$m$）的有效域，且 $\mathbf{R}^n=\mathrm{dom}f_0$。根据定理 23.8 得

$$\partial f(\boldsymbol{x})=\partial f_0(\boldsymbol{x})+\partial\delta(\boldsymbol{x}\mid C_1)+\cdots+\partial\delta(\boldsymbol{x}\mid C_m).$$

而且 $\delta(\boldsymbol{x}\mid C_i)$ 是 $C_i$ 在 $\boldsymbol{x}$ 的法锥，且根据推论 23.7.1 由下式给出：

$$\delta(\boldsymbol{x}\mid C_i)\begin{cases}\bigcup\{\lambda_i\partial f_i(\boldsymbol{x})\mid\lambda_i\geqslant 0\}, & f_i(\boldsymbol{x})=0,\\ \{0\} & f_i(\boldsymbol{x})<0,\\ \varnothing, & f_i(\boldsymbol{x})>0.\end{cases}$$

由此可得，$\partial f(\boldsymbol{x})$ 非空当且仅当 $\boldsymbol{x}$ 满足对 $i=1$，…，$m$ 均有 $f_i(\boldsymbol{x})\leqslant 0$，此时 $\partial f(\boldsymbol{x})$ 为函数

$$\partial f_0(\boldsymbol{x})+\lambda_1\partial f_1(\boldsymbol{x})+\cdots+\lambda_m\partial f_m(\boldsymbol{x})$$

其中系数 $\lambda_i\geqslant 0$ 满足：

$$\lambda_i f_i(\boldsymbol{x})=0,\quad i=1,\cdots,m$$

所有可能的系数 $\lambda_i\geqslant 0$ 的并集。因此，$0\in\partial f(\bar{\boldsymbol{x}})$ 当且仅当存在与 $\bar{\boldsymbol{x}}$ 对应的系数 $\lambda_1$，…，$\lambda_m$ 满足 Kuhn-Tucker 条件。

定理 28.3 指出如何根据（$P$）的 Lagrange 函数 $L$ 来描述最优解和 Kuhn-Tucker 条件的性质。下面的定理将指出（$P$）的最优值的性质同样可以通过 Lagrange函数 $L$ 来描述。

**定理 28.4**　设（$P$）是通常的凸规划，其 Lagrange 函数是 $L$。如果 $\bar{\boldsymbol{u}}^*$ 是（$P$）的 Kuhn-Tucker 向量且 $\bar{\boldsymbol{x}}$ 是最优解，则鞍点值 $L(\bar{\boldsymbol{u}}^*, \bar{\boldsymbol{x}})$ 是（$P$）的最优值。更一般地，$\bar{\boldsymbol{u}}^*$ 是（$P$）的 Kuhn-Tucker 向量当且仅当

$$-\infty<\inf_{x} L(\bar{\boldsymbol{u}}^{*},\boldsymbol{x})=\sup_{\boldsymbol{u}^{*}}\inf_{x} L(\boldsymbol{u}^{*},\boldsymbol{x})=\inf_{x}\sup_{\boldsymbol{u}^{*}} L(\boldsymbol{u}^{*},\boldsymbol{x})$$

此时，后一方程的公共极值是（$P$）的最优值。

**证明**　如果$\bar{\boldsymbol{u}}^{*}=(\lambda_1,\cdots,\lambda_m)$是 Kuhn-Tucker 向量且 $\bar{\boldsymbol{x}}$ 是最优解，则根据定理 28.3 中的 Kuhn-Tucker 条件有

$$L(\bar{\boldsymbol{u}}^{*},\bar{\boldsymbol{x}})=f_0(\bar{\boldsymbol{x}})+\lambda_1 f_1(\bar{\boldsymbol{x}})+\cdots+\lambda_m f_m(\bar{\boldsymbol{x}})=f_0(\bar{\boldsymbol{x}})$$

因而，$L(\bar{\boldsymbol{u}}^{*},\bar{\boldsymbol{x}})$ 是（$P$）的最优值。一般地，正如定理 28.3 所证明的，

$$\sup_{\boldsymbol{u}^{*}} L(\boldsymbol{u}^{*},\boldsymbol{x})=f_0(\boldsymbol{x})+\delta(\boldsymbol{x}\,|\,C_0)=f(\boldsymbol{x}),$$

其中 $f$ 是（$P$）的目标函数。因此，

$$\inf_{\boldsymbol{x}}\ \sup_{\boldsymbol{u}^{*}} L(\boldsymbol{u}^{*},\boldsymbol{x})=\alpha,$$

其中 $\alpha$ 是（$P$）的最优值。对任意$\bar{\boldsymbol{u}}^{*}=(\lambda_1,\cdots,\lambda_m)$都有

$$\sup_{\boldsymbol{u}^{*}} L(\boldsymbol{u}^{*},\boldsymbol{x})\geqslant L(\bar{\boldsymbol{u}}^{*},\boldsymbol{x}),\quad \forall\,\boldsymbol{x}.$$

所以

$$\alpha\geqslant\inf_{\boldsymbol{x}} L(\bar{\boldsymbol{u}}^{*},\boldsymbol{x})$$

而且，由定理 28.3 的证明得到

$$\inf_{\boldsymbol{x}} L(\bar{\boldsymbol{u}}^{*},\boldsymbol{x})=\begin{cases}\inf\{f_0+\lambda_1 f_1+\cdots+\lambda_m f_m\}, & \bar{\boldsymbol{u}}^{*}\in E_r,\\ -\infty, & \bar{\boldsymbol{u}}^{*}\notin E_r.\end{cases}$$



因此，$\bar{\boldsymbol{u}}^{*}$是 Kuhn-Tucker 向量当且仅当函数

$$g=\inf_{\boldsymbol{x}} L(\cdot,\boldsymbol{x})$$

在 $\mathbf{R}^m$ 上的上确界是$\alpha>-\infty$且在$\bar{\boldsymbol{u}}^{*}$处达到。定理得证。

**推论 28.4.1**　设（$P$）是通常凸规划，且至少有一个 Kuhn-Tucker 向量，即满足定理 28.2 中的假设。$g$ 为如下定义的函数：

$$g(\boldsymbol{u}^{*})=\inf_{\boldsymbol{x}} L(\boldsymbol{u}^{*},\boldsymbol{x}),$$

其中 $L$ 是（$P$）的拉格朗日函数，则（$P$）的 Kuhn-Tucker 向量正好是 $g$ 在 $\mathbf{R}^m$ 上取到上确界的点$\bar{\boldsymbol{u}}^{*}$。

当然，根据 $g$ 是凹函数 $L(\cdot,\boldsymbol{x})$，$\boldsymbol{x}\in\mathbf{R}^n$ 的点态下确界这一事实可得到推论 28.4.1 中 $g$ 的凹性。注意到 $g$ 是形如

$$\boldsymbol{u}^{*}=(v_1^{*},\cdots,v_m^{*})\rightarrow f_0(\boldsymbol{x})+v_1^{*}f_1(\boldsymbol{x})+\cdots+v_m^{*}f_m(\boldsymbol{x})+v_1^{*}\zeta_1+\cdots+v_r^{*}\zeta_r,$$

的仿射函数的点态下确界，其中，$\boldsymbol{x}\in C$ 且 $\zeta_i\geqslant 0$，$i=1,\cdots,r$。

推论 28.4.1 说明确定（$P$）的 Kuhn-Tucker 向量可归结为在 $\mathbf{R}^m$ 上最大化某

凹函数 $g$ 的数值问题。有时候，后者的问题更容易解决，由于作为一类仿射函数的点态下确界，$g$ 的显性表达式已知，尽管可能不知道 $g$ 的“解析的（analytic）”公式。有趣的是，注意到

$$g(\boldsymbol{u}^*)=-p^*(-\boldsymbol{u}^*),$$

其中 $p$ 是本节前面介绍的（$P$）的扰动函数。（根据第 30 节开始所定义的凹函数的共轭对应有 $g=(-p)^*$。定理 29.1 将证明函数 $p$ 是凸的。）

由通常凸规划的 Lagrange 乘子理论可得到重要的分解原理。假设（$P$）中的函数 $f_i$ 可以表示为

$$f_i(\boldsymbol{x})=f_{i1}(\boldsymbol{x}_1)+\cdots+f_{is}(\boldsymbol{x}_s),\quad i=0,1,\cdots,m,$$

其中，每一个 $f_{ik}$ 都是 $\mathbf{R}^{n_k}$ 上的正常凸函数（$i>r$ 时，是仿射的）且

$$\boldsymbol{x}=(\boldsymbol{x}_1,\cdots,\boldsymbol{x}_s),\quad \boldsymbol{x}_k\in\mathbf{R}^{n_k},\quad n_1+\cdots+n_s=n$$

令

$$C^k=\mathrm{dom}f_{0k}\subset\mathbf{R}^{n_k},\quad k=1,\cdots,s$$

则（根据约定，$\mathrm{dom}f_0=C$），

$$C=\{\boldsymbol{x}=(\boldsymbol{x}_1,\cdots,\boldsymbol{x}_s)\mid \boldsymbol{x}_k\in C^k,k=1,\cdots,s\}$$

那么，（$P$）可以描述为问题

$$\begin{aligned}&\text{minimize}\ f_{01}(\boldsymbol{x}_1)+\cdots+f_{0s}(\boldsymbol{x}_s)\\ &\text{s. t.}\quad \boldsymbol{x}_k\in C^k,k=1,\cdots,s\\ &\qquad\quad f_{i1}(\boldsymbol{x}_1)+\cdots+f_{is}(\boldsymbol{x}_s)\leqslant 0,\quad i=1,\cdots,r,\\ &\qquad\quad f_{i1}(\boldsymbol{x}_1)+\cdots+f_{is}(\boldsymbol{x}_s)=0,\quad i=r+1,\cdots,m.\end{aligned}$$

有启发的是可以将此问题看成是由 $s$ 个 $C^k$ 上形如：

$$\text{minimize}\quad f_{0k},\quad k=1,\cdots,s,$$

的不同的问题生成的（其中的凸集 $C^k$ 可由 $\mathbf{R}^{n_k}$ 上的不等式组或方程组给出），这些问题通过引入一些联合约束而相互依赖。由分解原理知道当（$P$）的 Kuhn-Tucker 向量存在时，可以适当调整函数 $f_{0k}$ 将（$P$）再分解成 $s$ 个 $C^k$ 上相互独立的问题。

具体地讲，正如定理 28.1（或推论 28.1.1）中所说明的，给定系数 $\lambda_i$，我们可以将（$P$）简化为在 $C$ 上最小化 $h$，其中，

$$h=f_0+\lambda_1f_1+\cdots+\lambda_mf_m.$$

然而，考虑到 $f_0$，$f_1$，…，$f_m$ 的表达式，则有

$$h(\boldsymbol{x})=h_1(\boldsymbol{x}_1)+\cdots+h_s(\boldsymbol{x}_s),\quad \boldsymbol{x}_k\in\mathbf{R}^{n_k},$$

其中

$$h_k=f_{0k}+\lambda_1f_{1k}+\cdots+\lambda_mf_{mk},\quad k=1,\cdots,s.$$

所以，$C$ 上最小化 $h$ 的问题等价于下面 $s$ 个相互独立 $C^k$ 上的问题：

$$\text{minimize}\quad h_k,\quad k=1,\cdots,s.$$

注意到，后面的极值问题是在空间 $\mathbf{R}^{n_k}$ 上，而由推论 28.4.1 知确定 Kuhn-Tucker

向量（$\lambda_1$，…，$\lambda_m$）的问题是 $\mathbf{R}^m$ 上的极值问题。因而，应用分解原理，$n$ 维的极值问题（$P$）可以由 $s+1$ 个维数为（可能更低）$n_1$，…，$n_s$ 和 $m$ 的极值问题代替。在很多情况下，问题本身太大不易求解，通过这样的降维方法可以求出其数值解。

下面的最小化问题

$$\begin{aligned}&\text{minimize}\ q(\boldsymbol{x})=q_1(\xi_1)+\cdots+q_n(\xi_n)\\&\text{s. t.}\qquad \boldsymbol{x}=(\xi_1,\cdots,\xi_n)\geqslant 0,\quad \xi_1+\cdots+\xi_n=1,\end{aligned}$$

很好地阐明了分解原理，其中每一个 $q_k$ 都是 $\mathbf{R}$ 上满足

$$\mathrm{dom}q_k\supset[0,1]$$

的正常凸函数。为将此问题表示为上面的形式，令

$$f_{0k}(\xi_k)=\begin{cases}q_k(\xi_k),\xi_k\geqslant 0\\+\infty,\quad \xi_k<0\end{cases},k=1,\cdots,n$$

且

$$f_{1k}(\xi_k)=\xi_k,\quad k=1,\cdots,n-1,$$
$$f_{1n}(\xi_n)=\xi_n-1.$$

根据这些函数，此问题成为

$$\begin{aligned}&\text{minimize}f_0(\boldsymbol{x})=f_{01}(\xi_1)+\cdots+f_{0n}(\xi_n)\\&\text{s. t.}\qquad f_1(\boldsymbol{x})=f_{11}(\xi_1)+\cdots+f_{1n}(\xi_n)=0.\end{aligned}$$

因此，得到可以应用分解原理的通常的凸规划，也就是说，由（$C$，$f_0$，$f_1$，0）给出问题（$P$），其中，



$$C=\mathrm{dom}f_0=\{\boldsymbol{x}\mid\xi_k\in\mathrm{dom}f_{0k},k=1,\cdots,n\}.$$

（$P$）中的下确界有限（因为［0，1］上的有限凸函数 $q_k$ 都在［0，1］上有界），且 $C$ 的内部包含满足 $f_1(\boldsymbol{x})=0$ 的点 $\boldsymbol{x}$。因此，根据推论 28.2.2，（$P$）存在一个 Kuhn-Tucker 向量，这里只含有一个 Kuhn-Tucker 系数 $\lambda_1$。如果可以计算这个 $\lambda_1$，则原问题可以由下面 $n$ 个一维问题所代替：

$$\text{minimize}\quad f_{0k}(\xi_k)+\lambda_1 f_{1k}(\xi_k).$$

如果对 $k=1$，…，$n$，已经求出的后者达到最小值的点构成的实区间 $I_k$，则可以通过选择满足，对 $k=1$，…，$n$ 及 $\xi_1+\cdots+\xi_n=1$ 有 $\xi_k\in I_k$ 的所有向量 $\boldsymbol{x}=$（$\xi_1$，…,$\xi_n$）（定理 28.1）而获得原问题的所有最优解。

利用推论 28.4.1 说明如何计算 Kuhn-Tucker 系数 $\lambda_1$。对每一个 $v_1^*\in\mathbf{R}$ 及 $x\in\mathbf{R}^n$，（$P$）的 Lagrange 函数由下式

$$L(v_1^*,\boldsymbol{x})=-v_1^*+\sum_{k=1}^{n}[f_{0k}(\xi_k)+v_1^*\xi_k]$$

给出，其中 $v_1^*$ 是与约束 $f_1(\boldsymbol{x})=0$ 对应的 Lagrange 乘子，因而，推论 28.4.1 中的函数 $g$ 由

$$g(\upsilon_1^*)=-\upsilon_1^*+\sum_{k=1}^{n}\inf\{f_{0k}(\xi_k)+\upsilon_1^*\xi_k\,|\,\xi_k\in\mathbf{R}\}$$
$$=-\upsilon_1^*-\sum_{k=1}^{n}f_{0k}^*(-\upsilon_1^*)$$

给出。因此，$\lambda_1$ 是（$P$）的 Kuhn-Tucker 系数当且仅当 $\upsilon_1^*=\lambda_1$ 最小化等式：

$$-g(\upsilon_1^*)=\upsilon_1^*+f_{01}^*(-\upsilon_1^*)+\cdots+f_{0n}^*(-\upsilon_1^*).$$

当然，凸函数 $-g$ 的最小值相对比较容易计算，因为它只包含一个实变量 $\upsilon_1^*$，且其共轭函数 $f_{0k}^*$ 较容易确定。因此，在这个例子中应用分解原理，一个实际上含有 $n-1$ 个实变量（原始的变量 $\xi_k$ 中有一个是多余的，因为约束条件：$\xi_1+\cdots+\xi_n=1$）的问题可以用每一个都只含一个实变量的 $n+1$ 个问题来代替。

下面给出更一般的应用分解定理的例子。对 $k=1, \cdots, s$，设 $f_{0k}$ 是 $\mathbf{R}^{n_k}$ 上的正常凸函数，$\boldsymbol{A}_k$ 是一 $m\times n_k$ 实矩阵。考虑问题

$$\begin{aligned}&\text{minimize}\, f_{01}(\boldsymbol{x}_1)+\cdots+f_{0s}(\boldsymbol{x}_s),\quad \boldsymbol{x}_k\in\mathbf{R}^{n_k},\\ &\text{s. t.}\qquad \boldsymbol{A}_1\boldsymbol{x}_1+\cdots+\boldsymbol{A}_s\boldsymbol{x}_s=\boldsymbol{a},\end{aligned}$$

其中 $\boldsymbol{a}$ 为 $\mathbf{R}^m$ 中一给定元素。这里每一个 $f_{0k}$ 本身都可以是某通常凸规划（$P_k$）的目标函数；特别地，$f_{0k}$ 的有效域 $C^k$ 可以由一些其他的约束系统所确定。然而，当只考虑使得 $\boldsymbol{x}_1, \cdots, \boldsymbol{x}_s$ 相互依赖的约束条件时，假设这些约束都是线性的。

对 $i=1, \cdots, m$ 及 $k=1, \cdots, s$，令 $\boldsymbol{a}_{ik}$ 表示 $\mathbf{R}^{n_k}$ 中构成矩阵 $\boldsymbol{A}_k$ 的第 $i$ 行向量，$\alpha_i$ 表示 $\boldsymbol{a}$ 的第 $i$ 个元素。令

$$f_{ik}(\boldsymbol{x}_k)=\langle\boldsymbol{a}_{ik},\boldsymbol{x}_k\rangle,\quad k=1,\cdots,s-1,$$
$$f_{is}(\boldsymbol{x}_s)=\langle\boldsymbol{a}_{is},\boldsymbol{x}_s\rangle-\alpha_i,$$

再令

$$f_i(\boldsymbol{x})=f_{i1}(\boldsymbol{x}_1)+\cdots+f_{is}(\boldsymbol{x}_s),$$

其中

$$\boldsymbol{x}=(\boldsymbol{x}_1,\cdots,\boldsymbol{x}_s),\quad \boldsymbol{x}_k=\mathbf{R}^{n_k}.$$

考虑由（$C$，$f_0$，$\cdots$，$f_m$，0）给出的通常凸规划（$P$），其中，

$$C=\text{dom} f_0=\{\boldsymbol{x}\,|\,\boldsymbol{x}_k\in C^k,k=1,\cdots,s\}.$$

注意到，如果每个 $C^k$ 正好是某（$P_k$）的可行解集，则 $C$ 的内部可能是空集；为此，文中已经在定理 28.2 和推论 28.2.2 中给出了 $\text{ri}C$ 的要求。

由推论 28.2.2，如果（$P$）中下确界有限且可选择向量 $\boldsymbol{x}_k\in\text{ri}C^k$ 使

$$\boldsymbol{A}_1\boldsymbol{x}_1+\cdots+\boldsymbol{A}_s\boldsymbol{x}_s=\boldsymbol{a},$$

那么，存在（$P$）的 Kuhn-Tucker 向量

$$\bar{\boldsymbol{u}}^*=(\lambda_1,\cdots,\lambda_m)$$

给定这样的一个 $\bar{\boldsymbol{u}}^*$，（$P$）可以用 $s$ 个在 $\mathbf{R}^{n_k}$ 上求最小化 $h_k$（$k=1, \cdots, s$），

$$h_k=f_{0k}+\lambda_1 f_{1k}+\cdots+\lambda_m f_{mk}$$

$$=\begin{cases} f_{0k}+\langle\cdot,\boldsymbol{A}_k^*\bar{\boldsymbol{u}}^*\rangle, k=1,\cdots,s-1,\\ f_{0s}+\langle\cdot,\boldsymbol{A}_{sk}^*\bar{\boldsymbol{u}}^*\rangle-\langle\boldsymbol{a},\bar{\boldsymbol{u}}^*\rangle, k=s,\end{cases}$$

的相互独立问题来代替（其中 $\boldsymbol{A}_k^*$ 为 $\boldsymbol{A}_k$ 的转置），则（$P$）的最优解集由满足 $\boldsymbol{x}_k\in D_k$ 且 $\sum_{k=1}^{s}\boldsymbol{A}_k\boldsymbol{x}_k=\boldsymbol{a}$ 的向量 $\boldsymbol{x}=(x_1,\cdots,x_s)$ 组成，其中 $D_k$ 表示 $h_k$ 达到最小值的点构成的集合（定理 28.1）。

这个例子中的 Lagrange 函数为

$$L(\boldsymbol{u}^*,\boldsymbol{x})=-\langle\boldsymbol{a},\boldsymbol{u}^*\rangle+\sum_{k=1}^{s}[f_{0k}(\boldsymbol{x}_k)+\langle\boldsymbol{x}_k,\boldsymbol{A}_k^*\boldsymbol{u}^*\rangle].$$

所以，在推论 28.4.1 中有

$$\begin{aligned} g(\boldsymbol{u}^*)&=-\langle\boldsymbol{a},\boldsymbol{u}^*\rangle-\sum_{k=1}^{s}\sup_{\boldsymbol{x}_k}\{\langle\boldsymbol{x}_k,-\boldsymbol{A}_k^*\boldsymbol{u}^*\rangle-f_{0k}(\boldsymbol{x}_k)\}\\ &=-\langle\boldsymbol{a},\boldsymbol{u}^*\rangle-\sum_{k=1}^{s}f_{0k}^*(-\boldsymbol{A}_k^*\boldsymbol{u}^*).\end{aligned}$$

因此，（$P$）的 Kuhn-Tucker 向量可以通过在 $\mathbf{R}^m$ 上最小化凸函数

$$w(\boldsymbol{u}^*)=\langle\boldsymbol{a},\boldsymbol{u}^*\rangle+f_{01}^*(-\boldsymbol{A}_1^*\boldsymbol{u}^*)+\cdots+f_{0s}^*(-\boldsymbol{A}_s^*\boldsymbol{u}^*)$$

而得到。

最小化 $w$ 不一定容易，但值得注意的是，即使在不能写出共轭函数 $f_{0k}^*$ 的显式表达式的情况下，这个问题也可以解决。为简便起见，假设每个函数 $f_{0k}$ 都下有限（尤其是 $f_{0k}$ 闭且 $C^k$ 有界时一定成立），因而，$f_{0k}^*$ 在整个 $\mathbf{R}^m$ 上有限。所以，$w$ 在整个 $\mathbf{R}^m$ 上有限，根据定理 23.8 和定理 23.9，$w$ 的次梯度由以下公式给出

$$\partial w(\boldsymbol{u}^*)=\boldsymbol{a}-\boldsymbol{A}_1\partial f_{01}^*(-\boldsymbol{A}_1^*\boldsymbol{u}^*)-\cdots-\boldsymbol{A}_s\partial f_{0s}^*(-\boldsymbol{A}_s^*\boldsymbol{u}^*).$$

另一方面，由定理 23.5 得

$$\boldsymbol{x}_k\in\partial f_{0k}^*(-\boldsymbol{A}_k^*\boldsymbol{u}^*)$$

当且仅当 $\boldsymbol{x}_k$ 最小化函数

$$f_{0k}+\langle\cdot,\boldsymbol{A}_k^*\boldsymbol{u}^*\rangle.$$

当然，这个最小值本身是 $f_{0k}^*(-\boldsymbol{A}_k^*\boldsymbol{u}^*)$。因此，对任意给定 $\boldsymbol{u}^*\in\mathbf{R}^m$，可以通过求解 $s$ 个问题：

$$\text{minimize} f_{0k}(\boldsymbol{x}_k)+\langle\boldsymbol{x}_k,\boldsymbol{A}_k^*\boldsymbol{u}^*\rangle$$

来计算 $w(\boldsymbol{u}^*)$ 和 $\partial w(\boldsymbol{u}^*)$。从而，当后面的问题相对容易解决时（关于例子，当每一个 $f_{0k}$ 都形如：

$$f_{0k}(\boldsymbol{x}_k)=\begin{cases} g_k(\boldsymbol{x}_k), \boldsymbol{x}_k\geqslant\boldsymbol{0}, B_k\boldsymbol{x}_k=b_k,\\ +\infty, \quad 否则\end{cases}$$

其中，$g_k$ 为 $\mathbf{R}^{n_k}$ 上有限可微凸函数），对任给 $\boldsymbol{u}^*$，能计算出 $w(\boldsymbol{u}^*)$ 和 $\partial w(\boldsymbol{u}^*)$ 中元素的任何方法都可以用来最小化 $w$。特别地，如果每个 $f_{0k}$ 都在 $C^k$ 上严格凸，

则每个 $f_{0k}^*$ 都可微（定理 26.3）且 $\partial w(\boldsymbol{u}^*)$ 简化为 $\nabla w(\boldsymbol{u}^*)$，因此可以考虑用梯度法。

# 第 29 节　双重函数及广义凸规划

一般凸规划（$P$）主要是在 $\mathbf{R}^n$ 上最小化给定凸函数，（$P$）的目标函数的有效域是（$P$）所有可行解所构成的集合。但是，除了考虑（$P$）的抽象最小化问题以外，对（$P$）还有更多的问题需要研究。另一个通常的凸规划可以和（$P$）有相同的目标函数但有不同的 Lagrange 函数和 Kuhn-Tucker 系数，如果对“凸规划”的概念进行全面的推广，一定会考虑到这样的事实。

正如第 28 节所述，与通常凸规划所对应的 Kuhn-Tucker 向量可以通过规划中的目标函数来刻画，这正是下面将完成的推广的关键。凸规划实际上就是一个（扩展实值）凸“目标函数”和与这个“目标函数”相关的一类特殊“凸”扰动。与第 28 节类似，对于这种广义规划，将给出用扰动的“均衡价值”表示的 Kuhn-Tucker 向量的拉格朗日乘子理论。

为了表示最小化问题中的目标函数关于扰动对应的向量 $\boldsymbol{u}$ 的依赖性，我们引入“双重函数（Bifunction）”的概念，它是多值映射的一种推广。不是一个新概念，而是现有概念的一种不同处理方式，是“变量”与“参数”之间的区别。实际上，就本节内容而言我们并不需要引进双重函数这个术语，所有结论都可以用更方便的术语来描述。但由于双重函数这个概念在这本书的后面将越来越有用，因此，从现在开始就对其进行探讨。

映 $\mathbf{R}^m$ 到 $\mathbf{R}^n$ 的双重函数 $F$ 是一个映射，其满足对每一个 $\boldsymbol{u}\in\mathbf{R}^m$，都有在 $\mathbf{R}^n$ 上定义，在 $[-\infty, +\infty]$ 中取值的函数 $Fu$ 与之对应。$Fu$ 在点 $\boldsymbol{x}\in\mathbf{R}^n$ 的值记为 $Fu(\boldsymbol{x})$。函数

$$(\boldsymbol{u},\boldsymbol{x})\to(Fu)(\boldsymbol{x}),\quad (\boldsymbol{u},\boldsymbol{x})\in\mathbf{R}^m\times\mathbf{R}^n=\mathbf{R}^{m+n}$$

称为 $F$ 的图函数。（双重函数的概念可以进一步推广，但是就目前的要求，这里给出的定义已经足够了。）

显然，定义在 $\mathbf{R}^{m+n}$ 上的每个推广的实值函数 $f$ 都恰好是映 $\mathbf{R}^m$ 到 $\mathbf{R}^n$ 的某双重函数的图函数，例如，定义 $F$ 为

$$Fu=f(u,\cdot),\quad \forall u\in\mathbf{R}^m.$$

因此，双重函数可以被简单地看作将函数分成两个阶段的第一个阶段：

$$F:u\to Fu:\boldsymbol{x}\to(Fu)(\boldsymbol{x}).$$

映 $\mathbf{R}^m$ 到 $\mathbf{R}^n$ 的双重函数与在 $\mathbf{R}^{m+n}$ 上定义的延拓的实值函数之间的一一对应关系，类似于映 $\mathbf{R}^m$ 到 $\mathbf{R}^n$ 的多值映射与 $\mathbf{R}^{m+n}$ 的子集（映射的图）之间的一一对应关系。在多值映射术语有用的地方，当想强调与映 $\mathbf{R}^m$ 到 $\mathbf{R}^n$ 的单值映射中常见概念的相似性时，双重函数的术语一样有用。

为启发式目的，将双重函数看成是多值映射按以下方式的一种推广。设 $F$ 为映 $\mathbf{R}^m$ 到 $\mathbf{R}^n$ 的双重函数，使得 $(Fu)(\boldsymbol{x})$ 永远不取 $-\infty$，且对每一个 $\boldsymbol{u}\in\mathbf{R}^m$，用 $Su$ 表示满足 $(F\boldsymbol{u})(\boldsymbol{x})<+\infty$的点 $\boldsymbol{x}\in\mathbf{R}^n$ 所构成的集合。要完全具体化 $F$，只要对每一个 $u$ 具体化集合 $Su$ 和定义在 $Su$ 上的实值函数（对 $F\boldsymbol{u}$ 的限制）就足够了，因为可以根据这个信息通过$+\infty$来对 $F$ 进行延拓和重建。因此，$F$ 可以启发式地用一个对应来确定，即对每一个 $\boldsymbol{u}\in\mathbf{R}^m$，集合 $Su$ 都赋予某个不同的实值函数（称为 $Su$ 中每一个元素 $\boldsymbol{x}$ "成本" 的 "估值"。）如果对于每个 $u$ 这些不同函数在 $Su$ 上恒等于零，则这个对应将退化为多值映射 $S$：$u\to Su$，即如果 $F$ 是 $S$ 的（$+\infty$）指示双重函数：

$$(Fu)(\boldsymbol{x})=\begin{cases}0, & \boldsymbol{x}\in Su,\\ +\infty, & \boldsymbol{x}\notin Su.\end{cases}$$

（这里已经进行了$+\infty$值扩展，而且排除了 $Fu$ 可能取值$-\infty$的情况，但在后面的章节中，凸双重函数与凹双重函数都将出现，但是，要记住$+\infty$和$-\infty$的角色相反和对立的情况。特别，有时会应用指示双重函数，其在$+\infty$的地方用$-\infty$来代替。）

映 $\mathbf{R}^m$ 到 $\mathbf{R}^n$ 的双重函数 $F$，如果其图函数是 $\mathbf{R}^{m+n}$ 中的凸函数，则称 $F$ 是凸的。特别地，这说明对每一个 $\boldsymbol{u}\in\mathbf{R}^m$，$F\boldsymbol{u}$ 都是凸函数。根据凸双重函数的图函数是闭的还是正常来分别确定双重函数为闭的或正常的。

把从 $\mathbf{R}^m$ 到 $\mathbf{R}^n$ 的凸双重函数 $F$ 的图域定义为 $F$ 的图函数的有效域（$\mathbf{R}^{m+n}$ 内的一个凸集）。$F$ 的有效域 $\mathrm{dom}F$ 定义为使 $Fu$ 不为常函数$+\infty$的所有向量 $\boldsymbol{u}\in\mathbf{R}^m$ 构成的集合。因此，$\mathrm{dom}F$ 是 $\mathbf{R}^{m+n}$ 内 $F$ 的图域在 $\mathbf{R}^m$ 上的映射，且是 $\mathbf{R}^m$ 内的凸集。如果 $F$ 是正常的，$\mathrm{dom}F$ 由使凸函数 $Fu$ 正常的所有向量 $u$ 构成。



尽管不是为了和广义凸规划相结合，但是凸双重函数的这个简单例子，理论上非常重要，这个函数就是映 $\mathbf{R}^m$ 到 $\mathbf{R}^n$ 的线性变换 $A$ 的（$+\infty$）指示双重函数 $F$，其定义为

$$(F\boldsymbol{u})(\boldsymbol{x})=\delta(\boldsymbol{x}\mid A\boldsymbol{u})=\begin{cases}0, & \boldsymbol{x}=A\boldsymbol{u},\\ +\infty, & \boldsymbol{x}\neq A\boldsymbol{u}.\end{cases}$$

这个 $F$ 是凸的，因为它的图函数是 $\boldsymbol{A}$ 的图的指示函数，恰好是 $\mathbf{R}^{m+n}$ 中的凸集（一个子空间）。注意到 $F$ 是闭正常的且 $\mathrm{dom}F=\mathbf{R}^m$。正如后面将看到的，这个例子建立了线性代数与凸双重函数之间的桥梁。

下面的例子表达了这样的主要意图。设（$P$）为以第 28 节中概念为基础的通常凸规划。对每一个 $\boldsymbol{u}=(\upsilon_1,\cdots,\upsilon_m)\in\mathbf{R}^m$，用 $Su$ 表示 $\mathbf{R}^n$ 中由满足

$$f_1(\boldsymbol{x})\leqslant\upsilon_1,\cdots,f_r(\boldsymbol{x})\leqslant\upsilon_r,\quad f_{r+1}(\boldsymbol{x})=\upsilon_{r+1},\cdots,f_m(\boldsymbol{x})=\upsilon_m$$

的向量 $\boldsymbol{x}$ 构成的子集。定义映 $\mathbf{R}^m$ 到 $\mathbf{R}^n$ 的双重函数 $F$

$$F\boldsymbol{u}=f_0+\delta(\cdot\mid S\boldsymbol{u}),\quad \forall\boldsymbol{u}.$$

我们称 $F$ 为与通常凸规划（$P$）相关的凸双重函数。由 $F$ 的图函数可以表示成为 $\mathbf{R}^{m+n}$上的函数 $g_i$ 的和，且其中的每一个函数显然是凸的事实可得 $F$ 的凸性

$$(F\boldsymbol{u})(\boldsymbol{x})=g_0(\boldsymbol{u},\boldsymbol{x})+g_1(\boldsymbol{u},\boldsymbol{x})+\cdots+g_m(\boldsymbol{u},\boldsymbol{x}).$$

其中

$$g_i(\boldsymbol{u},\boldsymbol{x})=\begin{cases}f_0(\boldsymbol{x}), & i=0,\\ \delta(\boldsymbol{u},\boldsymbol{x}\mid f_i(\boldsymbol{x})\leqslant \upsilon_i), & i=1,\cdots,r,\\ \delta(\boldsymbol{u},\boldsymbol{x}\mid f_i(\boldsymbol{x})=\upsilon_i), & i=r+1,\cdots,m.\end{cases}$$

（这里的记号说明，对 $i=1$，…，$r$，当 $u$ 的第 $i$ 个分量元素 $\upsilon_i$ 满足 $\upsilon_i\geqslant f_i(x)$ 时，$g_i(\boldsymbol{u},\ \boldsymbol{x})$ 是 0，否则 $g_i(\boldsymbol{u},\ \boldsymbol{x})=+\infty$。因而，对 $i=1$，…，$r$，$g_i$ 是一族凸集 $\mathrm{epi}f_i$ 的指示函数。对 $i=r+1$，…，$m$，有类似结论。）可得

$$\mathrm{dom}F=\{\boldsymbol{u}\in\mathbf{R}^m\mid Su\cap C\neq\varnothing\},$$

其中 $C=\mathrm{dom}f_0$。凸集 $\mathrm{dom}F$ 非空，因为对任意 $\boldsymbol{x}\in C$，它包含向量

$$(f_1(\boldsymbol{x}),\cdots,f_m(\boldsymbol{x})).$$

因为 $\mathrm{dom}F\neq\varnothing$ 且 $(F\boldsymbol{u})(\boldsymbol{x})$ 永远不取 $-\infty$，所以 $F$ 是正常的。如果凸函数 $f_0$，$f_1$，…，$f_r$ 都是闭的，则 $F$ 也是闭的。（注意到在第 28 节概念中假设 $f_{r+1}$，…，$f_m$ 都是 $\mathbf{R}^n$ 上的仿射函数，因此为闭的。）

重要的是，意识到通常凸规划（$P$）由与其相关的双重函数 $F$ 唯一确定。$(m+3)$ 元组（$C$，$f_0$，…，$f_m$，$r$）可以由 $F$ 按如下方式重建。首先，

$$C=\{\boldsymbol{x}\in\mathbf{R}^n\mid \exists\,\boldsymbol{u}\in\mathbf{R}^m,(F\boldsymbol{u})(\boldsymbol{x})<+\infty\}.$$

对任意 $\boldsymbol{x}\in C$ 及满足 $(F\boldsymbol{u})(\boldsymbol{x})<+\infty$ 的任意 $\boldsymbol{u}$，都有

$$f_0(\boldsymbol{x})=(F\boldsymbol{u})(\boldsymbol{x}).$$

这样固定 $f_0$，对任意 $\boldsymbol{x}\in C$ 有

$$\{\boldsymbol{u}\in\mathbf{R}^m\mid (F\boldsymbol{u})(\boldsymbol{x})<+\infty\}=(f_1(\boldsymbol{x}),\cdots,f_m(\boldsymbol{x}))+K,$$

其中 $K$ 是 $\mathbf{R}^m$ 内由满足，对 $i=1$，…，$r$，$\eta_i\geqslant 0$ 且对 $i=r+1$，…，$m$，$\eta_i=0$，的向量 $\boldsymbol{y}=(\eta_1,\ \cdots,\ \eta_m)$ 所组成。这描绘出整数 $r$ 的特征并确定了 $f_1$，…，$f_m$ 在 $C$ 上的函数值。



因此，$\mathbf{R}^n$ 上的通常凸规划不是依据某 $(m+3)$ 元组来定义，而是依据 $\mathbf{R}^m$ 到 $\mathbf{R}^n$ 的某凸双重函数来定义。这是在更广的环境下所采取的一种处理方法。

设 $F$ 是映 $\mathbf{R}^m$ 到 $\mathbf{R}^n$ 的双重函数。定义与 $F$ 相关的（广义）凸规划（$P$）为“带扰动的最小化问题”，其中函数 $F\mathbf{0}$ 为在 $\mathbf{R}^n$ 上的最小，且给定的扰动是对不同的 $\boldsymbol{u}\in\mathbf{R}^m$，用 $F\boldsymbol{u}$ 代替 $F\mathbf{0}$ 所得到。[在（$P$）的原始定义中（$P$）就是 $F$ 本身；参见第 28 节开始部分的说明。然而，引进（$P$）及与（$P$）相关的术语比 $F$ 更有用，虽然关于 $F$ 的内容可能很丰富，因为文中希望用凸双重函数的概念，而不是特别关注“带扰动的最小化问题”。]

称凸函数 $F\mathbf{0}$ 为（$P$）的目标函数，且称它（在 $\mathbf{R}^n$ 上）的下确界为（$P$）中的最优值。凸集

$$\mathrm{dom}F\mathbf{0}=\{\boldsymbol{x}\in\mathbf{R}^n\mid (F\mathbf{0})(\boldsymbol{x})<+\infty\}$$

中的向量称为（$P$）的可行解（Feasible Solution），且如果至少存在一个这样的向

量，则称（$P$）为相容的。[因此，（$P$）为相容的当且仅当（$P$）中的最优值小于$+\infty$。] 定义（$P$）的最优解为使（$F0$）($\boldsymbol{x}$) 有限且等于（$P$）中的最优值的向量 $\boldsymbol{x}\in\mathbf{R}^n$。[因此，当（$P$）不相容时，即使对于每个 $\boldsymbol{x}$，($F\mathbf{0}$)($\boldsymbol{x}$) 是（$P$）中的最优值$+\infty$的情形，也不讨论（$P$）的最优解。]

除非 $F\mathbf{0}$ 是正常的，否则（$P$）的所有最优解的集合是空集；当 $F\mathbf{0}$ 正常时，它是 $F\mathbf{0}$ 的最小值集，其为所有关于（$P$）的可行解集的（可能是空集）凸子集。

对 $F\mathbf{0}$ 应用定理 27.2 可得（$P$）的最优解存在的一个广义条件。下面将涉及的不是最优解，而是广义 Kuhn-Tucker 向量。

将在 $\mathbf{R}^n$ 上定义的凸函数 $F\boldsymbol{u}$ 看成扰动为 $\boldsymbol{u}$ 的（$P$）的目标函数，定义（$P$）的扰动函数（Perturbation Function）为 $\mathbf{R}^m$ 上的（扩展的实值）函数 $\inf F$，由下式给出：

$$(\inf F)(\boldsymbol{u})=\inf F\boldsymbol{u}=\inf_x(F\boldsymbol{u})(\boldsymbol{x}).$$

注意到 $\inf F$ 在 $\boldsymbol{u}=\mathbf{0}$ 的值正好是（$P$）中的最优值。

如果等式

$$\inf_u\{\langle\boldsymbol{u}^*,\boldsymbol{u}\rangle+\inf F\boldsymbol{u}\}=\inf_{\boldsymbol{u},x}\{\langle\boldsymbol{u}^*,\boldsymbol{u}\rangle+(F\boldsymbol{u})(\boldsymbol{x})\}$$

有限且等于 $\inf F\mathbf{0}$ 在（$P$）中的最优值，则定义 $\boldsymbol{u}^*=\mathbf{R}^m$ 为（$P$）的 Kuhn-Tucker 向量。因为当 $\boldsymbol{u}=\mathbf{0}$ 时，$\langle\boldsymbol{u}^*,\boldsymbol{u}\rangle+\inf F\boldsymbol{u}$ 等于 $F\mathbf{0}$，这个关于 $\boldsymbol{u}^*$ 的条件等价于条件（$\inf F\mathbf{0}$ 有限且）

$$\inf F\boldsymbol{u}+\langle\boldsymbol{u}^*,\boldsymbol{u}\rangle\geqslant\inf F\mathbf{0},\quad\forall\boldsymbol{u}.$$

因此，正如第 28 节中所述，（$P$）的 Kuhn-Tucker 向量可以启发式地理解成均衡价值向量，这也是研究它们的主要动因之一。



定义在 $\mathbf{R}^m\times\mathbf{R}^n$ 上的函数 $L$：

$$L(\boldsymbol{u}^*,\boldsymbol{x})=\inf_u\{\langle\boldsymbol{u}^*,\boldsymbol{u}\rangle+(F\boldsymbol{u})(\boldsymbol{x})\},\quad\forall\boldsymbol{u}^*,\forall\boldsymbol{x},$$

称为（$P$）的 Lagrange 函数。因为

$$\inf_{\boldsymbol{u},x}\{\langle\boldsymbol{u}^*,\boldsymbol{u}\rangle+(F\boldsymbol{u})(\boldsymbol{x})\}=\inf_x L(\boldsymbol{u}^*,\boldsymbol{x}),$$

所以，就像有关（$P$）的 Kuhn-Tucker 向量的定义可以用 $\inf F$ 来表达一样，也可以用 $L$ 来表示：$\boldsymbol{u}^*$ 为 Kuhn-Tucker 向量当且仅当函数 $L(\boldsymbol{u}^*,\ \cdot)$ 在 $\mathbf{R}^n$ 上的下确界有限且等于（$P$）中的最优值。下面将说明如定理 28.3 中描述的通常凸规划的情形一样，在广义的定义下，Kuhn-Tucker 向量和最优解与 Lagrange 函数 $L$ 的鞍点对应，至少当 $F$ 为正常且闭函数时成立。

如果（$P$）为通常凸规划，当然，刚才所给出的定义退化为以前的定义。函数 $\inf F$ 成为第 28 节中在讨论“均衡价值”时的扰动函数 $p$。有关（$P$）的 Lagrange 函数退化为

$$L(\boldsymbol{u}^*,\boldsymbol{x})=\inf\{v_1^*v_1+\cdots+v_m^*v_m+f_0(\boldsymbol{x})\mid\boldsymbol{u}\in U_x\}$$

其中 $U_x$ 是满足对 $i=1,\cdots,r$，$v_i\geqslant f_i(\boldsymbol{x})$ 而对 $i=r+1,\cdots,m$，$v_i=f_i(\boldsymbol{x})$ 的向量 $(v_1,\cdots,v_m)\in\mathbf{R}^m$ 的集合，因此，正如第 28 节中所给出的，

$$L(\boldsymbol{u}^*,\boldsymbol{x})=\begin{cases} f_0(\boldsymbol{x})+v_1^* f_1(\boldsymbol{x})+\cdots+v_m^* f_m(\boldsymbol{x}), & \boldsymbol{u}^*\in E_r,\boldsymbol{x}\in C, \\ -\infty, & \boldsymbol{u}^*\notin E_r,\boldsymbol{x}\in C, \\ +\infty, & \boldsymbol{x}\notin C, \end{cases}$$

其中

$$E_r=\{\boldsymbol{u}^*=(v_1^*,\cdots,v_m^*)\in\mathbf{R}^m \mid v_i^*\geqslant 0, i=1,\cdots,r\}.$$

因此，对于这个 $L$，用 $L(\boldsymbol{u}^*,\ \cdot)$ 所表示的有关 Kuhn-Tucker 向量 $\boldsymbol{u}^*$ 的定义就与第 28 节中的相同。

作为广义凸规划但不是通常凸规划的启发式的例子，考虑如下定义的双重函数 $F$：$\mathbf{R}^2\to\mathbf{R}^n$，

$$(Fu)(\boldsymbol{x})=\begin{cases} [\langle \boldsymbol{x},\boldsymbol{Q}\boldsymbol{x}\rangle/(1+v_1)]+\langle \boldsymbol{a},\boldsymbol{x}\rangle, v_1>-1 \text{ 且 } \boldsymbol{x}\in B+v_2\boldsymbol{e}, \\ 0, \quad v_1=-1, \boldsymbol{Q}\boldsymbol{x}=0 \text{ 且 } \boldsymbol{x}\in B+v_2\boldsymbol{e}, \\ +\infty, \quad \text{其他情形}, \end{cases}$$

其中 $\boldsymbol{u}=(v_1,\ v_2)$，$\boldsymbol{Q}$ 为 $n\times n$ 对称半正定矩阵，$\boldsymbol{B}$ 为 $\mathbf{R}^n$ 中的欧氏单位球，$\boldsymbol{a}$ 和 $\boldsymbol{e}$ 是 $\mathbf{R}^n$ 中的元素且 $|\boldsymbol{e}|=1$。因为

$$(Fu)(\boldsymbol{x})=f_1(1+v_1,\boldsymbol{x})+f_2(v_2,\boldsymbol{x}),$$

所以，$F$ 为闭正常凸双重函数，其中 $f_1$ 用二次凸函数

$$q(\boldsymbol{x})=\langle \boldsymbol{x},\boldsymbol{Q}\boldsymbol{x}\rangle+\langle \boldsymbol{a},\boldsymbol{x}\rangle$$

由公式

$$f_1(\lambda,\boldsymbol{x})=\begin{cases} (q\lambda)(\boldsymbol{x}), & \lambda>0, \\ (q0^+)(\boldsymbol{x}), & \lambda=0, \\ +\infty, & \lambda<0, \end{cases}$$

表示。(见推论 8.5.2 中的描述)，而 $f_2$ 是凸集

$$\{(v_2,\boldsymbol{x}) \mid |\boldsymbol{x}-v_2\boldsymbol{e}|\leqslant 1\}$$

的指示函数。与 $F$ 相关的凸规划（$P$）中的目标函数为

$$F0=q+\delta(\cdot \mid B).$$

因此，在（$P$）中，我们希望在欧氏单位球 $B$ 上最小化 $q$，且 $B$ 是所有可行解的集合。我们也有兴趣研究这个最小化问题，当通过 $q$ 右乘一个数量且 $B$ 沿 $\boldsymbol{e}$ 方向（或反方向）移动的扰动后有什么变化。具体地，对于满足 $v_1>-1$ 的每个 $\boldsymbol{u}=(v_1,\ v_2)$，在 $\mathbf{R}^n$ 上考虑最小化问题

$$Fu=q\cdot(1+v_1)+\delta(\cdot \mid B+v_2\boldsymbol{e})$$

[或等价地，在 $B+v_2\boldsymbol{e}$ 上最小化 $q\cdot\ (1+v_1)$]，且作为关于扰动变量 $v_1$ 和 $v_2$ 的函数，在 $v_1=0$，$v_2=0$ 的邻域内研究这个问题的最小值（量 $\inf Fu$）。这个广义凸规划中的 Lagrange 函数 $L$ 容易由上面定义的公式算出：

对 $\boldsymbol{u}^*=(v_1^*,\ v_2^*)$，如果 $v_1^*\geqslant 0$ 且 $|\boldsymbol{x}-\langle \boldsymbol{x},\ \boldsymbol{e}\rangle\boldsymbol{e}|\leqslant 1$，则

$$L(\boldsymbol{u}^*,\boldsymbol{x})=2\ [v_1^*\langle \boldsymbol{x},\boldsymbol{Q}\boldsymbol{x}\rangle]^{1/2}-v_1^*-\langle \boldsymbol{x},\boldsymbol{a}-v_2^*\boldsymbol{e}\rangle-|v_2^*|\ [1-|\boldsymbol{x}-\langle \boldsymbol{x},\boldsymbol{e}\rangle\boldsymbol{e}|^2]^{1/2},$$

且

$$L(\boldsymbol{u}^*,\boldsymbol{x})=\begin{cases}-\infty, v_1^*<0 \text{ 且 } |\boldsymbol{x}-\langle \boldsymbol{x},\boldsymbol{e}\rangle \boldsymbol{e}|\leqslant 1,\\ +\infty, |\boldsymbol{x}-\langle \boldsymbol{x},\boldsymbol{e}\rangle \boldsymbol{e}|>1.\end{cases}$$

更多有关借助右乘或平移产生扰动的广义凸规划的例子将在第 30 节和第 31 节中研究。

读者应该注意到，在某种意义下，“广义”凸规划实际上没有通常凸规划广泛。事实上，它们可以用迂回的方式，用通常的以线性方程作为唯一的显式约束的通常凸规划来表示。设 $F$ 为映 $\mathbf{R}^m$ 到 $\mathbf{R}^n$ 的闭正常凸双重函数。令

$$D=\{(\boldsymbol{u},\boldsymbol{x})\,|\,(F\boldsymbol{u})(\boldsymbol{x})<+\infty\}\subset \mathbf{R}^{m+n},$$

$$g_0(\boldsymbol{u},\boldsymbol{x})=(F\boldsymbol{u})(\boldsymbol{x}),$$

$$g_i(\boldsymbol{u},\boldsymbol{x})=g_i(v_1,\cdots,v_m,\boldsymbol{x})=v_i,\quad i=1,\cdots,m.$$

设 ($Q$) 为通常的凸规划，其中 $g_0(\boldsymbol{u},\ \boldsymbol{x})$ 为以约束 $g_i(\boldsymbol{u},\ \boldsymbol{x})=0$，$i=1$，…，$m$，而在 $D$ 上的最小化。($Q$) 的目标函数 $g$ 本质上和关于 $F$ 的凸规划 ($P$) 相同，例如，

$$g(\boldsymbol{u},\boldsymbol{x})=\begin{cases}(F0)(\boldsymbol{x}), & u=0,\\ +\infty, & u\neq 0,\end{cases}$$

且关于 ($Q$) 的扰动直接与 ($P$) 的相对应。并且 ($Q$) 的 Kuhn-Tucker 向量 $\boldsymbol{u}^*=(v_1^*,\ \cdots,\ v_m^*)$ 可以与 ($P$) 中的相同。因此，在某种程度上，($P$) 的理论可以等价地用 ($Q$) 来表示。然而，这并不是非常自然的 [当 ($P$) 本身是含有不等式约束的通常凸规划时]。($Q$) 的 Lagrange 函数含有 $\boldsymbol{u}$，以及 $\boldsymbol{u}^*$ 和 $\boldsymbol{x}$，本质上与 ($P$) 的 Lagrange 函数不同。试图利用带有线性方程约束的通常的凸规划作为任何事情的基本模型，而不是利用“广义”凸规划，将导致 Lagrange 函数和对偶的严格理论问题。在第 36 节将指出，与广义凸规划对应的鞍点问题实际上是最一般的（“正则化的”）凹-凸最小最大问题。



关于凸规划的扰动函数，无论普通的或广义的，有下面的基本事实。

**定理 29.1**　设 $F$ 为映 $\mathbf{R}^m$ 到 $\mathbf{R}^n$ 的凸双重函数，则与 $F$ 相关的凸规划 ($P$) 中的扰动函数 $\inf F$ 是定义在 $\mathbf{R}^m$ 上的凸函数，其有效域为 $\operatorname{dom} F$。当 ($P$) 中最优值有限时，($P$) 的 Kuhn-Tucker 向量正好是使得 $-\boldsymbol{u}^*$ 为 $\inf F$ 在 $\boldsymbol{u}=\boldsymbol{0}$ 处的次梯度，即满足 $-\boldsymbol{u}^*\in\partial(\inf F)(\boldsymbol{0})$ 的向量 $\boldsymbol{u}^*\in\mathbf{R}^m$。

**证明**　令 $f(\boldsymbol{u},\ \boldsymbol{x})=(F\boldsymbol{u})(\boldsymbol{x})$，且令 $A$ 为线性变换：$(\boldsymbol{u},\ \boldsymbol{x})\to\boldsymbol{u}$，则 $f$ 为定义在 $\mathbf{R}^{m+n}$ 上的凸函数，由于由定理 5.7 可知道 $\inf F$ 是凸函数且 $Af=\inf F$。因为 $\inf F$ 在给定点 $\boldsymbol{u}$ 的值为 $+\infty$，所以，$F\boldsymbol{u}$ 为常函数 $+\infty$，我们有

$$\operatorname{dom}(\inf F)=\operatorname{dom} F.$$

由定义知道 $\boldsymbol{u}^*$ 为 ($P$) 的 Kuhn-Tucker 向量当且仅当 $\inf F$ 在 $\boldsymbol{0}$ 点有限且

$$(\inf F)(\boldsymbol{u})\geqslant(\inf F)(\boldsymbol{0})+\langle -\boldsymbol{u}^*,\boldsymbol{u}\rangle,\ \forall\,\boldsymbol{u}.$$

此不等式说明 $-\boldsymbol{u}^*\in\partial(\inf F)(\boldsymbol{0})$。

定理 29.1 的重要性在于，其能够使我们致力于对凸函数的连续性和可微性的

整个扰动和 Kuhn-Tucker 理论的研究。

我们将以定理 29.1 的推论的形式给出一些主要结论。

**推论 29.1.1**　设 $F$ 为映 $\mathbf{R}^m$ 到 $\mathbf{R}^n$ 的凸双重函数。假设与 $F$ 相关的凸规划 ($P$) 的最优值有限，则对每个 $\boldsymbol{u}\in\mathbf{R}^m$，单边方向导数

$$(\inf F)'(\mathbf{0};\boldsymbol{u})=\lim_{\lambda\downarrow 0}\frac{(\inf F)(\lambda\boldsymbol{u})-(\inf F)(\mathbf{0})}{\lambda}$$

都存在，且为关于 $\boldsymbol{u}$ 的正齐次 (Positively homogeneous) 凸函数。($P$) 的 Kuhn-Tucker 向量 $\boldsymbol{u}^*$ 形成 $\mathbf{R}^m$ 中的闭凸集，它的支撑函数是函数

$$\boldsymbol{u}\to(\inf F)'(\mathbf{0};-\boldsymbol{u})$$

的闭包。

**证明**　对 $\inf F$ 应用定理 23.1 和定理 23.2 即可得证。

**推论 29.1.2**　设 $F$ 为映 $\mathbf{R}^m$ 到 $\mathbf{R}^n$ 的凸双重函数。假设与 $F$ 相关的凸规划 ($P$) 的最优值有限，则 ($P$) 不存在 Kuhn-Tucker 向量，当且仅当存在向量 $\boldsymbol{u}\in\mathbf{R}^m$ 使双边方向导数

$$\lim_{\lambda\to 0}\frac{(\inf F)(\lambda\boldsymbol{u})-(\inf F)(\mathbf{0})}{\lambda}$$

存在且等于 $-\infty$。

**证明**　对 $\inf F$ 应用定理 23.3 即可得证。

由推论 29.1.1，使得借助 ($P$) 中最优值关于 ($P$) 的目标函数的给定扰动变化的速度，对 Kuhn-Tucker 向量进行完全解释成为可能。从“均衡价值”的观点来看，推论 29.1.2 是关于 Kuhn-Tucker 向量的确定结果。由此说明，有有限最优值的凸规划至少有一个 Kuhn-Tucker 向量，除非该规划在排除“均衡”的所有可能性意义下是不稳定的。如果具有推论 29.1.2 中性质的向量 $\boldsymbol{u}$ 存在，则 $\boldsymbol{u}$ 给出了规划中的最优值极速下降的扰动方向。在第 28 节中启发性注释的意义下，这个方向上的扰动是“无限好的”，因而不存在均衡价值向量 $\boldsymbol{u}^*=(\upsilon_1^*,\cdots,\upsilon_m^*)$，因为没有有限价值能补偿最低成本的无限边际增长。

Kuhn-Tucker 向量唯一性的问题有满意的答案：

**推论 29.1.3**　设 $F$ 为映 $\mathbf{R}^m$ 到 $\mathbf{R}^n$ 的凸双重函数。假设与 $F$ 相关的凸规划 ($P$) 的最优值有限，则 ($P$) 有唯一的 Kuhn-Tucker 向量 $\boldsymbol{u}^*=(\upsilon_1^*,\cdots,\upsilon_m^*)$ 当且仅当函数 $\inf F$ 在 $\boldsymbol{u}=\mathbf{0}$ 处可微，在这种情况下，$\boldsymbol{u}^*$ 由下式给出：

$$\upsilon_i^*=-\frac{\partial}{\partial\upsilon_i}(\inf F)\bigg|_{\boldsymbol{u}=\mathbf{0}}.$$

**证明**　由定理 29.1 和定理 25.1 即可得证。

例如，考虑第 28 节中概念意义下的通常凸规划 ($P$)，其中 $r=m$。假设 ($P$) 有唯一的 Kuhn-Tucker 系数 $\upsilon_1^*,\cdots,\upsilon_m^*$。根据定义，$(\inf F)(\upsilon_1,0,\cdots,0)$ 是 $f_0(\boldsymbol{x})$ 关于约束

$$f_1(\boldsymbol{x})\leqslant v_1,\quad f_2(\boldsymbol{x})\leqslant 0,\cdots,f_m(\boldsymbol{x})\leqslant 0$$

的下确界。根据推论 29.1.3，关于 $v_1$ 的这个函数在 $v_1=0$ 的导数是 $-v_1^*$。

前面已经定义，如果凸规划（$P$）有可行解，即 $\mathbf{0}\in\mathrm{dom}F$，则其是相容的。为了有助于给出定理 29.1 的更多推论，当 $\mathbf{0}\in\mathrm{ri}(\mathrm{dom}F)$ 时，则称（$P$）是强一致的，且如果 $\mathbf{0}\in\mathrm{int}(\mathrm{dom}F)$，则称（$P$）是严格相容的。当（$P$）是第 28 节中所述的通常凸规划时，（$P$）强相容当且仅当存在 $\boldsymbol{x}\in\mathrm{ri}C$ 使

$$f_1(\boldsymbol{x})<0,\cdots,f_r(\boldsymbol{x})<0,\quad f_{r+1}(\boldsymbol{x})=0,\cdots,f_m(\boldsymbol{x})=0.$$

读者作为练习自己证明。易见，当（$P$）为在 $r=m$，即只有不等式约束，的通常凸规划时，（$P$）严格相容的当且仅当存在 $\boldsymbol{x}\in C$ 使

$$f_1(\boldsymbol{x})<0,\cdots,f_m(\boldsymbol{x})<0.$$

一般地，凸规划（$P$）是严格相容的当且仅当对任意 $\boldsymbol{u}\in\mathbf{R}^m$ 均存在 $\lambda>0$ 使得 $\lambda\boldsymbol{u}\in\mathrm{dom}F$，即使得 $F(\lambda\boldsymbol{u})$ 在 $\mathbf{R}^n$ 上不是常函数 $+\infty$(推论 6.4.1)。因此，非正式地说，相容凸规划是严格相容的，除非可行解集在某些扰动方向上立即成为空集。

**推论 29.1.4**　设 $F$ 为映 $\mathbf{R}^m$ 到 $\mathbf{R}^n$ 的凸双重函数。假设与 $F$ 相关的凸规划（$P$）的最优值有限且（$P$）强（或严格）相容。用 $U^*$ 表示（$P$）的所有 Kuhn-Tucker 向量的集合，则 $U^*\neq\varnothing$ 且

$$(\inf F)'(\mathbf{0};\boldsymbol{u})=-\inf\{\langle\boldsymbol{u}^*,\boldsymbol{u}\rangle\mid\boldsymbol{u}^*\in U^*\},\quad\forall\boldsymbol{u}\in\mathbf{R}^m.$$

**证明**　对 $\inf F$ 应用定理 23.4（由定理 7.2，这里的 $\inf F$ 一定是正常的，因为根据假设它在 $\mathbf{0}$ 处有限，且 $\mathbf{0}$ 是它的有效域的相对内点）。

**推论 29.1.5**　设 $F$ 为映 $\mathbf{R}^m$ 到 $\mathbf{R}^n$ 的凸双重函数。假设与 $F$ 相关的凸规划（$P$）的最优值有限且（$P$）是严格相容的，则在 $\mathbf{R}^m$ 中存在 $\mathbf{0}$ 的开凸邻域，使得 $\inf F$ 在该邻域内有限且连续。而且，（$P$）的 Kuhn-Tucker 向量构成 $\mathbf{R}^m$ 中非空有界闭凸子集。



**证明**　根据假设，$\inf F$ 在 $\mathbf{0}$ 点有限且 $\mathbf{0}\in\mathrm{int}(\mathrm{dom}F)$。而且，由定理 29.1 得 $\mathrm{dom}F$ 是 $\inf F$ 的有效域。因此 $\inf F$ 在 $\mathrm{int}(\mathrm{dom}F)$ 上有限且连续（定理 7.2 和定理 10.1）。根据定理 23.4，$\partial(\inf F)(0)$ 是非空有界闭凸集，进而可得，（$P$）的 Kuhn-Tucker 向量构成的集合也是非空有界闭凸子集。

**推论 29.1.6**　设 $F$ 为映 $\mathbf{R}^m$ 到 $\mathbf{R}^n$ 的任意凸双重函数。如果存在向量 $\boldsymbol{u}\in\mathbf{R}^m$ 使 $\inf F\boldsymbol{u}=-\infty$，则对任意 $\boldsymbol{u}\in\mathrm{ri}(\mathrm{dom}F)$ 都有 $\inf F\boldsymbol{u}=-\infty$(而对任意 $\boldsymbol{u}\notin\mathrm{dom}F$ 都有 $\inf F\boldsymbol{u}=+\infty$)。

**证明**　对 $\inf F$ 应用定理 7.2 即可得证。

当（$P$）为通常凸规划时，推论 29.1.4 给出的 Kuhn-Tucker 向量存在的准则没有定理 28.2 那么广，因为定理 28.2 考虑了某些不等式约束有可能是仿射的这一事实。然而，通过引入多面体凸性，对广义凸规划的推论 29.1.4 及其他结论在一定程度上可以得到改善。

凸双重函数 $F$ 称为多面体，如果它的图函数是多面体。与这样的双重函数相

关的凸规划称为多面体凸规划。

线性规划是多面体凸规划的重要例子；在这些被我们用第 28 节中的概念定义为通常凸规划的规划中，函数 $f_0$，$f_1$，…，$f_m$ 都是 $C$ 上的仿射函数，且存在某些整数 $s$，$0\leqslant s\leqslant n$，使

$$C=\{\boldsymbol{x}=(\xi_1,\cdots,\xi_n)\mid \xi_j\geqslant 0, j=1,\cdots,s\},$$

因此，线性规划的 Lagrange 函数是 $\mathbf{R}^m\times\mathbf{R}^n$ 上的函数 $L$：

$$L(\boldsymbol{u}^*,\boldsymbol{x})=\begin{cases}K(\boldsymbol{u}^*,\boldsymbol{x}), & (\xi_1,\cdots,\xi_s)\geqslant 0,(\upsilon_1^*,\cdots,\upsilon_r^*)\geqslant 0,\\ -\infty, & (\xi_1,\cdots,\xi_s)\geqslant 0,(\upsilon_1^*,\cdots,\upsilon_r^*)\not\geqslant 0,\\ +\infty, & (\xi_1,\cdots,\xi_s)\not\geqslant 0,\end{cases}$$

其中 $K$ 是定义在 $\mathbf{R}^m\times\mathbf{R}^n$ 上的双仿射函数，即如下形式的函数：

$$K(\boldsymbol{u}^*,\boldsymbol{x})=\langle\boldsymbol{u}^*,A\boldsymbol{x}\rangle+\langle\boldsymbol{u}^*,\boldsymbol{a}\rangle+\langle\boldsymbol{a}^*,\boldsymbol{x}\rangle+\alpha.$$

读者或许好奇为什么不简单地把线性规划定义为每一个函数 $f_i$ 都仿射且 $C=\mathbf{R}^n$ 的通常凸规划，这是因为像 $\xi_j\geqslant 0$ 这样的条件通常假设在约束 $f_i(\boldsymbol{x})\leqslant 0$ 中体现。原因是在第 28 节的理论中，与函数 $f_i$ 相应的约束条件都分配有 Lagrange 乘子，而通过集合 $C$ 的具体化嵌入到最小化问题中的约束却没有分配。从我们的观点看，两个截然不同的凸规划可以包含相同的最小化问题，因为它们与不同的凸双重函数相关。在给定情况下，双重函数的选择依赖于所感兴趣的扰动和 Kuhn-Tucker 向量。不同的双重函数导出不同的 Lagrange 函数且正如在第 30 节中将看到的，将导致不同的对偶规划。

可以构造多面体凸规划（而不是线性规划）的例子，例如在多胞体

$$\operatorname{conv}\{\boldsymbol{a}_1,\cdots,\boldsymbol{a}_s\}$$

上最小化

$$\|\boldsymbol{x}\|_\infty=\max\{|\xi_j|\mid j=1,\cdots,n\},\quad \boldsymbol{x}=(\xi_1,\cdots,\xi_n),$$

其中 $\boldsymbol{a}_k$ 是 $\mathbf{R}^n$ 内给定点。为从最小化问题得到凸规划，需要引入适当的扰动；这里选择扰动为点 $\boldsymbol{a}_k$ 沿某些向量 $\boldsymbol{b}_1$，…，$\boldsymbol{b}_m$ 所在方向上的平移。考虑如下定义的双重函数 $F$：$\mathbf{R}^m\to\mathbf{R}^n$

$$F\boldsymbol{u}=\|\cdot\|_\infty+\delta(\cdot\mid C\boldsymbol{u}),$$

其中对每一个 $\boldsymbol{u}=(\upsilon_1,\cdots,\upsilon_m)$，

$$C\boldsymbol{u}=\bigcap_{i=1}^m\operatorname{conv}\{\boldsymbol{a}_1+\upsilon_i\boldsymbol{b}_i,\cdots,\boldsymbol{a}_s+\upsilon_i\boldsymbol{b}_i\}.$$

这个 $F$ 是（正常）多面体凸双重函数，由于 $F$ 在 $\mathbf{R}^{m+n}$ 上的图函数是多面体凸函数

$$(\boldsymbol{u},\boldsymbol{x})\to\|\boldsymbol{x}\|_\infty$$

与 $m$ 个多面体凸集

$$\{(\boldsymbol{u},\boldsymbol{x})\mid \boldsymbol{x}-\upsilon_i\boldsymbol{b}_i\in\operatorname{conv}\{\boldsymbol{a}_1,\cdots,\boldsymbol{a}_s\}\},\quad i=1,\cdots,m$$

的指示函数的和（见第 19 节后面的定理）。根据定义，与 $F$ 相关的凸规划（$P$）是多面体，且（$P$）中的目标函数为

$$F\mathbf{0}=\|\cdot\|_{\infty}+\delta(\cdot\mid\mathrm{conv}\{\boldsymbol{a}_1,\cdots,\boldsymbol{a}_r\}).$$

所以，$(P)$ 中的最小化问题就是给定的问题。

多面体凸规划有很多具体性质。下面的定理列出其中最重要的。

**定理 29.2**　设 $F$ 为映 $\mathbf{R}^m$ 到 $\mathbf{R}^n$ 的多面体凸双重函数，则目标函数 $F\mathbf{0}$ 和与 $F$ 相关的多面体凸规划 $(P)$ 中的扰动函数 $\mathrm{inf}F$ 都是多面体凸函数。如果 $(P)$ 中最优值有限，则 $(P)$ 至少有一个最优解且所有 Kuhn-Tucker 向量构成的集合是多面体凸集。

**证明**　图函数 $f(\boldsymbol{u},\boldsymbol{x})=(F\boldsymbol{u})(\boldsymbol{x})$ 是定义在 $\mathbf{R}^{m+n}$ 上的多面体凸函数，从而 $(F\boldsymbol{u})(\mathbf{0})$ 是 $\boldsymbol{x}\in\mathbf{R}^n$ 的多面体凸函数。正如定理 29.1 的证明中看到的，$\mathrm{inf}F$ 是 $f$ 在某线性变换 $A$ 下的像。由于线性变换保留多面体凸性（推论 19.3.1），由此可得 $\mathrm{inf}F$ 是多面体。现假设 $(P)$ 中最优值有限，那么，$F\mathbf{0}$ 在 $\mathbf{R}^n$ 上下有界，且由推论 27.3.2 知道 $F\mathbf{0}$ 的下确界可达到。当然 $F\mathbf{0}$ 的最小值集为多面体，是形如 $\{\boldsymbol{x}\mid(F\mathbf{0})(\boldsymbol{x})\leqslant\alpha\}$ 的水平集。因此 $(P)$ 有最优解，且它们构成多面体凸集。由于 $\mathrm{inf}F$ 是多面体且 $(\mathrm{inf}F)(\mathbf{0})$ 有限，$\partial(\mathrm{inf}F)(\mathbf{0})$ 是非空多面体凸集（定理 23.10）。由定理 29.1 知道 $(P)$ 的 Kuhn-Tucker 向量构成非空多面体凸集。

现在转而研究 Kuhn-Tucker 向量和最优解的 Lagrange 函数特征。

**定理 29.3**　设 $F$ 为映 $\mathbf{R}^m$ 到 $\mathbf{R}^n$ 的闭正常凸双重函数，$L$ 为与 $F$ 相关的凸规划 $(P)$ 的 Lagrange 函数，$\bar{\boldsymbol{u}}^*$ 和 $\bar{\boldsymbol{x}}$ 分别为 $\mathbf{R}^m$ 和 $\mathbf{R}^n$ 中的向量。以便 $\bar{\boldsymbol{u}}^*$ 为 $(P)$ 的 Kuhn-Tucker 向量且 $\bar{\boldsymbol{x}}$ 为 $(P)$ 的最优解的充要条件是 $(\bar{\boldsymbol{u}}^*,\bar{\boldsymbol{x}})$ 为 $L$ 的鞍点，即

$$L(\boldsymbol{u}^*,\bar{\boldsymbol{x}})\leqslant L(\bar{\boldsymbol{u}}^*,\bar{\boldsymbol{x}})\leqslant L(\bar{\boldsymbol{u}}^*,\boldsymbol{x}),\quad\forall\boldsymbol{u}^*,\forall\boldsymbol{x}$$

**证明**　正如定理 28.3 证明的开头所述，鞍点条件等价于

$$\mathrm{sup}_{\boldsymbol{u}^*}L(\boldsymbol{u}^*,\bar{\boldsymbol{x}})=\mathrm{inf}_{\boldsymbol{x}}L(\bar{\boldsymbol{u}}^*,\boldsymbol{x})$$

结合 $L$ 的定义，我们曾指出，

$$\mathrm{inf}_{\boldsymbol{x}}L(\bar{\boldsymbol{u}}^*,\boldsymbol{x})=\mathrm{inf}_{\boldsymbol{u}}\{\langle\bar{\boldsymbol{u}}^*,\boldsymbol{u}\rangle+\mathrm{inf}F\boldsymbol{u}\}\leqslant\mathrm{inf}F\mathbf{0}$$

另一方面，借助凸函数 $h(\boldsymbol{u})=(F\boldsymbol{u})(\bar{\boldsymbol{x}})$ 有

$$L(\boldsymbol{u}^*,\bar{\boldsymbol{x}})=\mathrm{inf}_{\boldsymbol{u}}\{\langle\bar{\boldsymbol{u}}^*,\boldsymbol{u}\rangle+h(\boldsymbol{u})\}$$
$$=-\mathrm{sup}\{\langle-\boldsymbol{u}^*,\boldsymbol{u}\rangle-h(\boldsymbol{u})\}=-h^*(-\boldsymbol{u}^*)$$

因此，

$$\mathrm{sup}_{\boldsymbol{u}^*}L(\boldsymbol{u}^*,\bar{\boldsymbol{x}})=\mathrm{sup}_{\boldsymbol{u}^*}\{\langle\mathbf{0},-\boldsymbol{u}^*\rangle-h^*(-\boldsymbol{u}^*)\}$$
$$=h^{**}(\mathbf{0})=(\mathrm{cl}h)(\mathbf{0})$$

由假设知道 $F$ 闭，有 $\mathrm{cl}h=h$ 且

$$\mathrm{sup}_{\boldsymbol{u}^*}L(\boldsymbol{u}^*,\bar{\boldsymbol{x}})=(F\mathbf{0})(\bar{\boldsymbol{x}})\geqslant\mathrm{inf}F\mathbf{0}$$

由 $F$ 的性质得到

$$\inf_{\boldsymbol{u}}\{\langle\bar{\boldsymbol{u}}^*,\boldsymbol{u}\rangle+\inf F\boldsymbol{u}\}<+\infty,\quad (F\mathbf{0})(\bar{\boldsymbol{x}})>-\infty$$

因此，($\bar{\boldsymbol{u}}^*$，$\bar{\boldsymbol{x}}$) 是 $L$ 的鞍点当且仅当

$$\inf_{\boldsymbol{u}}\{\langle\bar{\boldsymbol{u}}^*,\boldsymbol{u}\rangle+\inf F\boldsymbol{u}\}=\inf F\mathbf{0}=(F\mathbf{0})(\bar{\boldsymbol{x}})\in\mathbf{R}.$$

由定义，这个条件说明 $\bar{\boldsymbol{u}}^*$ 为 ($P$) 的 Kuhn-Tucker 向量且 $\bar{\boldsymbol{x}}$ 为 ($P$) 的最优解。

下面立即得到 Kuhn-Tucker 定理的推广：

**推论 29.3.1**　设 $F$ 为映 $\mathbf{R}^m$ 到 $\mathbf{R}^n$ 的闭正常凸双重函数。假设与 $F$ 相关的凸规划 ($P$) 强（或严格）相容，或者 ($P$) 是多面体且相容的，则给定向量 $\bar{\boldsymbol{x}}\in\mathbf{R}^n$ 是 ($P$) 的最优解的充要条件是存在向量 $\bar{\boldsymbol{u}}^*\in\mathbf{R}^m$ 使 ($\bar{\boldsymbol{u}}^*$，$\bar{\boldsymbol{x}}$) 为 ($P$) 的 Lagrange 函数 $L$ 的鞍点。

**证明**　在给定相容性的假设下，如果 ($P$) 有最优解 $\bar{\boldsymbol{x}}$，则它至少有一个 Kuhn-Tucker 向量 $\bar{\boldsymbol{u}}^*$（推论 29.1.4 和定理 29.2）。‖

推广的 Kuhn-Tucker 条件可以根据 Lagrange 函数 $L$ 的“次梯度”而得到，$L$ 实际上是 $\mathbf{R}^m\times\mathbf{R}^n$ 上的凹一凸函数。读者请参阅第 36 节，第 36 节详细讲述了与 ($P$) 相对应的 Lagrange 函数鞍点问题的一般性质。推论 29.3.1 的另外一种形式为广义的 Kuhn-Tucker 定理，将在定理 36.6 中叙述。

类似地，可以将定理 28.4 从通常凸规划推广到与闭正常凸双重函数相关的任意凸规划。由于这个结论从对偶规划理论易得，留作练习。

为了应用定理 29.3 和第 30 节将给出的对偶理论，有时需要通过“封闭”其相关双重函数的办法来对给定的凸规划进行正则化。如果 $F$ 为映 $\mathbf{R}^m$ 到 $\mathbf{R}^n$ 的任意凸双重函数，$F$ 的闭包 cl$F$ 定义为映 $\mathbf{R}^m$ 到 $\mathbf{R}^n$ 的双重函数，它的图函数是 $F$ 的图函数的闭包。因而，cl$F$ 为闭凸双重函数、正常的当且仅当 $F$ 为正常的。下面的定理和推论描述了与 $F$ 相关的凸规划和与 cl$F$ 相关的凸规划之间的关系。



**定理 29.4**　设 $F$ 为映 $\mathbf{R}^m$ 到 $\mathbf{R}^n$ 的凸双重函数。对每个 $\boldsymbol{u}\in\mathrm{ri}\,(\mathrm{dom}F)$ 都有

$$(\mathrm{cl}F)\boldsymbol{u}=\mathrm{cl}(F\boldsymbol{u}),$$

$$\inf(\mathrm{cl}F)\boldsymbol{u}=\inf(F\boldsymbol{u}),$$

而且，假如 $F$ 是正常的，则有

$$\mathrm{dom}F\subset\mathrm{dom}(\mathrm{cl}F)\subset\mathrm{cl}(\mathrm{dom}F).$$

**证明**　对 $f(\boldsymbol{u},\boldsymbol{x})=(F\boldsymbol{u})(\boldsymbol{x})$ 由定义有

$$(\mathrm{cl}F)(\boldsymbol{u},\boldsymbol{x})=((\mathrm{cl}F)\boldsymbol{u})(\boldsymbol{x}).$$

由于 dom$F$ 是 dom$f$ 在 $\mathbf{R}^m$ 上的投影，所以 ri(dom$F$) 是 ri(dom$f$) 的投影（定理 6.6）。因此，对任意给定 $\boldsymbol{u}\in\mathrm{ri}(\mathrm{dom}F)$，都存在 $\boldsymbol{x}$ 使 ($\boldsymbol{u}$，$\boldsymbol{x}$) $\in\mathrm{ri}(\mathrm{dom}f)$。特别地，存在这样的 $\boldsymbol{x}$ 属于 ri (dom$F\boldsymbol{u}$)(定理 6.4)，且如果 $f(\boldsymbol{u},\boldsymbol{x})>-\infty$，则 $f$ 和

$Fu$ 都是正常的（定理 7.2）且

$$((\mathrm{cl}F)\boldsymbol{u})(\boldsymbol{y})=\lim_{\lambda\uparrow 1}f(\boldsymbol{u},(1-\lambda)\boldsymbol{x}+\lambda\boldsymbol{y})=(\mathrm{cl}(F\boldsymbol{u}))(\boldsymbol{y}),\forall\,\boldsymbol{y}$$

（定理 7.5）。当然如果 $f(\boldsymbol{u},\ \boldsymbol{x})=-\infty$，则

$$((\mathrm{cl}F)\boldsymbol{u})(\boldsymbol{y})=-\infty=(\mathrm{cl}(F\boldsymbol{u}))(\boldsymbol{y}),\forall\,\boldsymbol{y}.$$

因此，在所有情况下，对每个 $\boldsymbol{u}\in\mathrm{ri}(\mathrm{dom}F)$ 都有 $(\mathrm{cl}F)\boldsymbol{u}=\mathrm{cl}(F\boldsymbol{u})$。凸函数 $F\boldsymbol{u}$ 和 $\mathrm{cl}(F\boldsymbol{u})$ 在 $\mathbf{R}^n$ 上有相同的下确界，所以当 $\boldsymbol{u}\in\mathrm{ri}(\mathrm{dom}F)$ 时，$F\boldsymbol{u}$ 和 $(\mathrm{cl}F)\ \boldsymbol{u}$ 有相同的下确界。因而，函数 $\inf F$ 和 $\inf(\mathrm{cl}F)$ 在 $\mathrm{ri}(\mathrm{dom}F)$ 上相同。当 $F$ 为正常时，它的图函数 $f$ 是正常的且

$$\mathrm{dom}f\subset\mathrm{dom}(\mathrm{cl}f)\subset\mathrm{cl}(\mathrm{dom}f).$$

将这些集合投影到 $\mathbf{R}^m$ 上，即得定理中有效域所包含的元素。

**推论 29.4.1**　设 $F$ 为映 $\mathbf{R}^m$ 到 $\mathbf{R}^n$ 的凸双重函数，$(P)$ 为与 $F$ 相关的凸规划，$(\mathrm{cl}P)$ 为与 $\mathrm{cl}F$ 相关的凸规划。假设是 $(P)$ 强相容的，则 $(\mathrm{cl}P)$ 是强相容的。$(\mathrm{cl}P)$ 的目标函数为 $(P)$ 的目标函数的闭包，所以，$(P)$ 和 $(\mathrm{cl}P)$ 有相同的最优值且 $(P)$ 的每一个最优解都是 $(\mathrm{cl}P)$ 的最优解。$(P)$ 和 $(\mathrm{cl}P)$ 的扰动函数在 $\mathbf{0}$ 的邻域内相同，所以，两个规划的 Kuhn-Tucker 向量相同。

## 第 30 节　伴随双重函数及对偶规划

广义凸规划的一个基本事实是每个这种“关于扰动的极小问题”都存在对偶，其对偶为某种“扰动的极大问题”，这是广义凹规划。在大多数情况下，两个对偶规划具有相同的最优值，并且一个的最优解为另外一个的 Kuhn-Tucker 向量。



凸规划的对偶理论以凸双重函数的“伴随”概念为基础。双重函数的伴随算子可以看作线性变换的伴随算子的推广，正如在第 33 节和第 38 节中将要看到的，围绕其将建立平行于线性代数的“凸代数（Convex algebra）”。

前几节仅讨论了最小化问题，这里我们将在相同的基础上处理最大值问题，其中目标函数为推广的实值凹函数。由极小到极大，以及由凸性到凹性的转变本质上为平凡和显然的。$+\infty$，$\leqslant$及“inf”与$-\infty$，$\geqslant$及“sup”为处处可以相互交换的。我们将概括在大多数情况下变化。

映 $\mathbf{R}^n$ 到 $[-\infty,\ +\infty]$ 的函数 $g$ 为凹的指 $-g$ 为凸的。对于凹函数 $g$ 定义

$$\mathrm{epi}g=\{(\boldsymbol{x},\mu)\mid\boldsymbol{x}\in\mathbf{R}^n,\mu\in\mathbf{R},\mu\leqslant g(\boldsymbol{x})\},$$

$$\mathrm{dom}g=\{\boldsymbol{x}\mid g(\boldsymbol{x})>-\infty\}.$$

我们称 $g$ 为正常函数指至少存在一个 $\boldsymbol{x}$ 使 $g(\boldsymbol{x})>-\infty$且对于每个 $\boldsymbol{x}$ 都有 $g(\boldsymbol{x})<+\infty$，即$-g$ 为正常的。$g$ 的闭包 $\mathrm{cl}g$ 为所有满足 $h\geqslant g$ 的仿射函数 $h$ 的点态下确界，即为$-(\mathrm{cl}(-g))$。

如果 $g$ 为正常的，或者如果 $\boldsymbol{x}\in\mathrm{cl}\ (\mathrm{dom}g)$，则有

$$(\mathrm{cl}g)(\boldsymbol{x})=\limsup_{\boldsymbol{y}\to\boldsymbol{x}} g(\boldsymbol{y}).$$

如果 $g$ 为常函数 $-\infty$，则 $\mathrm{cl}g=g$；但是，如果 $g$ 为在某处取到值 $+\infty$ 的非正常凹函数，则 $\mathrm{cl}g$ 为常函数 $+\infty$。如果 $\mathrm{cl}g=g$（即 $-g$ 为闭的），则称 $g$ 为闭的。如果 $g$ 为正常的，则 $g$ 为闭的当且仅当它是上半连续的，即，当且仅当凸集合

$$\{\boldsymbol{x}\mid g(\boldsymbol{x})\geqslant\alpha\},\alpha\in\mathbf{R}$$

为闭的。

凹函数 $g$ 的共轭定义为

$$g^*(\boldsymbol{x}^*)=\inf_{\boldsymbol{x}}\{\langle\boldsymbol{x},\boldsymbol{x}^*\rangle-g(\boldsymbol{x})\},$$

且有关系 $g^{**}=\mathrm{cl}g$。注意到，一般 $g^*\neq-(-g)^*$。对于凸函数 $f=-g$，不能得到等式 $g^*(\boldsymbol{x}^*)=-f^*(\boldsymbol{x}^*)$，但是有

$$g^*(\boldsymbol{x}^*)=-f^*(-\boldsymbol{x}^*).$$

由定义知道，集合 $\partial g(\boldsymbol{x})$ 由满足

$$g(\boldsymbol{z})\leqslant g(\boldsymbol{x})+\langle\boldsymbol{x}^*,\boldsymbol{z}-\boldsymbol{x}\rangle,\forall\boldsymbol{z}$$

的向量 $\boldsymbol{x}^*$ 组成。我们称这些向量为 $g$ 在 $\boldsymbol{x}$ 点处的次梯度，称映射 $\boldsymbol{x}\to\partial g(\boldsymbol{x})$ 为 $g$ 在 $\boldsymbol{x}$ 处的次微分，为了简单起见，甚至其为“超梯度”“超微分”可能是更合适的。我们有

$$\partial g(\boldsymbol{x})=-\partial(-g)(\boldsymbol{x}).$$

如果 $g$ 为正常的，则有

$$g(\boldsymbol{x})+g^*(\boldsymbol{x}^*)\leqslant\langle\boldsymbol{x},\boldsymbol{x}^*\rangle,\forall\boldsymbol{x},\forall\boldsymbol{x}^*,$$

其等式成立当且仅当 $\boldsymbol{x}^*\in\partial g(\boldsymbol{x})$。如果 $g$ 为闭的，则 $\boldsymbol{x}^*\in\partial g(\boldsymbol{x})\Leftrightarrow\boldsymbol{x}\in g^*(\boldsymbol{x}^*)$。

映 $\mathbf{R}^m$ 到 $\mathbf{R}^n$ 的双重函数如果它的图函数为凹的，则称其为凹的，依次类推。对于凹的双重函数 $G$，$\mathrm{dom}G$ 定义为使得 $Gu$ 在 $\mathbf{R}^n$ 上不为常函数 $-\infty$ 的向量 $\boldsymbol{u}\in\mathbf{R}^m$ 的集合。与 $G$ 相关的凹规划（$Q$）定义为“关于扰动的最大问题”，其中凹函数 $G0$ 为在 $\mathbf{R}^n$ 上取得的最大值，并且，给定的扰动为将 $G0$ 用具有不同选择 $\boldsymbol{u}\in\mathbf{R}^m$ 的 $Gu$ 所取代的函数。称 $G0$ 为（$Q$）的目标函数。使得 $(G0)(\boldsymbol{x})>-\infty$ 的向量 $\boldsymbol{x}$（属于 $\mathrm{dom}G0$）为（$Q$）的可行解。$G0$ 在 $\mathbf{R}^n$ 上的上确界为（$Q$）的最优值。如果上确界为有限的，取得最优值的点称为（$Q$）的最优解。（$Q$）的扰动函数 $\sup G$ 为在 $\mathbf{R}^m$ 上定义的函数 

$$(\sup G)(\boldsymbol{u})=\sup G\boldsymbol{u}=\sup_{\boldsymbol{x}}(G\boldsymbol{u})(\boldsymbol{x}).$$

这是一个定义在 $\mathbf{R}^m$ 上的（推广的实值）凹函数，它的有效域为 $\mathrm{dom}G$。向量 $\boldsymbol{u}^*\in\mathbf{R}^m$ 被称为（$Q$）的 Kuhn-Tucker 向量，值

$$\sup_{\boldsymbol{u}}\{\langle\boldsymbol{u}^*,\boldsymbol{u}\rangle+\sup G\boldsymbol{u}\}=\sup_{\boldsymbol{u},\boldsymbol{x}}\{\langle\boldsymbol{u}^*,\boldsymbol{u}\rangle+(G\boldsymbol{u})(\boldsymbol{x})\}$$

为有限的，并且等于（$Q$）的最优值。此条件成立当且仅当 $\sup G$ 在 $\mathbf{0}$ 点为有限的且

$$-\boldsymbol{u}^*\in\partial(\sup G)(0).$$

(Q) 的 Lagrange 乘子 $L$ 定义为

$$L(\boldsymbol{u}^*, \boldsymbol{x}) = \sup_{\boldsymbol{u}}\{\langle \boldsymbol{u}^*, \boldsymbol{u}\rangle + (G\boldsymbol{u})(\boldsymbol{x})\}.$$

对于凹规划而言，它的相容性、强相容性以及严格相容性分别（与凸规划一样）指 $0\in \mathrm{dom}G$，$0\in \mathrm{ri}(\mathrm{dom}G)$ 及 $0\in \mathrm{int}(\mathrm{dom}G)$。

所以，有关凹函数和凹规划的术语，第 29 节中的结果都可以毫不费力地移过来。

对于任何映 $\mathbf{R}^m$ 到 $\mathbf{R}^n$ 的双重函数 $F$，

$$F: \boldsymbol{u} \to F\boldsymbol{u}: \boldsymbol{x} \to (F\boldsymbol{u})(\boldsymbol{x}),$$

$F$ 的伴随为映 $\mathbf{R}^n$ 到 $\mathbf{R}^m$ 的双重函数

$$F^*: \boldsymbol{x}^* \to F^*\boldsymbol{x}^*: \boldsymbol{u}^* \to (F^*\boldsymbol{x}^*)(\boldsymbol{u}^*),$$

其定义为

$$(F^*\boldsymbol{x}^*)(\boldsymbol{u}^*) = \inf_{\boldsymbol{u},\boldsymbol{x}}\{(F\boldsymbol{u})(\boldsymbol{x}) - \langle \boldsymbol{x}, \boldsymbol{x}^*\rangle + \langle \boldsymbol{u}, \boldsymbol{u}^*\rangle\}.$$

凹双重函数的伴随同样定义，只是将下确界换为上确界。

双重函数的伴随对应其实仅仅为修正的凸函数和凹函数之间的共轭对应。设 $f$ 为凸双重函数 $F$ 的图函数。将

$$\langle \boldsymbol{u}, -\boldsymbol{u}^*\rangle + \langle \boldsymbol{x}, \boldsymbol{x}^*\rangle$$

看作 $\mathbf{R}^{m+n}$ 中向量 $\langle \boldsymbol{u}, \boldsymbol{x}\rangle$ 和 $\langle -\boldsymbol{u}^*, \boldsymbol{x}^*\rangle$ 的内积，有

$$\begin{aligned}(F^*\boldsymbol{x}^*)(\boldsymbol{u}^*) &= \inf_{\boldsymbol{u},\boldsymbol{x}}\{f(\boldsymbol{u},\boldsymbol{x}) - \langle \boldsymbol{x}, \boldsymbol{x}^*\rangle + \langle \boldsymbol{u}, \boldsymbol{u}^*\rangle\} \\ &= -\sup_{\boldsymbol{u},\boldsymbol{x}}\{\langle \boldsymbol{u}, -\boldsymbol{u}^*\rangle + \langle \boldsymbol{x}, \boldsymbol{x}^*\rangle - f(\boldsymbol{u},\boldsymbol{x})\} = -f^*(-\boldsymbol{u}^*, \boldsymbol{x}^*),\end{aligned}$$



其中 $f^*$ 为 $f$ 的共轭。$F^*$ 的图函数因此为闭凹函数，即 $F^*$ 为闭双重函数。由定义，$F^*$ 的伴随 $F^{**}$ 为映 $\mathbf{R}^m$ 到 $\mathbf{R}^n$ 的双重函数，其定义为

$$\begin{aligned}(F^{**}u)(\boldsymbol{x}) &= \sup_{\boldsymbol{x}^*,\boldsymbol{u}^*}\{(F^*\boldsymbol{x}^*)(\boldsymbol{u}^*) - \langle \boldsymbol{u}^*, \boldsymbol{u}\rangle + \langle \boldsymbol{x}^*, \boldsymbol{x}\rangle\} \\ &= \sup_{\boldsymbol{x}^*,\boldsymbol{u}^*}\{\langle \boldsymbol{u}, -\boldsymbol{u}^*\rangle + \langle \boldsymbol{x}^*, \boldsymbol{x}\rangle - f^*(-\boldsymbol{u}^*, \boldsymbol{x}^*)\} \\ &= f^{**}(\boldsymbol{u},\boldsymbol{x}) = (\mathrm{cl}f)(\boldsymbol{u},\boldsymbol{x}).\end{aligned}$$

但是，由定义知道，映 $\mathbf{R}^m$ 到 $\mathbf{R}^n$ 且图函数为 $\mathrm{cl}f$ 的双重函数，凸双重函数为 $F$ 的闭包 $\mathrm{cl}F$。因此，有关伴随运算的基本事实可以归纳如下：

**定理 30.1**　设 $F$ 为映 $\mathbf{R}^m$ 到 $\mathbf{R}^n$ 的任意凸或凹双重函数，则 $F^*$ 为映 $\mathbf{R}^n$ 到 $\mathbf{R}^m$ 的相反类型闭双重函数，其为正常的当且仅当 $F$ 为正常的，且

$$F^{**} = \mathrm{cl}F.$$

特别地，如果 $F$ 为闭的，则 $F^{**} = F$。因此，伴随运算建立了映 $\mathbf{R}^m$ 到 $\mathbf{R}^n$ 的闭正常凸双重函数（凹的）及映 $\mathbf{R}^n$ 到 $\mathbf{R}^m$ 的闭的正常凹双重函数（凸的）之间的一一对应。如果 $F$ 为多面体，则 $F^*$ 也为多面体。

**证明**　由定理 12.2 以及前面的注释，以及定理 19.2 立即得到伴随运算保持多面体。‖

作为双重函数伴随算子的第一个例子，我们设 $F$ 为映 $\mathbf{R}^m$ 到 $\mathbf{R}^n$ 的线性变换 $A$ 的凸的指示双重函数，即

$$(F\boldsymbol{u})(\boldsymbol{x})=\delta(\boldsymbol{x}\mid A\boldsymbol{u})=\begin{cases}0, & \boldsymbol{x}=A\boldsymbol{u},\\ +\infty, & \boldsymbol{x}\neq A\boldsymbol{u}.\end{cases}$$

直接计算 $F^*$ 得到

$$\begin{aligned}(F^*\boldsymbol{x}^*)(\boldsymbol{u}^*)&=\inf_{\boldsymbol{u},\boldsymbol{x}}\{\delta(\boldsymbol{x}\mid A\boldsymbol{u})-\langle\boldsymbol{x},\boldsymbol{x}^*\rangle+\langle\boldsymbol{u},\boldsymbol{u}^*\rangle\}\\&=\inf_{\boldsymbol{u}}\{-\langle A\boldsymbol{u},\boldsymbol{x}^*\rangle+\langle\boldsymbol{u},\boldsymbol{u}^*\rangle\}=\inf_{\boldsymbol{u}}\langle\boldsymbol{u},\boldsymbol{u}^*-\boldsymbol{A}^*\boldsymbol{x}^*\rangle\\&=\begin{cases}0, & \boldsymbol{u}^*=A^*\boldsymbol{x}^*,\\ -\infty, & \boldsymbol{u}^*\neq A^*\boldsymbol{x}^*.\end{cases}\end{aligned}$$

因此，$F^*$ 为映 $\mathbf{R}^n$ 到 $\mathbf{R}^m$ 的伴随变换 $A^*$ 的凹指示双重函数

$$F^*\boldsymbol{x}^*=-\delta(\cdot\mid A^*\boldsymbol{x}^*),\quad \forall\boldsymbol{x}^*\in\mathbf{R}^n.$$

这便说明双重函数的伴随运算恰好可被看成为有关线性变换的伴随算子的推广；也见第 33 节。

其他值得注意的伴随双重函数的例子随后将会给出。然而，正如在前面定理 30.1 中所解释的，由 $F$ 与 $F^*$ 的图函数之间的关系容易得到，许多凸的和凹的双重函数之间相互伴随的大量例子能够仅由凸函数相互共轭的第三部分中的例子而得到。

当然，给定凸函数伴随的显式计算并非总是易于完成的任务，但是，第 16 节中一般公式的应用性不要忽视。与此相关的进一步应用，将在第 38 节中对于借助某些类似于线性算子的加和乘的自然运算而构造的双重函数的伴随而获得。

假设 $F$ 为映 $\mathbf{R}^m$ 到 $\mathbf{R}^n$ 的凸双重函数，令（$P$）为相应的凸规划。与（凹的）伴随双重函数 $F^*$ 相应的凹规划称为（$P$）的对偶，用（$P^*$）表示。

在（$P$）中作为 $\boldsymbol{x}\in\mathbf{R}^n$ 的函数来极小化 $F\mathbf{0}$，对于不同选择的 $\boldsymbol{u}\in\mathbf{R}^m$，扰动 $F\mathbf{0}$ 的办法是用 $F\boldsymbol{u}$ 代替 $F\mathbf{0}$。关于对偶规划（$P^*$），我们将其作为 $\boldsymbol{u}^*\in\mathbf{R}^m$ 的函数来最大化 $F^*\mathbf{0}$。对于 $\boldsymbol{x}^*\in\mathbf{R}^n$ 的各种选择用 $F^*\boldsymbol{x}^*$ 代替 $F^*\mathbf{0}$ 而产生扰动。（$P$）中的最优值为 $\inf F\mathbf{0}$，（$P^*$）中的最优值为 $\sup F^*\mathbf{0}$。（$P$）的 Kuhn-Tucker 向量为使

$$\inf_{\boldsymbol{u}}\{\langle\boldsymbol{u},\boldsymbol{u}^*\rangle+\inf F\boldsymbol{u}\}=\inf_{\boldsymbol{u},\boldsymbol{x}}\{\langle\boldsymbol{u},\boldsymbol{u}^*\rangle+(F\boldsymbol{u})(\boldsymbol{x})\}$$

有限且等于（$P$）中的最优值的向量 $\boldsymbol{u}^*\in\mathbf{R}^m$，而（$P^*$）的 Kuhn-Tucker 向量 $\boldsymbol{x}\in\mathbf{R}^n$ 为使得

$$\sup_{\boldsymbol{x}^*}\{\langle\boldsymbol{x},\boldsymbol{x}^*\rangle+\sup F^*\boldsymbol{x}^*\}=\sup_{\boldsymbol{x}^*,\boldsymbol{u}^*}\{\langle\boldsymbol{x},\boldsymbol{x}^*\rangle+(F^*\boldsymbol{x}^*)(\boldsymbol{u}^*)\}$$

有限且等于（$P^*$）的最优值。

在 $F$ 为闭且正常（这是唯一有意义的情况）的情况下，由定理 30.1 有 $F^{**}=F$，所以，关于（$P^*$）的对偶规划反过来为（$P$）。

一般情况下的对偶规划对之间的关系将随后分析，但是，将以经典的线性规划

对偶对为例子。假设 $A$ 为映 $\mathbf{R}^n$ 到 $\mathbf{R}^m$ 的线性变换，设 $\boldsymbol{a}$ 和 $\boldsymbol{a}^*$ 分别为 $\mathbf{R}^m$ 和 $\mathbf{R}^n$ 中的给定向量。我们想考虑的线性规划（$P$）是通常的凸规划，其中函数

$$f_0(\boldsymbol{x})=\langle \boldsymbol{a}^*,\boldsymbol{x}\rangle+\delta(\boldsymbol{x}\,|\,\boldsymbol{x}\geqslant\mathbf{0})$$

的极小化受到借助系统

$$\boldsymbol{a}-A\boldsymbol{x}\leqslant\mathbf{0}$$

来表示的 $m$ 个线性约束。与（$P$）相关的映 $\mathbf{R}^m$ 到 $\mathbf{R}^n$ 的双重函数定义为

$$(F\boldsymbol{u})(\boldsymbol{x})=\langle \boldsymbol{a}^*,\boldsymbol{x}\rangle+\delta(\boldsymbol{x}\,|\,\boldsymbol{x}\geqslant\mathbf{0},\boldsymbol{a}-A\boldsymbol{x}\leqslant\boldsymbol{u})$$

为多面体正常凸双重函数。当然，习惯于认为有关向量的不等式 $\boldsymbol{z}\geqslant\boldsymbol{z}'$ 指对于每个指标 $j$ 都有 $\zeta_j\geqslant\zeta'_j$。有关 $C=\{\boldsymbol{x}\mid\boldsymbol{x}\geqslant\mathbf{0}\}$ 的指示函数的概念的意义为显然的，我们简单地写 $\delta(\boldsymbol{x}\mid\boldsymbol{x}\geqslant\mathbf{0})$ 而非 $\delta(\boldsymbol{x}\mid C)$ 等。因此 $\delta(\boldsymbol{x}\mid\boldsymbol{x}\geqslant\mathbf{0})$ 为 $\boldsymbol{x}$ 的函数，当 $\boldsymbol{x}\geqslant\mathbf{0}$ 时值为 1；否则，其值为 $+\infty$。

为确定对偶于（$P$）的规划（$P^*$），我们计算 $F$ 的伴随。由定义有

$$\begin{aligned}(F^*\boldsymbol{x}^*)(\boldsymbol{u}^*)&=\inf_{\boldsymbol{u},\boldsymbol{x}}\{\langle\boldsymbol{a}^*,\boldsymbol{x}\rangle+\delta(\boldsymbol{x}\,|\,\boldsymbol{x}\geqslant\mathbf{0},\boldsymbol{a}-A\boldsymbol{x}\leqslant\boldsymbol{u})-\langle\boldsymbol{x},\boldsymbol{x}^*\rangle+\langle\boldsymbol{u},\boldsymbol{u}^*\rangle\}\\&=\inf_{\boldsymbol{x}\geqslant\mathbf{0},\boldsymbol{v}\geqslant\mathbf{0}}\{\langle\boldsymbol{x},\boldsymbol{a}^*-\boldsymbol{x}^*\rangle+\langle\boldsymbol{a}-A\boldsymbol{x}+\boldsymbol{v},\boldsymbol{u}^*\rangle\}\\&=\inf_{\boldsymbol{x}\geqslant\mathbf{0},\boldsymbol{v}\geqslant\mathbf{0}}\{\langle\boldsymbol{a},\boldsymbol{u}^*\rangle+\langle\boldsymbol{v},\boldsymbol{u}^*\rangle+\langle\boldsymbol{x},\boldsymbol{a}^*-\boldsymbol{x}^*-A^*\boldsymbol{u}^*\rangle\}\\&=\langle\boldsymbol{a},\boldsymbol{u}^*\rangle+\inf_{\boldsymbol{v}\geqslant\mathbf{0}}\langle\boldsymbol{v},\boldsymbol{u}^*\rangle+\inf_{\boldsymbol{x}\geqslant\mathbf{0}}\langle x,a^*-x^*-A^*u^*\rangle\\&=\begin{cases}\langle\boldsymbol{a},\boldsymbol{u}^*\rangle, \boldsymbol{u}^*\geqslant\mathbf{0}\text{ 且 }\boldsymbol{a}^*-\boldsymbol{x}^*-A^*\boldsymbol{u}^*\geqslant\mathbf{0},\\-\infty,\qquad\text{其他}.\end{cases}\end{aligned}$$

换句话说，

$$(F^*\boldsymbol{x}^*)(\boldsymbol{u}^*)=\langle\boldsymbol{a},\boldsymbol{u}^*\rangle-\delta(\boldsymbol{u}^*\,|\,\boldsymbol{u}^*\geqslant0,\boldsymbol{a}^*-A^*\boldsymbol{u}^*\geqslant\boldsymbol{x}^*),$$

且（$P^*$）为（极大类型）的线性规划，且所要极大化的函数为

$$g_0(\boldsymbol{u}^*)=\langle\boldsymbol{a},\boldsymbol{u}^*\rangle-\delta(\boldsymbol{u}^*\,|\,\boldsymbol{u}^*\geqslant\mathbf{0}),$$

其 $n$ 个线性约束 $g_j(\boldsymbol{u}^*)\geqslant0$ 借助系统

$$\boldsymbol{a}^*-A^*\boldsymbol{u}^*\geqslant\mathbf{0}$$

来表示。（$P^*$）中所关注的扰动为对于不同选择的 $\boldsymbol{x}^*\in\mathbf{R}^n$ 将 $\boldsymbol{a}^*$ 替换为 $\boldsymbol{a}^*-\boldsymbol{x}^*$，而在（$P$）中是对于不同选择的 $\boldsymbol{u}\in\mathbf{R}^m$ 将 $\boldsymbol{a}$ 替换为 $\boldsymbol{a}-\boldsymbol{u}$。

作为进一步说明，考虑在第 28 节的结尾检验过的与分解原理相关联的问题：最小化函数

$$f_0(\boldsymbol{x})=f_{01}(\boldsymbol{x}_1)+\cdots+f_{0s}(\boldsymbol{x}_s).$$

线性约束表示为向量方程

$$A_1\boldsymbol{x}_1+\cdots+A_s\boldsymbol{x}_s=\boldsymbol{a},$$

其中 $\boldsymbol{a}$ 为 $\mathbf{R}^m$ 中的元素，$A_k$ 为映 $\mathbf{R}^{n_k}$ 到 $\mathbf{R}^m$ 的线性变换，$f_{0k}$ 为定义在 $\mathbf{R}^{n_k}$ 上的正常凸函数且

$$\boldsymbol{x}=(x_1,\cdots,x_s)\in\mathbf{R}^n,x_k\in\mathbf{R}^{n_k},n_1+\cdots+n_s=n.$$

我们在这里感兴趣的是与定义为

$$(Fu)(\boldsymbol{x})=f_0(\boldsymbol{x})+\delta(\boldsymbol{x}\mid A\boldsymbol{x}=\boldsymbol{a}+\boldsymbol{u}),$$

其中

$$A\boldsymbol{x}=A_1\boldsymbol{x}_1+\cdots+A_s\boldsymbol{x}_s,$$

的凸双重函数 $F$：$\mathbf{R}^m\to\mathbf{R}^n$ 相关的通常凸规划（$P$），其伴随双重函数 $F^*$ 可以如下计算，其中 $\boldsymbol{x}^*=(\boldsymbol{x}_1^*,\ \cdots,\ \boldsymbol{x}_s^*)$：

$$\begin{aligned}(F^*\boldsymbol{x}^*)(\boldsymbol{u}^*)&=\inf_{\boldsymbol{u},\boldsymbol{x}}\{f_0(\boldsymbol{x})+\delta(\boldsymbol{x}\mid A\boldsymbol{x}=\boldsymbol{a}+\boldsymbol{u})-\langle\boldsymbol{x},\boldsymbol{x}^*\rangle+\langle\boldsymbol{u},\boldsymbol{u}^*\rangle\}\\&=\inf_{\boldsymbol{x}_1,\cdots,\boldsymbol{x}_s}\{-\langle\boldsymbol{a},\boldsymbol{u}^*\rangle+\sum_{k=1}^{s}[f_{0k}(\boldsymbol{x})-\langle\boldsymbol{x}_k,\boldsymbol{x}_k^*\rangle+\langle A_k\boldsymbol{x}_k,\boldsymbol{u}^*\rangle]\}\\&=-\langle\boldsymbol{a},\boldsymbol{u}^*\rangle-\sum_{k=1}^{s}\sup_{\boldsymbol{x}_k}\{\langle\boldsymbol{x}_k,\boldsymbol{x}_k^*-A_k^*\boldsymbol{u}^*\rangle-f_{0k}(\boldsymbol{x}_k)\}\\&=-\langle\boldsymbol{a},\boldsymbol{u}^*\rangle-\sum_{k=1}^{s}f_{0k}^*(\boldsymbol{x}_k^*-A_k^*\boldsymbol{u}^*).\end{aligned}$$

因此，与（$P$）对偶的凹规划（$P^*$）的目标函数定义为

$$(F^*0)(\boldsymbol{u}^*)=-\langle\boldsymbol{a},\boldsymbol{u}^*\rangle-f_{01}^*(-A_1^*\boldsymbol{u}^*)-\cdots-f_{0s}^*(-A_s^*\boldsymbol{u}^*).$$

这个表达式关于 $\boldsymbol{u}^*$ 的极大化问题能够通过将每个共轭函数在 $\mathbf{R}^{n_k}$ 上平移 $-\boldsymbol{x}_k^*$ 而产生扰动。（$P^*$）的 Kuhn-Tucker 向量 $\boldsymbol{x}=(\boldsymbol{x}_1,\ \cdots,\ \boldsymbol{x}_s)$ 中的分量 $\boldsymbol{x}_k$ 衡量（以类似于定理 29.1 及其推论的意义）了这样的平移对于（$P^*$）中的最优值的微分效应。

注意到，在刚给出的例子中，如在第 28 节末尾所解释的，只要存在（$P^*$）中目标函数的最大化，便会产生（$P$）的 Kuhn-Tucker 向量。因此，如果关于（$P$）的 Kuhn-Tucker 向量存在，则这样的向量集合将与（$P^*$）的最优解集相同。下面将会看到，相同的情况对于任何凸或凹规划及对偶都成立。

具有不等式约束的通常凸规划的对偶将在本节的最后讨论，对偶规划的进一步例子将在第 31 节中考虑。我们现在继续这种规划的一般理论的讨论。

几乎凸规划及其对偶的一般关系的一切将都依据于下列事实。

**定理 30.2**　设 $F$ 为映 $\mathbf{R}^m$ 到 $\mathbf{R}^n$ 的凸双重函数，（$P$）为与 $F$ 相关的凸规划。与（$P$）对偶的凹规划中目标函数 $F^*\mathbf{0}$ 则为（$P$）中的凹函数 $-\inf F$ 的共轭，即有

$$(-\inf F)^*=F^*\mathbf{0},(F^*\mathbf{0})^*=-\mathrm{cl}(\inf F).$$

如果 $F$ 为闭的，（$P$）中的目标函数 $F\mathbf{0}$ 为（$P^*$）中的凸函数 $-\sup F^*$ 的共轭，即有

$$(-\sup F^*)^*=F\mathbf{0},(F\mathbf{0})^*=-\mathrm{cl}(\sup F^*).$$

**证明**　由定义

$$(F^*\mathbf{0})(\boldsymbol{u}^*)=\inf_{\boldsymbol{u},\boldsymbol{x}}\{(Fu)(\boldsymbol{x})-\langle\boldsymbol{x},\mathbf{0}\rangle+\langle\boldsymbol{u},\boldsymbol{u}^*\rangle\}$$

$$=\inf_{\boldsymbol{u}}\{\langle\boldsymbol{u},\boldsymbol{u}^*\rangle+\inf_{\boldsymbol{x}}(F\boldsymbol{u})(\boldsymbol{x})\}$$
$$=\inf_{\boldsymbol{u}}\{\langle\boldsymbol{u},\boldsymbol{u}^*\rangle-(-\inf F)(u)\}=(-\inf F)^*(\boldsymbol{u}^*).$$

另一方面，如果 $F$ 为闭的，我们有 $F^{**}=F$。因此，

$$(F\mathbf{0})(\boldsymbol{x})=(F^{**}\mathbf{0})(\boldsymbol{x})=\sup_{\boldsymbol{x}^*,\boldsymbol{u}^*}\{(F^*\boldsymbol{x}^*)(\boldsymbol{u}^*)-\langle\mathbf{0},\boldsymbol{u}^*\rangle+\langle\boldsymbol{x},\boldsymbol{x}^*\rangle\}$$
$$=\sup_{\boldsymbol{x}^*}\{\langle\boldsymbol{x},\boldsymbol{x}^*\rangle+\sup_{\boldsymbol{u}^*}(F^*\boldsymbol{x}^*)(\boldsymbol{u}^*)\}$$
$$=\sup_{\boldsymbol{x}^*}\{\langle\boldsymbol{x},\boldsymbol{x}^*\rangle-(-\sup F^*)(\boldsymbol{x}^*)\}=(-\sup F^*)^*(\boldsymbol{x}).$$

关于$(F^*\mathbf{0})^*$以及$(F\mathbf{0})^*$的公式因而为共轭对应性质的推论。

由前面的证明看到，$(P^*)$ 中的目标函数由

$$(F^*\mathbf{0})(\boldsymbol{u}^*)=\inf_x L(\boldsymbol{u}^*,\boldsymbol{x}),\quad \forall \boldsymbol{u}^*,$$

所给出，其中 $L$ 为 $(P)$ 的 Lagrange 函数。另一方面，如果 $F$ 为闭的，正如定理 29.3 的证明中所给出的那样，$(P)$ 中的目标函数定义为

$$(F\mathbf{0})(\boldsymbol{x})=\sup_{\boldsymbol{u}^*}L(\boldsymbol{u}^*,\boldsymbol{x}),\quad \forall \boldsymbol{x}.$$

因此，$(P^*)$ 中的最优值为

$$\sup_{\boldsymbol{u}^*}\inf_x L(\boldsymbol{u}^*,\boldsymbol{x}).$$

反之，假设 $F$ 为闭的，则 $(P)$ 的最优值为

$$\inf_x\sup_{\boldsymbol{u}^*}L(\boldsymbol{u}^*,\boldsymbol{x}).$$

对偶规划中 Lagrange 函数的作用将在第 36 节的末尾得到进一步的讨论；也参见下面的推论 30.5.1。

由定理 30.2 中的公式立即得到 $(P)$ 的最优值与 $(P^*)$ 的最优值之间的关系，特别地，得到 $(P)$ 及 $(P^*)$ 的相容性的结果。



**推论 30.2.1**　设 $F$ 为映 $\mathbf{R}^m$ 到 $\mathbf{R}^n$ 的双重函数且 $(P)$ 为与 $F$ 相关的凸规划。对偶规划 $(P^*)$ 不相容当且仅当存在向量 $\boldsymbol{u}\in\mathbf{R}^m$ 使 $F\boldsymbol{u}$ 在 $\mathbf{R}^n$ 上无下界。另一方面，$(P)$ 不相容当且仅当存在向量 $\boldsymbol{x}^*\in\mathbf{R}^n$ 使 $F^*\boldsymbol{x}^*$ 在 $\mathbf{R}^m$ 上无上界。

**证明**　$(P)$ 的不相容说明函数 $F\mathbf{0}$ 恒等于 $+\infty$。因为由定理知道 $F\mathbf{0}$ 为凸函数 $-\sup F^*$ 的共轭，这种情况发生当且仅当 $-\sup F^*$ 取到值 $-\infty$，即存在 $\boldsymbol{x}^*\in\mathbf{R}^n$ 使

$$+\infty=(\sup F^*)(\boldsymbol{x}^*)=\sup(F^*\boldsymbol{x}^*).$$

推论 30.2.1 应该与推论 29.1.6 结合起来考虑。

**推论 30.2.2**　设 $F$ 为映 $\mathbf{R}^m$ 到 $\mathbf{R}^n$ 的闭双重函数，$(P)$ 为与 $F$ 相关的凸规划，则 $(P)$ 的最优值 $\inf F\mathbf{0}$ 与 $(P^*)$ 的最优值 $\sup F^*\mathbf{0}$ 之间满足关系

$$(\mathrm{cl}(\inf F))(\mathbf{0})=(\sup F^*)(\mathbf{0})=\sup F^*\mathbf{0},$$
$$(\mathrm{cl}(\sup F^*))(\mathbf{0})=(\inf F)(\mathbf{0})=\inf F\mathbf{0}.$$

特别地，总有

$$\inf F\mathbf{0}\geqslant\sup F^*\mathbf{0}.$$

**证明**　由定理 30.2 知道

$$(\mathrm{cl}(\inf F))(\mathbf{0})=-(F^*\mathbf{0}^*)(\mathbf{0})=-\inf_{\boldsymbol{u}^*}\{\langle\mathbf{0},\boldsymbol{u}^*\rangle-(F^*\mathbf{0})(\boldsymbol{u}^*)\}$$
$$=\sup_{\boldsymbol{u}^*}(F^*\mathbf{0})(\boldsymbol{u}^*)=\sup F^*\mathbf{0}.$$

其余公式类似证明。

**推论 30.2.3** 设 $F$ 为映 $\mathbf{R}^m$ 到 $\mathbf{R}^n$ 的双重函数且（$P$）为相应的凸规划。除非（$P$）和（$P^*$）都不相容，否则有

$$\liminf_{\boldsymbol{u}\to\mathbf{0}}(\inf F\boldsymbol{u})=\sup F^*\mathbf{0},$$
$$\limsup_{\boldsymbol{x}^*\to\mathbf{0}}(\sup F^*\boldsymbol{x}^*)=\inf F\mathbf{0}.$$

**证明** 由我们所知道的关于凸函数闭包运算的结果，公式

$$(\mathrm{cl}(\inf F))(\mathbf{0})=\liminf_{\boldsymbol{u}\to\mathbf{0}}(\inf F)(\boldsymbol{u})$$

成立，除非左边为 $-\infty$，右边为 $+\infty$。由前面的推论知道左边等于 $\sup F^*\mathbf{0}$，只有当（$P^*$）不相容的情况下才会为 $-\infty$。当右边为 $+\infty$时，特别地，有 $\inf F\mathbf{0}=+\infty$。所以，（$P$）为不相容的。因此，推论中的第一个公式成立除非（$P$）和（$P^*$）都是不相容的。第二个公式类似证明。

称凸规划（$P$）为正规的指其扰动函数 $\inf F\boldsymbol{u}$ 在 $\boldsymbol{u}=\mathbf{0}$ 点为闭的，即，

$$(\mathrm{cl}(\inf F))(\mathbf{0})=(\inf F)(\mathbf{0}).$$

如果（$P$）为相容的，或仅仅假设 $\mathbf{0}\in\mathrm{cl}(\mathrm{dom}F)$，这个条件等价于 $\inf F\boldsymbol{u}$ 在 $\boldsymbol{u}$ 点为下半连续函数。这是凸规划所需要的自然性质，因为，如果不要求下半连续性，则存在某些 $\boldsymbol{v}\in\mathbf{R}^m$ 使当 $\lambda\downarrow 0$ 时凸函数 $h(\lambda)=\inf F(\lambda\boldsymbol{v})$ 的极限严格小于 $h(\mathbf{0})=\inf F\mathbf{0}$（定理 7.5）。规划因此关于扰动的某个方向是极不稳定的。如果 $\mathbf{0}\notin\mathrm{cl}(\mathrm{dom}F)$，除去推论 29.1.6 所描述的情况之外，（$P$）为平凡正规的。

凹规划的正规性类似定义。因此，凸规划的对偶为正规的当且仅当

$$(\mathrm{cl}(\sup F^*))(\mathbf{0})=(\sup F^*)(\mathbf{0}).$$

这便包括了 $\sup F^*$ 在 $\boldsymbol{x}^*=\mathbf{0}$ 处的上半连续性。

**定理 30.3** 设 $F$ 为映 $\mathbf{R}^m$ 到 $\mathbf{R}^n$ 的双重函数且（$P$）为与 $F$ 相关的凸规划，则下列条件等价：

(a)（$P$）为正规的；

(b)（$P^*$）为正规的；

(c) $\inf F\mathbf{0}=\sup F^*\mathbf{0}$，即（$P$）的最优值等于（$P^*$）的最优值。

**证明** 由推论 30.2.2 立即得到。

对于一对对偶规划而言，如果定理 30.3 中的三个等价性条件满足，则简单地说正规性成立。正如下一个定理所证明的，正规性确实保持“正常的”。

**定理 30.4** 设 $F$ 为映 $\mathbf{R}^m$ 到 $\mathbf{R}^n$ 的双重函数且（$P$）为与 $F$ 相关的凸规划，则下列条件中的任何一个都足以保证（$P$）和（$P^*$）的正规性成立：

(a)（$P$）为强（或严格）相容的；

(b)（$P^*$）为强（或严格）相容的；

(c)（$P$）中的最优值有限，且存在关于（$P$）的 Kuhn-Tucker 向量；

(d)（$P^*$）中的最优值有限，且存在关于（$P^*$）的 Kuhn-Tucker 向量；

(e)（$P$）为多面体且为相容的；

(f)（$P^*$）为多面体且为相容的；

(g) 存在 $\alpha$ 使 $\{\boldsymbol{x} \mid (F\boldsymbol{0})(\boldsymbol{x}) \leqslant \alpha\}$ 为非空有界的；

(h) 存在 $\alpha$ 使 $\{\boldsymbol{u}^* \mid (F^*\boldsymbol{0})(\boldsymbol{u}^*) \geqslant \alpha\}$ 为非空有界的；

(i)（$P$）有唯一最优解，或（$P$）的最优解集为非空有界集；

(j)（$P^*$）有唯一最优解，或（$P^*$）的最优解集为非空有界集。

**证明**　如果条件 (a) 成立，则 $\boldsymbol{0}$ 属于 $\inf F$ 的有效域的相对内部（定理 29.1），所以 $\inf F$ 在 $\boldsymbol{0}$ 点与 $\mathrm{cl}(\inf F)$ 相等（定理 7.1、定理 7.4）。

如果条件 (c) 成立，则 $\inf F$ 在 $\boldsymbol{0}$ 点次可微（定理 29.1），这也说明在 $\boldsymbol{0}$ 点为闭的（推论 23.5.2）。如果条件 (e) 成立，则 $\inf F$ 为多面体凸函数且 $\boldsymbol{0}$ 属于其有效域（定理 29.2）。多面体凸函数在有效域内总是与其闭包相同。因此，由 (a)、(c) 和 (e) 知道正规性成立。对偶情况，由 (b)、(d) 和 (f) 知道正规性成立。由定理 27.1 的 (d) 知道条件 (g) 等价于 $\boldsymbol{0} \in \mathrm{int}(\mathrm{dom}\,(F\boldsymbol{0})^*)$，即（$P^*$）严格相容。因此，(g) 为 (b) 的特殊情况，同理 (h) 为 (a) 的特殊情况。当然，(i) 和 (j) 包含在 (g) 和 (h) 之中。

例如，定理 30.4 能够被应用于本节开头所描述的线性规划的对偶对。这些，都是多面体凸规划，由此知道，除非两个规划都是不相容的，否则，（$P$）的最优值和（$P^*$）的最优值相等。这个结果被称为 Gale-Kuhn-Tucker 对偶定理。当然，由定理 29.2 知道，多面体凸规划或凹规划在其最优值为有限时具有最优解。



确实存在不正规的凸规划，这些规划是相当奇异的且，如定理 30.4 所明确的，其本身意义不太大。作为非正规性的例子，考虑映 $\mathbf{R}$ 到 $\mathbf{R}$ 的闭正常凸的双重函数

$$(F\boldsymbol{u})(\boldsymbol{x}) = \begin{cases} \exp(-\sqrt{\boldsymbol{u}\boldsymbol{x}}), & \boldsymbol{u} \geqslant \boldsymbol{0}, \boldsymbol{x} \geqslant \boldsymbol{0}, \\ +\infty, & \text{其他}. \end{cases}$$

函数 $\inf F$ 定义为

$$\inf F\boldsymbol{u} = \begin{cases} 0, & u > 0, \\ 1, & u = 0, \\ +\infty, & u < 0. \end{cases}$$

因此，（$P$）中的最优值为 1，然而

$$(\mathrm{cl}(\inf F))(\boldsymbol{0}) = \boldsymbol{0}.$$

注意到（$P$）不是强相容的（strongly consistent），由推论 30.2.3 知道（$P^*$）的最优值一定为 0。

读者可以容易构造出其他的有关非正规性规划的例子，使 $(\inf F)(\boldsymbol{0})$ 为有限的，而 $(\mathrm{cl}(\inf F))(\boldsymbol{0}) = -\infty$，或 $(\inf F)(\boldsymbol{0}) = +\infty$，但是，$(\mathrm{cl}(\inf F))(\boldsymbol{0})$ 为有限的或 $-\infty$。

下一定理刻画了 Kuhn-Tucker 向量与最优解之间的著名的对偶。

**定理 30.5**　设 $F$ 为映 $\mathbf{R}^m$ 到 $\mathbf{R}^n$ 的闭凸的双重函数，且设（$P$）为与 $F$ 相关的凸规划。假设正规性对（$P$）和（$P^*$）成立，则 $\boldsymbol{u}^*$ 为（$P$）的 Kuhn-Tucker 向量当且仅当 $\boldsymbol{u}^*$ 为（$P^*$）的最优解。对偶结果为，$\boldsymbol{x}$ 为（$P^*$）的 Kuhn-Tucker 向量当且仅当 $\boldsymbol{x}$ 为（$P$）的最优解。

**证明**　由定理 29.1 知道 $\boldsymbol{u}^*$ 为（$P$）的 Kuhn-Tucker 向量当且仅当 $\inf F\mathbf{0}$ 是有限的且 $-\boldsymbol{u}^* \in \partial(\inf F)(\mathbf{0})$。因为由假设知道正规性成立，$\inf F$ 在 $\mathbf{0}$ 点与 $\mathrm{cl}(\inf F)$ 相同，因此，$\inf F$ 与 $\mathrm{cl}(\inf F)$ 在 $\mathbf{0}$ 点具有相同的次梯度（见定理 23.5）。进一步地，由定理 30.2 知道 $-\mathrm{cl}(\inf F)=(F^*\mathbf{0})^*$。因此，$\boldsymbol{u}^*$ 为（$P$）的 Kuhn-Tucker 向量当且仅当 $(F^*\mathbf{0})^*$（$\mathbf{0}$）有限且

$$\boldsymbol{u}^* \in \partial(F^*\mathbf{0})^*(\mathbf{0})$$

即（由凹的情况下的定理 27.1）当且仅当（$F^*\mathbf{0}$）的上确界有限且在 $\boldsymbol{u}^*$ 点取到。因此，（$P$）的 Kuhn-Tucker 向量 $\boldsymbol{u}^*$ 为（$P^*$）的最优解。定理中的对偶命题的证明为相同的。‖

**推论 30.5.1**　设 $F$ 为映 $\mathbf{R}^m$ 到 $\mathbf{R}^n$ 的闭凸的双重函数，（$P$）为与 $F$ 相关的凸规划，则下列关于一对向量 $\bar{\boldsymbol{x}} \in \mathbf{R}^n$ 与 $\bar{\boldsymbol{u}}^* \in \mathbf{R}^m$ 的条件为等价的：

(a) 正规性成立，且 $\bar{\boldsymbol{x}}$ 与 $\bar{\boldsymbol{u}}^*$ 分别为（$P$）和（$P^*$）的最优解；

(b)（$\bar{\boldsymbol{x}}$，$\bar{\boldsymbol{u}}^*$）为（$P$）的 Lagrange 函数 $L$ 的鞍点；

(c) $(F0)(\bar{\boldsymbol{x}}) \leqslant (F^*0)(\bar{\boldsymbol{u}}^*)$（其中等式的情况一定成立）。

**证明**　由定理 29.3 立即得到(a)和(b)的等价性。由定理 30.4 知道，由于 Kuhn-Tucker 向量的存在性蕴含正规性，(a)和(c)的等价性由"正规性成立"的定义得到。

作为使（$P$）有最优解而（$P^*$）没有最优解的正规凸规划的例子，我们考虑映 $\mathbf{R}$ 到 $\mathbf{R}$ 的凸双重凸函数 $F$：

$$(F\boldsymbol{u})(\boldsymbol{x})=\begin{cases}\boldsymbol{x}, & \boldsymbol{x}^2 \leqslant \boldsymbol{u}, \\ +\infty, & \boldsymbol{x}^2 > \boldsymbol{u}.\end{cases}$$

扰动函数因此为

$$\inf F\boldsymbol{u}=\begin{cases}-\boldsymbol{u}^{1/2}, \boldsymbol{u} \geqslant \mathbf{0}, \\ +\infty, \quad \boldsymbol{u} < \mathbf{0}.\end{cases}$$

这个函数在 $\boldsymbol{u}=\mathbf{0}$ 点为下半连续的，但是，在那里却有导数 $-\infty$。因此，（$P$）为正规的，但是，没有 Kuhn-Tucker"向量"$\boldsymbol{u}^*$（推论 29.1.2）。考虑到定理 30.5，即使 $\boldsymbol{x}=\mathbf{0}$ 一定为（$P$）的最优解，则（$P^*$）也不存在最优解。

把定理 30.5 应用于（$P^*$）的各种 Kuhn-Tucker 向量的存在性便可以得到有关（$P$）的最优解的存在性定理。

**推论 30.5.2**　设 $F$ 为映 $\mathbf{R}^m$ 到 $\mathbf{R}^n$ 的闭凸的双重函数，（$P$）为与 $F$ 相关的凸规划。如果（$P$）是相容的且（$P^*$）为强相容的，则（$P$）具有最优解。对偶地，如果（$P$）是强相容的且（$P^*$）为相容的，则（$P^*$）有最优解。

**证明**　如果（$P$）为强相容的，则正规性成立（定理 30.4），所以，（$P$）和（$P^*$）的最优解相等，共同值不可能为$-\infty$[因为（$P^*$）为相容的]，也不可能为$+\infty$[因为（$P$）为相容的]，因此为有限的。最后，由推论 29.1.4 知道（$P^*$）的 Kuhn-Tucker 向量 $\boldsymbol{x}$ 存在，由定理 30.5 知道，$\boldsymbol{x}$ 为（$P$）的最优解。‖

考虑到目标函数与定理 30.2 中的扰动函数之间的关系以及定理 27.1 所列出的对应知道，其他的对偶性结果显然是可能的。一般来讲，（$P$）中扰动函数的任何性质都对偶于（$P^*$）中目标函数的某些性质。反过来，（$P^*$）中扰动函数的任何性质都对偶于（$P$）中目标函数的某些性质。

本节的剩余内容致力于一般凸规划的对偶的讨论。为了使概念简单化，将讨论限制在所有的（显式）约束都为不等式的情况。

设（$P$）为通常的凸规划，求 $f_0(\boldsymbol{x})$ 在 $C$ 上关于约束

$$f_1(\boldsymbol{x})\leqslant 1,\cdots,f_m(\boldsymbol{x})\leqslant 0,$$

的最小化问题，其中 $f_0$，$f_1$，…，$f_m$ 为定义在 $\mathbf{R}^n$ 上的正常凸函数满足 $\operatorname{dom} f_0=C$ 且

$$\operatorname{dom} f_i\supset C,\operatorname{ri}(\operatorname{dom} f_i)\supset \operatorname{ri} C,i=1,\cdots,m.$$

与（$P$）相关的，映 $\mathbf{R}^m$ 到 $\mathbf{R}^n$ 的凸双重函数定义为

$$(F\boldsymbol{u})(\boldsymbol{x})=f_0(\boldsymbol{x})+\delta(\boldsymbol{x}\mid f_i(\boldsymbol{x})\leqslant v_i,i=1,\cdots,m),$$



其中 $\boldsymbol{u}=(v_1,\cdots,v_m)$。$F$ 的伴随 $F^*$ 可以计算如下，其中 $\boldsymbol{z}=(\zeta_1,\cdots,\zeta_m)$：

$$\begin{aligned}(F^*\boldsymbol{x}^*)(\boldsymbol{u}^*)&=\inf_{\boldsymbol{u},\boldsymbol{x}}\{(F\boldsymbol{u})(\boldsymbol{x})-\langle\boldsymbol{x},\boldsymbol{x}^*\rangle+\langle\boldsymbol{u},\boldsymbol{u}^*\rangle\}\\&=\inf_{\boldsymbol{x}\in\mathbf{R}^n}\inf_{\boldsymbol{u}\in\mathbf{R}^m}\{f_0(\boldsymbol{x})+\delta(\boldsymbol{x}\mid f_i(\boldsymbol{x})\leqslant v_i,i=1,\cdots,m)-\langle\boldsymbol{x},\boldsymbol{x}^*\rangle\\&\quad+v_1^*v_1+\cdots+v_m^*v_m\}\\&=\inf_{\boldsymbol{x}\in C}\inf_{\boldsymbol{z}\geqslant\mathbf{0}}\left\{f_0(\boldsymbol{x})-\langle\boldsymbol{x},\boldsymbol{x}^*\rangle+\sum_{i=1}^m v_i^*(f_i(\boldsymbol{x})+\zeta_i)\right\}\\&=\inf_{\boldsymbol{x}\in C}\left\{f_0(\boldsymbol{x})+\sum_{i=1}^m v_i^*f_i(\boldsymbol{x})-\langle\boldsymbol{x},\boldsymbol{x}^*\rangle\right\}+\inf_{\boldsymbol{z}\geqslant\mathbf{0}}\langle\boldsymbol{u}^*,\boldsymbol{z}\rangle\\&=-\sup_{\boldsymbol{x}\in C}\left\{\langle\boldsymbol{x},\boldsymbol{x}^*\rangle-f_0(\boldsymbol{x})-\sum_{i=1}^m v_i^*f_i(\boldsymbol{x})\right\}-\delta(\boldsymbol{u}^*\mid\boldsymbol{u}^*\geqslant\mathbf{0}).\end{aligned}$$

如果 $\boldsymbol{u}^*$ 不满足 $\boldsymbol{u}^*\geqslant\mathbf{0}$，则这个表示式为$-\infty$，否则，如果 $\boldsymbol{u}^*\geqslant\mathbf{0}$，则有

$$-\sup_{\boldsymbol{x}\in\mathbf{R}^n}\left\{\langle\boldsymbol{x},\boldsymbol{x}^*\rangle-\left(f_0+\sum_{i=1}^m v_i^*f_i\right)(\boldsymbol{x})\right\}=-\left(f_0+\sum_{i=1}^m v_i^*f_i\right)^*(\boldsymbol{x}^*)$$

由定理 16.4 和定理 16.1 知道，后者为

$$-(f_0^*\,\square\,(v_1^*f_1)^*\,\square\cdots\square\,(v_m^*f_m)^*(\boldsymbol{x}^*)$$

$$=-(f_0^*\square f_1^*v_1^*\square\cdots\square f_m^*v_m^*)(\boldsymbol{x}^*)$$
$$=-\inf\left\{f^*(\boldsymbol{x}_0^*)+\sum_{i=1}^{m}(f_i^*v_i^*)(\boldsymbol{x}_i^*)\mid\sum_{i=0}^{m}\boldsymbol{x}_i^*=\boldsymbol{x}^*\right\},$$

其中下确界可达到且

$$(f_i^*v_i^*)(\boldsymbol{x}_i^*)=\begin{cases}v_i^*f_i^*(v_i^{*-1}\boldsymbol{x}_i^*),v_i^*>0,\\ \delta(\boldsymbol{x}_i^*\mid 0), \quad v_i^*=0.\end{cases}$$

因此，$F^*$ 定义为

$$(F^*\boldsymbol{x}^*)(\boldsymbol{u}^*)=\begin{cases}-(f_0^*\square f_1^*v_1^*\square\cdots\square f_m^*v_m^*)(\boldsymbol{x}^*),\boldsymbol{u}^*\geqslant\boldsymbol{0},\\ -\infty, \quad 其他.\end{cases}$$

由定义，在与（$P$）对偶的（一般）凹规划（$P^*$）中，我们要在 $\mathbf{R}^m$ 上极大化凹函数 $F^*0$，对于不同的 $\boldsymbol{x}^*\in\mathbf{R}^n$ 的选择，将 $F^*\boldsymbol{0}$ 用 $F^*\boldsymbol{x}^*$ 取代而实现关于 $F^*\boldsymbol{0}$ 的扰动。因为 $f_0^*\square f_1^*v_1^*\square\cdots\square f_m^*v_m^*$ 的有效域（对于 $v_i^*\geqslant 0$）为凸集

$$C_0^*+v_1^*C_1^*+\cdots+v_m^*C_m^*\subset\mathbf{R}^n,$$

其中

$$C_i^*=\mathrm{dom}f_i^*,i=0,1,\cdots,m,$$

关于（$P^*$）的可行解为满足

$$v_1^*\geqslant 0,\cdots,v_m^*\geqslant 0,$$
$$\boldsymbol{0}\in(C_0^*+v_1^*C_1^*+\cdots+v_m^*C_m^*).$$

的向量 $\boldsymbol{u}^*=(v_1^*，\cdots，v_m^*)$。在由这些向量 $\boldsymbol{u}^*$ 所组成的 $\mathbf{R}^m$ 中的凸子集上，需要最大化（有限）凹函数

$$\begin{aligned}(v_1^*,\cdots,v_m^*)\to&-(f_0^*\square f_1^*v_1^*\square\cdots\square f_m^*v_m^*)(0)\\ &=-\inf\{f_0^*(\boldsymbol{z}_0^*)+v_1^*f_1^*(\boldsymbol{z}_1^*)+\cdots+v_m^*f_m^*(\boldsymbol{z}_m^*)\mid\\ &\boldsymbol{z}_i^*\in C_i^*,i=0,1,2,\cdots,m,\boldsymbol{z}_0^*+v_1^*\boldsymbol{z}_1^*+\cdots+v_m^*\boldsymbol{z}_m^*=\boldsymbol{0}\}\end{aligned}$$

（其中下确界由某些 $\boldsymbol{z}_0^*$，…，$\boldsymbol{z}_m^*$ 所取到）。用 $\boldsymbol{x}^*$ 替换约束

$$\boldsymbol{0}\in(C_0^*+v_1^*C_1^*+\cdots+v_m^*C_m^*),\boldsymbol{z}_0^*+v_1^*\boldsymbol{z}_1^*+\cdots+v_m^*\boldsymbol{z}_m^*=\boldsymbol{0},$$

中的 $\boldsymbol{0}$ 所产生的关于给定向量 $\boldsymbol{x}^*\in\mathbf{R}^n$ 的扰动改变了这个问题。

正如上面计算所看到的，（$P^*$）的目标函数能够表示成为

$$(F^*\boldsymbol{0})(\boldsymbol{u}^*)=\begin{cases}\inf(f_0+v_1^*f_1+\cdots+v_m^*f_m),\boldsymbol{u}^*\geqslant\boldsymbol{0},\\ -\infty, \quad 其他.\end{cases}$$

因此，关于（$P^*$）的可行解能够表示成为使正常凸函数

$$f_0+v_1^*f_1+\cdots+v_m^*f_m$$

在 $\mathbf{R}^n$ 上的下确界非 $-\infty$ 的向量 $\boldsymbol{u}^*\geqslant\boldsymbol{0}$。如果下确界在使得它为非 $-\infty$ 的点上取到，且函数 $f_i$ 在整个 $\mathbf{R}^n$ 上可微，则可行解为存在 $\boldsymbol{x}\in\mathbf{R}^n$ 使

$$\nabla f_0(\boldsymbol{x})+v_1^*\ \nabla f_1(\boldsymbol{x})+\cdots+v_m^*\ \nabla f_m(\boldsymbol{x})=\boldsymbol{0}$$

的向量 $\boldsymbol{u}^*\geqslant 0$ 所组成。对于这样的向量 $\boldsymbol{u}^*$ 和 $\boldsymbol{x}^*$ 有

$$(F^*\mathbf{0})(\boldsymbol{u}^*)=f_0(\boldsymbol{x})+v_1^*f_1(\boldsymbol{x})+\cdots+v_m^*f_m(\boldsymbol{x})$$

将一般的凸规划的对偶函数表示成为极值问题看起来似乎很奇怪。从某种意义上讲，这是由于与通常的凸规划相关的扰动不足以抵消约束函数的非线性性。一个较为显式的对偶规划能够通过将通常的凸规划（$P$）用与其具有相同的目标函数，但具有更多扰动的推广的凸规划（$Q$）所代替而得到。

特别地，给定（$P$）。设（$Q$）为与映 $\mathbf{R}^k$ 到 $\mathbf{R}^n$ 的凸的双重函数 $G$ 相关的凸规划，其中

$$(Gw)(\boldsymbol{x})=f_0(\boldsymbol{x}-\boldsymbol{x}_0)+\delta(\boldsymbol{x}\mid f_i(\boldsymbol{x}-\boldsymbol{x}_i)\leqslant v_i,i=1,\cdots,m),$$

其中

$$\boldsymbol{w}=(\boldsymbol{u},\boldsymbol{x}_0,\cdots,\boldsymbol{x}_m)\in\mathbf{R}^m\times\mathbf{R}^n\times\cdots\times\mathbf{R}^n=\mathbf{R}^k,$$

$k=m+(m+1)n$。正如在（$P$）中我们按照约束 $f_i(\boldsymbol{x})\leqslant0$，$i=1,2,\cdots,m$ 极小化 $f_0(\boldsymbol{x})$ 那样，而在（$Q$）中，给定的扰动类更大：如（$P$）中一样，我们将约束 $f_i(\boldsymbol{x})\leqslant0$ 扰动为 $f_i(\boldsymbol{x})\leqslant v_i$，但是也通过平移 $\boldsymbol{x}_i\in\mathbf{R}^n$ 来实现对每个 $f_i(\boldsymbol{x})$ 的扰动。令

$$\boldsymbol{w}^*=(u^*,x_0^*,\cdots,x_m^*)\in\mathbf{R}^k.$$

我们能够计算 $G^*$ 以便确定对偶于（$Q$）的凹规划。利用上述 $F^*$ 计算中的最初几步得到，对于 $\boldsymbol{u}^*\geqslant\mathbf{0}$ 有

$$(G^*\boldsymbol{x}^*)(\boldsymbol{w}^*)=\inf_{\boldsymbol{w},\boldsymbol{x}}\left\{(\mathrm{G}w)(\boldsymbol{x})-\langle\boldsymbol{x},\boldsymbol{x}^*\rangle+\langle\boldsymbol{u},\boldsymbol{u}^*\rangle+\sum_{i=0}^{m}\langle\boldsymbol{x}_i,\boldsymbol{x}_i^*\rangle\right\}$$

$$=\inf_{\boldsymbol{x},\boldsymbol{x}_i}\left\{\mathrm{f}_0(\boldsymbol{x}-\boldsymbol{x}_0)+\sum_{i=1}^{m}v_i^*f_i(\boldsymbol{x}-\boldsymbol{x}_i)-\langle\boldsymbol{x},\boldsymbol{x}^*\rangle+\sum_{i=0}^{m}\langle\boldsymbol{x}_i,\boldsymbol{x}_i^*\rangle\right\}$$



作代换 $\boldsymbol{y}_i=\boldsymbol{x}-\boldsymbol{x}_i$，其将变为

$$\inf_{\boldsymbol{x},\boldsymbol{y}_i}\left\{f_0(\boldsymbol{y}_0)+\sum_{i=1}^{m}v_i^*f_i(\boldsymbol{y}_i)-\langle\boldsymbol{x},\boldsymbol{x}^*-\sum_{i=0}^{m}\boldsymbol{x}_i^*\rangle-\sum_{i=0}^{m}\langle\boldsymbol{y}_i,\boldsymbol{x}_i^*\rangle\right\}$$

$$=-\sup_{\boldsymbol{x}}\left\{\langle\boldsymbol{x},\boldsymbol{x}^*-\sum_{i=0}^{m}\boldsymbol{x}_i^*\rangle\right\}-\sup_{\boldsymbol{y}_0}\{\langle\boldsymbol{y}_0,\boldsymbol{x}_0^*\rangle-f_0(\boldsymbol{y}_0)\}-$$

$$\sum_{i=1}^{m}\sup_{\boldsymbol{y}_i}\{\langle\boldsymbol{y}_i,\boldsymbol{x}_i^*\rangle-(v_i^*f_i)(\boldsymbol{y}_i)\}$$

$$=-\left[\delta\left(\boldsymbol{x}^*-\sum_{i=0}^{m}\boldsymbol{x}_i^*\mid0\right)+f_0^*(\boldsymbol{x}_0^*)+\sum_{i=1}^{m}(v_i^*f_i)^*(\boldsymbol{x}_i^*)\right]$$

$$=-[\delta(\sum_{i=0}^{m}\boldsymbol{x}_i^*\mid\boldsymbol{x}^*)+f_0^*(\boldsymbol{x}_0^*)+\sum_{i=1}^{m}(f_i^*v_i^*)(\boldsymbol{x}_i^*)]$$

如果 $\boldsymbol{u}^*\geqslant\mathbf{0}$ 不成立，则在 $F^*$ 中计算一样有 $(G^*\boldsymbol{x}^*)(\boldsymbol{w}^*)=-\infty$。因此得到

$$(\mathrm{G}^*\boldsymbol{x}^*)(\boldsymbol{w}^*)=\begin{cases}-f_0^*(\boldsymbol{x}_0^*)-(f_1^*v_1^*)(\boldsymbol{x}_1^*)-\cdots-(f_m^*v_m^*)(\boldsymbol{x}_m^*),\boldsymbol{u}^*\geqslant\mathbf{0}\text{ 且 }\boldsymbol{x}_0^*+\cdots+\boldsymbol{x}_m^*=\boldsymbol{x}^*,\\-\infty,\text{其他.}\end{cases}$$

因此，对偶规划（$Q^*$）的可行解为满足

$$\boldsymbol{u}^* \geqslant \boldsymbol{0},\ \boldsymbol{x}_0^* + \boldsymbol{x}_1^* + \cdots + \boldsymbol{x}_m^* = \boldsymbol{0},$$
$$\boldsymbol{x}_0^* \in C_0^*, \boldsymbol{x}_1^* \in v_1^* C_1^*, \cdots, \boldsymbol{x}_m^* \in v_m^* C_m^*,$$

的向量，其中 $C_i^* = \mathrm{dom} f_i^*$ 如上所定义。在这些向量 $\boldsymbol{w}^*$ 的基础上，我们极大化凹函数

$$-[f_0^*(\boldsymbol{x}_0^*) + (f_1^* v_1^*)(\boldsymbol{x}_1^*) + \cdots + (f_m^* v_m^*)(\boldsymbol{x}_m^*)].$$

（$Q^*$）关于给定的 $\boldsymbol{x}^* \in \mathbf{R}^n$ 的扰动将约束 $\boldsymbol{x}_0^* + \boldsymbol{x}_1^* + \cdots + \boldsymbol{x}_m^* = \boldsymbol{0}$ 变为

$$\boldsymbol{x}_0^* + \boldsymbol{x}_1^* + \cdots + \boldsymbol{x}_m^* = \boldsymbol{x}^*.$$

当然，$\boldsymbol{x}_i^*$ 与上述（$P^*$）表示中的 $\boldsymbol{z}_i^*$ 相关，对于 $i=1$，…，$m$，成立

$$\boldsymbol{x}_0^* = \boldsymbol{z}_0^*, \boldsymbol{x}_i^* = v_i^* \boldsymbol{z}_i^*.$$

按照一般对偶理论，最优解 $\boldsymbol{w}^*$ 关于 $Q^*$ 的坐标 $\boldsymbol{x}_i^*$ 刻画了

$$\inf\{f_0(\boldsymbol{x}) \mid f_i(\boldsymbol{x}) \leqslant 0, i=1,\cdots,m\}$$

关于对于函数 $f_i^*$ 的 $\boldsymbol{x}_i^*$ 平移的速度。

如果存在某些方向，使得沿其某些函数 $f_i$ 为仿射的，则相应的凸集 $C_i^* = \mathrm{dom} f_i^*$ 小于$n$ 维（定理 13.4）。（$Q^*$）的对偶问题则退化，说明存在 $\mathbf{R}^k$ 的真子空间，使对每个 $\boldsymbol{x}^*$ 其都包含 $G^* \boldsymbol{x}^*$。在这种情况下，为了从（$P$）过渡到（$Q$），我们对 $f_i$ 的非线性进行过度补偿，引入剩余扰动度：对 $f_i$ 沿着使 $f_i$ 为仿射的方向进行 $\boldsymbol{x}_i$ 平移，对 $f_i$ 仅仅改变了一个常数，即与对应变量 $v_i$ 的扰动有相同的效果。

在这种情况下有时希望考虑（$P$）和（$Q$）之间的凸规划，其可以选择更为仔细的扰动，以便与现有的特殊的凸规划的非线性性相比较。假设每个 $f_i$ 都可以表示成为

$$f_i(\boldsymbol{x}) = h_i(A_i \boldsymbol{x} + \boldsymbol{a}_i) + \langle \boldsymbol{a}_i^*, \boldsymbol{x} \rangle + \alpha_i$$

的形式，其中 $h_i(\boldsymbol{x})$ 为定义在 $\mathbf{R}^{n_i}$ 上的闭正常凸函数，$A_i$ 为映 $\mathbf{R}^n$ 到 $\mathbf{R}^{n_i}$ 的线性变换，$\boldsymbol{a}_i$ 和 $\boldsymbol{a}_i^*$ 分别为 $\mathbf{R}^{n_i}$ 和 $\mathbf{R}^n$ 中的向量，且 $\alpha_i$ 为实数。（$A_i$ 的零空间中的向量则是使得 $f_i$ 为仿射的方向）设($R$)为与映 $\mathbf{R}^d$ 到 $\mathbf{R}^n$ 的凸双重函数 $H$ 相关的凸规划，其中 $H$ 定义为

$$(H\boldsymbol{w})(\boldsymbol{x}) = \begin{cases} h_0(A_0\boldsymbol{x} + \boldsymbol{a}_0 - \boldsymbol{p}_0) + \langle \boldsymbol{a}_0^*, \boldsymbol{x} \rangle + \alpha_0, h_i(A_i \boldsymbol{x} + \boldsymbol{a}_i - \boldsymbol{p}_i) + \langle \boldsymbol{a}_i^*, \boldsymbol{x} \rangle + \alpha_i \leqslant v_i, i=1,\cdots,m, \\ +\infty, \quad \text{其他}, \end{cases}$$

其中 $d = m + n_0 + \cdots + n_m$ 且

$$\boldsymbol{w} = (u, p_0, \cdots, p_m), \boldsymbol{u} \in \mathbf{R}^m, \boldsymbol{p}_i \in \mathbf{R}^{n_i}.$$

（$R$）中的目标函数再次与通常的凸规划（$P$）中的目标函数相同，即，在（$R$）中，我们在 $C$ 上关于约束为 $f_i(\boldsymbol{x}) \leqslant 0$，$i=1$，…，$m$ 最小化 $f_0(\boldsymbol{x})$。$H$ 的伴随可以借助于如上的直接计算得到。我们发现

$$(H^*x^*)(w^*)=\begin{cases}\alpha_0+\langle \boldsymbol{a}_0,\boldsymbol{p}_0^*\rangle-h_0^*(\boldsymbol{p}_0^*)+\sum_{i=1}^{m}[\alpha_i v_i^*+\langle \boldsymbol{a}_i,\boldsymbol{p}_i^*\rangle-(h_i^*v_i^*)(\boldsymbol{p}_i^*)],\text{如果}\\ \qquad \boldsymbol{u}^*\geqslant\boldsymbol{0}\text{ 且 }\boldsymbol{a}_0^*+\sum_{i=1}^{m}v_i^*\boldsymbol{a}_i^*+\sum_{i=0}^{m}A_i^*\boldsymbol{p}_i^*=\boldsymbol{x}^*,\\ -\infty, \qquad \text{其他,}\end{cases}$$

其中

$$\boldsymbol{w}^*=(\boldsymbol{u}^*,\boldsymbol{p}_0^*,\cdots,\boldsymbol{p}_m^*),\boldsymbol{u}^*\in\mathbf{R}^m,\boldsymbol{p}_i^*\in\mathbf{R}^{n_i}.$$

因此，在对偶规划（$R^*$）中，我们以约束

$$\boldsymbol{p}_0^*\in D_0^*,\boldsymbol{p}_i^*\in v_i^*D_i^*\text{ 且对于 }i=1,\cdots,m\text{ 有}v_i^*\geqslant\boldsymbol{0},\boldsymbol{a}_0^*+\sum_{i=1}^{m}v_i^*\boldsymbol{a}_i^*+\sum_{i=0}^{m}A_i^*\boldsymbol{p}_i^*=0$$

最大化函数

$$\alpha_0+\langle \boldsymbol{a}_0,\boldsymbol{p}_0^*\rangle-h_0^*(\boldsymbol{p}_0^*)+\sum_{i=1}^{m}[\alpha_i\boldsymbol{v}_i^*+\langle \boldsymbol{a}_i,\boldsymbol{p}_i^*\rangle-(h_i^*\boldsymbol{v}_i^*)(\boldsymbol{p}_i^*)],$$

其中对于 $i=0$，…，$m$ 有 $D_i^*=\mathrm{dom}h_i^*$。如果选择每个 $f_i$ 的表达式使得不存在方向使得 $h_i$ 沿其为仿射的，则凸集 $D_i^*$ 为 $n_i$ 维的，因此，$\mathbf{R}^{n_i}$ 存在非空的内部。（容易看到，当 $C$ 为 $n$ 维时，除非 $f_i$ 为仿射的；否则，$f_i$ 总存在这样的表达式且 $n_i=\mathrm{rank}f_i$，这时，甚至 $h_i$、$A_i$、$a_i$、$p_i$ 以及 $\boldsymbol{p}_i^*$ 都能够简单地从所有公式中去掉。）

（$R$）的 Lagrange 乘子 $L$ 可以由关系

$$L(\boldsymbol{w}^*,\boldsymbol{x})=\inf_w\{\langle \boldsymbol{w},\boldsymbol{w}^*\rangle+(H\boldsymbol{w})(\boldsymbol{x})\}$$



来计算。如果 $\boldsymbol{u}^*\geqslant\boldsymbol{0}$ 则有

$$L(\boldsymbol{w}^*,\boldsymbol{x})=\alpha_0+\langle \boldsymbol{a}_0,\boldsymbol{p}_0^*\rangle-h_0^*(\boldsymbol{p}_0^*)+\sum_{i=1}^{m}[\alpha_i\boldsymbol{v}_i^*+\langle \boldsymbol{a}_i,\boldsymbol{p}_i^*\rangle-(h_0^*\boldsymbol{v}_i^*)(\boldsymbol{p}_i^*)]+\langle \boldsymbol{a}_0^*+\sum_{i=1}^{m}\boldsymbol{v}_i^*\boldsymbol{a}_i^*+\sum_{i=0}^{m}A_i^*\boldsymbol{p}_i^*,\boldsymbol{x}\rangle.$$

反之，如果 $\boldsymbol{u}^*\geqslant\boldsymbol{0}$ 不成立，则 $L(\boldsymbol{w}^*,\boldsymbol{x})=-\infty$。作为对规划（$R$）和（$R^*$）的说明，考虑一种重要的情形，对于 $i=1$，…，$m$，

$$f_i(\boldsymbol{x})=\log\Big(\sum_{r=1}^{n_i}\exp\Big(\alpha_{r0}^i+\sum_{j=1}^{n}\alpha_{rj}^i\xi_j\Big)\Big),$$

则 $f_i$ 为定义在 $\mathbf{R}^n$ 上的有限凸函数（如果 $n_i=1$，则为仿射的）；参见前面定理 16.5 中的例子。（注意到，做代换 $\tau_j=e^{\xi_j}$，则每个项

$$\exp\Big(\alpha_{r0}^i+\sum_{j=1}^{n}\alpha_{rj}^i\xi_j\Big)$$

都呈现一般形式

$$\beta_0\tau_1^{\beta_1}\tau_2^{\beta_2}\cdots\tau_n^{\beta_n},$$

其中 $\beta_0>0$，当

$$h_i(\pi_{i1},\cdots,\pi_{in_i})=\log\left(\sum_{r=1}^{n_i}\mathrm{e}^{\pi_{ir}}\right),$$

$A_i$ 为由 $n_i\times n$ 阶矩阵（$\alpha_{rj}^{i}$）所给出的线性变换，$\boldsymbol{a}_i$ 为 $\mathbf{R}^{n_i}$ 中以 $\alpha_{r0}^{i}$ 为分量的向量且 $\boldsymbol{a}_i^*=\mathbf{0}$，$\alpha_i=0$. 则以 $f_i(\boldsymbol{x})\leqslant 0$（$i=1$，…，$m$）为约束的最小化 $f_0(\boldsymbol{x})$ 的问题与（$R$）对应。由前面定理 16.5 中的计算得到

$$h_i^*(\pi_{i1}^*,\cdots,\pi_{in_i}^*)=\begin{cases}\sum_{r=1}^{n_i}\pi_{ir}^*\log\pi_{ir}^*, & \pi_{ir}^*\geqslant 0,\sum_{r=1}^{n_i}\pi_{ir}^*=1,\\ +\infty, & \text{其他}.\end{cases}$$

因此，在（$R^*$）中我们需要在线性约束

$$\pi_{ir}^*\geqslant 0,i=0,\cdots,m;r=1,\cdots,n_i,\sum_{r=1}^{n_0}\pi_{0r}^*=1,$$

且对于 $i=1,\cdots,m$，有 $\sum_{r=1}^{n_i}\pi_{ir}^*=v_i^*$；对于 $j=1,\cdots,n$，有 $\sum_{i=0}^{m}\sum_{r=1}^{n_i}\pi_{ir}^*\alpha_{rj}^{i}=0$，

的情况下来最大化凹函数

$$\begin{aligned}&\sum_{i=0}^{m}\langle\boldsymbol{a}_i,\boldsymbol{p}_i^*\rangle-h_0^*(\boldsymbol{p}_0^*)-\sum_{i=1}^{m}(h_i^*v_i^*)(\boldsymbol{p}_i^*)\\&=\sum_{i=0}^{m}\sum_{r=1}^{n_i}(\pi_{ir}^*\alpha_{r0}^{i}-\pi_{ir}^*\log\pi_{ir}^*)+\sum_{i=1}^{m}v_i^*\log v_i^*.\end{aligned}$$

根据一般对偶理论，（$R$）最优解 $\boldsymbol{x}$ 的分量 $\xi_j$ 刻画了（$R^*$）中的上确界关于后者的约束

$$\sum_{i=0}^{m}\sum_{r=1}^{n_i}\pi_{ir}^*\alpha_{rj}^{i}=\xi_j^*,j=1,\cdots,n$$

扰动而变化的速度，然而关于（$R^*$）的最优解的分量 $v_i^*$ 和 $\pi_{ir}^*$ 刻画了（$R$）的下确界函数 $f_i(\boldsymbol{x})$ 减去某些常数 $v_i$ 并进行某些平移而产生的扰动的变化情况。（$R$）和（$R^*$）的最优解对应于 Lagrange 乘子函数

$$L(\boldsymbol{w}^*,\boldsymbol{x})=\begin{cases}\sum_{i=0}^{m}\sum_{r=1}^{n_i}(\pi_{ir}^*\alpha_{r0}^{i}-\pi_{ir}^*\log\pi_{ir}^*)+\sum_{i=1}^{m}v_i^*\log v_i^*+\sum_{j=1}^{n}\sum_{i=0}^{m}\sum_{r=1}^{n_i}\pi_{ir}^*\alpha_{rj}^{i}\xi_j, & \boldsymbol{w}^*\in D^*,\\ -\infty, & \boldsymbol{w}^*\notin D^*,\end{cases}$$

的鞍点，而 $D^*$ 为满足

$$\pi_{ir}^*\geqslant 0,i=0,\cdots,m;r=1,\cdots,n_i,$$

$$\sum_{r=1}^{n_0}\pi_{0r}^*=1\text{ 且对于 }i=1,\cdots,m\text{ 有}\sum_{r=1}^{n_i}\pi_{ir}^*=v_i^*$$

的向量 $w^*=(u^*, p_0^*, \cdots, p_m^*)$ 的集合。

## 第 31 节　Fenchel 对偶定理

Fenchel 对偶定理属于对 $f(\boldsymbol{x})-g(\boldsymbol{x})$ 的最小化的问题，其中 $f$ 为定义在 $\mathbf{R}^n$ 上的正常凸函数，$g$ 为定义在 $\mathbf{R}^n$ 上的正常凹函数。这一问题，在特殊情况下，包含了凸集 $C$ 上最小化 $f$（选择 $g=-\delta(\cdot \mid C)$）问题。一般，$f(\boldsymbol{x})-g(\boldsymbol{x})$ 为定义在 $\mathbf{R}^n$ 上的凸函数。对偶性归结到最小化 $f(\boldsymbol{x})-g(\boldsymbol{x})$ 与最大化凹函数 $f^*(\boldsymbol{x})-g^*(\boldsymbol{x})$之间的联系，其中 $f^*(\boldsymbol{x})$为 $f$ 的（凸）共轭，$g^*(\boldsymbol{x})$为 $g$ 的（凹）共轭。我们将证明，这种对偶为第 30 节中一般对偶的特殊情况，但是，可以不用一般理论而借助基本的独立讨论而得到。

注意到最小化 $f-g$ 有效地发生在凸集 $\mathrm{dom}(f-g)=\mathrm{dom}f\cap\mathrm{dom}g$ 上，而最大化 $f^*-g^*$ 有效地发生在凸集 $\mathrm{dom}(f^*-g^*)=\mathrm{dom}f^*\cap\mathrm{dom}g^*$ 上。

**定理 31.1**（Fenchel 对偶定理）设 $f$ 为定义在 $\mathbf{R}^n$ 上的正常凸函数，且 $g$ 设为定义在 $\mathbf{R}^n$ 上的正常凹函数。只要条件：

(a) $\mathrm{ri}(\mathrm{dom}f)\cap\mathrm{ri}(\mathrm{dom}g)\neq\varnothing$;

(b) $f$ 和 $g$ 为闭的，且 $\mathrm{ri}(\mathrm{dom}f^*)\cap\mathrm{ri}(\mathrm{dom}g^*)\neq\varnothing$

中的一个成立，就有

$$\inf_{\boldsymbol{x}}(f(\boldsymbol{x})-g(\boldsymbol{x}))=\sup_{\boldsymbol{x}^*}(g^*(\boldsymbol{x}^*)-f^*(\boldsymbol{x}^*))$$

当条件（a）成立时，上确界在某些 $\boldsymbol{x}^*$ 点取到，而当条件（b）成立时下确界在某些 $\boldsymbol{x}$ 上取到；如果（a）和（b）同时成立，则上确界和下确界一定是有限的。



如果 $g$ 确实为多面体，则（a）和（b）中的 $\mathrm{ri}(\mathrm{dom}g)$ 和 $\mathrm{ri}(\mathrm{dom}g^*)$ 能分别用 $\mathrm{dom}g$ 和 $\mathrm{dom}g^*$ 来代替（因此，如果 $f$ 和 $g$ 都为多面体，ri 能够被去掉）。

**证明**　对于 $\mathbf{R}^n$ 中的任意 $\boldsymbol{x}$ 和 $\boldsymbol{x}^*$，由 Fenchel 不等式有

$$f(\boldsymbol{x})+f^*(\boldsymbol{x}^*)\geqslant\langle\boldsymbol{x},\boldsymbol{x}^*\rangle\geqslant g(\boldsymbol{x})+g^*(\boldsymbol{x}^*).$$

因此，

$$f(\boldsymbol{x})-g(\boldsymbol{x})\geqslant g^*(\boldsymbol{x}^*)-f^*(\boldsymbol{x}^*),$$

所以

$$\inf(f-g)\geqslant\sup(g^*-f^*).$$

如果下确界为 $-\infty$，则上确界也是 $-\infty$且在整个 $\mathbf{R}^n$ 上取到。现假设（a）成立且 $\alpha=\inf(f-g)$ 不为 $-\infty$，则 $\alpha$ 为有限数且为满足 $f\geqslant g+\beta$ 的最大的常数 $\beta$。为证明 $g^*-f^*$ 的上确界是 $\alpha$ 且可以取到，只需要证明存在向量 $\boldsymbol{x}^*$ 使 $g^*(\boldsymbol{x}^*)-f^*(\boldsymbol{x}^*)\geqslant\alpha$。考虑上镜图

$$C=\{(\boldsymbol{x},\mu)\mid\boldsymbol{x}\in\mathbf{R}^n,\mu\in\mathbf{R},\mu\geqslant f(\boldsymbol{x})\},$$
$$D=\{(\boldsymbol{x},\mu)\mid\boldsymbol{x}\in\mathbf{R}^n,\mu\in\mathbf{R},\mu\leqslant f(\boldsymbol{x})+\alpha\}.$$

这些是 $\mathbf{R}^{n+1}$ 中的凸集。由引理 7.3，

$$\mathrm{ri}C=\{(\boldsymbol{x},\mu)\mid \boldsymbol{x}\in \mathrm{ri}(\mathrm{dom}f),f(\boldsymbol{x})<\mu<\infty\}.$$

因为 $f\geqslant g+\alpha$，riC 与 $D$ 不相交。因此，存在 $\mathbf{R}^{n+1}$ 中的超平面 $H$ 正常分离 $C$ 和 $D$（定理 11.3）。如果 $H$ 为垂直的，它向 $\mathbf{R}^n$ 上的投影将是正常分离 $C$ 和 $D$ 的投影超平面。但是，$C$ 和 $D$ 在 $\mathbf{R}^n$ 上的投影分别为 dom$f$ 和 dom$g$，由假设（a)，这些集合不能够被正常分离（定理 11.3）。因此，$H$ 不是垂直的，即 $H$ 为某仿射函数 $h$ 的图，

$$h(\boldsymbol{x})=\langle \boldsymbol{x},\boldsymbol{x}^*\rangle-\alpha^*.$$

因为 $H$ 分离 $C$ 和 $D$，我们有

$$f(\boldsymbol{x})\geqslant\langle \boldsymbol{x},\boldsymbol{x}^*\rangle-\alpha^*\geqslant g(\boldsymbol{x})+\alpha,\quad \forall \boldsymbol{x}.$$

由左边的不等式得到

$$\alpha^*\geqslant \sup_x\{\langle \boldsymbol{x},\boldsymbol{x}^*\rangle-f(\boldsymbol{x})\}=f^*(\boldsymbol{x}^*).$$

而由右边的不等式得出

$$\alpha^*+\alpha\leqslant \inf_x\{\langle \boldsymbol{x},\boldsymbol{x}^*\rangle-g(\boldsymbol{x})\}=g^*(\boldsymbol{x}^*).$$

由此得到所期望的不等式 $\alpha\leqslant g^*(\boldsymbol{x}^*)-f^*(\boldsymbol{x}^*)$。

当 $g$ 为多面体时，即当 $D$ 为多面体凸集时，为获得分离超平面 $H$，我们能够借助定理 20.2，而不是定理 11.3，来进行简化证明。由定理 20.2 知道，选择 $H$ 使其不包含 $C$。如果 $H$ 为垂直的，它在 $\mathbf{R}^n$ 上的投影为分离 dom$f$ 和 dom$g$ 的超平面且不包含整个 dom$f$。当 ri（dom$f$）和 dom$g$（其为多面体）有共同点时，由定理 20.2 知道，这种情况是不可能的，因此，$H$ 一定为非垂直的，证明与前面相同。类似地，当 $f$ 而不是 $g$，为多面体时，有类似的结果。

当 $f$ 和 $g$ 都是多面体时，在 $\alpha=\inf(f-g)$ 为有限的情况下，一种不涉及相对内部的，完全不同的讨论能够被用来证明满足不等式 $g^*(\boldsymbol{x}^*)-f^*(\boldsymbol{x}^*)\geqslant\alpha$ 的 $\boldsymbol{x}^*$ 的存在性。在这种情况下，由 $\alpha$ 的定义，凸集 $C-D$ 在 $\mathbf{R}^{n+1}$ 中的定义含有原点 (0，0)，但是 $C-D$ 包含满足 $\boldsymbol{x}=\mathbf{0}$ 而 $\mu<0$ 的点（$\boldsymbol{x}$，$\mu$）。因为 $C$ 和 $D$ 为多面体（由于 $f$ 和 $g$ 为多面体)，因此，由推论 19.3.2 知道 $C-D$ 也为多面体，因而为闭的。将 $C-D$ 表示成为 $\mathbf{R}^{n+1}$ 中闭半空间集的交，这些半空间均含有 $\mathbf{R}^{n+1}$ 中的原点，但是至少其中之一一定与半直线 $\{(\mathbf{0},\mu)\mid\mu<0\}$ 不相交，否则这个直线将与 $C-D$ 相交，与我们刚才观测到的相矛盾。这些半空间至少有一个一定为某个定义在 $\mathbf{R}^n$ 上的线性函数 $\langle\cdot,\boldsymbol{x}^*\rangle$ 的上镜图。



对于这个 $\boldsymbol{x}^*$，不等式 $\mu_1-\mu_2\geqslant\langle \boldsymbol{x}_1-\boldsymbol{x}_2,\boldsymbol{x}^*\rangle$ 关于每个 $(\boldsymbol{x}_1,\mu_1)\in C$ 和每个 $(\boldsymbol{x}_2,\mu_2)\in D$ 成立，换句话说，

$$\langle \boldsymbol{x}_2,\boldsymbol{x}^*\rangle-g(\boldsymbol{x}_2)-\alpha\geqslant\langle \boldsymbol{x}_1,\boldsymbol{x}^*\rangle-f(\boldsymbol{x}_1),\quad \forall \boldsymbol{x}_1,\forall \boldsymbol{x}_2.$$

正如我们所期望的，这便得到

$$g^*(\boldsymbol{x}^*)-\alpha\geqslant f^*(\boldsymbol{x}^*).$$

定理中涉及条件（b）的部分由对偶而得到，因为当 $f$ 和 $g$ 为闭的时，$f=f^{**}$ 且 $g=g^{**}$。当然，当 $f$ 和 $g$ 分别为多面体时，$f^*$ 和 $g^*$ 为多面体（定理 19.2）。

下一定理说明，一般形式下，Fenchel 对偶定理中的极值问题如何被看作在第 30 节中意义下的凸的和凹的对偶对。第 29 节和第 30 节中的定理能被用以此种规划，且按照这样的方法，我们能够加强 Fenchel 对偶定理中的结果并对它们的意义进行深入理解。

**定理 31.2**　设 $f$ 为定义在 $\mathbf{R}^n$ 上的正常凸函数，$g$ 为定义在 $\mathbf{R}^m$ 上的正常凹函数，$A$ 为映 $\mathbf{R}^n$ 到 $\mathbf{R}^m$ 的线性变换。令

$$(F\boldsymbol{u})(\boldsymbol{x})=f(\boldsymbol{x})-g(A\boldsymbol{x}+\boldsymbol{u}),\quad \forall\,\boldsymbol{x}\in\mathbf{R}^n,\forall\,\boldsymbol{u}\in\mathbf{R}^m.$$

则 $F$ 为映 $\mathbf{R}^m$ 到 $\mathbf{R}^n$ 的正常双重函数，并且，如果 $f$ 和 $g$ 为闭的时，$F$ 是闭的。与 $F$ 相联系的凸规划（$P$）的最优值为

$$\inf_{\boldsymbol{x}}\{f(\boldsymbol{x})-g(A\boldsymbol{x})\}=\inf F\boldsymbol{0},$$

且（$P$）是强相容的当且仅当存在向量 $\boldsymbol{x}\in\operatorname{ri}(\operatorname{dom}f)$ 使 $A\boldsymbol{x}\in\operatorname{ri}(\operatorname{dom}g)$。$F$ 的伴随由

$$(F^*\boldsymbol{x}^*)(\boldsymbol{u}^*)=g^*(\boldsymbol{u}^*)-f^*(A^*\boldsymbol{u}^*+\boldsymbol{x}^*),\forall\,\boldsymbol{u}^*\in\mathbf{R}^m,\forall\,\boldsymbol{x}^*\in\mathbf{R}^n.$$

给出。对偶凹规划（$P^*$）中的最优值为

$$\sup_{\boldsymbol{u}^*}\{g^*(\boldsymbol{u}^*)-f^*(A^*\boldsymbol{u}^*)\}=\sup F^*\boldsymbol{0},$$

且（$P^*$）为强相容的当且仅当存在向量 $\boldsymbol{u}^*\in\operatorname{ri}(\operatorname{dom}g^*)$ 使 $A^*\boldsymbol{u}^*\in\operatorname{ri}(\operatorname{dom}f^*)$。

**证明**　显然 $f(\boldsymbol{x})-g(A\boldsymbol{x}+\boldsymbol{u})$ 为关于（$\boldsymbol{u}$，$\boldsymbol{x}$）的正常凸函数，如果 $f$ 和 $g$ 为闭的，其也为闭的。关于 $F$ 的断言因此成立。由定义，（$P$）中的最优值为 $F\boldsymbol{0}$ 的下确界。除非存在 $\boldsymbol{x}$ 使得 $f(\boldsymbol{x})$ 和 $g(A\boldsymbol{x}+\boldsymbol{u})$ 都为有限的，即除非存在 $\boldsymbol{x}\in\operatorname{dom}f$ 使得 $A\boldsymbol{x}+\boldsymbol{u}\in\operatorname{dom}g$，否则 $F\boldsymbol{u}$ 恒为 $+\infty$。因此，

$$\operatorname{dom}F=\operatorname{dom}g-A\operatorname{dom}f,$$



且由相对内点的计算（定理 6.6、推论 6.6.2）有

$$\operatorname{ri}(\operatorname{dom}F)=\operatorname{ri}(\operatorname{dom}g)-A(\operatorname{ri}(\operatorname{dom}f)).$$

由此得到（$P$）强相容当且仅当

$$\boldsymbol{0}\in[\operatorname{ri}(\operatorname{dom}g)-A(\operatorname{ri}(\operatorname{dom}f))],$$

即当且仅当 $\operatorname{ri}(\operatorname{dom}g)$ 和 $A(\operatorname{ri}(\operatorname{dom}f))$ 具有公共点。借助代换 $\boldsymbol{y}=A\boldsymbol{x}+\boldsymbol{u}$ 可以直接证明有关 $F^*$ 的公式：

$$\begin{aligned}(F^*\boldsymbol{x}^*)(\boldsymbol{u}^*)&=\inf_{\boldsymbol{x},\boldsymbol{u}}\{(F\boldsymbol{u})(\boldsymbol{x})-\langle\boldsymbol{x},\boldsymbol{x}^*\rangle+\langle\boldsymbol{u},\boldsymbol{u}^*\rangle\}\\&=\inf_{\boldsymbol{x},\boldsymbol{u}}\{f(\boldsymbol{x})-g(A\boldsymbol{x}+\boldsymbol{u})-\langle\boldsymbol{x},\boldsymbol{x}^*\rangle+\langle\boldsymbol{u},\boldsymbol{u}^*\rangle\}\\&=\inf_{\boldsymbol{x},\boldsymbol{y}}\{f(\boldsymbol{x})-g(\boldsymbol{y})-\langle\boldsymbol{x},\boldsymbol{x}^*\rangle+\langle\boldsymbol{y},\boldsymbol{u}^*\rangle-\langle A\boldsymbol{x},\boldsymbol{u}^*\rangle\}\\&=\inf_{\boldsymbol{x}}\{f(\boldsymbol{x})-\langle\boldsymbol{x},A^*\boldsymbol{u}^*+\boldsymbol{x}^*\rangle\}+\inf_{\boldsymbol{y}}\{\langle\boldsymbol{y},\boldsymbol{u}^*\rangle-g(\boldsymbol{y})\}\\&=-f^*(A^*\boldsymbol{u}^*+\boldsymbol{x}^*)+g^*(\boldsymbol{u}^*).\end{aligned}$$

关于（$P^*$）的论述也应该与关于（$P$）的相同。

当 $m=n$ 且 $A$ 为恒等变换 $I$：$\mathbf{R}^n\to\mathbf{R}^n$ 时，定理 31.2 中的凸的和凹的规划将退

化为 Fenchel 对偶定理中的极值问题。因此，Fenchel 对偶定理可以通过在关于 $f-g$ 的极小化问题中引入扰动而得到，对于每个 $\boldsymbol{u}$，用平移 $g_{\boldsymbol{u}}$ 代替 $g$，其中

$$g_{\boldsymbol{u}}(\boldsymbol{x})=g(\boldsymbol{x}+\boldsymbol{u})$$

在凸规划（$P$）中的扰动函数为由

$$p(\boldsymbol{u})=\inf(f-g_{\boldsymbol{u}})$$

所定义的（凸）函数 $p$。最小化 $f-g$ 与最大化 $g^*-f^*$ 之间的对偶必须在 $\boldsymbol{u}=\boldsymbol{0}$ 周围处理 $p(\boldsymbol{u})$。的确，$g^*-f^*$ 为对偶凹规划（$P^*$）的目标函数（其中扰动对应于 $f^*$ 的平移），所以 $g^*-f^*$ 为 $-\boldsymbol{p}$ 的凹共轭（定理 30.2）。设 $\mathrm{dom}f\cap\mathrm{dom}g$ 非空，或 $\mathrm{dom}f^*\cap\mathrm{dom}g^*$ 为非空（且为了应用第 30 节中的结果，假设 $f$ 和 $g$ 为闭的，从而由定理 31.2 知道 $F$ 为闭的，考虑到推论 29.4.1，这个假设没有必要），我们有

$$\sup(g^*-f^*)=\liminf_{\boldsymbol{u}\to\boldsymbol{0}}p(\boldsymbol{u})\leqslant p(\boldsymbol{0})=\inf(f-g)$$

（推论 30.2.3）。定理 31.1 中的条件（a）[按照定理 31.2，对应于（$P$）强相容的情况] 为充分性的，正如我们已经看到的，至少存在一个向量 $\boldsymbol{x}^*$ 使

$$g^*(\boldsymbol{x}^*)-f^*(\boldsymbol{x}^*)=\sup(g^*-f^*)=\inf(f-g).$$

当 $\inf(f-g)$ 为有限时，这样的向量 $\boldsymbol{x}^*$ 就是关于（$P$）的 Kuhn-Tucker 向量（定理 30.5），且它们存在的必要充分条件是

$$p'(\boldsymbol{0};\boldsymbol{y})>-\infty,\forall\,\boldsymbol{y}$$

（推论 29.1.2）。存在仅仅一个向量 $\boldsymbol{x}^*$ 的充要条件是 $p$ 有限且在 $\boldsymbol{u}=\boldsymbol{0}$ 点为可微的，在这种情况下，唯一的 $\boldsymbol{x}^*$ 就是 $-\nabla p(\boldsymbol{0})$（推论 29.1.3）。

当然，第 29 节和第 30 节中的结果能够以同样的方法应用于比定理 31.2 更加广泛的规划以便获得使

$$\inf_{\boldsymbol{x}}\{f(\boldsymbol{x})-g(A\boldsymbol{x})\}=\sup_{\boldsymbol{u}^*}\{g^*(\boldsymbol{u}^*)-f^*(A^*\boldsymbol{u}^*)\}$$

等成立的条件。定理 30.4 和推论 30.5.2 将给出关于这些规划的一般性 Fenchel 对偶定理：

**推论 31.2.1**　设 $f$ 为定义在 $\mathbf{R}^n$ 上的闭正常凸函数，$g$ 为定义在 $\mathbf{R}^m$ 上的闭正常凹函数，且设 $A$ 为映 $\mathbf{R}^n$ 到 $\mathbf{R}^m$ 的线性变换。只要条件：

（a）存在一个 $\boldsymbol{x}\in\mathrm{ri}(\mathrm{dom}f)$ 使得 $A\boldsymbol{x}\in\mathrm{ri}(\mathrm{dom}g)$；

（b）存在一个 $\boldsymbol{u}^*\in\mathrm{ri}(\mathrm{dom}g^*)$ 使得 $A^*\boldsymbol{u}^*\in\mathrm{ri}(\mathrm{dom}f^*)$，

中的一个成立，就有

$$\inf_{\boldsymbol{x}}\{f(\boldsymbol{x})-g(A\boldsymbol{x})\}=\sup_{\boldsymbol{u}^*}\{g^*(\boldsymbol{u}^*)-f^*(A^*\boldsymbol{u}^*)\}.$$

当条件（a）成立时，上确界在某些 $\boldsymbol{x}^*$ 点上取到；而当条件（b）成立时，下确界在某些 $x$ 点处取到。

从推论 31.2.1 可以看到，正如与定理 31.1 中一样，只要相应的函数 $f$ 或 $g$ 确实为多面体，则“ri”可以去掉，这里不给出证明。

定理 31.2 中的凸规划存在一些有意义的特殊情形。

对应于 $\mathbf{R}^m$ 和 $\mathbf{R}^n$ 中的向量 $\boldsymbol{a}$ 和 $\boldsymbol{a}^*$，令

$$f(\boldsymbol{x})=\langle \boldsymbol{a}^*,\boldsymbol{x}\rangle+\delta(\boldsymbol{x}\mid \boldsymbol{x}\geqslant\mathbf{0}),$$

$$g(\boldsymbol{u})=-\delta(\boldsymbol{u}\mid \boldsymbol{u}\geqslant\boldsymbol{a}),$$

则（$P$）为第 30 节中的线性规划，其最优值为

$$\inf\{\langle \boldsymbol{a}^*,\boldsymbol{x}\rangle\mid \boldsymbol{x}\geqslant\mathbf{0},A\boldsymbol{x}\geqslant\boldsymbol{a}\}.$$

这时共轭函数为

$$f^*(\boldsymbol{x}^*)=\delta(\boldsymbol{x}^*\mid \boldsymbol{x}^*\leqslant\boldsymbol{a}^*),$$

$$g^*(\boldsymbol{u}^*)=\langle \boldsymbol{u}^*,\boldsymbol{a}\rangle-\delta(\boldsymbol{u}^*\mid \boldsymbol{u}^*\geqslant\mathbf{0}),$$

所以，（$P^*$）为对偶线性规划，其最优值为

$$\sup\{\langle \boldsymbol{u}^*,\boldsymbol{a}\rangle\mid \boldsymbol{u}^*\geqslant\mathbf{0},A^*\boldsymbol{u}^*\leqslant\boldsymbol{a}^*\}.$$

值得注意的另外一种情况是当 $f$ 为定义在 $\mathbf{R}^n$ 上的某正齐次闭正常凸函数（如范数）且 $g(\boldsymbol{u})=-\delta(\boldsymbol{u}\mid D)$ 时，其中 $D$ 为 $\mathbf{R}^m$ 中的非空闭凸集。由定理 13.2 知道，$f$ 为 $\mathbf{R}^n$ 中某个非空闭凸集 $C$ 的支撑函数，且 $f^*(\boldsymbol{x}^*)=\delta(\boldsymbol{x}^*\mid C)$时，$g$ 的共轭为

$$g^*(\boldsymbol{u}^*)=\inf\{\langle \boldsymbol{u},\boldsymbol{u}^*\rangle\mid \boldsymbol{u}\in D\}=-\delta^*(-\boldsymbol{u}^*\mid D).$$

因此，它为正齐次闭正常凹函数。在（$P$）中，按照约束 $A\boldsymbol{x}\in D$ 来最小化 $f(\boldsymbol{x})$，而在（$P^*$）中，按照约束 $A^*\boldsymbol{u}^*\in C$ 来最大化 $g^*(\boldsymbol{u}^*)$。

次梯度理论能够用来获得定理 31.2 中极值点的条件。使 $f-gA$ 在 $\boldsymbol{x}$ 点获得最小值的充分必要条件是 $\mathbf{0}\in\partial(f-gA)(\boldsymbol{x})$。一般地，由定理 23.8 和定理 23.9 有

$$\partial(f-gA)(\boldsymbol{x})\supset\partial f(\boldsymbol{x})-A^*\partial g(A\boldsymbol{x}).$$



当 ri（dom$f$）在 $A$ 下的像与 ri（dom$g$）相交时等式成立（定理 6.7）。因此，条件

$$\mathbf{0}\in(\partial f(\boldsymbol{x})-A^*\partial g(A\boldsymbol{x}))$$

总是充分的，只有当 $f-gA$ 的下确界在 $\boldsymbol{x}$ 点取到时才通常为“必要的”。同理，条件

$$\mathbf{0}\in(\partial g^*(u^*)-A\,\partial f^*(A^*u^*))$$

也总是充分的，只有当 $g^*-f^*A^*$ 的上确界在 $\boldsymbol{u}^*$ 点取到时才通常为“必要的”。当 $f$ 和 $g$ 为闭的时［此时，由定理 23.5 知道$\partial f^*=(\partial f)^{-1}$且$\partial g^*=(\partial g)^{-1}$］，存在两种“充分‘通常’必要”条件之间的著名对偶。这可以通过考虑次微分关系

$$A^*\boldsymbol{u}^*\in\partial f(\boldsymbol{x}),A\boldsymbol{x}\in\partial g^*(\boldsymbol{u}^*),$$

而看到。在定理 31.2 的规划中我们称其为 Kuhn-Tucker 条件。（这个术语将在第 36 节中得以验证，到时将定义关于任意凸规划的 Tucker 条件）。向量 $\boldsymbol{x}$ 满足

$$\mathbf{0}\in(\partial f(\boldsymbol{x})-A^*\partial g(A\boldsymbol{x}))$$

当且仅当存在向量 $\boldsymbol{u}^*$ 使 $\boldsymbol{u}^*$ 和 $\boldsymbol{x}$ 满足 Kuhn-Tucker 条件。另一方面，向量 $\boldsymbol{u}^*$ 满足

$$\mathbf{0}\in(\partial g^*(\boldsymbol{u}^*)-A\,\partial f^*(A^*\boldsymbol{u}^*))$$

当且仅当存在向量 $\boldsymbol{x}$ 使 $\boldsymbol{u}^*$ 和 $\boldsymbol{x}$ 满足 Kuhn-Tucker 条件。因此，满足关于（$P$）的“充分”且‘通常’“必要”的条件是当且仅当满足关于（$P^*$）的相应条件。

Kuhn-Tucker 条件对于定理 31.2 中规划的重要性能够更直接地进行如下论述和证明。

**定理 31.3** 设 $f$ 为定义在 $\mathbf{R}^n$ 上的闭正常凸函数，$g$ 为定义在 $\mathbf{R}^m$ 上的闭正常凸函数，且假设 $A$ 为映 $\mathbf{R}^n$ 到 $\mathbf{R}^m$ 上的线性变换。为使向量 $\boldsymbol{x}$ 和 $\boldsymbol{u}^*$ 满足

$$\begin{aligned}f(\boldsymbol{x})-g(A\boldsymbol{x})&=\inf(f-gA)\\&=\sup(g^*-f^*A^*)=g^*(\boldsymbol{u}^*)-f^*(A^*\boldsymbol{u}^*),\end{aligned}$$

当且仅当 $\boldsymbol{x}$ 和 $\boldsymbol{u}^*$ 满足 Kuhn-Tucker 条件：

$$A^*\boldsymbol{u}^*\in\partial f(\boldsymbol{x}),A\boldsymbol{x}\in g^*(\boldsymbol{u}^*).$$

**证明** Kuhn-Tucker 条件等价于（定理 23.5）

$$f(\boldsymbol{x})+f^*(A^*\boldsymbol{u}^*)=\langle\boldsymbol{x},A^*\boldsymbol{u}^*\rangle,$$
$$g(A\boldsymbol{x})+g^*(\boldsymbol{u}^*)=\langle A\boldsymbol{x},\boldsymbol{u}^*\rangle.$$

这些反过来又等价于

$$f(\boldsymbol{x})-g(A\boldsymbol{x})=g^*(\boldsymbol{u}^*)-f^*(A^*\boldsymbol{u}^*).$$

注意到，由一般的不等式

$$\begin{aligned}f(\boldsymbol{x})+f^*(A^*\boldsymbol{u}^*)&\geqslant\langle\boldsymbol{x},A^*\boldsymbol{u}^*\rangle\\&=\langle A\boldsymbol{x},\boldsymbol{u}^*\rangle\geqslant g(A\boldsymbol{x})+g^*(\boldsymbol{u}^*),\end{aligned}$$

得到

$$\inf(f-gA)\geqslant\sup(g^*-f^*A^*).$$

定理因此得以证明。‖

**推论 31.3.1** 假设定理的概念成立。也假设 ri（dom$f$）在 $A$ 的作用下的像与 ri（dom$g$）相交，为使 $f$-$gA$ 在向量 $\boldsymbol{x}$ 处取到下确界，当且仅当存在向量 $\boldsymbol{u}^*$ 使 $\boldsymbol{x}$ 和 $\boldsymbol{u}^*$ 满足 Kuhn-Tucker 条件。

**证明** 由推论 31.2.1 得到。‖

在上面提到的线性规划的例子中，对于某些向量 $\boldsymbol{a}$ 和 $\boldsymbol{a}^*$，有

$$f(\boldsymbol{x})=\langle\boldsymbol{a}^*,\boldsymbol{x}\rangle+\delta(\boldsymbol{x}\mid\boldsymbol{x}\geqslant\mathbf{0}),$$
$$g^*(\boldsymbol{u}^*)=\langle\boldsymbol{u}^*,\boldsymbol{a}\rangle-\delta(\boldsymbol{u}^*\mid\boldsymbol{u}^*\geqslant\mathbf{0}).$$

按照定理 23.8 中的规则计算得到

$$\begin{aligned}\partial f(\boldsymbol{x})&=\boldsymbol{a}^*+\partial\delta(\boldsymbol{x}\mid\boldsymbol{x}\geqslant\mathbf{0})\\&=\begin{cases}\boldsymbol{a}^*+\{\boldsymbol{x}^*\leqslant\mathbf{0}\mid\langle\boldsymbol{x}^*,\boldsymbol{x}\rangle=0\}, & \text{当 }\boldsymbol{x}\geqslant\mathbf{0}\text{ 时},\\ \varnothing, & \text{当 }\boldsymbol{x}\geqslant\mathbf{0}\text{ 不满足时},\end{cases}\end{aligned}$$

$$\begin{aligned}\partial g^*(\boldsymbol{u}^*)&=\boldsymbol{a}-\partial\delta(\boldsymbol{u}^*\mid\boldsymbol{u}^*\geqslant\mathbf{0})\\&=\begin{cases}\boldsymbol{a}+\{\boldsymbol{u}\geqslant\mathbf{0}\mid\langle\boldsymbol{u}^*,\boldsymbol{u}\rangle=0\}, & \text{如果 }\boldsymbol{u}^*\geqslant\mathbf{0},\\ \varnothing, & \text{如果 }\boldsymbol{u}^*\geqslant\mathbf{0}\text{ 不成立}.\end{cases}\end{aligned}$$

此时 Kuhn-Tucker 条件为

$$\boldsymbol{x}\geqslant\boldsymbol{0},A^{*}\boldsymbol{u}^{*}-\boldsymbol{a}^{*}\leqslant\boldsymbol{0},\langle\boldsymbol{x},A^{*}\boldsymbol{u}^{*}-\boldsymbol{a}^{*}\rangle=0,$$
$$A\boldsymbol{x}-\boldsymbol{a}\geqslant 0,\boldsymbol{u}^{*}\geqslant\boldsymbol{0},\langle A\boldsymbol{x}-\boldsymbol{a},\boldsymbol{u}^{*}\rangle=0.$$

在推论 31.2.1 后面所引进的“齐次”规划中，有

$$f(\boldsymbol{x})=\delta^{*}(\boldsymbol{x}\mid C),g^{*}(\boldsymbol{u}^{*})=-\delta^{*}(-\boldsymbol{u}^{*}\mid D),$$

其中 $C$ 和 $D$ 为闭凸集。Kuhn-Tucker 条件说明 $\boldsymbol{x}$ 在点 $A^{*}\boldsymbol{u}^{*}$ 处垂直于 $C$，$\boldsymbol{u}^{*}$ 在点 $A\boldsymbol{x}$ 处垂直于 $D$（推论 23.5.3）。

在 Fenchel 对偶定理的极值问题中，$A$ 为单位变换，Kuhn-Tucker 条件退化为

$$\boldsymbol{x}^{*}\in\partial f(\boldsymbol{x}),\boldsymbol{x}\in\partial g^{*}(\boldsymbol{x}^{*}).$$

现叙述关于 Fenchel 对偶定理的一些重要结果。

**定理 31.4**　设 $f$ 为定义在 $\mathbf{R}^n$ 上的闭正常凸函数，且设 $K$ 为 $\mathbf{R}^n$ 中的非空闭凸锥。令 $K^{*}$ 为 $K$ 的极的负，即

$$K^{*}=\{\boldsymbol{x}^{*}\mid\langle\boldsymbol{x}^{*},\boldsymbol{x}\rangle\geqslant 0,\forall\,\boldsymbol{x}\in K\}.$$

如果条件

（a）$\mathrm{ri}(\mathrm{dom}f)\cap\mathrm{ri}K\neq\varnothing$；

（b）$\mathrm{ri}(\mathrm{dom}f^{*})\cap\mathrm{ri}K^{*}\neq\varnothing$，

中有一个成立，则

$$\inf\{f(\boldsymbol{x})\mid\boldsymbol{x}\in K\}=-\inf\{f^{*}(\boldsymbol{x}^{*})\mid\boldsymbol{x}^{*}\in K^{*}\}.$$

当条件（a）成立时，$f^{*}$ 在 $K^{*}$ 上取到下确界。而当条件（b）成立时 $f$ 在 $K$ 上取到下确界。一般地，$\boldsymbol{x}$ 和 $\boldsymbol{x}^{*}$ 满足

$$f(\boldsymbol{x})=\inf_{K}f=-\inf_{K^{*}}f^{*}=-f^{*}(\boldsymbol{x}^{*}),$$



当且仅当

$$\boldsymbol{x}^{*}\in\partial f(\boldsymbol{x}),\boldsymbol{x}\in K,\boldsymbol{x}^{*}\in K^{*},\langle\boldsymbol{x},\boldsymbol{x}^{*}\rangle=0.$$

**证明**　应用定理 31.1 于 $g(\boldsymbol{x})=-\delta(\boldsymbol{x}\mid K)$。$\delta(\cdot\mid K)$ 的共轭为 $\delta(\cdot\mid K^{\circ})$（定理 14.1），所以有

$$g^{*}(\boldsymbol{x}^{*})=-\delta(-\boldsymbol{x}^{*}\mid K^{\circ})=-\delta(\boldsymbol{x}^{*}\mid K^{*}).$$

定理 31.3 中的 Kuhn-Tucker 条件简化为 $\boldsymbol{x}^{*}\in\partial f(\boldsymbol{x})$，$\boldsymbol{x}\in\partial g^{*}(\boldsymbol{x}^{*})$。我们得到 $\boldsymbol{x}\in\partial g^{*}(\boldsymbol{x}^{*})$ 当且仅当

$$\langle\boldsymbol{x},\boldsymbol{x}^{*}\rangle=g(\boldsymbol{x})+g^{*}(\boldsymbol{x}^{*})=-\delta(\boldsymbol{x}\mid K)-\delta(\boldsymbol{x}^{*}\mid K^{*})$$

（定理 23.5），这便说明 $\boldsymbol{x}\in K$，$\boldsymbol{x}^{*}\in K^{*}$ 及 $\langle\boldsymbol{x},\boldsymbol{x}^{*}\rangle=0$。

**推论 31.4.1**　设 $f$ 为定义在 $\mathbf{R}^n$ 上的闭正常凸函数。如果条件

（a）存在向量 $\boldsymbol{x}\in\mathrm{ri}\,(\mathrm{dom}f)$ 使 $\boldsymbol{x}\geqslant\boldsymbol{0}$；

（b）存在向量 $\boldsymbol{x}^{*}\in\mathrm{ri}\,(\mathrm{dom}f^{*})$ 使 $\boldsymbol{x}^{*}\geqslant\boldsymbol{0}$，

之一成立，则有

$$\inf\{f(\boldsymbol{x})\mid\boldsymbol{x}\geqslant\boldsymbol{0}\}=-\inf\{f^{*}(\boldsymbol{x}^{*})\mid\boldsymbol{x}^{*}\geqslant\boldsymbol{0}\}.$$

当（a）成立时，第二个下确界取到。而当条件（b）成立时第一个下确界取到。一

般地，为了两个下确界相互为否定，且分别在 $x=(\xi_1, \cdots, \xi_n)$ 和 $x^*=(\xi_1^*, \cdots, \xi_n^*)$ 点上取到当且仅当 $x^*\in\partial f(x)$ 且

$$\xi_j\geqslant 0, \xi_j^*\geqslant 0, \xi_j\xi_j^*=0, j=1,\cdots,n.$$

**证明** 选择 $K$ 为 $\mathbf{R}^n$ 中的非负象限。

**推论 31.4.2** 设 $f$ 为定义在 $\mathbf{R}^n$ 上的闭正常凸函数，$L$ 为 $\mathbf{R}^n$ 的子空间。如果条件

(a) $L\cap \mathrm{ri}\ (\mathrm{dom} f)\neq\varnothing$；

(b) 存在向量 $L^{\perp}\cap\in \mathrm{ri}(\mathrm{dom} f^*)\neq\varnothing$，使 $x^*\geqslant \mathbf{0}$，

之一成立，则

$$\inf\{f(x)\mid x\in L\}=-\inf\{f^*(x^*)\mid x^*\in L^{\perp}\}.$$

当 (a) 成立时，$f^*$ 在 $L^{\perp}$ 上的下确界取到。而当条件 (b) 成立时 $f$ 在 $L$ 上的下确界取到。一般地，$x$ 和 $x^*$ 满足关系

$$f(x)=\inf_L f=-\inf_{L^{\perp}} f^*=-f^*(x^*)$$

当且仅当 $x\in L$，$x^*\in L^{\perp}$ 及 $x^*\in\partial f(x)$。

**证明** 选择 $K=L$。‖

如果 $f(x)=h(z+x)-\langle z^*, x\rangle$，其中 $z$ 和 $z^*$ 为给定的向量且 $h$ 为任意闭的正常凸函数，则

$$f^*(x^*)=h^*(z^*+x^*)-\langle z,x^*\rangle-\langle z,z^*\rangle$$

(定理 12.3)。当定理 31.4 及其推论应用于 $f$，并以 $z$ 和 $z^*$ 为参数，则 $h$ 和 $h^*$ 之间的著名对偶就会成立，为简单起见，我们仅仅对 $h$ 和 $h^*$ 都处处有限的情形来叙述对偶性。



**推论 31.4.3** 设 $h$ 为定义在 $\mathbf{R}^n$ 上的凸函数，其既为有限的，也为上有界的。设 $K$ 为 $\mathbf{R}^n$ 中的非空闭凸锥且 $K^*=-K^{\circ}$。则对于每个 $\mathbf{R}^n$ 中的 $z$ 和 $z^*$ 有

$$\inf_{x\in K}\{h(z+x)-\langle z^*,x\rangle\}+\inf_{x^*\in K^*}\{h^*(z^*+x^*)-\langle z,x^*\rangle\}=\langle z,z^*\rangle,$$

其中下确界既为有限的也可以取到。

**证明** 因为 $h$ 为上有界的，$h^*$ 处处有限 (推论 13.3.1)。凸函数

$$f(x)=h(z+x)-\langle z^*,x\rangle$$

及其共轭 $f^*$ 满足 $\mathrm{dom} f=\mathbf{R}^n$ 及 $\mathrm{dom} f^*=\mathbf{R}^n$。然后应用定理 31.4 于 $f$ 即可。

如果将推论 31.4.1 中的 $f$ 选择为部分仿射函数，我们将得到关于线性规划的 Gale-Kuhn-Tucker 对偶定理。这是显然的，由 $f$ 的 Tucker 表示以及所对应的 $f^*$ 的 Tucker 表示都可以得到；见第 12 节。“二次”规划的对偶定理能够借助推论 31.4.1，令 $f$ 为偏二次函数而类似得到，以此类推。

当然，就像在第 1 节中所解释过的，推论 31.4.2 中的子空间 $L$ 和 $L^{\perp}$ 能够给予各种不同的 Tucker 表示，这样，我们能够将推论看作“变量对偶线性系统”的极值性质。注意到 $L$ 能够特别选择为某些有向图 $G$ 的所有循环所构成的循环空间，

此时，选择 $L^{\perp}$ 为 $G$ 中所有张力的空间（见第22节）。这样，相互对偶的两个问题为，一方面，找到 $G$ 中的循环 $\boldsymbol{x}$ 使得其取到 $f(\boldsymbol{x})$ 的最小值；另一方面，找到 $G$ 中的张力 $\boldsymbol{x}^*$ 使得其取到 $f^*(\boldsymbol{x}^*)$ 的最小值。

推论31.4.2 一个特别重要的情况为 $f$ 为可分离的情形，即

$$f(\boldsymbol{x})=f(\xi_1,\cdots,\xi_n)=f_1(\xi_1)+\cdots+f_n(\xi_n),$$

其中 $f_1$，…，$f_n$ 为定义在 $\mathbf{R}$ 上的闭正常凸函数。此时，$f^*$ 也是可分离的。事实上，易证，

$$f^*(\boldsymbol{x}^*)=f^*(\xi_1^*,\cdots,\xi_n^*)=f_1^*(\xi_1^*)+\cdots+f_n^*(\xi_n^*),$$

其中 $f_j^*$ 为 $f_j$ 的共轭。因此，推论31.4.2中的极值问题成为：

（Ⅰ）以约束 $(\xi_1,\cdots,\xi_n)\in L$ 而最小化 $f_1(\xi_1)+\cdots+f_n(\xi_n)$；

（Ⅱ）以约束 $(\xi_1^*,\cdots,\xi_n^*)\in L^{\perp}$ 而最小化 $f_1^*(\xi_1^*)+\cdots+f_n^*(\xi_n^*)$。

推论31.4.2末尾的Kuhn-Tucker条件成为

（Ⅲ）$(\xi_1,\cdots,\xi_n)\in L$，$(\xi_1^*,\cdots,\xi_n^*)\in L^{\perp}$，对于 $j=1,\cdots,n$ 有 $(\xi_j,\xi_j^*)\in\Gamma_j$，其中 $\Gamma_j$ 为次微分 $\partial f_j$ 的图。（可以作为练习，证明在此可分离的情况下，直接由“次梯度”的定义而得到结果：

$$\boldsymbol{x}^*\in\partial f(\boldsymbol{x})\text{当且仅当对于 } j=1,\cdots,n \text{ 有 } \xi_j^*\in\partial f_j(\xi_j)\text{。）}$$

关于这些Kuhn-Tucker条件有意义的事情是，按照定理24.3，所能出现的集合就是 $\mathbf{R}^2$ 中完备的非减曲线。因此，给定任意 $\mathbf{R}^2$ 中任意 $n$ 条完备的非减曲线 $\Gamma_j$ 以及 $\mathbf{R}^n$ 中的子空间 $L$ 和 $L^{\perp}$，推论31.4.2借助问题（Ⅰ）和问题（Ⅱ）给出关于系统（Ⅲ）解的一个极值特征，这里每个 $f_j$ 都为定义在 $\mathbf{R}$ 上的，由 $\Gamma_j$ 所唯一确定的闭的正常凸函数。（如第22节所刻画的，当 $L$ 和 $L^{\perp}$ 分别为某个有向图循环空间和张力时，曲线 $\Gamma_j$ 能够被理解为沿着边 $e_j$ 的流量 $\xi_j$ 与穿过 $e_j$ 的势差 $\xi_j^*$ 之间特定的“阻力”关系。）



定理22.6能够被很好地应用在问题（Ⅰ）和问题（Ⅱ）的分析中，因为与函数 $f_i$ 相关联的许多集合，如 $\mathrm{dom} f_j$、$\mathrm{dom}\,\partial f_j$ 及 $\partial f_j(\xi_j)$ 都为实区间。

**定理31.5** （Moreau）设 $f$ 为定义在 $\mathbf{R}^n$ 上的闭的正常凸函数，并且令 $w(\boldsymbol{z})=\left(\frac{1}{2}\right)|\boldsymbol{z}|^2$，则

$$(f\Box w)+(f^*\Box w)=w,$$

即，对于每个 $\boldsymbol{z}\in\mathbf{R}^n$ 有

$$\inf_{\boldsymbol{x}}\{f(\boldsymbol{x})+w(\boldsymbol{z}-\boldsymbol{x})\}+\inf_{\boldsymbol{x}^*}\{f^*(\boldsymbol{x}^*)+w(\boldsymbol{z}-\boldsymbol{x}^*)\}=w(\boldsymbol{z}),$$

其中两个下确界都为有限的且唯一取到。对于给定的 $\boldsymbol{z}$，使得各自的下确界取到的唯一的向量 $\boldsymbol{x}$ 和 $\boldsymbol{x}^*$ 满足关系

$$\boldsymbol{z}=\boldsymbol{x}+\boldsymbol{x}^*,\ \boldsymbol{x}^*\in\partial f(\boldsymbol{x}),$$

且由

$$\boldsymbol{x}=\nabla(f^*\Box w)(\boldsymbol{z}),\ \boldsymbol{x}^*=\nabla(f\Box w)(\boldsymbol{z}).$$

给定。

**证明**　固定 $z$，定义 $g$ 为

$$g(\boldsymbol{x})=-w(\boldsymbol{z}-\boldsymbol{x}).$$

则 $g$ 为定义在 $\mathbf{R}^n$ 上的凹函数，由直接计算得到

$$\begin{aligned}g^*(\boldsymbol{x}^*)&=\inf_x\{\langle \boldsymbol{x},\boldsymbol{x}^*\rangle+w(\boldsymbol{z}-\boldsymbol{x})\}\\&=-w(\boldsymbol{z}-\boldsymbol{x}^*)+w(\boldsymbol{z}).\end{aligned}$$

由 Fenchel 对偶定理有

$$\inf\{f-g\}+\inf(f^*-g^*)=0,$$

其中两个下确界都为有限的并且可以取到。这便证明了定理中的下确界公式。由于 $w$ 的严格凸性，使各自下确界取到的向量 $\boldsymbol{x}$ 和 $\boldsymbol{x}^*$ 为唯一的，它们被描述为 Kuhn-Tucker 条件

$$\boldsymbol{x}^*\in\partial f(\boldsymbol{x}),\boldsymbol{x}=\nabla g^*(\boldsymbol{x}^*)=\boldsymbol{z}-\boldsymbol{x}^*.$$

的解。因为$\partial f^*=(\partial f)^{-1}$（推论 23.5.1），由唯一性知道 $\boldsymbol{x}$ 和 $\boldsymbol{x}^*$ 满足这些条件当且仅当

$$\boldsymbol{z}-\boldsymbol{x}\in\partial f(\boldsymbol{x}),\boldsymbol{z}-\boldsymbol{x}^*\in\partial f^*(\boldsymbol{x}^*).$$

后一条件能够被写为

$$\boldsymbol{z}\in[\partial f(\boldsymbol{x})+\nabla w(\boldsymbol{x})]=\partial(f+w)(\boldsymbol{x}),$$

$$\boldsymbol{z}\in[\partial f^*(\boldsymbol{x}^*)+\nabla w(\boldsymbol{x}^*)]=\partial(f^*+w)(\boldsymbol{x}^*),$$

（定理 23.8），因此

$$\boldsymbol{x}\in\partial(f+w)^*(\boldsymbol{z}),\quad \boldsymbol{x}^*\in\partial(f^*+w)^*(\boldsymbol{z}).$$

$\boldsymbol{x}$ 和 $\boldsymbol{x}^*$ 的唯一性说明$\partial$能够被$\nabla$所取代（定理 25.1）。当然，由定理 16.4 知道

$$(f+w)^*=f^*\square w^*,(f^*+w)^*=f\square w^*,$$

这里，由直接计算得到 $w^*=w$。‖

按照定理 31.5，给定在 $\mathbf{R}^n$ 上定义的任意闭正常凸函数 $f$，则任意 $\boldsymbol{z}\in\mathbf{R}^n$ 都可以关于 $f$ 唯一分解为

$$\boldsymbol{z}=\boldsymbol{x}+\boldsymbol{x}^*$$

使（$\boldsymbol{x}$，$\boldsymbol{x}^*$）属于$\partial f$ 的图。这个分解式中分量 $\boldsymbol{x}$ 唯一使

$$\inf_x\{f(\boldsymbol{x})+(1/2)|\boldsymbol{z}-\boldsymbol{x}|^2\}$$

取到下确界的 $\boldsymbol{x}$，用 $\mathrm{prox}(\boldsymbol{z}\mid f)$ 表示，且映射

$$\boldsymbol{z}\rightarrow\mathrm{prox}(\boldsymbol{z}\mid f)$$

称为对应于 $f$ 的追近（Proximation）。关于 $f^*$ 的追近与关于 $f$ 的追近之间有关系

$$\mathrm{prox}(\boldsymbol{z}\mid f^*)=\boldsymbol{z}-\mathrm{prox}(\boldsymbol{z}\mid f),\forall \boldsymbol{z}.$$

如果 $f$ 为关于某个非空闭凸集 $C$ 的指示函数，$\mathrm{prox}(\boldsymbol{z}\mid f)$为 $C$ 中距离 $\boldsymbol{z}$ 最近的点。如果 $f=\delta(\cdot\mid K)$，其中 $K$ 为非空闭凸锥，这样 $f^*=\delta(\cdot\mid K^\circ)$，则 $\boldsymbol{z}$ 关于 $f$ 的分解给出 $\boldsymbol{z}$ 的唯一表示

$$z=x+x^*\text{ 其中 }x\in K,x^*\in K^\circ,\langle x,x^*\rangle=0$$

当 $K=L$，$K^{\circ}=L^{\perp}$ 时，简化为 $z$ 关于子空间 $L$ 的类似正交分解。

由定理 31.5 可知　$\text{prox}(\cdot\,|\,f)$ 为定义在 $\mathbf{R}^n$ 上的某可微凸函数，例如，$f^*\Box w$ 的梯度映射。由推论 25.5.1 得到 $\text{prox}(\cdot\,|\,f)$ 为映 $\mathbf{R}^n$ 到其自身的连续映射。$\text{prox}(\cdot\,|\,f)$ 的值域当然为 $\text{dom}\,\partial f$，即为图 $\partial f$ 关于投影 $(\boldsymbol{x},\boldsymbol{x}^*)\to x$ 的像。

由于 $\text{prox}(\cdot\,|\,f)$ 为收缩的（Contraction），即

$$|\text{prox}(\boldsymbol{z}_1\,|\,f)-\text{prox}(\boldsymbol{z}_0\,|\,f)|\leqslant|\boldsymbol{z}_1-\boldsymbol{z}_0|,\ \forall\,\boldsymbol{z}_0,\boldsymbol{z}_1.$$

$\text{prox}(\cdot\,|\,f)$ 的连续性由此得到。为验证收缩性，只需注意到对于

$$\boldsymbol{x}_i=\text{prox}(\boldsymbol{z}_i\,|\,f),i=0,1,$$

$$\boldsymbol{x}_i^*=\text{prox}(\boldsymbol{z}_i\,|\,f^*),i=0,1,$$

有 $\boldsymbol{z}_i=\boldsymbol{x}_i+\boldsymbol{x}_i^*$，$i=0$，1，因而，

$$|\boldsymbol{z}_1-\boldsymbol{z}_0|^2=|\boldsymbol{x}_1-\boldsymbol{x}_0|^2+2\langle\boldsymbol{x}_1-\boldsymbol{x}_0,\boldsymbol{x}_1^*-\boldsymbol{x}_0^*\rangle+|\boldsymbol{x}_1^*-\boldsymbol{x}_0^*|^2.$$

进一步地，因为 $\boldsymbol{x}_i^*\in\partial f(\boldsymbol{x}_i)$，$i=0$，1，且 $\partial f$ 为单调映射（如在第 24 节末所解释的），所以，

$$\langle\boldsymbol{x}_1-\boldsymbol{x}_0,\boldsymbol{x}_1^*-\boldsymbol{x}_0^*\rangle\geqslant0.$$

因此，

$$|\boldsymbol{z}_1-\boldsymbol{z}_0|^2\geqslant|\boldsymbol{x}_1-\boldsymbol{x}_0|^2,$$

从而 $|\boldsymbol{x}_1-\boldsymbol{x}_0|\leqslant|\boldsymbol{z}_1-\boldsymbol{z}_0|$。

迫近理论导致两个关于次微分映射图的几何性质的重要结论。

**推论 31.5.1**　设 $f$ 为定义在 $\mathbf{R}^n$ 上的任意闭正常凸函数，则映射

$$(\boldsymbol{x},\boldsymbol{x}^*)\to\boldsymbol{x}+\boldsymbol{x}^*$$

为映 $\partial f$ 的图到 $\mathbf{R}^n$ 的一一映射，且沿两个方向都为连续的。（因此，$\partial f$ 的图关于 $\mathbf{R}^n$ 为同胚的。）



**推论 31.5.2**　如果 $f$ 为定义在 $\mathbf{R}^n$ 上的任意闭的正常凸函数，则 $\partial f$ 为映 $\mathbf{R}^n$ 到 $\mathbf{R}^n$ 的最大单调映射。

**证明**　由第 24 节末已经知道 $\partial f$ 为单调映射。为证明最大性，必须证明对于不属于 $\partial f$ 图的任意（$\boldsymbol{y}$，$\boldsymbol{y}^*$），一定存在属于 $\partial f$ 图的（$\boldsymbol{x}$，$\boldsymbol{x}^*$）使得

$$\langle\boldsymbol{y}-\boldsymbol{x},\boldsymbol{y}^*-\boldsymbol{x}^*\rangle<0.$$

这是容易的：由定理 31.5 知道，存在（$\boldsymbol{x}$，$\boldsymbol{x}^*$）属于 $\partial f$ 的图使 $\boldsymbol{y}+\boldsymbol{y}^*=\boldsymbol{x}+\boldsymbol{x}^*$，且对于这个（$\boldsymbol{x}$，$\boldsymbol{x}^*$）有

$$\langle\boldsymbol{y}-\boldsymbol{x},\boldsymbol{y}^*-\boldsymbol{x}^*\rangle=-|\boldsymbol{y}-\boldsymbol{x}|^2=-|\boldsymbol{y}^*-\boldsymbol{x}^*|^2.$$

## 第 32 节　凸函数的最大值

凸函数的最大值理论与凸集有关，与最小值理论总体有所不同。例如，在给定的相同条件下，除去整体最大值之外还有许多局部最大。只要牵扯到计算，这个现象是具有灾难性的，因为，一旦一个局部最大找到，就再也没有局部的信息告诉我

们如何找到更高的局部最大。特别地，也不存在局部判别准则用以判别是否一个给定的局部最大就是全局最大值。一般来说，只有把所有局部最大值都找出来，然后通过比较的办法才能找到全局最大值。

令人感到安慰的是凸函数 $f$ 相对于凸集 $C$ 的全局最大值，一般来说，不会在 $C$ 内，而是在某些极点处取到。这在后面将会看到。

凸函数最大和最小值之间差异的阐述可以通过取 $C$ 为 $\mathbf{R}^2$ 上的三角凸集，$f$ 为形如 $f(\boldsymbol{x})=|\boldsymbol{x}-\boldsymbol{a}|$ 的函数而得到,这里 $\boldsymbol{a}$ 为 $\mathbf{R}^2$ 中的点。在 $C$ 上求 $f$ 的最小等同于寻找$C$ 中与 $\boldsymbol{a}$ 最近的点。这个问题总是具有唯一解，解是否位于 $C$ 内任何一点，取决于 $a$ 的位置。另一方面，在 $C$ 上求 $f$ 的最大值等同于寻找与 $\boldsymbol{a}$ 距离最远的点。最远的点仅仅为 $C$ 的三个顶点之一，但是，局部最大则一定发生在这三个顶点上。

第一个将要建立的事实为最大值原理，就像解析函数中的那样。

**定理 32.1**　设 $f$ 为凸函数，$C$ 为包含 $\mathrm{dom}f$ 的凸集。如果 $f$ 相对于 $C$ 的上确界在某些 $\mathrm{ri}C$ 上的点上取到，则 $f$ 在整个 $C$ 上为常函数。

**证明**　假设相对上确界在点 $\boldsymbol{z}\in\mathrm{ri}C$ 上取到。设 $\boldsymbol{x}$ 为 $C$ 内不同于 $\boldsymbol{z}$ 的点。我们必须证明 $f(\boldsymbol{x})=f(\boldsymbol{z})$。因为 $\boldsymbol{z}\in\mathrm{ri}C$，一定存在实数 $\mu>1$ 使点 $\boldsymbol{y}=(1-\mu)\boldsymbol{x}+\mu\boldsymbol{z}$ 属于$C$。对于 $\lambda=\mu^{-1}$，我们有

$$\boldsymbol{z}=(1-\lambda)\boldsymbol{x}+\lambda\boldsymbol{y},\quad 0<\lambda<1.$$

由 $f$ 的凸性得到

$$f(\boldsymbol{z})\leqslant(1-\lambda)f(\boldsymbol{x})+\lambda f(\boldsymbol{y}).$$

同时，由于 $f(\boldsymbol{z})$ 为 $f$ 关于$C$ 的上确界，因此，$f(\boldsymbol{x})\leqslant f(\boldsymbol{z})$ 且 $f(\boldsymbol{y})\leqslant f(\boldsymbol{z})$。因为 $f(\boldsymbol{x})\neq f(\boldsymbol{z})$，我们一定有 $f(\boldsymbol{x})<f(\boldsymbol{z})$。这样，凸性不等式中的 $f(\boldsymbol{y})$ 将为有限的。(否则，将有 $f(\boldsymbol{y})=-\infty$且 $f(\boldsymbol{z})=-\infty$)。我们将得到不可能的关系

$$f(\boldsymbol{z})\leqslant(1-\lambda)f(\boldsymbol{z})+\lambda f(\boldsymbol{z})=f(\boldsymbol{z})$$

因此 $f(\boldsymbol{x})=f(\boldsymbol{z})$。

**推论 32.1.1**　设 $f$ 为凸函数，且 $C$ 为包含 $\mathrm{dom}f$ 的凸集。令 $W$ 为 $f$ 在$C$ 的上确界取到（如果存在）的点的集合，则 $W$ 为 $C$ 中面的集合。

**证明**　设 $\boldsymbol{x}$ 为 $W$ 中的点。存在 $C$ 中唯一的面 $C'$使 $\boldsymbol{x}\in C'$（定理 18.2）。$f$ 关于$C'$的上确界在 $\boldsymbol{x}$ 处取到，所以，由定理知道 $f$ 在 $C'$上一定为常数。因此$C'\subset W$。这便证明 $W$ 为面的集合。

定理 32.1 说明凸函数 $f$ 如果相对于 $\mathrm{dom}f$ 中的一个仿射集 $M$ 取到上确界，则 $f$ 在 $M$ 上一定为常数。事实上，正如在推论 8.6.2 中所看到的，这个结论在上确界仅仅为有限个时也是成立的。

由下面的定理知道，凸包运算在最大值的研究中是重要的。

**定理 32.2**　设 $f$ 为凸函数且 $C=\mathrm{conv}S$，其中 $S$ 为任意点集，则

$$\sup\{f(\boldsymbol{x})\,|\,\boldsymbol{x}\in C\}=\sup\{f(\boldsymbol{x})\,|\,\boldsymbol{x}\in S\},$$

其中第一个上确界仅仅在第二个（更加严格的）上确界取到时才取到。

**证明**　这是显然的，因为形如$\{x \mid f(x)<\alpha\}$的水平集为凸集，包含$C$当且仅当它包含$S$。

**推论 32.2.1**　设$f$为凸函数，$C$为闭凸集，其不是仅仅一个仿射集，或也不是仿射集的一半。则$f$相对于$C$的上确界与$f$相对于$C$的边界的上确界相同，且只有当后者取到时，前者才可以取到。

**证明**　由定理18.4知道，$C$为其相对边界的凸包。

定理32.2能够被应用于给定的闭凸集$C$，只要如第18节中那样把$C$表示成为其极点和极方向的凸包即可。

**定理 32.3**　设$f$为凸函数，且$C$为包含$\mathrm{dom} f$的闭凸集。假设$C$中不存在半直线使$f$在其上无上界，则

$$\sup\{f(x) \mid x \in C\}=\sup\{f(x) \mid x \in E\},$$

其中$E$为$C$的子集，其由$C \cap L^{\perp}$的端点构成，$L$为$C$的线性空间。只有当相对于$E$的上确界取到时，相对于$C$的上确界才可以取到。

**证明**　由假设知道$f$沿$C$中的每条直线均为常数（推论8.6.2）。集合$D=C \cap L^{\perp}$为不含有直线的闭凸集，且$C=D+L$。给定$x \in C$，仿射集属于$C$和$D$交，且在这个仿射集上$f$为常数。因此，在$C$上的上确界退化为$D$的上确界。现在，$D$为其极点和端方向的凸包（定理18.5），所以，存在凸锥$K$使

$$D=K+\mathrm{conv} E.$$

$D$中每个不属于$\mathrm{conv} E$的点均将属于形如

$$\{x+\lambda y \mid \lambda \geqslant 0\}, \quad x \in \mathrm{conv} E, y \in K$$

的半直线上。由假设，沿着这样的半直线，$f(x+\lambda y)$作为$\lambda$的函数是有上界的，因此，作为$\lambda$的函数为非增的（定理8.6）。$f$在这样的半直线上的上确界因此在端点$x$处取到。这便说明关于$D$的上确界能够被简化到关于$\mathrm{conv} E$的上确界。由定理32.2而得到预测的结果。



**推论 32.3.1**　设$f$为凸函数，$C$为包含$\mathrm{dom} f$的闭凸集。假设$C$不含有直线。如果$f$相对于$C$的上确界一定取到，则它在$C$的某些极点上取到。

**证明**　如果$C$不含有直线，则$L=\{0\}$且$C \cap L^{\perp}=C$。

**推论 32.3.2**　设$f$为凸函数，$C$为包含于$\mathrm{ri}(\mathrm{dom} f)$的非空、闭有界凸集，则$f$关于$C$的上确界为有限的，且在$C$的某些极点处取到。

**证明**　因为$C \subset \mathrm{ri}(\mathrm{dom} f)$，$f$关于$C$连续（定理10.1）。因为$C$为闭的且有界，所以$f$关于$C$的上确界是有限的且一定取到。由前面的推论知道，在某些极点处取到上确界。

**推论 32.3.3**　设$f$为凸函数，$C$为包含于$\mathrm{dom} f$的非空、多面体凸集。假设$C$中不含有$f$使在其上为无上界的半直线，则$f$关于$C$的上确界一定取到。

**证明**　此时，定理中的集合$C \cap L^{\perp}$为多面体，所以$E$是有限集（推论19.1.1）。

**推论 32.3.4**　设 $f$ 为凸函数，$C$ 为包含于 $\mathrm{dom}f$ 的非空、多面体凸集。假设 $C$ 不含有直线，且 $f$ 在 $C$ 上有上界，则 $f$ 关于 $C$ 的上确界在 $C$ 的某个极点处取到。

**证明**　只需要将推论 32.3.1 和推论 32.3.3 结合即可。

推论 32.3.4 特别适应于求解定义于弱线性不等式系统解集上的仿射的最大值问题。这事实上在线性规划的计算理论中具有基础重要性。

推论 32.3.2 中的条件 $C\subset \mathrm{ri}(\mathrm{dom}f)$ 不能够被减弱为 $C\subset \mathrm{dom}f$，即使在 $f$ 为闭的情况下，$f$ 关于 $C$ 的上确界也可能取不到或为无限的。这可以由下面的两个例子说明。

在第一个例子中，我们选择 $f$ 为定义在 $\mathbf{R}^2$ 上的闭的正常凸函数

$$f(\xi_1,\xi_2)=\begin{cases}(\xi_1^2/\xi_2)-\xi_2, & \xi_2>0,\\ 0, & \xi_1=\xi_2=0,\\ +\infty, & 其他,\end{cases}$$

(能够看到 $f$ 为由满足

$$\xi_1^2+4\xi_2+4\leqslant 0$$

的点（$\xi_1$，$\xi_2$）所构成的抛物凸集的支撑函数，这也是验证 $f$ 为凸集和闭集的一种方法。）我们选择 $C$ 为 $\mathrm{dom}f$ 的非空、闭的有界凸子集

$$C=\{(\xi_1,\xi_2)\mid \xi_1^2\leqslant\xi_2\leqslant 1\}.$$

显然，在整个 $C$ 上 $f(\xi_1,\ \xi_2)<1$。当（$\xi_1$，$\xi_2$）沿 $C$ 的边界趋向于（0，0）时，$f(\xi_1,\ \xi_2)$ 的值趋向于 1。因此，1 是 $f$ 相对于 $C$ 的上确界，而这个上确界是达不到的。

第二个例子由相同的函数 $f$ 得到，用（非空、闭的有界）集和

$$D=\{(\xi_1,\xi_2)\mid \xi_1^4\leqslant\xi_2\leqslant 1\}$$

代替 $C$。沿着 $D$ 的边界曲线 $\xi_1^4=\xi_2$，$f(\xi_1,\ \xi_2)$ 的值为 $\xi_1^{-2}-\xi_2$，当（$\xi_1$，$\xi_2$）趋向于原点时，这个值趋向于 $+\infty$。因此，$f$ 在 $D$ 上甚至没有上界。



能够应用次梯度理论来刻画相对上确界达到的点。

**定理 32.4**　设 $f$ 为凸函数，$C$ 为凸集，$f$ 在 $C$ 上有限，但非常数。假设 $f$ 关于 $C$ 的上确界在某些点 $\boldsymbol{x}\in\mathrm{ri}(\mathrm{dom}f)$ 处取到，则每个 $\boldsymbol{x}^*\in\partial f(\boldsymbol{x})$ 都是非零向量，且在 $\boldsymbol{x}$ 点处垂直于 $C$。

**证明**　由定理 7.2 知道 $f$ 一定为正常的。假设 $f$ 在 $\mathrm{ri}(\mathrm{dom}f)$ 中的某个点为有限的，假设上确界为 $\alpha$，令

$$D=\{\boldsymbol{z}\mid f(\boldsymbol{z})\leqslant\alpha\}.$$

由假设，$C$ 包含于 $D$ 且 $\boldsymbol{x}$ 为 $C$ 中满足 $f(\boldsymbol{x})=\alpha$ 的点。因为在 $C$ 上是非常数，因此，$\inf f<f(\boldsymbol{x})$，且 $\boldsymbol{0}\notin\partial f(\boldsymbol{x})$。集合 $\partial f(\boldsymbol{x})$ 为非空的，因为 $\boldsymbol{x}\in\mathrm{ri}(\mathrm{dom}f)$（定理 23.4）。$\partial f(\boldsymbol{x})$ 中的每个向量都在 $\boldsymbol{x}$ 点垂直于 $D$（定理 23.7），特别在 $\boldsymbol{x}$ 点垂直于 $C$。

**推论 32.4.1**　设 $f$ 为凸函数，$S$ 为凸集，$f$ 在 $S$ 上是非常数。假设 $f$ 相对于 $S$ 的上确界在某点 $\boldsymbol{x}\in \mathrm{ri}(\mathrm{dom} f)$ 处取到，则每个 $\boldsymbol{x}^*\in\partial f(\boldsymbol{x})$ 都是使线性泛函 $\langle\cdot, \boldsymbol{x}^*\rangle$ 在 $\boldsymbol{x}$ 点处取到关于 $S$ 的上确界的非零向量。

**证明**　令 $C=\mathrm{conv} S$。由定理 32.2 知道，相对于 $C$ 的上确界与相对于 $S$ 的上确界相同。上确界为 $f(\boldsymbol{x})$，其为有限的，因为 $\boldsymbol{x}\in \mathrm{ri}(\mathrm{dom} f)$。应用定理于 $C$。因此，每个 $\boldsymbol{x}^*\in\partial f(\boldsymbol{x})$ 都是 $\boldsymbol{x}$ 点处垂直于 $C$ 的非零向量。垂直性说明线性泛函 $\langle\cdot, \boldsymbol{x}^*\rangle$ 在 $\boldsymbol{x}$ 点处获得关于 $C$（也是相对于 $S$ 的上确界）的上确界。

**定理 32.5**　一种值得注意的情形是 $C$ 为单位欧氏球的情况。在边界点 $\boldsymbol{x}$ 处垂直于 $C$，恰恰是形如 $\lambda\boldsymbol{x}$，$\lambda>0$，的向量，所以，$f$ 在 $C$ 上的最大值导致“特征值”条件

$$\lambda\boldsymbol{x}\in\partial f(\boldsymbol{x}),\ |\boldsymbol{x}|=1.$$

# 第7部分　鞍函数与极小极大理论

## 第33节　鞍　函　数

设$C$和$D$分别为$\mathbf{R}^m$和$\mathbf{R}^n$的子集，$K$为映$C\times D$到$[-\infty,+\infty]$上的函数。我们称$K$为凹-凸函数，如果对于每个$\boldsymbol{v}\in D$，$K(\boldsymbol{u},\boldsymbol{v})$是关于$\boldsymbol{u}\in C$的凹函数，且对于每个$\boldsymbol{u}\in C$关于$\boldsymbol{v}\in D$为凸函数。凸-凹函数类似定义。这两类函数统称为鞍函数（saddle function）。

鞍函数理论，就像纯凸或凹函数一样，能够方便地简化处处都有定义但是可能为无限值的情形。

设$K$为定义在$C\times D$上的凹-凸函数，为了将$K(\boldsymbol{u},\boldsymbol{v})$推广到$C\times D$以外，使得对于固定的$\boldsymbol{u}\in C$其为关于$\boldsymbol{v}$的凸函数，我们取$K(\boldsymbol{u},\boldsymbol{v})=-\infty$。留给我们的疑问是如何将$K(\boldsymbol{u},\boldsymbol{v})$推广到满足$\boldsymbol{u}\in C$和$\boldsymbol{v}\notin D$的点上去。事实上，推广方法不止一种，而是有两种或甚至更多。如下定义的函数$K_1$和$K_2$：

$$K_1(\boldsymbol{u},\boldsymbol{v})=\begin{cases}K(\boldsymbol{u},\boldsymbol{v}), & \boldsymbol{u}\in C,\boldsymbol{v}\in D,\\ +\infty, & \boldsymbol{u}\in C,\boldsymbol{v}\notin D,\\ -\infty, & \boldsymbol{u}\notin C,\end{cases}$$

$$K_2(\boldsymbol{u},\boldsymbol{v})=\begin{cases}K(\boldsymbol{u},\boldsymbol{v}), & \boldsymbol{u}\in C,\boldsymbol{v}\in D,\\ -\infty, & \boldsymbol{u}\notin C,\boldsymbol{v}\in D,\\ +\infty, & \boldsymbol{v}\notin D,\end{cases}$$

都是定义在$\mathbf{R}^m\times\mathbf{R}^n$上的最简单凹-凸函数的例子，它们在$C\times D$上与$K$吻合。我们称$K_1$为$K$的下单扩张（lower simple extension），称$K_2$为$K$的上单扩张（upper simple extension）。$K_1$或$K_2$都适合于关于$K$的大多数分析。我们将用在$\mathbf{R}^m\times\mathbf{R}^n$定义的鞍函数来讨论大多数鞍函数理论。并且随时指出与受到限制的鞍函数之间的关系。

给定定义在$\mathbf{R}^m\times\mathbf{R}^n$上的凹-凸函数$K$，我们应用凸和凹闭包运算获得某些规则。对于每个固定的$\boldsymbol{u}$，作为$\boldsymbol{v}$的凸函数对$K(\boldsymbol{u},\boldsymbol{v})$求闭包，称为$K$的凸闭包（convex closure），记为$\mathrm{cl}_v K$或$\mathrm{cl}_2 K$。同理，对每个固定的$\boldsymbol{v}$，作为$\boldsymbol{u}$的凹函数对$K(\boldsymbol{u},\boldsymbol{v})$求闭包，称为$K$的凹闭包，记为$\mathrm{cl}_u K$或$\mathrm{cl}_1 K$。不久将会看到，这些闭包运算保持凹凸性。如果$K$与其凸闭包吻合，则称$K$为凸-闭的，等。

鞍函数与凸双重函数之间有令人惊奇的对应，构成了鞍函数理论的核心。这种对应关系是双线性函数与线性变换之间经典对应的推广。

如果 $A$ 为映 $\mathbf{R}^m$ 到 $\mathbf{R}^n$ 的线性变换，则如下的函数

$$K(\boldsymbol{u},\boldsymbol{x}^*)=\langle A\boldsymbol{u},\boldsymbol{x}^*\rangle$$

为定义在 $\mathbf{R}^m\times\mathbf{R}^n$ 上的双线性函数。反过来，在 $\mathbf{R}^m\times\mathbf{R}^n$ 上定义的双线性函数都可以这样通过映 $\mathbf{R}^m$ 到 $\mathbf{R}^n$ 的线性变换 $A$ 来表示。定义在 $\mathbf{R}^m\times\mathbf{R}^n$ 上的鞍函数与映 $\mathbf{R}^m$ 到 $\mathbf{R}^n$ 的双重函数之间的类似对应是一种一一对应的模闭包运算，且以共轭对应，而不是以通常的内积为基础。

为了强调与线性代数的类似性，对于凸函数或凹函数 $f$ 的共轭引入一种内积概念：

$$\langle f,\boldsymbol{x}^*\rangle=\langle \boldsymbol{x}^*,f\rangle=f^*(\boldsymbol{x}^*)$$

是方便的。(对于凸函数 $f$ 和凹函数 $g$，在第 38 节中将定义更一般的“内积”$\langle f,g\rangle$。)注意到当 $f$ 为点 $\boldsymbol{x}$ 的指示函数，即当

$$f(\boldsymbol{z})=\begin{cases}0, & \boldsymbol{z}=\boldsymbol{x},\\ +\infty, & \boldsymbol{z}\neq\boldsymbol{x}.\end{cases}$$

时 $\langle f,\boldsymbol{x}^*\rangle=\langle \boldsymbol{x},\boldsymbol{x}^*\rangle$。对于映 $\mathbf{R}^m$ 到 $\mathbf{R}^n$ 的凸或凹双重函数 $F$，我们确定

$$\langle F\boldsymbol{u},\boldsymbol{x}^*\rangle=\langle \boldsymbol{x}^*,F\boldsymbol{u}\rangle=(F\boldsymbol{u})^*(\boldsymbol{x}^*)$$

作为关于 $(\boldsymbol{u},\boldsymbol{x}^*)$ 在 $\mathbf{R}^m\times\mathbf{R}^n$ 上的函数。因此，如果 $F$ 为凸的，由定义有

$$\langle F\boldsymbol{u},\boldsymbol{x}^*\rangle=\sup_{\boldsymbol{x}}\{\langle \boldsymbol{x},\boldsymbol{x}^*\rangle-(F\boldsymbol{u})(\boldsymbol{x})\}.$$

然而，如果 $F$ 为凹的，则

$$\langle F\boldsymbol{u},\boldsymbol{x}^*\rangle=\inf_{\boldsymbol{x}}\{\langle \boldsymbol{x},\boldsymbol{x}^*\rangle-(F\boldsymbol{u})(\boldsymbol{x})\}.$$

如果 $F$ 为映 $\mathbf{R}^m$ 到 $\mathbf{R}^n$ 的线性变换 $A$ 的凸双重函数，即

$$(F\boldsymbol{u})(\boldsymbol{x})=\delta(\boldsymbol{x}\,|\,A\boldsymbol{u}),$$

则有

$$\langle F\boldsymbol{u},\boldsymbol{x}^*\rangle=\langle A\boldsymbol{u},\boldsymbol{x}^*\rangle.$$

(注：当双重函数 $F$ 的图函数为仿射函数时，将 $F$ 看作凸函数或凹函数都是可以的，这时 $\langle F\boldsymbol{u},\ \boldsymbol{x}^*\rangle$ 为模糊的。然而，这引发不了技术困难，因为对于给定的 $F$ 来说，从内容就可以得出判断。这样的模糊将通过引入“有向双重函数”的概念来解决。这个概念是对双重函数赋予符号“sup”或“inf”之一。对于“sup”有向双重函数将用“sup”来定义 $\langle F\boldsymbol{u},\boldsymbol{x}^*\rangle$，而对于“inf”有向双重函数将用“inf”来定义 $\langle F\boldsymbol{u},\boldsymbol{x}^*\rangle$。在目前的情况下这样定义的意义不大，而在第 39 节将偶尔用到。)



**定理 33.1**　如果 $F$ 映 $\mathbf{R}^m$ 到 $\mathbf{R}^n$ 的凸双重函数，则 $\langle F\boldsymbol{u},\boldsymbol{x}^*\rangle$ 为关于 $(\boldsymbol{u},\boldsymbol{x}^*)$ 的凹-凸函数，其为凸-闭的且有

$$(\mathrm{cl}(F\boldsymbol{u}))(\boldsymbol{x})=\sup_{\boldsymbol{x}^*}\{\langle \boldsymbol{x},\boldsymbol{x}^*\rangle-\langle F\boldsymbol{u},\boldsymbol{x}^*\rangle\}.$$

另一方面，给定定义在 $\mathbf{R}^m\times\mathbf{R}^n$ 上的凹-凸函数 $K$，定义映 $\mathbf{R}^m$ 到 $\mathbf{R}^n$ 的双重函数 $F$ 为

$$(F\boldsymbol{u})(\boldsymbol{x})=\sup_{\boldsymbol{x}^*}\{\langle \boldsymbol{x},\boldsymbol{x}^*\rangle-K(\boldsymbol{u},\boldsymbol{x}^*)\},$$

则 $F$ 为凸的，对于每个 $\boldsymbol{u}\in\mathbf{R}^m$，$F\boldsymbol{u}$ 在 $\mathbf{R}^n$ 上为闭的，且有

$$\langle F\boldsymbol{u},\boldsymbol{x}^*\rangle=(\mathrm{cl}_2K)(\boldsymbol{u},\boldsymbol{x}^*).$$

（对于凹的双重函数和凸-凹函数 $K$，有类似的结果。）

**证明**　由定义，$\langle F\boldsymbol{u},\cdot\rangle$ 恰好为 $(F\boldsymbol{u})^*$，其为关于 $\boldsymbol{x}^*$ 的闭凸函数，它的共轭为 cl（$F\boldsymbol{u}$）（定理 12.2）。除 $\langle F\boldsymbol{u},\boldsymbol{x}^*\rangle$ 为关于 $\boldsymbol{u}$ 为凹的以外，定理的第一部分得到证明。下面证明凹性。对于固定的 $\mathbf{R}^n$ 中的 $\boldsymbol{x}^*$，我们有

$$-\langle F\boldsymbol{u},\boldsymbol{x}^*\rangle=\inf_x h(\boldsymbol{u},\boldsymbol{x}),\forall \boldsymbol{u}\in\mathbf{R}^m,$$

其中 $h$ 为定义在 $\mathbf{R}^{m+n}$ 上的凸函数，定义为

$$h(\boldsymbol{u},\boldsymbol{x})=(F\boldsymbol{u})(\boldsymbol{x})-\langle\boldsymbol{x},\boldsymbol{x}^*\rangle.$$

因此，作为 $\boldsymbol{u}$ 的函数，$-\langle F\boldsymbol{u},\boldsymbol{x}^*\rangle$ 为 $Ah$，其中 $A$ 为投影（$\boldsymbol{u},\boldsymbol{x}$）$\to\boldsymbol{u}$。由此得到 $-\langle F\boldsymbol{u},\boldsymbol{x}^*\rangle$ 关于 $\boldsymbol{u}$ 为凸的（定理 5.7），因而 $\langle F\boldsymbol{u},\boldsymbol{x}^*\rangle$ 关于 $\boldsymbol{u}$ 为凹的。

下面讨论定理中对于给定凹-凸函数所定义的双重函数 $F$。对于每个 $\boldsymbol{x}^*$，函数

$$k_{\boldsymbol{x}^*}(\boldsymbol{u},\boldsymbol{x})=\langle\boldsymbol{x},\boldsymbol{x}^*\rangle-K(\boldsymbol{u},\boldsymbol{x}^*)$$

为定义在 $\mathbf{R}^{m+n}$ 上关于（$\boldsymbol{u},\boldsymbol{x}$）的（联合）凸函数。作为此类函数的点态上确界，$F$ 的图函数为定义在 $\mathbf{R}^{m+n}$ 上的凸函数。因此，$F$ 为凸双重函数。当然，关于 $F\boldsymbol{u}$ 的公式说明 $F\boldsymbol{u}$ 对于每个 $\boldsymbol{u}\in\mathbf{R}^m$ 都为凸函数 $K(\boldsymbol{u},\cdot)$ 的共轭，所以，$F\boldsymbol{u}$ 为闭的且 $(F\boldsymbol{u})^*=\langle F\boldsymbol{u},\cdot\rangle$ 为 $K(\boldsymbol{u},\cdot)$ 的闭包。由定义，后者就是 $(\mathrm{cl}_2K)(\boldsymbol{u}\cdot)$。

**推论 33.1.1**　假设 $K$ 为定义在 $\mathbf{R}^m\times\mathbf{R}^n$ 上的凹-凸函数，则 $\mathrm{cl}_1K$ 和 $\mathrm{cl}_2K$ 都是凹-凸函数，并且 $\mathrm{cl}_1K$ 为凹闭的，$\mathrm{cl}_2K$ 为凸闭的。（对于凸凹函数有类似的结果。）

**证明**　按照定理，存在凸双重函数 $F$ 使 $(\mathrm{cl}_2K)(\boldsymbol{u},\boldsymbol{x}^*)$ 具有如 $\langle F\boldsymbol{u},\boldsymbol{x}^*\rangle$ 的形式，这里 $\langle F\boldsymbol{u},\boldsymbol{x}^*\rangle$ 关于 $\boldsymbol{u}$ 为凹的，而关于 $\boldsymbol{x}^*$ 为闭凸的。其余情形类似证明。

映 $\mathbf{R}^m$ 到 $\mathbf{R}^n$ 的凸双重函数 $F$ 一一对应于它的图函数

$$f(\boldsymbol{u},\boldsymbol{x})=(F\boldsymbol{u})(\boldsymbol{x}),$$

其恰恰为定义在 $\mathbf{R}^{m+n}$ 上的凸函数。为了由 $f$ 得到 $\langle F\boldsymbol{u},\boldsymbol{x}^*\rangle$，对于每个 $\boldsymbol{u}$，选择 $f(\boldsymbol{x},\boldsymbol{u})$ 关于 $\boldsymbol{x}$ 的共轭。与通常的共轭运算相对应，可以被称为部分共轭运算，其中

$$f^*(\boldsymbol{u}^*,\boldsymbol{x}^*)=\sup_{\boldsymbol{u},\boldsymbol{x}}\{\langle\boldsymbol{u},\boldsymbol{u}^*\rangle+\langle\boldsymbol{x},\boldsymbol{x}^*\rangle-f(\boldsymbol{u},\boldsymbol{x})\}.$$

在此意义下，定理 33.1 说明凸-闭鞍函数恰好为（纯）凸函数的部分共轭。

我们称凸的或凹的双重函数 $F$ 为闭图像的，如果对于每个 $\boldsymbol{u}$，$F\boldsymbol{u}$ 为闭的。（特别地，如果 $F$ 为闭的，则 $F$ 为闭图像的。）对于这样的双重函数，由定理 33.1 得到一一对应。

**推论 33.1.2**　关系

$$K(\boldsymbol{u},\boldsymbol{x}^*)=\langle F\boldsymbol{u},\boldsymbol{x}^*\rangle,F\boldsymbol{u}=K(\boldsymbol{u},\cdot)^*$$

为定义在 $\mathbf{R}^m\times\mathbf{R}^n$ 上的凸-闭凹凸函数 $K$ 与映 $\mathbf{R}^m$ 到 $\mathbf{R}^n$ 的闭图像凸双重函数 $F$ 之间的一一对应。（对于凹闭鞍函数和闭图像凹双重函数有类似的结果。）

对于多面体凸性的情况，鞍函数与双重函数之间的对应比较简单。

**推论 33.1.3**　设 $F$ 为映 $\mathbf{R}^m$ 到 $\mathbf{R}^n$ 的多面体凸双重函数，则对于每个 $\boldsymbol{u}$，$\langle F\boldsymbol{u},\boldsymbol{x}^*\rangle$ 为 $\boldsymbol{x}^*$ 的多面体凸函数；对于每个确定的 $\boldsymbol{x}^*$，$\langle F\boldsymbol{u},\boldsymbol{x}^*\rangle$为关于 $\boldsymbol{u}$ 的多面体凹函数。进一步地，假设 $F$ 为正常的，则 $F$ 能够用$\langle F\boldsymbol{u},\boldsymbol{x}^*\rangle$来表示，即

$$(F\boldsymbol{u})(\boldsymbol{x})=\sup_{\boldsymbol{x}^*}\{\langle \boldsymbol{x},\boldsymbol{x}^*\rangle-\langle F\boldsymbol{u},\boldsymbol{x}^*\rangle\}.$$

**证明**　对于每个 $\boldsymbol{u}$，$F\boldsymbol{u}$ 为多面体凸函数。如果 $F$ 为正常的，则 $F\boldsymbol{u}$ 在任何处都不会取到$-\infty$；因为 $F\boldsymbol{u}$ 的上镜图为闭集，所以 $\mathrm{cl}(F\boldsymbol{u})=F\boldsymbol{u}$。由定理 19.2 知道 $F\boldsymbol{u}$ 的共轭$\langle F\boldsymbol{u},\cdot\rangle$是多面体凸函数。注意到，在定理 33.1 的证明中，函数 $\boldsymbol{u}\to-(F\boldsymbol{u},\boldsymbol{x}^*)$是某个凸函数 $h$ 关于线性变换 $A$ 的像。当 $F$ 为多面体时，相关的 $h$ 确实为多面体，所以，像 $Ah$ 不仅为凸的，而且为多面体（推论 19.3.1)。因此，$(F\boldsymbol{u},\boldsymbol{x}^*)$ 关于 $\boldsymbol{u}$ 为多面体凹的。

由推论 33.1.2 知道，关系

$$L(\boldsymbol{u},\boldsymbol{x}^*)=\langle \boldsymbol{u},G\boldsymbol{x}^*\rangle,G\boldsymbol{x}^*=L(\cdot,\boldsymbol{x}^*)^*,$$

表示定义在 $\mathbf{R}^m\times\mathbf{R}^n$ 上的凹-闭凹凸函数 $L$ 与映 $\mathbf{R}^m$ 到 $\mathbf{R}^n$ 的闭图像凹双重函数 $G$ 之间的一一对应。当然，如果 $F$ 为映 $\mathbf{R}^m$ 到 $\mathbf{R}^n$ 的凸双重函数，

$$F:\boldsymbol{u}\to F\boldsymbol{u}:\boldsymbol{x}\to(F\boldsymbol{u})(\boldsymbol{x}),$$

$F$ 的自伴 $F^*$ 为映 $\mathbf{R}^m$ 到 $\mathbf{R}^n$ 的闭凹双重函数。由此得到$\langle \boldsymbol{u},F^*\boldsymbol{x}^*\rangle$为凹-凸和凹闭。

$(F\boldsymbol{u},\boldsymbol{x}^*)$与$\langle \boldsymbol{u},F^*\boldsymbol{x}^*\rangle$之间的精确关系将在下一个定理及其推论中得到解释。

**定理 33.2**　对于映 $\mathbf{R}^m$ 到 $\mathbf{R}^n$ 的任何凸的或凹的双重函数 $F$，总有

$$\langle \boldsymbol{u},F^*\boldsymbol{x}^*\rangle=\mathrm{cl}_{\boldsymbol{u}}\langle F\boldsymbol{u},\boldsymbol{x}^*\rangle,$$

$$\mathrm{cl}_{\boldsymbol{x}^*}\langle \boldsymbol{u},F^*\boldsymbol{x}^*\rangle=\langle(\mathrm{cl}F)\boldsymbol{u},\boldsymbol{x}^*\rangle.$$

**证明**　设 $F$ 凸。由定义有

$$\begin{aligned}(F^*\boldsymbol{x}^*)(\boldsymbol{u}^*)&=\inf_{\boldsymbol{u},\boldsymbol{x}}\{(F\boldsymbol{u})(\boldsymbol{x})-\langle \boldsymbol{x},\boldsymbol{x}^*\rangle+\langle \boldsymbol{u},\boldsymbol{u}^*\rangle\}\\&=\inf_{\boldsymbol{u}}\{\langle \boldsymbol{u},\boldsymbol{u}^*\rangle-\sup_{\boldsymbol{x}}\{\langle \boldsymbol{x},\boldsymbol{x}^*\rangle-(F\boldsymbol{u})(\boldsymbol{x})\}\}\\&=\inf_{\boldsymbol{u}}\{\langle \boldsymbol{u},\boldsymbol{u}^*\rangle-\langle F\boldsymbol{u},\boldsymbol{x}^*\rangle\}.\end{aligned}$$



因此，对于凹凸函数$(K\boldsymbol{u},\boldsymbol{x}^*)=\langle F\boldsymbol{u},\boldsymbol{x}^*\rangle$，$F^*$ 为映 $\mathbf{R}^n$ 到 $\mathbf{R}^m$ 的双重函数，其可以通过对每个 $\boldsymbol{x}^*$，取（$K\boldsymbol{u},\boldsymbol{x}^*$）关于 $u$ 的（凹）共轭而得到。这个情况已经含在定理 33.1 中（仅仅为概念的不同）：我们有

$$\langle \boldsymbol{u},F^*\boldsymbol{x}^*\rangle=(\mathrm{cl}_1 K)(\boldsymbol{u},\boldsymbol{x}^*)=\mathrm{cl}_{\boldsymbol{u}}\langle F\boldsymbol{u},\boldsymbol{x}^*\rangle.$$

只要交换 “inf” 和 “sup”，可以获得当 $F$ 为凹时的相同公式。将这个公式应用于 $F^*$，取代 $F$ 得到

$$\langle F^{**}\boldsymbol{u},\boldsymbol{x}^*\rangle=\mathrm{cl}_{\boldsymbol{x}^*}(\boldsymbol{u},F^*\boldsymbol{x}^*).$$

由定理 30.1 有 $F^{**}=\mathrm{cl}F$。

**推论 33.2.1**　设 $F$ 为映 $\mathbf{R}^m$ 到 $\mathbf{R}^n$ 的凸的或凹的双重函数。如果 $\boldsymbol{u}\in\mathrm{ri}\,(\mathrm{dom}F)$，则对于每个 $\boldsymbol{x}^*\in\mathbf{R}^n$ 都有

$$\langle \mathrm{F}\boldsymbol{u},\boldsymbol{x}^*\rangle=(\boldsymbol{u},F^*\boldsymbol{x}^*).$$

另一方面，如果 $F$ 为闭的且 $\boldsymbol{x}^*\in \mathrm{ri}(\mathrm{dom}F^*)$，则相同的等式对于每个 $\boldsymbol{u}\in\mathbf{R}^m$ 也成立。

**证明**　设 $F$ 为凸的。如果 $\boldsymbol{u}\notin \mathrm{ri}(\mathrm{dom}F)$，则 $F\boldsymbol{u}$ 恒等于 $+\infty$ 且对于每个 $\boldsymbol{x}^*$ 有 $\langle F\boldsymbol{u},\boldsymbol{x}^*\rangle=-\infty$。如果 $\boldsymbol{u}\in \mathrm{ri}(\mathrm{dom}F)$，则 $F\boldsymbol{u}$ 不恒等于 $+\infty$，所以对于每个 $\boldsymbol{x}^*$ 有 $\langle F\boldsymbol{u},\boldsymbol{x}^*\rangle>-\infty$。因此，对于每个 $\boldsymbol{x}^*$，凹函数 $\boldsymbol{u}\to\langle F\boldsymbol{u},\boldsymbol{x}^*\rangle$ 的有效域为 $\mathrm{dom}F$。凹函数在其有效域的相对内部与其闭包吻合，由定理 33.2 知道闭包函数为 $\langle\cdot,F^*\boldsymbol{x}^*\rangle$。因此，当 $\boldsymbol{u}\in\mathrm{ri}(\mathrm{dom}F)$ 时，$\langle F\boldsymbol{u},\boldsymbol{x}^*\rangle$ 与 $\langle \boldsymbol{u},F^*\boldsymbol{x}^*\rangle$ 相同。当 $F$ 为凹时，有类似的要讨论。推论中第二个事实可以通过将第一个事实应用于 $F^*$ 而得到。

**推论 33.2.2**　设 $F$ 为凸或凹双重函数的正常多面体，则对于除去 $\boldsymbol{u}\notin\mathrm{dom}F$ 和 $\boldsymbol{x}^*\notin\mathrm{dom}F^*$ 以外的点总成立

$$\langle F\boldsymbol{u},\boldsymbol{x}^*\rangle=\langle \boldsymbol{u},F^*\boldsymbol{x}^*\rangle.$$

（在被除去的点处总有一个量为 $+\infty$，而另外一个量为 $-\infty$。）

**证明**　因为 $F$ 为多面体，我们有 $\mathrm{cl}F=F$。由定理 33.1 知道，函数 $\boldsymbol{u}\to\langle F\boldsymbol{u},\boldsymbol{x}^*\rangle$ 为多面体，因此，其在有效域内（而不是仅仅在有效域的相对内部）与其闭包吻合。推论 33.2.1 的证明相应得以改进。

前面的结果说明，对于凸或凹双重函数 $F$，内积等式

$$\langle F\boldsymbol{u},\boldsymbol{x}^*\rangle=\langle \boldsymbol{u},F^*\boldsymbol{x}^*\rangle$$

对于“多数” $\boldsymbol{u}$ 和 $\boldsymbol{x}$ 的选择都成立。这也对我们引进的关于 $F^*$ 的术语“自伴”提供了更多的验证。即使在对于某些 $\boldsymbol{u}$ 和 $\boldsymbol{x}^*$，$\langle F\boldsymbol{u},\boldsymbol{x}^*\rangle$ 和 $\langle \boldsymbol{u},F^*\boldsymbol{x}^*\rangle$ 可能会不同，而由定理 33.2 也得到在 $\mathrm{cl}F=F$ 时，$\langle F\boldsymbol{u},\boldsymbol{x}^*\rangle$ 和 $\langle \boldsymbol{u},F^*\boldsymbol{x}^*\rangle$ 完全相互确定，也确定了 $F$ 和 $F^*$。

当 $F$ 为映 $\mathbf{R}^m$ 到 $\mathbf{R}^n$ 的线性变换 $A$ 的凸指示双重函数时，$F^*$ 为自伴变换 $A^*$ 的凹指示双重函数，且关于 $F$ 和 $F^*$ 的内积等式简化到经典关系

$$\langle A\boldsymbol{u},\boldsymbol{x}^*\rangle=\langle \boldsymbol{u},A^*\boldsymbol{x}^*\rangle.$$

关于凸双重函数 $F$ 的内积等式及其自伴（由定义）有

$$\sup_{\boldsymbol{x}}\{\langle \boldsymbol{x},\boldsymbol{x}^*\rangle-(F\boldsymbol{u})(\boldsymbol{x})\}=\inf_{\boldsymbol{u}^*}\{\langle \boldsymbol{u},\boldsymbol{u}^*\rangle-(F^*\boldsymbol{x}^*)(\boldsymbol{u}^*)\}.$$

换句话说，它给出了关于 $\boldsymbol{x}$ 的最大化凹函数以及关于 $\boldsymbol{u}^*$ 的最小化问题之间的关系。这个与有关凸规划的对偶理论有紧密的关系。

在如第 29 节中所给的与闭凸双重函数相关联的凸规划（$P$）中，我们围绕 $\boldsymbol{u}=\mathbf{0}$ 研究函数 $\inf F$。由定义

$$(\inf F)(\boldsymbol{u})=\inf F\boldsymbol{u}=-\sup_{\boldsymbol{x}}\{\langle \boldsymbol{x},\mathbf{0}\rangle-(F\boldsymbol{u})(\boldsymbol{x})\}=-\langle F\boldsymbol{u},\mathbf{0}\rangle.$$

在对偶规划（$P^*$）中，需要在 $\boldsymbol{x}^*=\mathbf{0}$ 附近研究 $\sup F^*$，其中

$$\begin{aligned}(\sup F^*)(\boldsymbol{x}^*)=\sup F^*\boldsymbol{x}^*&=-\inf_{\boldsymbol{u}^*}\{\langle \mathbf{0},\boldsymbol{u}^*\rangle-(F^*\boldsymbol{x}^*)(\boldsymbol{u}^*)\}\\&=-\langle \mathbf{0},F^*\boldsymbol{x}^*\rangle.\end{aligned}$$

保证（$P$）和（$P^*$）的最优值相等，即

$$\inf F\mathbf{0}=\sup F^*\mathbf{0}$$

的条件等价于条件

$$\langle F\mathbf{0},\mathbf{0}\rangle=\langle\mathbf{0},F^*\mathbf{0}\rangle.$$

更一般地，固定 $\boldsymbol{u}\in\mathbf{R}^m$ 和 $\boldsymbol{x}^*\in\mathbf{R}^n$，定义映 $\mathbf{R}^m$ 到 $\mathbf{R}^n$ 的凸双重函数 $H$ 为

$$(H\boldsymbol{v})(\boldsymbol{y})=(F(\boldsymbol{u}+\boldsymbol{v}))(\boldsymbol{y})-\langle\boldsymbol{y},\boldsymbol{x}^*\rangle.$$

$H$ 的（凹）自伴 $H^*$ 则定义为

$$\begin{aligned}(H^*\boldsymbol{y}^*)(\boldsymbol{v}^*)&=\inf_{\boldsymbol{v},\boldsymbol{y}}\{H\boldsymbol{v}(\boldsymbol{y})-\langle\boldsymbol{y},\boldsymbol{y}^*\rangle+\langle\boldsymbol{v},\boldsymbol{v}^*\rangle\}\\&=\inf_{\boldsymbol{v},\boldsymbol{y}}\{(F(\boldsymbol{u}+\boldsymbol{v}))(\boldsymbol{y})-\langle\boldsymbol{y},\boldsymbol{x}^*+\boldsymbol{y}^*\rangle+\langle\boldsymbol{v},\boldsymbol{v}^*\rangle\}\\&=\inf_{\boldsymbol{w},\boldsymbol{y}}\{(F\boldsymbol{w})(\boldsymbol{y})-\langle\boldsymbol{y},\boldsymbol{x}^*+\boldsymbol{y}^*\rangle+\langle\boldsymbol{w}-\boldsymbol{u},\boldsymbol{v}^*\rangle\}\\&=(F(\boldsymbol{x}^*+\boldsymbol{y}^*)(\boldsymbol{v}^*)-\langle\boldsymbol{u},\boldsymbol{v}^*\rangle.\end{aligned}$$

因此，在与 $H$ 相关的凸规划（$Q$）中，最优值是

$$\inf H\mathbf{0}=\inf_{\boldsymbol{y}}\{(F\boldsymbol{u})(\boldsymbol{y})-\langle\boldsymbol{y},\boldsymbol{x}^*\rangle\}=-\langle F\boldsymbol{u},\boldsymbol{x}^*\rangle$$

而在对偶凹规划（$Q^*$）中，最优值为

$$\sup H^*\mathbf{0}=\sup_{\boldsymbol{v}^*}\{(F^*\boldsymbol{x}^*)(\boldsymbol{v}^*)-\langle\boldsymbol{u},\boldsymbol{v}^*\rangle\}=-\langle\boldsymbol{u},F^*\boldsymbol{x}^*\rangle.$$

因此，是否

$$\langle F\boldsymbol{u},\boldsymbol{x}^*\rangle=\langle\boldsymbol{u},F^*\boldsymbol{x}^*\rangle$$

对于某些 $\boldsymbol{u}$ 和 $\boldsymbol{x}^*$ 成立等价于规划偶（$Q$）和（$Q^*$）是否具有正则性的问题。

$\langle F\boldsymbol{u},\boldsymbol{x}^*\rangle=-\infty$ 且 $\langle\boldsymbol{u},F^*\boldsymbol{x}^*\rangle=+\infty$ 对应于（$Q$）和（$Q^*$）都是不相容的情形。这种极端情形发生在 $\boldsymbol{u}\notin\operatorname{dom}F$ 且 $\boldsymbol{x}^*\notin\operatorname{dom}F^*$ 的情况（因为此时 $F\boldsymbol{u}$ 为常函数 $+\infty$，而 $F^*\boldsymbol{x}^*$ 为常函数 $-\infty$。）。同理，因为存在（非正态）规划偶对使得两个最优值都是有限的，但是，不相等，或，一个最优值有限，而另外一个最优值是无限的（见第 30 节的例子），$\langle F\boldsymbol{u},\boldsymbol{x}^*\rangle$ 和 $\langle\boldsymbol{u},F^*\boldsymbol{x}^*\rangle$ 都是有限但不相等，或一个有限，另一个无限的情形也是可能的。这些矛盾的可能性将在第 34 节中进行分析，到时会给出具体的例子。



定义在 $\mathbf{R}^m\times\mathbf{R}^n$ 上的鞍函数 $K$ 被称为完全闭的（Full closed），如果它既是凸-闭的又为凹闭的。例如，如果它处处有限，则一定为闭的（由于有限凸或凹函数为连续的，因此为闭的。）。由推论 33.1.2 和定理 33.2 知道，完全闭凹-凸函数为形如 $K(\boldsymbol{u},\boldsymbol{x}^*)=\langle\boldsymbol{u},F^*\boldsymbol{x}^*\rangle$ 的函数，其中 $F$ 为满足

$$\langle F\boldsymbol{u},\boldsymbol{x}^*\rangle=\langle\boldsymbol{u},F^*\boldsymbol{x}^*\rangle,\ \forall\boldsymbol{u},\ \forall\boldsymbol{x}^*$$

的凸双重函数。显然，由推论 33.2.1 知道，如果 $\operatorname{dom}F=\mathbf{R}^m$ 或 $F$ 为闭的且 $\operatorname{dom}F^*=\mathbf{R}^n$，则 $F$ 具有此性质。但是，如果 $\operatorname{dom}F\neq\mathbf{R}^m$ 且 $\operatorname{dom}F^*\neq\mathbf{R}^n$，则 $F$ 不具有此性质。因为就像在前段所指出的，对于某些（$\boldsymbol{u},\boldsymbol{x}^*$），$\langle F\boldsymbol{u},\boldsymbol{x}^*\rangle$ 和 $\langle\boldsymbol{u},F^*\boldsymbol{x}^*\rangle$ 为对立无限的。因此，全闭鞍函数类仅仅与一类特殊的闭双重函数相对应。

凹-凸函数 $K$ 被称为下闭的（Lower closed），如果 $\mathrm{cl}_2(\mathrm{cl}_1K)=K$，称为上闭的（Upper closed）指 $\mathrm{cl}_1(\mathrm{cl}_2K)=K$。要记住哪个是哪个的方法是，在 $K$ 的凸规

划的讨论中，下闭性自然与下半连续性对应，而在 $K$ 的凹规划讨论中，上闭性自然与上半连续性对应。(如果 $K$ 为凸-凹函数，而不是凹-凸函数。我们称 $K$ 为下闭的，如果 $\mathrm{cl}_1(\mathrm{cl}_2 K)=K$；称其为上闭的，如果 $\mathrm{cl}_2(\mathrm{cl}_1 K)=K$。)

鞍函数为全闭当且仅当其既为下闭的也为上闭的。

**定理 33.3**　关系

$$K(\boldsymbol{u},\boldsymbol{x}^*)=\langle F\boldsymbol{u},\boldsymbol{x}^*\rangle,F\boldsymbol{u}=K(\boldsymbol{u},\cdot)^*$$

定义了在 $\mathbf{R}^m\times\mathbf{R}^n$ 上的下闭凹-凸函数 $K$ 与映 $\mathbf{R}^m$ 到 $\mathbf{R}^n$ 的闭凸双重函数 $F$ 之间的一一对应。对于上闭鞍函数和闭凹双重函数有类似的结果。

**证明**　由定理 33.2 知道凸双重函数 $\mathrm{cl}F$ 满足

$$\langle(\mathrm{cl}F)\boldsymbol{u},\boldsymbol{x}^*\rangle=\mathrm{cl}_{\boldsymbol{x}^*}\langle\boldsymbol{u},F^*\boldsymbol{x}^*\rangle=\mathrm{cl}_{\boldsymbol{x}^*}\mathrm{cl}_{\boldsymbol{u}}\langle F\boldsymbol{u},\boldsymbol{x}^*\rangle.$$

因此，鞍函数 $K(\boldsymbol{u},\boldsymbol{x}^*)=\langle F\boldsymbol{u},\boldsymbol{x}^*\rangle$ 为下闭的当且仅当

$$\langle(\mathrm{cl}F)\boldsymbol{u},\boldsymbol{x}^*\rangle=\langle F\boldsymbol{u},\boldsymbol{x}^*\rangle,\qquad\forall\boldsymbol{u},\forall\boldsymbol{x}^*.$$

对于闭图像凸双重函数 $F$，后一条件等价于 $\mathrm{cl}F=F$。由推论 33.1.2 中已经建立的结果得到定理的结论。

**推论 33.3.1**　设 $\underline{K}$ 与 $\overline{K}$ 为定义在 $\mathbf{R}^m\times\mathbf{R}^n$ 上的凹-凸函数。为存在闭凸双重函数 $F$ (无须唯一) 使

$$\underline{K}(\boldsymbol{u},\boldsymbol{x}^*)=\langle F\boldsymbol{u},\boldsymbol{x}^*\rangle,\overline{K}(\boldsymbol{u},\boldsymbol{x}^*)=\langle\boldsymbol{u},F^*\boldsymbol{x}^*\rangle,$$

当且仅当 $\underline{K}$ 与 $\overline{K}$ 满足关系

$$\mathrm{cl}_1\underline{K}=\overline{K},\mathrm{cl}_2\overline{K}=\underline{K}.$$

这些关系蕴含着 $\underline{K}$ 为下闭的，$\overline{K}$ 为上闭的且 $\underline{K}\leqslant\overline{K}$。

**证明**　由定理 33.2 可以看到条件的必要性。为证明充分性，注意到由闭包关系得到

$$\mathrm{cl}_2(\mathrm{cl}_1\underline{K})=\mathrm{cl}_2\overline{K}=\underline{K}.$$

所以，$\underline{K}$ 为下闭的且存在唯一的闭凸双重函数 $F$ 使

$$\underline{K}(\boldsymbol{u},\boldsymbol{x}^*)=\langle F\boldsymbol{u},\boldsymbol{x}^*\rangle.$$

由定理 33.3.2 得到

$$\overline{K}(\boldsymbol{u},\boldsymbol{x}^*)=(\mathrm{cl}_1\underline{K})(\boldsymbol{u},\boldsymbol{x}^*)=\mathrm{cl}_{\boldsymbol{u}}\langle F\boldsymbol{u},\boldsymbol{x}^*\rangle=\langle\boldsymbol{u},F^*\boldsymbol{x}^*\rangle$$

其余结果都由此获得。‖

**推论 33.3.2**　关系

$$\overline{K}=\mathrm{cl}_1\underline{K},\qquad\underline{K}=\mathrm{cl}_2\overline{K}$$

定义了定义在 $\mathbf{R}^m\times\mathbf{R}^n$ 上的下闭凹-凸函数 $\underline{K}$ 与上闭凹-凸函数 $\overline{K}$ 之间的一一对应。

**证明**　由定理 33.3、定理 33.2，以及闭凸和闭凹双重函数为一一对应的而得到。‖

**推论 33.3.3**　设 $C$ 和 $D$ 分别为 $\mathbf{R}^m$ 和 $\mathbf{R}^n$ 中的非空闭凸集，$K$ 为定义在 $C\times D$

上的有限连续凹-凸函数。设 $\underline{K}$ 与 $\overline{K}$ 分别为 $K$ 向 $\mathbf{R}^m\times\mathbf{R}^n$ 上的下和上简单推广，则 $\underline{K}$ 为下闭的，$\overline{K}$ 为上闭的，且唯一存在映 $\mathbf{R}^m$ 到 $\mathbf{R}^n$ 的闭凸双重函数 $F$ 使

$$\underline{K}(\boldsymbol{u},\boldsymbol{x}^*)=\langle F\boldsymbol{u},\boldsymbol{x}^*\rangle,\overline{K}(\boldsymbol{u},\boldsymbol{x}^*)=\langle \boldsymbol{u},F^*\boldsymbol{x}^*\rangle.$$

双重函数 $F$ 与 $F^*$ 用 $K$ 表示为

$$(F\boldsymbol{u})(\boldsymbol{x})=\begin{cases}\sup\{\langle \boldsymbol{x},\boldsymbol{x}^*\rangle-K(\boldsymbol{u},\boldsymbol{x}^*)\mid \boldsymbol{x}^*\in D\},\boldsymbol{u}\in C,\\+\infty, & \boldsymbol{u}\notin C,\end{cases}$$

$$(F^*\boldsymbol{x}^*)(\boldsymbol{u}^*)=\begin{cases}\inf\{\langle \boldsymbol{u},\boldsymbol{u}^*\rangle-K(\boldsymbol{u},\boldsymbol{x}^*)\mid \boldsymbol{u}\in C\},\boldsymbol{x}^*\in D,\\-\infty, & \boldsymbol{x}^*\notin D.\end{cases}$$

特别地，$\mathrm{dom}F=C$ 且 $\mathrm{dom}F^*=D$。

**证明**　$K$ 的连续性与 $C$ 和 $D$ 的闭性保证了 $\mathrm{cl}_1\underline{K}=\overline{K}$，$\mathrm{cl}_2\overline{K}=\underline{K}$。由推论 33.3.1 以及定义立即得到所要结果。‖

# 第 34 节　闭包和等价类

第 33 节中建立了定义在 $\mathbf{R}^m\times\mathbf{R}^n$ 上的下闭鞍函数 $\underline{K}$ 与上闭鞍函数 $\overline{K}$ 之间的配对，其中每个配对对应于唯一一个确定的闭凸双重函数及其（闭凹）自伴。这个配对在后文将被推广到有关闭鞍函数类的等价关系。“闭”是比“下闭”和“上闭”稍弱一点的概念。我们将对闭鞍函数的结构进行细致的分析。我们将证明每个“正常”的鞍函数等价类由其“核”唯一确定，这个核为定义在相对开凸集的乘积上的有限鞍函数。

设 $K$ 为定义在 $\mathbf{R}^m\times\mathbf{R}^n$ 上的鞍函数，且存在 $\mathrm{cl}_1K$ 和 $\mathrm{cl}_2K$（由推论 33.1.1 所得到的鞍函数），进而有 $\mathrm{cl}_2\mathrm{cl}_1K$ 和 $\mathrm{cl}_1\mathrm{cl}_2K$。如果 $K$ 为凹-凸的，$\mathrm{cl}_2\mathrm{cl}_1K$ 称为 $K$ 的下闭包（lower closure），而 $\mathrm{cl}_1\mathrm{cl}_2K$ 称为 $K$ 的上闭包（upper closure）。如果 $K$ 为凸-凹的，术语倒过来。由定义，$K$ 为下闭当且仅当 $K$ 与其下闭包相等，等等。下闭包和上闭包总是下闭和上闭的，即

$$\mathrm{cl}_2\mathrm{cl}_1\mathrm{cl}_2\mathrm{cl}_1K=\mathrm{cl}_2\mathrm{cl}_1K,\qquad \forall K,$$

$$\mathrm{cl}_1\mathrm{cl}_2\mathrm{cl}_1\mathrm{cl}_2K=\mathrm{cl}_1\mathrm{cl}_2K,\qquad \forall K,$$

这确实成立，现表达如下。

**定理 34.1**　如果 $K$ 为定义在 $\mathbf{R}^m\times\mathbf{R}^n$ 上的鞍函数，则 $K$ 的下闭包是下闭鞍函数且 $K$ 的上闭包是上闭鞍函数。

**证明**　我们假设 $K$ 为凹凸函数。设 $F$ 为映 $\mathbf{R}^m$ 到 $\mathbf{R}^n$ 的双重函数，并且定义为 $F\boldsymbol{u}=K(\boldsymbol{u},\cdot)^*$。由定理 33.1 知道 $F$ 为凸的且

$$\langle F\boldsymbol{u},\boldsymbol{x}^*\rangle=(\mathrm{cl}_2K)(\boldsymbol{u},\boldsymbol{x}^*).$$

将关于 $\boldsymbol{u}$ 闭包运算应用于方程的两边，由定理 33.2 得到

$$\langle \boldsymbol{u},F^*\boldsymbol{x}^*\rangle=(\mathrm{cl}_1\mathrm{cl}_2K)(\boldsymbol{u},\boldsymbol{x}^*).$$

因为 $F^*$ 为闭凹双重函数（定理 30.1），由定理 33.3 可得到 $\mathrm{cl}_1\mathrm{cl}_2K$ 为上闭凹-凸函数。关于下闭包运算的证明为类似的。

如在定理 33.3 前面所解释的原因那样对于定理 33.3，不能指望通过对 $\mathrm{cl}_1$ 和 $\mathrm{cl}_2$ 的重复应用从任意给定的鞍函数 $K$ 得到一个既为下闭的、又为上闭的鞍函数。一般地，下闭包运算和上闭包运算不会产生完全相同的结果：

$$\mathrm{cl}_2\mathrm{cl}_1K\neq\mathrm{cl}_1\mathrm{cl}_2K.$$

这个矛盾是基本的，且在鞍函数理论中起着关键作用。$\mathrm{cl}_2\mathrm{cl}_1K$ 与 $\mathrm{cl}_1\mathrm{cl}_2K$ 之间典型的差别将可以通过例子来说明。

第一个例子中的鞍函数为在 $\mathbf{R}\times\mathbf{R}$ 上定义的凹凸函数。设 $C$ 和 $D$ 为开区间 $(0,1)$。在开正方形上定义 $K$

$$K(u,v)=u^v,\quad 0<u<1,0<v<1.$$

(注意到这个公式确实给出了一个关于 $u$ 凹，关于 $v$ 凸的函数。）为了获得 $K$ 在 $\mathbf{R}\times\mathbf{R}$ 的其余部分上的值，在 $C\times D$ 上采取下简单延拓或上简单延拓的办法。（选择哪一种延拓都是一样的。）读者可以验证（作为很好的练习以便理解鞍函数闭包运算的本质）

$$(\mathrm{cl}_1\mathrm{cl}_2K)(u,v)=\begin{cases}u^v,u\in[0,1],v\in[0,1],(u,v)\neq(0,0),\\1,(u,v)=(0,0),\\+\infty,u\in[0,1],v\notin[0,1],\\-\infty,u\notin[0,1],v\in[0,1],\\+\infty,u\notin[0,1],v\notin[0,1],\end{cases}$$

$$(\mathrm{cl}_2\mathrm{cl}_1K)(u,v)=\begin{cases}u^v,u\in[0,1],v\in[0,1],(u,v)\neq(0,0),\\0,(u,v)=(0,0),\\+\infty,u\in[0,1],v\notin[0,1],\\-\infty,u\notin[0,1],v\in[0,1],\\-\infty,u\notin[0,1],v\notin[0,1].\end{cases}$$



因此，$\mathrm{cl}_2\mathrm{cl}_1K$ 与 $\mathrm{cl}_1\mathrm{cl}_2K$ 在两个地方不同。稍微不重要的地方是当 $\boldsymbol{u}\notin[0,1]$和 $\boldsymbol{v}\notin[0,1]$时，一个函数有值$+\infty$，而另外一个函数有值$-\infty$。我们后面将会看到，从某种程度上讲，这个差异，即使在极小极大理论中也有意义，仅仅为我们习惯处理的$\pm\infty$的推论。真有趣的分歧是在坐标原点，因为一个函数的函数值为 1 而另外一个函数的值为 0。这反映函数 $u^v$ 在单位正方形上的内在性质：没有办法定义 $0^0$ 而使 $u^v$ 在顶角 $(0,0)$ 点既关于 $v$ 下半连续，也关于 $u$ 上半连续。为了使得 $u^v$ 在正方形上为凹凸的，0 和 1 之间的任何值都可以赋予 $0^0$，但是，没有唯一的自然值。

另外一个例子。设 $K$ 为在 $\mathbf{R}\times\mathbf{R}$ 的正象限角上取值为 $u/v$ 的凹-凸函数的下或上简单延拓，则

$$(\mathrm{cl}_1\mathrm{cl}_2K(u,v)=\begin{cases}u/v, u\geqslant 0, v>0,\\-\infty, u<0, v>0,\\+\infty, v\leqslant 0,\end{cases}$$

$$(\mathrm{cl}_2\mathrm{cl}_1K(u,v)=\begin{cases}u/v, u\geqslant 0, v>0,\\0, (u,v)=(0,0),\\+\infty, u\geqslant 0, v\leqslant 0, \text{且}(u,v)\neq(0,0),\\-\infty, u<0.\end{cases}$$

因此，当 $u<0$ 且 $v\leqslant 0$ 时 $\mathrm{cl}_1\mathrm{cl}_2K$ 不同于 $\mathrm{cl}_2\mathrm{cl}_1K$ （$\mathrm{cl}_1\mathrm{cl}_2K$ 具有值 $+\infty$，而 $\mathrm{cl}_2\mathrm{cl}_1K$ 具有值 $-\infty$），且当 $(u,v)=(0,0)$ 时，（$\mathrm{cl}_1\mathrm{cl}_2K$ 具有值 $+\infty$，而 $\mathrm{cl}_2\mathrm{cl}_1K$ 具有值 0）。这个例子的一个显著特征是使 $\mathrm{cl}_2\mathrm{cl}_1K$ 有限的点集与 $\mathrm{cl}_1\mathrm{cl}_2K$ 有限的点集不同，甚至不属于 $\mathbf{R}\times\mathbf{R}$ 中的乘积的集合。

在某些奇特情形，$\mathrm{cl}_1\mathrm{cl}_2K$ 与 $\mathrm{cl}_2\mathrm{cl}_1K$ 是这样的不同，以至于完全无关。设 $K$ 为定义在 $\mathbf{R}\times\mathbf{R}$ 上形如

$$K(u,v)=\begin{cases}+\infty, & uv>0,\\0, & uv=0,\\-\infty, & uv<0,\end{cases}$$

的函数。则显然有等式

$$(\mathrm{cl}_1\mathrm{cl}_2K)(u,v)=\begin{cases}0, & u=0,\\-\infty, & u\neq 0,\end{cases}$$

$$(\mathrm{cl}_2\mathrm{cl}_1K)(u,v)=\begin{cases}0, & v=0,\\+\infty, & v\neq 0.\end{cases}$$

注意到 $K(u,v)$ 取有限值的点不足以构成凸集的乘积。

在 $u^v$ 的例子中，显然有

$$\mathrm{cl}_2(\mathrm{cl}_1\mathrm{cl}_2K)=\mathrm{cl}_2\mathrm{cl}_1K,$$
$$\mathrm{cl}_1(\mathrm{cl}_2\mathrm{cl}_1K)=\mathrm{cl}_1\mathrm{cl}_2K.$$



因此，$\mathrm{cl}_1$ 与 $\mathrm{cl}_2$ 的进一步应用仅仅产生下闭包和上闭包之间的振荡，除此之外不会有别的结果。确实，凹-凸函数 $\overline{K}=\mathrm{cl}_1\mathrm{cl}_2K$ 与 $\underline{K}=\mathrm{cl}_2\mathrm{cl}_1K$ 满足关系

$$\mathrm{cl}_1\underline{K}=\overline{K}, \mathrm{cl}_2\overline{K}=\underline{K}.$$

所以，由推论 33.3.1 知道，存在唯一的映 $\mathbf{R}$ 到 $\mathbf{R}$ 的闭凸双重函数 $F$ 使

$$(\mathrm{cl}_2\mathrm{cl}_1K)(u,v)=\langle Fu,v\rangle,$$
$$(\mathrm{cl}_1\mathrm{cl}_2K)(u,v)=\langle u,F^*v\rangle.$$

在 $u/v$ 的例子中情形完全相同。然而，在一些奇特的例子中，函数 $\mathrm{cl}_1\mathrm{cl}_2K$ 与 $\mathrm{cl}_2\mathrm{cl}_1K$ 为全闭的，也是不同的，应用 $\mathrm{cl}_1$ 与 $\mathrm{cl}_2$ 不能把一个函数转换成为另外一个函数。

鞍函数有效域的概念在刻画下闭包和上闭包的结构上是有用的。给定在 $\mathbf{R}^m\times$

$\mathbf{R}^n$ 上定义的凹-凸函数 $K$，我们定义

$$\mathrm{dom}_1 K=\{u \mid K(u,v)>-\infty, \forall v\},$$
$$\mathrm{dom}_2 K=\{v \mid K(u,v)<+\infty, \forall u\}.$$

注意到 $\mathrm{dom}_2 K$ 为凸函数 $K(u,\cdot)$ 的有效域当 $u$ 在 $\mathbf{R}^m$ 上取值时的交集，而 $\mathrm{dom}_1 K$ 为凹函数 $K(\cdot,v)$的有效域当 $v$ 在 $\mathbf{R}^n$ 上取值时的交集。特别地，$\mathrm{dom}_1 K$ 为 $\mathbf{R}^m$ 中的凸集，$\mathrm{dom}_2 K$ 为 $\mathbf{R}^n$ 中的凸集。(凸) 乘积集

$$\mathrm{dom}K=\mathrm{dom}_1 K\times \mathrm{dom}_2 K$$

称为 $K$ 的有效域，因为当 $u\in \mathrm{dom}_1 K$ 且 $v\in \mathrm{dom}_2 K$ 时，$K$ 在 $\mathrm{dom}K$ 上为有限的。然而，正如在 $u/v$ 的例子中一样，在 $\mathrm{dom}K$ 以外的点上 $K$ 也可能为有限的。如果 $\mathrm{dom}K\neq\varnothing$，则称 $K$ 为正常的。

如果 $K$ 为定义在非空凸集 $C\times D$ 上的鞍函数的下简单延拓，则有 $\mathrm{dom}_1 K=C$ 且 $\mathrm{dom}_2 K=D$，从而，

$$\mathrm{dom}K=C\times D$$

且 $K$ 为正常的。当 $K$ 为上简单延拓时有类似结果。定义在 $\mathbf{R}^m\times\mathbf{R}^n$ 上的两个凹-凸函数 $K$ 和 $L$ 为如果满足 $\mathrm{cl}_1 K=\mathrm{cl}_1 L$ 且 $\mathrm{cl}_2 K=\mathrm{cl}_2 L$，则称它们为等价的 。例如，定义在凸 $C\times D\neq\varnothing$上的有限鞍函数的下简单延拓和上简单延拓为等价的。由关于凹-凸函数闭包运算的性质知道，等价的鞍函数一定几乎相等。

如果 $\mathrm{cl}_1 K$ 与 $\mathrm{cl}_2 K$ 都等价于 $K$，则称 $K$ 为闭的。注意到

$$\mathrm{cl}_1\mathrm{cl}_1 K=\mathrm{cl}_1 K,\quad \mathrm{cl}_2\mathrm{cl}_2 K=\mathrm{cl}_2 K,$$

所以，条件

$$\mathrm{cl}_1\mathrm{cl}_2 K=\mathrm{cl}_1 K,\quad \mathrm{cl}_2\mathrm{cl}_1 K=\mathrm{cl}_2 K,$$

为 $K$ 为闭的鞍函数的必要充分条件。一个显然的结果是，如果 $K$ 为闭的且 $L$ 等价于 $K$，则 $L$ 为闭的。

**定理 34.2**　给定映 $\mathbf{R}^m$ 到 $\mathbf{R}^n$ 的闭凸双重函数 $F$，记

$$\underline{K}(\boldsymbol{u},\boldsymbol{x}^*)=\langle F\boldsymbol{u},\boldsymbol{x}^*\rangle,\quad \overline{K}(\boldsymbol{u},\boldsymbol{x}^*)=\langle \boldsymbol{u},F^*\boldsymbol{x}^*\rangle.$$

设定义在 $\mathbf{R}^m\times\mathbf{R}^n$ 上且满足 $\underline{K}\leqslant K\leqslant\overline{K}$ 的所有凹凸函数 $K$ 的集合为 $\Omega(F)$。则 $\Omega(F)$ 为等价类（包含 $\underline{K}$ 和 $\overline{K}$）且 $\Omega(F)$ 中的所有函数都为闭的。相反，对每个闭凹-凸函数的等价类，都存在唯一凸双重函数 $F$ 使其具有 $\Omega(F)$ 的形式。

对于 $\Omega(F)$ 中的 $F$，有

$$\mathrm{cl}_1 K=\overline{K},\mathrm{cl}_2 K=\underline{K},$$
$$\mathrm{dom}K=\mathrm{dom}F\times\mathrm{dom}F^*,$$
$$(F\boldsymbol{u})(\boldsymbol{x})=\sup_{\boldsymbol{x}^*}\{\langle\boldsymbol{x},\boldsymbol{x}^*\rangle-K(\boldsymbol{u},\boldsymbol{x}^*)\},$$
$$(F^*\boldsymbol{x}^*)(\boldsymbol{u}^*)=\inf_{\boldsymbol{u}}\{\langle\boldsymbol{u},\boldsymbol{u}^*\rangle-K(\boldsymbol{u},\boldsymbol{x}^*)\}.$$

进一步地，如果 $\boldsymbol{u}\in\mathrm{ri}(\mathrm{dom}F)$或 $\boldsymbol{x}^*\in\mathrm{ri}(\mathrm{dom}F^*)$，则

$$K(\boldsymbol{u},\boldsymbol{x}^*)=\langle F\boldsymbol{u},\boldsymbol{x}^*\rangle=\langle\boldsymbol{u},F^*\boldsymbol{x}^*\rangle.$$

**证明**　首先证明每个闭凹-凸函数的等价类一定包含在唯一一个 $\Omega(F)$ 之中，然后证明 $\Omega(F)$ 中的函数为等价的，并且具有所说的性质，这样将完成定理的证明。

设 $K$ 为定义在 $\mathbf{R}^m\times\mathbf{R}^n$ 上的任意闭凹-凸函数，则

$$\mathrm{cl}_1(\mathrm{cl}_2 K)=\mathrm{cl}_1 K,\quad \mathrm{cl}_2(\mathrm{cl}_1 K)=\mathrm{cl}_2 K.$$

所以，由推论 33.3.1 知道，存在唯一闭凸双重函数 $F$ 使

$$(\mathrm{cl}_2 K)(\boldsymbol{u},\boldsymbol{x}^*)=\langle F\boldsymbol{u},\boldsymbol{x}^*\rangle,\quad (\mathrm{cl}_1 K)(\boldsymbol{u},\boldsymbol{x}^*)=\langle \boldsymbol{u},F^*\boldsymbol{x}^*\rangle.$$

只要 $\mathrm{cl}_2 K\leqslant K\leqslant \mathrm{cl}_1 K$，则 $K$ 一定属于 $\Omega(F)$。进一步地，如果 $L$ 为等价于 $K$ 的凹-凸函数，则

$$\mathrm{cl}_2 K=\mathrm{cl}_2 L\leqslant L\leqslant \mathrm{cl}_1 L=\mathrm{cl}_1 K.$$

因此，$L$ 一定属于 $\Omega(F)$.

现设 $K$ 为 $\Omega(F)$ 中任意一个元素，由定理 33.2 知道

$$\mathrm{cl}_1\overline{K}=\mathrm{cl}_1\mathrm{cl}_1\underline{K}=\mathrm{cl}_1\underline{K}=\overline{K},$$

$$\mathrm{cl}_2\underline{K}=\mathrm{cl}_2\mathrm{cl}_2\overline{K}=\mathrm{cl}_2\overline{K}=\underline{K}.$$

因为 $\underline{K}\leqslant K\leqslant\overline{K}$，这便说明

$$\mathrm{cl}_1 K=\overline{K},\quad \mathrm{cl}_2 K=\underline{K},$$

因此 $\mathrm{cl}_1\mathrm{cl}_2 K=\mathrm{cl}_1 K$，$\mathrm{cl}_2\mathrm{cl}_1 K=\mathrm{cl}_2 K$。所以，$K$ 为闭的且等价于 $\underline{K}$ 和 $\overline{K}$。因为凸函数 $K(\boldsymbol{u},\cdot)$以 $\underline{K}(\boldsymbol{u},\cdot)$为其闭包，所以有

$$K(\boldsymbol{u},\cdot)^*=\underline{K}(\boldsymbol{u},\cdot)^*=F\boldsymbol{u},\forall\boldsymbol{u}.$$

特别地，得到 $\boldsymbol{u}\notin\mathrm{dom}_1 K$ 当且仅当 $F\boldsymbol{u}$ 为常函数$+\infty$，即 $\boldsymbol{u}\notin\mathrm{dom}_1 F$。同理，

$$K(\cdot,\boldsymbol{x}^*)^*=\overline{K}(\cdot,\boldsymbol{x}^*)^*=F^*\boldsymbol{x}^*,\forall\boldsymbol{x}^*,$$

且得到 $\boldsymbol{x}^*\notin\mathrm{dom}_2 K$ 当且仅当 $F^*\boldsymbol{x}^*$ 为常函数$-\infty$，即 $\boldsymbol{x}^*\notin\mathrm{dom}_1 F^*$。这便证明了

$$\mathrm{dom}_1 K\times\mathrm{dom}_2 K=\mathrm{dom}F\times\mathrm{dom}F^*,$$



且用 $K$ 表示 $F$ 和 $F^*$ 的公式是正确的。定理的最后论断由推论 33.2.1 而得到。

**推论 34.2.1**　设 $K$ 为定义在 $\mathbf{R}^m\times\mathbf{R}^n$ 上的闭鞍函数，且设 $L$ 为等价于 $K$ 的鞍函数，则 $\mathrm{dom}L=\mathrm{dom}K$，且只要 $\boldsymbol{u}\in\mathrm{ri}(\mathrm{dom}_1 K)$ 或 $\boldsymbol{v}\in\mathrm{ri}(\mathrm{dom}_2 K)$ 就有 $L(\boldsymbol{u},\boldsymbol{v})=K(\boldsymbol{u},\boldsymbol{v})$。

**推论 34.2.2**　下闭或上闭（或全闭）的鞍函数为闭的。每个闭的鞍函数的等价类含有唯一一个下闭函数（类中最小的成员）和唯一一个上闭函数。

**证明**　由定理 33.3 得到。

对于闭凸双重函数 $F$ 来说，定理 34.2 中的类 $\Omega(F)$ 由所有与函数

$$(\boldsymbol{u},\boldsymbol{x}^*)\to\langle F\boldsymbol{u},\boldsymbol{x}^*\rangle$$

等价的凹-凸函数组成。对于闭凹双重函数 $G$，用 $\Omega(G)$ 表示所有与函数

$$(\boldsymbol{x}^*,\boldsymbol{u})\to\langle\boldsymbol{x}^*,G\boldsymbol{u}\rangle$$

等价的凹-凸函数。(这样，在 $\Omega$ 的概念下，我们总是说凹-凸函数而不说凸-凹函数。) 因此，对于闭凸函数 $F$ 的凹自伴 $F^*$，$\Omega(F^*)$ 总是由等价于

$$(\boldsymbol{u},\boldsymbol{x}^*)\to\langle \boldsymbol{v},F^*\boldsymbol{x}^*\rangle$$

的凹-凸函数所构成。

由定理 34.2，存在凹-凸函数 $K$ 使

$$\langle F\boldsymbol{u},\boldsymbol{x}^*\rangle\leqslant K(\boldsymbol{u},\boldsymbol{x}^*)\leqslant\langle \boldsymbol{u},F^*\boldsymbol{x}^*\rangle,\ \forall \boldsymbol{u},\forall \boldsymbol{x}^*$$

且有

$$\Omega(F^*)=\Omega(F).$$

后者可被看作是对于定义了线性变换 $A$ 的自伴的关系

$$(A\boldsymbol{u},\boldsymbol{x}^*)\to\langle \boldsymbol{u},A^*\boldsymbol{x}^*\rangle$$

“真真”的推论。$\Omega(F)$ 中的鞍函数的性质与 $F$ 的性质有哪些关系？如果 $F$ 为正常的，则由定理 30.1 知道 $F^*$ 也是正常的，所以 $\mathrm{dom}F\neq\varnothing$ 且 $\mathrm{dom}F^*\neq\varnothing$。因为由定理 34.2 知道 $\mathrm{dom}K\neq\varnothing$，所以每个 $K\in\Omega(F)$ 都是正常的。另一方面，如果 $F$ 为不正常的闭凸双重函数，$F$ 的图恒为 $+\infty$ 或恒为 $-\infty$。对于第一种情况我们有

$$\langle F\boldsymbol{u},\boldsymbol{x}^*\rangle=\langle \boldsymbol{u},F^*\boldsymbol{x}^*\rangle=-\infty,\qquad \forall \boldsymbol{u},\forall \boldsymbol{x}^*.$$

而对于第二种情况有

$$\langle F\boldsymbol{u},\boldsymbol{x}^*\rangle=\langle \boldsymbol{u},F^*\boldsymbol{x}^*\rangle=+\infty,\qquad \forall \boldsymbol{u},\forall \boldsymbol{x}^*.$$

有下列结果。

**推论 34.2.3**　定义在 $\mathbf{R}^m\times\mathbf{R}^n$ 上的唯一非正常闭鞍函数为常函数 $+\infty$ 或 $-\infty$ (它们不为等价的)。

不需要进一步的定理 (ado)，就可以对某些正常闭鞍函数的等价类进行刻画。

**推论 34.2.4**　设 $C$ 和 $D$ 分别为定义在 $\mathbf{R}^m$ 和 $\mathbf{R}^n$ 上的非空闭凸集，$K$ 为定义在 $C\times D$ 上的有限连续凹凸函数。令 $\Omega$ 为 $K$ 向 $\mathbf{R}^m\times\mathbf{R}^n$ 的所有满足

$$K(\boldsymbol{u},\boldsymbol{v})=\begin{cases}+\infty, \boldsymbol{u}\in C,\boldsymbol{v}\notin D,\\ -\infty, \boldsymbol{u}\in C,\boldsymbol{v}\in D.\end{cases}$$

的凹-凸延拓所构成的类 ($K$ 的下简单延拓和上简单延拓分别为 $\Omega$ 中的最小和最大元素)，则 $\Omega$ 为正常闭鞍函数的等价类。

**证明**　由定理 34.2 和推论 33.3.3 立即得到。

我们现在证明正常闭鞍函数等价类的一般结构要更为复杂。

**定理 34.3**　设 $K$ 为定义在 $\mathbf{R}^m\times\mathbf{R}^n$ 上的正常凹-凸函数，$C=\mathrm{dom}_1K$ 及 $D=\mathrm{dom}_2K$。为使 $K$ 为闭的当且仅当 $K$ 满足下列性质：

(a) 对于每个 $\boldsymbol{u}\in\mathrm{ri}C$，$K(\boldsymbol{u},\cdot)$ 为以 $D$ 为有效域的闭正常凸函数。

(b) 对于每个 $\boldsymbol{u}\in(C\setminus\mathrm{ri}C)$，$K(\boldsymbol{u},\cdot)$ 为有效域介于 $D$ 和 $\mathrm{cl}D$ 之间的正常凸函数。

(c) 对于每个 $\boldsymbol{u}\notin C$，$K(\boldsymbol{u},\cdot)$ 为在整个 $\mathrm{ri}D$ 上取为 $-\infty$ 的非正常凸函数 (如果

$u \notin \mathrm{cl}C$ 时为整个 $D$ 本身)。

(d) 对于每个 $v \in \mathrm{ri}D$,$K(\cdot, v)$为以 $C$ 为有效域的闭正常凹函数。

(e) 对于每个 $v \in (D/\mathrm{ri}D)$,$K(\cdot, v)$为有效域介于 $C$ 和 $\mathrm{cl}C$ 之间的正常凹函数。

(f) 对于每个 $v \notin D$,$K(\cdot, v)$为在整个 $\mathrm{ri}C$ 上取$+\infty$的非正常凹函数(如果 $v \notin \mathrm{cl}D$ 时为整个 $C$ 本身)。

**证明**　假设 $K$ 为闭的。设 $F$ 为如定理 34.2 中满足 $K \in \Omega(F)$ 并映 $\mathbf{R}^m$ 到 $\mathbf{R}^n$ 的唯一闭正常凸双重函数,则 $C = \mathrm{dom}F$,且 $D = \mathrm{dom}F^*$。设 $\underline{K}(u, v) = \langle Fu, v\rangle$ 且 $\overline{K}(u, v) = \langle u, F^* v\rangle$。我们有

$$\underline{K}(u, v) > -\infty, \forall v, u \in C,$$
$$\underline{K}(u, v) > -\infty, \forall v, u \notin C,$$
$$\overline{K}(u, v) < +\infty, \forall u, v \in D,$$
$$\overline{K}(u, v) < +\infty, \forall u, v \notin D.$$

对于每个 $u$,凸函数 $K(u, \cdot)$介于凸函数 $\overline{K}(u, \cdot)$及 $K(u, \cdot)$的闭包之间,当$u \in \mathrm{ri}C$ 时三个函数相等(定理 34.2)。$\pm\infty$关系说明,对于每个 $u \in C$,$\overline{K}(u, \cdot)$以 $D$ 为有效域且 $\underline{\mathbf{K}}(u, \cdot)$为正常的。由此以及凸函数闭包运算的基本性质立即得到性质(a)和性质(b)。性质(d)和性质(c)的证明为类似的。性质(c)和性质(f)为性质(a)、性质(b)、性质(d)和性质(e)的简单结论。

反过来,设 $K$ 具有性质(a)和性质(f)。由性质(a)知道当 $u \in \mathrm{ri}C$ 时

$$(\mathrm{cl}_2 K)(u, v) = K(u, v), \forall v,$$

另一方面,由性质(c)知道,当 $u \notin C$ 时

$$(\mathrm{cl}_2 K)(u, v) = -\infty, \forall v.$$

因此,对于每个 $v \notin D$,凹函数$(\mathrm{cl}_2 K)(\cdot, v)$与 $K(\cdot, v)$都为不正常的,在 $\mathrm{ri}C$ 上取值$+\infty$。对于每个 $v \in D$,$(\mathrm{cl}_2 K)(\cdot, v)$与 $K(\cdot, v)$为正常的,它们的有效域有相同的相对内部,比如说 $\mathrm{ri}C$,在 $\mathrm{ri}C$ 上它们相等。由此知道,对于每个 $v$,$(\mathrm{cl}_2 K)(\cdot, v)$与 $K(\cdot, v)$具有相同的(凹)闭包,即 $\mathrm{cl}_1 \mathrm{cl}_2 K = \mathrm{cl}_1 K$。同理得到 $\mathrm{cl}_2 \mathrm{cl}_1 K = \mathrm{cl}_2 K$。因此 $K$ 为闭的。

如我们已经看到的,鞍函数 $K$ 当限制在 $\mathrm{dom}K$ 上时为定义在凸集的乘积上的鞍函数。将 $K$ 限制到

$$\mathrm{ri}(\mathrm{dom}K) = \mathrm{ri}(\mathrm{dom}_1 K) \times \mathrm{ri}(\mathrm{dom}_2 K)$$

上,则被称其为 $K$ 的核(Kernel)。

**定理 34.4**　定义在 $\mathbf{R}^m \times \mathbf{R}^n$ 上的两个闭正常凹-凸函数等价当且仅当它们有相同的核。

**证明**　设 $K$ 和 $L$ 为定义在 $\mathbf{R}^m \times \mathbf{R}^n$ 上的两个闭正常凹-凸函数。如果 $L$ 等价于 $K$,则由推论 34.2.1 知道 $L$ 与 $K$ 有相同的核。反过来,假设 $L$ 与 $K$ 有相同的核,则 $K$ 和 $L$ 的有效域有相同的相对内部。记

$$C'=\mathrm{ri}(\mathrm{dom}_1 K)=\mathrm{ri}(\mathrm{dom}_1 L)$$
$$D'=\mathrm{ri}(\mathrm{dom}_2 K)=\mathrm{ri}(\mathrm{dom}_2 L)$$

定理 34.3 的性质（a）说明，对于每个 $\boldsymbol{u}\in C'$，凸函数 $K(\boldsymbol{u},\cdot)$ 为闭的且以 $D'$ 为其有效域的相对内部；$L(\boldsymbol{u},\cdot)$ 类似。因为 $L$ 与 $K$ 有相同的核，当 $\boldsymbol{u}\in C'$，时 $K(\boldsymbol{u},\cdot)$ 与 $L(\boldsymbol{u},\cdot)$ 在 $D'$ 上相同。因为闭凸函数由其在有效域的相对内部上的值唯一确定，因此，当 $\boldsymbol{u}\in C'$ 时，$K(\boldsymbol{u},\cdot)$ 与 $L(\boldsymbol{u},\cdot)$ 在整个 $\mathbf{R}^n$ 上相同。特别地，由定理 34.3 的性质（a）知道 $\mathrm{dom}_2 K$ 与 $\mathrm{dom}_2 L$ 一定为相同的凸集 $D$。当 $\boldsymbol{u}\in C'$ 时 $K(\boldsymbol{u},\cdot)$ 与 $L(\boldsymbol{u},\cdot)$ 的一致性能够另外表示：对于每个 $\boldsymbol{v}\in\mathbf{R}^n$，凹函数 $K(\cdot,\boldsymbol{v})$ 与 $L(\cdot,\boldsymbol{v})$ 在 $C'$ 上相同。由定理 34.3 的（d）、（e）和（f）知道，当 $\boldsymbol{v}\in D$ 时 $K(\cdot,\boldsymbol{v})$ 与 $L(\cdot,\boldsymbol{v})$ 为正常的且以 $C'$ 为其有效域的相对内部，然而，当 $\boldsymbol{v}\notin D$ 时都是非正常的，并且在整个 $C'$ 上以 $+\infty$ 为函数值。因此，对于每个 $\boldsymbol{v}\in\mathbf{R}^n$，$K(\cdot,\boldsymbol{v})$ 与 $L(\cdot,\boldsymbol{v})$ 有相同的（凹的）闭包，即 $\mathrm{cl}_1 K=\mathrm{cl}_1 L$。同理得到 $\mathrm{cl}_2 K=\mathrm{cl}_2 L$。因此，$L$ 等价于 $K$。

按照定理 34.4，每个闭正常鞍函数类都有唯一、确定的核，等价类之间的对应与核之间的对应为一一对应。每个核都定义在由相对开凸集的非空乘积的集合上。是否后者类中的每个函数都是某些闭正常鞍-函数等价类的核？答案是肯定的。为证明这个结论，我们需要再次检查下、上闭包运算。

定义在 $\mathbf{R}^m\times\mathbf{R}^n$ 上的凹-凸函数 $K$ 被称为简单的，如果对于每个 $\boldsymbol{u}\in\mathrm{ri}(\mathrm{dom}_1 K)$，凸函数 $K(\boldsymbol{u},\cdot)$ 的有效域包含于 $\mathrm{cl}(\mathrm{dom}_2 K)$ 之中且对于每个 $\boldsymbol{v}\in\mathrm{ri}(\mathrm{dom}_2 K)$，凹函数 $K(\cdot,\boldsymbol{v})$ 的有效域包含于 $\mathrm{cl}(\mathrm{dom}_1 K)$ 之中。

符合我们意图且最重要的简单鞍函数的例子为定义在凸集 $C\times D$ 上的有限鞍函数的下、上简单延拓。由定理 34.3 知道，每个闭正常鞍-函数都为简单的。作为练习，读者能够证明，每个形如

$$K(\boldsymbol{u},\boldsymbol{x}^*)=\langle F\boldsymbol{u},\boldsymbol{x}^*\rangle$$

（$F$ 为映 $\mathbf{R}^m$ 到 $\mathbf{R}^n$ 上的凸或凹双重函数）的鞍函数都是简单的。进一步可以证明，每个有效域具有非空内部的鞍函数都是简单的。已经遇到过定义在 $\mathbf{R}\times\mathbf{R}$ 上的凹-凸函数，但不是简单的例子：

$$K(\boldsymbol{u},\boldsymbol{v})=\begin{cases}+\infty, & \boldsymbol{uv}>0,\\ 0, & \boldsymbol{uv}=0,\\ -\infty, & \boldsymbol{uv}<0.\end{cases}$$

**定理 34.5**　设 $K$ 为定义在 $\mathbf{R}^m\times\mathbf{R}^n$ 上的正常凹-凸函数，并且为简单的，则下闭包 $\mathrm{cl}_2\mathrm{cl}_1 K$ 和上闭包 $\mathrm{cl}_1\mathrm{cl}_2 K$ 为等价的且 $\mathrm{cl}_2\mathrm{cl}_1 K\leqslant\mathrm{cl}_1\mathrm{cl}_2 K$。介于 $\mathrm{cl}_2\mathrm{cl}_1 K$ 与 $\mathrm{cl}_1\mathrm{cl}_2 K$ 之间的凹-凸函数形成与 $K$ 为相同核的闭正常凹-凸函数组成的等价类。

**证明**　我们首先证明 $\mathrm{cl}_2 K$ 为简单的且与 $K$ 有相同的核。由 $\mathrm{dom}_1 K$ 和 $\mathrm{dom}_2 K$ 的定义知道当 $\boldsymbol{u}\notin\mathrm{dom}_1 K$ 时，凸函数 $K(\boldsymbol{u},\cdot)$ 取值 $-\infty$，然而，当 $\boldsymbol{u}\in\mathrm{dom}_1 K$ 时 $K(\boldsymbol{u},\cdot)$ 的有效域包括了非空集合 $\mathrm{dom}_2 K$ 且 $K(\boldsymbol{u},\cdot)$ 为正常的。因此，当 $\boldsymbol{u}\notin$

$\mathrm{dom}_1K$ 时 $(\mathrm{cl}_2K)(\boldsymbol{u},\cdot)$ 为常函数 $-\infty$，而当 $\boldsymbol{u}\in\mathrm{dom}_1K$ 时，$(\mathrm{cl}_2K)(\boldsymbol{u},\cdot)$ 为有效域包含 $\mathrm{dom}_2K$ 的正常凸函数。这便说明

$$\mathrm{dom}_1(\mathrm{cl}_2K)=\mathrm{dom}_1K,\quad \mathrm{dom}_2(\mathrm{cl}_2K)\supset\mathrm{dom}_2K$$

且事实上 $\mathrm{dom}_1K$ 为每个凹函数 $(\mathrm{cl}_2K)(\cdot,\boldsymbol{v})$ 的有效域。因为 $K$ 为简单的，对于每个 $\boldsymbol{u}\in\mathrm{ri}(\mathrm{dom}_1K)$ 凸函数 $(\mathrm{cl}_2K)(\boldsymbol{u},\cdot)$ 在 $\mathrm{ri}(\mathrm{dom}_2K)$ 上确实与 $K(\boldsymbol{u},\cdot)$ 相同，它的有效域包含在 $\mathrm{cl}(\mathrm{dom}_2K)$ 之中。因此，

$$\mathrm{dom}_2(\mathrm{cl}_2K)\subset\mathrm{cl}(\mathrm{dom}_2K)$$

且 $\mathrm{dom}_2(\mathrm{cl}_2K)$ 与 $\mathrm{dom}_2K$ 有相同的相对内部和闭包。由此得到 $\mathrm{cl}_2K$ 为简单的，且它的有效域的相对内部与 $\mathrm{ri}(\mathrm{dom}K)$ 相同。因为 $\mathrm{cl}_2K$ 与 $K$ 在 $\mathrm{ri}(\mathrm{dom}K)$ 上相同。所以 $\mathrm{cl}_2K$ 的核与 $K$ 相同。这便证明运算 $\mathrm{cl}_2$ 保持简单正常凹-凸函数类及其核。相同推导知道 $\mathrm{cl}_1$ 也具有相同的性质。因此，$\mathrm{cl}_2\mathrm{cl}_1K$ 与 $\mathrm{cl}_1\mathrm{cl}_2K$ 一定为与 $K$ 具有相同核的简单正常凹-凸函数。因为 $\mathrm{cl}_2\mathrm{cl}_1K$ 为下闭的且 $\mathrm{cl}_1\mathrm{cl}_2K$ 为上闭的（定理 34.1），这两种函数特别为闭的（推论 34.2.2），由定理 34.4 知道，它们一定等价。由定理 34.4 知道，等价于 $\mathrm{cl}_2\mathrm{cl}_1K$ 及 $\mathrm{cl}_1\mathrm{cl}_2K$ 的鞍函数与 $K$ 有相同的核。等价类含有唯一的下闭 $\underline{K}$ 和上闭 $\overline{K}$ 且 $\underline{K}\leqslant\overline{K}$，它由介于 $\underline{K}$ 和 $\overline{K}$ 之间的凹-凸函数所组成（定理 34.2）。函数 $\underline{K}$ 和 $\overline{K}$ 一定分别为 $\mathrm{cl}_2\mathrm{cl}_1K$ 与 $\mathrm{cl}_1\mathrm{cl}_2K$。

**推论 34.5.1**　设 $C$ 和 $D$ 分别为 $\mathbf{R}^m$ 和 $\mathbf{R}^n$ 中的非空凸集，且 $K$ 为定义在 $C\times D$ 上的凹-凸函数，则唯一存在在 $\mathbf{R}^m\times\mathbf{R}^n$ 上定义的，其核为 $K$ 在 $C\times D$ 的相对内部上的限制的闭正常凹-凸函数的等价类。

**证明**　为证明具有此种核的等价类的存在性，只需应用定理于 $K$ 在整个 $\mathbf{R}^m\times\mathbf{R}^n$ 上的简单延拓即可。由定理 34.4 知道，这个类为唯一的。

## 第 35 节　鞍函数的连续性与可微性



本节的目的是证明关于凸函数正则性的一些结果，如连续性和可微性，如何能够推广到鞍函数上去。首先将处理第 10 节中的连续性和收敛性定理。

**定理 35.1**　设 $C$ 和 $D$ 分别为 $\mathbf{R}^m$ 和 $\mathbf{R}^n$ 中的相对开凸集，$K$ 为定义在 $C\times D$ 上的有限凹-凸函数，则它们相对于 $C\times D$ 为连续。事实上，$K$ 在 $C\times D$ 的每个闭有界子集上均为 Lipschitz 的。

**证明**　只要证明 $K$ 在 $S\times T$ 上为 Lipschitz 即可，其中 $S$ 和 $T$ 分别为 $C$ 和 $D$ 中的任意闭的有界子集。由定理 10.1 知道，对于每个 $\boldsymbol{v}\in D$，$K(\boldsymbol{u},\boldsymbol{v})$ 为 $\boldsymbol{u}\in C$ 的连续函数，对于每个 $\boldsymbol{u}\in C$，$K(\boldsymbol{u},\boldsymbol{v})$ 为 $\boldsymbol{v}\in D$ 的连续函数。因此，凹函数 $K(\cdot,\boldsymbol{v}),\boldsymbol{v}\in T$，的集合在 $C$ 上为点态有界的，由定理 10.6 知道在 $S$ 上为等-Lipschitz 的。因此，存在非负实数 $\alpha_1$ 使

$$|K(\boldsymbol{u}',\boldsymbol{v})-K(\boldsymbol{u},\boldsymbol{v})|\leqslant\alpha_1|\boldsymbol{u}'-\boldsymbol{u}|,\quad\forall\boldsymbol{u}',\boldsymbol{u}\in S,\forall\boldsymbol{v}\in T.$$

同时，凸函数 $K(\boldsymbol{u},\cdot),\boldsymbol{u}\in S$，的集合在 $T$ 上为点态有界的，所以，存在非负实数 $\alpha_2$ 使

$$|K(\boldsymbol{u},\boldsymbol{v}')-K(\boldsymbol{u},\boldsymbol{v})|\leqslant\alpha_2|\boldsymbol{v}'-\boldsymbol{v}|,\quad\forall\boldsymbol{v}',\boldsymbol{v}\in T,\forall\boldsymbol{u}\in S.$$

令 $\alpha=2(\alpha_1+\alpha_2)$。给定 $S\times T$ 中任意两个点 $(\boldsymbol{u},\boldsymbol{v})$ 和 $(\boldsymbol{u}',\boldsymbol{v}')$，有

$$\begin{aligned}|K(\boldsymbol{u}',\boldsymbol{v}')-K(\boldsymbol{u},\boldsymbol{v})|&\leqslant|K(\boldsymbol{u}',\boldsymbol{v}')-K(\boldsymbol{u},\boldsymbol{v}')|+|K(\boldsymbol{u},\boldsymbol{v}')-K(\boldsymbol{u},\boldsymbol{v})|\\&\leqslant\alpha_1|\boldsymbol{u}'-\boldsymbol{u}|+\alpha_2|\boldsymbol{v}'-\boldsymbol{v}|\leqslant\alpha(|\boldsymbol{u}'-\boldsymbol{u}|+|\boldsymbol{v}'-\boldsymbol{v}|)/2\\&\leqslant\alpha(|\boldsymbol{u}'-\boldsymbol{u}|^2+|\boldsymbol{v}'-\boldsymbol{v}|^2)^{1/2}=\alpha|(\boldsymbol{u}',\boldsymbol{v}')-(\boldsymbol{u},\boldsymbol{v})|.\end{aligned}$$

因此 $K$ 为 Lipschitz 的。

**定理 35.2**　设 $C$ 和 $D$ 分别为 $\mathbf{R}^m$ 和 $\mathbf{R}^n$ 中的相对开凸集，设 $\{K_i\mid i\in I\}$ 为在 $C\times D$ 上定义的有限凹-凸函数的集合。设存在 $C$ 和 $D$ 中的 $C'$ 和 $D'$ 使

$$\operatorname{conv}(\operatorname{cl}(C'\times D'))\supset C\times D$$

且 $\{K_i\mid i\in I\}$ 在 $C'\times D'$ 上为点态有界的，则 $\{K_i\mid i\in I\}$ 相对于 $C\times D$ 中的每个闭有界子集为一致有界和等-Lipschitz 的。

**证明**　只要考虑 $C\times D$ 中形如 $S\times T$ 的有界子集就够了。对于每个 $\boldsymbol{u}\in C'$，凸函数类 $\{K_i(\boldsymbol{u},\cdot)\mid i\in I\}$ 在 $D'$ 上为点态有界的，因此，由定理 10.6 知道，在 $T$ 上为一致有界的。因此，凹函数类

$$\{K_i(\cdot,\boldsymbol{v})|i\in I,\boldsymbol{v}\in T\}$$

在 $C'$ 上为点态有界的，由定理 10.6 知道，它在 $S$ 上为一致有界的且存在一个非负实数 $\alpha_1$ 使

$$|K_i(\boldsymbol{u}',\boldsymbol{v})-K_i(\boldsymbol{u},\boldsymbol{v})|\leqslant\alpha_1|\boldsymbol{u}'-\boldsymbol{u}|,\forall\boldsymbol{u}',\boldsymbol{u}\in S,\forall\boldsymbol{v}\in T,\forall i\in I.$$

采用平行的讨论，则存在非负实数 $\alpha_2$ 使

$$|K_i(\boldsymbol{u},\boldsymbol{v}')-K_i(\boldsymbol{u},\boldsymbol{v})|\leqslant\alpha_2|\boldsymbol{v}'-\boldsymbol{v}|,\forall\boldsymbol{v}',\boldsymbol{v}\in T,\forall\boldsymbol{u}\in S,\forall i\in I.$$

因此，对于 $S\times T$ 中任意两个点 $(\boldsymbol{u},\ \boldsymbol{v})$ 和 $(\boldsymbol{u}',\ \boldsymbol{v}')$ 有

$$|K_i(\boldsymbol{u}',\boldsymbol{v}')-K_i(\boldsymbol{u},\boldsymbol{v})|\leqslant\alpha|(\boldsymbol{u}',\boldsymbol{v}')-(\boldsymbol{u},\boldsymbol{v})|,\forall i\in I,$$

这里，由前一定理的证明中的计算有 $\alpha=2(\alpha_1+\alpha_2)$。



**定理 35.3**　设 $C$ 和 $D$ 分别为 $\mathbf{R}^m$ 和 $\mathbf{R}^n$ 中的相对开凸集，设 $T$ 为任意局部紧拓扑空间。设 $K$ 为定义在 $C\times D\times T$ 上的实值函数，其对于每个 $\boldsymbol{v}$ 和 $t$ 关于 $\boldsymbol{u}$ 为凹的；对于每个 $\boldsymbol{u}$ 和 $t$ 关于 $\boldsymbol{v}$ 为凸的；对于每个 $\boldsymbol{u}$ 和 $\boldsymbol{v}$ 关于 $t$ 为连续的，则 $K$ 在 $C\times D\times T$ 上为连续的，即是关于 $\boldsymbol{u}$，$\boldsymbol{v}$ 和 $t$ 的联合连续性。

如果关于 $t$ 的连续性假设减弱：存在 $C$ 和 $D$ 中的稠密子集 $C'$ 和 $D'$ 使对于每个 $(\boldsymbol{u},\boldsymbol{v})\in C'\times D'$，$K(\boldsymbol{u},\boldsymbol{v},\cdot)$ 为 $T$ 上的连续函数，则上述结论仍然成立。

**证明**　除概念不同之外，其余与定理 10.7 证明相同。定理 35.2 为定理 10.6 的类似结果。

**定理 35.4**　设 $C$ 和 $D$ 分别为 $\mathbf{R}^m$ 和 $\mathbf{R}^n$ 中的相对开凸集，设 $K_1$，$K_2$，…为定义在 $C\times D$ 上的有限凹-凸函数序列。假设对于 $C\times D$ 的稠密子集 $C'\times D'$ 上的任何 $(\boldsymbol{u},\boldsymbol{v})$，$K_1(\boldsymbol{u},\boldsymbol{v})$，$K_2(\boldsymbol{u},\boldsymbol{v})$，…的极限都存在且为有限，则对于每个 $(\boldsymbol{u},\boldsymbol{v})\in C\times D$，

函数

$$K(\boldsymbol{u},\boldsymbol{v})=\lim_{i\to\infty}K_i(\boldsymbol{u},\boldsymbol{v})$$

在 $C\times D$ 上都是有限的并且为凹-凸的。进一步地，序列 $K_1$，$K_2$，…在 $C\times D$ 的每个闭有界子集上都一致收敛于 $K(\boldsymbol{u},\boldsymbol{v})$。

**证明**　除概念有所变化之外，与定理 10.8 同样证明。定理 35.2 再次引导出与定理 10.6 类似的结果。

**定理 35.5**　设 $C$ 和 $D$ 分别为 $\mathbf{R}^m$ 和 $\mathbf{R}^n$ 中的相对开凸集，设 $K_1$，$K_2$，…为定义在 $C\times D$ 上的有限凹-凸函数序列。假设对于 $C\times D$ 的稠密子集 $C'\times D'$上的任何 $(\boldsymbol{u},\boldsymbol{v})$，序列 $K_1(\boldsymbol{u},\boldsymbol{v}),K_2(\boldsymbol{u},\boldsymbol{v}),\cdots$都是有界的，则存在 $K_1$，$K_2$，…的子序列使其在 $C\times D$ 的每个闭有界子集上都一致收敛于某有限凹-凸函数 $K$。

**证明**　模仿定理 10.9 证明的证明方式。定理 35.4 将导致与定理 10.8 的类似结果。

我们现在转来考虑鞍函数的方向导数和次梯度。

设 $K$ 为定义在 $\mathbf{R}^m\times\mathbf{R}^n$ 上的鞍函数，设 $(\boldsymbol{u},\boldsymbol{v})$ 为使 $K$ 为有限的点。当然，$K$ 在 $(\boldsymbol{u},\boldsymbol{v})$ 点处关于 $(\boldsymbol{u}',\boldsymbol{v}')$ 的方向导数定义为极限

$$K'(\boldsymbol{u},\boldsymbol{v};\boldsymbol{u}',\boldsymbol{v}')=\lim_{\lambda\downarrow 0}[K(\boldsymbol{u}+\lambda\boldsymbol{u}',\boldsymbol{v}+\lambda\boldsymbol{v}')-K(\boldsymbol{u},\boldsymbol{v})]/\lambda,$$

只要此极限存在。由定理 23.1 知道方向导数

$$K'(\boldsymbol{u},\boldsymbol{v};\boldsymbol{u}',0)=\lim_{\lambda\downarrow 0}[K(\boldsymbol{u}+\lambda\boldsymbol{u}',\boldsymbol{v})-K(\boldsymbol{u},\boldsymbol{v})]/\lambda,$$

和

$$K'(\boldsymbol{u},\boldsymbol{v};\mathbf{0},\boldsymbol{v}')=\lim_{\lambda\downarrow 0}[K(\boldsymbol{u},\boldsymbol{v}+\lambda\boldsymbol{v}')-K(\boldsymbol{u},\boldsymbol{v})]/\lambda,$$

一定是存在的，但是 $K'(\boldsymbol{u},\boldsymbol{v};\boldsymbol{u}',\boldsymbol{v}')$的存在性是有疑问的。为了简单起见，在后面的大多数内容中，我们将讨论限制在 $\mathrm{dom}K$ 的内点上。

**定理 35.6**　设 $K$ 为定义在 $\mathbf{R}^m\times\mathbf{R}^n$ 上的凹-凸函数，且在开凸集 $C\times D$ 上有限，则对每个$(\boldsymbol{u},\boldsymbol{v})\in \mathrm{C}\times \mathrm{D}$,$K'(\boldsymbol{u},\boldsymbol{v};\boldsymbol{u}',\boldsymbol{v}')$存在，在 $\mathbf{R}^m\times\mathbf{R}^n$ 上关于 $(\boldsymbol{u}',\boldsymbol{v}')$ 为有限的正齐次凹-凸函数。且，

$$K'(\boldsymbol{u},\boldsymbol{v};\boldsymbol{u}',\boldsymbol{v}')=K'(\boldsymbol{u},\boldsymbol{v};\boldsymbol{u}',\mathbf{0})+K'(\boldsymbol{u},\boldsymbol{v};\mathbf{0},\boldsymbol{v}').$$

**证明**　由第 23 节知道，对于每个 $\boldsymbol{u}\in C$ 和 $\boldsymbol{v}\in D$，$K'(\boldsymbol{u},\boldsymbol{v};\mathbf{0},\boldsymbol{v}')$为关于 $\boldsymbol{v}'$的有限正齐次凸函数，$K'(\boldsymbol{u},\boldsymbol{v};\boldsymbol{u}',\mathbf{0})$为关于 $\boldsymbol{u}'$的有限正齐次凹函数。有关 $K'(\boldsymbol{u},\boldsymbol{v};\boldsymbol{u}',\boldsymbol{v}')$的性质从定理中的等式得到，因此，只需要建立此等式即可。我们将证明

$$\limsup_{\lambda\downarrow 0}[K(\boldsymbol{u}+\lambda\boldsymbol{u}',\boldsymbol{v}+\lambda\boldsymbol{v}')-K(\boldsymbol{u},\boldsymbol{v})]/\lambda\leqslant K'(\boldsymbol{u},\boldsymbol{v};\boldsymbol{u}',\mathbf{0})+K'(\boldsymbol{u},\boldsymbol{v};\mathbf{0},\boldsymbol{v}').$$

作为对偶性讨论，将有

$$\liminf_{\lambda\downarrow 0}[K(\boldsymbol{u}+\lambda\boldsymbol{u}',\boldsymbol{v}+\lambda\boldsymbol{v}')-K(\boldsymbol{u},\boldsymbol{v})]/\lambda\geqslant K'(\boldsymbol{u},\boldsymbol{v};\boldsymbol{u}',\mathbf{0})+K'(\boldsymbol{u},\boldsymbol{v};\mathbf{0},\boldsymbol{v}')$$

且 $K'(\boldsymbol{u},\boldsymbol{v};\boldsymbol{u}',\boldsymbol{v}')$的存在性以及定理中的等式将同时得到证明。差商

$$[K(\boldsymbol{u}+\lambda\boldsymbol{u}',\boldsymbol{v}+\lambda\boldsymbol{v}')-K(\boldsymbol{u},\boldsymbol{v})]/\lambda$$

能表示成为

$$([K(\boldsymbol{u}+\lambda\boldsymbol{u}',\boldsymbol{v})-K(\boldsymbol{u},\boldsymbol{v})]/\lambda)+([K(\boldsymbol{u}+\lambda\boldsymbol{u}',\boldsymbol{v}+\lambda\boldsymbol{v}')-K(\boldsymbol{u}+\lambda\boldsymbol{u}',\boldsymbol{v})]/\lambda),$$

其中当 $\lambda\downarrow 0$ 时第一个商有极限 $K'(\boldsymbol{u},\boldsymbol{v};\boldsymbol{u}',\boldsymbol{0})$。我们必须证明

$$\limsup_{\lambda\downarrow 0}[K(\boldsymbol{u}+\lambda\boldsymbol{u}',\boldsymbol{v}+\lambda\boldsymbol{v}')-K(\boldsymbol{u}+\lambda\boldsymbol{u}',\boldsymbol{v})]/\lambda\leqslant K'(\boldsymbol{u},\boldsymbol{v};\boldsymbol{0},\boldsymbol{v}').$$

给定 $\mu>K'(\boldsymbol{u},\boldsymbol{v};\boldsymbol{0},\boldsymbol{v}')$，存在 $\alpha>0$ 使

$$\mu>[K(\boldsymbol{u},\boldsymbol{v}+\alpha\boldsymbol{v}')-K(\boldsymbol{u},\boldsymbol{v})]/\alpha.$$

由定理 35.1，因为 $K$ 在 $C\times D$ 上为连续的，所以，对于充分小的 $\lambda$，$0<\lambda<\alpha$，有

$$\begin{aligned}\mu&>[K(\boldsymbol{u}+\lambda\boldsymbol{u}',\boldsymbol{v}+\alpha\boldsymbol{v}')-K(\boldsymbol{u}+\lambda\boldsymbol{u}',\boldsymbol{v})]/\alpha,\\&\geqslant[K(\boldsymbol{u}+\lambda\boldsymbol{u}',\boldsymbol{v}+\lambda\boldsymbol{v}')-K(\boldsymbol{u}+\lambda\boldsymbol{u}',\boldsymbol{v})]/\lambda.\end{aligned}$$

因此，后一差商的“limsup”不会超过 $\mu$，结果成立。

鞍函数的方向导数对应于某种“次梯度”，类似于纯凸或纯凹函数的情形。给定定义在 $\mathbf{R}^m\times\mathbf{R}^n$ 上的凹一凸函数 $K$，我们定义

$$\partial_1 K(\boldsymbol{u},\boldsymbol{v})=\partial_{\boldsymbol{u}}K(\boldsymbol{u},\boldsymbol{v})$$

为凹函数 $K(\cdot,\boldsymbol{v})$在点 $\boldsymbol{u}$ 处所有次梯度的集合，即满足

$$K(\boldsymbol{u}',\boldsymbol{v})\leqslant K(\boldsymbol{u},\boldsymbol{v})+\langle\boldsymbol{u}^*,\boldsymbol{u}'-\boldsymbol{u}\rangle,\ \forall\,\boldsymbol{u}'\in\mathbf{R}^m.$$

的所有向量 $\boldsymbol{u}^*\in\mathbf{R}^m$ 的集合。类似定义

$$\partial_2 K(\boldsymbol{u},\boldsymbol{v})=\partial_{\boldsymbol{v}}K(\boldsymbol{u},\boldsymbol{v})$$

为凸函数 $K(\boldsymbol{u},\cdot)$在点 $\boldsymbol{v}$ 处所有次梯度的集合，即满足

$$K(\boldsymbol{u},\boldsymbol{v}')\geqslant K(\boldsymbol{u},\boldsymbol{v})+\langle\boldsymbol{v}^*,\boldsymbol{v}'-\boldsymbol{v}\rangle,\ \forall\,\boldsymbol{v}'\in\mathbf{R}^n,$$

的所有向量 $\boldsymbol{v}^*\in\mathbf{R}^n$ 的集合。集合

$$\partial K(\boldsymbol{u},\boldsymbol{v})=\partial_1 K(\boldsymbol{u},\boldsymbol{v})\times\partial_2 K(\boldsymbol{u},\boldsymbol{v})$$

中的元素（$\boldsymbol{u}^*$，$\boldsymbol{v}^*$）定义为 $K$ 在（$\boldsymbol{u}$，$\boldsymbol{v}$）点的次梯度，称多值映射

$$\partial K:(\boldsymbol{u},\boldsymbol{v})\to\partial K(\boldsymbol{u},\boldsymbol{v})$$

为 $K$ 在点（$\boldsymbol{u}$，$\boldsymbol{v}$）处的次微分。

注意到，对于每个（$\boldsymbol{u},\boldsymbol{v}$）$\in\mathbf{R}^m\times\mathbf{R}^n$，$\partial K(\boldsymbol{u},\boldsymbol{v})$为 $\mathbf{R}^m\times\mathbf{R}^n$ 中的（可能为空集）的闭凸子集。由定理 23.2 知道，如果 $K$ 在（$\boldsymbol{u},\boldsymbol{v}$）点有限，则凸函数

$$\boldsymbol{u}'\to-K'(\boldsymbol{u},\boldsymbol{v};-\boldsymbol{u}',\boldsymbol{0})$$

的闭包为 $\partial_1 K(\boldsymbol{u},\boldsymbol{v})$ 的支撑函数，而凸函数

$$\boldsymbol{v}'\to-K'(\boldsymbol{u},\boldsymbol{v};\boldsymbol{0},\boldsymbol{v}')$$

的闭包为 $\partial_2 K(\boldsymbol{u},\boldsymbol{v})$的支撑函数。如果 $K$ 为正常的，且（$\boldsymbol{u},\boldsymbol{v}$）为 $\mathrm{dom}K$ 的内点，则 $\boldsymbol{u}$ 为 $\mathrm{dom}K(\cdot,\boldsymbol{v})$的内点且 $\boldsymbol{v}$ 为 $\mathrm{dom}K(\boldsymbol{u},\cdot)$的内点，由定理 23.4 知道$\partial_1 K(\boldsymbol{u},\boldsymbol{v})$与$\partial_2 K(\boldsymbol{u},\boldsymbol{v})$为非空闭有界凸集且

$$K'(\boldsymbol{u},\boldsymbol{v};\boldsymbol{u}',\boldsymbol{0})=\inf\{\langle\boldsymbol{u}^*,\boldsymbol{u}'\rangle\mid\boldsymbol{u}^*\in\partial_1 K(\boldsymbol{u},\boldsymbol{v})\},$$

$$K'(\boldsymbol{u},\boldsymbol{v};\boldsymbol{0},\boldsymbol{v}')=\sup\{\langle\boldsymbol{v}^*,\boldsymbol{v}'\rangle\mid\boldsymbol{v}^*\in\partial_2 K(\boldsymbol{u},\boldsymbol{v})\}.$$

此时由定理 35.6 知道 $K'(\boldsymbol{u},\boldsymbol{v};\boldsymbol{u}',\boldsymbol{v}')$为函数

$$(\boldsymbol{u}^*,\boldsymbol{v}^*)\to\langle\boldsymbol{u}^*,\boldsymbol{u}'\rangle+\langle\boldsymbol{v}^*,\boldsymbol{v}'\rangle$$

在$\partial K(\boldsymbol{u},\boldsymbol{v})$上的“极小极大”值。

后续的定理涉及$\partial K$的连续性和单值性。关于$\partial K$的一些其他结果将在第 37 节中论述。

**定理 35.7**　设 $K$ 为定义在 $\mathbf{R}^m\times\mathbf{R}^n$ 上的凹-凸函数且在开凸集 $C\times D$ 上为有限的。设 $K_1$，$K_2$，…为定义在 $C\times D$ 上的有限凹-凸函数序列，且在 $C\times D$ 上点态收敛于$K$。令$(\boldsymbol{u},\boldsymbol{v})\in C\times D$，且$(\boldsymbol{u}_i,\boldsymbol{v}_i),i=1,2,\cdots$为 $C\times D$ 中收敛于 $(\boldsymbol{u},\boldsymbol{v})$ 的序列，则

$$\liminf_{i\to\infty} K_i'(\boldsymbol{u}_i,\boldsymbol{v}_i;\boldsymbol{u}',\boldsymbol{0})\geqslant K'(\boldsymbol{u},\boldsymbol{v};\boldsymbol{u}',\boldsymbol{0}),\qquad \forall\,\boldsymbol{u}'\in\mathbf{R}^m,$$

$$\limsup_{i\to\infty} K_i'(\boldsymbol{u}_i,\boldsymbol{v}_i;\boldsymbol{0},\boldsymbol{v}')\leqslant K'(\boldsymbol{u},\boldsymbol{v};\boldsymbol{0},\boldsymbol{v}'),\qquad \forall\,\boldsymbol{v}'\in\mathbf{R}^n.$$

进一步，对于任意 $\varepsilon>0$，存在下标 $i_0$ 使

$$\partial K_i(\boldsymbol{u}_i,\boldsymbol{v}_i)\subset\partial K(\boldsymbol{u},\boldsymbol{v})+\varepsilon B,\ \forall\, i\geqslant i_0,$$

其中 $B$ 为 $\mathbf{R}^m\times\mathbf{R}^n=\mathbf{R}^{m+n}$中的欧氏单位球。

**证明**　由定理 24.5 和 $K(\boldsymbol{u},\boldsymbol{v})$的连续性立即得到。

**推论 35.7.1**　设 $C\times D$ 为 $\mathbf{R}^m\times\mathbf{R}^n$ 中的开凸集，$K$ 为 $C\times D$ 上的有限凹-凸函数，则对于每个 $\boldsymbol{u}'$，$K'(\boldsymbol{u},\boldsymbol{v};\boldsymbol{u}',\boldsymbol{0})$在 $C\times D$ 上关于 $(\boldsymbol{u},\boldsymbol{v})$ 为下半-连续函数，且对于每个 $\boldsymbol{v}'$，$K'(\boldsymbol{u},\boldsymbol{v};\boldsymbol{0},\boldsymbol{v}')$在 $C\times D$ 上关于 $(\boldsymbol{u},\boldsymbol{v})$ 为上半-连续函数。进一步，对于任意给定的$(\boldsymbol{u},\boldsymbol{v})\in C\times D$ 及任意 $\varepsilon>0$，存在 $\delta>0$，使

$$\partial K(\boldsymbol{x},\boldsymbol{y})\subset\partial K(\boldsymbol{u},\boldsymbol{v})+\varepsilon B,\ \forall\,(\boldsymbol{x},\boldsymbol{y})\in[(\boldsymbol{u},\boldsymbol{v})+\delta B]$$

（这里 $B$ 为欧氏单位球）。

**证明**　对于所有下标 $i$，令 $K_i=K$ 即可。

**定理 35.8**　设 $K$ 为定义在 $\mathbf{R}^m\times\mathbf{R}^n$ 上的凹-凸函数，令 $(\boldsymbol{u},\boldsymbol{v})$ 为使 $K$ 有限的点。如果 $K$ 在 $(\boldsymbol{u},\boldsymbol{v})$ 点可微，则$\nabla K(\boldsymbol{u},\boldsymbol{v})$ 为 $K$ 在 $(\boldsymbol{u},\boldsymbol{v})$ 点唯一的次梯度。反过来，如果 $K$ 在$(\boldsymbol{u},\boldsymbol{v})$ 点有唯一的次梯度，则 $K$ 在 $(\boldsymbol{u},\boldsymbol{v})$ 点为可微的。



**证明**　由定义，$K$ 在 $(\boldsymbol{u},\boldsymbol{v})$ 点有唯一的次梯度当且仅当凸函数 $K(\boldsymbol{u},\cdot)$在 $\boldsymbol{v}$ 点有唯一的次梯度且凹函数 $K(\cdot,\boldsymbol{v})$在 $\boldsymbol{u}$ 点有唯一的次梯度。按照定理 25.1，这种情形等价于 $K$ 在 $(\boldsymbol{u},\boldsymbol{v})$ 点分别关于其凹和凸变元的分离可微性。剩下的问题是是否由分离可微性得到联合可微性，即当 $\boldsymbol{u}^*=\nabla_1K(\boldsymbol{u},\boldsymbol{v})$ 和 $\boldsymbol{v}^*=\nabla_2K(\boldsymbol{u},\boldsymbol{v})$ 时是否有

$$\lim_{(\boldsymbol{u}',\boldsymbol{v}')\to\boldsymbol{0}}\frac{K(\boldsymbol{u}+\boldsymbol{u}',\boldsymbol{v}+\boldsymbol{v}')-K(\boldsymbol{u},\boldsymbol{v})-\langle\boldsymbol{u}^*,\boldsymbol{u}'\rangle-\langle\boldsymbol{v}^*,\boldsymbol{v}'\rangle}{(|\boldsymbol{u}'|^2+|\boldsymbol{v}'|^2)^{1/2}}=0$$

能够用类似于定理 25.1 证明的方法而得到。对于每个 $\lambda>0$，设 $h_\lambda$ 为按照

$$h_\lambda(\boldsymbol{x},\boldsymbol{y})=[K(\boldsymbol{u}+\lambda\boldsymbol{x},\boldsymbol{v}+\lambda\boldsymbol{y})-K(\boldsymbol{u},\boldsymbol{v})-\lambda\langle\boldsymbol{u}^*,\boldsymbol{x}\rangle-\lambda\langle\boldsymbol{v}^*,\boldsymbol{y}\rangle]/\lambda$$

所给出的定义在 $\mathbf{R}^m\times\mathbf{R}^n$ 上的凹-凸函数。假设 $K$ 在 $(\boldsymbol{u},\boldsymbol{v})$ 点为分离可微的，我们将特别有

$$\lim_{\lambda\downarrow 0}h_\lambda(\boldsymbol{x},\boldsymbol{y})=0,\qquad\forall\,\boldsymbol{x},\forall\,\boldsymbol{y}.$$

由此及定理 35.4 知，当 $\lambda\downarrow 0$ 时，函数 $h_\lambda$ 在所有有界集上一定一致收敛于 0。因此，对于任意给定的 $\varepsilon>0$，存在 $\delta>0$ 使当 $0<\lambda\leqslant\delta$ 时，对于满足 $(|\boldsymbol{x}|^2+|\boldsymbol{y}|^2)^{1/2}\leqslant 1$ 的一切 $(\boldsymbol{x},\boldsymbol{y})$ 都有 $|h_\lambda(\boldsymbol{x},\boldsymbol{y})|\leqslant\varepsilon$。所以，对于满足 $0<(|\boldsymbol{u}'|^2+|\boldsymbol{v}'|^2)^{1/2}\leqslant\delta$ 的一切 $(\boldsymbol{u}',\boldsymbol{v}')$ 都有

$$\left|\frac{K(\boldsymbol{u}+\boldsymbol{u}',\boldsymbol{v}+\boldsymbol{v}')-K(\boldsymbol{u},\boldsymbol{v})-\langle\boldsymbol{u}^*,\boldsymbol{u}'\rangle-\langle\boldsymbol{v}^*,\boldsymbol{v}'\rangle}{(|\boldsymbol{u}'|^2+|\boldsymbol{v}'|^2)^{1/2}}\right|\leqslant\varepsilon$$

这只要取 $\lambda=(|\boldsymbol{u}'|^2+|\boldsymbol{v}'|^2)^{1/2}$ 及 $(\boldsymbol{x},\boldsymbol{y})=\lambda^{-1}(\boldsymbol{u}',\boldsymbol{v}')$ 即可。因为给定任意 $\varepsilon>0$，存在 $\delta>0$ 使此性质得到满足，因此，$K$ 在 $(\boldsymbol{u},\boldsymbol{v})$ 点为联合可微的。

**推论 35.8.1**　设 $K$ 为定义在 $\mathbf{R}^m\times\mathbf{R}^n$ 上的凹-凸函数，且 $(\boldsymbol{u},\boldsymbol{v})$ 为使 $K$ 有限的点，则 $K$ 在 $(\boldsymbol{u},\boldsymbol{v})$ 可微的充分与必要条件是 $K$ 在 $(\boldsymbol{u},\boldsymbol{v})$ 的某个邻域内为有限且方向导数 $K'(\boldsymbol{u},\boldsymbol{v};\cdot,\cdot)$ 为线性的。进一步地，此条件只有在 $K$ 的 $m+n$ 个双边偏导数都存在且有限时才满足。

**证明**　由定理 25.2 得到。

**定理 35.9**　设 $C\times D$ 为 $\mathbf{R}^m\times\mathbf{R}^n$ 中的开凸集，$K$ 为 $C\times D$ 上的有限凹-凸函数。$E$ 为 $C\times D$ 中使 $K$ 在 $E$ 上可微的子集，则 $E$ 在 $C\times D$ 中稠密。事实上，$E$ 在 $C\times D$ 中的补集为一个零测度集。$\nabla K$ 为映 $E$ 到 $\mathbf{R}^m\times\mathbf{R}^n$ 的连续梯度映射。

**证明**　设 $E_p$ 为 $C\times D$ 中使在其上 $K$ 关于 $m+n$ 个实变数的 $p$ 阶双边偏导数都存在的子集。由前一推论知道 $E=E_1\cap\cdots\cap E_{m+n}$，只需要证明 $E_p$ 在 $C\times D$ 中的补集为零测度集且对应于 $E_p$ 的偏导数在 $E_p$ 上连续即可。为了简单起见，我们将讨论限制在 $p=m+n$ 的情形。令 $\boldsymbol{e}=(0,\cdots,0,1)\in\mathbf{R}^n$。集 $E_{m+n}$ 由满足

$$-K'(\boldsymbol{u},\boldsymbol{v};\mathbf{0},-\boldsymbol{e})=K'(\boldsymbol{u},\boldsymbol{v};\mathbf{0},\boldsymbol{e}).$$

的点 $(\boldsymbol{u},\boldsymbol{v})\in C\times D$ 所组成。由推论 35.7.1 知道，$K'(\boldsymbol{u},\boldsymbol{v};\mathbf{0},\boldsymbol{e})$ 和 $K'(\boldsymbol{u},\boldsymbol{v};\mathbf{0},-\boldsymbol{e})$ 均为关于 $(\boldsymbol{u},\boldsymbol{v})$ 的上半连续函数，第 $(m+n)$ 个偏导数在 $E_{m+n}$ 上同时为上、下半连续的，即它是连续的。对于 $k=1,2,\cdots$，令

$$S_k=\{(\boldsymbol{u},\boldsymbol{v})\in C\times D\mid K'(\boldsymbol{u},\boldsymbol{v};\mathbf{0},\boldsymbol{e})+K'(\boldsymbol{u},\boldsymbol{v};\mathbf{0},-\boldsymbol{e})\geqslant 1/k\}.$$

因为，

$$-K'(\boldsymbol{u},\boldsymbol{v};\mathbf{0},-\boldsymbol{e})\leqslant K'(\boldsymbol{u},\boldsymbol{v};\mathbf{0},\boldsymbol{e}),$$

$E_{m+n}$ 在 $C\times D$ 中的补集为集合 $S_1$，$S_2$，$\cdots$ 的类，由 $K'$ 的上半连续性知道每个都为闭的。因此，$E_{m+n}$ 为可测集。对于给定的点 $(\boldsymbol{u},\boldsymbol{v})$，使 $(\boldsymbol{u},\ \boldsymbol{v}+\lambda\boldsymbol{e})\in S_k$ 的 $\lambda$ 值使凸函数

$$h(\lambda)=K(\boldsymbol{u},\boldsymbol{v}+\lambda\boldsymbol{e})$$

的导数跳跃至少 $1/k$。因为凸函数的右导数为非减的，在 $\lambda$ 所在的任意有界区间内仅有有限多次达到 $1/k$ 的跳跃。因此，对于给定的 $k$，平行于第 $(m+n)$ 个坐标轴的直线在任意有界区间内至多有 $S_k$ 中的有限多个点，与 $S_k$ 相交于零测度集。由此得到 $S_k$ 本身为零测度集，因此，$E_{m+n}$ 在 $C\times D$ 中的补集为零测度。

**定理 35.10**　设 $C\times D$ 为 $\mathbf{R}^m\times\mathbf{R}^n$ 中的开凸集，$K$ 为 $C\times D$ 上的有限可微凹-

凸函数。设 $K_1$，$K_2$，…为在 $C\times D$ 上定义的有限可微凹-凸函数序列，对于每个 $(\boldsymbol{u},\boldsymbol{v})\in C\times D$ 成立 $\lim\limits_{i\to\infty}K_i(\boldsymbol{u},\boldsymbol{v})=K(\boldsymbol{u},\boldsymbol{v})$。则

$$\lim_{i\to\infty}\nabla K_i(\boldsymbol{u},\boldsymbol{v})=\nabla K(\boldsymbol{u},\boldsymbol{v}),\forall(u,v)\in C\times D.$$

事实上，映射$\nabla K_i$ 在 $C\times D$ 的所有闭有界子集上均一致收敛于$\nabla K$。

**证明**　只需要证明对 $m+n$ 个偏导数中的每一个都收敛就行了，能够与定理 25.7 完全一样完成证明。将定理 25.7 证明中所引用的定理 10.8 和定理 25.5 换为定理 35.4 和定理 35.9 即可。

确实，存在充分性条件。在定理 35.10 的假设下，$K_i(\boldsymbol{u},\boldsymbol{v})$关于 $C\times D$ 的某稠密子集 $C'\times D'$上的每个（$\boldsymbol{u},\boldsymbol{v}$）都收敛于 $K$（$\boldsymbol{u},\boldsymbol{v}$）。由定理 35.4 以及有限鞍函数在 $C\times D$ 上的连续性得到 $K_i(\boldsymbol{u},\boldsymbol{v})$对于每个（$\boldsymbol{u},\boldsymbol{v}$）$\in C\times D$ 均收敛于 $K(\boldsymbol{u},\boldsymbol{v})$。

# 第 36 节　极小极大问题

极小极大理论不简单地涉及最小值或最大值问题，而是两者的结合。

假设 $C$ 和 $D$ 为任意非空及集合，$K(\boldsymbol{u},\boldsymbol{v})$为映 $C\times D$ 到［$-\infty$，$+\infty$］的函数。对于每个 $\boldsymbol{u}\in C$，可以先取 $K(\boldsymbol{u},\boldsymbol{v})$关于 $\boldsymbol{v}$ 在 $D$ 上的下确界，然后作为定义在 $C$ 上的函数取上确界。由此获得

$$\sup_{\boldsymbol{u}\in C}\inf_{\boldsymbol{v}\in D}K(\boldsymbol{u},\boldsymbol{v}).$$

另一方面，对于每个 $\boldsymbol{v}\in D$，可以取 $K(\boldsymbol{u},\boldsymbol{v})$关于 $\boldsymbol{u}\in C$ 的上确界，然后作为 $D$ 上的函数再取下确界。由此得到

$$\inf_{\boldsymbol{v}\in D}\sup_{\boldsymbol{u}\in C}K(\boldsymbol{u},\boldsymbol{v}).$$

如果“supinf”与“infsup”相等，则共同值被称为 $K$（在 $C$ 关于最大，在 $D$ 关于最小）的最小最大值或鞍值（saddle-value）。



最小最大理论研究的任务之一是提供保证鞍值（saddle-value）存在，并且在某些适当意义下取到鞍值的条件。当然，一般来说“supinf”与“infsup”可能不相等，但是至少满足某种不等式。

**引理 36.1**　设 $K$ 为映非空乘积集合 $C\times D$ 到［$-\infty$，$+\infty$］的函数，则

$$\sup_{\boldsymbol{u}\in C}\inf_{\boldsymbol{v}\in D}K(\boldsymbol{u},\boldsymbol{v})\leqslant\inf_{\boldsymbol{v}\in D}\sup_{\boldsymbol{u}\in C}K(\boldsymbol{u},\boldsymbol{v}).$$

**证明**　对于每个 $\boldsymbol{u}\in C$ 定义 $f(\boldsymbol{u})=\inf\{K(\boldsymbol{u},\boldsymbol{v})\mid\boldsymbol{v}\in D\}$，并设

$$\alpha=\sup_{\boldsymbol{u}\in C}\inf_{\boldsymbol{v}\in D}K(\boldsymbol{u},\boldsymbol{v}).$$

对于每个 $\boldsymbol{v}\in D$，存在关于 $\boldsymbol{u}\in C$ 的不等式

$$K(\boldsymbol{u},\boldsymbol{v})\geqslant f(\boldsymbol{u}),$$

因此有

$$\sup_{\boldsymbol{u}\in C}K(\boldsymbol{u},\boldsymbol{v})\geqslant\sup_{\boldsymbol{u}\in C}f(\boldsymbol{u})=\alpha.$$

因为此关系对每个 $v\in D$ 成立，所以 $K(u,v)\geqslant\alpha$，引理得证。

对取到鞍值的定义不是十分明显。正常概念为鞍点。由定义，$(\bar{u},\bar{v})$ 是 $K(u,v)$ 在 $C$ 上的最大值，在 $D$ 上求最小的鞍点指 $(\bar{u},\bar{v})\in C\times D$ 且

$$K(u,\bar{v})\leqslant K(\bar{u},\bar{v})\leqslant K(\bar{u},v),\qquad \forall u\in C,\forall v\in D.$$

这便说明函数 $K(\bar{u},\cdot)$ 在 $D$ 上的下确界在点 $\bar{v}$ 取到，同时 $K(\cdot,\bar{v})$ 在 $C$ 上的上确界在 $\bar{u}$ 点取到。鞍点和鞍值之间有如下关系。

**引理 36.2**　设 $K$ 为映非空乘积集合 $C\times D$ 到 $[-\infty,+\infty]$ 的函数，则点 $(\bar{u},\bar{v})$ 是 $K(u,v)$ 的鞍点（在 $C$ 上求最大，在 $D$ 上求最小）当且仅当

$$\sup_{u\in C,v\in D}\inf K(u,v)$$

中的上确界在 $\bar{u}$ 点取到，而

$$\inf_{v\in D,u\in C}\sup K(u,v)$$

中的下确界在点 $\bar{v}$ 取到且这两个极值相等。如果 $(\bar{u},\bar{v})$ 为鞍点，则 $K(\bar{u},\bar{v})$ 为 $K$ 的鞍值。

**证明**　如果 $(\bar{u},\bar{v})$ 为鞍点，则

$$K(\bar{u},\bar{v})=\inf_{v\in D}K(\bar{u},v)\leqslant\sup_{u\in C}\inf_{v\in D}K(u,v),$$
$$K(\bar{u},\bar{v})=\sup_{u\in C}K(u,\bar{v})\geqslant\inf_{v\in D}\sup_{u\in C}K(u,v).$$

考虑到引理 36.1 中的不等式，这些量一定全会相等，所以，引理中的三个条件全部满足，$K$ 的鞍点值 $\alpha$ 存在，且

$$\sup_{u\in C}K(u,\bar{v})=\alpha=\inf_{v\in D}K(\bar{u},v),$$

其中上确界至少与 $K(\bar{u},\bar{v})$ 一样大，下确界不会超过 $K(\bar{u},\bar{v})$。因此，$\alpha=K(\bar{u},\bar{v})$，$(\bar{u},\bar{v})$ 为鞍点。

对于考虑鞍点和鞍值的动因有一种启发式的解释。给定定义在 $C\times D$ 上的 $K$，我们考虑如下关于人Ⅰ和人Ⅱ的二人博弈问题。每次博弈，Ⅰ总选择 $C$ 中的 $u$，Ⅱ总选择 $D$ 中的 $v$。博弈双方的选择相互知晓，且Ⅱ必须支付 $K(u,v)$ 单位的钱给Ⅰ。(负 $K(u,v)$ 对应于Ⅰ对Ⅱ的积极支付（positive payment），而不是Ⅱ给Ⅰ的积极支付。）对于每个 $u\in C$，$\inf\{K(u,v)\mid v\in D\}$ 为Ⅰ通过选择 $u$ 所一定能够赢得的量。如此，Ⅰ保证赢得的最大量为

$$\sup_{u\in C}\inf_{v\in D}K(u,v)$$

使上确界取到的点 $\bar{u}$ 为Ⅰ的一个最优策略（按照 von Neumann 最小最大原理）。另一方面，从Ⅱ的角度来考虑这个博弈。对于每个 $v\in D$，$\sup\{K(u,v)\mid u\in C\}$ 为一旦选择了 $v$，Ⅱ将损失的。因此，

$$\inf_{v\in D,u\in C}\sup K(u,v)$$

为Ⅱ所能够支付的最小损失额。取到下确界的点 $\bar{v}$ 为Ⅱ的最优策略。

当Ⅱ的最小损失额与Ⅰ的最大受益量相吻合，共同水平表示就是 $K$ 的鞍值。

鞍点表示一种关于Ⅰ和Ⅱ的“均衡”选择，在此意义下，通过变化其选择，博弈双方的任何一方都不会获得优势。

正如已经看到的，如果对于 $\boldsymbol{x}\notin S$ 取 $f(\boldsymbol{x})$ 为 $+\infty$，则定义在 $\mathbf{R}^n$ 的子集 $S$ 上的实值函数 $f$ 的最小化能够方便地表示为在整个 $\mathbf{R}^n$ 上的最小化问题。关于最小最大问题的类似技术处理是有用的。

假设 $C$ 和 $D$ 分别为 $\mathbf{R}^m$ 和 $\mathbf{R}^n$ 中的非空集，令 $K$ 为定义在 $C\times D$ 上的实值函数。假设借助延拓

$$K(\boldsymbol{u},\boldsymbol{v})=\begin{cases}+\infty, & \boldsymbol{u}\in C,\boldsymbol{v}\notin D,\\ -\infty, & \boldsymbol{u}\notin C,\boldsymbol{v}\in D,\\ [-\infty,+\infty]\text{上的任何值}, & \boldsymbol{u}\notin C,\boldsymbol{v}\notin D.\end{cases}$$

将 $K$ 延伸到 $C\times D$ 以外。则显然

$$\inf_{\boldsymbol{v}\in\mathbf{R}^n}K(\boldsymbol{u},\boldsymbol{v})=\inf_{\boldsymbol{v}\in D}K(\boldsymbol{u},\boldsymbol{v})<+\infty,\ \forall\,\boldsymbol{u}\in\mathbf{R}^m.$$

这里，如果 $\boldsymbol{u}\notin C$，则下确界为 $-\infty$。因此，

$$\sup_{\boldsymbol{u}\in\mathbf{R}^m}\inf_{\boldsymbol{v}\in\mathbf{R}^n}K(\boldsymbol{u},\boldsymbol{v})=\sup_{\boldsymbol{u}\in C}\inf_{\boldsymbol{v}\in D}K(\boldsymbol{u},\boldsymbol{v}).$$

类似得到

$$\sup_{\boldsymbol{u}\in\mathbf{R}^m}K(\boldsymbol{u},\boldsymbol{v})=\sup_{\boldsymbol{u}\in C}K(\boldsymbol{u},\boldsymbol{v})>-\infty,\ \forall\,\boldsymbol{v}\in\mathbf{R}^n.$$

这里，如果 $\boldsymbol{v}\notin D$，上确界为 $+\infty$，因此

$$\inf_{\boldsymbol{v}\in\mathbf{R}^n}\sup_{\boldsymbol{u}\in\mathbf{R}^m}K(\boldsymbol{u},\boldsymbol{v})=\inf_{\boldsymbol{v}\in D}\sup_{\boldsymbol{u}\in C}K(\boldsymbol{u},\boldsymbol{v}).$$

特别地，如果 $K$ 关于 $\mathbf{R}^m\times\mathbf{R}^n$ 的鞍值或 $K$ 关于 $C\times D$ 的鞍值中有一个存在，则两者都存在且相等。进一步地，$K$ 关于 $\mathbf{R}^m\times\mathbf{R}^n$ 的鞍点与 $K$ 关于 $C\times D$ 的鞍点相同（如果存在的话）。按照我们前面已经证明的，$(\overline{\boldsymbol{u}},\ \overline{\boldsymbol{v}})$ 满足条件

$$\sup_{\boldsymbol{u}\in\mathbf{R}^m}K(\boldsymbol{u},\overline{\boldsymbol{v}})=K(\overline{\boldsymbol{u}},\overline{\boldsymbol{v}})=\inf_{\boldsymbol{v}\in\mathbf{R}^n}K(\overline{\boldsymbol{u}},\boldsymbol{v})$$

当且仅当其满足

$$\sup_{\boldsymbol{u}\in C}K(\boldsymbol{u},\overline{\boldsymbol{v}})=K(\overline{\boldsymbol{u}},\overline{\boldsymbol{v}})=\inf_{\boldsymbol{v}\in D}K(\overline{\boldsymbol{u}},\boldsymbol{v}).$$

在这种情况下，一定有 $(\overline{\boldsymbol{u}},\overline{\boldsymbol{v}})\in C\times D$。（如果 $\overline{\boldsymbol{u}}$ 不属于 $C$，则下确界将是 $-\infty$，因此，不可能等于上确界。同理，如果 $\overline{\boldsymbol{v}}\notin D$，则上确界将等于 $+\infty$，不可能等于下确界。）

在后文中，我们仅仅涉及在凸集的乘积上定义的凹-凸（或凸-凹）函数的鞍值和鞍点。而且一般认为，最小化出现于凸函数，最大化出现于凹函数。上述观察容许我们将一切讨论简化到定义在整个 $\mathbf{R}^m\times\mathbf{R}^n$ 上的凹-凸函数的情形。这些函数的闭性就被看作自然的正则性条件。

一般地，定义在 $\mathbf{R}^m\times\mathbf{R}^n$ 上的闭正常鞍函数的最小最大问题以下列方式对应于定义在凸乘积上的有限鞍函数。



**定理 36.3**　设 $K$ 为定义在 $\mathbf{R}^m\times\mathbf{R}^n$ 上的闭正常凹-凸函数，令 $C=\mathrm{dom}_1K$ 及

$D=\mathrm{dom}_2 K$，则

$$\sup_{u\in\mathbf{R}^m}\inf_{v\in\mathbf{R}^n}K(\boldsymbol{u},\boldsymbol{v})=\sup_{u\in C}\inf_{v\in D}K(\boldsymbol{u},\boldsymbol{v}),$$
$$\inf_{v\in\mathbf{R}^n}\sup_{u\in\mathbf{R}^m}K(\boldsymbol{u},\boldsymbol{v})=\inf_{v\in D}\sup_{u\in C}K(\boldsymbol{u},\boldsymbol{v}).$$

$K$ 关于 $\mathbf{R}^m\times\mathbf{R}^n$ 的鞍值和鞍点与关于 $C\times D$ 上的相同。

**证明**　对于定义在 $\mathbf{R}^n$ 上的凸函数 $f$ 及任意包含 ri（dom$f$）的集合 $D$ 有

$$\inf\{f(\boldsymbol{v})\mid\boldsymbol{v}\in\mathbf{R}^n\}=\inf\{f(\boldsymbol{v})\mid\boldsymbol{v}\in D\}.$$

在有关凹函数的上确界情形有类似的结果。由定理 34.3 中的区域关系得到

$$\inf_{v\in\mathbf{R}^n}K(\boldsymbol{u},\boldsymbol{v})=\inf_{v\in D}K(\boldsymbol{u},\boldsymbol{v})<+\infty,\ \forall\,\boldsymbol{u}\in\mathbf{R}^m,$$
$$\sup_{u\in\mathbf{R}^m}K(\boldsymbol{u},\boldsymbol{v})=\sup_{u\in C}K(\boldsymbol{u},\boldsymbol{v})>-\infty,\ \forall\,\boldsymbol{v}\in\boldsymbol{R}^n,$$

这里，如果 $\boldsymbol{u}\notin C$，则下确界的值为 $-\infty$；如果 $\boldsymbol{v}\notin D$，则上确界的值为 $+\infty$。由这些结果和前面定理的讨论方法就会得到所要的结果。

**推论 36.3.1**　设 $K$ 为定义在 $\mathbf{R}^m\times\mathbf{R}^n$ 上的闭正常鞍函数。如果 $K$ 有鞍点，则鞍点属于 dom$K$，且鞍点值为有限的。

**证明**　设 $(\bar{\boldsymbol{u}},\bar{\boldsymbol{v}})$ 为 K 的（关于 $\mathbf{R}^m\times\mathbf{R}^n$）鞍点。由定理知道，$(\bar{\boldsymbol{u}},\bar{\boldsymbol{v}})$ 也为关于集合 $C\times D=\mathrm{dom}K$ 的鞍点，所以，$(\bar{\boldsymbol{u}},\bar{\boldsymbol{v}})\in C\times D$。由引理 36.2 知道 $K$ 的鞍值为 $K(\bar{\boldsymbol{u}},\bar{\boldsymbol{v}})$，这是有限的，因为 $K$ 在 dom$K$ 上为有限的。

特别地，由定理 36.3 知道，定义在 $\mathbf{R}^m\times\mathbf{R}^n$ 上的闭正常鞍函数的极小极大理论包括了定义在非空乘积 $C\times D$ 上的连续有限鞍函数的极小极大理论，其中 $C$ 为 $\mathbf{R}^m$ 中的闭凸集，$D$ 为 $\mathbf{R}^n$ 中的闭凸集。

定义在 $\mathbf{R}^m\times\mathbf{R}^n$ 上的鞍函数的极小极大问题确实对应于鞍函数的等价类，而不是单个的鞍函数。

**定理 36.4**　在 $\mathbf{R}^m\times\mathbf{R}^n$ 上定义的等价的鞍函数有相同的鞍值和鞍点（如果存在）。

**证明**　设 $K$ 和 $K'$ 为定义在 $\mathbf{R}^m\times\mathbf{R}^n$ 上的等价的凹-凸函数。由等价的定义知道 $\mathrm{cl}_1 K=\mathrm{cl}_1 K'$ 且 $\mathrm{cl}_2 K=\mathrm{cl}_2 K'$。有相同闭包的两个凸函数具有相同的下确界值，有相同闭包的两个凹函数具有相同的上确界值。因此，

$$\inf_{\boldsymbol{v}}K(\boldsymbol{u},\boldsymbol{v})=\inf_{\boldsymbol{v}}K'(\boldsymbol{u},\boldsymbol{v}),\ \forall\,\boldsymbol{u},$$
$$\sup_{\boldsymbol{u}}K(\boldsymbol{u},\boldsymbol{v})=\sup_{\boldsymbol{u}}K'(\boldsymbol{u},\boldsymbol{v}),\ \forall\,\boldsymbol{v}.$$

但是，$K$ 和 $K'$ 的鞍值和鞍点依赖于这些下确界和上确界函数。

按照上述说法，凹凸极小极大理论研究的自然对象就是定义在 $\mathbf{R}^m\times\mathbf{R}^n$ 上的闭正常凹-凸函数的等价类，每个类对应于单个的“正则化”鞍点问题。我们将证明，存在鞍点问题以及与闭正常凸双重函数相联系的广义凸规划之间的，能够用 Lagrange 乘子来表示的一一对应。

如果 $F$ 为映 $\mathbf{R}^m$ 到 $\mathbf{R}^n$ 的双重函数，$F$ 的反函数 $F_*:\mathbf{R}^n\to\mathbf{R}^m$ 为双重函数

$$F_*:\boldsymbol{x}\to F_*\boldsymbol{x}:\boldsymbol{u}\to(F_*\boldsymbol{x})(\boldsymbol{u})$$

定义为

$$(F_* \boldsymbol{x})(\boldsymbol{u}) = -(F\boldsymbol{u})(\boldsymbol{x}),\ \forall \boldsymbol{x} \in \mathbf{R}^n,\ \forall \boldsymbol{u} \in \mathbf{R}^m.$$

注意到如果 $F$ 为凸函数，则 $F_*$ 为凹函数，反之也成立。这个“反函数”推广了有关单值或多值映射的概念，其意义在于，如果 $F$ 为映 $\mathbf{R}^m$ 到 $\mathbf{R}^n$ 的映射 $A$ 的 $+\infty$ 指示双重函数，则 $F_*$ 为 $A^{-1}$ 的 $-\infty$ 指示双重函数。

逆运算 $F \to F_*$ 显然保持凸函数或凹函数的闭性和正常性，因此，为对合的，即

$$(F_*)_* = F.$$

进而，对于凸和凹的双重函数来说，逆运算与伴随运算是可交换的，即

$$(F_*)^* = (F^*)_*.$$

事实上，假设 $F$ 为凸的，从而 $F_*$ 为凹的，由定义知道 $(F_*)^*$ 为

$$\begin{aligned}((F_*)^*\boldsymbol{u}^*)(\boldsymbol{x}^*) &= \sup_{\boldsymbol{u},\boldsymbol{x}}\{(F_*\boldsymbol{x})(\boldsymbol{u}) - \langle \boldsymbol{u},\boldsymbol{u}^*\rangle + \langle \boldsymbol{x},\boldsymbol{x}^*\rangle\} \\ &= \sup_{\boldsymbol{u},\boldsymbol{x}}\{-(F\boldsymbol{u})(\boldsymbol{x}) - \langle \boldsymbol{u},\boldsymbol{u}^*\rangle + \langle \boldsymbol{x},\boldsymbol{x}^*\rangle\} \\ &= -\inf_{\boldsymbol{u},\boldsymbol{x}}\{(F\boldsymbol{u})(\boldsymbol{x}) - \langle \boldsymbol{x},\boldsymbol{x}^*\rangle + \langle \boldsymbol{u},\boldsymbol{u}^*\rangle\} \\ &= -(F^*\boldsymbol{x}^*)(\boldsymbol{u}^*) = ((F^*)_*\boldsymbol{u}^*)(\boldsymbol{x}^*).\end{aligned}$$

（如果 $F$ 为凹函数而非凸函数，则证明相同，只不过将“inf”换为“sup”即可。）

对于非奇异线性变换 $A$ 来说，关系 $(F_*)^* = (F^*)_*$ 能够被看作

$$(A^{-1})^* = (A^*)^{-1}$$

的推广。

可以简单地用 $F_*^*$ 表示 $(F_*)^*$ 或 $(F^*)_*$。当然，如果 $F$ 为映 $\mathbf{R}^m$ 到 $\mathbf{R}^n$ 的凸双重函数，则 $F_*^*$ 同样为 $\mathbf{R}^m$ 到 $\mathbf{R}^n$ 的凸双重函数且

$$(F_*^*)_*^* = F^{**} = \mathrm{cl}F.$$

由定义，与映 $\mathbf{R}^m$ 到 $\mathbf{R}^n$ 的凸双重函数 $F$ 相关的凸规划（$P$）的 Lagrange 函数为定义在 $\mathbf{R}^m \times \mathbf{R}^n$ 上的函数 $L$，其定义为



$$L(\boldsymbol{u}^*, \boldsymbol{x}) = \inf_{\boldsymbol{u}}\{\langle \boldsymbol{u}^*, \boldsymbol{u}\rangle + (F\boldsymbol{u})(\boldsymbol{x})\}.$$

借助于 $F_*$，$L$ 的公式为

$$\begin{aligned}L(\boldsymbol{u}^*, \boldsymbol{x}) &= \inf_{\boldsymbol{u}}\{\langle \boldsymbol{u}^*, \boldsymbol{u}\rangle + (F_*\boldsymbol{x})(\boldsymbol{u})\} \\ &= \langle \boldsymbol{u}^*, F_*\boldsymbol{x}\rangle.\end{aligned}$$

因此，由定理 33.1 知道，$L$ 为定义在 $\mathbf{R}^m \times \mathbf{R}^n$ 上的凹-凸函数。我们有下面的刻画。

**定理 36.5**　为了使得 $L$ 为与映 $\mathbf{R}^m$ 到 $\mathbf{R}^n$ 的闭的凸双重函数 $F$ 相关的凸规划（$P$）的 Lagrange 乘子，当且仅当 $L$ 为定义在 $\mathbf{R}^m \times \mathbf{R}^n$ 上的上闭凹-凸函数。

**证明**　由定理 33.3 立即得到。

给定定义在 $\mathbf{R}^m \times \mathbf{R}^n$ 上的上闭凹-凸函数 $L$，以 $L$ 为其 Lagrange 乘子的唯一“闭”凸规划（$P$）容易由第 33 节中的对应来确定。事实上，（$P$）为与 $F$ 相关的

凸规划，$F$ 为闭凸双重函数，对于每个 $x$，使 $F_* x$ 为 $L(\cdot,x)$的（凹）共轭，即，

$$\begin{aligned}(F\boldsymbol{u})(\boldsymbol{x}) &= -\inf_{\boldsymbol{u}^*}\{\langle \boldsymbol{u}^*,\boldsymbol{u}\rangle - L(\boldsymbol{u}^*,\boldsymbol{x})\}\\ &= \sup_{\boldsymbol{u}^*}\{L(\boldsymbol{u}^*,\boldsymbol{x}) - \langle \boldsymbol{u}^*,\boldsymbol{u}\rangle\}.\end{aligned}$$

因此，（$P$）中的目标函数为凸函数

$$\sup_{\boldsymbol{u}^*} L(\boldsymbol{u}^*,\cdot),$$

且（$P$）中的最优值为

$$\inf_{\boldsymbol{x}} \sup_{\boldsymbol{u}^*} L(\boldsymbol{u}^*,\boldsymbol{x}).$$

同时，$F$ 的伴随为

$$\begin{aligned}(F^*\boldsymbol{x}^*)(\boldsymbol{u}^*) &= \inf_{\boldsymbol{u}}\inf_{\boldsymbol{x}}\{(F\boldsymbol{u})(\boldsymbol{x}) - \langle \boldsymbol{x}^*,\boldsymbol{x}\rangle + \langle \boldsymbol{u}^*,\boldsymbol{u}\rangle\}\\ &= \inf_{\boldsymbol{x}}\{L(\boldsymbol{u}^*,\boldsymbol{x}) - \langle \boldsymbol{x}^*,\boldsymbol{x}\rangle\}\end{aligned}$$

从而，与（$P$）对偶的凹规划（$P^*$）的目标函数为凹函数

$$\inf_{\boldsymbol{x}} L(\cdot,\boldsymbol{x}),$$

（$P^*$）的最优值为

$$\sup_{\boldsymbol{u}^*}\inf_{\boldsymbol{x}} L(\boldsymbol{u}^*,\boldsymbol{x}).$$

正如定理 29.3 和定理 30.5 中所解释的，$L$ 的鞍点对应于（$P$）和（$P^*$）的最优解和 Kuhn-Tucker 条件。

定义在 $\mathbf{R}^m\times\mathbf{R}^n$ 上的闭正常凹-凸函数的每个等价类都含有唯一一个上闭函数 $L$（推论 34.2.2）。我们借助极小极大理论所得到的一般的“正则化”鞍点问题恰好就是与（推广的）“闭正常”凸规划相对应的 Lagrange 乘子问题。

由此得到，与鞍值和鞍点的存在性相关的（凹-凸）极小极大理论的主要结果将本质上由第 29 节和第 30 节中所证明的定理而推得。这些结果将在第 37 节中借助于鞍函数的共轭对应来表示。

因为凸规划（$P$）的 Lagrange 乘子为凹-凸函数，次梯度理论能够用来刻画 $L$ 的鞍点。条件

$$L(\boldsymbol{u}^*,\overline{\boldsymbol{x}}) \leqslant L(\overline{\boldsymbol{u}}^*,\overline{\boldsymbol{x}}) \leqslant L(\overline{\boldsymbol{u}}^*,\boldsymbol{x}), \qquad \forall \boldsymbol{u}^*, \forall \boldsymbol{x}$$

成立当且仅当凸函数 $L(\overline{\boldsymbol{u}},\cdot)$在 $\overline{\boldsymbol{x}}$ 取到其最小值，即

$$0\in\partial_2 L(\overline{\boldsymbol{u}}^*,\overline{\boldsymbol{x}}),$$

且凹函数 $L(\cdot,\overline{\boldsymbol{x}})$ 在 $\overline{\boldsymbol{u}}^*$ 获得最大值，即，

$$0\in\partial_1 L(\overline{\boldsymbol{u}}^*,\overline{\boldsymbol{x}}).$$

但是，由第 35 节中的定义知道

$$\partial L(\overline{\boldsymbol{u}}^*,\overline{\boldsymbol{x}}) = \partial_1 L(\overline{\boldsymbol{u}}^*,\overline{\boldsymbol{x}})\times\partial_2 L(\overline{\boldsymbol{u}}^*,\overline{\boldsymbol{x}}).$$

因此（$\overline{\boldsymbol{u}}^*$，$\overline{\boldsymbol{x}}$）为 $L$ 的鞍点当且仅当

$$(0,0)\in\partial L(\overline{\boldsymbol{u}}^*,\overline{\boldsymbol{x}}).$$

后一关系被称为（$P$）的 Kuhn-Tucker 条件。从次梯度的变分直接可以看到，当（$P$）为通常的凸规划时，其将退化到定理 28.3 中的 Kuhn-Tucker 条件。另一方面，当（$P$）为形如定理 31.2 中的凸规划时，它将退化到定理 31.3 中的 Kuhn-

Tucker 条件，因为在这种情况下（$P$）的 Lagrange 函数是形式

$$L(\boldsymbol{u}^*,\boldsymbol{x})=\inf_{\boldsymbol{u}}\{\langle \boldsymbol{u}^*,\boldsymbol{u}\rangle+f(\boldsymbol{x})-g(A\boldsymbol{x}+\boldsymbol{u})\}$$

$$=\begin{cases}f(\boldsymbol{x})+g^*(\boldsymbol{u}^*)-\langle \boldsymbol{u}^*,A\boldsymbol{x}\rangle, & \boldsymbol{x}\in \mathrm{dom}f,\\ +\infty, & \boldsymbol{x}\notin \mathrm{dom}f.\end{cases}$$

凸规划的一般 Kuhn-Tucker 定理可以叙述为（推论 29.3.1）：

**定理 36.6**　设（$P$）为与映 $\mathbf{R}^m$ 到 $\mathbf{R}^n$ 的闭正常凸双重函数 $F$ 相关的凸规划。假设（$P$）为强（或严格）一致的，或（$P$）为多面体且一致的。给定向量 $\overline{\boldsymbol{x}}\in\mathbf{R}^n$ 为关于（$P$）的最优解的必要充分条件是存在向量 $\overline{\boldsymbol{u}}^*\in\mathbf{R}^m$ 使

$$(0,0)\in\partial L(\overline{\boldsymbol{u}}^*,\overline{\boldsymbol{x}}),$$

其中 $L$ 为（$P$）的 Lagrange 乘子。对于给定的 $\overline{\boldsymbol{x}}$（如果存在）满足此条件的向量 $\overline{\boldsymbol{u}}^*$ 恰好为（$P$）的 Kuhn-Tucker 向量。

## 第 37 节　共轭鞍函数与极小极大定理

正如在第 36 节中所证明的，凹-凸函数的鞍值和鞍点的问题能够本质地划归到关于凸规划及其相应的 Lagrange 乘子问题。主要的延拓定理将用凹-凸函数之间的共轭对应来表示，十分类似于与凸函数的最小值有关的主要定理在第 27 节中用凸函数之间的共轭对应来表示一样。

共轭鞍函数的概念由前一节所引进的有关凸双重函数的逆运算而得到。因此，正如有关凸双重函数的伴随运算为第 30 节所述的凸规划的对偶理论的天然基础一样，逆运算为极小极大理论的天然基础。

设 $F$ 为映 $\mathbf{R}^m$ 到 $\mathbf{R}^n$ 的凸双重函数，$F$ 的逆 $F_*$ 为映 $\mathbf{R}^n$ 到 $\mathbf{R}^m$ 的凹双重函数，因此，$\langle \boldsymbol{u}^*,F_*\boldsymbol{x}\rangle$为定义在 $\mathbf{R}^m\times\mathbf{R}^n$ 上的关于〈$\boldsymbol{u}^*,\boldsymbol{x}$〉的凹-凸函数（定理 33.1）。$\langle \boldsymbol{u}^*,F_*\boldsymbol{x}\rangle$与$\langle F\boldsymbol{u},\boldsymbol{x}^*\rangle$是如何相关的，类似于关于〈$\boldsymbol{u},\boldsymbol{x}^*$〉的凹-凸性？由定义有

$$\langle \boldsymbol{u}^*,F_*\boldsymbol{x}\rangle=(F_*\boldsymbol{x}^*)(\boldsymbol{u}^*)$$

$$=\inf_{\boldsymbol{u}}\{\langle \boldsymbol{u},\boldsymbol{u}^*\rangle-(F_*\boldsymbol{x})(\boldsymbol{u})\}$$

$$=\inf_{\boldsymbol{u}}\{\langle \boldsymbol{u},\boldsymbol{u}^*\rangle+(F\boldsymbol{u})(\boldsymbol{x})\}.$$



如果 $F$ 为闭的（或者仅仅为图像闭的），由推论 33.1.2 有

$$(F\boldsymbol{u})(\boldsymbol{x})=\sup_{\boldsymbol{x}^*}\{\langle \boldsymbol{x},\boldsymbol{x}^*\rangle-\langle F\boldsymbol{u},\boldsymbol{x}^*\rangle\}.$$

因此，

$$\langle \boldsymbol{u}^*,F_*\boldsymbol{x}\rangle=\inf_{\boldsymbol{u}}\sup_{\boldsymbol{x}^*}\{\langle \boldsymbol{u},\boldsymbol{u}^*\rangle+\langle \boldsymbol{x},\boldsymbol{x}^*\rangle-\langle F\boldsymbol{u},\boldsymbol{x}^*\rangle\}.$$

应用其于双重函数 $F^*$ 和 $F_*^*$，将导致下列基本结论。

**定理 37.1**　设 $F$ 为映 $\mathbf{R}^m$ 到 $\mathbf{R}^n$ 的闭凸双重函数，$K$ 为与 $F$ 对应的等价类 $\Omega(F)$ 中的任意闭凹-凸函数，即其在 $\mathbf{R}^m\times\mathbf{R}^n$ 上定义，并满足

$$\langle F\boldsymbol{u},\boldsymbol{x}^*\rangle\leqslant K(\boldsymbol{u},\boldsymbol{x}^*)\leqslant\langle \boldsymbol{u},F^*\boldsymbol{x}^*\rangle,\qquad \forall\boldsymbol{u},\forall\boldsymbol{x}^*.$$

的凹-凸函数，则对于每个 $u^* \in \mathbf{R}^m$ 及 $x \in \mathbf{R}^n$ 有

$$\inf_u \sup_{x^*}\{\langle u, u^* \rangle + \langle x, x^* \rangle - K(u, x^*)\} = \langle u^*, F_* x \rangle,$$

$$\sup_{x^*} \inf_u \{\langle u, u^* \rangle + \langle x, x^* \rangle - K(u, x^*)\} = \langle F_*^* u^*, x \rangle.$$

另一方面，设 $K^*$ 为与 $F_*$ 对应的等价类 $\Omega(F_*)$ 中的任意闭凹-凸函数，即其为在 $\mathbf{R}^m \times \mathbf{R}^n$ 上定义并满足

$$\langle F_*^* u^*, x \rangle \leqslant K^*(u^*, x) \leqslant \langle u^*, F_* x \rangle, \qquad \forall u^*, \forall x.$$

的凹-凸函数，则对于每个 $u \in \mathbf{R}^m$ 及每个 $x^* \in \mathbf{R}^n$ 都有

$$\inf_{u^*} \sup_x \{\langle u, u^* \rangle + \langle x, x^* \rangle - K^*(u^*, x)\} = \langle u^*, F^* x^* \rangle,$$

$$\sup_x \inf_{u^*} \{\langle u, u^* \rangle + \langle x, x^* \rangle - K^*(u^*, x)\} = \langle Fu, x^* \rangle.$$

**证明**　由逆运算以及定理 34.2 中等价类 $\Omega(F)$ 的性质立即得到。

定理 37.1 中的鞍函数对应能够看作有关凸或凹函数共轭对应的推广。设 $K$ 为定义在 $\mathbf{R}^m \times \mathbf{R}^n$ 上的任意一个凹-凸函数。对于每个 $u^* \in \mathbf{R}^m$ 和 $v^* \in \mathbf{R}^n$，

$$\langle u, u^* \rangle + \langle v, v^* \rangle - K(u, v)$$

为关于 $(u, v)$ 的凸-凹函数，自然关于 $u$ 取极小，关于 $v$ 取极大。从而定义 $K$ 的下共轭 $\underline{K}^*$ 为

$$\underline{K}^*(u^*, v^*) = \sup_v \inf_u \{\langle u, u^* \rangle + \langle v, v^* \rangle - K(u, v)\}$$

及 $K$ 的上共轭 $\overline{K}^*$ 为

$$\overline{K}^*(u^*, v^*) = \inf_u \sup_v \{\langle u, u^* \rangle + \langle v, v^* \rangle - K(u, v)\}.$$

由定理 36.1 知道 $\underline{K}^* \leqslant \overline{K}^*$。

**推论 37.1.1**　设 $K$ 为定义在 $\mathbf{R}^m \times \mathbf{R}^n$ 上的闭凹-凸函数，则 $K$ 的下共轭 $\underline{K}^*$ 为定义在 $\mathbf{R}^m \times \mathbf{R}^n$ 上的上闭凹-凸函数，$K$ 的上共轭 $\overline{K}^*$ 为定义在 $\mathbf{R}^m \times \mathbf{R}^n$ 上的上闭凹-凸。进一步地，$\underline{K}^*$ 和 $\overline{K}^*$ 为等价的，它们均依赖于包含 $K$ 的等价类。如果 $K^*$ 为等价于 $\underline{K}^*$ 和 $\overline{K}^*$ 的任意闭凹-凸函数，则 $K^*$ 的下、上共轭反过来等价于 $K$。

**证明**　由定理 34.2 知道定理 37.1 中的等价类为由闭凹-凸函数所组成的最一般等价类。由定理 37.1 可得到对于任意 $K \in \Omega(F)$ 有

$$\underline{K}^*(u^*, v^*) = \langle F_*^* u^*, v^* \rangle, \overline{K}^*(u^*, v^*) = \langle u^*, F_* v^* \rangle.$$

应用定理 33.3 于 $F^*$ 和 $F_*^*$ 知道，$\underline{K}^*$ 为下闭且 $\overline{K}^*$ 为上闭的。

等价于给定鞍函数 $K$ 的下、上共轭的鞍函数 $K^*$ 被简称为 $K$ 的共轭。按此术语，推论 37.1 刻画了闭鞍函数之间的一种对称，一对一，甚至为等价的，共轭对应。定义在 $\mathbf{R}^m \times \mathbf{R}^n$ 上的常函数 $+\infty$ 和 $-\infty$ 为相互共轭的闭鞍共轭；因为这些是唯一非正常的闭鞍函数，与闭的正常鞍函数共轭的鞍函数一定为正常的。一般地，按照定理 37.1，当 $F$ 为闭的凸或凹双重函数时，与等价类 $\Omega(F)$ 共轭的等价类就

是 $\Omega(F_*)$。推论 37.1.1 对于极小极大理论的重要性在于它将“supinf”与“infsup”之间的可能的矛盾简化到两个鞍函数之间的矛盾。因此，有时候

$$\sup\inf\neq\inf\sup$$

的事实（由第 34 节中的结果）精确对偶于一般的

$$\mathrm{cl}_2\mathrm{cl}_1\neq\mathrm{cl}_1\mathrm{cl}_2,$$

且鞍函数的无限值延拓及闭包的奇怪的不唯一性将具有自然的对偶意义。

**推论 37.1.2**　闭正常鞍函数 $K$ 的下、上共轭 $\underline{K}^*$ 和 $\overline{K}^*$ 具有定理 34.3 中所述的关于某非空凸集的积 $C^*\times D^*$（$\underline{K}^*$ 和 $\overline{K}^*$ 的有效域）的构造性质，它们满足关系

$$\mathrm{cl}_1\underline{K}^*=\overline{K}^*,\quad \mathrm{cl}_2\overline{K}^*=\underline{K}^*.$$

特别地，如果 $\boldsymbol{u}^*\in\mathrm{ri}C^*$ 或 $\boldsymbol{v}^*\in\mathrm{ri}D^*$，则

$$\underline{K}^*(\boldsymbol{u}^*,\boldsymbol{v}^*)=\overline{K}^*(\boldsymbol{u}^*,\boldsymbol{v}^*).$$

**证明**　由定理 34.2 和定理 34.3 得到。

由定义有

$$\underline{K}^*(\boldsymbol{0},\boldsymbol{0})=\sup_{\boldsymbol{v}}\inf_{\boldsymbol{u}}\{\langle\boldsymbol{u},\boldsymbol{0}\rangle+\langle\boldsymbol{v},\boldsymbol{0}\rangle-K(\boldsymbol{u},\boldsymbol{v})\},$$

$$\overline{K}^*(\boldsymbol{0},\boldsymbol{0})=\inf_{\boldsymbol{u}}\sup_{\boldsymbol{v}}\{\langle\boldsymbol{u},\boldsymbol{0}\rangle+\langle\boldsymbol{v},\boldsymbol{0}\rangle-K(\boldsymbol{u},\boldsymbol{v})\},$$

因此，

$$\inf_{\boldsymbol{v}}\sup_{\boldsymbol{u}}K(\boldsymbol{u},\boldsymbol{v})=-\underline{K}^*(\boldsymbol{0},\boldsymbol{0}),$$

$$\sup_{\boldsymbol{u}}\inf_{\boldsymbol{v}}K(\boldsymbol{u},\boldsymbol{v})=-\overline{K}^*(\boldsymbol{0},\boldsymbol{0}).$$

$K$ 的鞍值的存在性依赖于 $(\boldsymbol{0},\boldsymbol{0})$ 相对于

$$C^*\times D^*=\mathrm{dom}\underline{K}^*=\mathrm{dom}\overline{K}^*$$

的位置。特别有：



**推论 37.1.3**　设 $K$ 为定义在 $\mathbf{R}^m\times\mathbf{R}^n$ 上的凹-凸函数，且令 $C^*\times D^*$ 为与 $K$ 共轭的所有凹-凸函数的共同有效域。如果 $\mathrm{ri}C^*$ 包含 $\mathbf{R}^m$ 的原点，或 $\mathrm{ri}D^*$ 包含 $\mathbf{R}^n$ 的原点，则

$$\inf_{\boldsymbol{v}}\sup_{\boldsymbol{u}}K(\boldsymbol{u},\boldsymbol{v})=\sup_{\boldsymbol{u}}\inf_{\boldsymbol{v}}K(\boldsymbol{u},\boldsymbol{v}).$$

如果两个条件同时成立，则这个鞍值一定为有限的。

为最大限度地利用推论 37.1.3 中的极小极大判据，我们借助 $K$ 对集 $C^*$ 和 $D^*$ 进行直接刻画，得到了下面的定理。

**定理 37.2**　设 $K$ 为在 $\mathbf{R}^m\times\mathbf{R}^n$ 上定义，并以 $C\times D$ 为有效域的凹-凸函数。设 $C^*\times D^*$ 为与 $K$ 共轭的凹-凸函数 $K^*$ 的共同有效域，则 $C^*$ 和 $D^*$ 的支撑函数由公式

$$\delta^*(\boldsymbol{w}\,|\,D^*)=\sup_{\boldsymbol{u}\in\mathrm{ri}C}\sup_{\boldsymbol{v}\in D}\{K(\boldsymbol{u},\boldsymbol{v}+\boldsymbol{w})-K(\boldsymbol{u},\boldsymbol{v})\},$$

$$-\delta^*(-z\mid C^*)=\inf_{v\in \mathrm{ri}\,D}\inf_{u\in C}\{K(u+z,v)-K(u,v)\}.$$

得到。

**证明**　设 $F$ 为满足 $(\mathrm{cl}_2K)(u,v)=\langle Fu,v\rangle$，$\forall u$，$\forall v$ 的唯一映 $\mathbf{R}^m$ 到 $\mathbf{R}^n$ 的闭正常凸的双重函数（见定理34.2），则 $C=\mathrm{dom}F$。因为与 $K$ 共轭的鞍函数的等价类对应于 $F_*$，因此，$D^*=\mathrm{dom}F_*$。

设 $G$ 为 $F$ 的图函数的有效域，即

$$G=\{(u,x)\mid(Fu)(x)<+\infty\},$$

则

$$D^*=\{x\mid\exists u,(u,x)\in G\}=\bigcup\{\mathrm{dom}Fu\mid u\in C\}.$$

事实上，由定理6.8有

$$\mathrm{ri}D^*=\{x\mid\exists u,(u,x)\in\mathrm{ri}G\}=\bigcup\{\mathrm{ri}(\mathrm{dom}Fu)\mid u\in\mathrm{ri}C\}.$$

因此，

$$\begin{aligned}\delta^*(w\mid D^*)&=\sup\{\langle x,w\rangle\mid x\in\mathrm{ri}D^*\}\\&=\sup\{\langle x,w\rangle\mid x\in\mathrm{ri}(\mathrm{dom}Fu),u\in\mathrm{ri}C\}\\&=\sup\{\delta^*(w\mid\mathrm{dom}Fu)\mid u\in\mathrm{ri}C\}.\end{aligned}$$

另一方面，对于每个 $u\in\mathrm{ri}C$，$K(u,\cdot)$为具有有效域 $D$ 的闭的正常凸函数（定理34.3），因此与$(\mathrm{cl}_2)K(u,\cdot)$吻合，其为闭正常凸函数 $Fu$ 的共轭。按照定理13.3，$\mathrm{dom}Fu$ 的支撑函数为 $Fu$ 的共轭的回收函数。因此，对于每个 $u\in\mathrm{ri}C$，$\delta^*(\cdot\mid\mathrm{dom}Fu)$为 $K(u,\cdot)$的回收函数，由定理8.5中的第一个回收函数公式有

$$\delta^*(w\mid\mathrm{dom}Fu)=\sup\{K(u,v+w)-K(u,v)\mid v\in D\}.$$

这便证明了关于 $\delta^*(\cdot\mid D^*)$的公式。关于 $\delta^*(\cdot\mid C^*)$的公式的证明为类似的。

**推论37.2.1**　沿用定理的概念，我们得到 $\mathbf{0}\in\mathrm{int}D^*$ 当且仅当对于 $u$ 在 $\mathrm{ri}C$ 取值是凸函数，$K(u,\cdot)$没有公共的回收方向。同理，$\mathbf{0}\in\mathrm{int}C^*$ 当且仅当对于 $v\in\mathrm{ri}D$，凸函数 $-K(\cdot,v)$没有共同的回收方向。

**证明**　（按照前面的证明）我们知道 $\mathbf{0}\notin\mathrm{int}D^*$ 当且仅当存在向量 $w\neq\mathbf{0}$ 使 $\delta^*(w\mid D^*)\leqslant 0$，即，

$$K(u,v+w)-K(u,v)\leqslant 0,\forall v\in D,\forall u\in\mathrm{ri}C.$$

因为对于每个 $u\in\mathrm{ri}C$，$K(u,\cdot)$的有效域为 $D$，后者条件意味着对于每个 $u\in\mathrm{ri}C$，$w$ 属于 $K(u,\cdot)$的回收锥。推论的另外部分的证明为类似的。

现在叙述关于鞍值存在的主要定理。

**定理37.3**　设 $K$ 为在 $\mathbf{R}^m\times\mathbf{R}^n$ 上定义，以 $C\times D$ 为有效域的闭的正常凹-凸函数，则由下列条件中的任何一个都将得到 $K$ 的鞍值存在性。如果两个条件都满足，则鞍值一定有限。

(a) 关于 $u\in\mathrm{ri}C$ 的凸函数 $K(u,\cdot)$没有共同的回收方向。

(b) 关于 $v\in\mathrm{ri}D$ 的凸函数 $-K(\cdot,v)$没有共同的回收方向。

**证明**　只要简单地将推论37.1.3和推论37.2.1结合即可。

**推论 37.3.1**　设 $K$ 为在 $\mathbf{R}^m\times\mathbf{R}^n$ 上定义，以 $C\times D$ 为有效域的闭正常凹-凸函数。如果 $C$ 或 $D$ 为有界的，则 $K$ 的鞍值存在。

**证明**　由定理 34.3 知道，对于每个 $\boldsymbol{u}\in \mathrm{ri}C$，$K(\boldsymbol{u},\cdot)$的有效域为 $D$，所以当 $D$ 为有界时条件（a）满足。同理，当 $C$ 有界时，条件（b）满足。

正如在第 36 节中所解释过，定理 37.3 和推论 37.3.1 中 $K$ 关于 $\mathbf{R}^m\times\mathbf{R}^n$ 的鞍值当然与 $K$ 关于 $C\times D$ 的鞍值相同。为了强化这一事实，我们叙述一个特殊的情形。

**推论 37.3.2**　设 $C$ 和 $D$ 分别为 $\mathbf{R}^m$ 和 $\mathbf{R}^n$ 中的非空闭凸集，且为定义在 $C\times D$ 上的连续的有限凹-凸函数。如果 $C$ 或 $D$ 为有界的，则

$$\inf_{\boldsymbol{v}\in D}\sup_{\boldsymbol{u}\in C}K(\boldsymbol{u},\boldsymbol{v})=\sup_{\boldsymbol{u}\in C}\inf_{\boldsymbol{v}\in D}K(\boldsymbol{u},\boldsymbol{v}).$$

**证明**　应用前一推论于 $K$ 关于整个 $\mathbf{R}^m\times\mathbf{R}^n$ 的下（或上）简单推广即可，由推论 34.2.4 知道，这个推广是以 $C\times D$ 为有效域的闭正常凹-凸函数。

后面将会看到，当定理 37.3 中的两个条件都满足时，确实存在鞍点，这一结果由在第 35 节中定义的次微分映射$\partial K$ 的性质而得到，特别地，对每个 $\boldsymbol{u}$ 和 $\boldsymbol{v}$，$K(\boldsymbol{u},\boldsymbol{v})$为闭凸集

$$\partial_1K(\boldsymbol{u},\boldsymbol{v})\times\partial_2K(\boldsymbol{u},\boldsymbol{v})$$

且

$$\mathrm{dom}\partial K=\{(\boldsymbol{u},\boldsymbol{v})\mid\partial K(\boldsymbol{u},\boldsymbol{v})\neq\varnothing\}.$$

**定理 37.4**　设 $K$ 为定义在 $\mathbf{R}^m\times\mathbf{R}^n$ 上的凹-凸函数。对于每个（$\boldsymbol{u},\boldsymbol{v}$），$\partial K(\boldsymbol{u},\boldsymbol{v})$由那些使凹-凸函数 $K-\langle\cdot,\boldsymbol{u}^*\rangle-\langle\cdot,\boldsymbol{v}^*\rangle$具有鞍点（$\boldsymbol{u},\boldsymbol{v}$）的偶对（$\boldsymbol{u}^*,\boldsymbol{v}^*$）所组成。如果 $K$ 为闭的和正常的，则有

$$\mathrm{ri}(\mathrm{dom}K)\subset\mathrm{dom}\partial K\subset\mathrm{dom}K.$$

**证明**　$\partial_1K(\boldsymbol{u},\boldsymbol{v})$和$\partial_2K(\boldsymbol{u},\boldsymbol{v})$分别为 $\mathbf{R}^m$ 和 $\mathbf{R}^n$ 中的闭凸集，所以$\partial K(\boldsymbol{u},\boldsymbol{v})$为闭的且为凸的。由定义（$\boldsymbol{u}^*,\boldsymbol{v}^*$）属于$\partial K(\boldsymbol{u},\boldsymbol{v})$当且仅当

$$K(\boldsymbol{u}',\boldsymbol{v})-\langle\boldsymbol{u}',\boldsymbol{u}^*\rangle\leqslant K(\boldsymbol{u},\boldsymbol{v})-\langle\boldsymbol{u},\boldsymbol{u}^*\rangle,\ \forall\,\boldsymbol{u}',$$

$$K(\boldsymbol{u},\boldsymbol{v}')-\langle\boldsymbol{v}',\boldsymbol{v}^*\rangle\geqslant K(\boldsymbol{u},\boldsymbol{v})-\langle\boldsymbol{v},\boldsymbol{v}^*\rangle,\ \forall\,\boldsymbol{v}'.$$

令 $K_0=K-\langle\cdot,\boldsymbol{u}^*\rangle-\langle\cdot,\boldsymbol{v}^*\rangle$。我们能够将这些不等式表示成为

$$K_0(\boldsymbol{u}',\boldsymbol{v})\leqslant K_0(\boldsymbol{u},\boldsymbol{v})\leqslant K_0(\boldsymbol{u},\boldsymbol{v}'),\ \forall\,\boldsymbol{u}',\ \forall\,\boldsymbol{v}',$$

这便说明（$\boldsymbol{u},\boldsymbol{v}$）为 $K_0$ 的鞍点。现假设 $K$ 为闭的和正常的，则 $K_0$ 为闭的和正常的且 $\mathrm{dom}K_0=\mathrm{dom}K$。因此，条件$(\boldsymbol{u}^*,\boldsymbol{v}^*)\in\partial K(\boldsymbol{u},\boldsymbol{v})$说明（$\boldsymbol{u}$，$\boldsymbol{v}$）$\in\mathrm{dom}K$。换句话说，$\mathrm{dom}\partial K$ 包含于 $\mathrm{dom}K$。另一方面，假设

$$(\boldsymbol{u},\boldsymbol{v})\in\mathrm{ri}(\mathrm{dom}K)=\mathrm{ri}(\mathrm{dom}_1K)\times\mathrm{ri}(\mathrm{dom}_2K),$$

则 $\boldsymbol{v}$ 属于凸函数 $K(\boldsymbol{u},\cdot)$的有效域的相对内部（定理 34.3），因而，$K(\boldsymbol{u},\cdot)$在 $v$ 点处至少有一个次梯度（定理 23.4）。因此，$\partial_2K(\boldsymbol{u},\boldsymbol{v})\neq\varnothing$。同理，$\partial_1K(\boldsymbol{u},\boldsymbol{v})\neq\varnothing$。因此，$\partial K(\boldsymbol{u},\boldsymbol{v})\neq\varnothing$。

**推论 37.4.1**　如果 $K$ 和 $L$ 在 $\mathbf{R}^m\times\mathbf{R}^n$ 上为等价的鞍函数，则$\partial K=\partial L$，且 $K$ 和

$L$ 的值在集合 $\mathrm{dom}\partial K=\mathrm{dom}\partial L$ 上相等。

**证明**　对于任意 $(\boldsymbol{u}^*,\boldsymbol{v}^*)$，鞍函数

$$K_0(\boldsymbol{u},\boldsymbol{v})=K(\boldsymbol{u},\boldsymbol{v})-\langle\boldsymbol{u},\boldsymbol{u}^*\rangle-\langle\boldsymbol{v},\boldsymbol{v}^*\rangle,$$
$$L_0(\boldsymbol{u},\boldsymbol{v})=L(\boldsymbol{u},\boldsymbol{v})-\langle\boldsymbol{u},\boldsymbol{u}^*\rangle-\langle\boldsymbol{v},\boldsymbol{v}^*\rangle$$

与 $K$ 和 $L$ 一样为等价的。按照定理，我们得到 $(\boldsymbol{u}^*,\boldsymbol{v}^*)\in\partial K(\boldsymbol{u},\boldsymbol{v})$ 当且仅当 $(\boldsymbol{u},\boldsymbol{v})$ 为 $K_0$ 的鞍点，在这种情况下 $K_0$ 的鞍值当然为 $K_0(\boldsymbol{u},\boldsymbol{v})$。因为等价鞍函数有相同的鞍值及鞍点（定理 36.4），如果鞍值或为鞍点存在。因此 $(\boldsymbol{u}^*,\boldsymbol{v}^*)\in\partial K(\boldsymbol{u},\boldsymbol{v})$ 当且仅当 $(\boldsymbol{u}^*,\boldsymbol{v}^*)\in\partial L(\boldsymbol{u},\boldsymbol{v})$，此时 $K(\boldsymbol{u},\boldsymbol{v})=L(\boldsymbol{u},\boldsymbol{v})$。

由推论 37. 4. 1 知道，鞍函数的次微分依赖于包含鞍函数的等价类，因此，可称为等价类的次微分。

当然，定义在 $\mathbf{R}^m\times\mathbf{R}^n$ 上的闭正常凹-凸函数的等价类一对一对应于映 $\mathbf{R}^m$ 到 $\mathbf{R}^n$ 的闭正常凸双重函数（定理 34.2），且后者一对一对应于在 $\mathbf{R}^{m+n}$ 上定义的闭正常凸函数。下一个定理将描述，在这些对应下，次微分有什么样的状态。特别断言，对于相互共轭的鞍函数等价类来说，相关的次微分为相互之间在多值映射意义下的逆，就像推论 23.5.1 中纯凸函数的次微分那样。

**定理 37.5**　设 $K$ 为定义在 $\mathbf{R}^m\times\mathbf{R}^n$ 上的闭正常凹-凸函数，$K^*$ 为与 $K$ 共轭的等价凹-凸函数之一。设 $F$ 为映 $\mathbf{R}^m$ 到 $\mathbf{R}^n$ 的（唯一）且满足 $(\mathrm{cl}_2K)(\boldsymbol{u},\boldsymbol{v})=\langle F\boldsymbol{u},\boldsymbol{v}\rangle$ 的闭正常凸双重函数，且设 $f$ 为定义在 $\mathbf{R}^{n+m}$ 上的 $F$ 的图函数，即

$$f(\boldsymbol{u},\boldsymbol{v}^*)=\sup_{\boldsymbol{v}}\{\langle\boldsymbol{v},\boldsymbol{v}^*\rangle-K(\boldsymbol{u},\boldsymbol{v})\}$$

则下列关于 $(\boldsymbol{u},\boldsymbol{v})$ 和 $(\boldsymbol{u}^*,\boldsymbol{v}^*)$ 的条件等价：

(a) $(\boldsymbol{u}^*,\boldsymbol{v}^*)\in\partial K(\boldsymbol{u},\boldsymbol{v})$；

(b) $(\boldsymbol{u},\boldsymbol{v})\in\partial K^*(\boldsymbol{u}^*,\boldsymbol{v}^*)$；

(c) $(-\boldsymbol{u}^*,\boldsymbol{v})\in\partial f(\boldsymbol{u},\boldsymbol{v}^*)$；

(d) $(F\boldsymbol{u})(\boldsymbol{v}^*)-\langle\boldsymbol{v},\boldsymbol{v}^*\rangle=(F^*\boldsymbol{v})(\boldsymbol{u}^*)-\langle\boldsymbol{u},\boldsymbol{u}^*\rangle$。

**证明**　先由 (a) 到 (d)。由定义，$\boldsymbol{v}^*\in\partial_2K(\boldsymbol{u},\boldsymbol{v})$ 当且仅当函数 $\langle\cdot,\boldsymbol{v}^*\rangle-K(u,\cdot)$ 在 $\mathbf{R}^n$ 上的上确界在 $\boldsymbol{v}$ 点取到。这个上确界为 $(F\boldsymbol{u})(\boldsymbol{v}^*)$，因为凸函数 $F\boldsymbol{u}$ 共轭于凸函数 $K(\boldsymbol{u},\cdot)$ 的闭包。因此 $\boldsymbol{v}^*\in\partial_2K(\boldsymbol{u},\boldsymbol{v})$ 当且仅当

$$\langle\boldsymbol{v},\boldsymbol{v}^*\rangle-K(\boldsymbol{u},\boldsymbol{v})=(F\boldsymbol{u})(\boldsymbol{v}^*).$$

由对偶性，$\boldsymbol{u}^*\in\partial_1K(\boldsymbol{u},\boldsymbol{v})$ 当且仅当

$$\langle\boldsymbol{u},\boldsymbol{u}^*\rangle-K(\boldsymbol{u},\boldsymbol{v})=(F^*\boldsymbol{v})(\boldsymbol{u}^*).$$

因此 $(\boldsymbol{u}^*,\boldsymbol{v}^*)\in\partial K(\boldsymbol{u},\boldsymbol{v})$ 当且仅当

$$\langle\boldsymbol{v},\boldsymbol{v}^*\rangle-(F\boldsymbol{u})(\boldsymbol{v}^*)=K(\boldsymbol{u},\boldsymbol{v})=\langle\boldsymbol{u},\boldsymbol{u}^*\rangle-(F^*\boldsymbol{v})(\boldsymbol{u}^*).$$

由此条件得到 (d)，由一般不等式

$$\langle\boldsymbol{v},\boldsymbol{v}^*\rangle-(F\boldsymbol{u})(\boldsymbol{v}^*)\leqslant\langle F\boldsymbol{u},\boldsymbol{v}\rangle\leqslant K(\boldsymbol{u},\boldsymbol{v})$$
$$\leqslant\langle\boldsymbol{u},F^*\boldsymbol{v}\rangle\leqslant\langle\boldsymbol{u},\boldsymbol{u}^*\rangle-(F^*\boldsymbol{v})(\boldsymbol{u}^*).$$

知道反过来也成立。因此，(a) 等价于 (d)。因为 $K^*$ 对应于逆双重函数 $F_*^*$ 和

$F_*$，同样，$K$ 对应于 $F$ 和 $F^*$（如定理 37.1)，由此得到（b）等价于

$$(F_*^*\boldsymbol{u}^*)(\boldsymbol{v})-\langle \boldsymbol{v},\boldsymbol{v}^*\rangle=(F_*\boldsymbol{v}^*)(\boldsymbol{u})-\langle \boldsymbol{u},\boldsymbol{u}^*\rangle.$$

这恒等于（d)，这是因为

$$(F_*\boldsymbol{v}^*)(\boldsymbol{u})=-(F\boldsymbol{u})(\boldsymbol{v}^*),$$

$$(F_*^*\boldsymbol{u}^*)(\boldsymbol{v})=-(F^*v)(u^*).$$

由定义有

$$\begin{aligned}(F^*\boldsymbol{v})(\boldsymbol{u}^*)&=\inf_{\boldsymbol{u},\boldsymbol{v}^*}\{(F\boldsymbol{u})(\boldsymbol{v}^*)-\langle \boldsymbol{v},\boldsymbol{v}^*\rangle+\langle \boldsymbol{u},\boldsymbol{u}^*\rangle\}\\&=-\sup_{\boldsymbol{u},\boldsymbol{v}^*}\{\langle \boldsymbol{u},-\boldsymbol{u}^*\rangle+\langle \boldsymbol{v},\boldsymbol{v}^*\rangle-f(\boldsymbol{u},\boldsymbol{v}^*)\}=-f^*(-\boldsymbol{u}^*,\boldsymbol{v}).\end{aligned}$$

所以（d）也能够表示成为

$$f(\boldsymbol{u},\boldsymbol{v}^*)+f^*(-\boldsymbol{u}^*,\boldsymbol{v})=\langle \boldsymbol{u},-\boldsymbol{u}^*\rangle+\langle \boldsymbol{v},\boldsymbol{v}^*\rangle.$$

由定理 23.5 知道，此条件等价于（c)。

按照定理 37.4，由定理 37.5 中（a）和（b）的等价性得到凹-凸函数 $K-\langle\cdot,\boldsymbol{u}^*\rangle-\langle\cdot,\boldsymbol{v}^*\rangle$ 以 $(\boldsymbol{u},\boldsymbol{v})$ 为鞍点当且仅当凹-凸函数 $K^*-\langle \boldsymbol{u},\cdot\rangle-\langle \boldsymbol{v},\cdot\rangle$ 以 $(\boldsymbol{u}^*,\boldsymbol{v}^*)$ 为鞍点。

（a）和（c）的等价性说明，作为闭正常鞍函数 $K$ 的次微分的多值映射能够简单地借助闭正常凸函数 $f$ 的“局部逆”而得到。由所建立的关于映射 $\partial f$ 的几何性质得到关于 $\partial K$ 的结果。

**推论 37.5.1**　如果 $K$ 为定义在 $\mathbf{R}^m\times\mathbf{R}^n$ 上的闭正常凹-凸函数，则 $\partial K$ 的图为闭的，其关于映射

$$(\boldsymbol{u},\boldsymbol{v},\boldsymbol{u}^*,\boldsymbol{v}^*)\to(\boldsymbol{u}-\boldsymbol{u}^*,\boldsymbol{v}+\boldsymbol{v}^*)$$

同胚（Homeomorphic）于 $\mathbf{R}^m\times\mathbf{R}^n$。

**证明**　其可由定理 24.4 和推论 31.5.1 而立即得到。

**推论 37.5.2**　如果 $K$ 为定义在 $\mathbf{R}^m\times\mathbf{R}^n$ 上的闭正常凹-凸函数，则映射

$$\rho:(\boldsymbol{u},\boldsymbol{v})\to\{(-\boldsymbol{u}^*,\boldsymbol{v}^*)\mid(\boldsymbol{u}^*,\boldsymbol{v}^*)\in\partial K(\boldsymbol{u},\boldsymbol{v})\}$$

为映 $\mathbf{R}^m\times\mathbf{R}^n$ 到 $\mathbf{R}^m\times\mathbf{R}^n$ 的最大单调映射。特别地，如果 $K$ 几乎处处有限且可微，则

$$(\boldsymbol{u},\boldsymbol{v})\to(-\nabla_1K(\boldsymbol{u},\boldsymbol{v}),\nabla_2K(\boldsymbol{u},\boldsymbol{v}))$$

为极大单调映射。

**证明**　由定义知 $(\boldsymbol{u}^*,\boldsymbol{v}^*)\in\rho(\boldsymbol{u},\boldsymbol{v})$ 当且仅当

$$(\boldsymbol{u}^*,\boldsymbol{v})\in\partial f(\boldsymbol{u},\boldsymbol{v}^*),$$

其中 $f$ 为某个闭正常凸函数。$\rho$ 的极大单调性由 $\partial f$ 的极大单调性（推论 31.5.2）而得到。

为研究鞍函数的存在性，下列推论为包含在定理 37.5 中的最重要的事实。

**推论 37.5.3**　设 $K$ 为定义在 $\mathbf{R}^m\times\mathbf{R}^n$ 上的闭正常凹-凸函数，$K^*$ 为与 $K$ 共轭的等价凹-凸函数之一，则 $\partial K^*(\mathbf{0},\mathbf{0})$ 是 $K$ 的鞍点的集合。因此，$K$ 的鞍点形成

$\mathbf{R}^m \times \mathbf{R}^n$ 中的闭凸集的集合，鞍点存在当且仅当$(\mathbf{0},\mathbf{0}) \in \mathrm{dom}\partial K^*$。特别地，如果$(\mathbf{0},\mathbf{0}) \in \mathrm{ri}(\mathrm{dom}K^*)$，则 $K$ 存在鞍点。

**证明**　我们有$(\boldsymbol{u},\boldsymbol{v}) \in \partial K^*(\mathbf{0},\mathbf{0})$当且仅当$(\mathbf{0},\mathbf{0}) \in \partial K(\boldsymbol{u},\boldsymbol{v})$，即当且仅当（$\boldsymbol{u}$，$\boldsymbol{v}$）为 $K$ 的鞍点。应用定理 37.4 于 $K^*$ 即可。

为了获得关于鞍点的存在性定理，我们仅需要将推论 37.5.3 中的条件$(\mathbf{0},\mathbf{0}) \in \mathrm{ri}(\mathrm{dom}K^*)$更换为关于 $K$ 本身的更方便的条件。借助于定理 37.2 中用 $K$ 表示的有关 $\mathrm{dom}_1 K^*$ 和 $\mathrm{dom}_2 K^*$ 的支撑函数的公式就能够容易做到这些。为简单起见，我们仅叙述与条件

$$(\mathbf{0},\mathbf{0}) \in \mathrm{int}(\mathrm{dom}K^*) = \mathrm{int}(\mathrm{dom}_1 K^*) \times \mathrm{int}(\mathrm{dom}_2 K^*)$$

对应的一般鞍点定理。

**定理 37.6**　设 $K$ 为在 $\mathbf{R}^m \times \mathbf{R}^n$ 上定义的，以 $C \times D$ 为有效域的闭正常凹-凸函数。如果定理 37.3 中的条件（a）和（b）都满足，则 $K$ 存在（必须属于 $C \times D$ 的）鞍点。

**证明**　由推论 37.2.1 知道所给条件说明$\mathbf{0} \in \mathrm{int}(\mathrm{dom}_1 K^*)$及$\mathbf{0} \in \mathrm{int}(\mathrm{dom}_2 K^*)$，由推论 37.5.3 知道 $K$ 存在鞍点。

**定理 37.6.1**　设 $K$ 为在 $\mathbf{R}^m \times \mathbf{R}^n$ 上定义的，以 $C \times D$ 为有效域的闭正常凹-凸函数。如果 $C$ 和 $D$ 为有界的，则 $K$ 有鞍点和有限的鞍值。

**证明**　与推论 37.3.1 一样证明。

**推论 37.6.2**　设 $C$ 和 $D$ 分别为 $\mathbf{R}^m$ 和 $\mathbf{R}^n$ 中的有界凸集，$K$ 为在 $C \times D$ 上定义的连续有限凹-凸函数，则 $K$ 有关于 $C \times D$ 的鞍点，即存在 $\overline{\boldsymbol{u}} \in C$ 和 $\overline{\boldsymbol{v}} \in D$ 使

$$K(\boldsymbol{u},\overline{\boldsymbol{v}}) \leqslant K(\overline{\boldsymbol{u}},\overline{\boldsymbol{v}}) \leqslant K(\overline{\boldsymbol{u}},\boldsymbol{v}), \qquad \forall \boldsymbol{u} \in C, \forall \boldsymbol{v} \in D.$$

**证明**　见推论 37.3.2。

更一般地，对于定义在 $\mathbf{R}^m \times \mathbf{R}^n$ 中的非空相对开的凸乘积 $C_0 \times D_0$ 上的鞍函数 $K$。我们总可以延拓其而使得其为定义在 $\mathbf{R}^m \times \mathbf{R}^n$ 上的闭正常鞍函数并满足

$$C_0 \times D_0 \subset \mathrm{dom}K \subset \mathrm{cl}(C_0 \times D_0)$$

（推论 34.5.1）。如果 $C_0 \times D_0$ 为有界的，由推论 37.6.1 和定理 36.3 知道，延拓后的 $K$ 存在关于 $C \times D = \mathrm{dom}K$ 的鞍点。

# 第8部分 凸 代 数

## 第38节 双重函数代数

凸双重函数和凹双重函数的共轭算子和逆算子在以下意义下推广了线性变换的共轭算子和逆算子，这个观点已经被学者所指出。设 $A$ 是映 $\mathbf{R}^m$ 到 $\mathbf{R}^n$ 的线性变换，$F$ 是 $A$ 的凸的指示双重函数，即其为如下定义的映 $\mathbf{R}^m$ 到 $\mathbf{R}^n$ 的闭正常凸双重函数

$$(F\boldsymbol{u})(\boldsymbol{x})=\delta(\boldsymbol{x}\mid A\boldsymbol{u})=\begin{cases}0, & \boldsymbol{x}=A\boldsymbol{u},\\ +\infty, & \boldsymbol{x}\neq A\boldsymbol{u}.\end{cases}$$

$F$ 的伴随 $F^*$ 是伴随线性变换 $A^*$ 的凹的指示双重函数，

$$(F^*\boldsymbol{x}^*)(\boldsymbol{u}^*)=-\delta(\boldsymbol{u}^*\mid A^*\boldsymbol{x}^*)=\begin{cases}0, & \boldsymbol{u}^*=A^*\boldsymbol{x}^*,\\ -\infty, & \boldsymbol{u}^*\neq A^*\boldsymbol{x}^*,\end{cases}$$

则有

$$\langle F\boldsymbol{u},\boldsymbol{x}^*\rangle=\langle A\boldsymbol{u},\boldsymbol{x}^*\rangle=\langle \boldsymbol{u},A^*\boldsymbol{x}^*\rangle=\langle \boldsymbol{u},F^*\boldsymbol{x}^*\rangle.$$

如果 $A$ 为非奇异的，$F$ 的逆算子 $F_*$ 是凹指示双重函数 $A^{-1}$，$F_*^*$ 是$(A^*)^{-1}=(A^{-1})^*$的凸指示双重函数。

本节的目的是证明线性代数中其他的一些著名运算，如线性变换的加和乘，能够很自然地统一到双重函数上来，并且根据共轭运算来解释这些一般化的运算的性态。

给定任何映 $\mathbf{R}^m$ 到 $\mathbf{R}^n$ 的正常凸双重函数 $F_1$ 和 $F_2$，对于每个 $\boldsymbol{u}$，我们借助 $F_1\boldsymbol{u}$ 和 $F_2\boldsymbol{u}$ 的卷积下确界定义从映 $\mathbf{R}^m$ 到 $\mathbf{R}^n$ 的双重函数 $F=F_1\square F_2$，即

$$(F\boldsymbol{u})(\boldsymbol{x})=(F_1\boldsymbol{u}\square F_2\boldsymbol{u})(\boldsymbol{x})=\inf_{\boldsymbol{y}}\{(F_1\boldsymbol{u})(\boldsymbol{x}-\boldsymbol{y})+(F_2\boldsymbol{u})(\boldsymbol{y})\}.$$



这个运算在以下意义下推广了线性变换的加法：当 $F_1$ 和 $F_2$ 分别是线性变换 $A_1$、$A_2$ 的凸的指示双重函数时，$F_1\square F_2$ 是 $A_1+A_2$ 的凸双指示双重函数。对于凹双重函数，算子$\square$可以类似定义，唯一的区别只是将下确界改成上确界。

**定理 38.1** 设 $F_1$ 和 $F_2$ 是映 $\mathbf{R}^m$ 到 $\mathbf{R}^n$ 的正常凸双重函数，则 $F_1\square F_2$ 是映 $\mathbf{R}^m$ 到 $\mathbf{R}^n$ 的凸双重函数，并且

$$\operatorname{dom}(F_1\square F_2)=\operatorname{dom}F_1\cap\operatorname{dom}F_2.$$

进一步地，有

$$\langle (F_1\square F_2)\boldsymbol{u},\boldsymbol{x}^*\rangle=\langle F_1\boldsymbol{u},\boldsymbol{x}^*\rangle+\langle F_2\boldsymbol{u},\boldsymbol{x}^*\rangle,\ \forall\boldsymbol{u},\forall\boldsymbol{x}^*,$$

如果我们记$\infty-\infty=-\infty+\infty=-\infty$。(凹双重函数也类似定义，只是令$\infty-\infty=$

$-\infty+\infty=+\infty$。)

**证明**　对 $F_1$ 和 $F_2$ 的图函数进行部分下确界卷积计算可以得到 $F_1\Box F_2$ 的图函数，这是一个正常凸函数，因此，是凸函数。所以，$F_1\Box F_2$ 为凸的双重函数。如果 $u$ 属于 $\mathrm{dom}F_1\cap\mathrm{dom}F_2$，则 $F_1\boldsymbol{u}$ 和 $F_2\boldsymbol{u}$ 都是定义在 $\mathbf{R}^m$ 上的正常凸函数。于是$(F_1\Box F_2)\boldsymbol{u}$ 不恒等于$+\infty$，所以 $\boldsymbol{u}\in\mathrm{dom}(F_1\Box F_2)$，由定理 16.4 有

$$((F_1\Box F_2)\boldsymbol{u})^*=(F_1\boldsymbol{u}\Box F_2\boldsymbol{u})^*=(F_1\boldsymbol{u})^*+(F_2\boldsymbol{u})^*.$$

借助内积的概念，这个关系式可以写成

$$\langle(F_1\Box F_2)\boldsymbol{u},\cdot\rangle=\langle F_1\boldsymbol{u},\cdot\rangle+\langle F_2\boldsymbol{u},\cdot\rangle.$$

如果 $u$ 不属于 $\mathrm{dom}F_1\cap\mathrm{dom}F_2$，则函数 $F_1\boldsymbol{u}$ 和 $F_2\boldsymbol{u}$ 其中之一为$+\infty$。于是$(F_1\Box F_2)\boldsymbol{u}$ 恒等于$+\infty$，从而 $\boldsymbol{u}\notin\mathrm{dom}(F_1\Box F_2)$。于是函数$\langle(F_1\Box F_2)\boldsymbol{u},\cdot\rangle$恒等于$-\infty$，与$\langle F_1\boldsymbol{u},\cdot\rangle$ 或 $\langle F_2\boldsymbol{u},\cdot\rangle$ 其中之一的值一样，于是，如果我们设定$\infty-\infty=-\infty$，则定理中的内积等式成立。

运算$\Box$属于映 $\mathbf{R}^m$ 到 $\mathbf{R}^n$ 的凸双重函数类，它是可交换、可结合的运算，其达到了与凸函数的下确界卷积相同的性质。我们可以利用第 5 节中所给出的有关正常凸函数的下确界卷积的“几何”定义将$\Box$延拓到非正常双重函数。于是，在$\Box$运算下，映 $\mathbf{R}^m$ 到 $\mathbf{R}^n$ 的所有凸双重函数类都是可交换半群，它以零线性变换的指示函数为单位元。

下面的定理将有关线性变换的公式

$$(A_1+A_2)^*=A_1^*+A_2^*$$

推广到双重函数的情况。

**定理 38.2**　设 $F_1$ 和 $F_2$ 是映 $\mathbf{R}^m$ 到 $\mathbf{R}^n$ 的正常凸双重函数。如果 $\mathrm{ri}(\mathrm{dom}\ F_1)$ 和 $\mathrm{ri}(\mathrm{dom}\ F_2)$有公共点，则

$$(F_1\Box F_2)^*=F_1^*+F_2^*.$$

**证明**　对于任意 $\boldsymbol{x}^*$，$(F_1\Box F_2)^*\boldsymbol{x}^*$是凹函数$\langle\cdot,(F_1\Box F_2)^*\boldsymbol{x}^*\rangle$ 的共轭，因为$(F_1\Box F_2)^*$ 作为凸双重函数 $F_1F_2$ 的伴随，是闭的（定理 30.1），因此，特别是闭图像的。另一方面，$\langle\cdot,(F_1\Box F_2)^*\boldsymbol{x}^*\rangle$是凹函数

$$u\to\langle(F_1\Box F_2)\boldsymbol{u},\boldsymbol{x}^*\rangle$$

的闭包（定理 33.2）。由定理 38.1 中的公式知道$(F_1\Box F_2)^*\boldsymbol{x}^*$是 $g$ 的共轭，这里

$$g(\boldsymbol{u})=\langle F_1\boldsymbol{u},\boldsymbol{x}^*\rangle+\langle F_2\boldsymbol{u},\boldsymbol{x}^*\rangle$$

且$\infty-\infty=-\infty$。于是（由定理 33.1 及 $F_i\boldsymbol{u}$ 的共轭在 $\boldsymbol{x}^*$ 点具有值$-\infty$当且仅当 $F_i\boldsymbol{u}$ 恒为$+\infty$，即 $\boldsymbol{u}\notin\mathrm{dom}F_i$）凹函数

$$g_1(\boldsymbol{u})=\langle F_1\boldsymbol{u},\boldsymbol{x}^*\rangle,g_2(\boldsymbol{u})=\langle F_2\boldsymbol{u},\boldsymbol{x}^*\rangle$$

以 $\mathrm{dom}\ F_1$ 和 $\mathrm{dom}\ F_2$ 分别作为它们的有效域，根据假设，这些集合具有共同的相对内点。如果

$$\boldsymbol{x}^*\in\mathrm{dom}(F_1^*\Box F_2^*)=\mathrm{dom}F_1^*\cap\mathrm{dom}F_2^*$$

$g_1$ 和 $g_2$ 无处假设其值为$+\infty$，由定理 16.4（凹的复制）有

$$g^*=(g_1+g_2)^*=g_1^*\square g_2^*.$$

因为 $g_1^*=F_1^*x^*$ 且 $g_2^*=F_2^*x^*$，这个关系说明

$$(F_1\square F_2)^*x^*=(F_1^*\square F_2^*)x^*.$$

如果 $x^*$ 不属于 $\mathrm{dom}(F_1^*\square F_2^*)$，则 $(F_1^*\square F_2^*)x^*$ 以及凹函数 $F_1^*x^*$ 或者 $F_2^*x^*$ 中至少有一个等于 $-\infty$。$g_1$ 和 $g_2$ 中之一必然在某些点处的值为 $+\infty$。取值为 $+\infty$ 的凹函数必然在其有效域整个相对内部上取值 $+\infty$（定理 7.2），于是，在这种情况下，$g$ 在某些地方的取值为 $+\infty$。因此 $(F_1^*\square F_2^*)x^*=g^*$ 恒为 $-\infty$，与 $(F_1^*\square F_2^*)x^*$ 再次相等。

**推论 38.2.1**　设 $F_1$ 和 $F_2$ 是映 $\mathbf{R}^m$ 到 $\mathbf{R}^n$ 的闭正常凸双重函数。如果 $\mathrm{ri}(\mathrm{dom}\ F_1^*)$ 和 $\mathrm{ri}(\mathrm{dom}\ F_2^*)$ 具有共同点，则 $F_1\square F_2$ 是闭的且

$$(F_1\square F_2)^*=\mathrm{cl}(F_1^*\square F_2^*).$$

**证明**　相对内部的条件表明

$$(F_1^*\square F_2^*)^*=F_1^{**}\square F_2^{**}.$$

由于 $F_1$ 和 $F_2$ 是闭的，于是 $F_1^{**}=F_1$ 及 $F_2^{**}=F_2$。因为凸或凹双重函数的伴随算子总是闭的，所以 $F_1\square F_2$ 是闭的且

$$(F_1\square F_2)^*=(F_1^*\square F_2^*)^{**}=\mathrm{cl}(F_1^*\square F_2^*)$$

（定理 30.1）。

当然，一般情况下，$F_1\square F_2$ 不必是闭的。由定理 29.4 知道，对于属于 $\mathrm{dom}(F_1\square F_2)$ 的相对内部中的每个 $u$，特别对于每个

$$u\in \mathrm{ri}(\mathrm{dom}F_1)\cap \mathrm{ri}(\mathrm{dom}F_2)$$

有

$$(\mathrm{cl}(F_1\square F_2))u=\mathrm{cl}(F_1u\square F_2u).$$

数乘 $F\lambda$ 定义如下，对于 $\lambda>0$ 有公式 $(F\lambda)u=(Fu)\lambda$，即

$$((F\lambda)u)(x)=\lambda(Fu)(\lambda^{-1}x).$$

这与线性变换的数乘相对应：如果 $F$ 是线性变换 $A$ 的凸指示双重函数，则 $F\lambda$ 是 $\lambda A$ 的凸指示双重函数。

**定理 38.3**　令 $F$ 是映 $\mathbf{R}^m$ 到 $\mathbf{R}^n$ 的凸双重函数，且设 $\lambda>0$，则 $\mathrm{F}\lambda$ 是凸双重函数，其是闭的或者正常的取决于 F 本身是闭的或者正常的且有

$$\langle(\mathrm{F}\lambda)u,x^*\rangle=\lambda\langle Fu,x^*\rangle,\forall u,\forall x^*.$$

另外，$(F\lambda)^*=F^*\lambda$。

**证明**　设 $f$ 是 $F$ 的图函数，即 $f(u,x)=(Fu)(x)$。在映 $\mathbf{R}^{m+n+1}$ 到其本身的一一对应的线性变换

$$(u,x,\mu)\to(u,\lambda x,\lambda\mu)$$

下，图函数 $F\lambda$ 的上镜图是 $\mathrm{epi}f$ 的像，所以 $F\lambda$ 的图函数是凸的，以此类推。内积公式由以下的事实

$$((F\boldsymbol{u})\lambda)^* = \lambda(F\boldsymbol{u})^*, \forall \boldsymbol{u},$$

得到（定理 16.1）。由于双重函数$(F\lambda)^*$和$F^*\lambda$都是闭的（定理 30.1），应用刚刚建立的内积公式，有

$$\begin{aligned}\langle \boldsymbol{u},(F\lambda^*)\boldsymbol{x}^*\rangle &= \mathrm{cl}_{\boldsymbol{u}}\langle (F\lambda)\boldsymbol{u},\boldsymbol{x}^*\rangle = \lambda\,\mathrm{cl}_{\boldsymbol{u}}\langle F\boldsymbol{u},\boldsymbol{x}^*\rangle \\ &= \lambda\langle \boldsymbol{u},F^*\boldsymbol{x}^*\rangle = \langle \boldsymbol{u},(F^*\lambda)\boldsymbol{x}^*\rangle\end{aligned}$$

（定理 33.2）。因此$(F\lambda)^* = F^*\lambda$（定理 33.3）。

设 $F$ 是从映 $\mathbf{R}^m$ 到 $\mathbf{R}^n$ 的正常凸双重函数。给定定义在 $\mathbf{R}^m$ 上的凸函数 $f$，其取值不能为$-\infty$，我们借助 $F$ 定义 $f$ 的像 $Ff$ 为

$$(Ff)(\boldsymbol{x}) = \inf_{\boldsymbol{u}}\{f(\boldsymbol{u}) + (F\boldsymbol{u})(\boldsymbol{x})\} = \inf(f - F_*\boldsymbol{x})$$

（当 $f$ 和 $F$ 是凹函数的时候，情况类似）。如果 $F$ 是线性变换 $A$ 的双重函数，则 $Ff = Af$。

**定理 38.4**　设 $F$ 是映 $\mathbf{R}^m$ 到 $\mathbf{R}^n$ 的正常凸双重函数，且设 $f$ 是定义在 $\mathbf{R}^m$ 上的正常凸函数，则 $Ff$ 是定义在 $\mathbf{R}^n$ 上的凸函数。如果集合 $\mathrm{ri}(\mathrm{dom}f)$ 和集合 $\mathrm{ri}(\mathrm{dom}F)$ 有共同点，则有

$$(Ff)^* = F_*^* f^*,$$

并且对于每一个 $\boldsymbol{x}^*$ 在$(F_*^* f^*)(\boldsymbol{x}^*)$的定义中下确界一定取到。

**证明**　设 $h(\boldsymbol{u},\boldsymbol{x}) = f(\boldsymbol{u}) + (F\boldsymbol{u})(\boldsymbol{x})$。则 $h$ 是定义在 $\mathbf{R}^{m+n}$ 上的凸函数，$Ff$ 是 $h$ 在投影 $(\boldsymbol{u},\ \boldsymbol{x}) \to \boldsymbol{x}$ 下的像。因此 $Ff$ 是凸的（定理 5.7）。对于任意的 $\boldsymbol{x}^* \in \mathbf{R}^n$，有

$$\begin{aligned}(Ff^*)(\boldsymbol{x}^*) &= \sup_{\boldsymbol{x}}\{\langle \boldsymbol{x},\boldsymbol{x}^*\rangle - \inf_{\boldsymbol{u}}\{f(\boldsymbol{u}) + (F\boldsymbol{u})(\boldsymbol{x})\}\} \\ &= \sup_{\boldsymbol{u},\boldsymbol{x}}\{\langle \boldsymbol{x},\boldsymbol{x}^*\rangle - (F\boldsymbol{u})(\boldsymbol{x}) - f(\boldsymbol{u})\}.\end{aligned}$$

凹函数

$$g(\boldsymbol{u}) = \langle F\boldsymbol{u},\boldsymbol{x}^*\rangle = \sup_{\boldsymbol{x}}\{\langle \boldsymbol{x},\boldsymbol{x}^*\rangle - (F\boldsymbol{u})(\boldsymbol{x})\}$$

以区域 $\mathrm{dom}F$ 为其有效区域且以 $F^* f^*$ 为其共轭。假设 $\mathrm{ri}(\mathrm{dom}f)$ 满足 $\mathrm{ri}(\mathrm{dom}g) = \mathrm{ri}(\mathrm{dom}F)$。如果 $\boldsymbol{x}^* \in \mathrm{dom}F^*$，$g$ 是正常的，由 Fenchel 对偶定理（或者更精确地说，利用定理 31.1 的等式两边同乘以$-1$所得到的结果），有

$$\begin{aligned}(Ff^*)(\boldsymbol{x}^*) &= \sup_{\boldsymbol{u}}\{g(\boldsymbol{u}) - f(\boldsymbol{u})\} = \inf_{\boldsymbol{u}^*}\{f^*(\boldsymbol{u}^*) - g^*(\boldsymbol{u}^*)\} \\ &= \inf_{\boldsymbol{u}^*}\{f^*(\boldsymbol{u}^*) + F_*^*\boldsymbol{u}^*(\boldsymbol{x}^*)\} = F_*^* f^*(\boldsymbol{x}^*),\end{aligned}$$

这里，下确界可以取到。另一方面，如果 $\boldsymbol{x}^* \notin \mathrm{dom}F^*$，则凹函数 $g$ 是非正常的，在其有效区域的相对内部上为$+\infty$，于是$(Ff)^*(\boldsymbol{x}^*)$一定为$+\infty$。同时，$F^* f^*$ 为常数函数$-\infty$，所以由下确界定义知道$(F_*^* f^*)(\boldsymbol{x}^*)$为$+\infty$，并可以取到。

**推论 38.4.1**　设 $F$ 是映 $\mathbf{R}^m$ 到 $\mathbf{R}^n$ 的闭正常凸双重函数，$f$ 是定义在 $\mathbf{R}^m$ 上的闭正常凸函数。如果 $\mathrm{ri}(\mathrm{dom}f^*)$ 与 $\mathrm{ri}(\mathrm{dom}F_*^*)$ 相交，则 $Ff$ 是闭的，对于每个 $\boldsymbol{x}$，$(Ff)(\boldsymbol{x})$的定义中的下确界能够取到。进一步有，$(Ff)^* = \mathrm{cl}\,(F_*^* f^*)$。

**证明**　我们有$(F_*^*)_*^* = F$ 及 $f^{**} = f$。应用定理到 $F_*^*$ 和 $f^*$ 可以得到结果。

在双重函数的意义下取函数的像运算得到定义两个双重函数积的自然方法。设 $F$ 是映 $\mathbf{R}^m$ 到 $\mathbf{R}^n$ 的正常凸双重函数，且令 $G$ 是映 $\mathbf{R}^n$ 到 $\mathbf{R}^p$ 的正常凸双重函数。我们定义映 $\mathbf{R}^m$ 到 $\mathbf{R}^p$ 的双重函数 $GF$ 如下：

$$(GF)\boldsymbol{u}=G(F\boldsymbol{u}),$$

或者换句话说，

$$((GF)\boldsymbol{u})(\boldsymbol{y})=\inf_{\boldsymbol{x}}\{(F\boldsymbol{u})(\boldsymbol{x})+(G\boldsymbol{x})(\boldsymbol{y})\}=\inf\{F\boldsymbol{u}-G_*\boldsymbol{y}\},$$

这里 $F$ 和 $G$ 是凹的，我们取上确界而不是下确界。则显然

$$(GF)_*=F_*G_*.$$

注意到当 $F$ 和 $G$ 分别是线性变换 $A$ 和 $B$ 的凸指示双重函数时，$GF$ 是 $BA$ 的指示。

**定理 38.5**　设 $F$ 是从 $\mathbf{R}^m$ 到 $\mathbf{R}^n$ 的正常凸双重函数，且 $G$ 是映 $\mathbf{R}^n$ 到 $\mathbf{R}^p$ 的正常凸双重函数，则 $GF$ 是映 $\mathbf{R}^m$ 到 $\mathbf{R}^p$ 的凸双重函数。如果集合 $\mathrm{ri}(\mathrm{dom}F_*)$ 和集合 $\mathrm{ri}(\mathrm{dom}F)$ 有共同的点，则有

$$(GF)^*=F^*G^*,$$

且 $((F^*G^*)\boldsymbol{y}^*)(\boldsymbol{u}^*)$ 的上确界对每一个 $\boldsymbol{u}^*\in\mathbf{R}^m$ 和 $\boldsymbol{y}^*\in\mathbf{R}^p$ 都能取到。

**证明**　记 $h(\boldsymbol{u},\boldsymbol{x},\boldsymbol{y})=(F\boldsymbol{u})(\boldsymbol{x})+(G\boldsymbol{x})(\boldsymbol{y})$。则 $h$ 是定义在 $\mathbf{R}^{m+n+p}$ 上的凸函数。$GF$ 的图函数是 $h$ 在线性变换 $(\boldsymbol{u},\boldsymbol{x},\boldsymbol{y})\to(\boldsymbol{u},\boldsymbol{y})$ 下的像，因此是凸的（定理 5.7）。对于任意的 $\boldsymbol{u}^*\in\mathbf{R}^m$ 和 $\boldsymbol{y}^*\in\mathbf{R}^p$，有

$$\begin{aligned}((GF)^*\boldsymbol{y}^*)(\boldsymbol{u}^*)&=\inf_{\boldsymbol{u},\boldsymbol{y}}\inf_{\boldsymbol{x}}\{(F\boldsymbol{u})(\boldsymbol{x})+(G\boldsymbol{x})(\boldsymbol{y})-\langle\boldsymbol{y},\boldsymbol{y}^*\rangle+\langle\boldsymbol{u},\boldsymbol{u}^*\rangle\}\\&=\inf_{\boldsymbol{x},\boldsymbol{u},\boldsymbol{y}}\{\langle\boldsymbol{u},\boldsymbol{u}^*\rangle-(F_*\boldsymbol{x})(\boldsymbol{u})-\langle\boldsymbol{y},\boldsymbol{y}^*\rangle+(G\boldsymbol{x})(\boldsymbol{y})\}.\end{aligned}$$

凹函数

$$g(\boldsymbol{x})=\langle G\boldsymbol{x},\boldsymbol{y}^*\rangle=\sup_{\boldsymbol{y}}\{\langle\boldsymbol{y},\boldsymbol{y}^*\rangle-(G\boldsymbol{x})(\boldsymbol{y})\}$$

以 $\mathrm{dom}G$ 为其有效域，$G^*F^*$ 是它的共轭。凸函数

$$f(\boldsymbol{x})=\langle\boldsymbol{u}^*,F_*\boldsymbol{x}\rangle=\inf_{\boldsymbol{u}}\{\langle\boldsymbol{u},\boldsymbol{u}^*\rangle-(F_*\boldsymbol{x})(\boldsymbol{u})\}$$

以 $\mathrm{dom}F_*$ 为其有效域，以 $F_*^*\boldsymbol{u}^*$ 为共轭。假设 $\mathrm{dom}G$ 和 $\mathrm{dom}F_*$ 有共同的相对内点。如果 $\boldsymbol{y}^*\in\mathrm{dom}G^*$ 且 $\boldsymbol{u}^*\in\mathrm{dom}F_*^*$，$g$ 和 $f$ 是正常的，由 Fenchel 对偶定理有

$$\begin{aligned}((GF)^*\boldsymbol{y}^*)(\boldsymbol{u}^*)&=\inf_{\boldsymbol{x}}\{f(\boldsymbol{x})-g(\boldsymbol{x})\}=\sup_{\boldsymbol{x}^*}\{g^*(\boldsymbol{x}^*)-f^*(\boldsymbol{x}^*)\}\\&=\sup_{\boldsymbol{x}^*}\{(G^*\boldsymbol{y}^*)(\boldsymbol{x}^*)+(F^*\boldsymbol{x}^*)(\boldsymbol{u}^*)\}=((F^*G^*)\boldsymbol{y}^*)(\boldsymbol{u}^*)\end{aligned}$$

其中上确界可以取到。

如果 $\boldsymbol{y}^*\notin\mathrm{dom}G^*$，则 $g$ 是不正常的，因此在其有效区域的相对内部上恒为 $+\infty$。这样，对于 $\mathrm{ri}(\mathrm{dom}F_*)\cap\mathrm{ri}(\mathrm{dom}G)$ 内的任意 $\boldsymbol{x}$ 以及使 $(F_*\boldsymbol{x})(\boldsymbol{u})$ 为有限的任意 $\boldsymbol{u}$，有

$$\inf_{\boldsymbol{y}}\{\langle\boldsymbol{u},\boldsymbol{u}^*\rangle-(F_*\boldsymbol{x})(\boldsymbol{u})-\langle\boldsymbol{y},\boldsymbol{y}^*\rangle+(G\boldsymbol{x})(\boldsymbol{y})\}=-\infty,$$

因此 $((F^*G^*)\boldsymbol{y}^*)(\boldsymbol{u}^*)=-\infty$。同时 $\boldsymbol{y}^*\notin\mathrm{dom}G^*$ 说明着 $G^*F^*$ 是常函数 $-\infty$，所以 $((F^*G^*)\boldsymbol{y}^*)(\boldsymbol{u}^*)$ 的上确界是 $-\infty$ 且一定取到。这样，只要 $\boldsymbol{y}^*\notin\mathrm{dom}G^*$，就有

$$((GF)^*\boldsymbol{y}^*)(\boldsymbol{u}^*)=((F^*G^*)\boldsymbol{y}^*)(\boldsymbol{u}^*)$$

成立。类似的结论对 $u^* \notin \mathrm{dom}F_*^*$ 时也成立。

**推论 38.5.1**　设 $F$ 是映 $\mathbf{R}^m$ 到 $\mathbf{R}^n$ 的闭正常凸双重函数，且 $G$ 是映 $\mathbf{R}^n$ 到 $\mathbf{R}^p$ 的闭正常凸双重函数。如果 $\mathrm{ri}(\mathrm{dom}F^*)$ 和 $\mathrm{ri}(\mathrm{dom}G_*^*)$ 有共同点，则 $GF$ 是闭的并且 $((GF)\boldsymbol{u})(\boldsymbol{y})$ 定义中的下确界总能取到。进而有 $(GF)^* = \mathrm{cl}\,(F^*G^*)$。

**证明**　应用定理于 $F^*$ 和 $G^*$。因为 $F$ 和 $G$ 都是闭的，我们有 $F^{**}=F$，$G^{**}=G$，因此 $(F^*G^*)^*=GF$。作为伴随算子，$GF$ 是闭的。

定理 38.5 中的凸集 $\mathrm{dom}F^*$ 当然是图函数 $f(\boldsymbol{u},\boldsymbol{x})=(F\boldsymbol{u})(\boldsymbol{x})$ 的有效区域在投影 $(\boldsymbol{u},\boldsymbol{x})\to\boldsymbol{x}$ 下的像 [反之 $\mathrm{dom}F$ 是在 $(\boldsymbol{u},\boldsymbol{x})\to\boldsymbol{u}$ 下的像]。因此 $\mathrm{dom}F^*$ 为所有集合 $\mathrm{dom}F\boldsymbol{u}$ 的并。另外，$\mathrm{ri}(\mathrm{dom}F_*)$ 是在 $(\boldsymbol{u},\boldsymbol{x})\to\boldsymbol{x}$ 下 $\mathrm{ri}(\mathrm{dom}f)$ 的像（定理 6.6)，利用定理 6.8 有

$$\mathrm{ri}(\mathrm{dom}F_*) = \bigcup\{\mathrm{ri}\,(\mathrm{dom}F\boldsymbol{u}) \mid \boldsymbol{u}\in\mathrm{ri}(\mathrm{dom}F)\}.$$

定理 38.5 中的条件要求 $\mathrm{ri}(\mathrm{dom}F_*)$ 和 $\mathrm{ri}(\mathrm{dom}F)$ 有共同的点，可以等价地表示成为存在 $\boldsymbol{u}\in\mathrm{ri}(\mathrm{dom}F)$ 使 $\mathrm{ri}(\mathrm{dom}F\boldsymbol{u})$ 与 $\mathrm{ri}(\mathrm{dom}G)$ 相交。不难证明，当这样的向量 $\boldsymbol{u}$ 存在时，它们形成了 $\mathrm{ri}(\mathrm{dom}GF)$。当然，一般来说 $\mathrm{dom}GF$ 本身由满足 $\mathrm{dom}F\boldsymbol{u}$ 与 $\mathrm{dom}G$ 相交的向量 $\boldsymbol{u}\in\mathrm{dom}F$ 组成。

坦白地说，凸双重函数的乘法从某种程度上满足结合律，当 $F$，$G$，$H$，$GF$ 以及 $HG$ 都是正常的时，有

$$H(GF)=(HG)F.$$

如果我们在必要的地方简单地用 $\infty-\infty=+\infty$ 去解释 $F(\boldsymbol{u})(\boldsymbol{x})+(G\boldsymbol{x})(\boldsymbol{y})$，将 $GF$ 的定义扩展到不正常的情况，则结合律甚至对非正常凸双重函数也是有效的。在广义乘法定义下，映 $\mathbf{R}^n$ 到其自身的凸双重函数类构成（非交换的）半群，并以恒等线性变换的指示为单位元。

用比内积的更一般的概念来描述类如 $\langle (GF)\boldsymbol{u},\boldsymbol{y}^*\rangle$ 的性质是有益的。设 $f$ 为在 $\mathbf{R}^n$ 上定义的正常凸函数，$g$ 是定义在 $\mathbf{R}^n$ 上的正常凹函数。记 $C=\mathrm{dom}f$ 及 $D=\mathrm{dom}g$。如果量

$$\sup_{\boldsymbol{x}\in C}\inf_{\boldsymbol{y}\in D}\{\langle\boldsymbol{x},\boldsymbol{y}\rangle-f(\boldsymbol{x})-g(\boldsymbol{y})\}=\sup_{\boldsymbol{x}}\{g^*(\boldsymbol{y})-f(\boldsymbol{x})\}$$

和

$$\inf_{\boldsymbol{y}\in D}\sup_{\boldsymbol{x}\in C}\{\langle\boldsymbol{x},\boldsymbol{y}\rangle-f(\boldsymbol{x})-g(\boldsymbol{y})\}=\inf_{\boldsymbol{y}}\{f^*(\boldsymbol{y})-g(\boldsymbol{x})\}$$

相等，则称共同的极值为 $f$ 和 $g$ 的内积，并记为 $\langle f,g\rangle$。[如果这两个量不相等，则 $\langle f,g\rangle$ 没有定义]。根据 Fenchel 对偶定理，特别地，当 $g$ 是闭的并且 $\mathrm{ri}(\mathrm{dom}f)$ 与 $\mathrm{ri}(\mathrm{dom}g^*)$ 相交，或者 $f$ 是闭的并且 $\mathrm{ri}(\mathrm{dom}g)$ 与 $\mathrm{ri}(\mathrm{dom}f^*)$ 相交，则 $\langle f,g\rangle$ 存在。例如，简单且保证 $\langle f,g\rangle$ 存在的条件是 $f$ 和 $g$ 是闭的，$C$ 或者 $D$ 其中之一有界。(如果 $C$ 为有界的，则根据推论 13.3.1 知道 $\mathrm{dom}f^*$ 是整个 $\mathbf{R}^n$。类似地，如果 $D$ 是有界的，则 $\mathrm{dom}g^*$ 是整个 $\mathbf{R}^n$)。

当 $f$ 和 $g$ 是点 $\boldsymbol{a}$ 和 $\boldsymbol{b}$ 的指示，即 $f(\boldsymbol{x})=\delta(\boldsymbol{x}\mid\boldsymbol{a})$ 和 $g(\boldsymbol{y})=-\delta(\boldsymbol{y}\mid\boldsymbol{b})$，则 $\langle f,$

$g\rangle$ 等价于通常的内积 $\langle \boldsymbol{a},\boldsymbol{b}\rangle$。

在 $\langle f,g\rangle=\langle f,\boldsymbol{x}^*\rangle$ 的意义下，在 $g(\boldsymbol{y})=-\delta(\boldsymbol{y}\mid \boldsymbol{x}^*)$ 时，新定义的内积满足第33节所引进的关于 $f^*(\boldsymbol{x}^*)$ 概念 $\langle f,\boldsymbol{x}^*\rangle$。

定义 $\langle f,g\rangle$ 中的两个极值均可以分别表示为

$$\sup\{g^*(\boldsymbol{x})-f(\boldsymbol{x})\mid \boldsymbol{x}\in(\mathrm{dom}g^*\cap\mathrm{dom}f)\},$$
$$\inf\{f^*(\boldsymbol{y})-g(\boldsymbol{y})\mid \boldsymbol{y}\in(\mathrm{dom}f^*\cap\mathrm{dom}g)\}.$$

即使当 $f$ 或 $g$ 是非正常时这些表达式也不是含糊的，因此，允许我们将 $\langle f,g\rangle$ 的定义扩展到非正常凸函数和凹函数的情况。没有任何困难，我们可以证明上面提到的相对内部条件对 $\langle f,g\rangle$ 在不合适情况下的存在性同样也是充分性的。

**引理 38.6** 设 $f$ 是定义在 $\mathbf{R}^n$ 上的凸函数，$g$ 是定义在 $\mathbf{R}^n$ 上的凹函数。如果 $\langle f,g\rangle$ 存在，则 $\langle f^*,g^*\rangle$ 存在，并且

$$\langle f^*,g^*\rangle=-\langle f,g\rangle.$$

另外，$\langle \mathrm{cl}f,\mathrm{cl}g\rangle$ 存在并与 $\langle f,g\rangle$ 相等。

**证明** 给定满足 $f^{**}(\boldsymbol{x})<+\infty$ 且 $g^*(\boldsymbol{x})>-\infty$ 的向量 $\boldsymbol{x}$，给定向量 $\boldsymbol{y}$ 满足 $g^{**}(\boldsymbol{y})>-\infty$ 并且 $f^*(\boldsymbol{y})<+\infty$，由 Fenchel 不等式有

$$+\infty>f^{**}(\boldsymbol{x})+f^*(\boldsymbol{y})\geqslant\langle \boldsymbol{x},\boldsymbol{y}\rangle\geqslant g^*(\boldsymbol{x})+g^{**}(\boldsymbol{y})>-\infty.$$

所以，

$$f^{**}(\boldsymbol{x})-g^*(\boldsymbol{x})\geqslant g^{**}(\boldsymbol{y})-f^*(\boldsymbol{y}).$$

既然 $f^{**}\leqslant f$ 并且 $g^{**}\geqslant g$，于是

$$\begin{aligned}&\inf\{f(\boldsymbol{x})-g^*(\boldsymbol{x})\mid \boldsymbol{x}\in(\mathrm{dom}f\cap\mathrm{dom}g^*)\}\\&\quad\geqslant\inf\{f^{**}(\boldsymbol{x})-g^*(\boldsymbol{x})\mid \boldsymbol{x}\in(\mathrm{dom}f^{**}\cap\mathrm{dom}g^*)\}\\&\quad\geqslant\sup\{g^{**}(\boldsymbol{y})-f^*(\boldsymbol{y})\mid \boldsymbol{y}\in(\mathrm{dom}g^{**}\cap\mathrm{dom}f^*)\}\\&\quad\geqslant\sup\{g(\boldsymbol{y})-f^*(\boldsymbol{y})\mid \boldsymbol{y}\in(\mathrm{dom}g\cap\mathrm{dom}f^*)\}.\end{aligned}$$

当它们相等时，两个中间极值确定了 $\langle f^*,g^*\rangle$。如果 $\langle f,g\rangle$ 存在，第一个和最后一个极值都等于 $-\langle f,g\rangle$，所以所有的四个极值相等。$\langle f^*,g^*\rangle$ 的存在性反过来说明内积 $\langle f^{**},g^{**}\rangle=\langle \mathrm{cl}f,\mathrm{cl}g\rangle$ 存在并且等于 $-\langle f^*,g^*\rangle$。因此，

$$\langle \mathrm{cl}f,\mathrm{cl}g\rangle=\langle f,g\rangle.$$



**定理 38.7** 设 $F$ 是映 $\mathbf{R}^m$ 到 $\mathbf{R}^n$ 的正常凸双重函数，$f$ 是定义在 $\mathbf{R}^m$ 上的正常凸函数，$g$ 是定义在 $\mathbf{R}^n$ 上的正常凹函数。如果在 $\mathrm{ri}(\mathrm{dom}f)\cap\mathrm{ri}(\mathrm{dom}F)$ 内存在一个 $\boldsymbol{u}$ 使 $\mathrm{ri}(\mathrm{dom}F\boldsymbol{u})$ 与 $\mathrm{ri}(\mathrm{dom}g)$ 相交，则以下方程成立（特别地，四个内积都存在）：

$$\langle Ff,g^*\rangle=\langle f,F^*g^*\rangle=-\langle f^*,F_*g\rangle=-\langle F_*^*f^*,g\rangle.$$

**证明** 设 $C$ 和 $D$ 是如下定义的两个凸集：

$$C=\{(\boldsymbol{u},\boldsymbol{x})\mid \boldsymbol{u}\in\mathbf{R}^m,\boldsymbol{x}\in\mathbf{R}^n,(F\boldsymbol{u})(\boldsymbol{x})<+\infty\},$$
$$D=\{(\boldsymbol{u},\boldsymbol{x})\mid \boldsymbol{u}\in\mathbf{R}^m,\boldsymbol{x}\in\mathbf{R}^n,f(\boldsymbol{u})<+\infty\}.$$

集合 $C\cap D$ 在线性变换 $(\boldsymbol{u},\boldsymbol{x})\to\boldsymbol{x}$ 下的像是 $\mathrm{dom}Ff$，因此 $\mathrm{ri}(C\cap D)$ 的像是

ri(dom$Ff$)（定理6.6）。由定理6.8有

$$\text{ri}C=\{(\boldsymbol{u},\boldsymbol{x})\mid \boldsymbol{u}\in \text{ri}(\text{dom}F),\boldsymbol{x}\in \text{ri}(\text{dom}F\boldsymbol{u})\}.$$

既然 ri(dom$f$)$\cap$ri(dom$F$)是非空的，由假设知道 ri$C\cap$ri$D$ 非空，所以

$$\text{ri}(C\cap D)=\text{ri}C\cap \text{ri}D$$

（定理6.5）。这样 ri(dom$Ff$) 是 ri$C\cap$ri$D$ 在变换$(\boldsymbol{u},\boldsymbol{x})\to x$ 下的像，并且

$$\text{ri}(\text{dom}Ff)=\bigcup\{\text{ri}(\text{dom}F\boldsymbol{u})\mid \boldsymbol{u}\in \text{ri}(\text{dom}f)\cap \text{ri}(\text{dom}F)\}.$$

由假设，后一集合与 ri(dom$g$) 相交。因此，ri(dom$Ff$) 与 ri(dom$g^{**}$)相交，并且$\langle (Ff)^*,g\rangle$存在。由定理38.4知道$(Ff)^*=F_*^*f^*$。因此，$\langle F_*^*f^*,g\rangle$存在，根据引理38.6有

$$\langle F_*^*f^*,g\rangle=\langle (Ff)^*,g\rangle=-\langle \text{cl}(Ff),g^*\rangle=-\langle Ff,g^*\rangle.$$

对偶的论断现在可应用于逆双重函数 $F_*$。由定理6.8知道公式

$$\text{ri}C=\{(\boldsymbol{u},\boldsymbol{x})\mid \boldsymbol{x}\in \text{ri}(\text{dom}F_*),\boldsymbol{u}\in \text{ri}(\text{dom}F_*\boldsymbol{x})\}$$

成立。因此，关于相对内点的假设可以等价地表述为：在 ri(dom$g$)$\cap$ri(dom$F_*$)内至少存在一个 $\boldsymbol{x}$ 使 ri(dom$F_*\boldsymbol{x}$)与 ri(dom$f$)相交。当然$(F_*)_*^*=F^*$。这样，由前面的推导知道$\langle f^*,F_*g\rangle$存在，$\langle f,F^*g^*\rangle$存在，且

$$\langle f,F^*g^*\rangle=-\langle f^*,F_*g\rangle.$$

由定义，

$$\begin{aligned}\langle f,F^*g^*\rangle&=\inf\{f^*(\boldsymbol{u}^*)-(F^*g^*)(\boldsymbol{u}^*)\mid \boldsymbol{u}^*\in(\text{dom}f^*\cap \text{dom}F^*g^*)\}\\&=\inf_{\boldsymbol{u}^*,\boldsymbol{x}^*}\{f^*(\boldsymbol{u}^*)-g^*(\boldsymbol{x}^*)-(F^*\boldsymbol{x}^*)(\boldsymbol{u}^*)\}.\end{aligned}$$

另一方面，

$$\begin{aligned}\langle F_*^*f^*,g\rangle&=\sup\{g^*(\boldsymbol{x}^*)-(F_*^*f^*)(\boldsymbol{x}^*)\mid \boldsymbol{x}^*\in(\text{dom}g^*\cap \text{dom}F_*^*f^*)\}\\&=\sup_{\boldsymbol{x}^*,\boldsymbol{u}^*}\{g^*(\boldsymbol{x}^*)-g^*(\boldsymbol{u}^*)-(F_*^*\boldsymbol{u}^*)(\boldsymbol{x}^*)\}.\end{aligned}$$

因此，

$$\langle F_*^*f^*,g\rangle=-\langle f,F^*g^*\rangle.$$

证明完毕。

**推论38.7.1**　设 $F$ 是映 $\mathbf{R}^m$ 到 $\mathbf{R}^n$ 的正常凸双重函数，$f$ 是定义在 $\mathbf{R}^m$ 上的正常凸函数并使 ri(dom$f$)和 ri(dom$F$)相交，则对于每个 $\boldsymbol{x}^*\in\mathbf{R}^n$，$\langle f,F^*x^*\rangle$存在且

$$\langle Ff,\boldsymbol{x}^*\rangle=\langle f,F^*\boldsymbol{x}^*\rangle$$

**证明**　给定 $\boldsymbol{x}^*$，应用定理于 $g=\langle\cdot,\boldsymbol{x}^*\rangle$即可得证。

**推论38.7.2**　设 $F$ 是映 $\mathbf{R}^m$ 到 $\mathbf{R}^n$ 的正常凸双重函数，$G$ 是映 $\mathbf{R}^n$ 到 $\mathbf{R}^p$ 的正常凸双重函数。假设 ri(dom$F_*$) 和 ri(dom$G$) 有公共点，则对每个 $\boldsymbol{u}\in$ ri(dom$GF$)，对每个 $\boldsymbol{y}^*\in\mathbf{R}^p$，$\langle F\boldsymbol{u},\ G^*\boldsymbol{y}^*\rangle$ 均存在且

$$\langle GF\boldsymbol{u},\boldsymbol{y}^*\rangle=\langle F\boldsymbol{u},G^*\boldsymbol{y}^*\rangle=\langle \boldsymbol{u},F^*G^*\boldsymbol{y}^*\rangle,$$

**证明**　由定理38.5知道 $F^*G^*=(GF)^*$，利用推论33.2.1可得第一个内积和

最后一个内积相等。另一方面，利用前面的引理知道，如果 $\mathrm{ri}(\mathrm{dom}F\boldsymbol{u})$ 和 $\mathrm{ri}(\mathrm{dom}G)$ 相交，则第一个等式成立。这样，我们只需要在假设

$$\mathrm{ri}(\mathrm{dom}F_*)\cap\mathrm{ri}(\mathrm{dom}G)\neq\varnothing$$

下，证明

$$\mathrm{ri}(\mathrm{dom}GF)=\{\boldsymbol{u}\in\mathrm{ri}(\mathrm{dom}F)\mid\mathrm{ri}(\mathrm{dom}F\boldsymbol{u})\cap\mathrm{ri}(\mathrm{dom}G)\neq\varnothing\},$$

我们将这留给读者作为相对内部计算的一个简单的练习（参考推论38.5.1的注释）。

当双重函数是上有界时，上面的结果能够给出特别好的形式。映 $\mathbf{R}^m$ 到 $\mathbf{R}^n$ 的凸（或凹）双重函数 $F$ 为上有界的，如果对于任意的 $\boldsymbol{u}\in\mathbf{R}^m$，凸（或凹）函数 $F\boldsymbol{u}$ 是上有界的（即闭的、正常的，并且在其上镜图中不存在任何非垂直的半直线）。这个条件说明 $\mathrm{dom}F=\mathbf{R}^m$，并且 $F$ 是闭正常的（定理29.4）。

因为上有界凸（或凹）函数是有限凸（或凹）函数的共轭（推论13.3.1），则 $F$ 是（闭的）上有界的当且仅当对所有的 $\boldsymbol{u}$ 和 $\boldsymbol{x}^*$，$\langle F\boldsymbol{u},\boldsymbol{x}^*\rangle$ 都有限。因此，映 $\mathbf{R}^m$ 到 $\mathbf{R}^n$ 的有限凸（或凹）双重函数 $F$ 与定义在 $\mathbf{R}^m\times\mathbf{R}^n$ 上的有限鞍点函数是一一对应的（推论33.1.2）。所以，上有界函数 $F$ 的伴随 $F^*$ 是上有界的且

$$\langle F\boldsymbol{u},\boldsymbol{x}^*\rangle=\langle\boldsymbol{u},F^*\boldsymbol{x}^*\rangle,\forall\boldsymbol{u},\forall\boldsymbol{x}^*$$

（推论33.2.1）。进一步地，映 $\mathbf{R}^m$ 到 $\mathbf{R}^n$ 的闭凸双重函数 $F$ 是上有界的当且仅当 $\mathrm{dom}F=\mathbf{R}^m$ 且 $\mathrm{dom}F^*=\mathbf{R}^n$（定理34.2）。

映 $\mathbf{R}^m$ 到 $\mathbf{R}^n$ 的线性变换的指示双重函数当然是上有界的双重函数的例子。它们对应于鞍函数，这些鞍函数是定义在 $\mathbf{R}^m\times\mathbf{R}^n$ 上的双线性函数。

如果 $F_1$ 和 $F_2$ 是映 $\mathbf{R}^m$ 到 $\mathbf{R}^n$ 的上有界凸双重函数，则 $F_1\square F_2$ 是上有界的且

$$(F_1\square F_2)^*=F_1^*\square F_2^*.$$

这个结果可以直接由推论38.2.1和定理38.1中的内积公式得到。运算 $F\to F\lambda$，$\lambda>0$，保持上有界性。

如果 $F_1$ 和 $F_2$ 是映 $\mathbf{R}^m$ 到 $\mathbf{R}^n$ 的上有界凸双重函数，$G$ 是映 $\mathbf{R}^n$ 到 $\mathbf{R}^p$ 的上有界凸双重函数，则 $GF$ 是映 $\mathbf{R}^m$ 到 $\mathbf{R}^p$ 的上有界凸双重函数且

$$(GF)^*=F^*G^*$$

（定理38.5和推论38.5.1）。映 $\mathbf{R}^n$ 到其自身的上有界凸双重函数以乘法运算构成非交换半群。

当 $F$、$f$ 以及 $g^*$ 是上有界函数时，内积方程

$$\langle Ff,g^*\rangle=\langle f,F^*g^*\rangle$$

总是有效的（定理38.7）。

本节的大多数结果在多面体双重函数的情况下都可以被改进。但是，这些留给读者。

# 第 39 节　凸　过　程

凸过程的概念是介于线性变换和凸函数之间的过程。凸过程形成了由多值映射所构成，并具有许多有趣对偶性质的代数。这些性质可以从已经建立的有关双重函数的性质而得到。

映 $\mathbf{R}^m$ 到 $\mathbf{R}^n$ 的凸过程（convex process）是多值映射 $A: \boldsymbol{u} \to A\boldsymbol{u}$，其满足：

(a) $A(\boldsymbol{u}_1 + \boldsymbol{u}_2) \supset A\boldsymbol{u}_1 + A\boldsymbol{u}_2, \forall \boldsymbol{u}_1, \forall \boldsymbol{u}_2$,

(b) $A(\lambda \boldsymbol{u}) = \lambda A\boldsymbol{u}, \forall \boldsymbol{u}, \forall \lambda > 0$,

(c) $\mathbf{0} \in A\mathbf{0}$。

条件 (c) 说明集合

$$\text{graph}A = \{(\boldsymbol{u}, \boldsymbol{x}) \mid \boldsymbol{u} \in \mathbf{R}^m, \boldsymbol{x} \in \mathbf{R}^n, \boldsymbol{x} \in A\boldsymbol{u}\}$$

含有 $\mathbf{R}^{m+n}$ 的原点。条件 (a) 等价于条件

$$(\boldsymbol{u}_1, \boldsymbol{x}_1) + (\boldsymbol{u}_2, \boldsymbol{x}_2) \in \text{graph}A,$$
$$\forall (\boldsymbol{u}_1, \boldsymbol{x}_1) \in \text{graph}A, \quad \forall (\boldsymbol{u}_2, \boldsymbol{x}_2) \in \text{graph}A.$$

而 (b) 等价于

$$\lambda(\boldsymbol{u}, \boldsymbol{x}) \in \text{graph}A, \quad \forall (\boldsymbol{u}, \boldsymbol{x}) \in \text{graph}A, \ \forall \lambda > 0.$$

因此映 $\mathbf{R}^m$ 到 $\mathbf{R}^n$ 的多值映射 $A$ 是凸过程当且仅当它的图是 $\mathbf{R}^{m+n}$ 中的非空子集，并且在加法和非负数乘下是闭的，也就是说其为 $\mathbf{R}^{m+n}$ 包含原点的凸锥。

由定义可以得到凸过程的各种基本性质。如果 $A$ 是映 $\mathbf{R}^m$ 到 $\mathbf{R}^n$ 的凸过程，则 $A\boldsymbol{u}$ 是 $\mathbf{R}^n$ 中的凸集。$A\mathbf{0}$ 是含有原点的凸锥，且由满足

$$A\boldsymbol{u} + \boldsymbol{y} \subset A\boldsymbol{u}, \forall \boldsymbol{u}$$

的向量 $\boldsymbol{y}$ 组成。

$A$ 的定义域当然定义为

$$\text{dom}A = \{\boldsymbol{u} \mid A\boldsymbol{u} \neq \varnothing\},$$

其为 $\mathbf{R}^m$ 中包含原点的凸锥，且 $A$ 的值域

$$\text{range}A = \bigcup \{A\boldsymbol{u} \mid \boldsymbol{u} \in \mathbf{R}^m\}$$

是 $\mathbf{R}^n$ 中包含原点的凸锥。$A$ 的逆 $A^{-1}$

$$A^{-1}\boldsymbol{x} = \{\boldsymbol{u} \mid \boldsymbol{x} \in A\boldsymbol{u}\}, \forall \boldsymbol{x},$$

为映 $\mathbf{R}^m$ 到 $\mathbf{R}^n$ 的凸过程，并满足

$$\text{dom}A^{-1} = \text{range}A, \quad \text{range}A^{-1} = \text{dom}A.$$

凸锥 $A^{-1}\mathbf{0}$ 由所有具有性质

$$A(\boldsymbol{u} + \boldsymbol{v}) \supset A\boldsymbol{u}, \forall \boldsymbol{u},$$

的向量 $\boldsymbol{v}$ 组成。

如果 $A$ 是满足 $\text{dom}A = \mathbf{R}^m$ 的单值映射，“凸过程”定义中的条件 (a) 可以简化成为

$$A(\boldsymbol{u}_1+\boldsymbol{u}_2)=A\boldsymbol{u}_1+A\boldsymbol{u}_2.$$

因此，线性变换是凸过程的特殊形式。它们是使得对于每一个 $\boldsymbol{u}$，$A\boldsymbol{u}$ 都是非空有界集的唯一的凸过程 $A$ 且有下列定理。

**定理 39.1**　设 $A$ 是映 $\mathbf{R}^m$ 到 $\mathbf{R}^n$ 的凸过程，其满足 $\mathrm{dom}A=\mathbf{R}^m$ 及 $A\mathbf{0}$ 有界，则 $A$ 是线性变换。

**证明**　因为 $A\mathbf{0}$ 是含有原点的凸锥，有界性说明 $A\mathbf{0}$ 仅由原点组成。关系

$$A\boldsymbol{u}+A(-\boldsymbol{u})\subset A\mathbf{0}$$

说明对于每个 $\boldsymbol{u}$，$A\boldsymbol{u}$ 由单值向量组成（并用 $A\boldsymbol{u}$ 表示）且 $A(-\boldsymbol{u})=-A\boldsymbol{u}$。这时，如上面所指出的，对于每一个 $\boldsymbol{u}_1$ 和 $\boldsymbol{u}_2$ 有

$$A(\boldsymbol{u}_1+\boldsymbol{u}_2)=A\boldsymbol{u}_1+A\boldsymbol{u}_2$$

且由“凸过程”定义中的条件（b）知道，对于每一个 $\lambda\in\mathbf{R}$ 有 $A(\lambda\boldsymbol{u})=\lambda A\boldsymbol{u}$。因此 $A$ 是线性的。

凸过程很好的例子，并不是线性变换，而是如下定义的映射 $A$：

$$A\boldsymbol{u}=\begin{cases}\{\boldsymbol{x}\mid \boldsymbol{x}\leqslant B\boldsymbol{u}\}, & \boldsymbol{u}\geqslant\mathbf{0},\\ \varnothing, & \boldsymbol{u}\geqslant\mathbf{0}\text{ 不成立},\end{cases}$$

其中 $B$ 是映 $\mathbf{R}^m$ 到 $\mathbf{R}^n$ 线性变换. 注意到

$$A^{-1}\boldsymbol{x}=\{\boldsymbol{u}\mid \boldsymbol{u}\geqslant\mathbf{0},B\boldsymbol{u}\geqslant\boldsymbol{x}\},\forall\,\boldsymbol{x}.$$

因此，凸过程 $A^{-1}$ 表示当某些线性不等式系统以 $\boldsymbol{x}$ 为其“常数向量时”解关于 $\boldsymbol{x}$ 的依赖性。

凸过程被称为多面体，指它的图是多面体凸锥。前面几段的凸过程 $A$ 和 $A^{-1}$ 是多面体，因为都是线性变换。当涉及闭包和相对内部的条件时，在凸过程为多面体的情况下，下面结果的叙述将会更加简单，尽管这并不是我们追求的。

设 $A$ 是映 $\mathbf{R}^m$ 到 $\mathbf{R}^n$ 的凸过程。$A$ 的图的闭包是 $\mathbf{R}^{m+n}$ 中包含原点的凸锥，它是某个凸过程的图。我们称这个凸过程为 $A$ 的闭包且用 $\mathrm{cl}A$ 来表示。显然 $\boldsymbol{x}\in(\mathrm{cl}A)\boldsymbol{u}$ 当且仅当存在序列 $\boldsymbol{u}_1$，$\boldsymbol{u}_2$，…和 $\boldsymbol{x}_1$，$\boldsymbol{x}_2$，…使 $\boldsymbol{u}_i$ 收敛到 $\boldsymbol{u}$，$\boldsymbol{x}_i\in A\boldsymbol{u}_i$ 且 $\boldsymbol{x}_i$ 收敛到 $\boldsymbol{x}$。如果 $\mathrm{cl}A=A$，则称 $A$ 是闭的。显然，$\mathrm{cl}A$ 本身是闭的且

$$\mathrm{cl}(A^{-1})=(\mathrm{cl}A)^{-1}.$$



如果 $A$ 是一个闭的凸过程，对于 $\boldsymbol{u}\in\mathrm{dom}A$，所有集合 $A\boldsymbol{u}$ 都是闭合的，且它们有相同的回收锥，记为 $A\mathbf{0}$。[后者集合 $A\boldsymbol{u}$ 对应于“平行”截面是明显的，因为集合 $A\boldsymbol{u}$ 对应于“平行”截面

$$L_{\boldsymbol{u}}\cap\mathrm{graph}A,\boldsymbol{u}\in\mathbf{R}^m,$$

其中，$L_{\boldsymbol{u}}$ 为 $\mathbf{R}^{m+n}$ 中的仿射集，其由所有 $(\boldsymbol{u},\ \boldsymbol{x})$ 对组成，$\boldsymbol{x}\in\mathbf{R}^n$。由推论 8.3.3 知道，对于每个 $\boldsymbol{u}$，$L_{\boldsymbol{u}}\cap(\mathrm{graph}A)$ 的回收锥是 $L_0$。]

映 $\mathbf{R}^m$ 到 $\mathbf{R}^n$ 的凸过程 $A$ 的数量积 $\lambda A$ 定义为对于每一个 $\lambda\in\mathbf{R}$ 有

$$(\lambda A)\boldsymbol{u}=\lambda(A\boldsymbol{u}).$$

这些数量乘积显然是凸过程。

如果 $A$ 和 $B$ 是映 $\mathbf{R}^m$ 到 $\mathbf{R}^n$ 的凸过程，则和 $A+B$ 定义为

$$(A+B)\boldsymbol{u}=A\boldsymbol{u}+B\boldsymbol{u}.$$

由定义知道 $A+B$ 是另外的凸过程且

$$\mathrm{dom}(A+B)=\mathrm{dom}A\cap\mathrm{dom}B.$$

加法是可交换、可结合的运算，在此运算下所有映 $\mathbf{R}^m$ 到 $\mathbf{R}^n$ 的凸过程的集合构成一个具有单位元的半群元素（零线性变换）。

如果 $C$ 是 $\mathbf{R}^m$ 中的凸集且 $A$ 是映 $\mathbf{R}^m$ 到 $\mathbf{R}^n$ 的凸过程，在 $A$ 下 $C$ 的像定义为

$$AC=\bigcup\{A\boldsymbol{u}\mid\boldsymbol{u}\in C\}.$$

这个像是 $\mathbf{R}^n$ 中的一个凸集，这是因为，当 $0<\lambda<1$ 时有

$$(1-\lambda)AC+\lambda AC=A((1-\lambda)C)+A(\lambda C)\subset A((1-\lambda)C+\lambda C)\subset AC.$$

在映 $\mathbf{R}^m$ 到 $\mathbf{R}^n$ 的凸过程的作用下，对于定义在 $\mathbf{R}^m$ 上的函数 $f$ 来说像 $Af$ 定义为

$$(Af)(\boldsymbol{x})=\inf\{f(\boldsymbol{u})\mid\boldsymbol{u}\in A^{-1}\boldsymbol{x}\}.$$

容易证明 $Af$ 是定义在 $\mathbf{R}^n$ 上的凸函数。

映 $\mathbf{R}^m$ 到 $\mathbf{R}^n$ 的凸过程 $A$ 与映 $\mathbf{R}^m$ 到 $\mathbf{R}^n$ 的凸过程 $B$ 的乘积 $BA$ 定义为

$$(BA)\boldsymbol{u}=B(A\boldsymbol{u})=\bigcup\{B\boldsymbol{x}\mid x\in A\boldsymbol{u}\},$$

且

$$BA(\boldsymbol{u}_1+\boldsymbol{u}_2)\supset B(A\boldsymbol{u}_1+A\boldsymbol{u}_2)\supset BA\boldsymbol{u}_1+BA\boldsymbol{u}_2,$$
$$BA(\lambda\boldsymbol{u})=B(\lambda A\boldsymbol{u})=\lambda(BA\boldsymbol{u}),\forall\lambda>0,$$
$$\mathbf{0}\in B(A\mathbf{0})=(BA)\mathbf{0}.$$

所以，$BA$ 是映 $\mathbf{R}^m$ 到 $\mathbf{R}^n$ 的凸过程。显然，

$$(BA)^{-1}=A^{-1}B^{-1}.$$

注意到 $A^{-1}A$ 通常是一个多值映射且一定是单位变换。凸过程的乘法是可结合的运算。所有映 $\mathbf{R}^n$ 到它本身的凸过程的集合，在乘法意义下，构成一个（非交换）半群，并以恒等线性变换 $I$ 为其单位元。

分配律在加法和乘法中一般不成立，所得到的是分配不等式：

$$A(A_1+A_2)\supset AA_1+AA_2,$$
$$(A_1+A_2)A\subset A_1A+A_2A.$$

这里的包含是在图的意义下，也就是说 $A\supset B$ 当且仅当对于每个 $\boldsymbol{u}$ 有 $A\boldsymbol{u}\supset B\boldsymbol{u}$。



当然，映 $\mathbf{R}^m$ 到 $\mathbf{R}^n$ 的所有凸过程的集合是在以包含所定义的偏序意义下的完备格（就像 $\mathbf{R}^{m+n}$ 中所有包含原点的凸锥的集合在包含的意义下构成完备格一样）。

为建立关于凸过程完善的对偶理论，需要引进定向的概念，这个概念反映了双重函数理论中的凸-凹二元论。凸集 $C$ 可看作由其凸指示函数 $\delta(\cdot\mid C)$ 确定的凸函数的特殊情形，或作为取值为 $-\delta(\cdot\mid C)$ 的凹函数的特殊情形。当第一个等式成立时，我们称 $C$ 具有上确界定向（supremum orientation）且定义

$$\langle C,\boldsymbol{x}^*\rangle=\langle\boldsymbol{x}^*,C\rangle=\sup\{\langle\boldsymbol{x},\boldsymbol{x}^*\rangle\mid\boldsymbol{x}\in C\},\forall\boldsymbol{x}^*.$$

但是，当第二个等式成立时，我们称 $C$ 具有下确界定向（infimum orientation），并定义

$$\langle C,\boldsymbol{x}^*\rangle=\langle\boldsymbol{x}^*,C\rangle=\inf\{\langle\boldsymbol{x},\boldsymbol{x}^*\rangle\mid\boldsymbol{x}\in C\},\forall\boldsymbol{x}^*,$$

（严格来说，我们应该称一个定向凸集是一个由一个凸集和一个词“上确界”或“下确界”所组成的对。这个词就是集合的“定向 ”，它确定一个集合是如何在后面的公式中得到巧妙地处理）。对于一个上确界定向凸集，$\langle C,\cdot\rangle$是 $C$ 的支撑函数，是 $\delta(\cdot\mid C)$的凸共轭，而对于下确界定向凸集有

$$\langle C,\boldsymbol{x}^*\rangle=-\delta^*(-\boldsymbol{x}^*\mid C),$$

即，$\langle C,\cdot\rangle$为$-\delta(\cdot\mid C)$的凹共轭。

上确界定向凸过程 $A$ 是一个对于任意 $\boldsymbol{u}$，$A\boldsymbol{u}$ 均为上确界定向的凸过程；类似地，有下确界定向凸过程。定向凸过程的逆被赋予相反的定向。具有相同定向的凸过程的和或积的定向定义为这个相同的方向。（下面仅考虑具有相同的定向的凸过程的和或积。）

映 $\mathbf{R}^m$ 到 $\mathbf{R}^n$ 的上确界定向凸过程 $A$ 的指示双重函数 $F$ 为按照

$$(F\boldsymbol{u})\boldsymbol{x}=\delta(\boldsymbol{x}\mid A\boldsymbol{u})$$

而定义的映 $\mathbf{R}^m$ 到 $\mathbf{R}^n$ 的双重函数。显然 $F$ 是凸且正常的，因为 $F$ 在 $\mathbf{R}^{m+n}$ 中的图像函数是非空凸锥的指示函数，即为 $A$ 的图，且 $F$ 是闭的当且仅当 $A$ 是闭的。我们有

$$\mathrm{dom}F=\mathrm{dom}A.$$

如果 $A$ 是下确界定向的，而不是上确界定向的，$A$ 的指示双重函数是凹的，而不是凸的，其被定义为

$$(F\boldsymbol{u})(\boldsymbol{x})=-\delta(\boldsymbol{x}\mid A\boldsymbol{u}).$$

凸过程的代数运算对应于前面部分对双重函数所引入的运算。例如，如果 $A_1$ 和 $A_2$ 为映 $\mathbf{R}^m$ 到 $\mathbf{R}^n$ 的上确界定向凸过程，分别对应于指示函数 $F_1$ 和 $F_2$，则 $A_1+A_2$ 的指示双重函数为 $F_1\square F_2$。如果 $A$ 是映 $\mathbf{R}^m$ 到 $\mathbf{R}^n$ 的上确界定向凸过程，并以 $F$ 为指示双重函数，$B$ 是映 $\mathbf{R}^n$ 到 $\mathbf{R}^p$ 的上确界定向凸过程，对应于指示函数 $G$，则 $BA$ 的指示函数为 $GF$。



凸过程的伴随能够毫不含糊地连续应用定向来定义。给定映 $\mathbf{R}^m$ 到 $\mathbf{R}^n$ 的上确界定向凸过程 $A$，我们选择 $A$ 的伴随为下确界定向映射 $A^*$（后面将会看到，其确实为凸过程），其定义为

$$\begin{aligned}A^*\boldsymbol{x}^*&=\{\boldsymbol{u}^*\mid\langle\boldsymbol{u},\boldsymbol{u}^*\rangle\geqslant\langle\boldsymbol{x},\boldsymbol{x}^*\rangle,\forall\boldsymbol{x}\in A\boldsymbol{u},\forall\boldsymbol{u}\}\\&=\{\boldsymbol{u}^*\mid\langle\boldsymbol{u},\boldsymbol{u}^*\rangle\geqslant\langle A\boldsymbol{u},\boldsymbol{x}^*\rangle,\forall\boldsymbol{u}\}.\end{aligned}$$

下确界定向凸过程的伴随同样定义，只不过，定义中的上确界定向和不等式在定义中是相反的。显然

$$(A^*)^{-1}=(A^{-1})^*.$$

注意到当 $A$ 是线性变换时，$A$ 的伴随作为凸过程（被给予两个方向）是伴随线性

变换。事实上，条件

$$\langle \boldsymbol{u},\boldsymbol{u}^*\rangle \geqslant \langle A\boldsymbol{u},\boldsymbol{x}^*\rangle,\ \forall \boldsymbol{u},$$

说明

$$\langle \boldsymbol{u},\boldsymbol{u}^*\rangle = \langle A\boldsymbol{u},\boldsymbol{x}^*\rangle,\ \forall \boldsymbol{u},$$

即在伴随线性变换下 $\boldsymbol{u}^*$ 为 $\boldsymbol{x}^*$ 的像。

**定理 39.2**　设 $A$ 是映 $\mathbf{R}^m$ 到 $\mathbf{R}^n$ 上的定向凸过程，则 $A^*$ 为映 $\mathbf{R}^m$ 到 $\mathbf{R}^n$ 闭凸过程且具有相反的方向且 $A^{**}=\mathrm{cl}A$。指示双重函数 $A$ 的伴随为 $A^*$ 的指示双重函数。

**证明**　假设 $A$ 是上确界定向的。令 $K=\mathrm{graph}A$，$f$ 是 $A$ 的指示双重函数 $F$ 的图函数，即 $f=\delta(\cdot\,|K)$。$f$ 的共轭 $f^*$ 是 $\delta(\cdot\,|K^\circ)$，其中 $K^\circ$ 是 $K$ 的极（见第 14 节），由定义

$$(F^*\boldsymbol{x}^*)(\boldsymbol{u}^*) = -f^*(-\boldsymbol{u}^*,\boldsymbol{x}^*).$$

$A^*$ 的图由 $\mathbf{R}^{m+n}$ 中的向量 $\boldsymbol{z}^*=(\boldsymbol{u}^*,\boldsymbol{x}^*)$ 所组成，其满足对于 $A$ 的图中的每个 $\boldsymbol{z}$ 均有 $\langle \boldsymbol{z},\bar{\boldsymbol{z}}^*\rangle \leqslant 0$，其中 $\bar{\boldsymbol{z}}^*=(-\boldsymbol{u}^*,\boldsymbol{x}^*)$。因此，

$$\mathrm{graph}A^* = \{(\boldsymbol{u}^*,\boldsymbol{x}^*)\,|\,(-\boldsymbol{u}^*,\boldsymbol{x}^*)\in K^\circ\}.$$

由此得到 $A^*$ 的图是 $\mathbf{R}^{m+n}$ 中的包含原点的闭凸锥，因此 $A^*$ 是闭凸过程。事实上，有

$$(F^*\boldsymbol{x}^*)(\boldsymbol{u}^*) = -\delta(\boldsymbol{u}^*\,|A^*\boldsymbol{x}^*).$$

所以，$F^*$ 是 $A^*$ 的指示双重函数。

下确界定向凸过程也是类似的。由 $F^{**}=\mathrm{cl}F$（定理 30.1）得到关系 $A^{**}=\mathrm{cl}A$，或者等价的有 $K^{\circ\circ}=\mathrm{cl}K$。

如果 $A$ 是一个以 $F$ 为指示双重函数的定向凸过程，由定义有

$$\langle A\boldsymbol{u},\boldsymbol{x}^*\rangle = \langle F\boldsymbol{u},\boldsymbol{x}^*\rangle,\ \forall \boldsymbol{u},\ \forall \boldsymbol{x}^*.$$

关于凹-凸函数内积的一般定理可以按照此种方法特殊到涉及凸过程的关于内积的定理。

**定理 39.3**　若 $A$ 是映 $\mathbf{R}^m$ 到 $\mathbf{R}^n$ 的上确界定向凸过程，则对于每个 $\boldsymbol{u}$，$\langle A\boldsymbol{u},\boldsymbol{x}^*\rangle$ 为关于 $\boldsymbol{x}^*$ 的正齐次闭凸函数，且对于每个 $\boldsymbol{x}^*$，$\langle A\boldsymbol{u},\boldsymbol{x}^*\rangle$ 为 $\boldsymbol{u}$ 的正齐次凹函数。类似地，当 $A$ 为下确界定向时，其余不变，只要将凸性和凹性反过来即可。在两种情形下都有

$$\langle \boldsymbol{u},A^*\boldsymbol{x}^*\rangle = \mathrm{cl}_{\boldsymbol{u}}\langle A\boldsymbol{u},\boldsymbol{x}^*\rangle.$$

如果 $A$ 是闭的，也有

$$\langle A\boldsymbol{u},\boldsymbol{x}^*\rangle = \mathrm{cl}_{\boldsymbol{x}^*}\langle \boldsymbol{u},A^*\boldsymbol{x}^*\rangle.$$

事实上，如果 $A$ 是闭的，则只要 $\boldsymbol{u}\in \mathrm{ri}(\mathrm{dom}A)$ 或 $\boldsymbol{x}^*\in \mathrm{ri}(\mathrm{dom}A^*)$ 就有

$$\langle A\boldsymbol{u},\boldsymbol{x}^*\rangle = \langle \boldsymbol{u},A^*\boldsymbol{x}^*\rangle.$$

**证明**　关于 $\boldsymbol{x}^*$ 的正齐次性由 $\langle A\boldsymbol{u},\cdot\rangle$ 是 $A$ 的支撑函数而得到，而关于 $\boldsymbol{u}$ 的正齐次性由“凸过程”中的条件（b）而得到。其余的都是定理 33.1、定理 33.2 及

推论 33.2.1 的特殊情况。

**定理 39.4**　关系

$$K(\boldsymbol{u},\boldsymbol{x}^*)=\langle A\boldsymbol{u},\boldsymbol{x}^*\rangle,$$
$$A\boldsymbol{u}=\{\boldsymbol{x}\mid\langle\boldsymbol{x},\boldsymbol{x}^*\rangle\leqslant K(\boldsymbol{u},\boldsymbol{x}^*),\forall\boldsymbol{x}^*\},$$

定义了一个在 $\mathbf{R}^m\times\mathbf{R}^n$ 上定义，并满足 $K(\mathbf{0},\mathbf{0})=0$ 和

$$K(\lambda\boldsymbol{u},\boldsymbol{x}^*)=\lambda K(\boldsymbol{u},\boldsymbol{x}^*)=K(\boldsymbol{u},\lambda\boldsymbol{x}^*),\quad \forall\lambda>0,\forall\boldsymbol{u},\forall\boldsymbol{x}^*,$$

的下闭凹-凸函数 $K$，以及映 $\mathbf{R}^m$ 到 $\mathbf{R}^n$ 的上确界定向闭凸过程之间的一一对应。（类似的结果对于上闭凹-凸函数和下确界定向凸过程也成立。）

**证明**　特殊化定理 33.3。这是一个简单的练习，证明 $F$ 是定理 33.3 中某凸过程的指示双重函数当且仅当 $K$ 具有可加性。

我们想强调的是，按照定理 39.3 中的最后叙述，关系

$$\langle A\boldsymbol{u},\boldsymbol{x}^*\rangle=\langle\boldsymbol{u},A^*\boldsymbol{x}^*\rangle$$

"通常"成立，其表达了两个极值问题之间的对偶问题，正如已经在更一般的双重函数范围内得到的推论 33.2.2 中一样。如果 $A$ 是一个上确界定向凸过程，则 $A^*$ 是下确界定向的，则对每一个固定的 $\boldsymbol{u}$ 和 $\boldsymbol{x}^*$ 有

$$\langle A\boldsymbol{u},\boldsymbol{x}^*\rangle=\sup\{\langle\boldsymbol{x},\boldsymbol{x}^*\rangle\mid\boldsymbol{x}\in A\boldsymbol{u}\},$$
$$\langle\boldsymbol{u},A^*\boldsymbol{x}^*\rangle=\inf\{\langle\boldsymbol{u},\boldsymbol{u}^*\rangle\mid\boldsymbol{u}^*\in A^*\boldsymbol{x}^*\}.$$

因此，通过在某些凸集 $A\boldsymbol{u}$ 上极大化线性函数 $\langle\cdot,\boldsymbol{x}^*\rangle$ 而得到 $\langle A\boldsymbol{u},\boldsymbol{x}^*\rangle$，相反，通过在某些凸集 $A^*\boldsymbol{x}^*$ 上极小化线性函数 $\langle\boldsymbol{u},\cdot\rangle$ 而得到 $\langle\boldsymbol{u},A^*\boldsymbol{x}^*\rangle$。若 $A$ 是多面体，根据定理 39.2 和定理 30.1 可知 $A^*$ 也是多面的，显而易见，集合 $A\boldsymbol{u}$ 和 $A^*\boldsymbol{x}^*$ 也是多面的，所以这两个极值问题能够用线性规划来表示。

例如，在这节前面描述的例子中

$$A\boldsymbol{u}=\begin{cases}\{\boldsymbol{x}\mid\boldsymbol{x}\leqslant B\boldsymbol{u}\}, & u\geqslant 0,\\ \varnothing, & u\ngeqslant 0,\end{cases}$$

$$A^{-1}\boldsymbol{x}=\{\boldsymbol{u}\mid\boldsymbol{u}\geqslant\mathbf{0},B\boldsymbol{u}\geqslant\boldsymbol{x}\},$$

其中 $B$ 是映 $\mathbf{R}^m$ 到 $\mathbf{R}^n$ 上的线性变换。设 $A$ 为上确界定向的，从而 $A^{-1}$ 是下确界定向的。我们有

$$\langle A\boldsymbol{u},\boldsymbol{x}^*\rangle=\begin{cases}\langle B\boldsymbol{u},\boldsymbol{x}^*\rangle, & \boldsymbol{u}\geqslant\mathbf{0},\boldsymbol{x}^*\geqslant\mathbf{0},\\ +\infty, & \boldsymbol{u}\geqslant\mathbf{0},\boldsymbol{x}^*\ngeqslant\mathbf{0},\\ -\infty, & \boldsymbol{u}\ngeqslant\mathbf{0}.\end{cases}$$

按照定理 39.3，对于每个 $\boldsymbol{x}^*$，由关于 $\boldsymbol{u}$ 的凹函数 $\langle A\boldsymbol{u},\boldsymbol{x}^*\rangle$ 而得到 $\langle\boldsymbol{u},A^*\boldsymbol{x}^*\rangle$。因此，

$$\langle\boldsymbol{u},A^*\boldsymbol{x}^*\rangle=\begin{cases}\langle\boldsymbol{u},B^*\boldsymbol{x}^*\rangle, & \boldsymbol{u}\geqslant\mathbf{0},\boldsymbol{x}^*\geqslant\mathbf{0},\\ -\infty, & \boldsymbol{u}\ngeqslant\mathbf{0},\boldsymbol{x}^*\geqslant\mathbf{0},\\ +\infty, & \boldsymbol{x}^*\ngeqslant\mathbf{0}.\end{cases}$$

由此得到

$$A^*x^*=\begin{cases}\{u^*\mid u^*\geqslant B^*x^*\}, & x^*\geqslant \mathbf{0},\\ \varnothing, & x^*\ngeqslant \mathbf{0},\end{cases}$$

$$(A^{-1})^*u^*=A^{*-1}u^*=\{x^*\mid x^*\geqslant 0, B^*x^*\leqslant u^*\},$$

其中 $A^*$ 为下确界定向的且 $(A^{-1})^*=A^{*-1}$ 是上确界定向的。对于每一个固定的 $\boldsymbol{u}$ 和 $\boldsymbol{x}^*$，有

$$\langle u^*, A^{-1}x\rangle=\inf\{\langle u, u^*\rangle \mid u\geqslant \mathbf{0}, Bu\geqslant x\},$$

$$\langle (A^{-1})^*u^*, x\rangle=\sup\{\langle x, x^*\rangle \mid x^*\geqslant \mathbf{0}, B^*x^*\leqslant u^*\}.$$

这两个极值通常相等，这个事实，作为线性规划的 Gale-Kuhn-Tucker 对偶定理，在前面定理 30.4 的证明中已经碰到过。

凸过程的加法和乘法的结果能够通过对前几节中指示双重函数的结果特殊化而简单地得到。

**定理 39.5**　令 $A_1$ 和 $A_2$ 是映 $\mathbf{R}^m$ 到 $\mathbf{R}^n$ 且有相同定向的凸过程。如果 $\mathrm{ri}(\mathrm{dom}A_1)$ 和 $\mathrm{ri}(\mathrm{dom}A_2)$ 有公共点，则有

$$(A_1+A_2)^*=A_1^*+A_2^*.$$

若 $A_1$ 和 $A_2$ 都是闭的且 $\mathrm{ri}(\mathrm{dom}A_1^*)$和 $\mathrm{ri}(\mathrm{dom}A_2^*)$有一个公共点，则 $A_1+A_2$ 是闭的且$(A_1+A_2)^*$是 $A_1^*+A_2^*$ 的闭包。

**证明**　这是定理 38.2 和推论 38.2.1 的特殊情况。

**定理 39.6**　对于任何定向凸过程 $A$，以及任意 $\forall\lambda>0$，总有$(\lambda A)^*=\lambda A^*$。

**证明**　这是定理 38.3 的特殊情况。

**定理 39.7**　设 $A$ 是映 $\mathbf{R}^m$ 到 $\mathbf{R}^n$ 的上确界定向凸过程，且 $f$ 是定义在 $\mathbf{R}^m$ 上的一个正常凸函数。若 $\mathrm{ri}(\mathrm{dom}f)$与 $\mathrm{ri}(\mathrm{dom}A)$相交，则

$$(Af)^*=A^{*-1}f^*,$$

且对于每一个 $\boldsymbol{x}^*$，$(A^{*-1}f^*)(\boldsymbol{x}^*)$ 定义中的下确界都取到。

若 $A$ 和 $f$ 都是闭的且 $\mathrm{ri}(\mathrm{dom}f^*)$与 $\mathrm{ri}(\mathrm{dom}A^{*-1})$相交，则 $Af$ 是闭的且对于每一个 $\boldsymbol{x}$，$(Af)(\boldsymbol{x})$ 定义中的下确界一定取到。此外，$(Af)^*$ 为 $A^{*-1}f^*$ 的闭包。

**证明**　可从定理 38.4 和推论 38.4.1 中得到。

**推论 39.7.1**　设 $A$ 为映 $\mathbf{R}^m$ 到 $\mathbf{R}^n$ 的闭凸过程，$C$ 为在 $\mathbf{R}^m$ 上定义的非空闭凸集。若没有 $A^{-1}\mathbf{0}$ 中的非零向量属于 $C$ 的回收锥 $C$（特别地，当 $C$ 是有界时，这一点是成立的），则 $AC$ 为 $\mathbf{R}^n$ 中的闭集。

**证明**　对 $A$ 进行上确界定向，应用定理于 $f=\delta(\cdot\mid C)$。集合 $K=\mathrm{dom}f^*$ 是 $C$ 的障碍锥，且它的极为 $C$ 的回收锥（推论 14.2.1）。若凸锥 $K$ 和

$$\mathrm{dom}A^{*-1}=\mathrm{range}A^*$$

有公共的相对内点，由定理知道 $Af$ 是闭的，且因为 $Af$ 是 $AC$ 的指示函数，由此

得知 $AC$ 是闭的。另一方面，若这些锥没有公共的相对内点，它们可以被超平面适当分离。因此，存在一些非零向量 $\boldsymbol{v}\in\mathbf{R}^m$，使在 $A^*$ 的值域中满足对于每一个 $\boldsymbol{u}^*\in K$ 有 $\langle\boldsymbol{v},\boldsymbol{u}^*\rangle\leqslant 0$ 且对每个 $\boldsymbol{u}^*$ 有 $\langle\boldsymbol{v},\boldsymbol{u}^*\rangle\geqslant 0$。于是 $\boldsymbol{v}\in K^\circ$ 且（因为 $A^{**}=A$）$\boldsymbol{v}\in A^{-1}\mathbf{0}$。但是这种情况被假设排除在外。

**定理 39.8**　设 $A$ 是映 $\mathbf{R}^m$ 到 $\mathbf{R}^n$ 的凸过程，$B$ 是映 $\mathbf{R}^n$ 到 $\mathbf{R}^p$ 的凸过程，$A$ 和 $B$ 有相同的定向。若 $\mathrm{ri}(\mathrm{range}A)$ 与 $\mathrm{ri}(\mathrm{dom}B)$ 相交，则

$$(BA)^*=A^*B^*.$$

若 $A$ 和 $B$ 为闭的且 $\mathrm{ri}(\mathrm{range}B^*)$ 与 $\mathrm{ri}(\mathrm{dom}A^*)$ 相交，则 $BA$ 是闭的且 $(BA)^*$ 为 $A^*B^*$ 的闭包。

**证明**　这是定理 38.5 和推论 38.5.1 的特殊情况。

设 $C$ 和 $D$ 是 $\mathbf{R}^n$ 中的非空凸集，$C$ 是上确界定向的，$D$ 是下确界定向的。若

$$\sup_{\boldsymbol{x}\in C}\inf_{\boldsymbol{y}\in D}\langle\boldsymbol{x},\boldsymbol{y}\rangle=\sup_{\boldsymbol{x}\in C}\langle\boldsymbol{x},D\rangle$$

与

$$\inf_{\boldsymbol{y}\in D}\sup_{\boldsymbol{x}\in C}\langle\boldsymbol{x},\boldsymbol{y}\rangle=\inf_{\boldsymbol{y}\in D}\langle C,\boldsymbol{y}\rangle$$

相等，我们称其为 $C$ 和 $D$ 的内积，并用 $\langle C,D\rangle$ 或 $\langle D,C\rangle$ 来表示。这个定义与第 38 节对凸函数和凹函数的内积一致，从这个意义上讲，当 $f=\delta(\cdot\,|\,C)$ 和 $g=-\delta(\cdot\,|\,D)$ 时 $\langle C,D\rangle=\langle f,g\rangle$。注意到当 $C$ 和 $D$ 都闭且 $C$ 或 $D$ 之一是有界的时（推论37.3.2）$\langle C,D\rangle$ 总是存在的。

若 $h$ 是定义在 $\mathbf{R}^n$ 上的正常凹函数，自然定义 $\langle C,h\rangle=\langle f,h\rangle$，其中 $f=\delta(\cdot\,|\,C)$。因此

$$\langle C,h\rangle=\sup\{h^*(\boldsymbol{x})\,|\,\boldsymbol{x}\in C\}=\inf_{\boldsymbol{y}}\{\langle C,\boldsymbol{y}\rangle-h(\boldsymbol{y})\}.$$

当两个极值相等时成立，否则 $\langle C,h\rangle$ 无定义。同样，若 $h$ 是定义在 $\mathbf{R}^n$ 上的正常凸函数，$h$ 和下确界定向集 $D$ 的内积定义为

$$\langle h,D\rangle=\inf\{h^*(\boldsymbol{y})\,|\,\boldsymbol{y}\in D\}=\sup_{x}\{\langle\boldsymbol{x},D\rangle-h(\boldsymbol{x})\}.$$

当两个极值相等时成立，否则 $\langle h,D\rangle$ 无定义。

若 $C$ 和 $C'$ 是 $\mathbf{R}^n$ 中的上确界定向非空凸集，$D$ 和 $D'$ 是 $\mathbf{R}^n$ 中的下确界定向非空凸集，则下列规律成立（所有内积都是存在的且 $\infty-\infty$ 不出现）：

$$\langle\lambda C,D\rangle=\lambda\langle C,D\rangle=\langle C,\lambda D\rangle,\quad\lambda>0,$$

$$\langle C+C',D\rangle\geqslant\langle C,D\rangle+\langle C',D\rangle,$$

$$\langle C+C',\boldsymbol{y}\rangle=\langle C,\boldsymbol{y}\rangle+\langle C',\boldsymbol{y}\rangle,\quad\forall\,\boldsymbol{y}\in\mathbf{R}^n,$$

$$\langle C,D+D'\rangle\leqslant\langle C,D\rangle+\langle C,D'\rangle,$$

$$\langle\boldsymbol{x},D+D'\rangle=\langle\boldsymbol{x},D\rangle+\langle\boldsymbol{x},D'\rangle,\quad\forall\,\boldsymbol{x}\in\mathbf{R}^n.$$

这些关系是由定义得出的基本结果。

利用这个推广的内积概念，定理 38.7 以及它们的推论可以用明显的方式特殊

到定向凸过程和定向凸集的情况。

所有映 $\mathbf{R}^n$ 到自身的凸过程 $A$ 是非交换的乘法半群，其包括映 $\mathbf{R}^n$ 到自身的所有线性变换半群。单个 $A$ 的结构可以由幂 $A^2$，$A^3$，…来分析，且更一般地可以以 $A-\lambda I$ 或者

$$I+\alpha_1 A+\alpha_2 A^2+\cdots+\alpha_k A^k$$

的形式表示。$A$ 的特征集，也就是存在 $\lambda$ 使得 $AC=\lambda C$ 的凸集 $C$，还需要继续研究。

# 注释与参考

## 第 1 部分：基本概念

凸集和凸函数的一般理论基础大约奠定在 20 世纪之交，简单地说由 Minkowski [1,2] 所奠定。到 1933 年，至少在与几何有关的方面已经有有关理论进展的综述性文章，见 Bonnesen-Fenchel 的书 [1]。

凸函数在不等式理论中应用的历史可追溯到 1948 年，参阅 Beckenbach 的著作 [1]。

有关 $\mathbf{R}^n$ 中凸性的现代阐述由 Fenchel [2]、Eggleston [1]、Berge [1] 及 Valentine [1] 等所完成。Valentine 的书不仅涉及 $\mathbf{R}^n$ 空间，也涉及无限维空间；有关无限维空间凸性的材料也能够在几乎任何一个泛函分析的教材中找到，如 Bourbaki [1] 的书。Moreau [17] 在 1967 年的讲稿是任意维拓扑向量空间中凸函数理论的优秀文献；读者在这个讲稿中可以看到本书中以有限维而给出的各种共轭凸函数结果的推广到无限维的情况。

在第 1 节中称为 Tucker 表示的关于仿射集的矩阵表示已经被 Tucker [4,5,6] 广泛应用于线性规划的研究。

我们在第 4 节和第 5 节中关于凸函数理论的方法来源于 Fenchel [2]，除无限维以外，所有内容均是由 Fenchel 应用 $(C, f)$ 所给出。特别地，应用某些退化的凸函数（它们的指示函数辨别凸集的想法以及卷积下确界的重要运算均源于 Fenchel。有关 $\pm\infty$ 的算术运算以及有关凸锥的卷积下确界的讨论见 Moreau [3,6,7,8]。

## 第 2 部分：拓扑性质

第 6 节中有关凸集相对内部的结果几乎都属于经典的范围；特别地，见 Steinitz 的论文。第 7 节中有关凸函数的闭包运算理论源于 Fenchel [1,2]。

Steinitz [1] 最早研究了无界集，他证明了关于回收锥的大多数结果，如定理 8.3。回收锥被用来证明闭性定理，如在第 9 节中所给出的，由 Fenchel 在 [2] 所证明的，以及后来 Choquet 在 [1] 中和 Rockafellar 在 [1,6] 所证明的结果。关于和的闭性的定理以及凸集的投影定理由 Klee [10] 以及 Gale-Klee [1] 所建立。



定理 10.2 和定理 10.3 来源于 Gale-Klee-Rockafellar [1]，但是，第 10 节所有其他的连续和收敛性定理必须被看作经典的，有些甚至似乎在文献中找不到。几何框架下的类似定理出现在凸表面理论中；见 Bonnesen-Fenchel [1]，Alexandroff

［2］以及 Busemann［1］。近期，Wijsman［1,2］和 Walkup-Wets［1］证明了各种运算关于凸集收敛性及函数的连续性。

## 第 3 部分：对偶对应

分离定理最初由 Minkowski 所研究。$\mathbf{R}^n$ 中传统的证明基于最临近点理论；例如，可看 Botts［1］中的例子。然而，第 11 节所采用的方法为典型的泛函分析法，定理 11.2 对应于 Hahn-Banach 定理。定理 11.3 的一般性证明首次由 Fenchel［2］给出。有关分离的其他结果，无论是有限或无限维空间，建议读者参考 Klee 的文献[1,2,3,4,5,15]。

虽然单变量函数的共轭最早由 Mandelbrojt［1］所考虑，但是，有关凸函数的一般共轭对应由 Fenchel［1］所发现。$\mathbf{R}$ 上的单调共轭在继 Young［1］和 Birnbaum-Orlicz［1］的开拓性工作后延续了一个很长的历史，见 Krasnosel′skii-Rutickii［1］。$n$ 维非减凹函数的单调共轭由 Bellman-Karush［3］所研究。Fenchel 对应在无限维空间中的推广可以从 Moreau［2,4］以及 Brøndsted［1］看到。

支撑函数源于 Minkowski 关于有界凸集的定义，被 Fenchel［1,2］推广到一般凸集且由 HÖrmander［1］推广到无限维空间。定理 13.3 和定理 13.5 来源于 Rockafellar［1,6］；然而，当 dom$f$ 有界时，$f^*$ 处处有限的较早证明见 Klee［7］。定理 13.4 曾由 Brøndsted［1］所证明。

Steinitz［1］发明了有关凸锥的极对应，但是，有界凸集的极，由 Minkowski 最早所考虑，至少，在对偶范数的情况下，第 15 节所描述的度规函数与支撑函数之间的对应也是由 Minkowski 所最早考虑的。涉及的极性和共轭的定理可见 Rockafellar［6］。定理 14.7 应当归功于 Moreau［9,11］；特殊情形在 Orlicz 空间中是已知的，见 Krasnosel′skii-Rutickii［1］。定理 15.3 的一般形式来源于 Aggeri-Lescarret［1］，但是，推论 15.3.2 较早由 Lorch［1］以 Legendre 变换的形式得到。关于在原点为零的非负凸函数一般的极对应的定义在这里首次给出。

第 16 节中的对偶性结果本质上都包含在 Fenchel 的讲义［2］中。卷积下确界和加法之间的对偶已被 Bellman-Karush[1,2,3,4,5]用于解决某些递归函数关系的问题。

## 第 4 部分：表述与不等式

有关 Carathéodory 定理及其推广可见 Reay［1］在 1965 年的专著。

第 18 节中的有关凸集的极结构理论表示基于 Klee 的著作[2,6,7,8]。$\mathbf{R}^n$ 中的紧凸集是极点（推论 18.5.1）的凸包的事实最早由 Minkowski 所证明。然而，更有名的是 Krein-Milman［1］关于无限维的推广，即局部凸 Hausdorff 拓扑向量空间中的紧集为其极点的闭包（推论 18.5.1）。有关凸函数的相关结果由 Aggeri［1］和 Brøndsted［2］所形成。定理 18.6 和定理 18.7 首次由 Straszewicz 关于有界凸函数而建立。

定理 19.1 是一个值得庆贺的结果，主要属于 Minkowski [1] 和 Weyl [1]。多面体凸性的早期历史能够从 Motzkin [1] 的书中找到。关于多面体凸性的进一步信息，建议参阅 Grünbaum [1]、Klee [8,13] 以及 1956 年由 Kuhn-Tucker [2] 所编辑的论文集。定理 20.1 是新的。定理 20.2 和定理 20.3 好像在这里首次叙述，但是，Klee [15,定理 4 (i)] 证明了一种能够导出定理 20.2 的更广的结果。定理 20.4 和定理 20.5 为经典的。

定理 21.1 及其证明属于 Fan-Glicksberg-Hoffman [1]。当 $C=\mathbf{R}^n$ 时定理 21.1 的不同证明在 Berge-Ghouila-Houri 的书 [1] 中可以找到。Fenchel [2] 发明了涉及回收锥形式的 Helly 定理，这些是我们在定理 21.3 以及推论 21.3.3 中的 $C$，以及函数 $f_i$ 的有效域没有公共方向锥的情况下所论述的。当 $C$ 为紧时，有关定理 21.3 的较早的证明见 Bohnenblust-Karlin-Shapley [1]。定理 21.4 和定理 21.5 源于 Rockafellar [4]。定理 21.6 是 Helly 定理的一种变形，属于 Helly [1] 本身。关于 Helly 定理，完整的综述文章最早见 Danzer-Grünbaum-Klee 在 1963 年撰写的文献 [1]。关于不等式无限系统的进一步的结果可以在 Fan [3,4] 中找到。

其他有关第 22 节经典结果中关于线性不等式相容性的阐述，以及历史评价，建议读者参阅 Tucker [2]，也见 Kuhn [1]。定理 22.6 是近期有关图理论研究的副产品 (outgrowth)，虽然其证明是基于 Ghouila-Houri 的一个早期的论证，主要归功于 Camion [1]。在 Rockafellar [13] 中寻找定理 22.6 的不同证法，并给出与 Minty [1] 早期结果之间关系的解释将涉及网络流的概念。

## 第 5 部分：微分理论

凸函数单侧导数的存在性早在 1893 年就被 Stoltz [1] 所注意到。这样的导数受到极大关注是在其与凸体以及凸面相联系的 20 世纪开始的数十年间；参考 Bonnesen-Fenchel [1]、Alexandroff [2] 以及 Busemann [1]。第 24 节和第 25 节中的多数内容涉及可微性、微分连续或收敛性的结果均被认为可以追溯到此时期，虽然除去 Fenchel 在 1951 年的阐述之外，很难找到更加出众的文献，早期的文献都是基于某种几何而不是分析。多值次微分映射理论的显著发展相对较晚；读者应该参考 Moreau [16,17] 以便得到更多的文献。

定理 23.1 到定理 23.5 本质上都包含在 Fenchel 的讲义 [2] 中 (从某种程度上讲在 Bonnesen-Fenchel [1] 中)。定理 23.6、定理 23.8、定理 23.9、定理 24.8 以及定理 24.9 选自于 Rockafellar [1,7]，但定理 24.5 和定理 25.6 为新的。Minty [1] 首次研究了 $\mathbf{R}^2$ 中的完备非减一般曲线。



使得凸函数不可微的点集的本质远比定理 25.5 要详细；见 Anderson-Klee [1]。关于凸函数的二阶导数也已经有许多结果；见 Alexandroff [1]、Busemann-

Feller [1] 以及 Busemann [1]。

Legendre 变换与共轭之间的关系为 Fenchel [1] 所关注。Legendre 变换的某些经典应用见 Courant-Hilbert [1]。

## 第 6 部分：约束极值问题

自从 1950 年来，凸函数的约束最小化问题引起了人们的极大关注。从计算角度来讲，见文献 Dantzig [1]、Goldstein [1] 及 Wolfe [2,3]。有关对于数量经济学的应用，见文献 Karlin [1]。

一般凸规划理论为论文 Kuhn-Tucker [1] 的结果。虽然，与 Kuhn-Tucker 条件有关的 Lagrange 乘子条件早就由 John [1] 对于一般（可微）不等式约束所建立，但是，Kuhn-Tucker 发现了 Lagrange 乘子与鞍点之间的联系，并注意到了凸性。这就是为什么我们将与 Lagrange 乘子函数的鞍值对应的 Lagrange 乘子称为 Kuhn-Tucker 系数的原因。(在大多数文献中，使用“Lagrange 乘子”的术语，这不仅是因为我们用系数 $\lambda_i$ 作为变量，而是，也许容易产生混淆的，特指满足某些关系，如 Kuhn-Tucker 条件的变量的特殊值。在非凸规划中这些值 $\lambda_i$ 无须对应于 Lagrange 乘子的鞍点。另一方面，Kuhn-Tucker 系数甚至在 Kuhn-Tucker 条件不满足，最优解缺乏的情况下也是有定义的。)

最初的 Kuhn-Tucker 定理依赖于微积分，但是，被这些作者已经有所预见，但并未被其他人所验证的是梯度函数在凸函数的情况下能被某些不牵扯到可微的概念所代替。Slater 似乎是将 Kuhn-Tucker [1] 约束规格用类似于定理 28.2 中的关于满足严格不等式约束的可行解存在性假设的第一人。定理 28.2（因此 Kuhn-Tucker 定理）先前由 Fan-Glicksberg-Hoffman [1] 在无等式约束的情况下所证明，由 Uzawa（见 Arrow-Hurwicz-Uzawa）在（线性）等式约束，$C$ 为 $\mathbf{R}^n$ 中的非负象限及函数 $f_i$ 均在整个 $\mathbf{R}^n$ 上有限的情况下所证明。

分解原理最初由 Dantzig 和 Wolfe 在线性规划情况下所发现；作为此时的整体处理见 Dantzig [1]。一般的论述基于 Falk [1]。

第 29 节中的广义凸规划理论以前从未出现过，但其完全归功于 Gale 的论文 [1]，这篇论文从经济学角度考虑了广义规划，定理 29.1 及其某些推论也被考虑到了（虽然不是用“扰动”或“双重函数”的术语）。第 29 节中的 Lagrange 乘子理论以及第 30 节中的一般对偶性理论都是新的。然而，对偶性在一般凸规划和其他问题的研究中已经有很长的历史，见第 31 节。

关于线性规划的 Gale-Kuhn-Tucker [1] 定理以及 1948 年所发现的基本的对偶结果均作为后续发展的模型。第 31 节中 Fenchel [2] 的对偶性定理可追溯到 1951 年。Dorn [2]（线性约束）、Dennis [1]（线性约束）以及 Wolfe 借助微积分定义了一般凸规划的对偶，这些都激发了 Huard [1,2]、Mangasarian [1] 及许多其他人的工作，用我们的概念来说就是求解

$$f_0(\boldsymbol{x})+v_1^* f_1(\boldsymbol{x})+\cdots+v_m^* f_m(\boldsymbol{x})$$

关于 $\boldsymbol{x}$ 和 $\boldsymbol{u}^*$ 的最大化，所对应的约束为 $\boldsymbol{u}^*\geqslant\boldsymbol{0}$ 以及

$$\nabla f_0(\boldsymbol{x})+\boldsymbol{v}_1^* \nabla f_1(\boldsymbol{x})+\cdots+\boldsymbol{v}_m^* \nabla f_m(\boldsymbol{x})=\boldsymbol{0}$$

这与第 30 节中的对偶规划（$P^*$）之间的关系在推论 30.5.1 中已经得到解释。Falk [1] 给出了一种紧密相关的 Wolfe 对偶问题的推广。在第 30 节最后面所给出的对数例子中，规划（R）等价于 Duffin-Peterson [1] 的标准“几何规划”，然而，当 $n_0=1$ 时，对偶规划（$R^*$）就是所称的一般化学平衡问题；见 Duffin-Peterson-Zener [1, Appendix C] 及那里的文献。

Dantzig-Eisenberg-Cottle [1]、Stoer [1,2] 以及 Mangasarian-Ponstein [1] 给出了一种对偶性定理，由其可以从 Lagrange 乘子最小最大问题，而不是由其他方法，得到约束最小或最大化。能够证明，这些作者所考虑的相互对偶问题本质上能够表示为

（Ⅰ） $\min\varphi(x)=\sup\{L(\boldsymbol{u}^*,\boldsymbol{x})\mid \boldsymbol{u}^*\in A\}$, s. t. $\boldsymbol{x}\in B_0$,

（Ⅱ） $\max\psi(u^*)=\inf\{L(\boldsymbol{u}^*,\boldsymbol{x})\mid \boldsymbol{u}^*\in B\}$, s. t. $\boldsymbol{u}^*\in A_0$,

其中 $A$ 和 $B$ 分别为 $\mathbf{R}^m$ 和 $\mathbf{R}^n$ 中给定的非空闭凸集，$L$ 为定义在 $A\times B$ 上并满足某些正则性条件的实值凹-凸函数，$A_0$ 和 $B_0$ 分别为 $A$ 和 $B$ 的子集（即由使（Ⅰ）中的上确解和（Ⅱ）中的下确界分别取到的点）。按照第 36 节中定理 36.5 的讨论，这样的问题与能够被看作第 30 节中问题的严格对应。

Fenchel 对偶定理最初并不包括涉及多面体凸性的定理 31.1 的最后结论。定理的推广由 Rockafellar [1,2,9] 所完成，这种推广利用了多面体凸性的优点，也包括了如定理 31.2 中的线性变换 $A$，特殊情况见 Berge-Ghouila-Houri [1] 及 Eisenberg [1]。

只要给予 $f$ Tucker 表示就可以看到，作为注释，当 $f$ 为部分仿射函数时推论 31.4.1 给出了关于线性规划的 Gale-Kuhn-Tucker 定理。不同形式的 Tucker 表示，在借助 Dantzig 单纯性算法解给定的线性规划的过程中会遇到不同形式的“表格”。同理可以证明，当 $f$ 为部分二次函数时，推论 31.4.1 将导出关于二次规划的 Cotte [1] 的对偶定理，参考 Rockafellar [12]。一些附加的对偶性结果，虽然是以 Legendre 变换，而不是以 Fenchel 共轭运算的形式给出的，可以看作推论 31.4.2 的特殊情况，见 Dennis [1] 及 Duffin [2]。在 $f$ 为可分的情况下，推论 31.4.2 能够得以改进，这是重要的应用，如应用于涉及流和势的网络极值问题；见 Minty [1]、Camion [2]、Rockafellar [10]。



迫近理论，包括定理 31. 5 及其推论，已经被 Moreau [13] 所发展。

定理 32.3 可以在 Hirsch-Hoffman [1] 中找到；也见 Bauer [1]。

## 第 7 部分：鞍函数与极小极大理论

第 33 节和第 34 节中大多数证明已经由 Rockafellar [3,12] 所给出，但不是以

双重函数表示的。第 35 节中的结果为新的，定理 36.5、定理 36.6、定理 37.2 以及推论 37.5.1、推论 37.5.2 中的结果也是新的。

从 von Neumann 开始，极小极大定理为许多作者所研究；特别地，推论 37.6.2 所述的结果最初由 Kakutani [1] 所证明。要寻找 1958 年以来的文献，见 Sion [2]。Sion 的论文中最显著的结果所要求的条件要弱于 $K(u,v)$ 的凹-凸性，但是，要求 $C$ 和 $D$ 具有紧性。比较起来，定理 37.3 和定理 37.6（引自 Rockafellar [3]；也见 Moreau [12]）要求凹-凸性，但其他要求弱于紧性。

有关鞍函数共轭对应最早的研究进展，见 Rockafellar [3,12]。

## 第 8 部分：凸代数

第 38 节和第 39 节中的理论为新的，然而，从 Rockafellar [14] 可以看到某些非负矩阵理论在数量经济学中的一类特殊凸过程中的推广。

# 参考文献


J. -C. Aggeri

[1] "Les fonctions convexes continue et le théorème de Krein-Milman," *C. R. Acad. Sci. Paris 262* (1966), 229-232.

J. -C. Aggeri and C. Lescarret

[1] "Fonctions convexes duales associées à une couple d'ensembles mutuellement polaires," *C. R. Acad. Sci. Paris 260* (1965), 6011-6014.

[2] "Sur une application de la théorie de la sous-différentiabilité à des fonctions convexes duales associées à un couple d' ensembles mutuellement polaires," Séminaire de Mathématiques, Faculté des Sciences, Université de Montpellier (1965).

A. D. Alexandroff

[1] "Almost everywhere existence of the second differential of a convex function and some properties of convex surfaces connected with it," *Leningrad State Univ. Ann.*, *Math Ser. 6* (1939), 3-35 (Russian).

[2] *The Inner Geometry of Convex Surfaces*, Moscow, 1948 (Russian). German translation: Berlin, 1955.

R. D. Anderson and V. L. Klee

[1] "Convex functions and upper semi-continuous collections," *Duke Math. J. 19* (1952), 349-357.

K. J. Arrow and L. Hurwicz

[1] "Reduction of constrained maxima to saddle-point problems." in *Proceedings of the Third Berkeley Symposium on Mathematical Statistics and Probability*, J. Neyman, ed., Univ. of California Press, 1956, Vol. V, 1-20.

K. J. Arrow, L. Hurwicz, and H. Uzawa

[1] *Studies in Linear and Nonlinear Porgramming*, Stanford University Press, 1958.

[2] "Constraint qualifications in maximization problems," *Naval Res. Logist. Quart. 8* (1961), 175-191.

E. Asplund

[1] "Positivity of duality mappings," *Bull. Amer. Math. Soc. 73* (1967), 200-203.

[2] "Fréchet differentiability of convex functions," *Acta Math. 121* (1968), 31-48.

E. Asplund and R. T. Rockafellar

[1] "Gradients of convex functions," *Trans. Amer. Math. Soc.* 139 (1969), 443-467.

H. Bauer

[1] "Minimalstellen von Funktionen und Extremalpunkte," *Arch. Math. 9* (1958), 389-393.

[2] "Minimalstellen von Funktionen und Extremalpunkte. Ⅱ," *Arch. Math. 11* (1960), 200-205.

E. F. Beckenbach

[1] "Convex functions," *Bull. Amer. Math. Soc. 54* (1948), 439-460.

E. F. Beckenbach and R. Bellman

[1] *Inequalities*, Springer, Berlin, 1961.

R. Bellman and W. Karush

[1] "On a new functional transform in analysis: the maximum transform," *Bull. Amer. Math. Soc. 67* (1961), 501-503.

[2] "On the maximum transform and semigroups of transformations," *Bull. Amer. Math. Soc. 68* (1962), 516-518.

[3] "Mathematical programming and the maximum transform," *J. Soc. Indust. Appl. Math. 1* (1962),

550-567.

[4] "On the maximum transform," *J. Math. Anal. Appl. 6* (1963), 67-74.

[5] "Functional equations in the theory of dynamic programming XII: an application of the maximum transform," *J. Math. Anal. Appl. 6* (1963), 155-157.

A. Ben-Israel

[1] "Notes on linear inequalities, I: the intersection of the non negative orthant with complementary orthogonal subspaces," *J. Math. Anal. Appl. 10* (1964) 303-314.

C. Berge

[1] *Espaces Topologiques*, Paris, 1959.

[2] "Sur une propriété combinatoire des ensembles convexes," *C. R. Acad. Sci. Paris 248* (1959), 2698.

C. Berge and A. Ghouila-Houri

[1] *Programmes, Jeux et Réseaux de Transport*, Dunod, Paris, 1962.

Z. Birnbaum and W. Orlicz

[1] "Über die Verallgemeinerung des Begriffes der zueinander konjugierten Potenzen," *Studia Math. 3* (1931), 1-67.

H. F. Bohnenblust, S. Karlin, and L. S. Shapley

[1] "Games with continuous pay-off," in *Annals of Mathematics Studies*, No. 24 (1950), 181-192.

T. Bonnesen and W. Fenchel

[1] *Theorie der konvexen Körper*, Springer, Berlin, 1934.

T. Botts

[1] "Convex sets," *Amer. Math. Soc. Monthly 49* (1942) 527-535.

N. Bourbaki

[1] *Espaces Vectoriels Topologiques* I, II. Hermann, Paris, 1953 and 1955.

A. Brøndsted

[1] "Conjugate convex functions in topological vector spaces," *Mat. Fys. Medd. Dansk. Vid. Selsk. 34* (1964), No. 2, 1-26.

[2] "Milman's theorem for convex functions," *Math Scand, 19* (1966), 5-10.

A. Brøndsted and R. T. Rockafellar

[1] "On the subdifferentiability of convex functions," *Proc. Amer. Math. Soc. 16* (1965), 605-611.

F. E. Browder

[1] "On a theorem of Beurling and Livingston," *Canad. J. Math. 17* (1965), 367-372.

[2] "Multivalued monotone non-linear mappings in Banach spaces," *Trans. Amer. Math. Soc. 118* (1965), 338-351.

H. Busemann

[1] *Convex Surfaces*, Interscience, New York, 1958.

H. Busemann and W. Feller

[1] "Krümmungseigenschaften konvexer Flächen," *Acta Math. 66* (1935), 1-47.

P. Camion

[1] "Modules unimodularies," *J. Comb. Theory 4* (1968), 301-362.

[2] "Application d'une généralisation du lemme de Minty a une problème d'infimum de fonction convexe," *Cahiers Centre Res. Op. 7* (1965), 230-247.

C. Carathéodory

[1] "Über den Variabilitätsbereich der Fourier'schen Konstanten von positiven harmonischen Funktionen,"

*Rend. Circ. Mat. Palermo 32* (1911), 193-217.

G. Choquet

[1] "Ensembles et cônes convexes faiblement complets," *C. R. Acad. Sci. Paris 254* (1962), 1908-1910.

G. Choquet, H. Corson, and V. L. Klee

[1] "Exposed points of convex sets," *Pacific J. Math. 16* (1966), 33-43.

R. W. Cottle

[1] "Symmetric dual quadratic programs," *Quart. Appl. Math. 21* (1963), 237.

R. Courant and D. Hilbert

[1] *Methods of Mathematical Physics*, Vol. Ⅰ, Berlin, 1937; Vol. Ⅱ, New, York, 1962.

G. B. Dantzig

[1] *Linear Programming and Extensions*, Princeton University Press, 1963.

G. B. Dantzig, J. Folkman, and N. Shapiro

[1] "On the continuity of the minimum set of a continuous function," *J. Math. Anal. Appl. 17* (1967), 519-548.

G. Dantzig, E. Eisenberg, and R. W. Cottle

[1] "Symmetric dual nonlinear programs," *Pacific J. Math. 15* (1965), 809-812.

L. Danzer, B. Grünbaum, and V. L. Klee

[1] "Helly's theorem and its relatives," in *Convexity*, V. L. Klee, ed., Proceedings of Symposia in Pure Mathematics, Vol. Ⅶ, American Mathematical Society, 1963, 101-180.

C. Davis

[1] "All convex invariant functions of hermitian matrices," *Arch. Math. 8* (1957), 276-278.

J. B. Dennis

[1] *Mathematical Programming and Electrical Networks*, Iechnology Press, Cambridge, Mass., 1959.

U. Dieter

[1] "Dual extremum problems in locally convex linear spaces," in *Proceedings of the Colloquium on Convexity, Copenhagen, 1965*, W. Fenchel, ed., Copenhagen, Matematisk Institut, 1967, 185-201.

[2] "Dualität bei konvexen Optimierungs- (Programmierungs-) Aufgaben," *Unternehmensforschung 9* (1965), 91-111.

[3] "Optimierungsaufgaben in topologischen Vektorräumen I: Dualitätstheorie," *Z. Wahrscheinlichkeitstheorie verw. Geb. 5* (1966), 89-117.

L. L. Dines

[1] "On convexity," *Amer. Math. Monthly 45* (1938), 199-209.

W. S. Dorn

[1] "Duality in quadratic programming," *Quart. Appl. Math. 18* (1960), 155-162.

[2] "A duality theorem for convex programs," *IBM J. Res. Develop. 4* (1960), 407-413.

[3] "Self-dual quadratic programs," *J. Soc. Indust. Appl. Math. 9* (1961), 51-54.

[4] "On Lagrange multipliers and inequalities," *Operations Res. 9* (1961), 95-104.

R. J. Duffin

[1] "Infinite programs," in *Annals of Mathematics Studies*, No. 38 (1956), 157-170.

[2] "Dual programs and minimum cost," *J. Soc. Indust. Appl. Math. 10* (1962), 119-124.

R. J. Duffin and E. L. Peterson

[1] "Duality theory for geometric programming," *S. I. A. M. J. Appl. Math. 14* (1966), 1307-1349.

R. J. Duffin, E. L. Peterson, and C. Zener

[1] *Geometric Programming—Theory and Application*, Wiley, New York, 1967.

H. G. Eggleston

[1] *Convexity*, Cambridge Univ., 1958.

E. Eisenberg

[1] "Duality in homogeneous programming," *Proc. Amer. Math. Soc. 12* (1961), 783-787.

[2] "Supports of a convex function," *Bull. Amer. Math. Soc. 68* (1962), 192-195.

J. E. Falk

[1] "Lagrange multipliers and nonlinear programming," *J. Math. Anal. Appl. 19* (1967), 141-159.

Ky Fan

[1] "Fixed-point and minimax theorems in locally convex topological linear spaces," *Proc. Natl. Acad. Sci. U. S. 38* (1952), 121-126.

[2] "Minimax theorems," *Proc. Natl. Acad. Sci. U. S. 39* (1953), 42-47.

[3] "On systems of linear inequalities," in *Annals of Mathematics Studies*, No. 38 (1956), 99-156.

[4] "Existence theorems and extreme solutions for inequalities concerning convex functions or linear transformations," *Math. Z. 68* (1957), 205-216.

[5] "On the equilibrium value of a system of convex and concave functions," *Math. Z. 70* (1958), 271-280.

[6] "On the Krein-Milman theorem," In *Convexity*, V. L. Klee, ed., Proceedings of Symposia in Pure Mathematics, Vol. Ⅶ, American Mathematical Society, 1963, 211-219.

[7] "Sur une théorème minimax," *C. R. Acad. Sci. Paris 259* (1964), 3925-3928.

[8] "A generalization of the Alaoglu-Bourbaki theorem and its applications," *Math. Z. 88* (1965), 48-60.

[9] "Sets with convex sections," *Proceedings of the Colloquium on Convexity, Copenhagen, 1965*, W. Fenchel, ed., Copenhagen, Matematisk Institut, 1967, 72-77.

Ky Fan, I. Glicksberg, and A. J. Hoffman

[1] "Systems of inequalities involving convex functions," *Proc. Amer. Math. Soc. 8* (1957), 617-622.

J. Farkas

[1] "Über die Theorie der einfachen Ungleichungen," *J. Math. 124* (1902), 1-24.

W. Fenchel

[1] "On conjugate convex functions," *Canad. J. Math. 1* (1949) 73-77.

[2] "Convex Cones, Sets and Functions," mimeographed lecture notes, Princeton University, 1951.

[3] "A remark on convex sets and polarity," *Medd. Lunds Univ. Mat. Sem.* (Supplementband, 1952), 82-89.

[4] "Über konvexe Funktionen mit vorgeschriebenen Niveaumannig-faltigkeiten," *Math. Z. 63* (1956), 496-506.

[5] (editor), *Proceedings of the Colloquium on Convexity, Copenhagen, 1965*, Copenhagen, Matematisk Institut, 1967.

M. Frank and P. Wolfe

[1] "An algorithm for quadratic programming," *Naval Res. Logist. Quart. 3* (1956), 95-110.

D. Gale

[1] "A geometric duality theorem with economic application," *Rev. Econ. Studies 34* (1967), 19-24.

D. Gale and V. L. Klee

[1] "Continuous convex sets," *Math. Scand. 7* (1959), 379-391.

D. Gale, V. L. Klee, and R. T. Rockafellar

[1] "Convex functions on convex polytopes," *Proc. Amer. Math. Soc. 19* (1968), 867-873.

D. Gale, H. W. Kuhn, and A. W. Tucker

[1] "Linear programming and the theory of gams," in *Activity Analysis of Production and Allocation*, T. C. Koopmans, ed., Wiley, New York, 1951.

M. Gerstenhaber

[1] "Theory of convex polyhedral cones," in *Activity Analysis of Production and Allocation*, T. C. Koopmans, ed., Wiley, New York, 1951, 298-316.

A. Ghouila-Houri

[1] "Sur l'étude combinatoire des familles de convexes," *C. R. Acad. Sci. Paris 252* (1961), 494.

A. J. Goldman and A. W. Tucker

[1] "Theory of linear programming" in *Annals of Mathematics Studies*, No. 38 (1956), 53-98.

A. A. Goldstein

[1] *Constructive Real Analysis*, Harper and Row, New York, 1967.

B. Grünbaum

[1] *Convex Polytopes*, Wiley, New York, 1967.

M. Guignard

[1] "Conditions d'optimalité et dualité en programmation mathématique," thèse (Univ. de Lille, 1967).

M. A. Hanson

[1] "A duality theorem in nonlinear programming with nonlinear constraints," *Austral. J. Statist. 3* (1961), 64-72.

E. Helly

[1] "Über Systeme linearer Gleichungen mit unendlich vielen Unbekannten," *Monatschr. Math. Phys. 31* (1921), 60-91.

W. M. Hirsch and A. J. Hoffman

[1] "Extreme varieties, concave functions, and the fixed charge problem," *Comm. Pure Appl. Math.* XIV (1961), 355-369.

L. Hörmander

[1] "Sur la fonction d'appui des ensembles convexes dans une espace localement convexe," *Arkiv för Mat. 3* (1954), 181-186.

P. Huard

[1] "Dual programs," *IBM J. Res. Develop. 6* (1962), 137-139.

[2] "Dual programs," in *Recent Advances in Math. Programming*, R. L. Graves and P. Wolfe, eds., McGraw-Hill, New York, 1963, 55-62.

J. L. W. V. Jensen

[1] "Om konvexe Funktioner og Uligheder mellem Middelvaerdier," *Nyt Tidsskr. Math. 16B* (1905), 49-69.

[2] "Sur les fonctions convexes et les inegalités entre les valeurs moyennes," *Acta Math. 30* (1906), 175-193.

F. John

[1] "Extremum problems with inequalities as subsidiary conditions," in *Studies and Essays*, *Courant Anniversary Volume*, Interscience, New York, 1948, 187-204.

W. L. Jones

[1] "On conjugate functionals," dissertation (Columbia University, 1960).

R. I. Kachurovskii

[1] "On monotone operators and convex functionals," *Uspekhi 15* (1960), 213-215 (Russian).

S. Kakutani

[1] "A generalization of Brouwer's fixed point theorem," *Duke Math. J. 8* (1941), 457-459.

S. Karlin

[1] *Mathematical Methods and Theory in Games, Programming and Economics*, Vol. I, McGraw-Hill, New York, 1960.

V. L. Klee

[1] "Convex sets in linear spaces," *Duke Math. J. 18* (1951), 443-466.

[2] "Convex sets in linear spaces, Ⅱ," *Duke Math. J. 18* (1951), 875-883.

[3] "Convex sets in linear spaces, Ⅲ," *Duke Math. J. 20* (1953), 105-112.

[4] "Separation properties for convex cones," *Proc. Amer. Math. Soc. 6* (1955), 313-318.

[5] "Strict separation of convex sets," *Proc. Amer. Math. Soc. 7* (1956), 735-737.

[6] "Extremal structure of convex sets," *Arch. Math. 8* (1957), 234-240.

[7] "Extremal structure of convex sets, Ⅱ," *Math. Z. 69* (1958), 90-104.

[8] "Some characterizations of convex polyhedra," *Acta Math. 102* (1959), 79-107.

[9] "Polyhedral sections of convex bodies," *Acta Math. 103* (1960), 243-267.

[10] "Asymptotes and projections of convex sets," *Math. Scand. 8* (1960), 356-362.

[11] (editor), *Convexity*, Proceedings of Symposia in Pure Mathematics, Vol. Ⅶ, American Mathematical Society, 1963.

[12] "Infinite-dimensional intersection theorems," in *Convexity*, V. L. Klee ed., Proceedings of Symposia in Pure Math., Vol. Ⅶ, American Mathematical Society, 1963, 349-360.

[13] "Convex polytopes and linear programming," in *Proceedings of the IBM Scientific Computing symposium on Combinatorial Problems*, Yorktown Heights, 1964.

[14] "Asymptotes of convex bodies," *Math. Scand. 20* (1967), 89-90.

[15] "Maximal separation theorems for convex sets," *Trans. Amer. Math. Soc., 134* (1968) 133-148.

H. Kneser

[1] "Sur une théorème fondamentale de la théorie des jeux," *C. R. Acad. Sci. Paris 234* (1952), 2418-2420.

M. A. Krasnosel'skii and Ya. B. Rutickii

[1] *Convex Functions and Orlicz Spaces*, Noordhoff, Groningen, 1961.

M. Krein and D. Milman

[1] "On the extreme points of regularly convex sets," *Studia Math. 9* (1940), 133-138.

K. S. Kretchmer

[1] "Programmes in paired spaces," *Canad. J. Math. 13* (1961), 221-238.

H. W. Kuhn

[1] "Solvability and consistency for linear equations and inequalities," *Amer. Math. Monthly 63* (1956), 217-232.

H. W. Kuhn and A. W. Tucker

[1] "Nonlinear programming," in *Proceedings of the Second Berkeley Symposium on Mathematical Statistics and Probability*, Univ. of California Press, Berkeley, 1951, 481-492.

[2] (editors), *Linear Inequalities and Related Systems*, Annals of Mathematics Studies, No. 38 (1956).

F. Lannér

[1] "On convex bodies with at least one point in common," *Medd. Lunds Univ. Mat. Sem. 5* (1943),

1-10.

C. Lescarret

[1] "Sur la sous-différentiabilité d'une somme de fonctionelles convexes semi-continues inférieurement," *C. R. Acad. Sci. Paris 262* (1966), 443-446.

E. R. Lorch

[1] "Differentiable inequalities and the theory of convex bodies," *Trans. Amer. Math. Soc. 71* (1951), 243-266.

S. Mandelbrojt

[1] "Sur les fonctions convexes," *C. R. Acad. Sci. Paris 209* (1939), 977-978.

O. L. Mangasarian

[1] "Duality in nonlinear programming," *Quart. Appl. Math. 20* (1962), 300-302.

[2] "Pseudo-convex functions," *S. I. A. M. J. Control 3* (1965), 281-290.

O. L. Mangasarian and J. Ponstein

[1] "Minimax and duality in nonlinear programming," *J. Math. Anal. Appl. 11* (1965), 504-518.

H. Minkowski

[1] *Geometrie der Zahlen*, Teubner, Leipzig, 1910.

[2] *Theorie der Konvexen Körper, Insbesondere Begründung ihres Oberflächenbegriffs*, Gesammelte Abhandlungen II, Leipzig, 1911.

G. J. Minty

[1] "Monotone networks," *Proc. Roy. Soc. London (Ser. A) 257* (1960), 194-212.

[2] "On the monotonicity of the gradient of a convex function," *Pacific J. Math. 14* (1964), 243-247.

J. -J. Moreau

[1] "Décomposition orthogonale d'un espace hilbertien selon deux cônes mutuellement polaires," *C. R. Acad. Sci. Paris 255* (1962), 238-240.

[2] "Fonctions convexes en dualité," multigraph, Séminaires de Mathématiques, Faculté des Sciences, Université de Montpellier (1962).

[3] "Inf-convolution," multigraph, Séminaires de Mathématiques, Faculté des Sciences, Université de Montpellier (1962).

[4] "Fonctions duales et points proximaux dans un espace hilbertien," *C. R. Acad. Sci. Paris, 255* (1962), 2897-2899.

[5] "Propriétés des applications prox," *C. R. Acad. Sci. Paris 256* (1963), 1069-1071.

[6] "Inf-convolution des fonctions numériques sur un espace vectoriel," *C. R. Acad. Sci. Paris 256* (1963), 5047-5049.

[7] "Fonctions à valeurs dans $[-\infty, +\infty]$; notions algebraiques," Séminaires de Mathématiques, Faculté des Sciences, Université de Montpellier (1963).

[8] "Remarques sur les fonctions à valeurs dans $[-\infty, +\infty]$ définies sur on demi-groupe," *C. R. Acad. Sci. Paris 257* (1963), 3107-3109.

[9] "Étude locale d'une fonctionelle convexe," multigraph, Séminaires de Mathématiques, Faculté des Sciences, Université de Montpellier (1963).

[10] "Fonctionelles sous-differentiables," *C. R. Acad. Sci. Paris 257* (1963), 4117-4119.

[11] "Sur la fonction polaire d'une fonction semi-continue supérieurment," *C. R. Acad. Sci. Paris 258* (1964), 1128-1131.

[12] "Théorèmes 'inf-sup'," *C. R. Acad. Sci. Paris 258* (1964), 2720-2722.

[13] "Proximité et dualité dans un espace hilbertien," *Bull. Soc. Math. France 93* (195), 273-299.

[14] "Semi-continuité de sous-gradient d' une fonctionelle," *C. R. Acad. Sci. Paris 260* (1965), 1067-1070.

[15] "Convexity and duality," in *Functional Analysis and Optimization*, E. R. Caianello, ed., Academic Press, New York, 1966, 145-169.

[16] "Sous-differentiabilité," in *Proceedings of the Colloquium on Convexity, Copenhagen, 1965*, W. Fenchel, ed., Copenhagen, Matematisk Institut, 1967, 185-201.

[17] "Fonctionelles Convexes," lecture notes, Séminaire "Equations aux dérivées partielles," Collège de France, 1966.

T. Motzkin

[1] *Beiträge zur Theorie der linearen Ungleichungen*, Azriel, Jerusalem, 1936.

J. von Neumann

[1] "Zur Theorie der Gesellschaftsspiele," *Math. Ann. 100* (1928), 295-320.

H. Nikaidô

[1] "On von Neumann's minimax theorem," *Pacific J. Math. 4* (1954), 65-72.

T. Popoviciu

[1] *Les Fonctions Convexes*, Hermann, Paris, 1945.

J. R. Reay

[1] *Generalizations of a Theorem of Carathéodory*, Amer. Math. Soc. Memoir No. 54 (1965).

R. T. Rockafellar

[1] Convex Functions and Dual Extremum Problems, thesis, Harvard, 1963.

[2] "Duality theorems for convex functions," *Bull. Amer. Math. Soc. 70* (1964), 189-192.

[3] "Minimax theorems and conjugate saddle-functions," *Math. Scand. 14* (1964), 151-173.

[4] "Helly's theorem and minima of convex functions," *Duke Math. J. 32* (1965), 381-398.

[5] "An extension of Fenchel's duality theorem for convex functions," *Duke Math. J. 33* (1966), 81-90.

[6] "Level sets and continuity of conjugate convex functions," *Trans. Amer. Math. Soc. 123* (1966), 46-63.

[7] "Characterization of the subdifferentials of convex functions," *Pacific J. Math. 17* (1966), 497-510. (A correction to the maximality proof given in this paper appears in [17].)

[8] "Conjugates and Legendre transforms of convex functions," *Canad. J. Math. 19* (1967), 200-205.

[9] "Duality and stability in extremum problems involving convex functions," *Pacific J. Math. 21* (1967), 167-187.

[10] "Convex programming and systems of lementary monotonic relations," *J. Math. Anal. Appl. 19* (1967), 543-564.

[11] "Integrals which are convex functions," *Pacific J. Math. 24* (1968), 867-873.

[12] "A general correspondence between dual minimax problems and convex programs," *Pacific J. Math. 25* (1968), 597-611.

[13] "The elementary vectors of a subspace of $R^n$," in *Combinatorial Mathematics and Its Applications*, R. C. Bose and T. A. Dowling, eds., University of North Carolina Press, 1969, 104-127.

[14] *Monotone Processes of Convex and Concave Type*, Amer. Math. Soc. Memoir No. 77 (1967).

[15] "Duality in nonlinear programming," in *Mathematics of the Decision Sciences, Part 1*, Lectures in Applied Mathematics, Vol. 11, American Mathematical Society, 1968, 401-422.

[16] "Monotone operators associated with saddle-functions and minimax problems," in *Nonlinear Functional*

*Analysis*, Proceedings of Symposia in Pure Mathematics, American Mathematical Society, 1969.

[17] "On the maximal monotonicity of subdifferential mappings," *Pacific J. Math.*, to appear.

L. Sandgren

[1] "On convex cones," *Math. Scand. 2* (1954), 19-28.

F. W. Sinden

[1] "Duality in convex programming and in projective space," *J. Soc. Indust. Appl. Math. 11* (1963), 535-552.

M. Sion

[1] "Existence de cols pour les fonctions quasi-convexes et semicontinues," *C. R. Acad. Sci. Paris 244* (1957), 2120-2123.

[2] "On general minimax theorems," *Pacific J. Math. 8* (1958), 171-176.

M. Slater

[1] "Lagrange multipliers revisited: a contribution to non-linear programming." Cowles Commission Discussion Paper, Math. 403 (1950).

E. Steinitz

[1] "Bedingt konvergente Reihen und konvexe Systeme, Ⅰ, Ⅱ, Ⅲ," *J. Math. 143* (1913), 128-175; *144* (1914), 1-40; *146* (1916), 1-52.

J. Stoer

[1] "Duality in nonlinear programming and the minimax theorem," *Numer. Math. 5* (1963), 371-379.

[2] "Über einen Dualitätsatz der nichtlinearen Programmierung," *Numer. Math. 6* (1964), 55-58.

J. J. Stoker

[1] "Unbounded convex sets," *Amer. J. Math. 62* (1940), 165-179.

O. Stolz

[1] *Grundzüge der Differential-und Integralrechnung*, Vol. Ⅰ, Teubner, Leipzig, 1893.

M. H. Stone

[1] "Convexity," mimeographed lecture notes, U. of Chicago, 1946.

S. Straszewicz

[1] "Über exponierte Punkte abgeschlossener Punktmengen," *Fund. Math. 24* (1935), 139-143.

A. W. Tucker

[1] "Extensions of theorems of Farkas and Steimke," *Bull. Amer. Math. Soc. 56* (1950), 57.

[2] "Dual systems of homogeneous linear relations," in *Annals of Mathematics Studies*, No. 38 (1956), 53-97.

[3] "Linear and nonlinear programming." *Operations Res. 5* (1957), 244-257.

[4] "A combinatorial equivalence of matrices," in *Combinatorial Analysis*, R. Bellman and M. Hall, eds., Proceedings of Symposia in Applied Mathematics, Vol. X, American Mathematical Society, 1960, 129-134.

[5] "Combinatorial theory underlying linear programs," in *Recent Advances in Mathematical Programming* (L. Graves and P. Wolfe, eds.), McGraw-Hill, New York, 1963.

[6] "Pivotal Algebra," mimeographed lecture notes compiled by T. D. Parsons (Princeton University, 1965).

F. A. Valentine

[1] *Convex Sets*, McGraw-Hill, New York, 1964.

[2] "The dual cone and Helly type theorems," in *Convexity*, V. L. Klee, ed., Proceedings of Symposia in

Pure Mathematics, Vol. Ⅶ, American Mathematical Society, 1963, 473-494.

R. M. Van Slyke and R. J. -B. Wets

[1] "A duality theory for abstract mathematical programs with applications to optimal control theory," *J. Math. Anal. Appl. 22* (1968), 679-706.

D. W. Walkup and R. J. -B. Wets

[1] "Continuity of some convex-cone-valued mappinbgs," *Proc. Amer. Math. Soc. 18* (1967), 229-235.

H. Weyl

[1] "Elementare Theorie der konvexen Polyeder," *Commentarii Math. Helvetici 7* (1935), 290-306.

A. Whinston

[1] "Some applications of the conjugate functions theory to duality," in *Nonlinear Programming*, J. Abadie, ed., North-Holland, Amsterdam, 1967, 75-96.

R. A. Wijsman

[1] "Convergence of sequences of convex sets, cones and functions," *Bull. Amer. Math. Soc. 70* (1964), 186-188.

[2] "Convergence of sequences of convex sets, cones and functions, Ⅱ," *Trans. Amer. Math. Soc. 123* (1966), 32-45.

P. Wolfe

[1] "A duality theorem for nonlinear programming," *Quart. Appl. Math. 19* (1961), 239-244.

[2] "Methods of nonlinear programming," Chap. 10 of *Recent Advances in Mathematical Programming*, R. L. Graves and P. Wolfe, eds., McGraw-Hill, 1963.

[3] "Methods of nonlinear programming," Chap. 6 of *Nonlinear Programming*, J. Abadie, ed., North-Holland, Amsterdam, 1967.

W. H. Young

[1] "On classes of summable functions and their Fourier series," *Proc. Royal Soc.* (A) *87* (1912), 225-229.